# MOLLUSQUES

## TERRESTRES ET FLUVIATILES

## DE SYRIE

# VOYAGE ZOOLOGIQUE
## D'HENRI GADEAU DE KERVILLE EN SYRIE

(AVRIL - JUIN 1908)

TOME DEUXIÈME

---

# MOLLUSQUES TERRESTRES ET FLUVIATILES DE SYRIE

PAR

## Louis GERMAIN

---

TOME PREMIER

INTRODUCTION ET GASTÉROPODES

PARIS

J.-B. BAILLIÈRE ET FILS

1921

# INTRODUCTION

La faune malacologique de la Syrie et de la Palestine a fait l'objet d'un grand nombre de travaux dont quelques-uns remontent à plus d'un siècle. Les plus importants se bornent à faire connaître les résultats des recherches effectuées par des voyageurs et aucun ne présente un tableau d'ensemble de la faune de ces régions. Cependant, un tel travail serait du plus grand intérêt : aussi ai-je cherché à compléter les matériaux recueillis par M. HENRI GADEAU DE KERVILLE, en indiquant les espèces qui n'ont pas été rencontrées par ce consciencieux naturaliste. J'ai également essayé de faire ressortir les caractéristiques de la faune syrienne et d'indiquer ses rapports avec la faune des régions voisines. Mais, avant d'exposer les résultats de cette longue étude, je vais faire très rapidement l'historique des expéditions zoologiques dans l'Asie-Antérieure [1].

## I

Les premières données que nous possédons sur les Mollusques de la Syrie remontent à l'année 1775. C'est à cette époque que parurent les ouvrages de FORSKAL [*1775, 1776*] [2] qui renferment les résultats de la première expédition scientifique qui ait parcouru les contrées oriento-méditerranéennes [3].

1. Il est, en effet, impossible de se borner aux expéditions qui ont seulement parcouru la Terre-Sainte, beaucoup d'espèces des régions voisines ayant été retrouvées depuis, soit en Syrie, soit en Palestine.

2. Les chiffres en caractères italiques placés entre crochets renvoient à l'Index bibliographique, à la fin de ce mémoire.

3. Cette expédition, due à l'initiative du comte de Bernstorf, ministre de Frédéric V, roi de Danemark, partit en 1761 et ne revint qu'en 1767, après avoir visité la Syrie et l'Arabie. FORSKAL étant mort dès 1763, ce fut son compagnon de route NIEBUHR qui, à son retour, édita l'ouvrage de FORSKAL.

1

Quelques années plus tard (1792), une mission française commandée par Olivier, qui s'adjoignit Bruguière comme naturaliste, fut chargée d'explorer l'empire Ottoman. La relation du voyage [Olivier *1801-1809*] [1] renferme la description et la figuration d'un assez grand nombre de Mollusques de Syrie et de Palestine parmi lesquels je citerai les suivants :

> *Bulimus ovularis* [2].
> *Bulimus labrosus.*
> *Helix cariosa.*

Je ne fais que mentionner les travaux considérables entrepris par l'expédition d'Égypte ; cependant l'atlas publié par Savigny [*1817*] renferme la figuration, très exacte, de quelques espèces syriennes.

Hemprich et Ehrenberg parcourent l'Égypte, l'Abyssinie et la Syrie, pendant les années 1820-1825, recueillant partout de nombreux matériaux qui furent utilisés par Ehrenberg pour la publication de son célèbre ouvrage : *Symbolæ physicæ*, qui parut, à partir de 1828, en livraisons non paginées [3] [Ehrenberg, *1828*]. Ce livre, luxueusement édité, signale les Mollusques suivants recueillis aux environs de Beyrouth (Syrie) :

> *Limax variegatus* [4].
> *Helix adspersa.*
> *Helix simulata.*
> *Caracolla nummus.*
> *Bulimus gastrum.*
> *Bulimina labrosa.*
> *Clausilia tuba paradisi.*
> *Isidora Brocchii.*
> *Amphipeplea glutinosa Syriaca.*

1. Bruguière mourut pendant le retour de l'expédition (1798). Olivier a publié, dans la relation du voyage, les observations d'histoire naturelle faites par Bruguière.

2. Je conserve ici les noms originaux d'Olivier.

3. Hemprich mourut en vue des côtes d'Abyssinie.

4. Je conserve ici les noms originaux d'Ehrenberg.

Malheureusement les descriptions de ces animaux ne sont accompagnées d'aucune iconographie, si bien que plusieurs espèces sont encore douteuses aujourd'hui.

A partir de cette époque, les documents malacologiques sur la Syrie et les régions voisines vont se multiplier.

Le Dr Schubert, Erdl et Roth explorent, au point de vue zoologique, une grande partie de l'Asie-Antérieure et recueillent de nombreux matériaux publiés par Roth [1839] qui énumère 61 espèces dont 16 sont présentées comme nouvelles.

Edmond Boissier séjourne en Syrie pendant l'hiver et le printemps de 1846. Il rapporte en Europe une collection malacologique dont il confie l'étude à son ami J. de Charpentier qui décrit 8 espèces nouvelles [J. de Charpentier, 1847].

C'est un peu plus tard qu'une mission américaine explora la mer Morte et la vallée du Jourdain. Conrad traita, dans le rapport présenté par Lynch, le chef de l'expédition, la partie malacologique du voyage [Conrad, in Lynch, 1852].

Le professeur J. R. Roth, de Munich, entreprit, au cours des années 1852-1853, un second voyage en Syrie dont il consigna les résultats dans un mémoire paru en 1855.

Le voyage effectué par notre compatriote F. de Saulcy, de décembre 1850 à avril 1851, fut particulièrement fécond en résultats. En dehors de leurs études géographiques et archéologiques, les explorateurs avaient pris soin de former une collection d'histoire naturelle riche en Insectes, en Mollusques et en Végétaux. Les Mollusques furent étudiés par J. R. Bourguignat [1852, 1853] qui publia un catalogue de 138 espèces parmi lesquelles 38 nouvelles.

Le professeur Bellardi ayant, dans le courant de l'année 1852, visité une partie de l'Orient, rapporta une série de Mollusques terrestres et fluviatiles des îles de Corfou, Syra, Rhodes, Chypre, et de plusieurs points de l'Asie-Mineure et de la Syrie. Tous ces documents ont été publiés par A. Mousson [1854], qui mit également en œuvre [Mousson, *1861*] les matériaux recueillis par le professeur J. R. Roth au cours de son troisième voyage en Palestine [*1858-1859*].

L'année 1865 vit paraître deux importants mémoires. Celui de A. Issel [*1865*] est consacré à l'étude des documents rapportés par le professeur de Philippi, le Marquis Doria et Lessona. Ces savants recueillirent, pendant leur traversée de l'Arménie et de la Perse boréale, 88 espèces dont 16 nouvelles. A son tour, Tristam publia [*1865*], dans les *Proceedings* de la Société zoologique de Londres, la partie malacologique des remarquables collections zoologiques qu'il avait formées au cours de ses persévérantes et actives recherches en Syrie. Il est à regretter que les espèces créées par Tristam n'aient pas été figurées.

En 1870, le professeur allemand H. Kiepert parcourt, en compagnie de son fils, une grande partie de la Palestine où il rassemble un nombre assez restreint de coquilles qui sont étudiées par le Dr E. von Martens [*1871*]. C'est encore le même savant qui publiera, quelques années plus tard, les matériaux réunis par le Dr Alexandre Brandt dans l'Arménie russe [Martens, *1880*].

D'autre part, A. Mousson fait paraître successivement [*1873, 1876* a, *1876* b] une série de notices sur les coquilles récoltées par le Dr Sievers, de Petrograd, dans une grande partie de l'Asie occidentale : Caucasie, Transcaucasie, etc. Le même auteur avait précédemment donné trois mémoires [*1859, 1863, 1874*] consacrés aux recherches du Dr Schlaefli en Orient, mémoires où sont décrites des espèces nouvelles provenant des environs d'Alexandrette, de la côte Arménique, de la haute et de la basse Mésopotamie, de la Transcaucasie.

En 1873-1874 parut un important mémoire du Dr E. von Martens [*1874*] embrassant la faune malacologique de toute l'Asie-Antérieure. La base de cette publication, ornée de planches fort exactes, fut fournie par les récoltes du botaniste allemand Hausknecht qui visita l'Asie-Mineure, la

Syrie, la Mésopotamie et la Perse. Le D<sup>r</sup> E. von Martens ajouta à son travail les données précédemment acquises et le rendit fort utile par l'adjonction de tableaux comparatifs consacrés aux Mollusques vivant dans les dix-sept régions qu'il distingue dans l'Asie-Antérieure. Il est seulement à regretter que ces divisions soient purement géographiques au lieu d'être établies sur des bases faunistiques.

Bien qu'il ne concerne pas la Syrie, le voyage de Fedtschenko dans le Turkestan ne saurait être passé sous silence dans cette rapide revue historique. Ses résultats malacologiques sont, en effet, très importants, et les travaux de von Martens [*1874*] sur ce sujet renferment les descriptions de nombreuses espèces — surtout parmi les Mollusques fluviatiles — retrouvées depuis en Syrie et en Palestine. C'est pour les mêmes raisons que j'indiquerai encore ici le mémoire de E. von Martens [*1882*] sur les Mollusques de l'Asie centrale, mise en œuvre du matériel rapporté en Europe par les explorateurs russes et allemands.

Les très nombreuses récoltes de H. Leder, de O. Herz et du D<sup>r</sup> G. Sievers, dans la Transcaucasie, l'Arménie, le nord de la Perse, etc., furent étudiées par le D<sup>r</sup> Oskar Boettger, de Francfort, dans une importante série de publications parues dans le *Bericht über der Senckenbergischen Naturforschenden Gesellschaft in Frankfurt-am-Main* [*1884, 1889*], mais surtout dans les *Jahrbüchern der Deutschen Malakozoologischen Gessellschaft* [*1879* a, *1879* b, *1880, 1880* a, *1880* b, *1880* c, *1881, 1883*]. Le même auteur traita la partie malacologique de la faune que le D<sup>r</sup> Gustav Radde [*1886*] publia au retour de son voyage dans les régions du sud-ouest de la mer Caspienne [Boettger, *1886*]. Enfin, Boettger étudia encore [*1889*] les matériaux rapportés de la Transcaspie et du Chorassan par le D<sup>r</sup> Alfred Walter.

Avec l'expédition française de L. Lortet, nous revenons uniquement en Syrie. Ce savant, alors directeur du Muséum d'Histoire naturelle de Lyon, exécuta deux longs voyages en 1875 et en 1880, et réunit de nombreuses collections. Il étudia lui-même les Poissons [Lortet, *1883*] et confia les Mollusques à son ami A. Locard, qui publia un mémoire considérable où sont décrites et figurées des espèces nouvelles dont plusieurs avaient été récoltées par la mission française dirigée par A. Chantre, l'anthropologiste bien connu [A. Locard, *1883*].

Th. Barrois, de Lille, s'attacha plus spécialement à l'étude de la faune fluviatile des lacs syriens. Il récolta des séries malacologiques intéressantes, publiées par H. Drouet [*1893*] et Ph. Dautzenberg [*1894*].

Vers la même époque, le naturaliste allemand H. Rolle entreprenait un assez long voyage malacologique en Asie-Mineure, en Syrie et en Palestine, visitant les localités classiques et recueillant une riche collection qu'il étudiait, à son retour en Europe, en collaboration avec le célèbre malacologiste de Francfort-sur-le-Main, le D<sup>r</sup> W. Kobelt. Il en résulta la publication d'un ouvrage fondamental, illustré de nombreuses planches, et qui parut en trois livraisons [H. Rolle et W. Kobelt, *1895-1897*].

Il me reste enfin à citer quelques mémoires récents qui viennent heureusement compléter ceux signalés précédemment. Ce sont, tout d'abord, ceux du D<sup>r</sup> R. Sturany [*1902, 1905*], mise en œuvre des recherches du D<sup>r</sup> Franz Werner, du D<sup>r</sup> Arnold Penther et du D<sup>r</sup> Emerich Zederbauer; ceux de P. Hesse [*1907, 1908, 1910, 1910* a, *1912*]; enfin ceux de Naegele [*1897, 1901, 1902, 1903, 1906, 1910*] où sont signalées les espèces syriennes envoyées à l'auteur par quelques missionnaires allemands.

Après d'aussi nombreuses explorations et un tel nombre de travaux, on pouvait croire qu'il ne restait rien à glaner en Syrie. L'heureux voyage accompli par M. Henri Gadeau de Kerville apporte un démenti formel à cette supposition. Le savant naturaliste de Rouen a préféré se borner à l'étude d'une région, relativement peu étendue, de la Syrie; mais, suivant son habitude, il l'a explorée méthodiquement et méticuleusement. Aussi a-t-il pu recueillir des matériaux considérables, et l'on peut dire que, par son importance zoologique, le voyage de M. Henri Gadeau de Kerville couronne dignement ceux de ses prédécesseurs.

## II

Dans son ensemble, la faune malacologique de la Syrie et de la Palestine appartient au bassin méditerranéen et présente des affinités assez étroites que je chercherai à préciser à la fin de cette introduction.

Je me propose, tout d'abord, d'indiquer les caractères généraux et les particularités les plus saillantes de la faune terrestre, puis de la faune fluviatile.

Les Limacidæ sont encore peu connus. Cependant ces animaux présentent un grand intérêt, et il serait à désirer que les voyageurs suivent l'exemple de M. Henri Gadeau de Kerville et recueillent les Limaces avec le plus grand soin. Le genre *Limax* n'est représenté que par une espèce : le *Limax flavus* Linné, également répandu dans une grande partie de l'Europe. Par contre, les genres *Malacolimax* et *Agriolimax* fournissent de nombreuses espèces. Les *Agriolimax* surtout paraissent caractéristiques de cette faune, et M. Henri Gadeau de Kerville n'a pas récolté moins de trois espèces nouvelles auxquelles il convient d'ajouter deux *Agriolimax*, également nouveaux, qui m'ont été communiqués par mon savant collègue et ami, M. Carlo Pollonera, du Musée zoologique de Turin :

*Agriolimax Horsti* Germain [1].
*Agriolimax damascensis* Germain.
*Agriolimax nigroclypeata* Germain.
*Agriolimax agrestopsis* Pollonera.
*Agriolimax Pallaryi* Pollonera.

1. Dans cette introduction, je ne donnerai les références bibliographiques que pour les espèces dont il ne sera pas question dans la partie descriptive de ce mémoire.

Dans la famille des Testacellidæ, les véritables Testacelles sont remplacées par les *Daudebardia* et, notamment, par celles du sous-genre *Libania*.

Un fait particulièrement intéressant est l'absence des Parmacelles en Syrie et en Palestine. Cependant ces animaux se retrouvent dans la plupart des régions voisines : en Égypte (*Parmacella alexandrina* Ehrenberg [1]), en Mésopotamie (*Parmacella Olivieri* Cuvier [2]), en Caucasie (*Parmacella Korschinskii* Simroth [3]), etc. [4].

L'absence du genre *Zonites* est le trait dominant de la famille des Zonitidæ. Par contre, les Hyalines sont abondantes ; leurs affinités sont nettement européennes par les espèces appartenant aux sous-genres *Polita* et *Vitrea* dont certaines ne sont que des formes représentatives. C'est ainsi que l'on peut établir le tableau suivant :

| EUROPE MÉRIDIONALE ET ARCHIPEL | SYRIE PALESTINE |
|---|---|
| *Hyalinia cellaria* Müller. | *Hyalinia cellaria* Müller variété *Sancta* Bourguignat. |
| *Hyalinia lucida* Draparnaud. | *Hyalinia syriaca* Kobelt. |
| *Hyalinia æquata* Mousson. | *Hyalinia æquata* Mousson. |
| *Hyalinia hydatina* Rossmässler. | *Hyalinia hydatina* Rossmässler. |

1. Ehrenberg. — *Symbolæ physicæ*, etc. ; *decas prima*, 1828 (sans pagination).

2. Cuvier (G.). — *Annales Muséum Histoire naturelle Paris ;* V, 1804, p. 435, pl. XXIX, fig. 12-15 ; et Mémoires sur les Mollusques ; XII : *Mémoire sur la Dolabelle, la Parmacelle et un nouveau Mollusque nu nommé Parmacelle* ; 1817, p. 8, fig. 12-15 [non *Parmacella Olivieri* Simroth, qui est le *Parmacella Simrothi* Germain (*loc. infra cit.* ; 1911, p. 16, fig. 4)].

3. Simroth (D' H.). — *Die Nacktschneckenfauna des Russischen Reichs ;* 1902, p. 202 (*Parmacella korschinskii*).

4. Pour la distribution géographique des Parmacellidæ, voir : Germain (Louis). — Études sur la faune malacologique terrestre et

Quelques autres Hyalines, plus caractéristiques de l'Asie-Antérieure, se placent dans le sous-genre *Retinella* (*Hyalinia Simoni* Boettger, *Hyalinia libanica* Boettger) bien développé en Asie-Mineure.

On ne connaissait, jusqu'à ces derniers temps, aucun *Vitrina* en Syrie. Les recherches du frère Louis ont accru nos connaissances d'une très belle espèce qui m'a été communiquée par M. P. PALLARY, d'Oran, sous le nom de *Vitrina libanica* Pallary.

Comme dans toutes les régions circaméditerranéennes, les LEUCOCHROÆIDÆ abondent en Syrie et en Palestine. Ils y restent généralement de petite taille, mais leur sculpture prend souvent un aspect très particulier, du moins sur les premiers tours.

Nous trouvons ici un groupe très spécial, d'ailleurs limité à la Palestine, celui des *Sphincterochila*. C'est dans ce sous-genre qu'il convient de placer les curieux *Leucochroa Boissieri* de Charpentier et *Leucochroa filia* Mousson, qui n'ont aucun analogue dans les régions voisines.

Après avoir constaté la pauvreté de la faune syrienne en ENDODONTIDÆ, nous arrivons à la grande famille des HELICIDÆ qui va nous fournir des particularités fort intéressantes.

Tout d'abord, le caractère circaméditerranéen de la faune hélicéenne de la Syrie-Palestine est mis en évidence par l'existence des espèces suivantes :

> *Helix* (*Euparypha*) *pisana* Müller.
> *Helix* (*Xerophila*) *plur. sp.*
> *Helix* (*Cochlicella*) *barbara* Linné.

L'*Helix pisana* Müller, si répandu dans les régions méditerranéennes, est rare en Syrie-Palestine, où il est, en grande partie, remplacé par l'*Helix Seetzeni* Koch et ses

fluviatile de l'Asie-Antérieure; Parmacellidæ et Limacidæ (1ʳᵉ partie); *Bulletin de la Délégation en Perse*; I, 1911, p. 21 et suiv., fig. 1 (tirés à part, p. 11, fig. 1).

nombreuses variétés. Je ne reviendrai pas ici sur la répartition géographique des *Euparypha*, ayant déjà traité cette question dans une de mes publications antérieures[1]. Je voudrais cependant signaler un fait très curieux : aux deux extrémités du domaine des *Euparypha*, les espèces alourdissent leur test et prennent un aspect tout spécial. Tel est le cas de l'*Helix (Euparypha) Seetzeni* Koch, en Syrie, et celui des *Helix (Euparypha) planata* Chemnitz[2] et *Helix (Euparypha) Dehnei* Rossmässler[3], au Maroc[4]. Il y a là, je crois, un phénomène de convergence analogue à celui que j'ai signalé à propos des *Euparypha* qui, par migrations anciennes, se sont acclimatés d'une part sur les côtes de Mauritanie[5] et, d'autre part, sur les côtes du Somal[6],[7].

Remarquons la *rareté relative* des espèces du sousgenre *Xerophila* qui abondent en Tunisie, en Algérie, au

1. Germain (Louis). — Étude sur les Mollusques recueillis par M. Henri Gadeau de Kerville pendant son voyage en Khroumirie (Tunisie), in : Gadeau de Kerville (Henri). — *Voyage zoologique en Khroumirie (Tunisie)* ; 1908, p. 208.

2. Chemnitz. — *Systematische Conchylien-Cabinet;* 1re édit. ; XI, 1795, p. 281, taf. CCIX, fig. 2067-2069 (*Helix planata*).

3. Rossmässler. — *Zeitschrift für Malakozoologie* ; 1846, p. 173.

4. D'autres analogies entre quelques espèces syriennes et certaines espèces marocaines ont déjà été indiquées autrefois par le Dr Paladilhe.

5. Comme l'*Helix (Euparypha) Chudeaui* Germain [ *Bulletin Muséum Histoire naturelle Paris* ; XIII, 1908, p. 290 ; et *Actes Société linnéenne Bordeaux*, LXIV, 1910, p. 33, pl. 1, fig. 8, 9, 10 et 28]

6. Comme l'*Helix (Euparypha) pisaniformis* Bourguignat [*Mission G. Revoil au pays Çomalis. Faune et Flore* ; 1882, p. 8 et suiv., pl. IV]. Les *Helix* décrits dans ce même ouvrage, sous les noms d'*Helix somaliensis* Bourguignat (*Helix Çomaliana*), *Helix Tiani* Revoil et *Helix tohenia* Bourguignat, sont évidemment synonymes.

7. Germain (Louis). — Mollusques terrestres et fluviatiles [de la Mission Gruvel-Chudeau] ; *Actes Société linnéenne Bordeaux*, LXIV, 1910, p. 34 ; et Gruvel (A.) et Chudeau (R.). — *A travers la Mauritanie occidentale* (de Saint-Louis à Port-Étienne) ; II, 1911, p. 143-144.

Maroc, en Espagne, dans le midi de la France, etc. Ici nous observons surtout quelques espèces fort communes et souvent très polymorphes. Tel est le cas des *Helix vestalis* Parreyss et *Helix joppensis* Roth, qui représentent les *Helix derbentina* Andrzejowski et *Helix Krynickii* Andrzejowski, de l'Asie-Mineure, espèces qui, elles-mêmes, se relient à l'*Helix obvia* Zeigler[1], de l'Europe orientale.

Une adaptation très singulière est présentée par les Xérophiles vivant dans les régions désertiques de la Palestine : le test devient blanc, crétacé, opaque et assez pesant pour garantir l'animal contre les ardeurs du soleil ; en même temps la coquille s'aplatit considérablement et prend une forme plus ou moins planorbique : c'est le sous-genre *Xerocrassa*, dont le type est l'*Helix eremophila* Boissier, du désert du Sinaï.

Le sous-genre *Theba* est celui qui domine dans cette faune, aussi bien par le nombre des espèces que par l'abondance des individus. Bien que le nombre des espèces ait été exagéré[2], il n'en reste pas moins évident que, par là, la Syrie et la Palestine se rattachent étroitement à la faune de la Caucasie, de la Perse et du Turkestan.

L'abondance des grands *Helix* du sous-genre *Pomatia* est également caractéristique. Ce trait rapproche la faune syrienne de celle de la Turquie d'Asie, mais l'éloigne, d'une part, de celle de l'Égypte où toutes les espèces de ce groupe sont absentes[3] et, d'autre part, de la faune mésopotamo-perse où ces espèces sont rares.

---

1. ZEIGLER, in : HARTMANN. — *Erd- und Süsswasser-Gasteropoden*, etc. ; 1840, p. 148.

2. Voir, à ce sujet, la partie descriptive de cet ouvrage.

3. Toutes les espèces de ce groupe signalées en Égypte [*Helix cincta* Müller, *Helix nilotica* Bourguignat] sont introduites de Syrie. P. PALLARY [Catalogue de la faune malacologique d'Égypte ; *Mémoires Institut Égyptien*, Le Caire, VI, 1909, p. 22] signale, en effet, l'indication suivante qui lui a été donnée par le P. DE BELINAY : « Je sais

Aucun représentant du sous-genre *Tachea* ne vit en Syrie. Les grandes formes, comme l'*Helix atrolabiata* Krynicki[1], restent beaucoup plus au nord, dans les régions caucasiques[2] et de la mer Noire pour se relier, par l'intermédiaire de l'*Helix vindobonensis*[3] de Férussac[4], aux *Tachea* de l'Europe centrale et occidentale.

Signalons enfin deux sous-genres caractéristiques : celui des *Levantina* (*Helix cæsareana* Parreyss, *Helix spiriplana* Olivier, etc.), spécial à ces contrées, et celui des *Platytheba* (*Helix nummus* Ehrenberg, *Helix genezarethana* Mousson, etc.), qui se retrouve, au nord, en Mingrélie et en Caucasie.

La famille des Pupidæ comprend deux sous-familles assez distinctes, celle des Buliminæ et celle des Pupinæ que nous étudierons séparément.

La sous-famille des Buliminæ est très largement développée, notamment en Palestine. Dans le genre *Buliminus*, les espèces du sous-genre *Petræus* fournissent une des meilleures caractéristiques de cette faune. C'est ainsi que les :

> *Buliminus* (*Petræus*) *labrosus* Olivier,
> *Buliminus* (*Petræus*) *halepensis* de Férussac,
> *Buliminus* (*Petræus*) *sidoniensis* Pfeiffer,
> *Buliminus* (*Petræus*) *syriacus* Pfeiffer,

maintenant, hélas ! d'où proviennent les coquilles d'*Helix nilotica ;* cette espèce remplit des tonneaux entiers chez les épiciers et il paraît qu'elle est apportée de Syrie ».

1. Krynicki (J.). — Novæ species aut minus cognitæ... Rossiæ meridionalis ; *Bulletin Société impériale Naturalistes Moscou ;* VI, 1833, p. 425, n° 2, tab. IX, [non *Helix atrolabiata* Eichwald (*Fauna Caspio-Caucasica ;* pl. XXXVIII, fig. 4-5) qui est la variété *leucoranea* Mousson (*Coquilles terrestres et fluviatiles D[r] Al. Schlaefli Orient ;* II, 1863, p. 56)].

2. D'où il descend en Perse, jusqu'aux environs de Téhéran.

3. Qui vit principalement dans l'Europe centro-orientale.

4. Férussac (de). — Prodrome ; *Tableau systématique famille Limaçons ;* 1821, p. 21 (*Helix sylvatica* var. *vindobonensis*).

ne vivent pas en dehors de la Syrie et de la Palestine.
Les *Petræus* sont d'ailleurs peu répandus dans les régions
voisines, bien qu'on en rencontre quelques représentants en
Cilicie :

> *Buliminus (Petræus) egregius* Naegele [1],
> *Buliminus (Petræus) edessanus* Kobelt [2],
> *Buliminus (Petræus) Kotschyi* Pfeiffer [3], [4],
> *Buliminus (Petræus) rarus* Naegele [5], *etc.*,

et, en Crimée :

> *Buliminus (Petræus) gibber* Krynicki [6],
> *Buliminus (Petræus) gibber* Krynicki var. *cher-*
> *sonesicus* Sowerby [7].

Tous les autres groupes de *Buliminus* sont peu développés dans les contrées que nous étudions. C'est ainsi que
les *Zebrinus*, si nombreux en Crimée[8], sont rares, et que les

1. NAEGELE (G.). — Einige Neuheiten aus Voderasien ; *Nachrichtsblatt d. Deutschen Malakozoolog. Gesellschaft ;* 1902, p. 3, n° 36.

2. KOBELT (W.). — *Iconographie der Land- und Süsswasser-Mollusken ;*
V, 1877, p. 67, taf. CXXXVII, fig. 1350 *(Buliminus Kotschyi* var. *minor).*
Le nom de *Buliminus (Petræus) edessanus* a été donné par KOBELT à
cette coquille en 1903. [*Nachrichtsblatt d. Deutschen Malakozoolog.
Gesellschaft ;* p. 43].

3. PFEIFFER (L.). — *Malakozoolog. Blätter ;* 1854, p. 66.

4. Cette espèce a été signalée en Syrie par M. BLANCKENHORN [*Nachrichtsblatt d. Deutschen Malakozoolog. Gesellschaft ;* 1889, p. 78].

5. NAEGELE (G.), in : KOBELT (W.). — *Iconographie der Land- und
Süsswasser-Mollusken ;* n. f. ; fig. 1638.

6. KRYNICKI (J.). — Novæ species aut minus cognitæ... Rossiæ meridionalis ; *Bulletin Société impériale Naturalistes Moscou ;* VI, 1833,
p. 416, n° 3, tab. VIII *(Bulimus gibber).*

7. SOWERBY, in : JAY. — A Catalogue of the Shells ; etc., 1839, *(Bulimus chersonesicus) ;* et REEVE. — *Conchol. Iconica ;* Bulim., 1849, fig. 576.

8. Comme le *Buliminus (Zebrinus) cylindricus* Menke [in : PFEIFFER.
— *Monographia Heliceorum viventium ;* II, 1830, p. 226 *(Bulimus cylindricus)*] et toutes les formes qui en dérivent, et le *Buliminus (Zebrinus) crassus* Retowski [in : ROSSMASSLER. — *Iconographie der Land-
und Süsswasser-Mollusken ;* n. f. (par KOBELT), fig. 1593].

*Brephulus* de la Bulgarie[1], de la Crimée[2], de l'Asie-Mineure[3] et des îles de l'Archipel[4] sont absents. Il en est de même des *Pseudopetræus*[5] et des *Subzebrinus*[6] si caractéristiques du Turkestan, de la Perse et de la Transcaspie.

1. *Buliminus (Brephulus) bicallosus* Pfeiffer [*Zeitschrift für Malakozoologie;* 1847, p. 192].

2. *Buliminus (Brephulus) bidens* Krynicki [*Bulletin Société Naturalistes Moscou,* VI, 1833, p. 401, tab. VII] et ses nombreuses variétés; *Buliminus (Brephulus) subulatus* Rossmässler [*Iconographie der Land- und Süsswasser-Mollusken;* part. V, 1837, p. 48, tab. XXVIII, fig. 393 (*Bulimus subulatus*)].

3. *Buliminus (Brephulus) bithynicus* Galland [in : KOBELT. — *Monogr. der Gattung Buliminus,* in : MARTINI et CHEMNITZ. — *Systemat. Conchylien-Cabinet;* ed. II, p. 961]; *Buliminus (Brephulus) biplicatus* Retowski [in : KOBELT. — *Iconographie der Land- und Süsswasser-Mollusken;* n. f. (par KOBELT), fig. 1820]; *Buliminus (Brephulus) Tourneforti* de Férussac [*Tableau systémat. Animaux Mollusques; Prodrome;* 1822, n° 457 (*Helix (Cochlogena) Tournefortiana*)]; etc.

4. *Buliminus (Brephulus) zebra* Olivier [*Voyage Empire Ottoman;* atlas, 1804, pl. XVII, fig. 10 a, 10 b (*Bulimus zebra*)]; *Buliminus (Brephulus) spoliatus* Parreyss [in : PFEIFFER. — Symbolæ ad Historiam Heliceorum; III, 1846, p. 87 (*Bulimus spoliatus*)]; etc.

5. *Buliminus (Pseudopetræus) asiaticus* Mousson [in : MARTENS. — *Conchologische Mittheilungen;* I, 1880, p. 29, taf. VI, fig. 12-14 (*Buliminus Asiaticus*)]; *Buliminus (Pseudopetræus) intumescens* Martens (*loc. supra cit.;* I, 1880, p. 28, taf. VI, fig. 10-11). Cette espèce avait été décrite par MARTENS dès 1874, in: FEDTSCHENKO. — *Reisen in Turkestan; Mollusken,* p. 22, taf. II, fig. 18, sous le nom de *Buliminus (Chondrula) intumescens;* etc.

6. *Buliminus (Subzebrinus) asterabadensis* Kobelt [*Iconographie der Land- und Süsswasser-Mollusken;* VII, 1880, p. 63, taf. CCI, fig. 2039 (*Buliminus asterabadensis*)]; *Buliminus (Subzebrinus) candelaris* PFEIFFER [*Proceedings Zoological Society of London;* 1846, p. 40 (*Buliminus candelaris*)]; *Buliminus (Subzebrinus) sogdianus* Martens [in : FEDTSCHENKO. — *Reisen in Turkestan; Mollusken;* 1874, p. 19, taf. II, fig. 14 (*Buliminus Sogdianus*)]; *Buliminus (Subzebrinus) Roseni* Kobelt [*Iconographie der Land- und Süsswasser-Mollusken;* n. f., fig. 1649]; *Buliminus (Subzebrinus) Bonvaloti* Ancey [*Bulletin Société malacologique France;* III, 1886, p. 33 (*Buliminus Bonvalo-*

Quant aux *Ena*, ils ne sont guère représentés que par les *Buliminus (Ena) benjamiticus* Roth et *Buliminus (Ena) Louisi, nov. sp.* Le groupe est, en grande partie, remplacé par celui des *Mastus* dont une espèce au moins [*Buliminus (Mastus) episomus* Bourguignat] est assez répandue, sans être commune dans ses localités.

Dans toute l'Asie-Antérieure, les *Chondrula* développent de nombreuses espèces, un peu comme le font les *Pupa* dans l'Europe centrale et méridionale. Des quatre sous-genres actuellement admis dans le genre *Chondrula*[1], deux sont représentés en Syrie : les *Chondrula* (sens. stricto) par un grand nombre d'espèces et les *Amphiscopus* par quelques-unes seulement [*Chondrula (Amphiscopus) Ledereri* Zelebor, *Chondrula (Amphiscopus) Michoni* Bourguignat].

La sous-famille des PUPINÆ est peu développée, aussi bien en Syrie qu'en Palestine. L'espèce la plus caractéristique est le *Pupa (Torquilla) rhodia* Roth, et nous voyons un Mollusque de l'Europe moyenne et méridionale, l'*Orcula (Orcula) doliolum* Bruguière, traverser tout ce continent pour se retrouver, en Syrie, sous la forme d'une espèce représentative évidemment dérivée d'un même type ancestral, l'*Orcula (Orcula) scyphus* Friwaldsky.

J'ai résumé, dans le tableau suivant, les analogies et les différences présentées par les BULIMINÆ de la faune de la Syrie et de quelques régions voisines :

*tianus)*]; *Buliminus (Subzebrinus) Herzensteni* Ancey [*Le Naturaliste,* 1886, p. 270; et *Bulletin Société malacologique France;* III, 1886, p. 23 ]; etc.

1. I. — *Chondrula* sensu stricto.

II. — *Spaniodonta* Kobelt et Mollendorff [*Nachrichtsblatt d. Deutschen Malakozoolog. Gesellschaft;* 1903, p. 65].

III. — *Amphiscopus* Westerlund [*Fauna der in der paläarctischen region Binnenconchylien;* III, 1887, p. 55].

IV. — *Chondrulopsis* Westerlund [*Fauna der in der paläarctischen region Binnenconchylien;* suppl. I, 1890, p. 39].

| SYRIE PALESTINE | ASIE-MINEURE | MÉSOPOTAMIE | TURKESTAN KURDISTAN |
|---|---|---|---|
| I. — BULIMINUS | I. — BULIMINUS | I. — BULIMINUS | I. — BULIMINUS |
| A. PETRÆUS | A. PETRÆUS | A. PETRÆUS | |
| *Buliminus labrosus* Olivier. | | | |
| *Buliminus Fourousi* Bourguignat. | | | |
| *Buliminus carneus* Pfeiffer. | *Buliminus carneus* Pfeiffer | | |
| *Buliminus halepensis* Pfeiffer. | *Buliminus halepensis* Pfeiffer var. *urmianus* Naegele. | *Buliminus halepensis* de Férussac. | |
| *Buliminus sidoniensis* de Férussac. | *Buliminus sidoniensis* de Férussac. | | |
| *Buliminus Kotschyi* Pfeiffer. | *Buliminus Kotschyi* Pfeiffer. | | |
| *Buliminus syriacus* Pfeiffer. | | *Buliminus mesopotamicus* Martens. | |
| Etc. | *Buliminus egregius* Naegele. | | |
| | *Buliminus exquisitus* Naegele. Etc. | | |
| B. PSEUDOPETRÆUS | | | B. PSEUDOPETRÆUS |
| | | | *Buliminus albocostatus* Westerlund. |
| | | | *Buliminus asiaticus* Mousson. |
| | | | *Buliminus biformis* Westerlund. |

| SYRIE PALESTINE | ASIE-MINEURE | MÉSOPOTAMIE | TURKESTAN KURDISTAN |
|---|---|---|---|
| B. Pseudopetræus | | | B. Pseudopetræus |
| | | | *Buliminus cas-taneus* Wes-terlund. |
| | | | *Buliminus di-plus* Wester-lund. |
| *Buliminus lon-gulus* Rolle. | | | *Buliminus er-rans* Wester-lund. |
| | | | *Buliminus Ko-marowi* Ko-belt. |
| | *Buliminus purus* Westerlund. | | *Buliminus miser* Westerlund. Etc. |
| C. Pseudonapæus | | | C. Pseudonapæus |
| | | | *Buliminus Mar-tensi* Ancey. |
| | | | *Buliminus Kuld-schanus* Mous-son. |
| *Buliminus scala-ris* Naegele. | | | *Buliminus coni-culus* Ancey. |
| D. Zebrinus | D. Zebrinus | D. Zebrinus | D. Zebrinus |
| *Buliminus mirus* Westerlund. | | | |
| *Buliminus detri-tus* Müller. | *Buliminus detri-tus* Müller et ses variétés. | | |
| | | | *Buliminus dar-danus* Friwal-dsky. |

3

| SYRIE<br>PALESTINE | ASIE-MINEURE | MÉSOPOTAMIE | TURKESTAN<br>KURDISTAN |
|---|---|---|---|
| D. Zebrinus<br>*Buliminus fasciolatus* Olivier.<br><br>*Buliminus oligogyrus* Boettger. | D. Zebrinus<br>*Buliminus fasciolatus* Olivier.<br><br>*Buliminus Funkei* Boettger.<br>*Buliminus spratti* Pfeiffer. | D. Zebrinus<br>*Buliminus fasciolatus* Olivier.<br><br>*Buliminus hebraicus* Pfeiffer. | D. Zebrinus<br>*Buliminus fasciolatus* var. *kurdistana* Parreyss.<br><br>*Buliminus Hohenackeri* Krynicki.<br><br>D⁴. Subdetritus<br>*Buliminus albiplicatus* Martens.<br>*Buliminus asterabadensis* Kobelt.<br>*Buliminus Bonvaloti* Ancey.<br>*Buliminus candelaris* Pfeiffer.<br>*Buliminus labiellus* Martens.<br>*Buliminus oxianus* Martens.<br>*Buliminus Retteri* Rösen.<br>*Buliminus sogdianus* Martens.<br>Etc. |

| SYRIE<br>PALESTINE | ASIE-MINEURE | MÉSOPOTAMIE | TURKESTAN<br>KURDISTAN |
|---|---|---|---|
| | E. Brephulus<br><br>*Buliminus bi-plicatus* Re-towski.<br>*Buliminus bithynicus* Galland.<br>*Buliminus olympicus* Parreyss.<br>*Buliminus Tourneforti* de Fé-russac.<br>Etc. | | |
| F. Ena<br><br>*Buliminus ben-jamiticus* Roth.<br>*Buliminus Louisi* nov. sp. | | | F. Ena<br><br>*Buliminus Boettgeri* Clessin.<br>*Buliminus umbrosus* Mousson. |
| | | | F[1]. Medea<br><br>*Buliminus carduchus* Martens.<br>★ *Buliminus Raddei* Kobelt [1]. |
| | | | F[2]. Retowskia<br><br>*Buliminus Schlæflii* Mousson. |

1. Les espèces marquées d'un astérisque se retrouvent dans la Caucasie.

| SYRIE PALESTINE | ASIE-MINEURE | MÉSOPOTAMIE | TURKESTAN KURDISTAN |
|---|---|---|---|
| G. MASTUS | G. MASTUS | | |
| *Buliminus episo-mus* Bourguignat. | | | |
| *Buliminus gastrum* Ehrenberg. | | | |
| | *Buliminus anatolicus* Issel. | | |
| | *Buliminus meus* Westerlund. | | |
| | *Buliminus robustus* Naegele. | | |
| *Buliminus uriæ* Tristam. | | | |
| | *Buliminus subacanus* Westerlund. | | |
| *Buliminus pupa* Bruguière. | | | |
| II.— CHONDRULA | II.— CHONDRULA | II.— CHONDRULA | II.— CHONDRULA |
| | A. SPANIODONTA | | A. SPANIODONTA |
| | *Chondrula brevior* Mousson. | | |
| | *Chondrula diffusa* Mousson. | | *Chondrula diffusa* Mousson. |
| | *Chondrula leucodon* Pfeiffer. | | |
| | *Chondrula oribatha* Westerlund. | | |
| | *Chondrula scapus* Parreyss. | | *Chondrula scapus* Parreyss. |
| | *Chondrula tuberifera* Boettger. | | *Chondrula tuberifera* Boettger. |

| SYRIE PALESTINE | ASIE-MINEURE | MÉSOPOTAMIE | TURKESTAN KURDISTAN |
|---|---|---|---|
| B. Chondrula s. str. | B. Chondrula s. str. | B. Chondrula s str. | B. Chondrula s. str. |
| *Chondrula tridens* Müller. | *Chondrula tridens* Müller. | *Chondrula tridens* Müller. | *Chondrula tridens* Müller. |
| *Chondrula tricuspidata* Küster. | | | |
| *Chondrula ghilanensis* Issel. | *Chondrula ghilanensis* Issel. | *Chondrula ghilanensis* Issel. | * *Chondrula ghilanensis* Issel. |
| *Chondrula libanica* Naegele | | | |
| | *Chondrula albolimbata* Pfeiffer. | | * *Chondrula albolimbata* Pfeiffer. |
| | *Chondrula angustior* Retowski. | | * *Chondrula angustior* Retowski. |
| *Chondrula chondriformis* Mousson. | | | |
| | *Chondrula didymodus* Boettger. | | * *Chondrula didymodus* Boettger. |
| | | | * *Chondrula didymodus* var. *callilabris* Boettger. |
| *Chondrula lamellifera* Rossmässler. | *Chondrula lamellifera* Rossmässler. | | |
| *Chondrula septemdentata* Roth. | *Chondrula septemdentata* Roth. | *Chondrula septemdentata* Roth. | *Chondrula septemdentata* Roth. |
| | | | * *Chondrula euxina* Clessin. |

| SYRIE PALESTINE | ASIE-MINEURE | MÉSOPOTAMIE | TURKESTAN KURDISTAN |
|---|---|---|---|
| B. CHONDRULA s. str. | B. CHONDRULA s. str. | B. CHONDRULA s. str. | B. CHONDRULA s. str. |
| *Chondrula ocularis* Olivier. *Chondrula triticea* Rossmässler. | *Chondrula ocularis* Olivier. | | ⋆ *Chondrula Sieversi* Mousson. |
| | *Chondrula nana* Olivier. *Chondrula phasiana* Dubois. | | *Chondrula phasiana* Dubois. |
| *Chondrula Saulcyi* Bourguignat. Etc. | | | |
| | | | B1. CHONDRULOPSIS |
| | | | *Chondrula anomala* Westerlund. Etc. Très nombreuses espèces. |
| C. AMPHISCOPUS | C. AMPHISCOPUS | | C. AMPHISCOPUS |
| *Chondrula Ledereri* Zelebor. | | | |
| | *Chondrula Sturmi* Küster. | | ⋆ *Chondrula contineus* Rösen. |
| *Chondrula Michoni* Bourguignat. | | | |

L'examen de ce tableau montre que les *Petræus* syriens sont remplacés, dans le Turkestan et le Kurdistan, par les *Pseudopetræus*. Les *Mastus*, surtout développés dans les contrées circaméditerranéennes orientales, encore communs dans les îles de l'Archipel, tendent de plus en plus à disparaître à mesure que l'on s'avance vers l'est, et ils manquent en Mésopotamie, en Perse, au Turkestan, etc. Enfin, les *Chondrula*, très répandus en Syrie et dans presque toute l'Asie-Mineure, sont partiellement remplacés par les *Chondrulopsis* dans les régions de l'est (Turkestan, nord de la Perse).

La famille des CLAUSILIIDÆ fournit un nombre relativement grand d'espèces dont la plupart, appartenant à deux sous-genres particuliers (*Bitorquata* et *Cristataria*), impriment à la faune syrienne un cachet tout spécial.

Avec les FERUSSACIIDÆ nous retrouvons des Mollusques surtout méditerranéens. La Syrie nourrit un assez grand nombre de *Cæcilioides* dont quelques-uns vivent également dans l'Europe centrale (*Cæcilioides Liesvillei* Bourguignat), et le curieux genre *Calaxis* dont les espèces, qui ressemblent à des *Ferussacia* dentés, se réunissent en petites colonies sous les pierres.

Quand nous aurons signalé le genre *Succinea*, il ne nous restera plus que quelques mots à dire des Operculés terrestres dont deux Cyclostomes sont les seuls représentants. L'un est le *Cyclostoma elegans* Müller, qui habite toute l'Europe, et l'autre le *Cyclostoma Olivieri* Sowerby, simple variété du *Cyclostoma costulatum* Zeigler, dont l'aire de dispersion embrasse non-seulement l'Asie-Antérieure, mais encore la majeure partie de l'Europe orientale.

### III

La faune fluviatile de la Syrie et de la Palestine n'est pas moins riche que la faune terrestre.

Les Pulmonés sont de types nettement européens. C'est ainsi que le *Limnæa Chantrei* Locard et ses variétés représentent, en Asie-Mineure, le *Limnæa stagnalis* Linné, d'Europe ; que le *Limnæa lagotis* Schrank est l'espèce représentative du si polymorphe *Limnæa limosa* Linné [1], d'Europe. Plus loin, vers l'est, ce même *Limnæa lagotis* Schrank donne les *Limnæa euphratica* Mousson [2] et *Limnæa canalifera* Mousson [3], de la vallée de l'Euphrate, qui, peut-être, ne sont que des modifications locales d'un même type spécifique [4].

Le *Limnæa auricularia* Linné [5] ne vit ni en Syrie, ni en Palestine. Il reste plus septentrional, même en Asie, et sa forme représentative, le *Limnæa obliquata* Martens [6], n'a jamais été signalée au sud du Turkestan.

Le tableau suivant précise les étroites affinités des Pulmonés d'eau douce européens et syriens :

1. Linné (C.). — *Systema Naturæ* ; ed. X, 1758, p. 774 (non Montagu, nec Dillwyn) (*Helix limosa*).

2. Mousson (A.). — Coquilles terrestres et fluviatiles recueillies par M. le Dr Alex. Schlaefli en Orient ; *Journal de Conchyliologie* ; XXII, 1874, p. 40, n° 5 (*Limnæa Euphratica*).

3. Mousson (A.). — *Loc. supra cit.* ; 1874, p. 41, n° 6.

4. C'est ainsi que le *Limnæa lagotis* Schrank représente plus particulièrement le *Limnæa vulgaris* C. Pfeiffer [*Naturgeschichte deutscher Land- und Süsswasser-Mollusken* ; 1821, p. 84, taf. IX, fig. 22], tandis que le *Limnæa lagotis* var. *hydachariensis* Germain se rapproche davantage du *Limnæa limosa* Linné.

5. Linné (C.). — *Systema Naturæ* ; ed. X, 1758, p. 774 (*Helix auricularia*).

6. Martens (Dr E. von). — Mollusca, in : Fedtschenko. — *Reise in Turkestan* (en russe) ; 1874, p. 26, n° 31, taf. II, fig. 21. (Voir aussi Martens. — *Malakozoolog. Blätter* ; 1864, XI, p. 116, taf. III, fig. 9-10).

| EUROPE OCCIDENTALE ET CENTRALE | EUROPE ORIENTALE | SYRIE PALESTINE |
| --- | --- | --- |
| *Limnæa stagnalis* Linné. | *Limnæa stagnalis* Linné. | *Limnæa Chantrei* Locard. |
| *Limnæa limosa* Linné. | *Limnæa lagotis* Schrank. | *Limnæa lagotis* Schrank. |
| *Limnæa palustris* Müller. | *Limnæa palustris* Müller. | *Limnæa palustris* Müller. |
| *Limnæa truncatula* Müller. | *Limnæa truncatula* Müller. | *Limnæa truncatula* Müller. |
| *Planorbis umbilicatus* Müller. | *Planorbis umbilicatus* Müller. | *Planorbis umbilicatus* Müller. |
| *Planorbis albus* Müller. | *Planorbis janinensis* Mousson. | *Planorbis piscinarum* Bourguignat. |
| *Ancylus* sp. plur. | *Ancylus* sp. plur. | *Ancylus libanicus* Naegele. |
| *Physa acuta* Draparnaud. | | *Physa syriaca* Germain. |

Signalons cependant, parmi les Pulmonés aquatiques, le *Bullinus* (*Isidora*) *asiatica* Germain, qui est le seul représentant syrien, actuellement connu [1], d'un genre mal développé en Europe [2], mais qui a pris, dans l'Afrique tro-

1. MOUSSON (A.) a signalé, dans la Basse-Mésopotamie, deux autres *Bullinus* : une variété qu'il nomme *approximans* [MOUSSON (A.). — Coquilles terrestres et fluviatiles recueillies par M. le D[r] AL. SCHLAEFLI en Orient; *Journal de Conchyliologie*; XXII, 1874, p. 42, n° 8 (*Physa* (*Isidora*) *Brocchii* Ehrenberg var. *approximans*)] du *Bullinus* (*Isidora*) *Brocchii* Ehrenberg [*Symbolæ physicæ*; 1831 (sans pagination)], et le *Bullinus* (*Isidora*) *lirata* Mousson [*loc. supra cit.*; XXII, 1874, p. 43, n° 9 (*Physa* (*Isidora*) *lirata*)], espèce caractérisée par un test orné de costulations fines, aiguës, assez distantes et fort élégamment distribuées. Par la présence de ces *Bullinus*, la faune de la Basse-Mésopotamie se rapproche de celle de l'Égypte.

2. Où il est représenté, dans l'Europe méridionale seulement, par le *Bullinus* (*Isidora*) *contorta* Michaud [*Actes Société linnéenne Bor-*

picale [1] et Mineure, une extension extrêmement considérable.

*<br>* *

Les Prosobranches fluviatiles montrent d'assez nombreux *Bythinia*, *Amnicola* et *Bythinella* sans caractères bien particuliers. Remarquons cependant l'absence absolue du genre *Vivipara*, si caractéristique des régions européennes. Ainsi, la faune des Operculés de la Syrie se rapproche de celle de l'Afrique du nord (Maroc, Algérie, Tunisie), rapprochement encore accentué par l'abondance des MELANIIDÆ. Si le *Melania tuberculata* Müller reste cantonné dans quelques localités privilégiées, les *Melanopsis* pullulent dans toutes les eaux douces, et, fait curieux, il n'existe peut-être, dans tout le pays, qu'une seule espèce pourvue d'un polymorphisme extraordinairement étendu. Comme dans l'Afrique-Mineure, les espèces fluviatiles dominantes de la Syrie appartiennent aux genres *Bythinia* et *Melanopsis* et constituent des colonies toujours très populeuses.

Quelques *Theodoxia* ( *Theodoxia Jordani* Sowerby, *Theodoxia Macrii* Recluz) complètent cette faune de Gastéropodes aquatiques, dont quelques espèces peuvent vivre à une assez grande profondeur, notamment dans le lac de Tibériade [2].

*<br>* *

Les Pélécypodes de la Syrie et de la Palestine, sans être extrêmement nombreux en espèces, présentent cependant quelques types assez particuliers.

---

*deaux ;* III, 1829, p. 268, fig. 15-16 *( Physa contorta) ;* et *Complément de l'Histoire naturelle des Mollusques terrestres et fluviatiles de la France ;* 1831, p. 83, pl. XVI, fig. 21-22. *( Physa contorta )* ].

1. Surtout dans les régions soudanaises et sahariennes.

2. LORTET (L.). — Dragages profonds exécutés dans le lac de Tibériade (Syrie) en mai 1880 ; *Comptes rendus Académie des Sciences Paris ;* 13 septembre 1880.

Ce sont, tout d'abord, les *Leguminaia* qui remplacent dans ces régions [1] les *Margaritana* de la faune nord-occidentale de l'Europe. Les espèces de ce genre, assez abondantes dans toutes les eaux douces de l'Asie-Antérieure, sont surtout répandues, en dehors de la Syrie et de la Palestine, en Mésopotamie et en Perse [2].

Les *Gabillotia* sont de beaux et de grands bivalves, souvent ornés de vives couleurs, qui tiennent lieu des Anodontes si répandues dans toutes les eaux douces européennes.

Les espèces sont peu nombreuses. Une seule est actuellement connue en Syrie :

*Gabillotia pseudodopsis* Locard.

Deux autres vivent dans les eaux de l'Euphrate :

*Gabillotia Opperti* Bourguignat [3].
*Gabillotia euphratica* Bourguignat [4].

Enfin, la variété *churchillianus* Bourguignat [5], du *Gabillotia euphratica* Bourguignat, se trouve dans les eaux douces de la Turquie d'Asie.

Les UNIONIDÆ les plus abondamment répandus sont, comme en Europe, les véritables *Unio* dont les formes syriennes présentent, avec les formes européennes, des analogies certaines, mais cependant, pour quelques groupes

1. Ainsi, d'ailleurs, que dans les contrées oriento-méridionales de l'Europe (Turquie d'Europe, Illyrie, Lombardie, Piémont).

2. Un véritable *Leguminaia* vit également dans le sud de l'Europe : c'est le *Leguminaia uniopsis* de Lamarck [ *Histoire naturelle Animaux sans vertèbres* ; VI, 1819, p. 86 *(Anodonta uniopsis)*].

3. BOURGUIGNAT (J. R.). — *Aménités malacologiques* ; I, 1856, p. 154, pl. XIV, fig. 6 *(Unio Opperti)*.

4. BOURGUIGNAT (J. R.). — *Testacea novissima quæ* CL. DE SAULCY *in itinere per Orientem* ; 1852, p. 28 *(Unio euphratica)*.

5. BOURGUIGNAT (J. R.). -- *Aménités malacologiques* ; II, 1857, p. 55, pl. II, fig. 1-4 *(Unio churchillianus)*.

du moins, plus apparentes que réelles. J'ai montré, par exemple, que les espèces asiatiques appartenant au groupe européen de l'*Unio littoralis* Cuvier [1] constituaient un sous-genre voisin, mais distinct, auquel j'ai donné le nom de *Rhombunio*.

Presque aux deux extrémités du domaine paléarctique, les Unios de ce groupe ont pris un développement considérable :

Le groupe de l'*Unio littoralis* Cuvier atteint son maximum d'épanouissement dans la péninsule Ibérique (*Unio littoralis* Cuvier, *Unio umbonatus* Rossmässler [2], etc.), d'où il rayonne, d'une part, vers la France et l'Allemagne occidentale (*Unio littoralis* Cuvier), et, d'autre part, vers le Maroc et l'Algérie (*Unio Fellmanni* Deshayes [3]). Ces diverses espèces sont absentes dans l'Allemagne du nord, la Belgique, la Russie, et même l'Italie et la Turquie.

A l'autre extrémité du domaine paléarctique, dans l'Asie-Antérieure, vivent les espèces de la série de l'*Unio Rothi* Bourguignat, que j'ai groupées sous la dénomination de RHOMBUNIO.

Les autres Unios de la Syrie et de la Palestine rentrent dans le sous-genre LYMNIUM. Comme leurs congénères d'Europe, ils se font remarquer par leur polymorphisme particulièrement étendu. Aussi a-t-on, souvent à tort, multiplié

---

1. CUVIER. — *Tableau élémentaire ;* 1798, p. 425. C'est l'*Unio rhomboideus* de MOQUIN-TANDON (*Histoire Mollusques terrestres fluviatiles France ;* II, 1855, p. 568, pl. XLVIII, fig. 4-9, et pl. XLIX, fig. 1-2) et de presque tous les auteurs français. [Non *Mya rhomboidea* Schröter. — *Die Geschichte der Flussconchylien ;* 1779, p. 186, pl. II, fig. 3, qui a été établi sur une valve dépareillée de l'*Unio crassus* de PHILIPPSSON (*Dissertatio historico naturalis nova Testaceorum*, etc. ; 1788, p. 17)].

2. ROSSMASSLER. — *Iconographie der Land- und Süsswasser-Mollusken ;* III, 1854, p. 36, fig. 849 (*Unio littoralis* var. *umbonatus).*

3. DESHAYES. — *Histoire naturelle des Mollusques de l'Algérie ;* atlas, 1847, (le texte n'a jamais paru), pl. CVIII, fig. 8-9, pl. CIX, CX, CXI, CXIII et CXIV (toutes les figures) et pl. CXII, fig. 1-4.

les espèces. La plus caractéristique est l'*Unio terminalis*
Bourguignat, qui vit également en Mésopotamie en compa-
gnie des *Unio mossouliensis* Küster [1] et *Unio tigridis*
Bourguignat [2].

Les autres Pélécypodes sont surtout représentés par les
Corbicules, mais toutes sont des variétés d'une seule espèce,
également fort répandue en Afrique, le *Corbicula fluminalis* Müller.

Les lacs de la Syrie, et notamment le lac de Tibériade,
nourrissent des Pélécypodes jusqu'à une profondeur relativement considérable. Tel est le cas, notamment, des :

> *Unio (Lymnium) terminalis* Bourguignat.
> *Unio (Lymnium) tigridis* Bourguignat.
> *Corbicula fluminalis* Müller [3].

Enfin, quelques *Pisidium* peu abondants et des *Sphœ-
rium* encore plus rares complètent cette faune d'Acéphales
relativement variée, où certaines espèces (*Unio terminalis*
Bourguignat, *Corbicula fluminalis* Müller) montrent une
prédominance extrêmement marquée.

IV

Les développements qui précèdent montrent que la Syrie
et la Palestine possèdent une faune riche et dont un assez
grand nombre d'éléments ne vivent pas en dehors de ces
contrées.

1. Küster, in : Martini et Chemnitz. — *Systemat. Conchylien-
Cabinet;* Unio ; 1861, p. 244, pl. LXXXII, fig. 1 *(Unio mussolianus).*

2. Bourguignat (J. R.). — *Testacea novissima quœ* Cl. de Saulcy
*in itinere per Orientem ;* 1852, p. 30.

3. Lortet (L.). — Dragages profonds exécutés dans le lac de Tibériade (Syrie) en mai 1880 ; *Comptes rendus Académie des Sciences
Paris ;* 13 septembre 1880.

Parmi les espèces spéciales à la Syrie et à la Palestine, il convient de citer : [1]

*Malacolimax Cecconii* Simroth.
*Malacolimax Festæ* Pollonera.
*Malacolimax hierosolymitanus* Pollonera.
*Agriolimax phœniciacus* Bourguignat.
*Agriolimax berytensis* Bourguignat.
*Agriolimax Horsti* Germain.
*Mesolimax eustrictus* Bourguignat.
*Daudebardia (Libania) Saulcyi* Bourguignat.
*Vitrina libanica* Pallary.
*Hyalinia (Polita) cellaria* Müller var. *sancta* Bourguignat.
*Hyalinia (Polita) syriaca* Kobelt.
*Hyalinia (Retinella) libanica* Boettger.
* *Hyalinia (Polita) jebusitica* Roth.
*Pyramidula ( Pyramidula ) hierosolymitana* Bourguignat.
*Leucochroa (Albea) prophetarum* Bourguignat.
*Leucochroa (Albea) cariosa* Olivier.
* *Leucochroa (Sphincterochila) Boissieri* de Charpentier [2].
* *Leucochroa (Sphincterochila) filia* Mousson [2].
*Helix (Helicogena) cavata* Mousson.
*Helix (Helicogena) engaddensis* Bourguignat.
*Helix (Monacha) solitudinis* Bourguignat.
*Helix (Fruticicola) crispulata* Mousson.
*Helix (Platytheba) nummus* Ehrenberg.
*Helix (Euparypha) Seetzeni* Koch, var. *antilibanica* Pollonera, *iberoides* Pollonera et *ereminoides* Pollonera.
* *Helix (Xerocrassa) eremophila* Boissier [2].

1. Les espèces marquées d'un astérisque ne vivent qu'en Palestine.

2. Ces espèces se retrouvent dans une faible partie de l'Arabie qui, par ses caractères fauniques, se rattache à la Palestine.

*Helix (Candidula) hierochuntina* Westerlund.

*Helix (Xerophila) candiota* Friwaldsky var. *subcandiota* Germain.

*Buliminus (Petræus) neortus* Westerlund.

*Buliminus (Petræus) eliæ* Naegele.

*Buliminus (Petræus) syriacus* Pfeiffer.

*Buliminus (Petræus) sidoniensis* de Férussac.

*Buliminus (Pseudopetræus) longulus* Rolle.

*Buliminus (Ena) Louisi* Pallary.

*Chondrula (Chondrula) triticea* Rossmässler.

*Chondrula (Chondrula) sexdentata* Naegele.

*Chondrula (Amphiscopus) Michoni* Bourguignat.

*Pupa (Torquilla) libanotica* Tristam.

*Clausilia (Euxina) pleuroptychia* Boettger.

*Clausilia (Euxina) galeata* Parreyss.

*Clausilia (Bitorquata) bitorquata* Friwaldsky.

*Clausilia (Bitorquata) cedretorum* Bourguignat.

*Clausilia (Cristataria) davidiana* Bourguignat.

*Clausilia (Cristataria) Delesserti* Bourguignat.

*Clausilia (Cristataria) Zelebori* Rossmässler.

*Clausilia (Cristataria) Dupouxi* Naegele.

*Clausilia (Cristataria) calopleura* Letourneux.

*Clausilia (Cristataria) Staudingeri* Boettger.

*Calaxis Saulcyi* Bourguignat.

*Cæcilioides judaica* Mousson.

*Cæcilioides Kervillei* Germain.

*Succinea (Amphibina) Kervillei* Germain.

*Limnæa (Limnus) Chantrei* Locard.

*Planorbis (Heterodiscus) libanicus* Westerlund.

*Planorbis (Gyraulus) piscinarum* Bourguignat.

*Ancylus (Ancylus) libanicus* Naegele.

*Physa (Physa) syriaca* Germain.

*Bullinus (Isidora) asiatica* Germain.

*Bythinia (Elona) Hawaderiana* Bourguignat.

*Bythinia (Elona) Saulcyi* Bourguignat.

*Bythinella longiscata* Bourguignat.

*Bythinella contempta* Dautzenberg.
*Melanopsis Saulcyi* Bourguignat.
*Valvata (Cincinna) Gaillardoti* Germain.
*Theodoxia Jordani* Sowerby.
*Gabillotia pseudodopsis* Locard.
*Leguminaia (Pseudoleguminaia) Chantrei* Locard.
*Unio (Rhombunio) Barroisi* Drouët.
*Unio (Rhombunio) episcopalis* Tristam.
*Pisidium (Fossarina) cedrorum* Clessin.

Si, maintenant, nous cherchons à préciser les affinités de la faune syrienne avec celles des régions voisines, nous constaterons que la Syrie et la Palestine possèdent des espèces communes avec l'Europe, avec plusieurs contrées de l'Asie-Antérieure et même avec l'Afrique du nord.

Parmi les espèces communes avec la faune européenne, nous pouvons citer :

*Limax flavus* Linné.
*Agriolimax agrestis* Linné.
*Hyalinia (Polita) æquata* Mousson [1].
*Hyalinia (Polita) nitelina* Bourguignat [1].
*Hyalinia (Vitrea) hydatina* Rossmässler.
*Leucochroa (Albea) candidissima* Draparnaud.
*Helix (Cryptomphalus) aspersa* Müller.
*Helix (Helicogena) cincta* Müller.
*Helix (Theba) Olivieri* de Férussac [2].
*Helix (Euparypha) pisana* Müller.
*Helix (Xerophila) protea* Zeigler [3].
*Helix (Xerophila) candiota* Friwaldsky [4].

1. Ces deux espèces ne se retrouvent que dans les îles de l'Archipel.

2. La variété *Rizzæ* Aradas vit en Sicile, la variété *cribrata* Westerlund en Grèce.

3. Dans les îles Ioniennes.

4. Dans les îles de l'Archipel et en Grèce.

*Helix (Trochula) pyramidata* Draparnaud.
*Helix (Cochlicella) barbara* Linné.
*Helix (Vallonia) pulchella* Müller.
*Helix (Archelix) vermiculata* Müller.
*Buliminus (Zebrinus) detritus* Müller.
*Chondrula (Chondrula) tridens* Müller.
*Pupa (Torquilla) granum* Draparnaud.
*Pupa (Torquilla) rhodia* Roth.
*Pupa (Orcula) doliolum* Bruguière.
*Pupa (Orcula) scyphus* Friwaldsky [1].
*Clausilia (Euxina) corpulenta* Friwaldsky [2].
*Cæcilioides Liesvillei* Bourguignat.
*Cæcilioides tumulorum* Bourguignat [3].
*Succinea (Amphibina) Pfeifferi* Rossmässler.
*Limnæa (Limnus) stagnalis* Linné.
*Limnæa (Radix) lagotis* Schrank.
*Limnæa (Stagnicola) palustris* Müller.
*Limnæa (Galba) truncatula* Müller.
*Cyclostoma (Ericia) elegans* Müller.
*Melanopsis præmorsa* Linné [4].

On remarquera le nombre relativement grand des espèces communes à la Syrie et aux îles de l'Archipel. Cette ressemblance est surtout frappante en ce qui concerne les *Helix* et genres voisins. C'est ainsi que des groupes très particuliers — comme les *Levantina* par exemple — ont des espèces qui se retrouvent à la fois en Syrie et dans beaucoup d'îles. Le tableau comparatif ci-après met ces analogies en évidence.

1. Dans les îles de l'Archipel et la Grèce.

2. Aux environs de Constantinople.

3. Dans les îles de l'Archipel et la Grèce.

4. Dans les eaux douces de la Grèce, des îles de l'Archipel et de l'Espagne.

5

## TABLEAU COMPARATIF DES HÉLICÉENS DE LA SYRIE ET DES ILES DE L'ARCHIPEL

| NOMS DES ESPÈCES | Syrie | Chypre | Rhodes | Karpathos | Sokastro | Kasos | Arnathia | Kharki | Symi | Nisyros | Kos | Kappari | Kalymnos | Nikaria | Samos | Chio |
|---|---|---|---|---|---|---|---|---|---|---|---|---|---|---|---|---|
| Hyalinia (Polita) æquata Mousson | + | | + | + | | | | + | | + | | · | + | + | | + |
| Hyalinia (Polita) nitelina Bourguignat | + | | + | | | | | | | + | | + | + | | | |
| Hyalinia (Polita) pratensa de Férussac | + | | + | | | | | | | | | | | +[1] | | |
| Pyramidula (Gonyodiscus) Erdeli Roth | + | | + | | | | | | +[2] | | | | | | | +[2] |
| Helix (Helicogena) cincta Müller | + | + | + | | | | | | + | | | · | | | + | + |
| Helix (Helicogena) asemnis Bourguignat | + | | | | | | | | | | | + | | | | |
| Helix (Helicogena) ligata Müller | + | + | | | | | | | | | | | | | | |
| Helix (Helicogena) figulina Parreyss | + | | + | | | | | | + | | | | | | | |
| Helix (Cryptomphalus) aspersa Müller | + | + | + | | | | | | | | | | | | + | + |
| Helix (Levantina) spiriplana Olivier | + | | + | + | | | | + | | | | + | | | | |
| Helix (Levantina) guttata Olivier | + | + | | | | | | | | + | | | | | | |
| Helix (Archelix) vermiculata Müller | + | + | + | | | | + | | + | + | + | + | + | | + | + |
| Helix (Theba) Olivieri de Férussac | + | + | + | | | | | | + | | | | | | | |
| Helix (Caracollina) lenticulata de Férussac | + | + | + | | | | | | | | | | | | | |
| Helix (Euparypha) pisana Müller | + | + | + | | | | | | | | | | + | | | |
| Helix (Xerophila) sp. | + | + | + | | | | | | | | | + | | | | |
| Helix (Xerophila) cretica de Férussac | ? | + | | + | + | + | + | + | + | + | + | + | + | + | + | + |
| Helix (Xerophila) vestalis Parreyss | + | ? | | + | + | + | | + | | | | | | | | |
| Helix (Trochula) pyramidata Draparnaud | + | | + | | | + | | | | | | + | | | | + |
| Helix (Cochlicella) barbara Linné | + | + | | | | + | | | | | | | | | | + |

1. Var. *minor* Martens.
2. Var. *homerica* Martens.

Beaucoup d'espèces syriennes se retrouvent en Asie-Mineure :

*Hyalinia (Vitrea) hydatina* Rossmässler.
*Pyramidula (Gonyodiscus) Erdeli* Roth.
*Helix (Cryptomphalus) aspersa* Müller.
*Helix (Helicogena) lucorum* Linné.
*Helix (Helicogena) figulina* Parreyss.
*Helix (Theba) Olivieri* de Férussac.
*Helix (Metafruticicola) berytensis* de Férussac.
*Helix (Euparypha) pisana* Müller.
*Helix (Xerophila) joppensis* Roth.
*Helix (Xerophila) Krynickii* Andr.
*Helix (Xerophila) vestalis* Parreyss.
*Helix (Xerophila) protea* Zeigler.
*Helix (Trochula) pyramidata* Draparnaud.
*Helix (Cochlicella) barbara* Linné.
*Helix (Vallonia) pulchella* Müller.
*Buliminus (Zebrinus) fasciolatus* Olivier.
*Buliminus (Zebrinus) eburneus* Pfeiffer.
*Buliminus (Petræus) carneus* Pfeiffer.
*Chondrula (Chondrula) lamellifera* Rossmässler.
*Chondrula (Chondrula) septemdentata* Roth.
*Chondrula (Chondrula) ovularis* Olivier.
*Clausilia (Euxina) Schnerzenbachi* Parreyss.
*Clausilia (Cristataria) strangulata* de Férussac[1].
*Cæcilioides tumulorum* Bourguignat.
*Limnæa (Radix) lagotis* Schrank.
*Limnæa (Stagnicola) palustris* Müller.
*Limnæa (Galba) truncatula* Müller.
*Planorbis (Tropidiscus) umbilicatus* Müller.
*Melanopsis præmorsa* Linné.
*Melanopsis costata* Olivier.
*Theodoxia Macrii* Recluz.
*Leguminaia mardinensis* Lea.

---

1. Cette espèce vit également dans l'île de Crète.

Quelques autres vivent également en Transcaucasie :

*Hyalinia* (*Polita*) *cellaria* Müller.
*Helix* (*Helicogena*) *lucorum* Linné.
*Helix* (*Archelix*) *vermiculata* Müller.
*Helix* (*Xerophila*) *vestalis* Parreyss.
*Helix* (*Xerophila*) *Krynickii* Andr.
*Helix* (*Xerophila*) *derbentina* Andr.
*Helix* (*Vallonia*) *pulchella* Müller.
*Pupa* (*Orcula*) *scyphus* Friwaldsky.
*Limnæa* (*Radix*) *lagotis* Schrank.
*Limnæa* (*Stagnicola*) *palustris* Müller.
*Limnæa* (*Galba*) *truncatula* Müller.
*Planorbis* (*Tropidiscus*) *umbilicatus* Müller.

D'autres, plus nombreuses, habitent la Mésopotamie et la Perse[1] :

*Hyalinia* (*Polita*) *æquata* Mousson (*m*).
*Hyalinia* (*Polita*) *nitelina* Bourguignat (*m*).
*Leucochroa* (*Albea*) *fimbriata* (de Férussac) Bourguignat (*m*) (*p*).
*Helix* (*Helicogena*) *figulina* Parreyss (*m*) (*p*).
*Helix* (*Helicogena*) *lucorum* Linné (*p*).
*Helix* (*Theba*) *Olivieri* de Férussac (*p*).
*Helix* (*Metafruticicola*) *berytensis* de Férussac (*p*).
*Helix* (*Euparypha*) *Seetzeni* Koch (*m*).
*Helix* (*Candidula*) *Langloisiana* Bourguignat (*p*).
*Helix* (*Xerophila*) *Krynickii* Andr. (*p*).
*Helix* (*Vallonia*) *pulchella* Müller (*p*).
*Helix* (*Levantina*) *cæsareana* Parreyss (*m*).
*Helix* (*Levantina*) *guttata* Olivier (*m*).
*Buliminus* (*Zebrinus*) *fasciolatus* Olivier (*m*).
*Buliminus* (*Zebrinus*) *eburneus* Pfeiffer (*m*).

1. Les espèces marquées (*m*) vivent en Mésopotamie ; celles suivies d'un (*p*) habitent la Perse.

*Buliminus* (*Petræus*) *labrosus* Olivier (*m*).
*Buliminus* (*Petræus*) *halepensis* de Férussac (*m*).
*Chondrula* (*Chondrula*) *ghilanensis* Issel (*p*).
*Pupa* (*Orcula*) *scyphus* Friwaldsky var. *mesopotamica* Mousson (*m*).
*Limnæa* (*Radix*) *lagotis* Schrank (*m*) (*p*).
*Limnæa* (*Stagnicola*) *palustris* Müller (*m*) (*p*).
*Limnæa* (*Galba*) *truncatula* Müller (*m*) (*p*).
*Planorbis* (*Tropidiscus*) *umbilicatus* Müller (*p*).
*Melania tuberculata* Müller (*m*) (*p*).
*Melanopsis præmorsa* Linné (*m*) (*p*).
*Melanopsis costata* Olivier (*m*) (*p*).
*Leguminaia mardinensis* Lea (*m*).
*Corbicula fluminalis* Müller (*m*) (*p*).

Un petit nombre de Mollusques de la Syrie et de la Palestine vivent également en Arabie, mais dans les régions de la péninsule arabique voisines de la Palestine. Le fait était facile à prévoir, ces contrées appartenant — aussi bien par leur faune que par leur formation géologique — à la Palestine. Quant à l'Arabie proprement dite, sa faune rappelle celle du pays des Somalis et des environs de Djibouti. Voici, à titre d'indication, les espèces syriennes retrouvées en Arabie :

*Leucochroa* (*Sphincterochila*) *Boissieri* de Charpentier.
*Leucochroa* (*Sphincterochila*) *filia* Mousson.
*Helix* (*Euparypha*) *pisana* Müller.
*Helix* (*Eremina*) *desertorum* Forskal.
*Helix* (*Xerocrassa*) *eremophila* Boissier.
*Helix* (*Xerophila*) *derbentina* Andr.
*Melania tuberculata* Müller. -

Enfin, il est des Mollusques syriens qui vivent dans une grande partie du nord de l'Afrique. Ce sont évidemment des espèces presque uniquement circaméditerranéennes :

*Leucochroa* (*Albea*) *candidissima* Draparnaud.

*Helix* (*Helicogena*) *pachya* Bourguignat.

*Helix* (*Theba*) *Olivieri* de Férussac.

*Helix* (*Euparypha*) *pisana* Müller.

*Helix* (*Xerophila*) *vestalis* Parreyss[1].

*Helix* (*Trochula*) *pyramidata* Draparnaud.

*Helix* (*Cochlicella*) *barbara* Linné.

*Buliminus* (*Mastus*) *episomus* Bourguignat[2].

*Limnæa* (*Stagnicola*) *palustris* Müller.

*Limnæa* (*Galba*) *truncatula* Müller.

*Planorbis* (*Tropidiscus*) *umbilicatus* Müller.

*Melania tuberculata* Müller.

*Melanopsis præmorsa* Linné.

*Valvata* (*Cincinna*) *Saulcyi* Bourguignat[3].

*Corbicula fluminalis* Müller[4].

*       *
*

L'ensemble de tous les documents précédemment établis permet maintenant de formuler des conclusions assez précises.

Il est, tout d'abord, incontestable que la faune syrienne appartient à la province paléarctique et, spécialement, à la région circaméditerranéenne. Mais des caractères particuliers lui donnent une allure vraiment différente. C'est, notamment, l'existence de *Leucochroa* du sous-genre *Sphincterochila* ; la rareté des *Helix* du sous-genre *Xerophila* qui développent des formes si variées dans les contrées occidentales du bassin méditerranéen ; la présence de sous-genres spéciaux (*Platytheba, Levantina, Xerocrassa,* etc.) ; la diversité des *Clausilia* dont certains sous-genres sont

1. Vit en Égypte.

2. Vit en Tripolitaine.

3. Vit en Égypte.

4. Vit en Égypte et dans une grande partie de l'Afrique orientale et centrale.

caractéristiques (*Bitorquata*, *Cristataria*) ; enfin, l'abondance des *Chondrula*.

En ce qui concerne la population des eaux douces, il y a peu de types spéciaux à la Syrie, bien que des espèces assez nombreuses n'aient pas encore été rencontrées dans d'autres régions.

Les comparaisons avec les faunes voisines nous ont montré que les espèces syriennes se retrouvaient surtout nombreuses en Asie-Mineure et en Europe. Mais il convient de faire ici quelques distinctions. Tandis que nous voyons presque tous les Pulmonés fluviatiles communs à ces trois régions, nous constatons qu'il en est tout autrement pour les Prosobranches fluviatiles et pour les Acéphales.

Les Prosobranches fluviatiles de Syrie sont caractérisés, en dehors des *Bythinia*, par la présence du *Melania tuberculata* Müller, et l'extraordinaire abondance des *Melanopsis*. Or, la répartition géographique de ces derniers animaux[1] montre qu'ils existent, en dehors de l'Asie-Antérieure, en Grèce, en Italie, en Espagne et dans le nord de l'Afrique (Algérie-Tunisie, Maroc), mais qu'ils manquent entièrement en Égypte et en Tripolitaine. Il y a là un fait très curieux de disjonction sur lequel je m'étendrai plus longuement en traitant des *Melanopsis* recueillis par M. Henri Gadeau de Kerville.

Quant aux Pélécypodes syriens, leurs affinités s'établissent avec ceux des régions orientales : Mésopotamie et Perse.

Ainsi, en résumé, les affinités des faunes syrienne et européenne portent principalement sur les Pulmonés, à l'exclusion, cependant, de quelques genres très spécialisés (*Clausilia* du sous-genre *Cristataria*, *Calaxis*, etc.).

Si nous comparons maintenant la faune syrienne avec celle des autres régions asiatiques, nous constaterons des affinités très étroites avec les faunes de la Mésopotamie et

1. Voir, pour l'étude détaillée de cette répartition, l'article consacré au genre *Melanopsis* dans la partie descriptive de ce travail.

de la Perse. Ce sont bien les mêmes types, les mêmes sous-
genres caractéristiques[1] et les mêmes groupes qui fournissent les espèces dominantes. Il est souvent possible de
suivre, à travers ces vastes régions, les modifications subies
par des espèces dont l'origine commune est évidente. La
faune de la Mésopotamie est encore peu connue, mais il ne
semble pas douteux que les découvertes futures apportent
la confirmation des vues que j'expose ici.

Par contre, la Syrie et la Transcaucasie ne fournissent
qu'un petit nombre d'espèces communes qui, en dehors des
formes à large distribution géographique (*Limnæa lagotis*
Schrank, *Limnæa palustris* Müller, *Limnæa truncatula*
Müller, *Planorbis umbilicatus* Müller), sont surtout des
Xérophiles habitant presque toute l'Asie-Antérieure. Cette
constatation confirme à nouveau que les régions du Caucase
ont une faune spécialisée dont beaucoup d'espèces sont
étroitement localisées.

Enfin, j'ai pu citer un assez grand nombre d'espèces
syriennes vivant dans le nord de l'Afrique. On remarquera
que beaucoup d'entre elles sont des Mollusques égyptiens.
Ces documents sont encore trop peu nombreux pour qu'on
en puisse tirer des conclusions fermes ; il n'est cependant
pas sans intérêt d'observer que certaines espèces, inconnues
en dehors de l'Afrique, ont été retrouvées en Syrie. Tel est
le cas, parmi les Poissons, de quelques *Tilapia* de la famille
des CICHLIDÆ aujourd'hui très communs dans les lacs de
Syrie[2], et, parmi les Mollusques, du *Cleopatra bulimoides*
Olivier[3] également signalé en Syrie. Il me semble hors de

1. Sauf, toujours, en ce qui concerne les *Clausilia*.

2. LORTET (L.). — Poissons et Reptiles du lac de Tibériade et de
quelques autres parties de la Syrie ; *Archives du Muséum d'Histoire
naturelle de Lyon ;* III, 1883. — Voir aussi, dans ce volume, le
mémoire consacré, par le D' J. PELLEGRIN, aux Poissons recueillis en
Syrie par M. HENRI GADEAU DE KERVILLE.

3. OLIVIER. — *Voyage dans l'empire Ottoman ;* II, p. 39; III, p. 68;
atlas ; 1804, II, pl. XXXI, fig. 6 *(Paludina bulimoides).*

6

doute que des migrations animales aient eu lieu de l'Égypte vers la Syrie par le grand graben où coule aujourd'hui le Jourdain et, qu'inversement, d'autres migrations aient été dirigées de la Syrie — et aussi de la Mésopotamie — vers l'Égypte. Le passage des espèces fluviatiles s'est fait certainement par la vallée du Nil ; quant aux Mollusques terrestres, ils ont essaimé le long des côtes de la mer Méditerranée.

Je voudrais enfin signaler une autre caractéristique de la faune syrienne : tandis que les Mollusques terrestres appartiennent à la *faune des régions tempérées*, les Mollusques fluviatiles — et plus spécialement les Prosobranches et les Pélécypodes — indiquent nettement une *faune de contrées chaudes*. Tel est, notamment, le cas des espèces suivantes :

> *Bullinus (Isidora) asiatica* Germain.
> *Melanopsis*, espèces diverses.
> *Melania tuberculata* Müller.
> *Theodoxia Jordani* Sowerby.
> *Leguminaia*, espèces diverses.
> *Corbicula fluminalis* Müller.

Or, ces espèces (à part les *Melanopsis* et les *Leguminaia*) sont *nettement de type nilotique*, c'est-à-dire *africain*. Le grand fleuve africain nourrit, en effet, soit les mêmes espèces, soit des espèces affines :

> *Bullinus (Isidora) truncatula* de Férussac.
> *Melania tuberculata* Müller.
> *Theodoxia nilotica* Reeve.
> *Corbicula fluminalis* Müller.

Cette remarque apporte une nouvelle confirmation à l'existence des migrations précédemment signalées ; elle montre également que, grâce à l'existence d'*éléments d'origine africaine*, la Syrie possède — tout comme l'Égypte, mais à un degré beaucoup moins accentué —

*une faune fluviatile mieux adaptée que la faune terrestre*
*à la vie sous un climat chaud.*

V

Le mémoire que je présente aux naturalistes est la mise en œuvre des riches collections rassemblées par M. HENRI GADEAU DE KERVILLE. Je voudrais indiquer, en quelques mots, comment j'ai compris ce travail.

Je n'ai étudié en détail que les espèces récoltées par le savant naturaliste de Rouen et quelques matériaux nouveaux dont je donnerai plus loin la provenance; mais, afin de rendre ce travail aussi complet et aussi utile que possible, j'ai fait précéder chaque genre d'une liste analytique de toutes les espèces actuellement connues en Syrie et en Palestine. Ainsi, ce mémoire présente un tableau d'ensemble de la faune syrienne et complète la série d'études que je publie, en ce moment, sur les Mollusques de toute l'Asie-Antérieure [1].

En dehors de matériaux se rapportant à beaucoup de groupes zoologiques, M. HENRI GADEAU DE KERVILLE n'a pas recueilli moins de 15.000 échantillons de Mollusques. On comprend l'intérêt d'un tel ensemble, où certaines espèces sont représentées par des centaines d'individus. Aussi ai-je pu suivre les variations, étudier les affinités et fixer la valeur spécifique réelle de plus d'un type. De semblables séries étaient surtout précieuses pour comprendre les groupes très polymorphes, comme quelques sous-genres d'*Helix*, les *Melanopsis*, les *Unio*, les *Corbicula*, etc. Aussi ai-je été conduit à des réunions parfois nombreuses.

1. GERMAIN (LOUIS). — Mollusques terrestres et fluviatiles de l'Asie Antérieure; *Bulletin Muséum Hist. natur. Paris*; XVII, 1911, n° 1, p. 27; n° 2, p. 63; n° 3, p. 140; et n° 5, p. 328; XVIII, 1912, n° 7, p. 440; — XIX, 1913, n° 7, p 33; — GERMAIN (LOUIS). — Études sur la faune malacologique terrestre et fluviatile de l'Asie Antérieure; Parmacellidae et Limacidae; (1ʳᵉ partie); *Bulletin de la Délégation en Perse*; fasc. II, 1911, p. 3-45, pl. I-IV; tirés à part, in-8, 46 p., 4 pl., 6 fig. dans le texte, datés de janvier 1912.

Je l'ai toujours fait avec la plus grande circonspection et en présence de documents indiscutables. Une large illustration devenait nécessaire. Avec sa libéralité bien connue, M. Henri Gadeau de Kerville n'a reculé devant aucun sacrifice pour que les résultats de son voyage ne laissent rien à désirer sous ce rapport.

J'ai adopté, pour les genres et les espèces, le nom le plus ancien ; mais, à ce propos, je ne saurai suivre quelques naturalistes dans une voie que je considère comme absolument contraire au progrès de la science. Il est de mode, depuis quelque temps, de rechercher les noms employés par les auteurs antérieurs à Linné, et de bouleverser, sous prétexte de priorité, une nomenclature déjà trop encombrée. Il en résulte généralement que l'on n'a fait qu'augmenter la confusion en employant un nom absolument inconnu pour des animaux au sujet desquels tous les zoologistes étaient parfaitement d'accord. Et, bien souvent, le nom ainsi exhumé pourrait s'appliquer à bon nombre d'animaux voisins, tant la description originale, sur laquelle on s'appuie pour motiver ce changement, manque de précision ou même d'exactitude. Pourquoi aussi, comme certains zoologistes, rejeter un nom de genre parfaitement défini aujourd'hui parce que l'auteur qui l'a créé y a introduit des espèces disparates ? De tels procédés constituent, pour moi, de véritables chinoiseries, et il serait vivement à désirer que la Commission internationale de la nomenclature fixe, une fois pour toutes, le nom de tous les genres actuellement connus. Ce travail, évidemment fort long, mais auquel les spécialistes de tous les pays seraient heureux de collaborer, aurait l'immense avantage d'apporter plus de simplicité et aussi plus de clarté dans les mémoires de zoologie descriptive en rendant comparables les travaux des différents auteurs [1].

1. Prenons, par exemple, l'*Helix ericetorum* Müller, que tous les naturalistes connaissent bien. Or, dans les travaux récents, nous trouvons ce Mollusque appelé, suivant les auteurs, *Xerophila ericetorum*, *Candidula ericetorum*, *Helicella ericetorum*, *Planella erice-*

Il est grand temps de mettre un frein à cette véritable *crise de la nomenclature*, poids mort que nous trainons sans aucun profit pour la science.

* *

Je suis heureux d'adresser, au terme de cette Introduction, mes plus vifs remerciements aux naturalistes qui m'ont aidé à mener à bien l'œuvre entreprise. C'est tout d'abord mon excellent collègue et ami, M. CARLO POLLONERA, du Musée zoologique de Turin, qui m'a communiqué les nombreux documents malacologiques qu'il possédait sur la faune syrienne et qui, de plus, m'a fourni de multiples indications sur les Limaciens de ces régions. Je dois à M. PAUL PALLARY, le malacologiste oranais bien connu, tout un matériel recueilli en Syrie et en Palestine, que j'ai utilisé dans la rédaction de mon travail. Soit par son intermédiaire, soit directement, j'ai également reçu des PÈRES BOVIER-LAPIERRE, CLAINPANAIN et du FRÈRE LOUIS, un certain nombre d'espèces dont on trouvera plus loin les descriptions.

Je me plais aussi à féliciter mes imprimeurs : M. G. CHIVOT pour les planches, et M. LECERF FILS pour le texte, de la belle exécution de ce mémoire.

Il me reste enfin à remercier mon excellent ami M. HENRI GADEAU DE KERVILLE, dont la libéralité a permis l'impression de cet ouvrage. Je me permets aussi de le féliciter du succès de son voyage : une telle entreprise, qui ne va pas sans sacrifices et même sans dangers, est toujours féconde en résultats quand on sait, comme M. HENRI GADEAU DE KERVILLE, triompher des obstacles et des difficultés.

Paris, le 25 juillet 1913.

*rum*, etc. On avouera qu'un tel chaos n'est pas fait pour aider à la compréhension de ce malheureux *Helix*, et j'ai pourtant choisi, à dessein, une espèce qui ne prête à aucune ambiguïté.

# GASTÉROPODES PULMONÉS.

## STYLOMMATOPHORES.

### Famille des LIMACIDÆ.

Les Limaciens de la Syrie, de la Palestine et même de toute l'Asie-Antérieure sont encore peu connus, et plusieurs des espèces, anciennement décrites d'une manière insuffisante, n'ayant jamais été retrouvées, restent des plus douteuses[1]. Il semble pourtant, d'après les travaux de quelques malacologistes comme O. Boettger, Carlo Pollonera et H. Simroth, que ces contrées donnent asile à des Limaciens très variés comme organisation ; mais il paraît prématuré de présenter actuellement un tableau d'ensemble de cette partie de la faune malacologique de l'Asie-Antérieure.

En dehors des Limacidæ recueillis par M. Henri Gadeau de Kerville, — ils appartiennent aux genres *Limax, Malacolimax* et *Agriolimax* — dont il sera plus loin question, il existe en Syrie deux espèces, à la vérité presque inconnues, se rapportant aux genres *Mesolimax*[2] et *Amalia*[3]. Ces espèces sont les suivantes :

1. Les descriptions des anciens auteurs qui se sont occupés de la faune syrienne ne donnant aucun caractère anatomique, l'identification de leurs espèces est souvent impossible.

2. Le genre *Mesolimax* a été créé par Carlo Pollonera [Appunti di Malacologia ; III, Un nuovo Limacide dell'Asia Minore ; *Bollettino dei Musei di Zoologia R. Univers. di Torino* ; III, n° 43, 14 avril 1888, p. 8] pour une espèce d'Asie-Mineure, le *Mesolimax Brauni* Pollonera [*Loc. supra cit.* ; 1888, p. 8, tav. II, fig. 19 à 23].

3. Le genre *Amalia* a été institué (comme sous-genre seulement) par A. Moquin-Tandon [*Histoire Mollusques terrestres et fluviatiles France* ; II, 1855, p. 18′ et 19] pour le *Limax gagates* Draparnaud [*Tableau Mollusques terr. flur. France* : 1801, p. 100].

### Mesolimax (?) eustrictus Bourguignat.

*Krynickillus eustrictus* Bourguignat, *Mollusques nouveaux, litigieux, peu connus;* 7ᵉ décade ; 1ᵉʳ février 1866, p. 206, n° 63, pl. XXXII, fig. 1-6; *Mesolimax (?) eustrictus* Pollonera, *Bollettino dei Musei di Zoologia R. Univers. di Torino;* XXIV, n° 608, 1909, p. 7, n° 10.

Découverte par Raymond « dans les endroits humides et obscurs, aux environs de Beyrouth et dans la vallée du Nahr-el-Kelb, en Syrie », cette espèce reste des plus douteuses. Elle n'a jamais été retrouvée.

L'anatomie du *Mesolimax (?) eustrictus* Bourguignat est absolument inconnue ; aussi sa position systématique est-elle incertaine. Avec mon excellent collègue et ami Carlo Pollonera, je place provisoirement ce Limacien dans le genre *Mesolimax* qui vit en Asie-Mineure.

### Amalia barypa Bourguignat.

*Milax barypus* Bourguignat, *Mollusques nouveaux, litigieux, peu connus;* 7ᵉ décade; 1ᵉʳ février 1866, p. 208, n° 64, pl. XXXII, fig. 7-10; — *Limax (Amalia) barypus* Dautzenberg, *Revue biologique Nord France;* VI, 1894, p. 330 ; tirés à part, p. 2; — *Amalia barypa* Pollonera, *Bollettino dei Musei di Zoologia R. Univers. di Torino;* XXIV, n° 608, 1909, p. 8, n° 11.

L'*Amalia barypa* Bourguignat a été découvert par F. de Saulcy, « sous les pierres, aux environs de Nazareth, en Syrie », et retrouvé par Th. Barrois à « Aïn-Couffin ; de Jérusalem à Nazareth »[1].

Cette espèce, de teinte bleuâtre, possédant une limacelle « très exiguë, ovalaire, à stries concentriques peu visibles, à nucléus supérieur médian » [Bourguignat], n'est connue que par la description originale. Son anatomie n'ayant jamais été faite, elle reste encore assez douteuse.

---

1. Dautzenberg (Ph.). — Liste des Mollusques terrestres et fluviatiles recueillis par M. Th. Barrois en Palestine et en Syrie; *Revue biologique Nord France;* VI, 1894, p. 330; tirés à part, p. 2.

*
* *

## Genre LIMAX (Lister, 1685[1]) Linné, 1758[2].

M. Ph. Dautzenberg[3] a déterminé *Limax cellarius* d'Argenville[4] un Limacien découvert à El-Bireh (Syrie) par Th. Barrois. Aucun autre auteur ne signale en Syrie cette espèce européenne qui, dans l'Asie-Antérieure, semble en grande partie remplacée par le *Limax flavus* Linné.

### Limax flavus Linné.

#### Fig. 1, dans le texte.

1694. *Limax succini colore, albidus maculis insignitus* Lister, *Exercit. Anatom.*; t. 1, p. 45.

1758. *Limax flavus* Linné, *Systema Naturæ*; ed. X, p. 652 [*non* Muller].

1801. *Limax variegatus* Draparnaud, *Tableau Mollusques terr. fluv. France*; p. 103.

1815. *Limacella unguiculus* Brard, *Coquilles envir. Paris*; p. 115, pl. IV, fig. 3, 4 et 11.

1828. *Limax variegatus* Ehrenberg, *Symbolæ physicæ*; etc. (sans pagination[5]).

1. Lister (M.). — *Historiæ seu Synopsis methodicæ Conchyliorum, quorum omnium picturæ, ad vivum delineatæ exhibentur*; 1685 (Londres). Une seconde édition de cet ouvrage a paru en 1770 (in-folio).

2. Linné. — *Systema Naturæ*; ed. X, 1758, p. 652.

3. Dautzenberg (Ph.). — Liste des Mollusques terrestres et fluviatiles recueillis par M. Th. Barrois en Palestine et en Syrie; *Revue biologique Nord France*; VI, 1894, p. 330; tirés à part, p. 2. Dans ce travail, M. Dautzenberg donne à l'espèce dont il est ici question le nom de *Limax maximus* Linné [*Systema Naturæ*; ed. XII, 1767, p. 1081], nom synonyme de celui de *Limax cellarius* d'Argenville.

4. Argenville (A. J. Desallier d'). — *L'Histoire naturelle éclaircie dans une de ses parties principales, la Conchyliologie*; 1757, pl. XXVIII, fig. 31 (*Limax cellaria*).

5. Ehrenberg dit que son espèce est dépourvue de limacelle [« *Scutum dorsale membranaceum; concha inclusa nulla* ... . »]. Il y a là une erreur évidente de la part de cet auteur; Heynemann, qui a

1831. *Limacella unguicula* Turton, *Brit. Shells;* p. 25, fig. 5.

1836. *Parmacella variegata* Philippi, *Enumeratio Molluscorum Siciliæ;*
    I, p. 125.

1837. *Limax maculatus* Nunneley, *Transact. Philos. and Litt. Society
    Leeds;* 1, p. 46, pl. II, fig. 3.

1844. *Limax umbrosus* Philippi, *Enumeratio Molluscorum Siciliæ;*
    II, p. 102.

1851. *Krynickillus maculatus* Kaleniczensko, *Bulletin Soc. impér.
    Naturalistes Moscou;* p. 226, tab. IV, fig. 2.

1853. *Limax Ehrenbergii* Bourguignat, *Catalogue rais. Mollusques
    terr. fluv. Saulcy Orient.;* p. 3. [1]

1856. *Krynickia maculata* Fischer, *Journal de Conchyliologie;* p. 66.

1861. *Limax Deshayesi* Bourguignat, *Spicilèges malacologiques;* p. 36,
    pl. I, fig. 1-2.

1863. *Limax Companyoi* Bourguignat, *Mollusques nouveaux, litigieux,
    peu connus;* II, p. 25, pl. VII, fig. 9 à 13.

1864. *Limax breckworthianus* Lehmann, *Malakozoolog. Blätter;* XI,
    p. 145, taf. IV.

1864. *Limax Deshayesi* Bourguignat, *Malacologie Algérie;* I, p. 37,
    pl. I, fig. 3-4.

1865. *Limax bicolor* Selenka, *Malakozoolog. Blätter;* XII, p. 102,
    taf. II, fig. 10-17.

1868. *Eulimax (Plepticolimax) flavus* Malm, *Limacina Scandinaviæ;*
    p. 62, pl. IV, fig. 11.

1874. *Limax variegatus* Martens, *Vorderasiatische Conchylien;* p. 48.

1876. *Limacella variegata* Jousseaume, *Bulletin Société zoologique
    France;* p. 103.

1880 *Limax variegatus* Lessona, Molluschi viventi del Piemonte;
    *R. Acad. dei Lincei;* CCLXXII; tirés à part, p. 16.

1881. *Limax ecarinatus* Boettger, *Jahrb. d. Deutschen Malakozoolog.
    Gesellschaft;* VIII, p. 186, n° 11, taf. VII, fig. 7a-7c.

1882. *Limax flavus* Lessona et Pollonera, *Monografia di Limacidi
    Italiani;* p. 43.

1882. *Limax variegatus* Locard, *Prodrome Malacol. française : Cata-
    logue Mollusques terr., eaux douces et saumâtres;* p. 16.

examiné au Musée de Berlin les échantillons originaux d'Ehrenberg,
déclare qu'il s'agit bien du *Limax flavus* Linné (*variegatus* Draparnaud).

1. J. R. BOURGUIGNAT attribue ce nom de *Limax Ehrenbergii* au
*Limax variegatus* d'Ehrenberg. Comme nous venons de voir que ce
dernier Mollusque est bien le *Limax flavus* Linné, le nom de BOUR-
GUIGNAT passe en synonyme de l'espèce linnéenne.

1882. *Limax Companyoi* Locard, *loc. supra cit.* ; p. 16.

1883. *Limax (Eulimax) variegatus* Boettger, *Jahrb. d. Deutschen Malakozoolog. Gesellschaft* ; X, p. 144, n° 7.

1883. *Limax ecarinatus* Boettger, *Jahrb. d. Deutschen Malakozoolog. Gesellschaft* ; X , p. 144, n° 8.

1883. *Limax variegatus* Retowski, *Malakozoolog. Blätter* ; VI, p. 4, n° 4, et p. 31, n° 1.

1883. *Limax (Heynemannia) variegatus* Boettger, *Bericht des Offenbacher Vereins für Naturkunde* ; XXII, p. 163, n° 2.

1884. *Limax (Lehmannia) variegatus* Boettger, *Bericht Senckenbergische Naturforschende Gesellschaft Frankfurt* ; p. 148, n° 7.

1884. *Limax flavus* Roebuck, *Journal of Conchology* ; p. 222 (var. *grisea*).

1885. *Limax flavus* Roebuck, *Journal of Conchology* ; p. 352 (var. *suffusa*).

1885. *Limax variegatus* Heynemann, *Jahrb. d. Deutschen Malakozoolog. Gesellschaft* ; XII, p. 253 et 318.

1885. *Limax Chilensis* Heynemann, *loc. supra cit.*, XII, p. 275.

1885. *Limax flavus* Tryon, *Manual of Conchology* ; 2ᵉ sér. *Pulmonata* ; I, p. 200, pl. XLIX, fig. 70-72, et pl. L., fig. 76.

1886 *Limax (Lehmannia) variegatus* Boettger, *Jahrb. d. Deutschen Malakozoolog. Gesellschaft* ; XIII, p. 128, n° 4.

1886. *Limax variegatus* Boettger, in : Radde, *Fauna und Flora d. Südwest. Caspigebiets* ; p. 267.

1888. *Limax variegatus* Retowski, *Bulletin Soc. impér. Naturalistes Moscou* ; p. 280.

1889. *Limax (Lehmannia) variegatus* Boettger, *Bericht Senckenbergische Naturforschende Gesellschaft Frankfurt* ; p. 7, n° 4.

1889. *Limax variegatus* Retowski, *Bericht Senckenbergische Naturforschende Gesellschaft Frankfurt* ; p. 228, n° 8.

1889. *Limax variegatus* Blanckenhorn, *Nachrichtsblatt d. Deutschen Malakozoolog. Gesellschaft* ; p. 82.

1891. *Limax (Plepticolimax) flavus* Pollonera, *Bollettino dei Musei di Zoologia R. Univers. di Torino* ; VI, n° 100, p. 1.

1893. *Limax (Limacus) flavus* Cockerell et Collinge, *The Conchologist Exchange*, II ; tirés à part, p. 8, n° 44.

1898. *Limax variegatus* Simroth, *Annuaire Musée zoologique Saint-Pétersbourg* ; p. 60, n° 16.

1901. *Limax variegatus* Simroth, *Die Nacktschneckenfauna des Russichen Reiches.* ; p. 70, p. 84, taf. V, fig. 9-16, kart. 1-11.

1903. *Limax (Lehmannia) flavus* Taylor, *Monogr. Land and Freshwater Mollusca British Isles* ; part. IX, p. 78, pl. XI et fig. 96-104.

1906. *Limax flavus* Simroth, *Nachrichtsblatt d. Deutschen Malakozoolog. Gesellschaft*; p. 18.
1909. *Limax flavus* Pollonera, *Bollettino dei Musei di Zoologia R. Univers. di Torino*; XXIV, n° 608, p. 2, n° 1.
1912. *Limax flavus* Germain, *Bulletin Muséum Hist. natur. Paris*;
n° 7, p. 441, n° 2.

Le *Limax flavus* Linné présente des variations de coloris assez étendues. Les nombreux échantillons recueillis
par M. HENRI GADEAU DE KERVILLE sont, à ce point de vue,
des plus intéressants. A côté d'exemplaires typiques et de
quelques spécimens très pâles, d'un magnifique gris cendré,
bleu verdâtre sur le dos et parsemés de taches d'un blanc
jaunâtre irrégulièrement réparties, je distinguerai les deux
variétés suivantes, particulièrement bien caractérisées :

Variété **Kervillei** Germain, nov. var.

1912. *Agriolimax agrestis* var. *Kervillei* Germain, *Bulletin Muséum
Hist. natur. Paris*; n° 7, p. 441.

Animal de très grande taille ; corps fortement rugueux,
à sillons profonds ; dos cendré bleuâtre, s'atténuant un peu
en arrière et progressivement sur les flancs jusqu'à devenir
d'un blanc grisâtre très clair au voisinage de la sole ; cou,
mufle, sole et dessous de la partie antérieure libre du bouclier d'un jaune grisâtre clair.

Longueur totale : 78 millimètres ; hauteur maximum :
15 millimètres ; longueur du bouclier : 29 millimètres ; longueur de la sole : 75 millimètres ; largeur maximum de la
sole : 7 millimètres ; largeur de la partie centrale de la
sole : 2 ¹/₂ millimètres (spécimen conservé dans l'alcool).

LOCALITÉS :

Broumana (Liban), vers 720 mètres d'altitude [HENRI
GADEAU DE KERVILLE] [1].

Deir el Kamar (Syrie) [FRÈRE LOUIS] [2].

1. Les dimensions données ci-dessus se rapportent à l'échantillon
recueilli dans cette localité par M. HENRI GADEAU DE KERVILLE. Malgré
sa grande taille, il n'est pas tout à fait adulte.

2. Un autre exemplaire de la variété *Kervillei* Germain, récolté dans

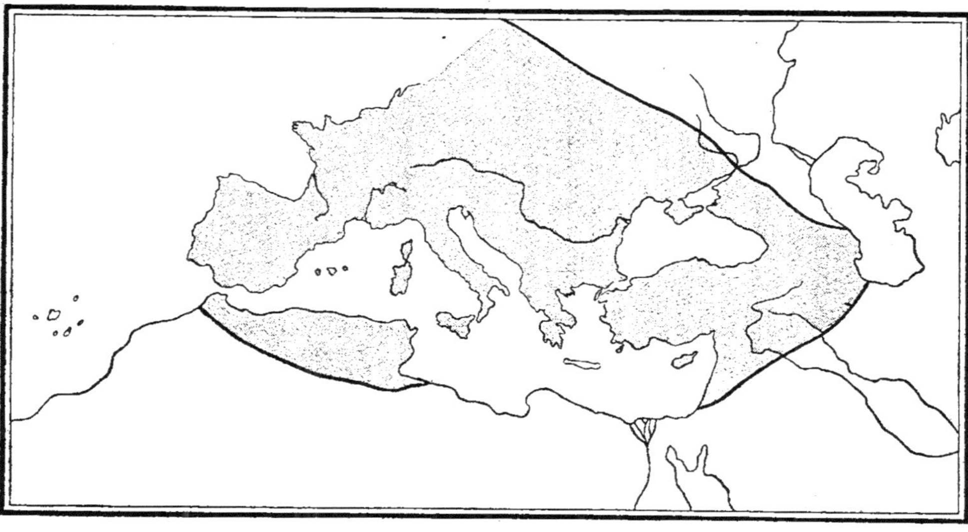

Fig. 1. — Distribution géographique du *Limax flavus* Linné dans la partie occidento-méridionale du système paléarctique. La région habitée par cette espèce est indiquée en pointillé.

### Variété **Horsti** Germain, nov. var.

1912. *Limax flavus* var. *Horsti* Germain, *Bulletin Muséum Hist. natur. Paris ; n° 7, p. 441 (sine descript.).*

Animal de petite taille ; dos uniformément d'un brun foncé presque noir, teinté de bleuâtre, s'éclaircissant vers la sole ; bouclier encore plus sombre, mais de même tonalité, marginé de grisâtre en avant ; orifice pulmonaire bordé de clair ; mufle grisâtre assez clair ; sole gris-jaunâtre uniformément claire.

Longueur totale : 25 millimètres ; longueur du bouclier : 8 millimètres ; longueur de la sole : 23 millimètres ; largeur maximum de la sole : 5 millimètres.

LOCALITÉ :

Dans une cour, à Damas, vers 690 mètres d'altitude [ HENRI GADEAU DE KERVILLE].

LOCALITÉS (*Limax flavus* Linné, typique) :

Broumana (Liban), vers 720 mètres d'altitude [HENRI GADEAU DE KERVILLE].
Deir el Kamar (Syrie) [FRÈRE LOUIS].
Amchit (Syrie) [FRÈRE LOUIS].

DISTRIBUTION GÉOGRAPHIQUE :

Assez commun en Syrie et en Palestine, le *Limax flavus* Linné a une aire de dispersion considérable. Il vit dans toute l'Europe tempérée, y compris les parties méridionales de la Suède et de la Norvège et la totalité des îles Britanniques. (Fig. 1, dans le texte).

En Afrique, ce Limacien vit au Maroc [COCKERELL], en Algérie et en Tunisie. DE GRATELOUP le signale bien en

cette localité, présente le même système de coloration, mais sa taille est plus petite : 68 millimètres de longueur totale.

Tripolitaine [1], mais cette indication ancienne et peu précise aurait besoin d'être confirmée. Il est également connu aux Açores [WOLLASTON [2]], à Madère et à Sainte-Hélène [COCKERELL [3]] dans l'Atlantique ; aux îles Seychelles [SIMROTH [4]], dans l'océan Indien et aux environs de Pietermaritzburg dans le Natal, où il semble d'introduction récente [MELVILL et PONSONBY [5]].

En Asie, le *Limax flavus* Linné vit, non-seulement en Syrie et en Palestine, mais encore dans toute l'Asie-Mineure et la presque totalité de la Caucasie et de la Transcaucasie.

Enfin, ce même *Limax* a été introduit dans une grande partie des États-Unis [BINNEY [6], N. BANKS [7], F. C. BAKER [8], MORSE [9], THOMSON [10], WALTON [11], etc.], au Brésil [HEYNEMANN [12]], au Chili [HEYNEMANN [13]], dans la République Argentine [STROBEL [14]], en Australie [MUSSON [15], SELENKA [16],

1. GRATELOUP (DE). — *Distribution géographique de la famille des Limaciens*; 1855, p. 7.

2. WOLLASTON (T. V.). — *Testacea Atlantica*; 1878, p. 11.

3. In Collect. British Museum.

4. SIMROTH [H.]. — Die Nacktschnecken der Portugiesisch-Azorischen Fauna....; *Nova Acta K. L. C. Deutsch. Akad. der Naturforscher*; LVI, 1891, p. 308.

5. MELVILL et PONSONBY. — *Proceed. Malacological Society of London*; 1898, p 172.

6. BINNEY (W. G.). — *Land and Freshwater Shells of North America*; 1869, p. 61.

7. BANKS N. — *The Nautilus*, Avril 1892, p. 135.

8. BAKER (F. C.). — *The Nautilus*, Septembre 1901, p. 59.

9. MORSE. — *Pulmon. of Maine*; 1864, p. 7.

10. THOMSON. — *Journal of Conchology*; Octobre 1885.

11. WALTON (J.). — *The Nautilus*, Avril 1898, p. 133.

12. HEYNEMANN. — *Jahrb. d. Deutschen Malakozoolog. Gesellschaft*; 1885, p. 275.

13. HEYNEMANN. — *Loc. supra cit.*; 1885, p. 275.

14. STROBEL (M.). — *Act. Soc. Sc. natur. Milan*; 1868, tirés à part. p. 5.

15. MUSSON (C. T.). — *Journal of Linnean Society New South Wales*; V, 1891, p. 892.

16. SELENKA. — *Malakozoolog. Blätter*; XII, 1865, p. 105.

Smith [1], en Nouvelle-Zélande [Musson [2]], aux Nouvelles-Hébrides [T. D. A. Cockerell [3]] et jusqu'au Japon [Simroth [4]].

### Genre MALACOLIMAX Malm, 1868 [5].

M. Carlo Pollonera a, tout dernièrement, fait connaître quelques espèces nouvelles appartenant au genre *Malacolimax*. J'en donne ci-dessous l'énumération.

### Malacolimax Cecconii Simroth.

*Limax Cecconii* Simroth, *Nachrichtsblatt d. Deutschen Malakozoolog. Gesellschaft ;* 1906, p. 84 (part.) ; — *Malacolimax Cecconii* Pollonera, *Bollettino dei Musei di Zoologia R. Univers. di Torino ;* XXIV, n° 608, 1909, p. 2, n° 2.

Environs de Jérusalem [Dr. Cecconi, Dr. E. Festa].

### Malacolimax Festæ Pollonera.

*Limax Cecconii* Simroth, *Nachrichtsblatt d. Deutschen Malakozoolog. Gesellschaft ;* 1906, p. 84 (part.) ; — *Malacolimax Festæ* Pollonera, *Bollettino dei Musei di Zoologia R. Univers. di Torino ;* XXIV, n° 608, 1909, p. 2, n° 3, tav. I, fig. 17-18.

Cette espèce a été séparée de la précédente par Carlo Pollonera. En dehors de sa taille plus grande et de sa coloration particulière, elle en diffère encore par les caractères spéciaux du pénis et du canal déférent.

Région de Jérusalem [Dr. Cecconi, Dr. E. Festa].

### Malacolimax depictus Pollonera [6].

1. Smith. (E. A.). — *Proceed. Zoological Society of London ;* 1884, p. 272.

2. Musson (C. T.). — *Loc. supra cit. ;* V, 1891, p. 892.

3. In Collect. British Museum.

4. Simroth (H.). — *Loc. supra cit. ;* 1891, p. 308.

5. Malm. — *Limacina Scandinaviæ ;* 1868, p. 67.

6. Je ne donne pas d'indications bibliographiques pour les espèces dont il sera plus loin question.

## Malacolimax hierosolymitanus Pollonera.

*Malacolimax hierosolymitanus* Pollonera, *Bollettino dei Musei di Zoologia R. Univers. di Torino;* XXIV, n° 608, p. 3, n° 4, tav. I, fig. 19.

Région de Jérusalem [DR. E. Festa].

* *

## Malacolimax depictus Pollonera.

1882. *Limax eustrictus* Boettger, Binnenconchylien aus Syrien [*non* Bourguignat]; *Bericht des Offenbacher Vereins für Naturkunde;* XXII, p. 163, n° 3.

1909. *Malacolimax depictus* Pollonera, *Bollettino dei Musei di Zoologia R. Univers. di Torino;* XXIV, n° 608, p. 4, n° 5, pl. I, fig. 14, 15 et 16.

1912. *Malacolimax depictus* Germain, *Bulletin Muséum Hist. natur. Paris;* n° 7, p. 441, n° 7.

« A. mediocriter rugosus, brevissime et perobtuse carinatus; pallide ochraceus; griseo, brunneo et nigro obscuratus et zonatus. Dorsum superne zona pallide ochracea lata (antice posticeque minuente), extus adjuta zonula nigerrima subinterrupta signatum; deinde maculis griseis dilutis, versus pedem evanidis, conspersum. Clypeus parvulus, postice obtuse angulatus et fere indistincte circumscriptus; apertura pulmonea postmediana; pars mediana pallide ochracea maculis dilutis pallide brunneis obscurata, zonula nigerrima irregulari circumscripta; deinde maculis griseis, versus margines inferiores evanidis, conspersus.

» Solea pallida unicolor.

» Long. dorsi, 14; long. clypei, 7 1/2; long. soleæ, 19 mill. » [Carlo Pollonera].

L'exemplaire de Gébaït que j'ai étudié correspond bien à cette description. Il est nettement caréné en arrière et finement rugueux. Il présente une bande carénale jaunâtre et des ponctuations foncées, très élégamment distribuées sur les flancs et sur le dos ; le bouclier, également ponctué, montre en outre deux bandes latérales d'un noir bleuâtre. La sole est uniformément d'un jaune ochracé. Contracté par l'alcool, l'animal ne mesure que 18 1/2 millimètres de longueur.

Localité :

Gébaït, près de Beyrouth (Syrie) [Frère Louis].

Distribution géographique :

Spéciale à la Syrie et à la Palestine, cette espèce est connue de Haïffa, de Tyr, de Broumana [O. Boettger] et de Dscherash, à l'est du Jourdain [Festa, Pollonera].

### Genre AGRIOLIMAX Mörch, 1868 [1].

De tous les Limaciens, le genre *Agriolimax* est, de beaucoup, le mieux représenté en Syrie et en Palestine. Les espèces sont nombreuses et chaque expédition nouvelle en augmente la liste. Voici celles actuellement connues dans ces régions :

### Agriolimax phœniciacus Bourguignat.

*Limax Phœniciaca* Bourguignat, *Testacea novissima de Saulcy Orient.* ; 1852, p. 9, n° 1. — *Limax phœniciacus* Bourguignat, *Catalogue rais. Mollusques terr. fluv. Saulcy Orient* ; 1853, p. 4, pl. 1, fig. 1-4 ; — *Agriolimax phœniciacus* Pollonera, *Bollettino dei Musei di Zoologia R. Univers. di Torino* ; XXIV, n° 608, 1909, p. 5, n° 6.

Aucune indication anatomique n'ayant été fournie sur cette espèce, qui n'a jamais été retrouvée, sa position systématique reste encore douteuse. Il est cependant probable qu'elle doit prendre place au voisinage de l'*Agriolimax agrestis* Linné.

1. Mörch, in : Malm. — *Limacina Scandinaviæ* ; 1868, p. 69.

8

Localité :

Environs de Beyrouth (Syrie) [DE SAULCY, J. R. BOUR-
GUIGNAT].

**Agriolimax agrestis** Linné [1]
et variété **djeroudensis** Germain.

**Agriolimax agrestopsis** Pollonera.

**Agriolimax Horsti** Germain
et variété **berzeensis** Germain.

**Agriolimax berytensis** Bourguignat.

**Agriolimax libanoticus** Pollonera.

*Agriolimax libanoticus* Pollonera, *Bollettino dei Musei di Zoologia
R. Univers. di Torino;* XXIV, n° 608, 1909, p. 6, n° 9, tav. 1, fig. 9-10.

De petite taille (longueur : 12-13 millimètres ; longueur
du bouclier : 5 millimètres), l'*Agriolimax libanoticus*
Pollonera se rapproche surtout de l'*Agriolimax berytensis*
Bourguignat, mais il s'en distingue par sa coloration différente (« *A. brunneo-nigricans, versus pedem pallidior...
capite nigricante. Clypeus... brunneo-nigricans, marginibus pallidioribus* ») et par les caractères très spéciaux
de la bourse copulatrice, du pénis et du flagellum.

Localité :

Le Liban : Schtora, le mont Ermon (Syrie) [DR. E. FESTA].

**Agriolimax damascensis** Germain.

**Agriolimax nigroclypeata** Germain.

**Agriolimax Pallaryi** Pollonera.

***

1. Je ne donne pas d'indications bibliographiques pour les espèces
étudiées dans la suite de ce mémoire.

## Agriolimax agrestis Linné.

### Fig. 2, dans le texte.

1678. *Limax cinereus parvus, immaculatus, pratensis*, Lister, *Hist. Anim. Angl.*; p. 130, tab. II, fig. 16.

1746. *Limax cinereus immaculatus* Linné, *Fauna Succiæ*; p. 366, n° 1279.

1758. *Limax agrestis* Linné, *Systema Naturæ*; ed. X, p. 652.

? 1774. *Limax reticulatus* Müller, *Verm. terr. et fluv. histor.*; II, p. 8, n° 207.

1815. *Limacella obliqua* Brard, *Coquilles envir. Paris*; p. 118, pl. IV. fig. 5, 6. 13, 14 et 15.

1831. *Limacellus obliquus* Turton, *Brit. Shells*; p. 26, fig. 17.

1855. *Limax (Eulimax) agrestis* Moquin-Tandon, *Histoire Mollusques terr. fluv. France;* II, p. 22, pl. II, fig. 18-22, et pl. III, fig. 1-2.

1867. *Limax agrestis* Schrenck, *Mollusken des Amur-Landes und Nord- japanischen Meeres ;* p. 690, n° 42.

1868. *Agriolimax agrestis* Malm, *Limacina Scandinaviæ ;* p. 69, pl. III, fig. 8.

1870. *Limax agrestis* Mabille, *Annales de Malacologie ;* I, p. 130.

1874. *Limax agrestis* Martens, *Vorderasiatische Conchylien ;* p. 48.

1876. *Limacella agrestis* Jousseaume, *Bulletin Société zoologique France ;* p 105, pl. IV, fig. 10-12.

1880. *Limax agrestis* Lessona, Molluschi viventi del Piemonte; *R. Accad. dei Lincei ;* CCLXXVII; tirés à part, p. 22, tav. II, fig. 19-20.

1881. *Limax (Agriolimax) agrestis* Boettger, *Jahrb. d. Deutschen Malakozoolog. Gesellschaft ;* VIII, p. 183, n° 10.

1882. *Agriolimax (Agriolimax) agrestis* Lessona et Pollonera, *Monographia di Limacidi Italiani ;* p. 48.

1882. *Limax agrestis* Locard, *Prodrome Malacol. française ; Catalogue Mollusques terr., eaux douces et saumâtres ;* p. 11.

1883. *Limax (Agriolimax) agrestis* Boettger, *Bericht des Offenbacher Vereins für Naturkunde ;* XXII, p. 165, n° 5.

1883. *Limax agrestis* Retowski, *Malakozoolog. Blätter ;* n. f. VI, p. 4, n° 5, et p. 31, n° 2.

1884. *Agriolimax agrestis* Boettger, *Bericht Senckenbergische Natur-forschende Gesellschaft Frankfurt* ; p. 148, n° 8.

1885. *Agriolimax agrestis* Heynemann, *Jahrb. d. Deutschen Malako-zoolog. Gesellschaft* ; XII, p. 246 et suiv. jusqu'à la p. 310, et p. 321.

1885. *Limax (Agriolimax) agrestis* Tryon, *Manual of Conchology* ; 2ᵉ série, *Pulmonata* ; 1, p. 205, pl. L, fig. 90-94, et pl. LI, fig. 95-98.

1887. *Agriolimax (Agriolimax) agrestis* Pollonera, *Bollettino dei Musei di Zoologia R. Univers. di Torino* ; II, n° 21, p. 3, n° 11.

1889. *Limax (Agriolimax) agrestis* Retowski, *Bericht Senckenbergische Naturforschende Gesellschaft Frankfurt* ; p. 230.

1893. *Agriolimax agrestis* Cockerell et Collinge, *The Conchologist Exchange* ; II ; tirés à part, p. 10, n° 120, et p. 26.

1901. *Agriolimax agrestis* Simroth, *Die Nacktschneckenfauna des Russischen Reiches* ; p. 144, taf. XIV, kart. I et V.

1903. *Agriolimax agrestis* Taylor, *Monogr. Land and Freshwater Mollusca British Isles* ; part. IX, p. 104 et suiv.

1904. *Agriolimax agrestis* Simroth, *Sitzungsber. der K. Böhm. Gesellsch. Wissench. Prag* ; p. 17-18.

1909. *Agriolimax agrestis* Pollonera, *Bollettino dei Musei di Zoologia R. Univers. di Torino* ; XXIV, n° 608, p. 5, n° 7.

1912. *Agriolimax agrestis* Germain, *Bulletin Muséum Hist. natur. Paris* ; n° 7, p. 441, n° 9.

Un seul spécimen du type a été recueilli par M. Henri Gadeau de Kerville qui, par contre, a trouvé la variété nouvelle suivante :

## Variété **djeroudensis** Germain, nov. var.

1912. *Agriolimax agrestis* variété *djeroudensis* Germain, *Bulletin Muséum Hist. natur. Paris* ; n° 7, p. 441 *(sine descript.)*.

Animal de petite taille, montrant les mêmes caractères morphologiques et anatomiques que le type, mais de coloration très claire, presque uniformément gris-jaunâtre pâle, avec seulement le dos un peu plus sombre ; bouclier très clair ; sole unicolore, grisâtre, claire.

Longueur totale : 25 millimètres ; longueur du bouclier : 8 1/4 millimètres ; longueur de la sole : 21 millimètres ; largeur maximum de la sole : 3 1/2 millimètres (animal conservé dans l'alcool).

Localités :

Sous les mottes de terre, à Djéroud (Syrie), au nord-est de Damas [Henri Gadeau de Kerville].

Berzé (Anti-Liban), près de Damas, entre 700 et 800 mètres d'altitude, en compagnie de l'*Agriolimax berytensis* Bourguignat [Henri Gadeau de Kerville].

Distribution géographique :

En Syrie et en Palestine, l'*Agriolimax agrestis* Linné est peu commun. Il a été signalé aux environs d'Haïffa (Boettger) et de Jérusalem [Festa, in Pollonera].

Ce Limacien peut être considéré comme une espèce cosmopolite. Vivant dans toute l'Europe, y compris le Danemark, la Suède et la Norvège [Westerlund[1]], il se retrouve en Sibérie [Westerlund[2], Schrenck[3]], dans presque toute l'Asie-Antérieure [Boettger[4]] et centrale [Simroth[5]], dans

---

1. Westerlund (C. A.). — Exposé critique des Mollusques terrestres et d'eau douce de la Suède et de la Norvège ; *Nova Acta Reg. Soc. Scient. Upsal ;* 3ᵉ série, VIII, 1871, p. 16.

2. Westerlund (C. A.. — Sibiriens Land- och Sötwatten-Mollusker ; *Kongl. Swensk. Akadem. Handlingar ;* XIV, nᵒ 12, 1877, p. 23.

3. Schrenck (L.). — *Mollusken des Amur-Landes und Nordjapanischen Meeres ;* Reisen und Forschungen im Amur-Lande in den Jahren 1854-1856 ; etc., Saint-Pétersbourg, II, 1867, p. 690.

4. Boettger (Dʳ O.). — Sechstes Verzeichniss Transkaukas. Armenischer und Nordpersischer Mollusken ; *Jahrb. d. Deutschen Malakozoolog. Gesellschaft ;* VIII, 1881, p. 183.

5. Simroth (Dʳ H.). — *Die Nacktschneckenfauna des Russischen Reiches ;* Saint-Pétersbourg, 1901, p. 144 et suiv.

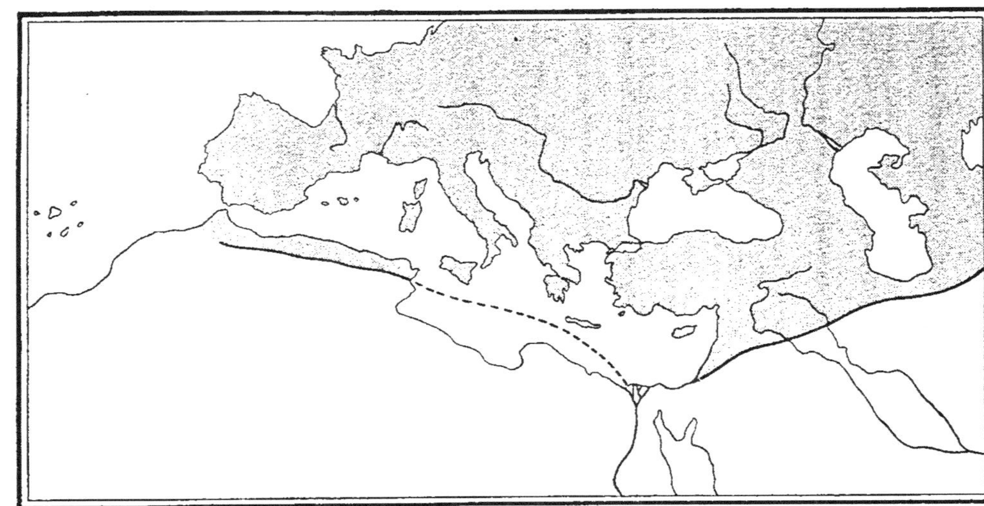

Fig. 2. — Distribution géographique de l'*Agriolimax agrestis* Linné dans la partie occidento-méridionale du système paléarctique. La région habitée par cette espèce est indiquée en pointillé. Le trait discontinu indique la limite méridionale probable de l'extension du *Limax agrestis* Linné.

le nord de l'Afrique [Pollonera [1]] et les îles de l'Atlantique [2]. (Fig. 2, dans le texte).

L'*Agriolimax agrestis* Linné s'est largement acclimaté dans les contrées les plus diverses. Il pullule dans toute la région atlantique des États-Unis [A. Binney et W. G. Binney [3]]; au Manitoba [W. H. Dall [4]]; il s'est abondamment développé en Australie et en Nouvelle-Zélande [C. T. Musson [5], Hutton [6]]; enfin il vient de s'acclimater récemment dans l'archipel si désolé de Kerguelen [Louis Germain [7]].


1. Pollonera (Carlo). — Appunti di Malacologia; VIII. Sui Limacidi dell' Algeria; *Bollettino dei Musei di Zoologia R. Univers. di Torino* ; n° 100, 1891, p. 3.

2. Tout au moins les Açores [Simroth (D' H.). — Die Nacktschnecken der Portugiesisch-Azorischen Fauna...; *Nova Acta K. L. C. Deutschen Akademie der Naturforscher*; LVI, n° 2, 1891, p. 281], car Simroth (*loc. supra cit.*, p. 281) conteste l'existence de cette espèce à Madère et aux Canaries d'où elle a été signalée par C. de Païva [Monographia Molluscorum terrestrium, fluvialium, lacustrium, insularium Maderensium; *Memor. da Academia Lisboa* ; IV, 1867, p. 5].

3. Binney (A.). — The Terrestrial Air-Breathing Mollusks of the United States and the adjacent Territories of North America; I, 1851, p. 99-140; et Binney (W. G.), *Bulletin of the Museum of the Comparat. Zoologie at Harvard College Cambridge*; XI, 1883, p. 163, et XVI, 1886, p. 23.

4. Dall (W. H.). — *Land and Freshwater Mollusks of Alaska and adjoining regions*; 1905, p. 45.

5. Musson (Chaster T.). — On the Naturalised Forms of Land and Freshwater Molluska in Australia; *Proceed. Linnean Society of New South Wales*; 2° série, V, 1891, p. 891.

6. Hutton (F. W.). — Description of new Slugs; *Transact. and Proceed. of New Zealand Institute Wellington*; XI, 1878, p. 331. Le Limacien décrit dans ce travail sous le nom de *Limax molestus* Hutton n'est autre que l'*Agriolimax agrestis* Linné.

7. Germain (Louis). — Mollusques terrestres [des îles Kerguelen recueillis par M. Rallier du Baty]; *Annales de l'Institut Océanographique*; III, fasc. III, 1911, p. 46-47.

### Agriolimax agrestopsis Pollonera.

Pl. II, fig. 4, et pl. III, fig. 1.

1911. *Agriolimax agrestopsis* Pollonera, *in litt.*

1911. *Agriolimax agrestopsis* Germain, *Bulletin Muséum Hist. natur.
Paris;* n° 3, p. 142.

1912. *Agriolimax agrestopsis* Germain, *Bulletin Muséum Hist. natur.
Paris;* n° 7, p. 441, n° 10.

« A. colore terreo, griseo-nigrescenti maculatus. Dorsum
mediocriter rugosum, postice breviter et obtuse carinatum,
pallide terreum (versus pedem pallidior), griseo maculatum
et sulcis passim griseo lineolatis. Clypeus subrugosus, postice rotundatus, antice expansus, terreus (marginibus anterioribus pallidioribus), nigro maculatus, maculis irregula-
ribus; apertura pulmonea pallide marginata.

» Solea pallida unicolor.

» Longit. dorsi 19; long. clypei 13; long. soleæ 32 mill. »
[Pollonera].

Animal allongé, assez pointu en arrière ; carène courte,
obtuse, sauf à la partie tout à fait terminale où elle est bien
indiquée ; bouclier ovalaire, arrondi, subtronqué en avant,
arrondi et élargi en arrière, assez finement granulé, libre
en avant sur le premier tiers de son développement ; orifice
pulmonaire entouré d'une zone plus claire ; corps médiocrement rugueux mais avec des sillons bien indiqués, d'un
jaune terreux maculé de lignes d'un gris noirâtre irrégulièrement distribuées sur le dos ; bouclier plus sombre,
orné de taches noirâtres irrégulières et irrégulièrement
distribuées, bordé de clair à sa partie antérieure.

Sole tripartite, large de 3 1/2 millimètres, unicolore,
d'un jaune ochracé, la partie centrale très finement granuleuse.

Longueur totale : 32-35 millimètres ; longueur, de l'extrémité postérieure du corps à l'extrémité postérieure du
bouclier : 19-21 millimètres ; longueur du bouclier : 13-14

millimètres ; longueur de la sole : 27-32 millimètres (exemplaires conservés dans l'alcool).

L'*Agriolimax agrestopsis* Pollonera présente quelques intéressants caractères anatomiques.

L'intestin est dépourvu de cæcum. Le pénis ( *p*, pl. III, fig. 1) gros, globuleux-pyriforme, est muni d'un flagellum ( *f l*) aplati à bords frangés placé très latéralement et non terminal. La bourse copulatrice ( *f c*) est en forme de sac rétréci et subtronqué en avant, élargi et tronqué en arrière ; elle est munie d'un col mince et assez long. Enfin l'oviducte ( *o v*) est relativement mince et d'une longueur médiocre.

Par son aspect extérieur, cette espèce ressemble beaucoup à certaines variétés européennes de l'*Agriolimax agrestis* Linné, mais elle s'en sépare facilement par son bouclier plus arrondi en arrière et plus ample et plus libre en avant. Comparée aux *Agriolimax agrestis* Linné de la Syrie et de la Palestine, elle est constamment beaucoup plus grande.

Au point de vue anatomique, l'*Agriolimax agrestopsis* Pollonera est bien différent de l'*Agriolimax agrestis* Linné : son pénis est bien plus court et mieux arrondi ; son flagellum est situé latéralement au lieu d'être terminal ; sa bourse copulatrice est d'une forme tout à fait différente (elle est ovale-allongée chez l'*Agriolimax agrestis* Linné) ; enfin son intestin est dépourvu du *cæcum* que l'on trouve toujours chez l'*Agriolimax agrestis* Linné [1].

LOCALITÉ :

Gébaït, près de Beyrouth [FRÈRE LOUIS].

---

[1] A tort, selon moi, — et je suis en celà d'accord avec mon savant ami CARLO POLLONERA, de Turin — le Docteur SIMROTH n'attache plus actuellement d'importance à ce caractère. Il distingue, en effet, chez quelques *Agriolimax*, des variétés *cæciger* dont le type est dépourvu de cæcum.

### Agriolimax Horsti Germain, nov. sp.

Pl. II, fig. 1, et pl. III, fig. 3.

1911. *Agriolimax Horsti* Germain, *Bulletin Muséum Hist. natur.*
Paris ; n° 1, p. 28.
1912. *Agriolimax Horsti* Germain, *Bulletin Muséum Hist. natur. Paris ;*
n° 7, p. 441, n° 11.

Animal allongé, assez pointu en arrière, à rugosités peu
accentuées ; carène dorsale visible sur le dernier quart postérieur ; mufle court, nettement tronqué ; bouclier ovalaire-
arrondi et à peine subtronqué en avant, bien arrondi et
très légèrement effilé en arrière, libre en avant sur le tiers
et quelquefois la moitié de sa longueur totale, finement
granuleux.
Tentacules d'un gris bleuâtre.
Ouverture pulmonaire très petite, entourée d'une zone
pâle relativement large.
Sole tripartite, d'un jaune uniforme légèrement ochracé.
Coloration générale d'un gris cendré, teinté de jaune,
passant au brun roux en dessous ; cuirasse de même tonalité, mais un peu plus sombre. Le dos et la cuirasse sont
très finement pointillés de taches noires, irrégulières et irrégulièrement distribuées.
Longueur totale : 25-28 millimètres ; hauteur 6 1/2 - 7 millimètres ; diamètre maximum : 5-6 millimètres ; longueur
du bouclier : 9-10 millimètres ; longueur de la sole :
21-25 millimètres ; largeur maximum de la sole : 2 1/4 -
2 1/2 millimètres ; largeur de la zone centrale de la sole :
1 millimètre (spécimens conservés dans l'alcool).
Limacelle assez allongée, élargie en avant, rétrécie en
arrière, à nucléus très latéral.

La coloration varie chez quelques spécimens. C'est ainsi
que certains individus recueillis par M. Henri Gadeau de
Kerville dans la région verdoyante de Damas, tout en présentant les mêmes caractères, ont une tonalité générale
différente. Le dos, la cuirasse et le mufle sont uniformé-

ment d'un gris bleuâtre, la région postérieure de la cuirasse étant cependant un peu plus fortement colorée. La sole est, en outre, plus grise.

Un autre spécimen, recueilli à Berzé (Anti-Liban), près de Damas, mérite d'être distingué comme variété.

### Variété **berzeensis** Germain, nov. var.

1912. *Agriolimax Horsti* var. *berzeensis* Germain, *Bulletin Muséum Hist. natur. Paris*; 1912, n° 7, p. 441.

Animal uniformément d'un gris jaunâtre *aussi clair sur le dos que sur les flancs*. Sole de même couleur que le reste du corps. Tentacules jaunacés, subtransparents.

Berzé (Anti-Liban), près de Damas, entre 700 et 800 mètres d'altitude [HENRI GADEAU DE KERVILLE].

L'*Agriolimax Horsti* Germain possède un canal digestif analogue à celui de l'*Agriolimax agrestis* Linné, c'est-à-dire muni d'un court cæcum.

Le pénis (*p*, pl. III, fig. 3) est divisé en deux lobes très inégaux comme forme et comme grandeur : le plus grand est allongé, terminé par un flagellum (*fl*) frangé d'un seul côté et à la base duquel est un second flagellum rudimentaire ; le second lobe, plus petit, mieux arrondi, présente quelquefois, en avant et latéralement, une protubérance en forme de sac. La bourse copulatrice (*bc*) est pyriforme, longue d'environ 4 millimètres, un peu pointue en avant et en arrière, munie d'un col allongé relativement large. L'oviducte (*ov*) est long (environ 6 millimètres) et très délié, son diamètre ne dépassant pas 1/10 de millimètre.

Comparé à l'*Agriolimax agrestis* Linné, l'*Agriolimax Horsti* Germain se distingue de suite par sa coloration différente et par les caractères de son appareil génital. Il se sépare de l'*Agriolimax phœniciacus* Bourguignat[1] à son

1. BOURGUIGNAT (J. R.). — *Testacea novissima quæ Cl. de Saulcy in itinere per Orientem annis 1850 et 1851*; 1852, p. 9, n° 1 (*Limax Phœniciaca*).

pointillé noir beaucoup plus fin et à l'absence de ligne claire sur le dos.

A la demande de M. HENRI GADEAU DE KERVILLE, je suis heureux de dédier cette nouvelle espèce à son préparateur d'histoire naturelle, M. LUCIEN HORST, qui l'a secondé activement dans ses recherches zoologiques en Khroumirie, en Syrie et en Asie-Mineure.

LOCALITÉS :

Sous les feuilles mortes et les mottes de terre, dans la région verdoyante de Damas, entre 650 et 700 mètres d'altitude [HENRI GADEAU DE KERVILLE].

Dans une cour, à Damas, vers 690 mètres d'altitude [HENRI GADEAU DE KERVILLE].

Sous les pierres, dans la montagne, à Berzé (Anti-Liban), près de Damas, entre 700 et 800 mètres d'altitude (avec la variété *berzeensis* Germain) [HENRI GADEAU DE KERVILLE].

Sous les mottes de terre, à Djéroud, au nord-est de Damas [HENRI GADEAU DE KERVILLE].

### Agriolimax berytensis Bourguignat.

1852. *Limax Berytensis* Bourguignat, *Testacea novissima Saulcy Orient.* ; p. 10, n° 2.

1853. *Limax Berytensis* Bourguignat, *Catalogue rais. Mollusques terr. fluv. Saulcy Orient;* p. 4, pl. 1, fig. 1-4.

1874. *Limax Berytensis* Martens, *Vorderasiatische Conchylien ;* p. 48.

1883. *Limax (Agriolimax) Berytensis* Boettger, *Bericht des Offenbacher Vereins für Naturkunde ;* XXII, p. 164, n° 4.

1885. *Limax berytensis* Tryon, *Manual of Conchology ;* 2° série, *Pulmonata ;* 1, p. 213 (*incertæ sedis*).

1887. *Agriolimax berytensis* Pollonera, *Bollettino dei Musei di Zoologia R. Univers. di Torino ;* 11, n° 21, p. 4, n° 12.

1889. *Limax berytensis* Blanckenhorn, *Nachrichtsblatt d. Deutschen Malakozoolog. Gesellschaft;* p. 82.

1893. *Agriolimax (Agriolimax) berytensis* Cockerell et Collinge, *The Conchologist Exchange ;* 11, tirés à part, p. 11, n° 136.

1904. *Agriolimax berytensis* Simroth, *Sitzungsber. der K. Böhm. Gesellschaft Wissensch. Prag ;* p. 17.

1906. *Limax berytensis* Simroth, *Nachrichtsblatt d. Deutschen Malako-zoolog. Gesellschaft ;* p. 19.

1909. *Agriolimax berytensis* POLLONERA, *Bollettino dei Musci di Zoologia R. Univers. di Torino;* XXIV, n° 608, p. 5, n° 8.

1912. *Agriolimax berytensis* Germain, *Bulletin Muséum Hist. natur. Paris ;* n° 2, p. 12.

Le corps de ce Limacien, assez finement chagriné, est d'une coloration uniformément noire avec une pointe de bleu foncé. La partie postérieure est sensiblement plus sombre. Le bouclier, qui est de même couleur, s'éclaircit antérieurement.

La sole, tripartite, longue de 23 millimètres, large de 2 millimètres, montre une partie centrale d'un jaune assez foncé et des aires latérales grisâtres.

La limacelle est fragile, oblongue, lisse en dessus, grossièrement striée en dessous, longue de 4 millimètres.

LOCALITÉS :

Berzé (Anti-Liban), près de Damas, entre 700 et 800 mètres d'altitude [HENRI GADEAU DE KERVILLE].

Embouchure du Nahr-el-Kelb (rivière du Chien), aux environs de Beyrouth [FRÈRE LOUIS].

DISTRIBUTION GÉOGRAPHIQUE :

Cette espèce est spéciale à la Syrie et à la Palestine. Elle a été signalée à Beyrouth [DE SAULCY, BOURGUIGNAT] ; à Broumana et dans le djébel Kneish (Liban) [BLANCKENHORN] ; à Tyr, à Damas, à Baalbek [BOETTGER] ; enfin, à Afga, sur les bords du Nahr-Ibrahim [FESTA, POLLONERA].

**Agriolimax damascensis** Germain, nov. sp.

Pl. II, fig. 2, et pl. III, fig. 4.

1911. *Agriolimax damascensis* Germain, *Bulletin Muséum Hist. natur Paris ;* n° 3, p. 141.

1912. *Agriolimax damascensis* Germain, *Bulletin Muséum Hist. natur. Paris;* n° 7, p. 441, n° 14.

Animal petit, renflé-ventru en son milieu, atténué en avant, un peu pointu en arrière, à rugosités superficielles très atténuées sur les flancs ; carène courte, très obtuse, seulement visible à la partie tout à fait postérieure du corps ; bouclier ovalaire allongé, arrondi en arrière, libre en avant, très finement granuleux, long de 6 millimètres, large de 3 1/2 millimètres.

Orifice pulmonaire petit, mais très marqué par suite de l'existence d'une zonule circulaire gris jaunâtre beaucoup plus claire que le reste du corps, située à la partie subterminale postérieure du bouclier.

Corps châtain, plus foncé vers le milieu du dos, plus pâle sur les côtés et dans les sillons ; bouclier châtain clair, jaunâtre en avant, assombri par une grande quantité de petites taches et de points d'un noir bleuâtre ; tête et cou noirâtres.

Sole étroite, nettement tripartite, large de 2 millimètres, d'un jaune ochracé, unicolore [1].

Longueur totale : 17-18 1/2 millimètres ; largeur : 5 1/4 millimètres ; hauteur : 5 millimètres ; longueur de la sole : 14-15 millimètres (spécimens conservés dans l'alcool).

L'intestin possède un cæcum. Le pénis (*p*, pl. III, fig. 4), long d'environ 3 1/4 millimètres, est boursouflé, assez arrondi et se prolonge en une protubérance (longue de 1/2 millimètre) à l'extrémité de laquelle sont deux flagellums (*fl*) frangés et d'inégale grandeur. La bourse copulatrice (*b c*) subovale allongée, longue de 3 millimètres, large de 1 1/4 à 1 1/3 millimètre, se termine par un col très court et assez mince ; enfin, l'oviducte (*ov*) est également très court.

1. Cependant la partie centrale de la sole est légèrement teintée de gris.

Ces caractères anatomiques, ainsi que ceux précédemment énumérés, différencient parfaitement cette espèce de l'*Agriolimax agrestis* Linné et de l'*Agriolimax berylensis* Bourguignat.

Localité :

Sous les pierres, à Djéroud, au nord-est de Damas [Henri Gadeau de Kerville].

## Agriolimax nigroclypeata Germain, nov. sp.

Pl. II, fig. 3, et fig. 3, dans le texte.

1911. *Agriolimax nigroclypeata* Germain, *Bulletin Muséum Hist. natur. Paris*; n° 3, p. 141.

1912. *Agriolimax nigroclypeata* Germain, *Bulletin Muséum Hist. natur. Paris*; n° 7, p. 441, n° 15.

Animal petit, à rugosités médiocres, bien pointu en arrière, arrondi en avant; carène dorsale assez haute et fortement accusée en arrière; bouclier ovalaire, élargi et bien arrondi postérieurement, un peu arrondi-pointu antérieurement, long de 7 millimètres, large de 4 1/4 millimètres, finement granulé (granulations arrondies, inégales et inégalement distribuées), libre en avant sur presque la moitié de sa longueur.

Orifice pulmonaire petit, situé vers le deuxième tiers postérieur du bouclier, entouré d'une zone plus claire, d'un gris bleuâtre.

Mufle court, tronqué, d'un noir bleuâtre aussi foncé que le reste du corps.

Corps très foncé, noir bleuâtre sur le dos, plus clair sur les côtés; bouclier également sombre, de même couleur que le reste du corps.

Sole tripartite, étroite, large de 2 millimètres, d'un jaune ochracé pâle, unicolore.

Longueur totale : 17 millimètres ; largeur : 5 millimètres ;

longueur de la sole : 15 millimètres (spécimens conservés dans l'alcool).

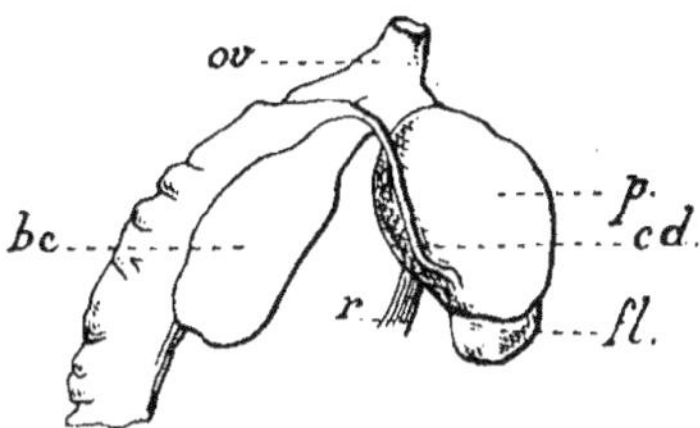

Fig. 3. — *Agriolimax nigroclypeata* Germain.

Appareil génital ; × 6.

> *o v*, oviducte.
> *c d*, canal déférent.
> *b c*, bourse copulatrice.
> *f l*, flagellum.
> *p*, pénis.
> *r*, muscle rétracteur du pénis.

L'intestin est muni d'un cæcum. Le pénis (*p*, fig. 3, dans le texte) est arrondi, long de 3 millimètres, large de 2 millimètres, ni lobé, ni boursouflé comme chez l'*Agriolimax damascensis* Germain ; le flagellum (*f l*) est renfermé dans une petite bourse transparente longue d'environ 1 millimètre ; la bourse copulatrice (*b c*), subovale allongée, se termine par un col très court ; enfin l'oviducte (*o v*) est également très court.

Rapprochée de l'*Agriolimax berytensis* Bourguignat[1], cette espèce en diffère par sa taille plus petite ; par son orifice pulmonaire entouré d'une zone claire plus large ; par sa sole unicolore (chez l'*Agriolimax berytensis* Bourgui-

1. BOURGUIGNAT (J. R.). — *Testacea novissima quæ Cl. de Saulcy in itinere per Orientem annis 1850 et 1851 ; 1852*, p. 10, n° 2 (*Limax Berytensis*).

gnat, les aires latérales de la sole sont noirâtres) et par ses caractères anatomiques. La bourse copulatrice est de forme toute différente chez les deux espèces et, chez l'*Agriolimax berytensis* Bourguignat, le pénis est moins arrondi et surtout le flagellum, qui possède deux branches, n'est pas renfermé dans un sac transparent.

Enfin l'*Agriolimax nigroclypeata* Germain se sépare de l'*Agriolimax libanoticus* Pollonera[1] par sa taille plus grande[2], par sa coloration plus foncée et surtout par la forme bien différente du pénis, du flagellum et de la bourse copulatrice.

LOCALITÉ :

Sous les pierres, à Djéroud, au nord-est de Damas [HENRI GADEAU DE KERVILLE].

## Agriolimax Pallaryi Pollonera.

Pl. II, fig. 5 et 6, et pl. III, fig. 2 et 5.

1911. *Agriolimax Pallaryi* Pollonera, *in litt.*

1911. *Agriolimax Pallaryi* Germain, *Bulletin Muséum Hist. natur. Paris;* n° 3, p. 142.

1912. *Agriolimax Pallaryi* Germain, *Bulletin Muséum Hist. natur. Paris;* n° 7, p. 441, n° 16.

« Dorsum rugosum, breviter sed sat acute carinatum, pallide terreum, superne nigrescens, sulcis nigrescentibus. Clypeus postice rotundato-subtruncatus, non gibbosus, antice parum expansus, nigricans, maculis atris confusis conspersus (interdum fere omnino niger et maculis fere inconspicuis), marginibus anterioribus pallidioribus; apertura pulmonea pallide marginata. Collum et tentaculis oculiferis nigrescentes.

1. POLLONERA (CARLO). — Sui Limacidi della Siria e della Palestina; *Bollettino dei Musei di Zoologia ed Anatomia comparata della R. Univers. di Torino;* XXIV, n° 608; 1909, p. 6, n° 9, pl. I, fig. 9-10.

2. L'*Agriolimax libanoticus* Pollonera ne mesure que 12 à 13 millimètres de longueur.

10

» Solea pallida unicolor.

» Long. dorsi 20 ; long. clypei 12 ; long. soleæ 37 mill. »
[POLLONERA].

Animal allongé, ventru dans la région du bouclier, un
peu atténué en avant, très pointu en arrière ; carène dorsale
courte, mais bien saillante ; bouclier ovalaire-allongé, subtronqué en arrière ; long de 12-13 millimètres, finement
granuleux (granulations serrées, un peu saillantes), libre
en avant sur la moitié environ de sa longueur.

Orifice pulmonaire entouré d'une zone plus claire.

Cou et tentacules oculifères bleuâtres.

Corps bien rugueux, avec sillons un peu profonds, d'un
jaune ochracé terreux, plus clair en avant qu'en arrière,
gris bleuâtre en dessus ; bouclier jaunâtre, assombri par un
très grand nombre de taches et de points d'un noir bleuâtre.

Sole tripartite, large au maximum de 4 millimètres, d'un
jaune ochracé, unicolore.

Longueur totale : 37-40 millimètres ; largeur maximum :
8 millimètres ; hauteur : 9 millimètres ; longueur de la
sole : 33-37 millimètres.

L'intestin est dépourvu de cæcum. Le pénis ( *p*, pl. III,
fig. 2) est très gros, ventru, long de 5 3/4 millimètres,
large de 5 millimètres, divisé en deux lobes très inégaux.
Du plus petit part un canal déférent relativement gros et
assez contourné (*cd*). Le muscle rétracteur (*r*) s'attache
près de l'insertion du canal déférent. Le flagellum (*fl*,
pl. III, fig. 2 et 5) est aplati, à deux branches inégales,
frangées sur le bord. La bourse copulatrice (*bc*), assez régulièrement ovalaire, se termine par un col large et court ;
enfin l'oviducte (*ov*) est gros et court.

Cette espèce se rapproche de l'*Agriolimax melanocephalus* Kaleniczensko[1], du Caucase, mais elle s'en sépare

1. KALENICZENSKO. — *Bulletin Société impériale Naturalistes Moscou ;*
XXIV, 1851, p. 221, pl. V, fig. 2 ( *Krynickillus melanocephalus*) .

très nettement par les caractères de son appareil reproduc-
teur qui est tout à fait différent ; l'*Agriolimax melanocephalus* Kaleniczensko a un pénis dépourvu de flagellum,
tandis que nous venons de voir que l'*Agriolimax Pallaryi*
Pollonera possède un pénis muni d'un flagellum aplati à
deux branches inégales.

LOCALITÉS :

Amchit, dans le Liban [FRÈRE LOUIS].

Gébaït, près de Beyrouth [FRÈRE LOUIS].

## Famille des TESTACELLIDÆ.

### Genre DAUDEBARDIA Hartmann, 1821 [1].

#### § 1. — LIBANIA Bourguignat [2].

### Daudebardia (**Libania**) **Saulcyi** Bourguignat.

1852. *Testacella Saulcyi* Bourguignat, *Testacea novissima Saulcy
Orient.* ; p. 10, n° 1.

1853. *Testacella Saulcyi* Bourguignat, *Catalogue rais. Mollusques terr.
fluv. Saulcy Orient* ; p. 5, pl. 1, fig. 8-9.

1855. *Daudebardia syriaca* Roth, *Malakozoolog. Blätter* ; p. 21, n° 1.

1855. *Daudebardia Saulcyi* Pfeiffer, *Malakozoolog. Blätter* ; p. 115.

1856. *Daudebardia Saulcyi* Bourguignat, *Aménités malacologiques* ; I,
p. 98 et 101.

1856. *Daudebardia Saulcyi* Fischer, *Journal de Conchyliologie* ; p. 26,
pl. I.

1859. *Daudebardia Saulcyi* Pfeiffer, *Monogr. Heliceor. vivent.* ; IV,
p. 787, n° 4.

1. HARTMANN (J. D. W.). — *System der Erd- und Süsswasser-Gasteropoden Europa's ;* 1821 ; et in : STURM (J.). — *Deutschland Fauna in
Abbildungen nach der Natur, mit Beschreibungen ;* V, 1821, p. 51.

2. BOURGUIGNAT (J. R.), in : PENCHINAT (D<sup>r</sup> CH.). — Des Parmacelles et des Daudebardies françaises ; *Annales de Malacologie ;* I,
1870, p. 164 [= *Moussonia* Bourguignat, *Mollusques nouveaux, liti-
gieux, peu connus ;* 6<sup>e</sup> décade ; 1<sup>er</sup> février 1866 ; p. 211 (non *Moussonia*
Semper, *Journal de Conchyliologie ;* 1865, p. 296) ].

1862. *Daudebardia Saulcyi* Bourguignat, *Spicilèges malacologiques ;* p. 68.

1862. *Daudebardia Berytensis* Bourguignat, *Spicilèges malacologiques ;* p. 68.

1866. *Moussonia Saulcyi* Bourguignat, *Mollusques nouv. litig. peu connus ;* 6° décade ; p. 211.

1868. *Daudebardia Saulcyi* Pfeiffer, *Monogr. Heliceor. vivent. ;* VI, p. 10, n° 5.

1870. *Libania Saulcyi* Bourguignat, in : Penchinat, *Annales de Malacologie ;* I, p. 164.

1874. *Daudebardia Saulcyi* Martens, *Vorderasiastiche Conchylien ;* p. 48.

1877. *Daudebardia Saulcy* Kobelt, in : Rossmässler, *Iconographie der Land- und Süsswasser-Mollusken ;* V, p. 83, taf. CXLI, fig. 1395.

1883. *Daudebardia (Libania) Saulcyi* Boettger, *Bericht des Offenbacher Vereins fur Naturkunde ;* XXII, p. 162, n° 1.

1885. *Daudebardia (Libania) Saulcyi* Tryon, *Manuel of Conchology ;* I, p. 16, pl. II, fig. 80-81.

1886. *Daudebardia (Libania) Saulcyi* Westerlund, *Fauna der paläarct. region Binnenconchylien ;* I, p. 8, n° 18.

1889. *Daudebardia Saulcyi* Blanckenhorn, *Nachrichtsblatt d. Deutschen Malakozoolog. Gesellschaft ;* p. 82.

1906. *Daudebardia (Libania) Saulcyi* Wagner, *Nachrichtsblatt d. Deutschen Malakozoolog. Gesellschaft ;* p. 184.

1912. *Daudebardia (Libania) Saulcyi* Germain, *Bulletin Muséum Hist. natur. Paris ;* n° 7, p. 441, n° 18.

Il est à peu près certain que l'espèce décrite par J. R. BOURGUIGNAT sous le nom de *Daudebardia Gaillardoti*[1] est la forme jeune du *Daudebardia Saulcyi* Bourguignat.

Le *Daudebardia Saulcyi* Bourguignat atteint 18 millimètres de longueur (animal contracté conservé dans l'alcool) ; sa coquille, qui est subauriforme, vitreuse, d'un jaune succiné, ornée de stries fort délicates, mesure 5 millimètres de

1. BOURGUIGNAT (J. R.). — *Aménités malacologiques ;* I, 1856, p. 97, pl. VI, fig. 14-19 ; — KOBELT, in : ROSSMASSLER. — *Iconographie der Land- und Süsswasser-Mollusken ;* V, 1877, p. 83, taf. CXLI, fig. 1394 (*Daudebardia Gaillardotii*).

longueur, 3 millimètres de largeur maximum et 1 1/2 millimètre de hauteur. La coquille du *Daudebardia Gaillardoti* Bourguignat présente les mêmes caractères, mais elle est beaucoup plus petite, et ne dépasse pas 2 millimètres de longueur [1].

LOCALITÉS :

Bords du Nahr-el-Kelb (rivière du Chien), aux environs de Beyrouth [HENRI GADEAU DE KERVILLE].

Vallée du Nahr-el-Kelb (rivière du Chien) [FRÈRE LOUIS].

DISTRIBUTION GÉOGRAPHIQUE :

Cette espèce est assez commune en Syrie, notamment dans les vallées fraîches, où elle vit sous les pierres et les amas de feuilles mortes : Beyrouth [DE SAULCY, ROTH, Dr GAILLARDOT], Saïda [D[r] GAILLARDOT].

Plus au nord, en Cilicie (Asie-Mineure), cette espèce est remplacée par le *Daudebardia (Libania) Naegelei* Boettger [2]. Enfin, en Caucasie et en Transcaucasie, à côté d'espèces appartenant au sous-genre *Libania*, comme le *Daudebardia (Libania) Boettgeri* Clessin [3] et le *Daudebardia (Libania) Jetschini* A. J. Wagner [4], vivent quelques

---

1. BOURGUIGNAT (J. R.) décrit ainsi l'animal de son *Daudebardia Gaillardoti* : « Animal grêle, marchant sur un pied étroit de couleur blanchâtre, tandis que le reste du corps, tout en offrant une teinte orangée ou bleuâtre, se trouve moucheté d'une multitude de petits points noirs très foncés » (*loc. supra cit.*; I, 1856, p. 97).

2. BOETTGER (Dr O.). — Die Konchylien aus den Anspülungen des Sarus-Flusses bei Adana in Cilicien ; *Nachrichtsblatt d. Deutschen Malakozoolog. Gesellschaft*; 1905, p. 100, n° 1, taf. 2 A, fig. 1 a-d. [*Daudebardia (Libania) naegelei*].

3. CLESSIN (S.). — *Malakozoolog. Blätter*; n. f.; VI, 1886, p. 38, taf. II, fig. 9-10. [Non *Daudebardia Boettgeri* Wagner (= *Daudebardia Saulcyi* Bourguignat)].

4. WAGNER (A. J.). — *Denk. Akad. Wien*; LXII, 1895, p. 618, taf. V, fig. 30 a-b ; et *Nachrichtsblatt d. Deutschen Malakozoolog. Gesellschaft*; 1906, p. 183.

Daudebardies du sous-genre *Rufina* [1]. Tels sont les *Daudebardia (Rufina) Lederi* Boettger [2], *Daudebardia (Rufina) Heydeni* Boettger [3] et *Daudebardia (Rufina) Sieversi* Boettger [4].

## Famille des VITRINIDÆ.

### Genre VITRINA Draparnaud, 1801 [5].

**Vitrina libanica** Pallary.

Pl. V, fig. 7 et 9.

1911. *Vitrina libanica* Pallary, *in litt.*

1911. *Vitrina libanica* Germain, *Bulletin Muséum Hist. natur. Paris*; n° 1, p. 31.

1912. *Vitrina libanica* Germain, *Bulletin Muséum Hist. natur. Paris*; n° 7, p. 441, n° 19.

Coquille subglobuleuse-déprimée ; spire extra courte, composée de 3 1/2 tours à croissance très rapide, séparés par des sutures linéaires et comme submarginées ; dernier

1. CLESSIN (S.). — *Malakozoolog. Blätter*; XXV, 1878, p. 75 *(Sectio* RUFINA).

2. BOETTGER (Dr O.). — *Jahrb. d. Deutschen Malakozoolog. Gesellschaft;* VIII, 1881, p. 172, n° 3, taf. VII, fig. 2 a-b. — A. J. WAGNER [Bemerkungen zum genus Daudebardia Hartmann ; *Nachrichtsblatt d. Deutschen Malakozoolog. Gesellschaft;* 1906, p. 181] considère cette espèce comme une variété du *Daudebardia rufa* Draparnaud [*Daudebardia (Rufina) rufa lederi*].

3. BOETTGER (Dr O.). — *Jahrb. d. Deutschen Malakozoolog. Gesellschaft;* VI, 1879, p. 3, n° 1, taf. 1, fig. 1 ; VII, 1880, p. 112, n° 1 ; et VIII, 1881, p. 171, n° 2 [*Daudebardia (Sieversia) Heydeni*]. Le *Daudebardia Pawlenkoi* Boettger [*loc. supra cit.*; VII, 1880, p. 113, n° 3, taf. IV, fig. 1] est synonyme.

4. BOETTGER (D[r] O.). — *Jahrb. d. Deutschen Malakozoolog. Gesellschaft;* VII, 1880, p. 112, n° 2, taf. IV, fig. 3.

5. DRAPARNAUD (J. P. R.). — *Tableau des Mollusques terrestres et fluviatiles de la France;* 1801, p. 33 et 98; et *Histoire naturelle des Mollusques terrestres et fluviatiles de la France;* 1805, p. 23, 30 et 119.

tour énorme, constituant presque toute la coquille, sensiblement aussi convexe en dessus qu'en dessous, comprimé-subcaréné sur toute sa longueur, bien dilaté à son extrémité et légèrement descendant ; ouverture très oblique, ovalaire oblongue ; péristome mince et tranchant.

Diamètre maximum : 13 1/4 - 16 millimètres ; diamètre minimum : 10 1/2 - 13 millimètres ; hauteur : 6-8 millimètres ; diamètre maximum de l'ouverture : 8 1/2 - 10 millimètres ; hauteur de l'ouverture : 8 - 9 1/2 millimètres.

Test mince, subpellucide, absolument transparent, ordinairement d'un corné olivâtre assez clair, plus rarement d'un jaune verdâtre[1], orné de stries fines, serrées, inégales, irrégulières, très obliques et notablement plus délicates en dessous qu'en dessus.

Cette belle Vitrine, découverte par le FRÈRE LOUIS en divers points de la chaîne du Liban où elle paraît rare, est la seule espèce du genre actuellement connue en Syrie et en Palestine. J'en dois la connaissance à M. PAUL PALLARY et au FRÈRE LOUIS.

LOCALITÉS :

Aramoun, Fareit, Hakel et Fédar-Foha, dans le Liban [FRÈRE LOUIS].

## Famille des ZONITIDÆ.

### Genre HYALINIA Agassiz, 1837 [2].

Le genre HYALINIA est représenté, en Syrie et en Palestine, par une douzaine d'espèces appartenant à trois sous-genres différents. La liste suivante donne, avec les références originales, quelques indications sur ces animaux :

1. La teinte verte étant bien prononcée.

2. AGASSIZ, in : CHARPENTIER (DE). — Calogue des Mollusques terr. et fluv. de la Suisse ; *Denkschr. Schweiz. Gesellsch. Naturwiss. Neuchâtel ;* 1, 1837, p. 13.

### § 1. — Sous-genre POLITA Held, 1837.

**Hyalinia** (**Polita**) **cellaria** Müller
variété **sancta** Bourguignat.

*Helix sancta* Bourguignat, *Testacea novissima Saulcy Orient.*; 1852,
p. 15, n° 7; et *Catalogue rais. Mollusques terr. fluv. Saulcy Orient*;
1853, p. 7, pl. 1, fig. 10-12.

Cette coquille, que BOURGUIGNAT considérait comme espèce
distincte, est assez répandue en Syrie et en Palestine,
notamment aux environs de Beyrouth, de Jérusalem et
dans la région du lac d'Antioche [DE SAULCY, BOURGUIGNAT,
ROTH, A. MOUSSON].

**Hyalinia** (**Polita**) **camelina** Bourguignat [1]
variété **depressa** Boettger.

**Hyalinia** (**Polita**) **berytensis** Naegele.

*Hyalinia (Polita) berytensis* Naegele, *Nachrichtsblatt d. Deutschen
Malakozoolog. Gesellschaft*; 1890, p. 141.

Cette espèce, qui se rapproche du *Hyalinia* (*Polita*)
*camelina* Bourguignat, a été découverte aux environs de
Beyrouth.

**Hyalinia** (**Polita**) **æquata** Mousson.

*Zonites æquatus* Mousson, *Coquilles terr. fluv. Bellardi Orient*; 1854,
p. 16, n° 2, pl. 1, fig. 1; — *Hyalinia æquata* Kobelt, in: Rossmässler,
*Iconographie der Land- und Süsswasser-Mollusken*; VI, 1879, p. 21,
taf. CLVI, fig. 1581-1583.

Cette espèce, caractéristique des îles de l'Archipel, a été
retrouvée à Alep, à Baalbek [ROTH, A. MOUSSON], et dans
diverses localités du nord de la Palestine.

**Hyalinia** (**Polita**) **syriaca** Kobelt.

**Hyalinia** (**Polita**) **protensa** de Férussac.

---

1. Je ne donne pas d'indications bibliographiques sur les espèces
dont il sera plus loin question.

*Helix protensa* de Férussac, *Tableaux systématiques animaux Mollusques ;* 1821, p. 207, et de Férussac et Deshayes, *Histoire Mollusques
terr. fluv. ;* 1840, 1, p. 93, pl. LXXXII, fig. 3; Pfeiffer, in : Martini et
Chemnitz, *Systemat. Conchylien-Cabinet ;* Gattung *Helix ;* 1854, II,
p. 94, n° 506, taf. LXXXIII, fig. 4-6; — *Hyalinia (Polita) protensa*
Westerlund, *Fauna der paläarct. region Binnenconchylien ;* 1, 1886,
p. 66, n° 152; — *Hyalinia protensa* Kobelt, in : Rossmässler, *Iconographie der Land- und Süsswasser-Mollusken ;* n. 1. ; VII, 1896, p. 49,
taf. CXCVIII, fig. 1226.

Le *Hyalinia protensa* de Férussac a été décrit sur des
échantillons recueillis à Standié (Syrie). Depuis, il a été
retrouvé dans diverses localités et, notamment, aux environs de Naplouse.

### Variété **lamellifera** Blanc.

*Hyalinia (Euhyalinia) lamellifera* Blanc, in : Westerlund et Blanc,
*Aperçu faune malacologique Grèce ;* 1879, p. 25, n° 7, pl. 1, fig. 1; —
*Hyalinia (Polita) protensa* var. *lamellifera* Westerlund, *Fauna der
paläarct. region Binnenconchylien ;* 1, 1886, p. 66; — *Hyalinia (Polita)
œquata* var. *lamellifera* Boettger, *Bericht des Offenbacher Vereins für
Naturkunde ;* XXII, p. 166, n° 7.

La variété *lamellifera,* qui mesure 15 millimètres de
diamètre maximum, 13 millimètres de diamètre minimum
et 6 1/2 millimètres de hauteur, possède un test brillant,
d'un jaune doré en dessus, blanchâtre en dessous, et orné,
en dessus, de stries serrées, fines, délicates, coupées de
stries spirales fines et très régulières. En dessous, la sculpture est uniquement constituée par les stries d'accroissement.

Cette coquille a été découverte à Candie, dans l'île de
Crète, par Hippolyte Blanc. Elle vit en compagnie d'une
forme *ptychostoma* Blanc[1], caractérisée par son test couleur
d'ocre en dessus et blanc en dessous.

1. Blanc (H.), in : Westerlund (C. A.) et Blanc (H.). — *Aperçu
sur la faune malacologique de la Grèce inclus l'Épire et la Thessalie ;
Coquilles extramarines ;* Naples, 1879, p. 26 [*Hyalinia (Euhyalinia)
lamellifera* forma *ptychostoma*].

11

Dans l'île de Syra (Archipel) se trouve une forme *minor* Blanc [1], ne mesurant que 11 millimètres de diamètre maximum pour 4 1/2 millimètres de hauteur et dont le test est entièrement jaune verdâtre, en dessus comme en dessous.

C. A. WESTERLUND, qui avait d'abord considéré ce Mollusque comme une espèce distincte, en a fait avec raison, dans son ouvrage sur la faune malacologique européenne, une variété du *Hyalinia protensa* de Férussac.

En Syrie, la variété *lamellifera* Blanc a été trouvée à Baalbek [E. SCHUMACHER, O. BOETTGER, C. A. WESTERLUND].

### Hyalinia (Polita) jebusitica Roth.

### Hyalinia (Polita) nitelina Bourguignat
variété **major** Roth.

#### § 2. — Sous-genre RETINELLA Shuttleworth.

### Hyalinia (Retinella) Simoni Boettger.

*Hyalinia Simoni* Boettger, *Bericht des Offenbacher Vereins für Naturkunde* ; XXII, 1883, p. 165, n° 6, taf. 1, fig. 1 a-c.

Environs de Baalbek [O. BOETTGER, E. SCHUMACHER].

### Hyalinia (Retinella) libanica Naegele et Westerlund.

*Hyalinia (Mesomphix) libanica* Naegele et Westerlund, in : Westerlund, *Fauna der paläarct. region Binnenconchylien* ; Supplem. I, 1890, p. 118, n° 177 a.

Beyrouth et les environs de cette ville [NAEGELE et WESTERLUND].

#### § 3. — Sous-genre VITREA Fitzinger.

### Hyalinia (Vitrea) hydatina Rossmässler.

*Helix hydatina* Rossmässler, *Iconographie der Land- und Süsswasser-Mollusken* ; I, 1838, p. 36, fig. 529.

Très répandu dans toute l'Europe orientale, cette petite

---

1. BLANC (H.), in : WESTERLUND (C. A.) et BLANC (H.). — *Loc. supra cit.* ; 1879, p. 25 [*Hyalinia (Euhyalinia) lamellifera* forma *minor*].

coquille habite également une grande partie de l'Asie-Mineure, notamment les environs de Smyrne.

## Hyalinia (Vitrea) carmeliensis Pfeiffer.

***

Aucune espèce du genre *Zonites* n'est signalée avec certitude en Syrie ou en Palestine, bien que d'assez nombreux *Zonites* [*Zonites chloroticus* Pfeiffer [1], *Zonites caricus* Roth [2], *Zonites smyrnensis* Roth [3], etc.] habitent en Asie-Mineure et que quelques-uns, comme le *Zonites smyrnensis* Roth, par exemple, ne soient pas rares aux environs de Smyrne. Cependant, WESTERLUND [4] signale le *Zonites corax* Pfeiffer [5] comme vivant en Syrie. Aucun auteur ayant traité de la malacologie de ces régions ne citant cette espèce, il convient d'attendre de nouveaux documents pour l'inscrire dans le catalogue de la faune syrienne.

***

### § 1. — POLITA Held, 1837 [6].

## Hyalinia (Polita) camelina Bourguignat.

1852. *Helix camelina* Bourguignat, *Testacea novissima Saulcy Orient.*; p. 14, n° 5.

1. PFEIFFER (L.). — *Zeitschrift für Malakozoologie*; 1851, p. 127 (*Helix chloroticus*).

2. ROTH (J. R.). — *Molluscorum species quas itineres per Orientem facto, comites clariss. Schuberti doctores Erdl et Roth collegerunt, recensuit, J. R. Roth*; 1839, p. 17, tab. I, fig. 6, 7 et 21 (*Helix caricus*).

3. ROTH (J. R.). — *Loc. supra cit.*; 1839, p. 16, tab. I, fig. 8-9 (*Helix smyrnensis*).

4. WESTERLUND (C. A.). — *Fauna der in der paläarctischen region Binnenconchylien*; 1, 1885, p. 79.

5. PFEIFFER (L.). — *Malakozoologische Blätter*; 1857, p. 87 (*Helix corax*).

6. HELD (FR.). — *Notizen über die Weichthiere Bayerns*; *Isis*; XXX, 1837, col. 916.

1853. *Zonites camelinus* Bourguignat, *Catalogue rais. Mollusques terr.
    fluv. Saulcy Orient*; p. 9, pl. 1, fig. 23-25.

1859. *Helix camelina* Pfeiffer, *Monogr. Heliceor. vivent.*; IV, p. 93,
    n° 573.

1861. *Zonites camelinus* Mousson, *Coquilles terr. fluv. Roth Palestine*;
    p. 3, n° 1.

1865. *Helix camelina* Pfeiffer, *Monogr. Heliceor. vivent.*; V, p. 156,
    n° 790.

1865. *Helix camelina* Tristam, *Proceed. Zoological Society of London*:
    p. 532.

1874. *Hyalina camelina* Mousson, *Journal de Conchyliologie*; XII,
    p. 19, n° 2, et p. 58, n° 2.

1874. *Hyalina (Euhyalina) camelina* Martens, *Vorderasiatische Con-
    chylien*; p. 49.

1879. *Hyalina camelina* Kobelt, in : Rossmässler, *Iconographie der
    Land- und Süsswasser-Mollusken*; VI, p. 33, taf. CLIX, fig. 1616.

1883. *Hyalinia (Polita) camelina* Boettger, *Bericht des Offenbacher
    Vereins für Naturkunde*; XXII, p. 167, n° 9.

1886. *Zonites (Polita) camelina* Tryon, *Manual of Conchology*; 2ᵉ série,
    *Pulmonata*; II, p. 154, pl. CL, fig. 22-24.

1886. *Hyalinia (Polita) camelina* Westerlund, *Fauna der paläarct.
    region Binnenconchylien*; I, p. 45, n° 69.

1889. *Hyalina camelina* Blanckenhorn, *Nachrichtsblatt d. Deutschen
    Malakozoolog. Gesellschaft*; p. 82.

1894. *Hyalinia camelina* Dautzenberg, *Revue biologique Nord France*;
    VI, p. 331; tirés à part, p. 2.

1902. *Hyalinia camelina* Naegele, *Nachrichtsblatt d. Deutschen Malako-
    zoolog. Gesellschaft*; p. 2, n° 28.

1902. *Vitrea camelina* Gude, *Journal of Malacology*; IX, part. IV,
    p. 126.

1912. *Hyalinia (Polita) camelina* Germain, *Bulletin Muséum Hist.
    natur. Paris*; n° 7, p. 441, n° 21.

Cette espèce, déprimée, subconvexe en dessus, convexe
en dessous, possède un enroulement très lent, parfaitement
régulier; le dernier tour, à peine plus grand que l'avant-
dernier, est parfaitement arrondi, sans trace de carène, un
peu plus convexe dessous que dessus; les sutures sont bien
indiquées; l'ombilic est étroit; enfin l'ouverture, petite,

subcirculaire, oblique, est bien échancrée par l'avant-dernier tour.

Diamètre maximum : 9 3/4 - 10 millimètres ; diamètre minimum : 8 1/2 - 9 millimètres ; hauteur : 4 - 4 1/4 millimètres ; diamètre de l'ouverture : 4 - 4 1/4 millimètres ; hauteur de l'ouverture : 3 3/4 - 4 millimètres.

Test mince, fragile, brillant, subtransparent, corné clair en dessus, plus clair et blanchâtre en dessous ; stries fines, onduleuses, irrégulières, peu obliques, élégamment accentuées au voisinage des sutures, plus fines et plus régulières en dessous.

BOETTGER[1] a décrit une variété *depressa* qui se sépare du type par sa spire mieux planorbique. Elle vit également en Syrie où elle a été recueillie par l'ingénieur E. SCHUMACHER.

WESTERLUND[2] considère comme variété de cette espèce le *Hyalinia (Polita) frondulosa* Mousson[3], coquille figurée par WESTERLUND et BLANC[4], et qui vit aux environs de

1. BOETTGER (O.). — Binnenconchylien aus Syrien ; *Bericht des Offenbacher Vereins für Naturkunde* ; XXII, 1883, p. 167.

2. WESTERLUND (C. A.). — *Fauna der in der paläarctischen region Binnenconchylien* ; 1, 1886, p. 46.

3. MOUSSON (A.). — *Coquilles terrestres et fluviatiles recueillies dans l'Orient par M. le D' A. Schlaefli* ; 1863, p. 4, n° 2.

Voici, à titre de comparaison, la diagnose originale de MOUSSON : ( *Zonites frondulosus* ).

« *T. umbilicata, convexo-depressa, arctespirata, tenuiscula, subdiaphana, glabra, striata, fusco-cornea. Spira regularis, paulo elevata ; summo obtuso ; sutura perimpressa. Anfractus 6 1/2 - 7, densi, convexi ; primi politi, sequentes supra ad suturam tumiduli, frondoso-striati, ultimus vix subdilatatus, subtus planiusculus, pallidior. Apertura vix obliqua, non descendens, transverse depresso-lunaris. Perist. rectum, acutum ; marginibus remotis, basali planiusculo, columellari brevi, ad umbilicum mediocrem, profunde inserto, vix reflexiusculo.*

» *Diam. maj. 9 — min. 8. — alt. 3,5 mm.*

» *Rat. anfr. 3 : 1. — Rat. apert. : 8 : 5* ».

4. WESTERLUND et BLANC. — *Aperçu sur la faune de la Grèce* ; 1879, pl. I, fig. 4.

Constantinople et en Grèce. Cette variété *frondulosa* Mousson est une coquille moins déprimée en dessus, plus convexe en dessous et possédant un ombilic plus largement ouvert.

Le *Hyalinia (Polita) camelina* Bourguignat se rapproche surtout du *Hyalinia (Polita) testæ* Philippi[1], espèce de la Sicile, qui possède une coquille plus grande et beaucoup plus finement striée.

Bourguignat[2] comparait son *Zonites camelinus* à l'*Helix Friwaldskyi* Rossmässler[3]. Un tel rapprochement est évidemment erroné : l'*Helix Friwaldskyi* Rossmässler étant une espèce de la Roumélie appartenant à la famille des Endodontidæ et qui doit être inscrite sous le nom de *Pyramidula Friwaldskyi* Rossmässler.

Localité :

Région verdoyante de Damas [Henri Gadeau de Kerville].

Distribution géographique :

Le *Hyalinia camelina* Bourguignat vit en Syrie et en Palestine. Il est assez commun dans quelques localités, notamment aux environs de Jérusalem, de Naplouse et de Baalbek.

1. Philippi, in : *Zeitschrift für Malakozoologie* ; 1844, p. 104 *(Helix testæ)*. Cette espèce a été figurée par Rossmassler, *Iconographie der Land- und Süsswasser-Mollusken* ; III, 1855, fig. 903.

2. Bourguignat (J. R.). — *Catalogue raisonné des Mollusques terrestres et fluviatiles recueillis par Cl. de Saulcy pendant son voyage en Orient* ; 1853, p. 9.

3. Rossmassler. — *Iconographie der Land- und Süsswasser-Mollusken* ; 11, [part. XI] ; 1842, p. 3, taf. LI, fig. 691 *(Helix Friwaldskyana)* [non *Helix Friwaldskyi* Calcara *(Catal. Mollusc. Sicil.* ; 1846) qui est l'*Helix cossurensis* Benoit, variété de l'*Helix (Iberus) globularis* Zeigler [in : Philippi. — *Enumeratio Molluscorum Siciliæ* ; 1, 1836, p. 127), espèce de la Sicile].

### Hyalinia (Polita) syriaca Kobelt.

#### Pl. V, fig. 10-12.

1879. *Hyalina Draparnaldi* var. *syriaca* Kobelt, in : Rossmässler,
*Iconographie der Land - und Süsswasser-Mollusken ;* VI ,
p. 22, taf. CLVI, fig. 1585.

1886. *Hyalinia (Polita) lucida* var. *syriaca* Tryon, *Manual of Conchology ;* 2ᵉ série, *Pulmonata ;* 11, p. 149, pl. XLVIII, fig. 42-43
(copie des figures de Kobelt).

1902. *Vitrea draparnaudi* var. *syriaca* Gude, *Journal of Malacology ;*
IX, part. IV, p. 126.

1912. *Hyalinia (Polita) syriaca* Germain, *Bulletin Muséum Hist.
natur. Paris ;* nᵒ 7, p. 441, nᵒ 24.

Coquille peu convexe-subtectiforme en dessus, bien
convexe en dessous ; spire composée de 6 1/2 tours à croissance peu rapide et bien régulière, — les premiers tours à
profil méplan vers la suture — nettement étagés et séparés
par des sutures bien marquées, très nettement marginées ;
dernier tour grand, bien arrondi, sensiblement plus convexe
en dessous qu'en dessus, à peine descendant à l'extrémité ;
sommet obtus ; ombilic assez ouvert, laissant voir toute la
spire et égalant, en diamètre, un peu moins du cinquième
du diamètre maximum de la coquille ; ouverture oblique,
ovalaire-transverse, bien échancrée par l'avant-dernier
tour, à bords convergents et un peu éloignés ; bord supérieur oblique-convexe ; bord inférieur subarrondi ; péristome
simple et tranchant.

| | | | | |
|---|---|---|---|---|
| Diamètre maximum..... | 17 | — 17 | — 17 | mm[1]. |
| Diamètre minimum..... | 15 1/2 | — 16 | — 15 1/4 | — |
| Hauteur............... | 6 1/4 | — 7 | — 6 3/4 | — |
| Diamètre de l'ouverture. | 8 | — 8 | — 8 | — |
| Hauteur de l'ouverture.. | 6 | — 6 1/2 | — 6 1/2 | — |

Test subtransparent, assez solide, un peu épais et pesant
pour une espèce du genre *Hyalinia*, d'un corné fauve pâle
médiocrement brillant en dessus, lactescent, teinté de

1. On remarquera la constance des dimensions chez cette espèce.

bleuâtre et très brillant en dessous ; stries très fines, très délicates, peu régulières, assez obliques en dessus, plus fines et plus régulières en dessous.

Cette coquille est parfaitement caractérisée par sa spire à enroulement lent et à croissance bien régulière ; par ses tours *comme contractés*, séparés par une suture très nettement et même fortement *marginée* surtout aux premiers tours ; elle appartient au groupe des *Hyalinia cellaria* Müller[1] et *Hyalinia lucida* Draparnaud[2]. Elle se rapproche davantage de cette dernière espèce et on doit considérer le *Hyalinia syriaca* Kobelt comme l'espèce représentative, propre à la Syrie, du *Hyalinia lucida* Draparnaud, de l'Europe. Par suite, elle s'éloigne du *Hyalinia sancta* Bourguignat[3], coquille que beaucoup d'auteurs[4] regardent comme une variété du *Hyalinia cellaria* Müller[5], par sa taille plus grande ; par son enroulement beaucoup plus lent, avec un dernier tour plus comprimé ; par sa spire plus déprimée ; enfin par son ombilic plus ouvert.

1. Muller (O. F.). — *Vermium terrestrium et fluvialium historia ;* etc., II, 1774, p. 38 *(Helix cellaria).*

2. Draparnaud. — *Tableau des Mollusques terrestres et fluviatiles de France ;* 1801, p. 96 *( Helix lucida )* [non *Helix lucida* Draparnaud, *Histoire natur. Mollusques terr. fluv. France,* 1805 ; nec Studer ; nec Montagu]. Cette espèce est le *Hyalinia Draparnaudi* Beck [*Index Molluscorum ;* 1837, p. 6, n° 10 *( Helicella Draparnaldi )*] des auteurs allemands.

3. Bourguignat (J. R.). — *Testacea novissima Saulcy Orient. ;* 1852, p. 15, n° 7 *( Helix Saulcyi ) ;* et *Catalogue raisonné des Mollusques terr. et fluv. recueillis par Cl. de Saulcy en Orient ;* 1853, p. 7, pl. I, fig. 10-12 *( Zonites sanctus ).*

4. Notamment Kobelt [in : Rossmassler. — *Iconographie der Land- und Süsswasser-Mollusken ;* VI, 1879, p. 27 *( Hyalina cellaria* var. *sancta )*], Tryon [*Manual of Conchology ;* 2ᵉ série, *Pulmonata ;* II, p. 156 [*Zonites ( Polita ) cellaria* var. *sancta*], etc.

5. En fait, le *Hyalinia sancta* Bourguignat est, en Orient, l'espèce représentative du *Hyalinia cellaria* Müller, comme le *Hyalinia syriaca* Kobelt est l'espèce représentative du *Hyalinia lucida* Draparnaud.

Par sa forme générale, le *Hyalinia syriaca* Kobelt rap-pelle le *Hyalinia (Polita) æquata* Mousson[1], mais cette dernière espèce possède un enroulement plus rapide, une ouverture plus ovalaire-transverse avec un dernier tour moins nettement arrondi et une sculpture réticulée comme celle du *Hyalinia proteus* de Férussac[2].

LOCALITÉS :

Rochers maritimes, près de l'embouchure de la rivière du Chien, aux environs de Beyrouth [HENRI GADEAU DE KER-VILLE].

Environs de Beyrouth [FRÈRE LOUIS].

### Hyalinia (Polita) jebusitica Roth.

1855. *Helix Jebusitica* Roth, *Malakozoolog. Blätter* ; II, p. 24, n° 6, taf. I, fig. 3-5.

1859. *Helix Jebusitica* Pfeiffer, *Monogr. Heliceor. vivent.* ; IV, p. 74, n° 450.

1861. *Zonites jebusiticus* Mousson, *Coquilles terr. fluv. Roth Palestine* ; p. 5, n° 3.

1865. *Helix jebusitica* Tristam, *Proceed. Zoological Society of London* ; p. 532.

1865. *Helix jebusitica* Pfeiffer, *Monogr. Heliceor. vivent.* ; V, p. 141, n° 640.

1874. *Hyalina (Euhyalina) jebusitica* Martens, *Vorderasiatische Con-chylien*, p. 49.

1879. *Hyalina jebusitica* Kobelt, in : Rossmässler, *Iconographie der Land- und Süsswasser-Mollusken* ; VI, p. 33, taf. CLIX, fig. 1615.

1. MOUSSON (A.). — *Coquilles terrestres et fluviatiles recueillies par M. le Prof. Bellardi dans un voyage en Orient* ; 1854, p. 16, n° 2, et p. 55, pl. 1, fig. 1 *(Zonites æquatus)*. Cette espèce, qui est caractéris-tique des îles de l'archipel (Chios, Nikaria, Kalymnos, Nisyros, Rhodes, Chalki, Karpathos, Kaxo, etc.), est représentée, aux environs de Constantinople, par une espèce voisine offrant le mode *micro-porus*, le *Hyalinia Moussoni* Kobelt [in : ROSSMASSLER. — *Iconographie der Land- und Süsswasser-Mollusken* ; VI, 1879, p. 22, taf. CLVI, fig. 1384 *(Hyalina Moussoni)*].

2. FÉRUSSAC (DE). — *Tableaux systématiques ; Prodrome* ; 1821, p. 207 *(Helix protensa)*.

12

1879. *Hyalinia ( Euhyalinia ) jebusitica* Westerlund et Blanc, *Aperçu faune malacologique Grèce;* p. 24, n° 6.

1886. *Zonites ( Ægopina ) jebusitica* Tryon, *Manual of Conchology;* 2ᵉ série, *Pulmonata ;* II, p. 194, pl. LIX, fig. 75-77.

1886. *Hyalinia ( Polita ) jebusitica* Westerlund, *Fauna der paläarct. region Binnenconchylien ;* 1, p. 66, n° 150.

1902. *Retinella jebusitica* Gude, *Journal of Malacology ;* IX, part. IV, p. 126.

1912. *Hyalinia (Polita) jebusitica* Germain, *Bulletin Muséum Hist. natur. Paris;* n° 7, p. 442, n° 26.

Cette Hyaline se distingue du *Hyalinia nitelina* Bourguignat, l'espèce la plus voisine, par sa forme plus globuleuse; par sa spire plus haute, mieux étagée; par son dernier tour plus convexe; par son ouverture moins longuement ovalaire-transverse; enfin, par son ombilic plus ouvert.

Le sommet est à peine saillant.

Les échantillons que j'ai eus à ma disposition restent relativement de petite taille : 13 millimètres de diamètre maximum, 11 millimètres de diamètre minimum et 5 1/2 millimètres de hauteur, alors que J. R. Roth[1] signale des spécimens atteignant jusqu'à 16 1/2 millimètres de diamètre maximum. L'ouverture mesure 5 1/2 millimètres de diamètre sur 4 1/2 millimètres de hauteur.

Le test du *Hyalinia jebusitica* Roth est très élégamment treillissé, mais les stries spirales restent toujours moins marquées que chez le *Hyalinia camelina* Bourguignat. Sur les premiers tours, les stries sont extrêmement fines, subégales, régulières, coupées de stries spirales à peine sensibles. Sur les tours suivants, les stries deviennent mieux marquées, tout en restant fines et à peu près régulières; elles sont obliques, un peu onduleuses et coupées de lignes spirales toujours très fines. Enfin, au dernier tour,

---

1. Roth (J. R.). — Spicilegium Molluscorum Orientalium; *Malakozoolog. Blätter;* II, 1855, p. 24.

les stries longitudinales sont plus fortes, bien plus obliques, un peu plus irrégulières, à peine crispées près des sutures, et coupées de lignes spirales peu marquées ; la sculpture spirale domine sur les tours embryonnaires, tandis que sur les tours suivants les stries longitudinales sont les plus apparentes. En dessous, les stries sont fines, obliques et irrégulières.

Localité :

Abougosche, près de Jérusalem [A. Vignal].

Distribution géographique :

Le *Hyalinia jebusitica* Roth est une espèce particulière à la Palestine. Il est surtout répandu aux environs de Jérusalem [Abougosche, Engeddi, bords du lac de Gihon, Hakeldama, dans le val Hinnom, etc.], où il a été signalé par de nombreux auteurs [Roth, Mousson, etc.].

## Hyalinia (Polita) nitelina Bourguignat.

### Pl. V, fig. 1-3.

1852. *Helix nitelina* Bourguignat, *Testacea novissima Saulcy Orient.* ; p. 16, n° 8.

1853. *Zonites nitelinus* Bourguignat, *Journal de Conchyliologie* ; p. 72, pl. III, fig. 5.

1853. *Zonites nitelinus* Bourguignat, *Catalogue rais. Mollusques terr. flur. Saulcy Orient* ; p. 8, pl. I, fig. 13-16.

1855. *Helix nitelina* Roth, *Malakozoolog. Blätter* ; II, p. 24, n° 8.

1859. *Helix nitelina* Pfeiffer, *Monogr. Heliceor. vivent.* ; IV, p. 109, n° 675.

1861. *Zonites nitelinus* Mousson, *Coquilles terr. flur. Roth Palestine* ; p. 6, n° 4.

1865. *Helix nitelina* Pfeiffer, *Monogr. Heliceor. vivent.* ; V, p. 177, n° 940.

1865. *Helix nitelina* Tristam, *Proceed. Zoological Society of London* ; p. 533.

1874. *Hyalina ( Euhyalina ) camelina* Martens, *Vorderasiatische Conchylien;* p. 49.

1879. *Hyalina nitelina* Kobelt, in : Rossmässler, *Iconographie der
Land- und Süsswasser-Mollusken;* VI, p. 32, taf. CLIX,
fig. 1613-1614.

1886. *Zonites ( Ægopina ) nitellina* Tryon, *Manual of Conchology;*
2ᵉ série, *Pulmonata;* II, p. 195, pl. LIX, fig. 99 et fig. 1.

1886. *Hyalinia (Polita) nitelina* Westerlund, *Fauna der paläarct.
region Binnenconchylien;* I, p. 65, n° 148.

1889. *Hyalina nitelina* Blanckenhorn, *Nachrichtsblatt d. Deutschen
Malakozoolog. Gesellschaft;* p. 82.

1902. *Vitrea nitelina* Gude, *Journal of Malacology;* IX, part. IV,
p. 123 et 126.

1904. *Polita nitelina* Gude, *Journal of Malacology;* XI, part. IV,
p. 94.

1910. *Hyalinia nitelina* Hesse, *Nachrichtsblatt d. Deutschen Malakozoolog. Gesellschaft;* p. 125.

1912. *Hyalinia (Polita) nitelina* Germain, *Bulletin Muséum Hist.
natur. Paris;* n° 7, p. 442, n° 27.

Bourguignat donnait à son espèce 9 à 10 1/2 millimètres
de diamètre maximum pour 3 1/2 millimètres de hauteur.
Ces mensurations correspondent à des échantillons de petite
taille, peut-être même à des exemplaires peu adultes. Roth
a signalé, aux environs de Jérusalem, une variété *major* [1]
qui a été retrouvée par M. Henri Gadeau de Kerville à
Beit-Méri, dans le Liban. Ces échantillons mesurent
13 1/4 millimètres de diamètre maximum, 11 1/2 millimètres de diamètre minimum et 4 millimètres de hauteur.

D'autre part, M. P. Pallary m'a communiqué de magnifiques spécimens de cette espèce (pl. V, fig. 1-3), pouvant
constituer une mutation *maxima,* et mesurant :

Diamètre maximum. 15 — 16 — 16 1/4 mm.
Diamètre minimum . 12 1/2 — 13 — 13 —
Hauteur .......... 4 1/2 — 4 1/2 — 5 1/4 —

1. « *Circa vicum Nazarenum reperitur varietas major ( diam. maj.
15, min. 13 mill.)...* ». [Roth, in *Malakozoolog. Blätter;* II, 1855,
p. 24 ( *Helix nitelina* var. *major* )].

Comparés aux spécimens typiques, ces individus, recueillis à Amchit, dans le Liban, n'en diffèrent que par la taille plus forte et, par suite du développement plus grand du dernier tour, par une ouverture plus ample.

La spire du *Hyalinia nitelina* Bourguignat est très déprimée, composée de 4 à 5 tours à croissance rapide, le dernier très grand, nettement dilaté à l'extrémité, notablement plus convexe en dessous qu'en dessus, est garni d'une carène médiane bien indiquée; l'ouverture est très oblique, oblongue, allongée, légèrement anguleuse à l'extrémité de la carène du dernier tour; ses bords, bien convergents, sont assez éloignés; enfin, elle mesure 7 - 7 1/2 - 8 millimètres de diamètre sur 6 - 6 3/4 - 7 millimètres de hauteur.

En dessus, le test est orné de stries fines, très obliques, onduleuses et irrégulières, coupées de lignes spirales extrêmement fines donnant à la coquille un aspect treillissé. En dessous, les stries sont fines, très inégales, avec, de loin en loin, une strie beaucoup plus forte que les autres, mais sans stries spirales. Le test, qui est d'un corné fauve clair en dessus, est en dessous plus brillant, d'un corné lactescent légèrement teinté de bleuâtre.

LOCALITÉS :

Beit-Méri, dans le Liban, entre 600 et 800 mètres d'altitude [HENRI GADEAU DE KERVILLE].

Amchit, dans le Liban [Récoltes du FRÈRE LOUIS, communiquées par M. P. PALLARY].

DISTRIBUTION GÉOGRAPHIQUE :

Le *Hyalinia nitelina* Bourguignat vit dans l'île de Rhodes [1] [DE SAULCY, BELLARDI, SCHLAEFLI, etc.], dans l'île de Syra [DE FRITSCH], dans toute la Syrie, la Palestine et

---

1. « Où on le trouve dans les fentes des murailles, et notamment sur les murs d'un temple anciennement consacré à l'apôtre saint Jean ». [BOURGUIGNAT (J. R.). — *Loc. suppr*. (1853), p. 9].

dans une partie de la Mésopotamie. [SCHLAEFLI, in : MOUSSON].

§ 2. — VITREA Fitzinger, 1833 [1].

## Hyalinia (Vitrea) carmeliensis Pfeiffer.

1860. *Helix carmeliensis* Pfeiffer, *Malakozoolog. Blätter*, p. 233.

1861. *Helix carmeliensis* Pfeiffer, *Proceed. Zoological Society of London;* p. 21.

1865. *Helix carmeliensis* Tristam, *Proceed. Zoological Society of London;* p. 533.

1868. *Helix carmeliensis* Pfeiffer, *Monogr. Heliceor. vivent.;* V, p. 149, n° 720.

1886. *Hyalinia (Polita) carmeliensis* Westerlund, *Fauna der paläarct. region Binnenconchylien;* 1, p. 44, n° 64.

1886. *Zonites carmeliensis* Tryon, *Manual of Conchology;* 2ᵉ série, *Pulmonata;* 11, p. 158 [*Incertæ sedis*].

1902. *Vitrea carmeliensis* Gude, *Journal of Malacology;* IX, part. IV, p. 126.

1912. *Hyalinia (Vitrea) carmeliensis* Germain, *Bulletin Muséum Hist. natur. Paris;* n° 7, p. 442, n° 31.

Coquille très petite, subglobuleuse, un peu convexe en dessus, bien convexe en dessous; spire composée de 5 tours convexes à croissance assez peu rapide; dernier tour grand, sensiblement plus convexe en dessous qu'en dessus, subcomprimé sur toute sa longueur; sutures bien marquées; ombilic étroit, très profond; ouverture semi-lunaire, oblique, plus haute que large, très échancrée par l'avant-dernier tour; péristome simple, tranchant, bords marginaux convergents et assez distants.

Diamètre maximum : 2 millimètres; hauteur : 1 1/4 millimètre.

Test mince, assez fragile, transparent, d'un corné ambré légèrement verdâtre; stries assez fortes, obliques, subégales en dessus, à peine plus fines en dessous.

LOCALITÉ :

Abougosche, près de Jérusalem [A. VIGNAL].

1. FITZINGER (L.). — Systematisches Verzeichniss der im Erzherzogthum Oesterreich vorkommenden Weichthiere, als Prodrom einer Fauna derselben; *Beiträgen zur Landeskund. Oesterr.;* 111, 1833, p. 99.

## Famille des LEUCOCHROÆIDÆ.

### Genre LEUCOCHROA Beck, 1837[1].

Les *Leucochroa* sont des Mollusques caractéristiques des régions circaméditerranéennes où ils vivent, en très grande abondance, sur les rochers calcaires. Ils y restent exposés aux ardeurs du soleil, protégés par leur épaisse coquille crétacée. Les espèces sont assez nombreuses ; la carte ci-après (fig. 4, dans le texte) indique leur répartition géographique.

P. PALLARY a cru devoir changer le nom de *Leucochroa*, parce que, sous ce vocable, BECK a classé, non-seulement l'*Helix candidissima* Draparnaud, mais encore un certain nombre d'*Helix* à test blanc n'ayant entre eux que de lointains rapports[2]. P. PALLARY[3] a d'abord adopté le nom de *Calcarina* Moquin-Tandon[4]; mais, s'apercevant que ce nom était préemployé, il lui a substitué définitivement celui d'*Albea* Pallary[5]. Je ne suis pas partisan de ces multiples

1. BECK (H.). — *Index Molluscorum praesentis aevi Musei principis augustissimi Christiani Frederici*; 1837, p. 16.

2. Comme, par exemple, les *Helix turcica* Parreyss, *explanata* Müller, etc.

3 PALLARY (P.). — Les *Calcarina* du Nord-Ouest de l'Afrique; *Abhandlungen der Senckenbergischen Naturforschenden Gesellschaft Frankfurt-am-Main*; XXXII, 1910, p. 101.

4. MOQUIN-TANDON (A.). — Mémoire sur les vésicules multifides des Hélices de la France; *Mémoires Académie Sciences Toulouse*; 2ᵉ série, IV, 1848, p. 375.

5. PALLARY (P.). — *Loc. supra cit.*; 1910, post-scriptum. L'auteur s'exprime ainsi : « Après bien des recherches bibliographiques dans lesquelles j'ai été aidé par MM. Cossmann, Hesse et Haas, j'ai pu enfin connaître la date de la publication du genre *Calcarina* d'Orbigny. Ce genre a été publié en 1826 dans « Modèle des Céphalopodes microscopiques » et dans « Tableau des Céphalopodes microscropiques ». Ce nom est par conséquent antérieur de 22 ans à celui de Moquin-Tandon. Je propose donc pour le remplacer celui d'*Albea* (de : *albes*, blanc) ». Le genre *Calcarina* d'Orbigny étant toujours employé en zoologie

Fig. 4. — Distribution géographique du genre *Leucochroa*. L'aire occupée par le genre *Leucochroa* est couverte d'une teinte noire; la zone hachurée marque une région où ces animaux sont particulièrement rares; le trait discontinu indique la limite probable d'extension du genre.

changements qui encombrent inutilement une nomenclature déjà surchargée, surtout dans les cas comme celui qui nous occupe ici, où aucune confusion n'est possible, tous les naturalistes étant parfaitement d'accord sur les limites du genre *Leucochroa*.

Les *Leucochroa* qui habitent la Syrie et la Palestine se répartissent en deux sous-genres dont l'un (*Sphinctero-chila*) est absolument spécial à ces contrées. Voici la liste des espèces jusqu'ici signalées dans ces régions.

Sous-genre ALBEA Pallary, 1910[1].

### Leucochroa (Albea) candidissima Draparnaud[2].

### Leucochroa (Albea) fimbriata (de Férussac) Bourguignat.

### Leucochroa (Albea) prophetarum Bourguignat.

*Helix Prophetarum* Bourguignat, *Testacea novissima Saulcy Orient.;* 1852, p. 12, n° 3; et *Catalogue rais. Mollusques terr. flur. Saulcy Orient;* 1853, p. 11, pl. I, fig. 20-22 *(Zonites prophetarum ).*

Je figure ici (pl. VII, fig. 9-10) un exemplaire mesurant 16 millimètres de diamètre maximum, 14 millimètres de diamètre minimum et 9 millimètres de hauteur, recueilli sur les bords de la mer Morte par LETOURNEUX et déterminé par BOURGUIGNAT lui-même. Cet échantillon fait partie des collections du Muséum national d'Histoire naturelle de Paris.

### Leucochroa (Albea) cariosa Olivier.

*Helix cariosa* Olivier, *Voyage empire Ottoman;* II, 1804, p. 221, pl. XXXI, fig. 4.

pour désigner quelques Foraminifères, il convient d'adopter le nom d'*Albea* proposé par P. PALLARY pour remplacer le nom de *Calcarina* Moquin-Tandon, c'est-à-dire pour désigner un sous-genre du genre *Leucochroa* Beck.

1. PALLARY (P.) — *Loc. supra cit.;* post-scriptum (non paginé).

2. Je ne donne pas de références bibliographiques pour les espèces dont il sera plus loin question.

Cette espèce, très caractéristique, habite la Syrie et la Palestine. Elle présente une variété, assez abondante, qui a été décrite par Bourguignat[1] sous le nom de *Zonites amphicyrtus*. Mousson a également signalé, sous les noms de *nazarensis*[2] et de *crassocarinata*[3], deux autres variétés, plus localisées, du *Leucochroa* (*Albea*) *cariosa* Olivier. La première vit dans les environs de Nazareth; la seconde se rencontre en quantité près de Tibérias.

La forme générale de cette espèce est, d'ailleurs, fort variable. Certains exemplaires sont très déprimés, ne mesurant que 8 millimètres de hauteur pour 16 millimètres de diamètre maximum et 14 millimètres de diamètre minimum. Ils constituent une mutation *depressa* (pl. VII, fig. 1). D'autres spécimens, au contraire, ont une spire assez élevée et pourraient former une mutation *alta* (pl. VII, fig. 7-8). Ils mesurent, en effet, pour un même diamètre maximum de 16 millimètres (diamètre minimum : 14 millimètres), une hauteur de 10 1/4 millimètres. De nombreux intermédiaires existent entre ces deux formes (pl. VII, fig. 3, 4 et 6).

Sur une nombreuse série d'échantillons, on constate fréquemment des individus dont l'enroulement est plus ou moins irrégulier. J'en figure un exemple (pl. VII, fig. 5). Enfin on observe, dans la largeur de l'ombilic, des différences allant facilement du simple au double chez des spécimens ayant, d'autre part, le même diamètre maximum[4 et 5].

1. Bourguignat (J. R.). — *Aménités malacologiques;* II, 1860, p. 144, pl. XVIII, fig. 9-11 (*Zonites amphicyrtus*).

2 Mousson (A.) — *Coquilles terrestres et fluviatiles recueillies par M. le Prof. J. R. Roth pendant son dernier voyage en Palestine;* 1861, p. 27 (*Helix cariosa* var. *nazarensis*).

3. Mousson (A.). — *Loc. supra cit.;* 1861, p. 27 (*Helix cariosa* var. *crassocarinata*).

4. Les exemplaires figurés ici ont été recueillis aux environs de Beyrouth et sur les collines de Naplouse.

5. Tout près de la Syrie, aux environs d'Adana, en Cilicie, vit une

## Sous-genre SPHINCTEROCHILA Ancey [1].

**Leucochroa (Sphincterochila) Boissieri** de Charpentier.

*Helix Boissieri* de Charpentier, Uebersicht der durch Herrn Edm. Boissier von einer Reise nach Palästina mit zurückgebrachten Conchylien-Arten ; *Zeitschrift für Malakozoologie;* 1847, p. 133, n° 5.

Cette coquille de la Palestine est assez variable. Bourguignat [2] a décrit ou figuré des variétés ex colore : *concolor* et *zonala*. D'autre part, Westerlund [3] a signalé une variété *minor* qui mesure seulement 18-20 millimètres de diamètre maximum pour 12-14 millimètres de hauteur, et une variété *major* qui atteint jusqu'à 28 millimètres de diamètre maximum sur 20 millimètres de hauteur. M. Carlo Pollonera m'a communiqué de magnifiques exemplaires recueillis aux environs de Jérusalem qui n'atteignent pas une taille aussi forte, mais qui sont remarquables par l'élévation de la spire. Pour un diamètre maximum de 24 millimètres (diamètre minimum : 22 millimètres), ils ont 20 millimètres de hauteur. Leur test est épais, crétacé, assez pesant, irrégulièrement et assez grossièrement strié. Ces échantillons constituent une variété *alta* (pl. VI, fig. 22-25).

autre espèce appartenant au même sous-genre, le *Leucochroa (Albea) adanensis* Naegele [Zwei neue syrische Arten ; *Nachrichtsblatt d. Deutschen Malakozoolog. Gesellschaft ;* 1890, p. 140 (*Leucochroa adanensis*)].

1. Ancey (F.). — *Concholog. Exchange ;* Août 1887, p. 23 [ = *Mima* Westerlund, *Fauna der paläarctischen region Binnenconchylien ;* I, 1886, p. 88 (non *Mima* Meigen, 1820; genre de Diptères)].

2. Bourguignat (J. R.). — *Catalogue raisonné Mollusques terrestres fluviatiles Saulcy Orient ;* 1853, p. 12, pl. I, fig. 26-27 (*Zonites Boissieri* var. *zonala*).

3. Westerlund (C. A.). — *Fauna der paläarctischen region Binnenconchylien ;* I, 1886, p. 88 [*Leucochroa (Mima) boissieri*, forma 3 *major* et forma 4 *minor*].

## Leucochroa (Sphincterochila) filia Mousson [1].

*Helix filia* Mousson, *Coquilles terr. fluv. Roth Palestine ;* 1861, p. 26, n° 28.

Le Muséum national d'Histoire naturelle de Paris possède deux exemplaires de cette espèce. Ils sont d'assez forte taille [2] et proviennent des rives de la mer Morte. Leur test est un peu brillant, surtout en dessous, orné de stries irrégulières, obliques et assez grossières.

Le *Leucochroa (Sphincterochila) filia* Mousson vit seulement en Palestine ; il se place près du *Leucochroa Boissieri* de Charpentier, mais s'en distingue par sa taille plus petite, sa forme plus déprimée et son ouverture plus régulièrement arrondie par suite du moindre développement de son tubercule pariétal.

* *
*

### § 1. — ALBEA Pallary, 1910.

## Leucochroa (Albea) candidissima Draparnaud.

Pl. IV, fig. 1 et 4 ; pl. V, fig. 4-6, 13-16 et 18 ; et pl. VI, fig. 1-14.

1801. *Helix candidissima* Draparnaud, *Tableau Mollusques France ;* p. 75, n° 12.

1805. *Helix candidissima* Draparnaud, *Hist. Mollusques terr. fluv. France ;* p. 55, pl. V, fig. 19.

1819. *Helix candidissima* de Férussac, *Hist. gén. part. Mollusques ;* pl. XXVII, fig. 9-13, et pl. XXXIX A, fig. 2.

1. Cette espèce a été figurée par le Dr W. Kobelt, in : Rossmassler (E. A.). — *Iconographie der Land- und Süsswasser-Mollusken ;* V, 1877, p. 49, taf. CXXXI, fig. 1283.

2. Diamètre maximum : 17 (18 millimètres ; diamètre minimum : 15 1/2 (16 1/2) millimètres ; hauteur : 11 1/2 (12) millimètres. Les dimensions entre parenthèses sont celles du spécimen le plus typique.

1822. *Helix candidissima* de Lamarck, *Hist. Animaux sans Vertèbres*, VI, part. II, p. 81, n° 57.

1826. *Helicogena candidissima* Risso, *Hist. natur. Europe mérid.* ; IV, p. 61, n° 131.

1830. *Helix candidissima* Deshayes, in : *Encyclopédie méthod.* ; *Vers* ; II, p. 244, n° 89.

1833. *Helix candidissima* Michaud, *Catalogue Testacés riv. Alger* ; p. 3.

1837. *Leucochroa candidissima* Beck, *Index Molluscor.* : p. 17.

1837. *Helix candidissima* Rossmässler, *Iconographie der Land- und Süsswasser-Mollusken* ; p. 38, fig. 367.

1838. *Helix candidissima* Reeve, *Iconogr. Iconica* ; *Helix*, tab. 197, fig. 1383.

1838. *Helix candidissima* de Lamarck, *Hist. Animaux sans Vertèbres* : éd. 2 (par Deshayes), VIII, p. 52.

1839. *Helix candidissima* Rossmässler, *Iconographie der Land- und Süsswasser-Mollusken* ; vol. II, part. IX, fig. 560.

1839. *Helix candidissima* Forbes, Land and Freshw. Moll. of Alger. ; *Ann. Natur. History or Magaz.* ; II, p. 251.

1839. *Helix candidissima* Terver, *Catal. Moll. Nord Afrique* ; p. 10, pl. IV, fig. 9.

1841. *Helix candidissima* Rossmässler, in : Wagner, *Reisen in der Regentsch. Algier* ; II, p. 249.

1841. *Helix candidissima* Erdl, Anatom. Helic. Nordafrik., in : Wagner, *loc. cit.* ; II, p. 272 ; atlas, pl. XIII.

1846. *Helix candidissima* Pfeiffer, Gatt. Helix, in : Martini et Chemnitz, *System. Conchyl. Cabinet* ; ed. 2, p. 57, n° 31, taf. VII, fig. 5-6.

1847. *Helix candidissima* de Charpentier, *Zeitschrift für Malakozoologie* ; p. 134, n° 6.

1848. *Helix candidissima* Pfeiffer, *Monogr. Heliceor. vivent.* ; I, p. 282, n° 738.

1849. *Helix candidissima* Dupuy, *Histoire Mollusques terr. fluv. France* ; p. 141, n° 19, pl. VIII, fig. 1.

1853. *Helix candidissima* Pfeiffer, *Monogr. Heliceor. vivent.* ; III, p. 147, n° 780.

1853. *Zonites candidissimus* Bourguignat, *Catal. rais. Mollusques Saulcy Orient* ; p. 10.

1853. *Helix candidissima* Morelet, Catal. Mollusques Alger ; *Journal de Conchyliol.* ; IV, p. 282.

1854. *Helix candidissima* Rossmässler, *Iconographie der Land- und Süsswasser-Mollusken* ; III, part. 1, p. 18, fig. 814.

1855. *Iberus candidissimus* Adams, *Genera of Shells* ; p. 209.

1855. *Helix candidissima* Roth, *Malakozoolog. Blätter* ; II, p. 29, n° 25.

1855. *Zonites candidissimus* Moquin-Tandon, *Hist. Mollusques terr. fluv. France* ; II, p. 69, pl. VIII, fig. 5-10.

1856. *Helix candidissima* Gassies, *Descript. Coq. univ. Mayran* ; *Actes Soc. linnéenne Bordeaux* ; XXI, p. 106.

1857. *Helix candidissima* Debeaux, Catal. Mollusques Boghar ; *Rec. Soc. Agric. Sciences Arts Agen* ; VIII, part. 2, p. 320.

1857. *Helix candidissima* Morelet, *Journal de Conchyliol.* ; VI, p. 370.

1859. *Helix candidissima* Pfeiffer, *Monogr. Heliceor. vivent.* ; IV, p. 161, n° 1014.

1859-1860. *Zonites candidissimus* Bourguignat, *Revue Magaz. Zoologie* (Décembre 1859); et *Aménités malacologiques* ; II, (1860), p. 150, n° 8, pl. XVIII, fig. 9-11.

1861. *Helix candidissima* Mousson, *Coquilles terr. fluv. Roth Palestine* ; p. 23-24, n°° 23-24.

1862. *Helix candidissima* Aucapitaine, Mollusques Haute Kabylie ; *Revue Magas. Zoologie* ; p. 149.

1864. *Zonites candidissimus* Bourguignat, *Malacologie terr. fluv. Algérie* ; I, p. 85, pl. V, fig. 1-4.

1865. *Helix candidissima* Tristam, *Proceed. Zoological Society of London* ; p. 534, n° 39.

1868. *Zonites candidissimus* Bourguignat, *Hist. malacolog. régence Tunis* ; p. 10.

1868. *Helix candidissima* Pfeiffer, *Monogr. Heliceor. vivent.* ; V, p. 230, n° 1380.

1871. *Leucochroa candidissima* Martens, *Malakozoolog. Blätter* ; p. 53, n° 1.

1875. *Helix candidissima* Hidalgo, *Catalogo icon. y descript. Molluscos terr. España, Portugal y las Baleares* ; p. 191, lam. XVII, fig. 170-177.

1880. *Helix (Leucochroa) candidissima* Morelet, Faune malac. Maroc ; *Journal de Conchyliol.* ; XXVIII, p. 32, n° 30.

1882. *Leucochroa candidissima* Locard, *Prodrome Malacol. française ;*
  *Catalogue Mollusques terr., eaux douces et saumâtres ;* p. 51.

1886. *Leucochroa candidissima* Westerlund, *Fauna der paläarct.*
  *region Binnenconchylien ;* 1, p. 83, n° 1.

1887. *Helix (Leucochroa) candidissima* Tryon, *Manual of Conchology :*
  2ᵉ série, *Pulmonata ;* III, p. 10, pl. II, fig. 31-35.

1887. *Leucochroa candidissima* Letourneux et Bourguignat, *Prodrome*
  *Malacologie Tunisie ;* p. 3.

1894. *Leucochroa candidissima* Pilsbry, in : Tryon, *Manual of Con-*
  *chology ;* 2ᵉ série, *Pulmonata ;* IX, p. 234.

1894. *Leucochroa candidissima* Locard, *Coquilles terrestres France ;*
  p. 72, fig. 74-75.

1898. *Leucochroa candidissima* Pallary, Deuxième contribution faune
  malacolog. n.-o. Afrique ; *Journal de Conchyliol. ;* XLVI,
  p. 61 et 154.

1902. *Leucochroa candidissima* Bérenguier, *Malacographie départ. du*
  *Var ;* p. 92, pl. IV, fig. 19.

1902. *Leucochroa candidissima* Gude, *Journal of Malacology ;* vol. IX,
  part. 4, p. 126 (et variété *hierochuntina,* p. 126).

1904. *Leucochroa candidissima* Pallary, Quatrième contribution faune
  malacolog. n.-o. Afrique ; *Journal de Conchyliol.;* LII, p. 44.

1910. *Calcarina candidissima* Pallary, *Abhandlungen der Senkenberg.*
  *Naturforsch. Gesellschaft Frankfurt-am-Main ;* XXXII, p. 103.

1910. *Leucochroa candidissima* Caziot, *Étude Mollusques terr. fluv.*
  *Monaco et Alpes-Maritimes ;* p. 46.

1912 *Leucochroa (Albea) candidissima* Germain, *Bulletin Muséum*
  *Hist. natur. Paris ;* n° 7, p. 442, n° 32.

Le *Leucochroa candidissima* Draparnaud, si répandu dans
les régions occidentales du bassin méditerranéen, est beaucoup moins commun en Syrie et en Palestine où il est, en
grande partie, remplacé par les variétés dont il sera un peu
plus loin question. Si l'on étudie en détail la très riche
série d'exemplaires recueillis par M. Henri Gadeau de Kerville, on est conduit à formuler les remarques suivantes :

On constate, tout d'abord, la petitesse à peu près générale
des échantillons et la constance de quelques-unes de leurs
dimensions. C'est ainsi que la très grande majorité des
spécimens récoltés aux environs de Damas ont un diamètre

maximum de 14 millimètres et un diamètre minimum de
12 1/2 millimètres. Par contre, la hauteur de la coquille
varie dans des proportions assez étendues : dans une même
localité, on observe des mutations *alta*[1] et *depressa*[2] parfaitement nettes, mais reliées par tous les intermédiaires.

Le tableau suivant, qui donne en millimètres les dimensions principales de quelques échantillons, fait ressortir ces
particularités :

| Localités | Diamètre maximum | Diamètre minimum | Hauteur totale | Diamètre de l'ouverture | Hauteur de l'ouverture |
|---|---|---|---|---|---|
| | 14 ᵐᵐ. | 12 1/2 ᵐᵐ. | 10 ᵐᵐ. | 7 ᵐᵐ. | 7 ᵐᵐ. |
| | 14 — | 12 1/2 — | 9 — | 7 — | 7 1/4 — |
| Environs | 14 — | 12 3/4 — | 9 — | 7 — | 7 — |
| immédiats | 15 — | 13 1/2 — | 10 — | 6 3/4 — | 7 — |
| de Damas | 16 — | 14 — | 10 — | 7 — | 7 — |
| | 16 — | 14 — | 10 1/4 — | 7 . | 7 1/2 — |
| | 16 1/2 — | 14 1/4 — | 9 1/2 — | 7 1/2 — | 7 — |
| | 16 — | 15 — | 12 — | 7 — | 6 1/2 — |
| | 16 1/2 — | 14 1/2 — | 10 1/2 — | 7 1/2 — | 8 — |
| Doummar[3] | 17 — | 15 — | 9 — | 7 1/2 — | 7 1/2 — |
| (Anti-Liban) | 17 — | 15 — | 11 — | 8 — | 8 — |
| | 18 — | 16 — | 10 1/4 — | 8 — | 8 — |
| | 18 1/2 | 16 — | 10 1/4 — | 8 — | 8 — |

1. Hauteur : 10 millimètres ; diamètre maximum : 14 millimètres.

2. Hauteur : 10 millimètres ; diamètre maximum : 16 - 16 1/2 millimètres.

3. A Doummar, on constate une tendance à l'élévation de la spire
et à la scalarité, ces deux formes de coquilles étant d'ailleurs mêlées à
des exemplaires déprimés. La moyenne de la taille est également plus
grande qu'aux environs immédiats de Damas.

Le plus généralement, les tours de spire sont à croissance lente et régulière; mais, parfois, ils chevauchent les uns sur les autres, avec tendance marquée à la scalarité. Ce phénomène s'observe, d'ailleurs, très fréquemment dans certaines localités du midi de la France[1]. Le plus souvent arrondi, le dernier tour est quelquefois plus ou moins nettement caréné et, dans ce dernier cas, plus franchement déclive à son extrémité[2].

Les jeunes *Leucochroa candidissima* Draparnaud ont, comme on sait, un ombilic très largement ouvert (pl. VI, fig. 1-11); cet ombilic se ferme peu à peu, à mesure que l'animal grandit, et il est très rare de rencontrer des coquilles adultes dont l'ombilic ne soit pas complètement oblitéré[3].

Le test est blanc bleuâtre, crétacé, très solide; les premiers tours sont lisses, les autres sont ornés de stries irrégulières, médiocres, légèrement onduleuses, un peu obliques, plus fines en dessous qu'en dessus. Cette sculpture typique subit de grandes variations chez les *Leucochroa candidissima* Draparnaud vivant en Syrie et en Palestine, variations qui ont permis la création de variétés dont nous allons maintenant nous occuper.

Variété hierochuntina Boissier.

Pl. V, fig. 4, 5, 6 et 18.

1853. *Helix candidissima* var. *hierochuntina* Boissier, in : Pfeiffer, *Monogr. Heliceor. vivent.* ; III, p. 147.

1. Notamment aux environs d'Aix-en-Provence, sur les rochers calcaires qui bordent la route d'Avignon.

2. C. Chatelet (Note sur la variation de forme de l'*Helix candidissima* Drap. dans la région d'Avignon; *Feuille Jeunes Naturalistes*, XXXVII, 1907, p. 149-152) a étudié les variations de la carène du dernier tour et de l'ombilic chez le *Leucochroa candidissima*. La carène est surtout visible chez les individus déprimés, ce qui est normal. C. Chatelet a également observé, sur le plateau calcaire des Angles, aux environs d'Avignon, une tendance très nette à la scalarité.

3. C'est à cette forme que Menke (*Synopsis Molluscorum* ; 1831, p. 16) a donné le nom de variété *umbilicata* (*Helix candidissima* var. *umbilicata*).

14

1859. *Helix candidissima* var. *hierochuntina* Pfeiffer, *Monogr. Helicœr. vivent.*; IV, p. 161.

1861. *Helix candidissima* var. *hierochuntina* Mousson, *Coquilles terr. fluv. Roth Palestine*; p. 24, n° 24.

1868. *Helix candidissima* var. *hierochuntina* Pfeiffer, *Monogr. Helicœr. vivent.*; V, p. 230.

1883. *Leucochroa candidissima* var. *hierochuntina* Boettger, *Bericht des Offenbacher Vereins für Naturkunde*; XXII, p. 167, n° 10.

1886. *Leucochroa candidissima* var. *hierochuntina* Westerlund, *Fauna der paläarct. region Binnenconchylien*; 1, p. 84.

1889. *Leucochroa candidissima* var. *Hierochuntina* Blanckenhorn, *Nachrichtsblatt d. Deutschen Malakozoolog. Gesellschaft*; p. 82.

1912. *Leucochroa (Albea) candidissima* var. *hierochuntina* Germain, *Bulletin Muséum Hist. natur. Paris*; n° 7, p. 442.

Coquille de même forme, de même taille que le type, mais en différant par la sculpture : les tours qui suivent les tours embryonnaires, au lieu d'être plus ou moins fortement striés, sont ici nettement granuleux, comme tuberculés; le dernier tour redevient simplement strié au-dessus et en dessous.

Montagnes à Aïn-Fidjé (Anti-Liban), près de Damas, entre 850 et 1050 mètres d'altitude [ HENRI GADEAU DE KERVILLE ].

Montagnes à Doummar (Anti-Liban), près de Damas, entre 700 et 1000 mètres d'altitude [ HENRI GADEAU DE KERVILLE ].

Berzé (Anti-Liban), près de Damas, entre 700 et 800 mètres d'altitude [ HENRI GADEAU DE KERVILLE ].

### Variété **subcandidissima** Pollonera, nov. var.

Pl. IV, fig. 1, et pl. VI, fig. 13-14.

1910. *Leucochroa hierochuntina* var. *subcandidissima* Pollonera, *in litt.*

1911. *Leucochroa (Albea) candidissima* var. *subcandidissima* Germain, *Bulletin Muséum Hist. natur. Paris*; p. 28.

1912. *Leucochroa (Albea) candidissima* var. *subcandidissima* Germain, *Bulletin Muséum Hist. natur. Paris*; n° 7, p. 442.

Coquille de même taille et de même forme ; premiers tours lisses, les autres obliquement, inégalement et plus ou moins fortement striés comme chez le type, mais *avec quelques rares granulations peu apparentes et localisées au voisinage des sutures ;* dernier tour simplement strié.

Djérach (Palestine) [ CARLO POLLONERA ].

### Variété **subfimbriata** Pollonera, nov. var.

### Pl. IV, fig. 4.

1910. *Leucochroa hierochuntina* var. *subfimbriata* Pollonera, *in litt.*

1911. *Leucochroa (Albea) candidissima* var. *subfimbriata* Germain, *Bulletin Muséum Hist. natur. Paris ;* p. 29.

1912. *Leucochroa (Albea) candidissima* var. *subfimbriata* Germain, *Bulletin Muséum Hist. natur. Paris ;* n° 7, p. 442.

Test comme dans la variété *hierochuntina :* lisse sur les premiers tours, granuleux sur les suivants, strié au dernier tour. Le caractère de cette variété réside dans les carènes qui *sont denticulées comme dans le Leucochroa fimbriata* (de Férussac) Bourguignat, par suite de la présence d'une carène suprasuturale continuée au dernier tour où elle s'émousse pour devenir à peu près nulle sur la seconde moitié de ce tour.

Diamètre maximum : 16 millimètres ; diamètre minimum : 14 millimères ; hauteur : 11 millimètres ; diamètre de l'ouverture : 7 1/2 millimètres ; hauteur de l'ouverture : 7 millimètres.

Environs de Jérusalem [ CARLO POLLONERA ].

Je dois à mon ami CARLO POLLONERA la connaissance de ces deux variétés que je considère comme très importantes car elles précisent la valeur du *Leucochroa hierochuntina* Boissier, et montrent, à mon sens du moins, qu'il ne s'agit pas d'une coquille spécifiquement distincte. Le *Leucochroa hierochuntina* Boissier est, en effet, uniquement caractérisé par sa sculpture granuleuse, opposée à la sculpture striée du *Leucochroa candidissima* Draparnaud ; or, la variété *subcandidissima* Pollonera constitue un excellent terme de passage au *Leucochroa candidissima* Draparnaud, tandis que la variété *subfimbriata* Pollonera est un jalon conduisant au *Leucochroa fimbriata* (de Férussac) Bourguignat. Les relations de ces coquilles peuvent donc se noter de la manière suivante :

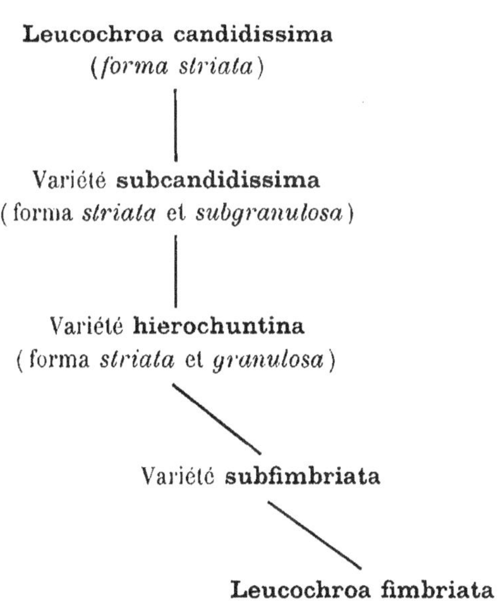


A. Mousson avait ainsi raison lorsqu'il écrivait[1] :

« Toutefois, si cet unique caractère[2] était bien stable et persistant, il pourrait peut-être convenir de lui attribuer une valeur spécifique ; mais les faits ne semblent pas appuyer

1. Mousson A. . — *Coquilles terr. et fluv. recuillies par M. le Prof. J. R. Roth dans son dernier voyage en Palestine ;* 1861, p. 24

2. De la surface granuleuse des tours de spire.

cette supposition. A la vérité, il paraît qu'aux environs de Damas et même de Jéricho, la vraie *hierochuntina*, quoique variable dans sa granulation, domine exclusivement ; en même temps la coquille est plus petite (de 19 à 22$^{mm}$ de diamètre) et d'un blanc sale ; à Marsaba, par contre, ainsi qu'aux environs de Jérusalem, on rencontre de nombreux intermédiaires entre les types classiques des deux formes, ce qui indique une relation au degré de la variété ».

Variété minuta Mousson.

1861. *Helix candidissima* var. *minuta* Mousson, *Coquilles terr. fluv. Roth Palestine ;* p. 23, n° 23.

1886. *Leucochroa candidissima* forma 3 *minima* Westerlund. *Fauna der paläaret. region Binnenconchylien ;* 1, p. 83.

1912 *Leucochroa (Albea) candidissima* var. *minuta* Germain, *Bulletin Muséum Hist. natur. Paris ;* n° 7, p. 442.

« *Diametro majore vix 18 mm., regione umbilicari impressiuscula, umbilico vix tecto, nucleolo spiræ sæpe corneo* ».

Découverte par ROTH aux environs de Jaffa, cette variété naine a été retrouvée par M. HENRI GADEAU DE KERVILLE sur les pentes arides du djébel Kasioun (Anti-Liban), près de Damas, entre 700 et 900 mètres au-dessus du niveau de la mer.

Variété tholiformis Pollonera, nov. var.

Pl. V, fig. 13-16.

1910. *Leucochroa hierochuntina* var. *tholiformis* Pollonera, *in litt.*

1912 *Leucochroa (Albea) candidissima* var. *tholiformis* Germain, *Bulletin Muséum Hist. natur. Paris ;* n° 7, p. 442.

Coquille de forme globuleuse-élevée, peu convexe en dessous ; *spire franchement conique-tectiforme ;* dernier tour contracté, vaguement subanguleux, notablement plus convexe en dessus qu'en dessous, brusquement descendant à l'extrémité ; ouverture étroite, proportionnellement plus petite.

Diamètre maximum : 14 1/2 - 15 millimètres ; diamètre minimum : 13 - 14 millimètres ; hauteur : 11 1/2 - 12 millimètres ; diamètre de l'ouverture : 6 - 7 1/2 millimètres ; hauteur de l'ouverture : 6 1/2 - 7 millimètres.

Même test que dans la variété *hierochuntina* Boissier.

Djérach (Palestine) [Carlo Pollonera].

Il est impossible de confondre cette variété avec la variété *conoidea* Bourguignat[1] qui n'est pas tectiforme en dessus et dont la sculpture est celle du *Leucochroa candidissima* Draparnaud.

Localités :

Montagnes à Aïn-Fidjé (Anti-Liban), région de Damas, entre 850 et 1050 mètres d'altitude [Henri Gadeau de Kerville].

Montagnes à Doummar (Anti-Liban), près de Damas, entre 700 et 1000 mètres d'altitude [Henri Gadeau de Kerville].

Pentes arides du djébel Kasioun (Anti-Liban), près de Damas, entre 700 et 900 mètres d'altitude [Henri Gadeau de Kerville].

Berzé (Anti-Liban), près de Damas, entre 700 et 800 mètres d'altitude [Henri Gadeau de Kerville].

Distribution géographique :

Le *Leucochroa candidissima* Draparnaud est une espèce circaméditerranéenne, vivant en colonies très populeuses. Elle habite tout le littoral espagnol [Graells, Hidalgo, Servain], mais manque en Portugal. En France, elle suit la

---

1. Bourguignat (J. R.). — *Malacologie de l'Algérie* ; II, 1864, p. 87, pl. V, fig. 9 et 20 ( *Leucochroa candidissima* var. *conoidea* ).

zone des Oliviers et s'élève jusqu'à l'altitude de 1000 mètres dans le département des Alpes-Maritimes [CAZIOT]. Le *Leucochroa candidissima* Draparnaud est commun en Italie, mais ne dépasse pas l'altitude de 500 mètres en Ligurie [ISSEL]; il n'existe ni en Corse, ni en Sardaigne; en Grèce, il n'a été signalé que dans l'île de Cerigotto[1]; il est assez commun en Syrie et en Palestine, bien que remplacé, en grande partie, par la variété *hierochuntina* Boissier et les formes voisines; il semble manquer en Égypte[2] et en Tripolitaine, mais se retrouve très abondamment en Tunisie [BOURGUIGNAT, LETOURNEUX et BOURGUIGNAT, PALLARY] et en Algérie où il s'élève jusqu'à 1000 mètres en Kabylie [BOURGUIGNAT]. Enfin, le *Leucochroa candidissima* habite une grande partie du Maroc, mais ne vit pas sur le littoral océanique de ce pays [PALLARY].

### Leucochroa (Albea) fimbriata (de Férussac) Bourguignat.

Pl. IV, fig. 2, et pl. VI, fig. 15-21.

1852. *Helix fimbriata* de Férussac, in Coll. Muséum Paris, in : Bourguignat, *Testacea novissima Saulcy Orient.* : p. 11, n° 2.

1853. *Zonites fimbriatus* Bourguignat, *Journal de Conchyliologie ;* p. 69, pl. III, fig. 9.

1853. *Zonites fimbriatus* Bourguignat, *Catalogue rais. Mollusques Saulcy Orient ;* p. 10, pl. I, fig. 17-19.

1859. *Zonites fimbriatus* Bourguignat, *Revue Magas. Zoologie ;* et *Aménités malacologiques ;* II (1860), p. 151, n° 10.

1859. *Helix fimbriatus* Pfeiffer, *Monogr. Heliceor. vivent. ;* IV, p. 159, n° 1061.

1861. *Helix fimbriata* Mousson, *Coquilles terr. fluv. Roth Palestine ;* p. 24, n° 25.

1. Sous forme de la variété *insularis* Boettger.

2. En Égypte, le *Leucochroa candidissima* Draparnaud est représenté par le *Leucochroa alexandrina* Fagot [ in : WESTERLUND, *Fauna der paläarct. region Binnenconchylien ;* 1, 1886, p. 34] et par le *Leucochroa pulchella* Pallary [ Catalogue faune malacologique Égypte; *Mémoires Institut Égyptien ;* VI, 1909, p. 13, pl. I, fig. 7 *(Calcarina pulchella)* ].

1865. *Helix fimbriata* Tristam, *Proceed. Zoological Society of London* : p. 534, n° 40.

1868. *Helix fimbriata* Pfeiffer, *Monogr. Heliceor. vivent.* ; V, p. 238, n° 1444.

1874. *Leucochroa fimbriata* Mousson. *Journal de Conchyliologie* ; XXII, p. 6, n° 1, et p. 58, n° 1.

1874. *Leucochroa candidissima* var. *fimbriata* Martens, *Vorderasiatische Conchylien* ; p. 7, n° 1, et p. 50.

1877. *Leucochroa fimbriata* Kobelt, in : Rossmässler, *Iconographie der Land- und Süsswasser-Mollusken* ; V, p. 50, taf. CXXXI, fig. 1288 ( *mala* ).

1886. *Leucochroa fimbriata* Westerlund, *Fauna der paläarct. region Binnenconchylien* ; I, p. 85, n° 7.

1887 *Helix ( Leucochroa ) fimbriata* Tryon, *Manual of Conchology* ; 2e série, *Pulmonata* ; III, p. 12, pl. II, fig. 47-48.

1889 *Leucochroa candidissima* var. *fimbriata* Blanckenhorn, *Nachrichtsblatt d. Deutschen Malakozoolog. Gesellschaft* ; p. 77 et 82.

1894. *Leucochroa fimbriata* Pilsbry, in : Tryon, *Manual of Conchology* ; 2e série, *Pulmonata* ; IX, p. 234.

1902. *Leucochroa fimbriata* Gude, *Journal of Malacology* ; IX, p. 126.

1912 *Leucochroa (Albea) fimbriata* Germain, *Bulletin Muséum Hist. natur. Paris* ; n° 7, p. 442.

Coquille de taille assez petite, non ombiliquée, de forme générale subglobuleuse ; spire composée de 5 tours à peine convexes, à croissance un peu lente et régulière ; dernier tour médiocre, arrondi, plus convexe dessous que dessus, nettement descendant à son extrémité, orné d'une carène médiane d'abord bien marquée, presque lisse, s'atténuant presque complètement aux environs de l'ouverture ; sutures très marquées, comme crénelées, par suite de la présence, sur chacun des tours, d'une carène suprasuturale [1] dont l'arête présente une série de petits tubercules et de stries bien prononcées ; ouverture petite, contractée, subarrondie ; péristome épaissi, bordé d'un bourrelet interne blanc ; bords marginaux convergents.

1. Cette carène est continuée par celle du dernier tour.

Diamètre maximum : 13 millimètres ; diamètre minimum : 11 1/2 millimètres ; hauteur : 9 millimètres ; hauteur de l'ouverture égale au diamètre de l'ouverture : 7 millimètres.

Test épais, solide, crétacé, d'un blanc uniforme terne en dessus, un peu brillant et à reflets légèrement bleuâtres en dessous ; tours embryonnaires à peu près lisses et brillants ; autres tours ornés de stries irrégulières, obliques, et de rugosités granuleuses, fortes et irrégulièrement distribuées ; ces rugosités disparaissent presque entièrement en dessous, où la coquille conserve des stries bien marquées.

Cette espèce se distingue très facilement du *Leucochroa candidissima :*

Par sa forme plus déprimée ; par sa carène denticulée ; par son ouverture plus petite, plus comprimée ; enfin, par ses caractères sculpturaux.

Décrite et figurée par J. R. BOURGUIGNAT, cette espèce existait antérieurement, *sous ce même nom*, dans les collections du Muséum national d'Histoire naturelle de Paris. BOURGUIGNAT nous le dit lui-même : « Nous avons reconnu, dans les collections du Muséum de Paris, une espèce identique à la nôtre, et portant la même désignation spécifique, celle de *fimbriata*. Il résulte de ce renseignement, que cette coquille a dû être autrefois rapportée par Olivier, de ces mêmes contrées orientales [1] ».

En réalité, le *Leucochroa* du Muséum, dont il est ici question, porte l'étiquette suivante, de la main même de D. DE FÉRUSSAC :

« *Helix Fimbriata*
De Perse, coll. Richard ».

1. BOURGUIGNAT (J. R ). — *Catalogue raisonné des Mollusques terrestres et fluviatiles recueillis par M. F. de Saulcy pendant son voyage en Orient ;* 1853, p. 10, note 4.

15

J'en donne ici une figuration (pl. VI, fig. 17-18) : c'est une coquille à peu près de même taille [1] que les exemplaires de Syrie, n'en différant d'ailleurs que par sa spire un peu plus élevée. Si, comme il y a tout lieu de le croire, les indications portées sur l'étiquette sont exactes, l'exemplaire du Muséum est particulièrement intéressant, car il étend singulièrement l'aire de dispersion de ce Mollusque.

MOUSSON et WESTERLUND ont décrit trois variétés du *Leucochroa fimbriata* :

### Variété **illicita** Mousson.

1874. *Leucochroa fimbriata* var. *illicita* Mousson, *Journal de Conchyliologie*; XXII, p. 6.

1886. *Leucochroa fimbriata* var. *illicita* Westerlund, *Fauna der paläarct. region Binnenconchylien*; 1, p. 86.

1887. *Helix (Leucochroa) fimbriata* var. *illicita* Tryon, *Manual of Conchology*: 2ᵉ série, *Pulmonata*; III, p. 12.

1912. *Leucochroa (Albea) fimbriata* var. *illicita* Germain, *Bulletin Muséum Hist. natur. Paris*; n° 7, p. 442.

Cette variété, qui habite la chaîne littorale, entre Beilan et Alexandrette, diffère du type par sa taille plus forte (15 millimètres de diamètre pour 9 millimètres de hauteur), par sa suture moins marquée, par sa carène moins dentelée, enfin, par sa sculpture moins nettement granuleuse.

### Variété **myopa** Westerlund.

1883. *Leucochroa fimbriata* var. *myopa* Westerlund, *Jahrb. d. Deutschen Malakozoolog. Gesellschaft*; p. 57 [2].

1. Le type du Muséum mesure : diamètre maximum : 13 1/2 millimètres ; diamètre minimum : 11 1/2 millimètres ; hauteur : 10 millimètres ; hauteur de l'ouverture égale au diamètre de l'ouverture : 7 millimètres.

2. « Testa quam typus minor, globosa-contracta ; sutura valde impressa, tuberculato-erosa ; apertura rotundata, peristomate magis incrassato ; diam. 12, alt. 8 mm.
Hab. Palaestina ».
WESTERLUND (C. A.). — Malakozoologische Miscellen ; *Jahrb. d. Deutschen Malakozoolog. Gesellschaft*; 1883, p. 57.

1886. *Leucochroa fimbriata* var. *myopa* Westerlund, *Fauna der paläarct. region Binnenconchylien;* 1, p. 86.

1887. *Helix (Leucochroa) fimbriata* var. *myopa* Tryon, *Manual of Conchology;* 2ᵉ série, *Pulmonata :* III, p. 12.

1912. *Leucochroa (Albea) fimbriata* var. *myopa* Germain, *Bulletin Muséum Hist. natur. Paris;* nᵒ 7, p. 442.

Coquille plus petite, plus globuleuse ; sutures mieux marquées ; péristome plus épaissi ; sculpture moins accentuée, comme érosée. Diamètre : 12 millimètres ; hauteur : 8 millimètres.

<h3 align="center">Variété varicosula Westerlund.</h3>

1886. *Leucochroa fimbriata* var. *varicosula* Westerlund, *Fauna der paläarct. region Binnenconchylien ;* 1, p. 86.

1887. *Helix (Leucochroa) fimbriata* var. *varicosula* Tryon, *Manual of Conchology ;* 2ᵉ série, *Pulmonata :* III, p. 12.

1912. *Leucochroa (Albea) fimbriata* var. *varicosula* Germain, *Bulletin Muséum Hist. natur. Paris;* nᵒ 7, p. 442.

Dernier tour avec une carène bien accentuée et l'indication d'une autre carène située en dessus de la première ; test entièrement, régulièrement et finement granulé. Diamètre : 13 millimètres ; hauteur : 9 millimètres.

Localités :

Pentes arides du djébel Kasioun (Anti-Liban), près de Damas, entre 700 et 900 mètres au-dessus du niveau de la mer [Henri Gadeau de Kerville].

Désert de Juda [M. A. Vignal].

Distribution géographique :

Le *Leucochroa fimbriata* est une espèce à distribution géographique peu étendue. Il est surtout abondant en Palestine ; on le rencontre également en Syrie et en Mésopotamie. Il vivrait même en Perse, si l'on ajoute foi aux indications du spécimen original nommé par de Férussac.

Cependant ce dernier renseignement aurait besoin d'être contrôlé.

## Famille des ENDODONTIDÆ.

### Genre PYRAMIDULA Fitzinger, 1833 [1].

La famille des Endodontidæ est représentée, en Syrie, par trois espèces : deux appartiennent aux vrais *Pyramidula :* ce sont les *Helix rupestris* Draparnaud [2] et *Helix hierosolymitana* Bourguignat ; la troisième espèce, l'*Helix Erdeli* Roth [3], fait partie du sous-genre *Gonyodiscus*, créé par Fitzinger [4] pour des *Pyramidula* caractérisés par une coquille ordinairement petite, à spire déprimée et à surface bien striée. Le *Pyramidula (Gonyodiscus) Erdeli* Roth [5] vit, non-seulement en Syrie, mais encore en Asie-Mineure, dans l'île de Rhodes et aux environs de Constantinople.

### § 1. — PYRAMIDULA sensu stricto.

## Pyramidula (Pyramidula) hierosolymitana
## Bourguignat.

1852. *Helix hierosolymitana* Bourguignat, *Testacea novissima Saulcy Orient.* ; p. 13, n° 4.

1. Fitzinger (L.). — *Systematisches Verzeichniss der im Erzherzog-thum Oesterreich vorkommenden Weichthiere, als Prodrom einer Fauna derselben* ; 1833, p. 95.

2. Draparnaud (J. R.). — *Tableau des Mollusques terr. et fluv. de la France* ; 1801, p. 71.

3. Roth (J. R.). — *Molluscorum species quas in itinere per Orientem facto comites clar. Schuberti doctores M. Erdl et J. R. Roth collegerunt* ; 1839, p. 16, n° 24, tab. I, fig. 4, 5 et 20.

4. Fitzinger (L.). — *Loc. supra cit.* ; 1833, p. 98.

5. Westerlund (C. A.) *(Fauna der in der paläarctischen region Binnenconchylien* ; II, 1889, p. 12) considère le *Pyramidula Erdeli* Roth comme une variété de l'*Helix Balmei* Potiez et Michaud *(Galerie des Mollusques du Muséum de Douai* ; I, 1838, p. 120,.

1853. *Helix hierosolymitana* Bourguignat, *Catalogue rais. Mollusques terr. fluv. Saulcy Orient;* p. 22, pl. 1, fig. 32-33.

1855. *Helix hierosolymitana* Roth, *Malakozoolog. Blätter;* II, p. 23, n° 4.

1859. *Helix Hierosolymitana* Pfeiffer, *Monogr. Helicœor. rivent.;* IV, p. 72, n° 435.

1861. *Patula hierosolymitana* Mousson, *Coquilles terr. fluv. Roth Palestine;* p. 7, n° 6.

1865. *Helix hierosolymitana* Tristam, *Procced. Zoological Society of London;* p. 532, n° 13.

1868. *Helix Hierosolymitana* Pfeiffer, *Monogr. Heliceor. rivent.;* V, p. 138, n° 167.

1871. *Patula Hierosolymitana* Martens, *Malakozoolog. Blätter;* p. 55, n° 3.

1874. *Helix (Patula) Hierosolymitana* Martens, *Vorderasiatische Conchylien;* p. 50.

1877. *Helix hierosolymitana* Kobelt, in : Rossmässler, *Iconographie der Land- und Süsswasser-Mollusken;* V, p. 93, taf. CXXXXII, fig. 1416.

1887. *Helix (Pyramidula) hierosolymitana* Pilsbry, *Manual of Conchology;* 2° série, *Pulmonata;* III, p. 52, pl. IX, fig. 95.

1889. *Helix (Pyramidula) hierosolymitana* Westerlund, *Fauna der paläaret. region Binnenconchylien;* II, p. 14, n° 34.

1894. *Pyramidula hierosolymitana*, Pilsbry, in : Tryon, *Manual of Conchology;* 2° série, *Pulmonata;* IX, p. 44.

1912. *Pyramidula (Pyramidula) hierosolymitana* Germain, *Bulletin Muséum Hist. natur. Paris;* n° 7, p. 442.

Coquille petite, assez ombiliquée, globuleuse-conoïde ; spire élevée, composée de 4-5 tours convexes, très légèrement étagés, à croissance rapide, séparés par des sutures bien marquées ; dernier tour grand, bien convexe, régulièrement arrondi ; ouverture oblique, subcirculaire, à peine échancrée par l'avant-dernier tour, par suite du rapprochement des bords marginaux qui sont très convergents; péristome simple et aigu.

Diamètre maximum : 2 - 2 1/2 millimètres ; hauteur : 2 - 2 1/4 millimètres.

Test mince, assez fragile, d'un corné fauve peu brillant ; sommet plus clair, roux fauve brillant ; stries très fines, obliques, bien rapprochées, à peu près aussi fortes en dessus qu'en dessous.

LOCALITÉS :

Sur les rochers calcaires et parmi les Lichens croissant sur ces rochers, montagnes à Doummar (Anti-Liban), près de Damas, entre 800 et 1000 mètres d'altitude [HENRI GADEAU DE KERVILLE].

Sur les rochers calcaires (sur les rochers, sur les Lichens et sous les plantes), dans la montagne, à Berzé (Anti-Liban), près de Damas, entre 700 et 800 mètres d'altitude [HENRI GADEAU DE KERVILLE].

DISTRIBUTION GÉOGRAPHIQUE :

Le *Pyramidula hierosolymitana* Bourguignat est une espèce spéciale à la Syrie et à la Palestine. Elle est particulièrement abondante aux environs de Jérusalem d'où elle a été rapportée par de nombreux voyageurs [DE SAULCY, ROTH, etc.].

## Famille des EULOTIDÆ.

### Genre EULOTA Hartmann, 1842 [1].

Le genre *Eulota* montre, dans une grande partie de l'Asie-Antérieure (Caucasie, Transcaucasie, Perse, etc.), un certain nombre d'espèces généralement communes. Ce genre, type d'une famille absolument distincte de celle des HELICIDÆ, me semble représenté, en Syrie, par une espèce : l'*Helix circassica* de Charpentier, dont à la vérité la position systématique reste incertaine. Je vais donner quelques renseignements sur ce Mollusque.

---

1. HARTMANN (W.). — *Erd- und Süsswasser-Gasteropoden*, etc. ; 1842, p. 179. Type : *Helix fructicum* Müller.

### Eulota circassica de Charpentier.

*Helix circassica* de Charpentier, in : Mousson, *Coquilles terrestres
fluviatiles Dr. Schlaefli Orient :* II, 1863, p. 50, n° 39 ; — *Helix colchica*
Bayer, in : Mousson, *loc. supra cit. :* II, 1863, p. 51 ; — *Helix (Fruticicola) Circassica* Mousson, *Journal de Conchyliologie :* XXI, 1873,
p. 200, n° 10 ; — *Helix circassica* Kobelt, in : Rossmässler, *Iconographie der Land- und Süsswasser-Mollusken :* V, 1877, p. 78, taf. CXL,
fig. 1386 ; - *Helix Circassica* Martens, *Conchologische Mittheilungen ;*
I, 1880, p. 8, n° 8, taf. III, fig. 8 - 10 ; — *Helix (Carthusiana) Schuberti*
var. *Circassica* Boettger, *Bericht des Offenbacher Vereins für Naturkunde ;* XXII, 1883, p. 168, n° 12 ; — *Helix (Carthusiana) Circassica*
Tryon, *Manual of Conchology ;* 2° série, *Pulmonata :* III, 1887, p. 195,
pl. XLIV, fig. 8 - 9 ; — *Helix (Theba) circassica* Westerlund, *Fauna
der paläarct. region Binnenconchylien :* II, 1889, p. 73 ; — *Helix
(Monacha) circassica* Pilsbry, in : Tryon, *Manual of Conchology ;*
2° série, *Pulmonata ;* IX, 1894, p. 272.

Comme on le voit par ce tableau synonymique, l'*Eulota
circassica* de Charpentier a été placé dans des sous-genres
différents suivant les auteurs qui ont eu à s'en occuper. Il
se rapproche, dit A. Mousson, de l'*Helix Schuberti* Roth [1].

Je crois qu'il faut considérer l'espèce de Charpentier
comme appartenant à ce groupe d'*Eulota* particulier à
l'Asie-Antérieure et qui renferme, notamment, les *Eulota
paricincta* Martens [2], *Eulota duplocincta* Martens [3], *Eulota
Schrencki* Middendorff [4], etc. Les excellentes figurations

1. Roth (D$^r$ J. R.). — *Molluscorum species quas in itinere per Orientem, etc. ;* 1839, p. 15, tab. 1, fig. 1 - 2. Cette espèce a été bien figurée
par Kobelt (in : Rossmassler, *Iconographie der Land- und Süsswasser-
Mollusken,* V, 1877, p. 25, taf. CXXVI, fig. 1209). Il est très probable
qu'elle appartient également au genre *Eulota.*

2. Martens (D$^r$ E. von). — *Sitzungsberichte der Gessellschaft d.
Naturforschend. Freunde in Berlin ;* 1879, p. 125 : et *Centralasiatische
Mollusk. ;* 1882, p. 5, taf. 1, fig. 8-13 *(Helix paricincta).*

3. Martens (D$^r$ E. von). — *Loc. supra cit. ;* 1879, p. 125 ; et *loc.
supra cit. ;* 1882, p. 4, taf. 1, fig. 1-7 *(Helix duplocincta).*

4. Middendorff. — *Sibirische Reise :* II, p. 302, taf. XXX, fig. 20 - 26
*(Helix Schrencki).*

données par Kobelt et par von Martens autorisent pleinement ce rapprochement qui, cependant, ne pourra devenir définitif que le jour où l'anatomie de l'*Eulota circassica* de Charpentier aura été faite.

Boettger a décrit une variété *pallida* [1] et Westerlund une forme *major* [2] atteignant 26 millimètres de diamètre maximum pour 19 millimètres de hauteur. (Le type ne mesure que 23 millimètres de diamètre maximum pour 17 millimètres de hauteur).

L'*Eulota circassica* de Charpentier vit en Transcaucasie. Westerlund l'indique en Syrie, mais sans préciser la localité [3]. Il y avait été découvert par F. Lange dans les environs de Haïffa [O. Boettger] [4].

## Famille des HELICIDÆ.

### Genre VALLONIA Risso, 1826 [5].

**Vallonia pulchella** Müller.

*Helix pulchella* Müller, *Verm. terr. et fluv. histor.*; II, 1774, p. 30; — *Vallonia pulchella* Gude, *Journal of Malacology*; IX, 1902, p. 128; — [*Helix rosalia* Risso (part.); *Helix paludosa* Da Costa; *Helix crystallina* Dillwyn; *Helix lævigata* Moquin-Tandon].

1. Boettger (Oskar). — Sechstes Verzeichniss transkaukasischer, armenischer und nordpersischer Mollusken; *Jahr. Deutschen Malakozoolog. Gesellschaft*; VIII, 1881, p. 207 [*Helix (Eulota) circassica f. pallida*]. On voit donc que Boettger, qui avait d'abord considéré l'espèce de Charpentier comme appartenant peut-être au sous-genre *Monacha* [*Jahrbücher*, etc., VI, 1879, p. 18 *(Helix [? Monacha] circassica)*], adopte finalement une opinion voisine de la mienne.

2. Westerlund (Dr C. A.). — *Fauna der paläarct. region Binnenconchylien*; II, 1889, p. 73.

3. Westerlund (Dr C. A.). — *Loc. supra cit.*; II, 1889, p. 73.

4. Boettger (O.) — Binnenconchylien aus Syrien; *Bericht des Offenbacher Vereins für Naturkunde*; XXII, 1883, p. 168.

5. Risso. — *Histoire naturelle Europe méridionale*; IV, 1826, p. 101. Type : *Vallonia rosalia* [ = *Helix pulchella* Müller + *Helix costata* Müller]. Ce genre *Vallonia*, très distinct du genre *Helix*, a reçu, depuis Risso, les noms de *Zurama* Leach [in: Turton, *Manual of Land and Freshwater Shells of Brit. Isl.*; 1831, p. 64], *Amplexus* Brown

Cette petite coquille, si commune dans l'Europe occidentale, est également bien connue dans l'Asie-Antérieure. Elle semble plus rare en Syrie où seul G. K. Gude l'a signalée dans la plaine de Saint-Jean-d'Acre.

Genre HELIX Linné, 1758 [1].

Dans un très grand nombre de régions, les *Helix* constituent, par leur variété et leur abondance, la base de la faune malacologique terrestre. Il n'en est pas tout à fait de même en Syrie et en Palestine où de nombreux groupes circaméditerranéens ne sont pas représentés. Par contre, quelques espèces, comme l'*Helix Seetzeni* Koch et les *Helix* du groupe de l'*Helix Olivieri* de Férussac, y vivent en colonies extrêmement populeuses. J'ai déjà signalé, dans l'Introduction de ce mémoire, la grande importance prise par les espèces de la série de l'*Helix lucorum* Müller, et l'adaptation si spéciale de tout un groupe de Xérophiles (sous-genre *Xerocrassa* de Monterosato) à la vie désertique ; je ne reviendrai donc pas ici sur ces questions.

Avant d'étudier en détail les riches matériaux réunis par M. Henri Gadeau de Kerville, je crois utile de donner une liste analytique et critique des *Helix* signalés jusqu'ici en Syrie et en Palestine.

En général, dans la liste suivante, la synonymie est réduite à la référence originale suivie de l'indication d'une bonne iconographie. Quel que soit le soin apporté à la rédaction de ce travail, il a pu s'y glisser des erreurs ou des omissions. J'ai, d'autre part, admis sur la foi des auteurs quelques espèces dont la présence en Syrie ou en Palestine est très discutable ; d'autres n'y ont été signalées

[*Illust. Conchol. of Great Brit.* ; 1827 et éd. II, 1844, p. 45], *Circinaria (part.)* Beck [*Index Molluscorum* ; 1837, p. 23], *Glaphyra (part.)* Albers [*Die Heliceen*, 1850, p. 87], *Lucena* Moquin-Tandon [*Hist. Mollusques terr. fluv. France* ; II, 1855, p. 140 (non Oken)], considérés soit comme genres soit comme sous-genres.

1. Linné. — *Systema Naturæ* ; ed. X, 1758, p. 768 *(Helix, part.)*.

que par suite de fausses déterminations. Ces espèces douteuses sont marquées d'un astérisque (*). Enfin, les espèces dont une étude détaillée est donnée dans ce mémoire sont simplement indiquées à la place qu'elles occupent dans la systématique.

### Sous-genre CARACOLLINA Beck, 1837 [1].

**Helix (Caracollina) lenticula** de Férussac.

*Helix lenticula* de Férussac, *Tableaux systématiques animaux Mollusques;* 1822, p. 41 ; — Michaud, *Complément Histoire Mollusques Draparnaud ;* 1831, p. 43, tab. XV, fig. 15-17.

L'*Helix lenticula* de Férussac vit sur tout le pourtour méditerranéen et dans les îles de l'Archipel, à Chypre, en Crète et à Rhodes. En Syrie, il est connu dans un assez grand nombre de localités : Neapolis [DE SAULCY], Naplouse [GUDE], Jérusalem [ROTH]. Il est beaucoup plus rare à Jérusalem qui est le point le plus oriental où cette espèce est actuellement connue.

### Sous-genre CRYPTOMPHALUS Agassiz, 1837.

**Helix (Cryptomphalus) aspersa** Müller.

### Sous-genre HELICOGENA de Férussac, 1819.

**Helix (Helicogena) pseudopomatia** Westerlund.

*Helix (Helicogena) pseudopomatia* Westerlund, *Nachrichtsblatt d. Deutschen Malakozoolog. Gesellschaft;* p. 150, n° 8.

« Hab. Cheikli Syriæ » [WESTERLUND].

*** Helix (Helicogena) ligata** Müller.

*Helix ligata* Müller, *Verm. terr. et fluv. histor.;* II, 1774, p. 58.

Cette espèce, essentiellement italienne, a été signalée par

1. BECK. — *Index Molluscorum ;* 1837, p. 28 [ = *Gonostoma* Held, in : *Isis,* 1837, p. 915, préoccupé par RAFINESQUE, 1810 (Poissons)].

Gude [1] à Jérusalem et dans la chaîne du Liban, sans doute par confusion avec un des nombreux *Helicogena* syriens.

## * Helix (Helicogena) lucorum Linné.

*Helix lucorum* Linné, *Systema Naturæ*; ed. X, 1758, p. 773.

Comme la précédente, cette espèce italienne a été signalée par erreur en Syrie.

La variété *castanea* Olivier [2] vit aux environs de Constantinople et en quelques localités de l'Asie-Mineure. L'exemplaire figuré (fig. 5-6, dans le texte) provient de Nevehehir. Il a été déterminé par J. R. Bourguignat. C'est bien à tort

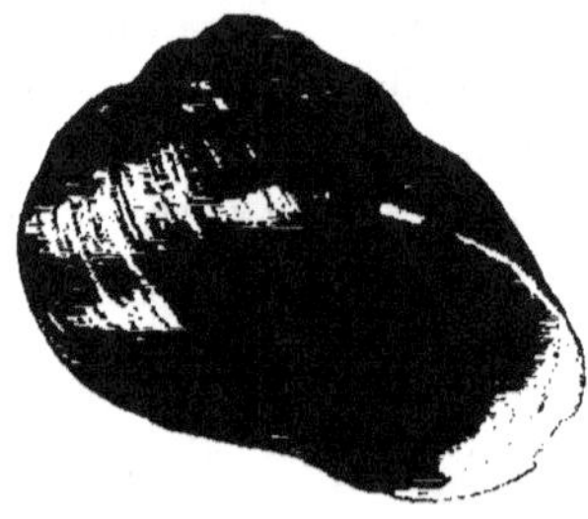

Fig. 5-6. — *Helix (Helicogena) mahometana* Bourguignat.

Nevehehir (Asie-Mineure).

Cotype de l'auteur, en grandeur naturelle.

que ce naturaliste [3] a donné à cette Hélice le nom d'*Helix mahometana*, sous prétexte que Muller avait antérieure-

1. Gude (G. K.). — A classified list of the Helicoid Land Shells of Asia ; *Journal of Malacology*; IX, 1902, p. 129.

2. Olivier (A). — *Voyage empire Ottoman*; 1, 1801, p. 224, tab. XVII, fig. 1 *(Helix castanea)*.

3. Bourguignat (J. R.,. — *Aménités malacologiques*: II, 1860, p. 172, pl. XX, fig. 5-6 *(Helix Mahometana)*.

ment décrit un *Helix castanea*[1], puisque cette dernière espèce appartient au genre *Nanina*.

Une espèce voisine, l'*Helix taurica* Krynicki[2] (pl. XII, fig. 16), principalement abondante en Crimée, se rencontre en Asie-Mineure, sur les confins nord de la Syrie.

### Helix (Helicogena) Schlaeflii Mousson (pl. VIII, fig. 28).

*Helix Schläflii* Mousson, *Coquilles terrestres fluviatiles Schlaefli Orient ;* 1859, p. 40, n° 5.

Coquille de forme beaucoup plus déprimée avec un dernier tour beaucoup plus élargi que chez la plupart des *Helicogena* syriens.

Le très bel exemplaire figuré (pl. VIII, fig. 28) provient des environs de Beyrouth. Il mesure 42 millimètres de hauteur maximum sur 47 millimètres de diamètre maximum et 31 1/2 millimètres de diamètre minimum. L'ouverture atteint 33 millimètres de hauteur pour 21 millimètres de diamètre. Le test est assez solide, bien que médiocrement épais ; il est orné de stries très onduleuses, obliques, irrégulières et fortement marquées.

### Helix (Helicogena) solida Zeigler.

*Helix solida* Zeigler, in : Albers, *Die Heliceen,* éd. II, 1860, p. 142[3] ;
— *Helix asemnis* Bourguignat, *Aménités malacologiques ;* II, 1860, p. 176, pl. XXIV, fig. 4-5.

Naplouse ; la chaine du Liban [Gude].

1. Müller. — *Verm. terr. et fluv. histor.;* II, 1774, p. 67. C'est le *Nanina (Xestina) castanea* Müller, de l'île de Sumatra.

2. Krynicki. — *Bulletin Soc. Naturalistes Moscou ;* VI, 1833, p. 423, tab. X ; et Rossmassler, *Iconographie der Land- und Süsswasser-Mollusken ;* VII, 1838, p. 13, fig. 436. Cette espèce avait été primitivement distribuée par Zeigler sous les noms manuscrits d'*Helix radiata* Zeigler et *Helix radiosa* Zeigler.

3. Non *Helix solida* Pfeiffer [*Proceedings Zoological Society of London ;* 1851, p. 152], qui est l'*Helicostyla (Orthostyla) solida* Pfeiffer, espèce des îles Philippines.

### Helix (Helicogena) moabitica Goldfuss.

*Helix (Pomatia) moabitica* Goldfuss, *Nachrichtsblatt d. Deutschen Malakozool. Gesellschaft* ; p. 86 ; — *Helix (Pomatia) moabitica* Kobelt, *Iconographie der Land- und Süsswasser-Mollusken* ; VI, 1893, p. 54, taf. CLXIV, fig. 1045-1047.

Voisine de l'*Helix solida* Zeigler, cette espèce a été découverte dans le Moab, à Wadi-Medjib, sur la rive orientale de la mer Morte.

### Helix (Helicogena) cincta Müller.

? *Helix grisea* Linné, *Systema Naturæ* ; ed. X, 1758, p. 773 ; — *Helix cincta* Müller, *Verm. terr. et fluv. histor.* ; II, 1774, p. 58 ; — *Helix cincta* Bourguignat, *Aménités malacologiques* ; II, 1860, p. 177 ; — *Pomatia cincta* Beck, *Index Molluscorum* ; 1837, p. 43 ; — *Cœnatoria cincta* Held, *Isis* ; 1837, p. 910.

Commune dans toute l'Europe orientale, cette espèce est assez répandue en Syrie. Les collections du Muséum national d'Histoire naturelle de Paris renferment quelques exemplaires recueillis, par Gaillardot, dans les environs de Beyrouth (pl. VIII, fig. 29). Leur test, assez lourd et pesant, est orné de quatre bandes fortement teintées, les deux premières soudées. Le péristome est encrassé, très épaissi, d'un violet lie de vin brillant.

Une variété *libanica*, décrite et figurée par le D\u02b3 W. Kobelt[1], vit dans la chaîne du Liban, aux environs de Saïda [Naegele].

### Helix (Helicogena) anctostoma Martens.

*Helix anctostoma* Martens, *Vorderasiatische Conchylien* ; 1874, p. 19, taf. IV, fig. 21.

Pompejepolis (Syrie) [D\u02b3 E. von Martens].

1. Kobelt (D\u02b3 W.), in : Martini et Chemnitz, *Systemat. Conchylien-Cabinet* ; éd. II, vol. 1, part. 12, VI, p. 115, taf. CCCXXXIII. fig. 3-7 [*Helix (Helicogena) cincta libanica*]; et *Iconographie der Land- und Süsswasser-Mollusken* ; n. f., XIII, 1907, p. 46, taf. CCCLII, fig. 2. 191 [*Helix (Helicogena) cincta libanica*].

### Helix (Helicogena) achidæa Bourguignat.

*Helix achidæa* Bourguignat, *mss. in Collect. Muséum Genève; — Helix (Pomatia) achidæa* Rolle et Kobelt, *Iconographie der Land - und Süsswasser-Mollusken;* Suppl. band I, 1896, p. 48, n° 10, taf. XVIII, fig. 5.

Espèce voisine de l'*Helix anclostoma* Martens, recueillie à Tarablus (Syrie) [Collect. Bourguignat].

### Helix (Helicogena) castanostoma Bourguignat (fig. 7-8, dans le texte).

*Helix castanostoma* Bourguignat, *mss. in Collect. Muséum Paris.*

La collection malacologique du Muséum national d'Histoire naturelle de Paris renferme, sous le nom manuscrit d'*Helix castanostoma* Bourguignat[1], quelques échantillons d'une coquille déterminée *Helix cincta* par de Férussac[2].

L'un des exemplaires provient de Tripoli de Syrie (fig. 7-8, dans le texte). C'est une coquille mesurant 40 millimètres

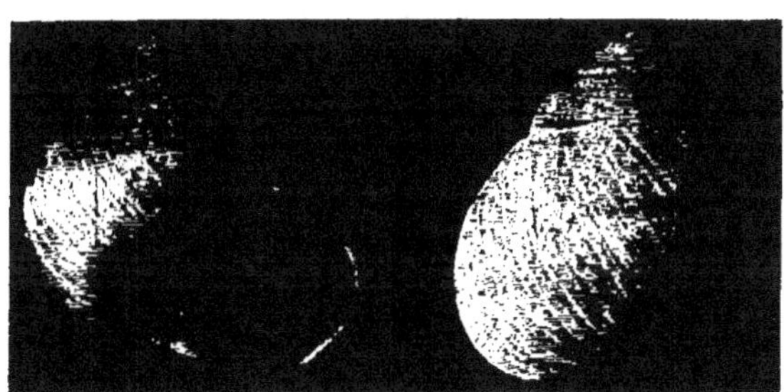

Fig. 7-8. — *Helix (Helicogena) castanostoma* Bourguignat.

Tripoli de Syrie.

Cotype de l'auteur, en grandeur naturelle.

1. Les échantillons du Muséum de Paris ont été nommés par Bourguignat. Ils constituent donc des cotypes.

2. Les spécimens du Muséum de Paris font partie de la Collection Férussac.

de hauteur sur 38 millimètres de diamètre maximum et 26 1/2 millimètres de diamètre minimum. Elle est de forme assez élevée, avec un dernier tour très fortement développé et une ouverture oblique, *presque circulaire*, mesurant 21 millimètres de hauteur sur 20 millimètres de diamètre maximum. Le test est médiocrement épais, garni de stries inégales, obliques et onduleuses, et orné de cinq bandes peu marquées. Le péristome et le bord interne de l'ouverture sont colorés en brun marron assez brillant.

Deux autres spécimens, recueillis à Larnaca (île de Chypre), diffèrent surtout du précédent par un test plus épais, très solide, presque pondéreux, orné de cinq bandes, les trois premières soudées (123|45), toutes fortement colorées.

### Helix (Helicogena) beilanica Deschamp.

*Helix (Pomatia) beilanica* Westerlund, *Verhandlungen d. K. K. Zoologisch-Botan. Gesellschaft Wien:* XLII, 1893, p. 34 (tirés à part. p. 10); — Kobelt, *Iconographie der Land- und Süsswasser-Mollusken:* n. f., VI, 1893, p. 80, taf. CLXX, fig. 1098; — Rolle et Kobelt, *Iconogr.*, etc., Suppl. band I, 1896, p. 50, n° 14, taf. XX, fig. 4-5.

L'*Helix beilanica* Deschamp vit aux environs de Beilan, près d'Alexandrette de Syrie. Il habite également une grande partie de la Cilicie.

D'après le D<sup>r</sup> W. Kobelt, l'*Helix iskuraxa* Bourguignat (in Collect. Muséum Genève) se rapporte à cette espèce.

### Helix (Helicogena) nilotica Bourguignat (pl. XI, fig. 15).

*Helix nilotica* Bourguignat, *Mollusques nouveaux, litigieux ou peu connus;* I. Mars 1863, p. 15, n° 7, pl. II, fig. 10-12.

L'exemplaire figuré ici (pl. XI, fig. 15) provient du Taurus. La localité exacte n'est malheureusement pas indiquée. C'est une coquille atteignant 40 millimètres de hauteur pour 38 millimètres de diamètre maximum et 26 millimètres de diamètre minimum. Comparée au type figuré dans les *Mollusques nouveaux*, elle n'en diffère que par sa forme moins élevée et son test un peu plus pesant. Ce spécimen, qui appartient au Muséum national d'Histoire naturelle de Paris (Collection A. LOCARD), a été déterminé par J. R. BOURGUIGNAT.

L'*Helix nilotica* Bourguignat a tout d'abord été indiqué comme vivant aux environs de Damiette, en Égypte. On sait aujourd'hui que cette espèce est importée de Syrie pour les besoins de la consommation [1], sans doute avec quelques autres espèces affines et, notamment, avec les gros *Helicogena* autrefois observés par JUBA DE LHOTELLERIE dans la région d'Alexandrie (1879). Ces derniers Mollusques ont été communiqués à BOURGUIGNAT qui s'est empressé de leur donner les noms nouveaux d'*Helix Jubæ*, *Helix trixœnostoma* et *Helix pleurorinia*.

### Helix (Helicogena) epidaphne Rolle et Kobelt.

*Helix (Pomatia) epidaphne* Rolle et Kobelt, *Iconographie der Land - und Süsswasser - Mollusken* ; Suppl. band 1, 1896, p. 52, n° 16, taf. XXI, fig. 2-5.

Environs d'Antioche (Syrie) [ROLLE].

### Helix (Helicogena) Luynesi Bourguignat.

*Helix Luynesiana* Bourguignat, *Species novissima Molluscorum in Europæo systemati detectæ* ; 1876, p. 54.

Montagnes du Nahr-el-Kelb, au nord de Beyrouth (Syrie).

L'*Helix Luynesi* Bourguignat n'a jamais été figuré.

1. PALLARY (P.). — Catalogue de la faune malacologique d'Égypte ; *Mémoires Institut égyptien* ; VI, fasc. 1, 1909, p. 22. PALLARY avait reçu des exemplaires d'*Helix nilotica* Bourguignat par l'entremise du P. TEILHARD qui, à une demande de renseignements, répondait : « Je sais maintenant, hélas ! d'où proviennent les coquilles d'*Helix nilotica* : cette espèce remplit des tonneaux entiers chez les épiciers, et il paraît qu'elle est apportée de Syrie... ».

### Helix (Helicogena) fathallæ Naegele.

*Helix (Pomatia) fathallæ* Naegele, *Nachrichtsblatt d. Deutschen Malakozoolog. Gesellschaft* ; 1901, p. 20, n° 4.

Grosse espèce (hauteur : 45 millimètres, diamètre maximum : 40 millimètres) présentant une forme *minor* Naegele (*loc. supra cit.*, p. 20) un quart plus petite. Elle a été découverte à La Trappe, près Abkès, dans la Syrie boréale.

### Helix (Helicogena) baristata Bourguignat.

*Helix baristata* Bourguignat, *mss.* in *Collect. Muséum Genève ;* — *Helix (Pomatia) baristata* Rolle et Kobelt, *Iconographie der Land- und Süsswasser-Mollusken ;* Suppl. band 1, 1896, p. 46, n° 5, taf. XVI, fig. 6.

Entre Orfa et Alexandrette, au nord de la Syrie [Rolle].

### Helix (Helicogena) infidelium Rolle et Kobelt.

*Helix (Pomatia) infidelium* Rolle et Kobelt, *Iconographie der Land- und Süsswasser-Mollusken ;* Suppl. band 1, 1896, p. 54, n° 22, taf. XXIV, fig. 5-6.

Voisin de l'*Helix adanensis* Rolle et Kobelt[1], l'*Helix infidelium* Rolle et Kobelt vit aux environs d'Alexandrette de Syrie.

### Helix (Helicogena) bituminis Kobelt.

*Helix (Pomatia) bituminis* Kobelt, in : Rolle et Kobelt, *Iconographie der Land- und Süsswasser-Mollusken ;* Suppl. band 1, 1896, p. 49, n° 11, taf. XIX, fig. 4-5.

Alexandrette de Syrie [Naegele, Rolle].

### Helix (Helicogena) issica Rolle et Kobelt.

*Helix (Pomatia) issica* Rolle et Kobelt, *Iconographie der Land-*

---

1. Rolle (H.) et Kobelt (D' W.). — Beiträge zur Molluskenfauna des Orients ; *Iconographie der Land- und Süsswasser-Mollusken ;* Suppl. band 1, 1896, p. 52, n° 17, taf. XXIII, fig. 1-4 [*Helix (Pomatia) adanensis*].

17

*und Süsswasser-Mollusken ;* Suppl. band I, 1896, p. 50, n° 13, taf. XX,
fig. 1-2.

Alexandrette de Syrie [ROLLE].

### Helix (Helicogena) Eduardi Kobelt.

*Helix (Helicogena) Eduardi* Kobelt, in : Martini et Chemnitz,
*Systemat. Conchylien-Cabinet ;* éd. II, vol. I, 12, VI, taf. CCCLI,
fig. 1-2 ; Kobelt, *Iconographie der Land- und Süsswasser-Mollusken ;*
n. f.; XII, 1906, p. 30, taf. CCCXV, fig. 1992.

Grosse espèce (hauteur : 50 millimètres, diamètre maximum : 46 millimètres), au test solide, pondéreux et irrégulièrement costulé-strié, dépourvue de sculpture spirale.
La coquille est ornée de cinq bandes marron : une étroite
près de la suture ; deux étroites et souvent soudées supracarénales ; et, enfin, deux bandes étroites, infracarénales.
La Palestine, sans indication précise de localité [KOBELT].

### Helix (Helicogena) antiochiensis Rolle et Kobelt.

*Helix (Pomatia) antiochiensis* Rolle et Kobelt, *Iconographie der
Land- und Süsswasser-Mollusken ;* Suppl. band I, 1896, p. 50, n° 15,
taf. XXI, fig. 1, et taf. XXII, fig. 1-2.

Espèce voisine de l'*Helix pericalla* Bourguignat, découverte par H. ROLLE aux environs d'Antioche (Syrie).

### Helix (Helicogena) tripolitana Bourguignat (pl. VII, fig. 18).

*Helix Tripolitana* Bourguignat, *mss.* in *Collect. Muséum Paris.*

L'exemplaire figuré (pl. VII, fig. 18) provient de Tripoli
de Syrie, où il a été recueilli par le voyageur OLIVIER.
C'est une coquille globuleuse, un peu élevée, assez médiocrement striée étant donné sa grande taille. L'ouverture
est oblique et un peu subpyriforme.
Hauteur : 52 millimètres ; diamètre maximum : 50 millimètres ; diamètre minimum : 36 millimètres ; hauteur de

l'ouverture : 32 millimètres ; diamètre de l'ouverture :
25 millimètres.

### Helix (Helicogena) pericalla Bourguignat (pl. VII, fig. 19).

*Helix pericalla* Bourguignat, *mss. in Collect. Muséum Paris et Muséum Genève ; — Helix (Pomatia) pericalla Rolle et Kobelt, Iconographie der Land- und Süsswasser-Mollusken ; Suppl. band 1, 1896, p. 49, n° 12, taf. XIX, fig. 3, et taf. 20, fig. 3.*

Il ne me semble guère possible de séparer cette espèce
de l'*Helix tripolitana* Bourguignat autrement que par
des caractères d'ordre tout à fait secondaire. C'est ainsi
que, chez l'*Helix pericalla*, le dernier tour est un peu
moins ventru, l'avant-dernier tour proportionnellement plus
grand, l'ouverture plus régulièrement arrondie et le test
plus pesant. Mais il est incontestable pour moi que, dans
les deux cas, il s'agit bien du même type spécifique.

L'exemplaire figuré ici (pl. VII, fig. 19) et qui appartient
aux collections du Muséum national d'Histoire naturelle
de Paris, provient de la Syrie. La localité exacte n'a pas été
indiquée. H. ROLLE a retrouvé la même espèce près de
Giosna en Cilicie.

### Helix (Helicogena) Jauberti Bourguignat.

Cette espèce est complètement inconnue. BOURGUIGNAT dit
seulement, dans ses *Miscellanées Italo-Malacologiques*,
à propos des planches du grand ouvrage de DE FÉRUSSAC
(*Histoire générale et particulière des Mollusques...*) :

« pl. XX, fig. 1-2 [représente] l'*Helix Jauberti* de
Syrie »[1].

### Helix (Helicogena) cavata Mousson.

Variété **minor** Pollonera.

1. BOURGUIGNAT (J. R.). — Miscellanées Italo-Malacologiques; *Naturalista Siciliano*; II, 1883, p. 7.

### Helix (Helicogena) pycnia Bourguignat.

*Helix pycnia* Bourguignat, *Aménités malacologiques;* II, 1860,
p. 182, pl. XXII, fig. 7-9.

Environs de Nazareth (Syrie).

### Helix (Helicogena) pachya Bourguignat.

### Helix (Helicogena) edræa Bourguignat.

*Helix edræa* Bourguignat, *mss.* in *Collect. Muséum Genève;* —
Bourguignat, Miscellanées Italo-Malacologiques; *Naturalista Siciliano,*
II, 1883, p. 7 *(nom. nud.);* — *Helix pachya* Kobelt, *Iconographie der
Land- und Süsswasser-Mollusken;* IV, 1875, p. 21 *(part.),* taf. XCIX,
fig. 1031 *(seulement);* — *Helix edræa* Rolle et Kobelt, *Iconographie der
Land- und Süsswasser-Mollusken;* Suppl. band I, 1896, p. 45, col. 1.

Comme pour l'*Helix Jauberti* Bourguignat, l'auteur dit
seulement, dans ses *Miscellanées Italo-Malacologiques :*
« pl. XXI b [1], fig. 3 [représente] l'*Helix edræa* de
Syrie ».

### Helix (Helicogena) racopsis Bourguignat.

*Helix racopsis* Bourguignat, *mss.* in *Collect. Muséum Genève;* —
*Helix (Pomatia) racopsis* Rolle et Kobelt, *Iconographie der Land-
und Süsswasser-Mollusken;* Suppl. band I, 1896, p. 49, n° 9,
taf. XVIII, fig. 3.

Environs de Beyrouth [ROLLE].

### Helix (Helicogena) prasinata Roth.

*Helix prasinata* Roth, *Malakozoolog. Blätter;* 1855, p. 31, taf. I,
fig. 1-2; Kobelt, *Iconographie der Land- und Süsswasser-Mollusken;*
IV, 1875, p. 24, taf. CI, fig. 1045.

Environs de Jérusalem ; les bords du lac de Tibériade
[ROTH].

---

1. Du grand ouvrage de DE FÉRUSSAC, *Histoire naturelle, générale
et particulière, des Mollusques,* etc.

### Helix (Helicogena) Dickhauti Kobelt.

*Pomatia dickhauti* Kobelt, *Nachrichtsblatt d. Deutschen Malakozoolog. Gesellschaft* ; 1903, p. 148, n° 5.

Palestine ? Espèce signalée par le D<sup>r</sup> W. Kobelt qui lui assigne, avec un point de doute, la Palestine pour patrie.

### Helix (Helicogena) xerechia Bourguignat (pl. XI, fig. 12).

*Helix xerechia* Bourguignat, Miscellanées Italo-Malacologiques ; *Naturalista Siciliano* ; 11, 1883, p. 8 (*nom. nud.*); — *Helix (Pomatia) xerechia* Rolle et Kobelt, *Iconographie der Land- und Süsswasser-Mollusken* ; Suppl. band I, 1896, p. 44, n° 3, taf. XVI, fig. 3, et taf. XVII, fig. 5 ; — *Helix (Pomatia) xerechia* Naegele, *Nachrichtsblatt d. Deutschen Malakozoolog. Gesellschaft* ; 1903, p. 170, n° 60.

Du groupe de l'*Helix pachya* Bourguignat, cette espèce a été très bien décrite par Naegele dont je reproduis ci-dessous la diagnose :

« Testa imperforata, globoso-conoidea, persolida, irregulariter et ruditer plicato-striata, sculptura spirali et in anfractu ultimo striis obliquiis ornata, albido flavescens, obsolete quinquefasciata : 1 : 23 : 4. 5., fascia quarta latiore quam prima et quinta. Spira conica, apice satis parvo, lævi, albido. Anfractus 4, superi convexiusculi, ultimus tumidus, antice descendens ; sutura impressa ; apertura oblique ovata, lunata, intus alba fasciis translucentibus ; peristoma rectum, subincrassatum, albolabiatum, marginibus distantibus, magis minustenui callo conjunctis, columellari dilatato, appresso.

Alt. 45, lat. 40 ».

Cette description correspond bien aux échantillons du Muséum national d'Histoire naturelle de Paris nommés *xerechia* par Bourguignat lui-même. Je figure dans ce mémoire (pl. XI, fig. 12) un exemplaire récolté à Beyrouth (Syrie).

Bourguignat a également déterminé *Helix xerechia* deux coquilles appartenant à la Collection Férussac (au Muséum national d'Histoire naturelle de Paris) et « trouvées dans les maisons, sous les ruines de Pompeia »[1].

Amchit (Syrie) [GAILLARDOT].

Beyrouth (Syrie) [GAILLARDOT].

Ile de Chypre [GAUDRY, in Collect. Muséum Paris].

Saïda (Liban) [NAEGELE].

### Helix (Helicogena) kisonis Kobelt.

*Helix (Helicogena) kisonis* Kobelt, *Iconographie der Land - und Süsswasser-Mollusken;* n. f., XII, 1906, p. 24, taf. CCCXII, fig. 1983-1984.

Environs de Haïfa (Syrie) [O. WOHLBEREDT].

### Helix (Helicogena) engaddensis Bourguignat.

*Helix engaddensis* Bourguignat, *Testacea novissima Saulcy Orient.;* 1852, p. 11; et *Catalogue Mollusques terrestres fluviatiles Saulcy Orient;* 1853, p. 15, pl. I, fig. 42-43.

Assez répandue en Syrie[2], cette espèce présente quelques variétés dont deux ont été décrites.

La première est la variété *concolor* Bourguignat[3], qui vit aux environs de Jérusalem.

La seconde est la variété *galilœa* Kobelt[4], assez grosse coquille atteignant 36 1/2 millimètres de hauteur pour 35 millimètres de diamètre. On la rencontre aux environs de Nazareth [O. WOHLBEREDT] et aux environs de Haïfa (Syrie) [NAEGELE].

1. Ces coquilles ont été nommées *Helix cincta* par DE FÉRUSSAC.

2. Quelques spécimens recueillis autrefois par GAILLARDOT, aux environs de Haïfa, ont un test jaunacé, orné de cinq bandes brunes répondant à la formule : 1 23 |45. Leur ouverture est, en dedans, d'un roux-violet brillant.

3. BOURGUIGNAT (J. R.). — *Aménités malacologiques;* II, 1860. Le nom d'*Helix engaddensis* var. *concolor* est imprimé en bas de la planche XXIV (fig. 8).

4. KOBELT (Dʳ W.), in : MARTINI et CHEMNITZ, *Systemat. Conchylien-Cabinet;* éd. II, 1, VI, taf. CCCLI, fig. 3-6; et *Iconographie der Land-und Süsswasser-Mollusken;* n. f.; XII, 1906, p. 25, taf. CCCXIII, fig. 1985-1986 [*Helix (Helicogena) engaddensis galilœa*].

### Helix (Helicogena) figulina Parreyss.

*Helix ligata* var. δ de Férussac, *Histoire gén. part. Mollusques ;*
1819, pl. XX, fig. 3 ; — *Pomatia orientalis* Beck, *Index Molluscorum ;*
1837, p. 43 ; — *Helix figulina* Parreyss, in : Rossmässler, *Iconographie der Land - und Süsswasser - Mollusken ;* IX, 1839, p. 9, taf. XLIV,
fig. 580.

L'*Helix figulina* Parreyss habite la Grèce, la Turquie
d'Europe, les îles de Rhodes et de Chypre, mais surtout la
Turquie d'Asie et la Syrie [1].

Cette espèce présente souvent de très jolies variétés. Telle
est la variété *albidula* Bourguignat, entièrement blanche,
avec l'intérieur de l'ouverture d'un blanc pur brillant. La
coquille reste généralement de petite taille (hauteur :
22 millimètres ; diamètre maximum : 21 millimètres ; diamètre minimum : 16 millimètres ; hauteur de l'ouverture :
19 1/2 millimètres ; diamètre de l'ouverture : 15 1/2 millimètres) ; et sa forme est un peu moins globuleuse que chez
le type. Cette variété se rencontre à Brousse, en Asie-
Mineure [LETOURNEUX].

Une autre variété, à laquelle je donne le nom de variété
*zonata* Germain (fig. 9-10, dans le texte), est remarquable par sa belle coloration. Sur un fond jaunacé se

Fig. 9-10. — *Helix (Helicogena) figulina* Parreyss
variété *zonata* Germain.

Brousse (Anatolie).

Type de la variété, en grandeur naturelle.

1. Notamment aux environs de Jaffa [LETOURNEUX] ; à Nssar, district de Jaffa [LETOURNEUX] ; sur les bords de la mer Morte [DE
SAULCY] ; etc.

détachent cinq bandes brunes, étroites. Les bandes 3 et 5,
qui sont les plus larges, ne dépassent pas 3/4 à 4/5 de millimètre de largeur maximum. La variété *zonata* Germain
a également été recueillie aux environs de Brousse (Asie-
Mineure) par Letourneux.

## Sous-genre LEVANTINA Kobelt, 1871 [1].

Le sous-genre *Levantina* est un de ceux qui caracté-
risent le mieux la faune malacologique de l'Asie-Antérieure. Il atteint son maximum de développement en Syrie,
en Palestine et en Mésopotamie, mais il possède également
des représentants dans les îles de Crète, de Chypre et de
Rhodes, en Perse, dans le Caucase et dans le Kurdistan.

### Helix (Levantina) cæsareana Parreyss.

*Helix guttata* L. Pfeiffer, *Monogr. Heliceor. vivent.*; 1, 1847, p. 284
(excl. synony., *non* Olivier); Bourguignat, *Catalogue Mollusques terrestres fluviatiles Saulcy Orient*; 1853, p. 19 (*non* Olivier); — *Helix
cæsarea* de Charpentier, *Zeitschrift für Malakozoolog.*; 1847, p. 135; —
*Helix Cæsareana* Parreyss, in : Mousson, *Coquilles terrestres fluviatiles Bellardi Orient*; 1854, p. 34 et 44; — *Helix cæsareana* Bourguignat, *Mollusques nouveaux, litigieux ou peu connus*; Mai 1864, p. 94,
n° 35, pl. XVI, fig. 1-9.

L'*Helix cæsareana* Parreyss est une très bonne espèce
habitant toute la Syrie (y compris la Palestine) [2]. Elle présente un grand nombre de variétés dont la plupart fré-

1. Kobelt (Dr W.). — *Catalog. Européen. Binnenconchylien*; 1871,
p. 19. L'anatomie de ce groupe a été faite par Schmidt [*Stylommat.*;
taf. IV], par Schuberth [*Archiv für Naturg.*; 1892, taf. V], mais surtout par P. Hesse [in : Rossmassler, *Iconographie der Land- und
Süsswasser-Mollusken*; n. f., XVI, 1909, p. 10 et suiv., taf. CCCCXXIII,
CCCCXXIV et CCCCXXV].

2. Le Muséum national d'Histoire naturelle de Paris possède cette
espèce des environs de Sagda, dans le Liban, de Samari, de Mar
Saba, de Djérin, de Tibériade, de Naplouse, de Jérusalem et de
Jéricho.

quentent les endroits arides et rocheux, exposés à l'ardeur du soleil [1].

### Variété **maxima** Bourguignat.

*Helix cæsareana* var. B *maxima* Bourguignat, *loc. supra cit.* ; 1864, p. 96.

Coquille atteignant 45 millimètres de diamètre maximum et 22 millimètres de hauteur.

Les environs de Jérusalem.

### Variété **media** Mousson.

*Helix ( Macularia ) cæsareana* var. *media* Mousson, *Journal de Conchyliologie* ; XXII, 1874, p. 24.

Forme de taille moyenne (diamètre : 32-35 millimètres) recueillie, par le D\u02b3 A. SCHLAEFLI, « au pied de la chaîne qui limite le bassin d'Haleb » (Haute Mésopotamie) [A. MOUSSON].

### Variété **nana** Mousson.

*Helix cæsareana* var. *nana* Mousson, *Coquilles terrestres fluviatiles Roth Palestine* ; 1861, p. 36.

Coquille plus délicate que le type, ayant 28-30 millimètres de diamètre maximum pour 16-17 millimètres de hauteur.

Cette variété est assez commune sur les bords de la mer Morte, à Jéricho, à Jérusalem, etc. Elle habite également l'île de Rhodes [ROTH].

### Variété **carinata** Bourguignat.

*Helix cæsareana* var. D *carinata* Bourguignat, *loc. supra cit.* ; 1864, p. 96, pl. XVI, fig. 7.

1. L'*Helix cæsareana* Parreyss vit à la façon de notre *Leucochroa candidissima* Draparnaud, c'est-à-dire qu'il reste collé sur des rochers exposés en plein soleil pendant des mois entiers sans sortir de sa coquille. Il est curieux de remarquer que l'autre espèce de *Levantina* commune en Palestine, l'*Helix hierosolyma* Boissier, ne se plaît que dans les endroits frais et ombragés.

Coquille plus trapue, avec une carène se poursuivant jusque sur le dernier tour.

Bords de la mer Morte; environs de Jérusalem [BOURGUIGNAT].

### Variété **convexa** Bourguignat.

*Helix cæsareana* var. G *convexa* Bourguignat, *loc. supra cit.:* 1864, p. 97.

Coquille plus petite; dernier tour fortement renflé-convexe vers la région ombilicale.

Environs de Jérusalem [ BOURGUIGNAT].

### Variété **depressa** Pallary (pl. IX, fig. 20-22).

*Helix cæsareana* var. *depressa* Pallary, *in litt.*

Coquille plus déprimée; sculpture fortement accentuée; taille assez grande : diamètre maximum : 40-42 millimètres; hauteur maximum : 17-18 millimètres.

La variété *depressa* Pallary a été trouvée à Amchit, dans le Liban, vers 120 mètres d'altitude [FRÈRE LOUIS].

### Helix (Levantina) ramlensis Rolle (pl. XII, fig. 20-22).

*Helix (Levantina) ramlensis* Rolle, in : Rolle et Kobelt, *Iconographie der Land- und Süsswasser-Mollusken;* Supp. band I, 1896, p. 36, n° 9, taf. XIII, fig. 5-8 (par erreur, dans le texte, indiqué taf. XII).

Cette espèce, du groupe de l'*Helix cæsareana* Parreyss, est une coquille de forme globuleuse, assez élevée, au test solide, fortement et très obliquement strié, orné de 5 bandes un peu étroites et, le plus souvent, réduites à des points ou à des taches. La spire compte 4 1/2 tours : les tours embryonnaires sont convexes; les autres sont submé-plans et carénés à la suture ; enfin, le dernier est convexe-arrondi.

La taille atteint les dimensions suivantes :

Diamètre maximum : 32 millimètres ; diamètre minimum : 25 millimètres ; hauteur maximum : 22 millimètres.

Entre Jaffa et Jérusalem (Syrie) [H. ROLLE].

### Helix (Levantina) chanzirensis Kobelt.

*Levantina chanzirensis* Kobelt, *Nachrichtsblatt d. Deutschen Malakozoolog. Gesellschaft ;* 1906, XXXVIII, p. 15 ; Kobelt, in : Martini et
Chemnitz, *Systemat. Conchylien-Cabinet ;* éd. II, 1905, VI, taf. CCCLXX,
fig. 4-6 ; — *Helix (Levantina) chanzirensis* Kobelt, *Iconographie der
Land- und Süsswasser-Mollusken ;* 1896, p. 50, taf. CCCXXVI,
fig. 2042.

Au sud d'Alexandrette de Syrie, au Ras-el-Chanzir
[H. ROLLE].

### Helix (Levantina) Werneri Rolle (fig. 11-12, dans le texte).

*Helix (Levantina) Werneri* Rolle, in : Kobelt, *Nachrichtsblatt d.
Deutschen Malakozoolog. Gesellschaft ;* 1889, p. 138 ; et *Iconographie
der Land- und Süsswasser-Mollusken ;* n. f., IV, 1890, p. 76, taf. CIX,
fig. 653-655.

Découverte par ROLLE à Adana, en Cilicie, cette belle
coquille a été retrouvée en Syrie, notamment aux environs
de Jaffa, localité d'où provient l'exemplaire figuré dans
ce travail (fig. 11-12, dans le texte).

Fig. 11-12. — *Helix (Levantina) Werneri* Rolle.
Jaffa (Syrie).
Cotype de l'auteur, en grandeur naturelle.

L'*Helix Werneri* Rolle se rapproche beaucoup de l'*Helix*

*cæsareana* Parreyss, et je crois qu'il n'est autre chose que l'*Helix cæsareana* var. F *globosa* Bourguignat. En effet, BOURGUIGNAT dit, en parlant de ce Mollusque [1] :

« Magnifique variété offrant un test plus bombé, plus solide, plus crétacé, orné de taches fulgurantes beaucoup plus vives et plus éclatantes. Tours de spire passablement convexes, tout en étant carénés. Haut. 38, diam. 42 millim. — Cette belle variété a été recueillie, par M. de Saulcy, dans les montagnes au-delà du Jourdain (ammonitide) ; à Ouad-M'Ketir et à Aâraq-el-Émir ».

Or, ces caractères cadrent bien avec ceux assignés par le Dr W. KOBELT [2] à l'*Helix Werneri* Rolle :

« Testa omnino exumbilicata, *oblique depresse globosa* [3], *solida sed haud crassa*, irregulariter ruditerque striata, striis obliquis ad suturam profundioribus, impressionibus brevibus transversis sculpta et irregulariter malleata, parum nitens, lutescenti-albida, superne epidermide tenuissima lutescente induta, fasciis 5 angustis fuscis interruptis parum conspicuis ornata ; spira depresse globosa, apice sat magno, obtusato, lævi. Anfractus 5 1/2 celeriter crescentes, primi 2 læves, rotundati, *sequentes convexi*, *carina distincta subserrata*, suturam impressam sequente, in penultimo sensim evanescente cincti, penultimus convexus, ultimus inflatus, ad peripheriam vix obtusissime angulatus, basi rotundatus, ad umbilici locum excavatus, antice primum leniter descendens, dein valde subtiteque deflexus. Apertura perobliqua, late rotundato-ovata, distincte lunata, intus fuscescens fasciis translucentibus ; peristoma acutum, extus et ad basin breviter reflexum, distincte albolabiatum, marginibus conniventibus, callo ple-

---

1. BOURGUIGNAT (J. R.). — *Mollusques nouveaux, litigieux ou peu connus ;* 4e décade, 1er Mai 1864, p. 97, pl. XVII, fig. 1-3.

2. KOBELT (Dr W.). — Diagnosen neuer Arten ; *Nachrichtsblatt d. Deutschen Malakozoolog. Gesellschaft ;* XXI, 1889, p. 138.

3. Ces mots ne sont pas soulignés dans le texte du Dr W. KOBELT.

rumque tenuissimo, interdum incrassato et fusco tincto
junctis, basali calloso, dilatato, primum oblique ascendente,
interdum obtuse dentato, dein verticaliter vel ad dextram
directo, sulco cincto.

Diam. maj. 36, min. 30, alt. 27,5 mm. ».

Enfin, la comparaison des figures données par Bourguignat et Kobelt montre combien il est difficile de séparer
spécifiquement ces deux Mollusques.

### * Helix (Levantina) spiriplana Olivier.

*Helix spiriplana* Olivier, *Voyage empire Ottoman* ; II, 1801, p. 353,
atlas, pl. XVII, fig. 7. — *Helix Malziana* Parreyss, in : Pfeiffer, *Malakozoolog. Blätter*; 1860, p. 230.

Signalé en Palestine, sans doute par confusion avec
l'*Helix hierosolyma* Boissier [1], l'*Helix spiriplana* Olivier
a été découvert par Olivier dans les îles de Crète et de
Rhodes où il [2] se tient « dans les fentes des rochers, d'où
il ne sort probablement qu'aux premières pluies d'au-
tomne. La première fois que nous le vîmes, nous fûmes
obligés d'employer les coins pour fendre la roche » [3]. Depuis,
l'*Helix spiriplana* Olivier a été retrouvé par de nombreux
voyageurs dans les îles de Crète et de Rhodes, mais jamais
en Syrie ou en Palestine.

Westerlund a institué une variété *fulminata* [4] pour la
coquille figurée par Bourguignat, sous le nom d'*Helix
spiriplana*, dans ses *Mollusques nouveaux, litigieux ou
peu connus* [5].

1. L'*Helix hierosolyma* Boissier et l'*Helix spiriplana* Olivier sont
deux espèces représentatives, la première propre à la Palestine, la
seconde particulière aux îles de Crète et de Rhodes.

2. Dans le texte d'Olivier, le mot *Helix* est employé au féminin.

3. Olivier (A.). — *Voyage dans l'empire Ottoman*, etc.; II, 1804,
p. 353.

4. Westerlund (Dr C. A.). — *Fauna der in der paläarctischen region
Binnenconchylien* ; II, 1889, p. 392 [*Helix (Levantina) spiriplana
forma fulminata*].

5. Pl. XVII, fig. 9-11.

Enfin, une variété *transjordanica* Rolle et Kobelt[1], de petite taille (diamètre : 29 millimètres ; hauteur : 17 millimètres), a été découverte par Rolle à l'est de la vallée du Jourdain.

### Helix (Levantina) hierosolyma Boissier.

*Helix spiriplana (part.)* var. *hierosolyma* Boissier, in : Mousson, *Coquilles terrestres fluviatiles Bellardi Orient.* ; 1854, p. 34 ; Mousson, *Journal de Conchyliologie*, XXII, 1874, p. 28 ; — *Helix spiriplana (part.)* Bourguignat, *Mollusques nouveaux, litigieux ou peu connus* ; IV, 1864, p. 98, pl. XVIII.

Cette espèce, extrêmement répandue en Palestine, notamment aux environs de Jérusalem et sur les bords de la mer Morte, vit dans les endroits humides et ombragés, sous les pierres ou dans les fentes des rochers. Elle présente les variétés suivantes :

### Variété **maxima** Bourguignat.

*Helix spiriplana (part.)* var. B *maxima* Bourguignat, *loc. supra cit.* ; 1864, p. 101, pl. XVIII, fig. 1, 2, 3, 7 et 8 ( = *Helix spiriplana* Rossmässler, *Iconographie der Land- und Süsswasser-Mollusken* ; XI, 1842, p. 1, taf. LI, fig. 682).

Coquille de grande taille, atteignant 42 à 45 millimètres de diamètre maximum pour 21-24 millimètres de hauteur.

Elle vit dans les environs de Jérusalem.

### Variété **carinata** Bourguignat.

*Helix spiriplana (part.)* var. C *carinata* Bourguignat, *loc. supra cit.* ; 1864, p. 101, pl. XVIII, fig. 4 ; — *Helix Cæsareana* var. Kobelt. *Iconographie der Land- und Süsswasser-Mollusken* ; V, 1877, p. 4, taf. CXXII, fig. 1164.

Coquille avec une carène se poursuivant jusque sur le

1. Rolle (H.) et Kobelt (Dʳ W.). — Beiträge zur Molluskenfauna des Orients ; *Iconographie der Land- und Süsswasser-Mollusken* : Suppl. band I, 1896, p. 54, taf. XXII, fig. 3-4.

dernier tour. Diamètre : 36 à 40 millimètres ; hauteur :
20 à 23 millimètres.

Mar Saba [Bourguignat] ; environs de Jérusalem.

### Variété **globulosa** Bourguignat.

*Helix spiriplana (part.)* var. D *globulosa* Bourguignat, *loc. supra
cit.* ; 1864, p. 101.

Coquille à spire plus élancée, avec des tours plus convexes.

Environs de Jérusalem.

### Variété **depressa** Bourguignat.

*Helix spiriplana (part.)* var. *depressa* Bourguignat, *loc. supra cit.* ;
1864, pl. XVIII, fig. 6. (Le nom *depressa* est imprimé seulement au
bas de la planche XVIII).

Coquille de forme très déprimée, avec un dernier tour
fortement caréné. Diamètre maximum : 37 1/2 millimètres ;
hauteur : 18 millimètres.

### Variété **lithophaga** Conrad et Leidy.

*Helix lithophaga* Conrad et Leidy, in : Lynch, *Official Report U. S.
Expedition Dead Sea and river Jordan;* 1852, p. 228, pl. XXII,
fig. 128 ; — *Helix spiriplana (part.)* var. *lithophaga* Bourguignat,
*loc. supra cit.* ; p. 101, pl. XVIII, fig. 5 ; — *Helix (Levantina) hieroso-
lyma* forma *lithophaga* Westerlund, *Fauna der paläarct. region
Binnenconchylien;* II, 1889, p. 392; — *Helix (Levantina) lithophaga*
Rolle et Kobelt, *Iconographie der Land- und Süsswasser-Mollusken*,
Suppl. band I, 1896, p. 38, n° 14, taf. XIII, fig. 1-2.

Sensiblement de la taille du type, cette variété en diffère
surtout par sa forme plus haute, plus globuleuse et son
ouverture plus étroite.

La variété *lithophaga* Conrad et Leidy vit dans les trous
des rochers à Mar Saba, sur les bords de la mer Morte
[Lynch], et aux environs de Jérusalem.

### Variété **masadæ** Tristam.

*Helix Masadæ* Tristam, *Proceed. Zoological Society of London;*

1865, p. 535; — *Helix (Levantina) hierosolyma* forma *Masadæ* Wester-lund, *Fauna der paläarct. region Binnenconchylien*; II, 1889, p. 392.

A peine différente de la variété *lithophaga* Conrad et Leidy, la variété *masadæ* Tristam a été recueillie sur les bords de la mer Morte [TRISTAM].

### Helix (Levantina) Arnoldi Rolle.

*Helix (Levantina) Arnoldi* Rolle, in : Rolle et Kobelt, *Iconographie der Land- und Süsswasser-Mollusken*; Suppl. band 1, 1896, p. 35, n° 7, taf. XIV, fig. 7-8 (par erreur, dans le texte, indiqué taf. XIII).

Espèce voisine de l'*Helix Werneri* Rolle, et qui vit entre Jaffa et Jérusalem [ROLLE].

### Helix (Levantina) Gerstenbrandti Rolle.

*Helix (Levantina) Gerstenbrandti* Rolle, in : Rolle et Kobelt, *Icono-graphie der Land- und Süsswasser-Mollusken*; Suppl. band 1, 1896, p. 35, n° 8, taf. XIII, fig. 3-4 (par erreur, dans le texte, indiqué taf. XII).

De forme globuleuse-déprimée, avec un dernier tour nettement caréné et fortement descendant, une ouverture très oblique et un test solide, cette espèce rappelle cer-taines variétés de l'*Helix hierosolyma* Boissier. Elle mesure 38 1/2 millimètres de diamètre maximum pour 22 millimètres de hauteur.

Entre Jaffa et Jérusalem [ROLLE].

### Helix (Levantina) eliæ Kobelt.

*Helix (Levantina) eliæ* Kobelt, in : Rolle et Kobelt, *Iconographie der Land- und Süsswasser-Mollusken*; Suppl. band 1, 1896, p. 34, n° 6, taf. XV, fig. 4-6 (par erreur, dans le texte, indiqué taf. XV, fig. 3-6).

Du même groupe que les espèces précédentes, l'*Helix eliæ* Kobelt vit au sud du mont Carmel. Les seuls spéci-mens actuellement connus font partie des collections du Sen-kenbergische Museum de Francfort-sur-le-Main.

### Helix (Levantina) præcellens Naegele.

*Helix (Levantina) præcellens Naegele, Nachrichtsblatt d. Deutschen Malakozoolog. Gesellschaft ; 1901, p. 21, n° 7.*

Payas, Syrie boréale [NAEGELE].

### * Helix (Levantina) guttata Olivier.

*Helix guttata Olivier, Voyage empire Ottoman ; IV (1804), p. 228 ; atlas (1801), pl. XXXI, fig. 8 ; — Bourguignat, Mollusques nouveaux, litigieux ou peu connus ; IV, 1864, p. 91, pl. XIV, fig. 1 - 4 ; — Helix (Levantina) guttata Kobelt, Iconographie der Land- und Süsswasser-Mollusken ; V, 1877, taf. CXXI, fig. 1160.*

L'*Helix guttata* Olivier est une espèce qui a été long-temps confondue avec les *Helix cæsareana* Parreyss et *Helix spiriplana* Olivier, dont elle se distingue très facile-ment par ses *tours supérieurs convexes et non carénés.*

Bien qu'indiqué par GUDE[1] comme se trouvant en Pales-tine, l'*Helix guttata* Olivier est un *Levantina* spécial à la Mésopotamie. BRUGUIÈRE et OLIVIER l'ont découvert au châ-teau d'Orfa[2], « construit à la cime d'un rocher calcaire... Nous prîmes, continue OLIVIER, au bas de ce château, une Hélice inconnue, que l'on nous dit être fort bonne à manger par les Arméniens d'Orfa ; elle est d'un gris roussâtre striée transversalement ; elle a deux zones plus obscures, mar-quées de quelques taches jaunes, et sa bouche est très blanche et recourbée »[3].

L'*Helix guttata* Olivier appartient à un groupe qui déve-loppe, en Perse et en Mésopotamie, un certain nombre d'es-pèces dont plusieurs, comme les *Helix ergilensis* Galland[4],

---

1. GUDE G. K.). — A classified list of the Helicoid Land - Shells of Asia; *Journal of Malacology ; IX*, 1902, p. 128.

2. Dans le Diarbékir.

3. OLIVIER (A. . — *Voyage dans l'empire Ottoman*, etc. ; IV, 1804, p. 228. La diagnose latine de l'*Helix guttata* se trouve en note à la page 228.

4. GALLAND. — *Bulletins Société malacologique de France* ; 1885, p. 160.

*Helix Sesteri* Galland [1], *Helix baskirensis* Parreyss [2], etc., ne sauraient être considérées comme spécifiquement distinctes.

## Sous-genre ARCHELIX Albers, 1850 [3].

### Helix (Archelix) vermiculata Müller.

*Helix vermiculata* Müller, *Verm. terr. et fluv. histor.;* II, 1774, p. 20, n° 219 ; — *Helix (Archelix) vermiculata* Germain, *Étude Mollusques terr. fluv. Henri Gadeau de Kerville Khroumirie ;* 1908, p. 170.

Gude signale cette espèce à Beyrouth (Syrie) [4]. La collection du Muséum national d'Histoire naturelle de Paris possède un exemplaire recueilli dans cette même localité. C'est une coquille de taille médiocre (diamètre maximum : 29 millimètres ; hauteur : 15 millimètres) dont le test est élégamment flammulé.

L'*Helix (Archelix) vermiculata* Müller vit dans presque toute l'Asie-Antérieure et se retrouve jusqu'en Transcaucasie où il est abondant (Schlaefli). Seulement, d'après A. Mousson [5], les exemplaires de ces contrées sont plus

1. Galland. — *Loc. supra cit. ;* 1885, p. 160, pl. VII, fig. 2-5.

2. Parreyss, in : Pfeiffer (Dr L.). — *Helix Codringtoni* Gray *guttata* Oliv. und deren nächstverwandte Arten ; *Malakozoolog. Blätter ;* 1862, p. 109 *(Helix Kurdistana* var. *Baschkira* Parr.). Dans ce travail, Pfeiffer nomme cette coquille, que Parreyss avait largement distribuée à l'époque sous les noms d'*Helix Baschkira* et d'*Helix Baschkirensis, Helix Kurdistana* Parreyss var. β *minor.* Il est incontestable que le nom de Parreyss est seul valable, puisqu'imprimé en 1862 ; dès lors l'*Helix Michoni* Bourguignat [*Mollusques nouveaux, litigieux ou peu connus ;* IV, 1864, p. 89, pl. XIV, fig. 5-8 *(Helix Michoniana,* dédié à l'abbé Michon)] doit tomber en synonymie.

3. Albers (J.). — *Die Heliceen nach natürlicher Verwandtschaft systematisch geordnet ;* 1850, p. 14, 21 et 98.

4. Gude (G. K.). — A classified list of the Helicoid Land - Shells of Asia ; *Journal of Malacology ;* IX, 1902, p. 128.

5. Mousson (A.). — *Coquilles terrestres et fluviatiles recueillies dans l'Orient par M. le Dr Al. Schlaefli ;* II, 1863, p. 57.

petits (ils ne dépassent pas 25 millimètres de diamètre), et leur test est plus mince et moins fortement coloré.

## Sous-genre MACULARIA Albers, 1850 [1].

### * Helix (Macu'aria) niciensis de Férussac.

*Helix niciensis* de Férussac, *Tableaux systématiques animaux Mollusques ;* 1822, p. 36 ; et *Histoire gén. et part. Mollusques*, 1826, pl. XXXIX, fig. 1, et pl. XL. fig. 9 ; — *Helicogena nicaensis* Risso, *Hist. natur. Europe méridionale ;* IV, 1826, p. 61, fig. 19-20 ; — *Helix (Macularia) niciensis* Pilsbry, in : Tryon, *Manual of Conchology ;* 2ᵉ série, *Pulmonata ;* IX, 1894, p. 331.

Les collections du Muséum national d'Histoire naturelle de Paris renferment quelques exemplaires d'*Helix (Macularia) niciensis* de Férussac recueillis, les uns à Gazza, les autres aux environs de Jérusalem (Palestine). Ces échantillons ne présentent rien de particulier et, sauf leur coloris plus pâle [2], sont identiques à ceux de France.

Je doute beaucoup de l'exactitude des localités que je viens de rapporter. Peut-être s'agit-il de Mollusques accidentellement importés aux environs de Jérusalem ?

## Sous-genre CHILOSTOMA Fitzinger, 1833 [3].

### Helix (Chilostoma) cyclolabris (Deshayes) de Férussac [4]
### variété spheriostoma Bourguignat.

1. ALBERS J.). — *Die Heliceen nach natürlicher Verwandtschaft systematisch geordnet ;* 1850, p. 46 et p. 80, n° 9.

2. Les spécimens de Gazza, notamment, sont blanchâtres, assez brillants, ornés seulement d'une zone carénale étroite, d'un beau jaune clair, réduite à des taches inégales. Le test est assez fortement et irrégulièrement strié, les stries étant très obliques et nettement crispées aux sutures.

3. FITZINGER (L.). — Systematisches Verzeichniss der im Erzherzogthum Oesterreich vorkommenden Weichthiere ; *Beiträgen zur Landeskund. Oesterr. ;* III, 1833, p. 99. Type : *Chilostoma cornea* Fitzinger ( = *Helix cornea* Draparnaud ).

4. DESHAYES, in : DE FÉRUSSAC, *Histoire gén. et part. Mollusques ;* 1826, p. 32. Figuré par KOBELT, in : ROSSMASSLER, *Iconographie der Land- und Süsswasser-Mollusken ;* IV, 1876, taf. CVIII, fig. 1085-1088.

*Helix spheriostoma* Bourguignat. *Aménités malacologiques ;* II, 1860, p. 24, pl. V, fig. 1-3 ; — *Helix (Campylæa) spheriostoma* Westerlund et Blanc, *Aperçu faune malacologique Grèce ;* 1879, p. 51 [1] ; — *Helix cyclolabris* var. Kobell, in : Rossmässler, *Iconographie der Land- und Süsswasser-Mollusken ;* IV, 1876, p. 41, taf. CVIII, fig. 1084 ; — *Helix (Eucampylæa) cyclolabris* var. *spheriostoma* Westerlund, *Fauna der paläarct. region Binnenconchylien ;* II, 1889, p. 138 ; — *Helix (Pseudocampylæa) cyclolabris* var. *spheriostoma,* Tryon, *Manual of Conchology ;* 2ᵉ série, *Pulmonata ;* IV, 1889, p. 114, pl. XXXI, fig. 1 5 ; — *Helix (Chilostoma) cyclolabris* var. *spheriostoma* Pilsbry, in : Tryon, *loc. supra cit. ;* IX, 1894, p. 303.

L'*Helix spheriostoma* Bourguignat [2], qui n'est bien certainement qu'une variété de l'*Helix cyclolabris* (Deshayes) de Férussac, a été découvert en Thessalie par le Dr EUGÈNE VESCO et retrouvé depuis en diverses localités et, notamment, dans l'île de Pournas [THIESSE]. Il n'a jamais été signalé en Asie-Mineure.

Un échantillon, provenant de récoltes de GAILLARDOT, porte comme localité : Saint-Jean-d'Acre (Syrie). Il est parfaitement typique et mesure 20 millimètres de diamètre maximum, 16 millimètres de diamètre minimum et 9 3/4 millimètres de hauteur [3], c'est-à-dire les dimensions mêmes du type décrit par BOURGUIGNAT [4]. Je ne saurais certifier l'exactitude de l'indication Saint-Jean-d'Acre, le collecteur, qui a aussi parcouru la Grèce, ayant pu faire confusion de localités. Il me semble plus prudent d'attendre de nouveaux spécimens de provenance authentique avant d'inscrire définitivement l'*Helix cyclolabris* var. *spheriostoma* Bourguignat dans la faune syrienne.

---

1. WESTERLUND et BLANC subordonnent l'*Helix spheriostoma* Bourguignat à l'*Helix cyclolabris* Deshayes. Ils indiquent, en outre, une forme *minor.*

2. C'est l'*Helix lysistoma* Shuttleworth, *mss.*

3. L'ouverture mesure, y compris l'épaisseur du péristome, 11 millimètres de diamètre pour 10 millimètres de hauteur.

4. BOURGUIGNAT donne, comme dimensions : « haut. : 10, diam.: 20-22 mm. ».

### Sous-genre THEBA Risso, 1826.

#### * Helix (Theba) carthusiana Müller.

*Helix carthusiana* Müller, *Verm. terr. et fluv. histor.*; 1774, II. p. 15.

Cette espèce, si répandue dans l'Europe occidentale, est signalée en Syrie par Westerlund [1]. Cette indication est très probablement erronée.

#### Helix (Theba) Olivieri de Férussac ( = *Helix syriaca* Ehrenberg),

variété **gregaria** Zeigler,

forma **major** Paulucci,

forma **nana** Paulucci.

#### Helix (Theba) Rothi Pfeiffer.

*Helix Rothi* Pfeiffer, *Wiegm. Archiv. für Naturg.*; 1, 1844, p. 218; — Kobelt, in : Rossmässler, *Iconographie der Land- und Süsswasser-Mollusken*; n. f., VI, 1879, p. 44, taf. CLX, fig. 1633.

Cette espèce, primitivement découverte dans l'île de Syra [Pfeiffer], a été retrouvée en divers points de l'Asie-Mineure. Elle vit aux environs de Smyrne, avec la variété *obsita* Mousson [2].

#### Helix (Theba) obstructa de Férussac.

*Helix obstructa* de Férussac, *Tableaux systématiques animaux Mollusques*; 1821, p. 69; — *Helix subobstructa* Bourguignat, *Aménités malacologiques*; 1, 1856, p. 116, pl. IX, fig. 4-6; — *Helix (Carthusiana) obstructa* Kobelt, in : Rossmässler, *Iconographie der Land- und Süsswasser-Mollusken*; n. f., V, 1892, p. 16, taf. CXXIV, fig. 750; — *Theba obstructa* Hesse, *Nachrichtsblatt d. Deutschen Malakozoolog. Gesellschaft*; 1910, p. 127.

1. Westerlund (Dr A.). — *Fauna der paläarct. region Binnenconchylien*; II, 1889, p. 81.

2. Mousson (A.). — *Coquilles terrestres et fluviatiles recueillies par M. le Prof. Bellardi dans son voyage en Orient*; 1854, p 26.

Commun en Syrie, notamment dans le Liban [FRÈRE LOUIS], sur les bords de la mer Morte [GAILLARDOT], à Tyr [DE SAULCY], Saïda [BOISSIER, BELLARDI, MOUSSON, GAILLARDOT], Kemlch, Jérusalem [ROTH, MOUSSON], Damas [BARROIS], Haïfa [F. LANGE, in : O. BOETTGER], et Beyrouth [HESSE] [1].

### Variété **appressula** Friwaldsky.

*Helix appressula* Friwaldsky, in : Mousson, *Coquilles terr. flur. Roth Palestine ;* 1861, p. 9.

Variété plus déprimée, à ombilic entièrement recouvert, vivant aux environs de Beyrouth [KINDERMANN] [2].

### Variété **distypa** Westerlund.

*Helix subobstructa* var. *distypa* Westerlund, *Fauna der paläarct. region Binnenconchylien ;* II, 1889, p. 88.

Jérusalem [WESTERLUND].

### Variété **collecta** Pollonera *mss.*

### **Helix (Theba) Schotti** (Zelebor) Pfeiffer.

*Helix Schotti* Zelebor, in : Pfeiffer, *Malakozoolog. Blätter ;* IV, 1857, p. 86 ; — *Theba Schotti* Hesse, *Nachrichtsblatt d. Deutschen Malakozoolog. Gesellschaft ;* 1910, p. 127.

G. K. GUDE [3] considère l'*Helix Schotti* comme synonyme

---

1. WESTERLUND (*Fauna der paläarct. region Binnenconchylien ;* II, 1889, p. 87) ne considère pas la figuration donnée par BOURGUIGNAT [*Aménités malacologiques ;* I, 1856, pl. IX, fig. 1-3] comme représentant le type de l'*Helix obstructa* de Férussac. Il en fait une forme *dilatata.*

2. KOBELT a décrit et figuré, sous le nom de variété *depressula* [in : ROSSMASSLER, *Iconographie der Land- und Süsswasser-Mollusken ;* n. f., V, 1892, p. 17, taf. CXXIV, fig. 751], une variété voisine vivant, en Cilicie, dans la région d'Adana.

3. GUDE (G. K.). — A classified list of the Helicoid Land-Shells of Asia ; *Journal of Malacology ;* IX, 1902, p. 128.

de l'*Helix Olivieri* de Férussac; au contraire, HESSE le maintient comme espèce distincte.

Syrie [PFEIFFER]; Haïfa [HESSE].

### Helix (Theba) carmelita Tristam.

*Helix carmelita* Tristam, *Proceed. Zoological Society of London*; 1865, p. 532, n° 19; — *Helix Tristami* Martens, cité par C. A. WESTERLUND, *Fauna der paläarct. region Binnenconchylien*; II, 1889, p. 88 (non *Helix Tristami* Pfeiffer, *Proceed. Zoological Society of London*; 1860, p. 336, espèce appartenant au sous-genre *Jacosta*, habitant l'Algérie et la Tunisie, et figurée par J. R. BOURGUIGNAT, *Histoire malacologique régence Tunis*; 1868, p. 23, pl. I, fig. 28-30).

H. B. TRISTAM donne la description suivante de cet *Helix* :

« *T. imperforata, depressa, flavida, vix pellucida, nitida, regulariter et pulcherrime striata; anfract. 6, convexi, lente accrescentes, sutura profunda, ultimus ad aperturam deflexus; apertura compressa, obliqua, lunaris; perist. reflexo, flavido, intus albescente, densato, basi rotundato.*

Diam. maj. 8, min. 7, alt. 4 mill. ».

Aucune figuration n'accompagnant cette insuffisante description, l'*Helix carmelita* Tristam reste une espèce douteuse. Elle a été recueillie au mont Carmel par H. B. TRISTAM.

### Helix (Theba) pseudobstructa Germain.

*Fruticicola (Theba) eliæ* Naegele, *Nachrichtsblatt d. Deutschen Malakozoolog. Gesellschaft*; 1906, p. 25, n° 84 (non *Helix eliæ* Kobelt).

« *Testa angustissime profunde umbilicata, pellucida, tenerrima; spira depressa, irregulariter distincte costulata, epidermide (in superioribus anfractibus plerumque detrita) olivacea. Anfractus 6 - 6 1/2, convexiusculi, regulariter crescentes, ultimus antice descendens; apertura lunato-circinata, extra flavo colore; peristoma simplex, albolabiatum; margo columellaris supra dilatatus, umbilicus semitegens.*

Diam. 14 - 17 ; 8 - 11 mm.

Hab. Akbes Syriæ borealis ».

Ainsi décrite par G. Naegele, cette espèce, qui n'a jamais été figurée, se rapproche surtout de l'*Helix* (*Theba*) *obstructa* de Férussac.

Le Dr W. Kobelt ayant antérieurement décrit un *Helix* sous le nom d'*Helix* (*Levantina*) *eliæ* (*vide ante*, p. 148), l'espèce de G. Naegele doit être débaptisée. Je propose le vocable d'*Helix* (*Theba*) *pseudobstructa* rappelant les affinités de cette coquille.

### Helix (Theba) crispulata Mousson.

*Helix crispulata* Mousson, *Coquilles terr. fluv. Roth Palestine ;* 1861, p. 12, n° 14 ; — *Helix* (*Trichia*) *crispulata* Westerlund, *Fauna der paläarct. region Binnenconchylien ;* II, 1889, p. 50, n° 127 ; — *Theba crispulata* Hesse, *Nachrichtsblatt d. Deutschen Malakozoolog. Gesellschaft ;* 1910, p. 127.

Confondu par E. von Martens[1] avec l'*Helix* (*Monacha ?*) *muscicola* Bourguignat, dont il sera question plus loin, l'*Helix* (*Theba*) *crispulata* Mousson a été tour à tour classé dans les *Fruticicola* et dans les *Trichia*. P. Hesse, qui en a fait l'anatomie, a définitivement montré que cette espèce était un véritable *Theba*[2] dont elle possède toutes les caractéristiques.

Jérusalem [Roth, Mousson] ; Beyrouth [P. Hesse].

### Helix (Theba) cantiana Montagu.

*Helix cantiana* Montagu, *Test. Britann. ;* 1803, p. 422, pl. XIII, fig. 1 ; — Kobelt, in : Rossmässler, *Iconographie der Land- und Süsswasser-Mollusken ;* 1877, p. 23, taf. CXXV, fig. 1202.

### Variété **Langei** Boettger.

*Helix* (*Carthusiana*) *Cantiana* var. *Langei* Boettger, *Bericht des*

---

1. Martens (Dr E. von). — *Vorderasiatische Conchylien ;* 1874, p. 7, taf. 1, fig. 1.

2. Hesse (P.). — Ueber einige vorderasiatische Schnecken ; *Nachrichtsblatt d. Deutschen Malakozoolog. Gesellschaft ;* 1910, p. 127.

*Offenbacher Vereins für Naturkunde ;* XXII, 1883, p. 168, n° 15, taf. I,
fig. 2 a-d.

Haïfa (Syrie) [F. LANGE, in : O. BOETTGER].

## Helix (Theba) albocincta Hesse.

*Theba albocincta* Hesse, *Nachrichtsblatt d. Deutschen Malakozoolog.
Gesellschaft ;* 1912, p. 56.

Environs d'Alep (Syrie) [P. HESSE].

Sous-genre PLATYTHEBA Pilsbry, 1894.

## Helix (Platytheba) nummus Ehrenberg.

## Helix (Platytheba) spiroxia Bourguignat.

*Helix spiroxia* Bourguignat, *Mollusques nouveaux, litigieux ou peu
connus ;* 1868, p. 310, pl. XLII, fig 4 - 6; — Kobelt, in : Rossmässler,
*Iconographie der Land- und Süsswasser-Mollusken ;* V, 1877, p. 27,
taf. CXXVI, fig. 1215.

Région d'Alexandrette de Syrie [BOURGUIGNAT, GAILLAR-
DOT, GUDE]. La taille moyenne des échantillons de cette localité est de 15-16 millimètres de diamètre maximum pour
8 millimètres de hauteur. Le test est d'un jaune légèrement
rougeâtre, parfois teinté de verdâtre, orné de fortes stries
irrégulières, obliques et très onduleuses.

### Variété harmosa Westerlund.

*Helix (Nummulina) spiroxia* var. *harmosa* Westerlund, *Verhandlungen der K. K. Zoologisch - Botanischen Gesellschaft in Wien ;* XLII,
1893, p. 27.

Cette variété, d'un corné blanchâtre grossièrement et
irrégulièrement strié, n'atteignant que 14 milimètres de
diamètre maximum pour 5 millimètres 1/2 de hauteur, vit
également aux environs d'Alexandrette de Syrie [J. PON-
SONBY].

20

### Helix (Platytheba) genezarethana Mousson.

*Helix genezarethana* Mousson, *Coquilles terr. fluv. Roth Palestine ;*
1861, p. 28, n° 31 ; — Bourguignat, *Mollusques nouveaux, litigieux ou peu
connus ;* 1ʳᵉ décade, 1863, p. 17, n° 8, pl. III, fig. 9-11 ; — Kobelt,
in : Rossmässler. *Iconographie der Land- und Süsswasser-Mollusken ;*
VI, 1879, p. 1, taf. CLI, fig. 1530 ; — *Helix Tiberiana* Mousson, *olim
fide* Dohrn ; non *Helix Tiberiana* Benoît.

Beaucoup plus finement striée que les deux précédentes,
délicatement granuleuse et munie d'une carène plus obtuse,
cette belle espèce vit en Palestine dans la vallée du Jourdain
et sur les bords des lacs de Génézareth et de Tibériade
[Roth, Gude].

Sous-genre METAFRUTICICOLA von Ihering, 1892.

### Helix (Metafruticicola) berytensis Bourguignat,

variété **subgranulata** Bourguignat,

variété **conica** Bourguignat ( = forma *altior* Westerlund),

variété **leucozona** Bourguignat.

### Helix (Metafruticicola) rachiodia Bourguignat.

*Helix granulata* Roth, *Molluscorum species Orientem ;* 1839, p. 16,
n° 29, tab. 1, fig. 3 et 19 ( non *Helix granulata* Quoy et Gaimard ;
nec *Helix granulata* Alder ); — *Helix rachiodia* Bourguignat, *Mollusques nouveaux, litigieux ou peu connus ;* 1863, p. 39 ; — *Helix
Fourousi* Bourguignat, *loc. supra cit. ;* 1863, p. 41, pl. VI, fig. 6-9.

Bords du lac de Tibériade [Mousson]; Beyrouth et les
environs de cette ville [Fourous, in : Bourguignat].

### Helix (Metafruticicola ?) malleolata Westerlund.

*Helix (Latonia) malleolata* Westerlund, Novum Specilegium Mala-
cologicum ; *Annuaire Musée zoologique Saint-Pétersbourg ;* III, 1898,
p. 157.

Uniquement connue par la courte description de WESTER-
LUND, cette espèce ne saurait être classée définitivement
dans un sous-genre déterminé. C'est donc avec doute que
je la place ici parmi les *Metafruticicola;* peut-être con-
viendra-t-il, lorsqu'on en connaîtra l'anatomie, d'intercaler
l'*Helix malleolata* Westerlund dans les véritables *Theba?*

« Syrien. M. Karaget bei Smyrna (T. KRUPER) » [WES-
TERLUND] [1].

Sous-genre MONACHA Fitzinger, 1833 [2].

### Helix (Monacha) solitudinis Bourguignat.

*Helix solitudinis* Bourguignat, *Testacea novissima Saulcy Orient.;*
1852, p. 15, n° 6, et *Catalogue rais. Mollusques terr. fluv. Saulcy
Orient;* 1853, p. 23, pl. 1, fig. 29-31 ; — *Hygromia (Monacha) solitudinis* Gude, *Journal of Malacology;* IX, 1902, p. 128.

L'*Helix solitudinis* Bourguignat semble, d'après la
figure originale, appartenir au sous-genre *Monacha ;*
cependant cette attribution ne sera définitive que le jour où
l'on connaîtra l'anatomie de cette espèce.

Baalbek (Syrie) [DE SAULCY, BOURGUIGNAT].

### Helix (Monacha ?) muscicola Bourguignat.

*Helix muscicola* Bourguignat, *Revue et Magasin Zoologie ;* 1855,
p. 362, pl. XVI, fig. 10-12; Bourguignat, *Aménités malacologiques;*

1. Voici la courte description du Dr C. A. WESTERLUND *(loc. supra
cit.; 1898, p. 157)* :
« Habitu, magnitudine et characteribus plurimis simillima *H. pisi-
formi* Pfr. præter naturam superficiei, quæ nec granulata vel spiraliter lineata, nec hispida est, sed dense ruguloso-malleolata; præterea
testa alba tenuiter transversim striata, anfractus ultimus antice pro-
fundius descendens, adeoque apertura marginibus ñ pariete magis
approximatis ».

2. FITZINGER (L.). — *Systematisches Verzeichniss der im Erzher-
zogthum Oesterreich vorkommenden Weichthiere, als Prodrom einer
Fauna derselben;* 1833, p. 101. Type : *Helix (Monacha) incarnata*
Müller [non *Monachus* Kaup, 1829, Oiseaux].

1, 1856, p. 115, pl. IX, fig. 10-12 ; — *Helix crenophila* Pfeiffer,
*Malakozoolog. Blätter* ; 1857, p. 162 ; et *Monogr. Helicor. vivent.* : IV,
1859, p. 121, n° 768 ; — *Helix (Theba) muscicola* Westerlund, *Fauna
der paläarct. region Binnenconchylien* ; II, 1889, p. 84, n° 223.

La position de cette espèce est également incertaine. Si,
comme il semble, elle offre des affinités réelles avec l'*Helix
crispulata* Mousson, il faudra la classer dans le sous-
genre *Theba*.

L'*Helix muscicola* Bourguignat vit dans la péninsule des
Balkans. G. K. Gude le signale à Beyrouth (Syrie) [1].

### Sous-genre EUPARYPHA Hartmann, 1842.

**Helix (Euparypha) pisana** Müller.

Très nombreuses variétés de coloration.

**Helix (Euparypha) Seetzeni** Koch,

    variété **avia** Westerlund,

    variété **subinflata** Mousson,

    variété **fasciata** Mousson,

    variété **iberoides** Pollonera,

    variété **antilibanica** Pollonera,

    variété **antilibanica** Pollonera forma **subdepressa**
    Pollonera,

    variété **ereminoides** Pollonera.

### Sous-genre CANDIDULA Kobelt, 1871.

### § 1.

*** Helix (Candidula) intersecta** Poiret.

*Helix intersecta* Poiret, *Coquilles fluv. et terr. Aisne envir. Paris* ; 1801,
p. 80 ; — Michaud, *Complément Hist. Moll. France Draparnaud* ; 1831,

1. Sous le nom de *Hygromia (Monacha) muscicola* Gude [*Journal
of Malacology* ; IX, 1902, p. 128].

p. 30, pl. XIV, fig. 33-34; -- *Helix caperata* Montagu, *Testacea Britannica*; 1803, p. 430, pl. II, fig. 11 ; — *Helix ignota* Mabille, *Journal de Conchyliologie*; XIII, 1865, p. 255 [non *Helix caperata* Morelet, 1853, *Journal de Conchyliologie*, IV, p. 283, qui est l'*Helix (Xerophila) submeridionalis* Bourguignat, *Malacologie Algérie*; 1, 1864, p. 214, pl. XXIII, fig. 26-29, et pl. XXIV, fig. 1-3 *(Helix submeridionalis)*].

Signalée à Nazareth et à Jérusalem par G. K. GUDE[1], cette espèce de l'Europe occidentale est tout à fait douteuse en Syrie et en Palestine.

### Helix (Candidula) Langloisiana Bourguignat,
variété **picturata** Germain,

forma **major** Mousson.

### Helix (Candidula) improbata Mousson.

*Helix improbata* Mousson, *Coquilles terrestres fluviatiles Roth Palestine*; 1861, p. 11, n° 13; -- Kobelt, in : Rossmässler, *Iconographie der Land- und Süsswasser-Mollusken*; VI, 1878, p. 10, taf. CLIII, fig. 1556.

Voisin de l'espèce précédente, l'*Helix improbata* Mousson s'en distingue surtout par sa spire moins élevée et son ombilic plus large. Il habite la région de Jérusalem [ROTH].

### Helix (Candidula) hierocontina Westerlund.

*Helix (Striatella) hierocontina* Westerlund, *Fauna der paläarct. region Binnenconchylien*; II, 1889, p. 297.

Jéricho [Westerlund]. N'est peut-être qu'une variété de l'espèce précédente.

§ 2.

### * Helix (Candidula) conspurcata Draparnaud.

*Helix conspurcata* Draparnaud, Tableau Mollusques France ; 1801,

1. Sous le nom d'*Helicella (Candidula) caperata*; GUDE (G. K.), A classified list of the Helicoid Land-Shells of Asia; *Journal of Malacology*; IX, 1902, p. 127.

p. 93; *Histoire Mollusques France*: 1805, p. 105, pl. VII. fig. 23-25; — *Theba conspurcata* Risso, *Hist. natur. Europe méridionale*: IV, 1826, p. 74.

Espèce douteuse; indiquée aux environs de Sidon par G. K. Gude (*loc. supra cit.*; 1902, p. 127).

### Helix (Candidula) Arrouxi Bourguignat [1].

*Helix Arrouxi* Bourguignat, *Mollusques nouveaux, litigieux ou peu connus*; II, Mai 1863, p. 44, pl. VII, fig. 4-7; — *Helix conspurcata* var. *Arrouxi* Boettger, *Bericht des Offenbacher Vereins für Naturkunde*; 1883, p. 171; — *Helix (Striatella) arrouxi* Westerlund, *Fauna der paläarct. region Binnenconchylien*; II, 1889, p. 303, n° 783; — *Helix (Xerophila) arrouxi* Kobelt, *Iconographie der Land- und Süsswasser-Mollusken*; n. f., VIII, 1899, p. 61, taf. CCXXIX, fig. 1467.

Découverte aux environs de Beyrouth, où elle vit sous les pierres, les feuilles mortes, dans les endroits humides avoisinant la rivière du Chien, cette espèce a été signalée par le Dr O. Boettger, qui la considère comme une simple variété de l'*Helix conspurcata* Draparnaud, à Haïfa, à Broumana et dans la chaine du Liban. Naegele vient de l'indiquer à Larnaka, dans l'île de Chypre [2].

§ 3.

### Helix (Candidula) apicina de Lamarck.

*Helix apicina* de Lamarck, *Hist. natur. Animaux sans Vertèbres*; VI, part. II, 1823, p. 93; — Dupuy, *Hist. Mollusques France*; 1849, p. 273, pl. XII, fig. 10; — *Theba apicina* Beck, *Index Molluscorum*; 1837. p. 12; — *Xerophila apicina* Held, *Isis*, 1837, p. 913.

Répandue dans presque tout le bassin méditerranéen, cette espèce est rare en Syrie. Mousson l'indique à Jéru-

---

1. Espèce dédiée à un sous-officier de l'expédition de Syrie (1860) du nom d'Arroux.

2. Naegele (G.). — Einiges aus Kleinasien; *Nachrichtsblatt d. Deutschen Malakozoolog. Gesellschaft*; 1910, p. 148.

salem[1] et G. K. Gude le long de la côte nord de la Syrie[2].

Sous-genre HELICELLA de Férussac, 1819[3].

§ 1.

### * Helix (Helicella) carascaloides Bourguignat.

*Helix carascaloides* Bourguignat, *Aménités malacologiques ; 1, 1856, p. 113, pl. XIII, fig. 1-3 ; — Helicella carascaloides Hesse, Nachrichtsblatt d. Deutschen Malakozoolog. Gesellschaft ; 1910, p. 126.*

Découverte à Gallipoli, sur le bord des Dardanelles, cette espèce a été retrouvée dans de nombreuses localités de l'Asie-Antérieure, notamment à Brousse. Elle reste encore douteuse en Syrie.

Tour à tour classé parmi les *Monacha* et parmi les *Theba*, l'*Helix carascaloides* Bourguignat appartient, en réalité, au sous-genre *Helicella*, ainsi que P. Hesse l'a dernièrement montré.

§ 2.

### Helix (Helicella) aberrans Mousson.

*Helix aberrans Mousson, Coquilles terr. fluv. Schlaefli Orient ; II, 1863, p. 7, n° 8 ; — Helix (Helicella) aberrans Westerlund, Fauna der paläarct. region Binnenconchylien ; II, 1889, p. 341, n° 896.*

Espèce des environs de Constantinople et de Trébizonde, signalée par G. K. Gude dans la région de Damas[4].

1. Mousson (A.). — *Coquilles terrestres et fluviatiles recueillies par le Prof. J. R. Roth pendant son dernier voyage en Palestine :* 1861, p. 17, n° 18.

2. Gude (G. K.). — *Loc. supra cit.*, IX, 1902, p. 127.

3. Férussac (de). — *Tableau systématique famille Limaçons ;* 1819, p. 37 *(sensu stricto)* [ = *Planella* Clessin, *Deutsche Excurs. Mollusk. Fauna ;* 1876, p. 143].

4. Gude (G. K.). — *Journal of Malacology ;* IX, 1902, p. 127.

### * Helix (Helicella) ericetorum Müller.

*Helix ericetorum* Müller, *Verm. terr. fluv. histor.* ; II, 1774, p. 33.

L'*Helix ericetorum* Müller, si répandu dans l'Europe occidentale où il a reçu les noms les plus divers[1], est indiqué par J. R. Bourguignat en Syrie (aux environs de Baalbek), sans doute par confusion avec l'*Helix aberrans* Mousson. G. K. Gude reproduit ce renseignement, mais il est à peu près certain que cette espèce ne vit pas dans l'Asie-Antérieure.

### * Helix (Helicella) obvia Zeigler.

*Helix obvia* Zeigler, in : Hartmann, *Erd - und Süsswasser-Gasteropoden* ; 1840, p. 148 ; -- *Helix candidans* Zeigler, in : Pfeiffer, *Wiegm. Archiv.*, 1841, I, p. 220.

Espèce de l'Europe centrale et orientale indiquée en Syrie par G. K. Gude sans indication de localité[2]. Sa présence dans la faune syrienne reste tout à fait douteuse.

### * Helix (Helicella) neglecta Draparnaud.

*Helix neglecta* Draparnaud, *Hist. Mollusques terr. fluv. France*, 1805, p. 108, pl. VI, fig. 12-13.

Encore une espèce douteuse en Syrie. Elle est signalée par Mousson sur les bords du lac de Tibériade où elle aurait été recueillie par le voyageur J. R. Roth[3].

1. *Helix itala* Linné ? ; — *Helix erica* Da Costa, 1778 ; — *Helix media* Gmelin, 1789 ; — *Helix zonaria* Schrank ; — *Helix dubia* Hartmann ; — *Helix Küsteri* Held ; — *Helix neglecta* Thonne, non Draparnaud, etc.

2. Gude (G. K.). — *Journal of Malacology* ; IX, 1902, p. 127. La coquille signalée par Gude est la variété *arenosa* Zeigler [in : Rossmassler, *Iconographie der Land - und Süsswasser-Mollusken* ; II, 1838, p. 34, taf. XXXVIII, fig. 519] qu'il nomme *Helicella (Helicella) obvia* var. *arenosa*.

3. Mousson (A.). — *Coquilles terr. et fluv. recueillies par M. le Prof. J. R. Roth en Palestine* ; 1861, p. 20.

## Sous-genre XEROCRASSA de Monterosato [1].

Les *Xerocrassa* sont de véritables *Xerophila* adaptés à la vie désertique. Les espèces, peu nombreuses, habitent uniquement les déserts du nord de l'Égypte, de l'Arabie et de la Palestine.

### Helix (**Xerocrassa**) eremophila Boissier.

*Helix eremnophila* Boissier (*err. typogr.*), in : de Charpentier, *Zeitschrift für Malakozoolog.* ; 1847, p. 130 ; — *Helix Eremophila* Pfeiffer, *Monogr. Heliceor. vivent.* ; III, 1853, p. 132 ; — *Zonites eremophilus* Bourguignat, *Aménités malacologiques* ; II, 1860, p. 152 ; — *Helix eremophila* Kobelt, *Iconographie der Land- und Süsswasser-Mollusken* ; V, 1877, taf. CXXXII, fig. 1293.

Cette espèce, la plus anciennement connue du groupe, est assez commune en Palestine, notamment entre Gaza et le mont Sinaï.

Une variété *amunensis*, décrite et figurée par le Dr E. von Martens [2], a été découverte en Égypte, entre Le Caire et Suez, par le Dr Schweinfurth.

### Helix (**Xerocrassa**) Erkelii Kobelt.

*Helix Erkelii* Kobelt, *Iconographie der Land- und Süsswasser-Mollusken* ; VI, 1879, p. 5, taf. CLII, fig. 1541-1542.

Cette espèce égyptienne n'a pas encore été signalée en Palestine, mais la variété suivante vit dans le désert du Sinaï :

### Variété **discrepans** Pilsbry.

*Helix (Helicella) erkelii* var. *discrepans* Pilsbry. in : Tryon, *Manual of Conchology* ; 2e série, *Pulmonata* ; VIII, 1892, pl. CLXXVII, fig. 30-31

1. Monterosato (A. de). — Molluschi terrestri de Isole adiacenti alla Sicilia ; *Atti d. R. Accad. di Scienze, Lettere e Belle Arti d. Palermo* ; 3e série, II, 1892, tirés à part. p. 23.

2. Martens (Dr E. von). — *Conchologische Mittheilungen* ; II, 1885, p. 185, taf. XXXV, fig. 6-10 *Helix eremophila* var. *Amunensis* .

(*non* fig. 58-59); — *Helix (Xerophila) erckeli* var. *discrepans* Kobelt, *Iconographie der Land- und Süsswasser-Mollusken ;* n. f., VIII, 1899, p. 44, taf. CCXXIV, fig. 1428.

Variété intéressante par son sommet lisse, papillaire, et ses tours de spire striés distinctement.

Désert du Sinaï [D'' E. R. BEADLE].

### Helix (Xerocrassa) Beadlei Pilsbry.

*Helix Beadlei* Pilsbry, in : Tryon, *Manual of Conchology ; 2* série, *Pulmonata :* VIII, 1892, p. 176, pl. XLVI, fig. 47-49 (*non* fig. 49-51 ; — *Helix (Xerophila) beadlei* Kobelt. *Iconographie der Land- und Süsswasser-Mollusken :* n. f., VIII, 1899, p. 43, taf. CCXXIV, fig. 1426.

Plus voisine de l'*Helix Erkelii* Kobelt que de toute autre, cette espèce habite le désert d'Arabie. Elle a été découverte, sur le Sinaï, par le D'' E. R. BEADLE.

### Helix (Xerocrassa) sinaica Martens.

*Helix (Xerophila) sinaica* Martens, *Sitzungsber. der Gesellsch. Naturforsch. Freunde zu Berlin :* 1889, p. 200.

L'*Helix sinaica* Martens n'a jamais été figuré. D'après le D'' E. VON MARTENS, il se distingue de l'*Helix eremophila* Boissier par sa spire plus élevée et son ombilic plus étroit.

Djébel Musa, vers 2000 mètres d'altitude ; Wadi Barak, Sinaï. [D'' E. VON MARTENS].

### Sous-genre XEROPHILA Held, 1837.

### § 1.

### ★ Helix (Xerophila) cespitum Draparnaud.

*Helix cespitum* Draparnaud, *Tableau Mollusques terr. fluv. France ;* 1801, p. 32 ; et *Histoire Mollusques terr. fluv. France ;* 1805, p. 109, tab. VI, fig. 14-15. (Non *Helix cespitum* Carl Pfeiffer, 1821, qui est l'*Helix ericetorum* Müller ; nec *Helix cespitum* Calcara, 1844, qui est l'*Helix variabilis* Draparnaud).

Très douteuse en Syrie, cette espèce est signalée par G. K. GUDE comme habitant le nord de la Palestine.

— 167 —

§ 2.

**Helix (Xerophila) vestalis** Parreyss,

variété **foveolata** Westerlund,

variété **amorrhæa** Pollonera.


**Helix (Xerophila) mesopotamica** Mousson [1]

variété **alepina** Deschamps.

*Helix (Xerophila) mesopotamica* var. *alepina* Deschamps, in : Westerlund, *Verhandlungen der K. K. Zoologisch-Botanischen Gesellschaft in Wien* ; XLII, 1893, p. 29.

Connue seulement par la description de WESTERLUND, cette coquille vit aux environs d'Alep (Syrie) [PONSONBY].


**Helix (Xerophila) joppensis** Roth,

variété **multinotata** Mousson,

variété **subkrynickii** Mousson,

forma **major** Germain,

forma **minor** Boettger,

forma **alta** Germain.


**Helix (Xerophila) Bargesi** Bourguignat.

*Helix Bargesiana* Bourguignat, *Aménités malacologiques* ; I, 1856, p. 19, pl. I, fig. 12-14 (non *Helix Bargesiana* von Martens, 1874) ; — *Helix (Heliomanes) bargesiana* Westerlund, *Fauna der paläarct. region Binnenconchylien* ; II, 1889, p. 195, n° 458.

Dédiée au professeur BARGÈS, cette espèce est surtout voisine de l'*Helix joppensis* Roth dont elle n'est peut-être qu'une variété. Elle habite la plus grande partie de la Syrie.

---

1. MOUSSON (A.). — Coquilles terrestres et fluviatiles recueillies par le D[r] Al. Schlaefli en Orient ; *Journal de Conchyliologie* : XXII, 1874, p. 22, n° 9, p. 37, n° 2, et p. 39, n° 8 et n° 2. [*Helix (Xerophila) Mesopotamica*].

### Helix (Xerophila) millepunctata Boettger.

*Helix (Xerophila) millepunctata* Boettger, *Zoologische Jahrbücher ; System*, IV, p. 948, taf. XXVI, fig. 13 a-c.

Du même groupe que les espèces précédentes, l'*Helix millepunctata* Boettger habite la Perse et la Syrie. Dans cette dernière contrée, il est connu de Baalbek et d'Haïfa [Boettger].

### Helix (Xerophila) Krynickii Andrzejowski.

### Helix (Xerophila) derbentina Andrzejowski.

*Helix derbentina* Andrzejowski, in : Krynicki, *Bulletin Société Naturalistes Moscou ;* 1836, p. 192 ; – *Helix derbentina* Martens, *Vorderasiatische Conchylien ;* 1874, p. 10, taf. I, fig. 7-9 ; — *Helix (Heliomanes) derbentina* Westerlund, *Fauna der paläaret. region Binnenconchylien ;* II, 1889, p. 341, n° 897 ; — *Helicella (Heliomanes) derbentina* Gude, *Journal of Malacology ;* IX, 1902, p. 127.

Abondant en Crimée, dans les régions du Caucase, en Perse et au Turkestan où il présente de nombreuses variétés[1], l'*Helix derbentina* Andrzejowski a été signalé en Syrie par G. K. Gude, sans indication précise de localité.

§ 3.

### * Helix (Xerophila) variabilis Draparnaud.

*Helix variabilis* Draparnaud, *Tableau Mollusques terr. flur. France ;* 1801, p. 73 ; et *Histoire Mollusques terr. flur. France ;* 1805, p. 73, n° 8, tab. V, fig. 11-12. (*Helix ericetorum* Chemnitz, 1780, non Müller ; —

---

1. Variété *isomera* Friwaldsky [in : Mousson, *Coquilles terr. flur. Schlaefli Orient ;* 1863, II, p. 31] de toute la Transcaucasie ; — variété *armeniaca* Bayer [in : Mousson. *loc. supra cit. ;* 1863, p. 32] de l'Arménie et de la Géorgie ; — variété *suprazonata* Mousson [*loc. supra cit. ;* 1863, p. 33] de l'Arménie ; — variété *suberrans* Mousson, *Journal de Conchyliologie ;* 1874, p. 9, n° 6] des environs de Mersina (Asie-Mineure) ; — variété *constricta* Westerlund [*Fauna der paläaret. region Binnenconchylien ;* II, 1889, p. 342], de Lenkoran ; etc.

*Helix zonaria* Donovan, 1800, non Pennant ; — *Helix subalbida* Poiret, 1801 ; — *Helix striata* Brard. 1815, non Müller ; — *Helix elegans* Brown, 1817, non Draparnaud ; — *Helix Pisana* Dillwyn. 1817, non Müller ; — *Helix cespitum* Calcara, 1844, non Draparnaud) ; — *Helicella (Heliomanes) variabilis* Gude, *Journal of Malacology* : IX, 1902, p. 127.

Cette espèce, si répandue sur le pourtour du bassin méditerranéen et sur les côtes atlantiques de l'Europe occidentale, est des plus douteuses en Syrie. G. K. GUDE l'indique au mont Carmel.

### *Helix* (**Xerophila**) palavasensis Germain.

*Helix maritima* Draparnaud, *Histoire Mollusques terr. fluv. France* ; 1805, p. 85, tab. V, fig. 9-10 ; — *Theba maritima* Beck, *Index Molluscorum* ; 1837, p. 12 ; — *Helix palavasensis* Germain, *Bulletin Société Étude Sciences natur. Elbeuf* ; XXIII, 1904 [1905], p. 53.

D'après J. R. BOURGUIGNAT, DE SAULCY aurait recueilli l'*Helix palavasensis* Germain dans toute la chaîne du Liban [1]. Cette indication, reproduite par quelques auteurs, me paraît erronée et due, sans aucun doute, à une fausse détermination.

### *Helix* (**Xerophila**) simulata de Férussac.

*Helix simulata* de Férussac, *Tableaux systématiques animaux Mollusques. Prodrome* ; 1821, n° 289 ; — *Helix simulata* Pfeiffer, in : Martini et Chemnitz, *Systemat. Conchylien-Cabinet* : 2ᵉ édit. ; Gattung *Helix* : 1846, p. 254, n° 234, taf. XXXVII. fig. 23-24.

Espèce commune en Syrie et en Égypte.

### *Helix* (**Xerophila**) patriarcharum Westerlund.

*Helix (Xerophila) patriarcharum* Westerlund, *Verhandlungen der K. K. Zoologisch-Botanischen Gesellschaft in Wien* ; XLII, 1893. p. 28.

Petite Xérophile de 10 millimètres de diamètre pour 9 1/2 millimètres de hauteur, que WESTERLUND rapproche de

---

1. BOURGUIGNAT (J. R.). — *Catalogue raisonné Mollusques terrestres fluviatiles de Saulcy Orient* ; 1853, p. 29.

l'*Helix Didieri* Bourguignat[1]. Elle a été découverte près d'Hébron, en Palestine [J. Ponsonby].

### Helix (Xerophila) protea Zeigler.

§ 4.

### Helix (Xerophila) canina Ancey. (Pl. XII, fig. 1-3).

*Helix canina* Ancey, *Le Naturaliste*, 1888, p. 188, figure à la même page ; — *Helix (Heliomanes) canina* Westerlund, *Fauna der paläarct. region Binnenconchylien* ; II, 1889, p. 193, n° 450 a.

Primitivement découverte dans la chaîne du Liban, cette petite espèce a été retrouvée sur les bords de la rivière du Chien, aux environs de Beyrouth.

Les plus grands exemplaires de cette dernière localité mesurent 10 millimètres de diamètre maximum, 8 millimètres de diamètre minimum et 5 1/4 millimètres de hauteur. Leur ouverture, bien obliquement ovalaire et à bords marginaux convergents et rapprochés, a 4 1/2 millimètres de largeur sur 4 millimètres de hauteur. Le test est jaunacé clair, avec un sommet plus foncé et assez brillant, orné de bandes brunes étroites, infra et supracarénales, en nombre variable et souvent réduites (surtout en dessus de la carène) à des ponctuations irrégulières. Les stries sont rapprochées, assez fortes, obliques et inégales, plus ou moins nettement crispées aux sutures.

Il existe une mutation *unicolor*, uniformément d'un jaunacé clair peu brillant. Elle est moins commune que la forme ornée de bandes colorées.

§ 5.

### Helix (Xerophila) davidiana Bourguignat.

*Helix davidiana* Bourguignat, *Mollusques nouveaux, litigieux ou peu*

1. Bourguignat (J. R.), in : Westerlund (C. A.). — *Fauna der paläarct. region Binnenconchylien* ; II, 1889, p. 180, n° 418 [*Helix (Xerophila) didieri*]. Espèce des environs de Mariout (Égypte).

*connus;* III, 1863, p. 72, pl. X, fig. 8-10; — *Helix (Heliomanes) davidiana* Westerlund, *Fauna der paläarct. region Binnenconchylien;* II, 1889, p. 203, n° 479.

Cette espèce, parfaitement caractérisée par son test épais, solide, crétacé, sillonné de côtes épaisses, rugueuses, inégales et irrégulièrement réparties, a été découverte, par le Capit. Léon Raymond, aux environs de Jérusalem. Elle vit sous les mousses, les détritus, et dans les fentes des rochers.

§ 6.

### * Helix (Xerophila) turbinata Jan.

*Helix turbinata* Jan, in : Cristofori et Jan, *Mantissa*, etc., 1832, p. 2 [non *Helix turbinata* Pfeiffer, 1847 (= *Helix candiota* Friwaldsky)]; — *Helix Aradasii* Pirajno de Mandralisca, *Catal. Molluschi terr. fluv. Madonie;* 1840, p. 6; — *Helix (Heliomanes) turbinata* Westerlund, *Fauna der paläarct. region Binnenconchylien;* II, 1889, p. 189, n° 439; — *Helicella (Heliomanes) turbinata* Gude, *Journal of Malacology;* IX, 1902, p. 127.

L'*Helix turbinata* Jan, qui a été si souvent confondu avec l'*Helix candiota* Friwaldsky, est une espèce sicilienne indiquée le long des côtes de la Syrie et de la Palestine par G. K. Gude. Il convient d'attendre de nouveaux matériaux avant d'inscrire définitivement cet *Helix* dans la faune syrienne.

### Helix (Xerophila) candiota Friwaldsky

variété **subcandiota** Germain,

mutation **zonata** Germain.

Sous-genre JACOSTA Gray, 1821[1].

§ 1.

### Helix (Jacosta) amanda Rossmässler.

*Caracolla limbata* Philippi, *Enumer. Molluscor. Siciliæ;* 1836, pl. VIII,

---

1. Gray. — *London Medic. Repository;* XV, 1er mars 1821, p. 226. Type : *Jacosta albella* Draparnaud (= *Helix explanata* Müller).

fig. 17; — *Helix amanda* Rossmässler, *Iconographie der Land- und Süsswasser-Mollusken;* II, 1838, p. 10, taf. XXXII, fig. 449 (non *Helix amanda* Bourguignat, *Malacologie Algérie:* I, 1864, p. 266, pl. XXXI, fig. 24-25, qui est l'*Helix amanda* var. *dormiens* Benoit, *Illustr. Testac. Sicil.;* III, 1859, p. 137, tav. III, fig. 4); — *Helix (Helicopsis) amanda* Westerlund, *Fauna der paläarct. region Binnenconchylien:* II, 1889, p. 310, n° 808; — *Helicella (Jacosta) amanda* Gude, *Journal of Malacology;* IX, 1902, p. 127.

Espèce signalée à Jérusalem par G. K. Gude.

§ 2.

### * Helix (Jacosta) syrensis Pfeiffer.

*Helix syrensis* Pfeiffer, *Symbolæ ad Hist. Heliceor.;* III, 1846, p. 69; — *Helix (Turricula) Syrensis* Tryon, *Manual of Conchology;* 2ᵉ série, *Pulmonata;* IV, 1888, p. 28, pl. V, fig. 32-33; — *Helix (Jacosta) syrensis* Pilsbry, in : Tryon, *loc. supra cit.:* IX, 1894, p. 260. (Non *Helix syrensis* Bourguignat).

Découverte dans l'île de Syra et répandue dans une grande partie de la Grèce, cette espèce n'a été signalée en Syrie par aucun auteur. Je l'indique ici parce que les Collections du Muséum national d'Histoire naturelle de Paris renferment quelques échantillons d'*Helix syrensis* Pfeiffer étiquetés « Syrie », sans indication précise de localité.

### Helix (Jacosta) syrosina Bourguignat.

*Helix syrosina* Bourguignat, *Species novissimæ Molluscorum Europ.;* 1876, p. 43; — *Helix (Jacosta) syrosina* Westerlund, *Fauna der paläarct. region Binnenconchylien;* II, 1889, p. 322, n° 842.

La Palestine aux environs de Jérusalem [Bourguignat].

### Helix (Jacosta) Ledereri Pfeiffer.

*Helix syrensis* Bourguignat, *Catalogue rais. Mollusques terr. fluv. de Saulcy Orient;* 1853, p. 34 (non Pfeiffer); — *Helix Ledereri* Pfeiffer, *Malakozoolog. Blätter;* 1856, p. 43; — *Helix Ledereri* Bourguignat, *Mollusques nouveaux, litigieux ou peu connus:* III, 1863, p. 69, pl. XI, fig. 1-11; — *Helix Ledereri* Kobelt, in : Rossmässler, *Iconographie der*

*Land- und Süsswasser-Mollusken ;* V, 1877, p. 105, taf. CXLV, fig. 1455 ;
— *Helix (Jacosta) Ledereri* Westerlund, *Fauna der paläarct. region
Binnenconchylien :* II, 1889, p. 323, n° 848 ; — *Helix Lüdersi* Zelebor,
in Collect. Rossmässler : — *Helix sideritis* Parreyss ap. Martens (non
*Helix siderites* Friwaldsky, in Collect. Rossmässler, qui est l'*Helix
Spratti* Pfeiffer, *Symbola ad Hist. Heliccor. :* III, 1846, p. 69, espèce de
l'Ile de Malte).

Les très belles figurations données par Bourguignat suffi-
sent à la connaissance de cette espèce caractéristique, largement répandue dans tout le bassin oriental de la Méditerranée : côtes de Tripoli, d'Égypte, de Syrie, iles de
l'Archipel.

En Syrie, l'*Helix Ledereri* Pfeiffer est particulièrement
abondant aux environs de Beyrouth.

### Variété **regularis** Mousson.

*Helix Ledereri* var. *regularis* Mousson, *Coquilles terr. fluv. Roth
Palestine ;* 1861, p. 14.

Commune dans la région de Jaffa [Roth], cette variété
se distingue du type par sa spire plus déprimée, plus régulièrement développée et à peine étagée en gradins.

### Sous-genre OBELUS Hartmann, 1842 [1].

### Helix (**Obelus**) **tuberculosa** Conrad.

*Helix tuberculosa* Conrad, in : Lynch, *Official Report United States
Expedition to expl. Dead Sea ;* 1825, p. 229, pl. XXII, fig. 133 ; —
*Helix Despreauxi* Bourguignat, *Catalogue rais. Mollusques terr. fluv. de
Sauley Orient ;* 1853, p. 35 (non *Helix Despreauxii* d'Orbigny, *Mollus-
ques... recueillis aux îles Canaries par Webb et Berthelot ;* 1839,
p. 65, pl. III, fig. 21-23) ; — *Helix tuberculosa* Bourguignat, *Mollusques
nouveaux, litigieux ou peu connus ;* III, 1863, p. 61, pl. IX, fig. 5-7 ; —
*Helix (Turricula) tuberculosa* Westerlund, *Fauna der paläarct. region
Binnenconchylien :* II, 1889, p. 352, n° 925 ; — *Helix (Obelus) tubercu-*

1. Hartmann (W.). — *Erd- und Süsswasser-Gasteropoden ;* etc.,
1842, p. 158. Type: *Obelus Preauxii* Hartmann [ = *Helix Despreauxii*
d'Orbigny, espèce des Iles Canaries].

22

*losa* Pilsbry, in : Tryon, *Manual of Conchology* ; 2ᵉ série, *Pulmonata* ; IX, 1894, p. 261.

Toute la partie sud de la Syrie : bords de la mer Morte, Mar Saba, Jérusalem, etc.; dans les endroits arides et rocheux. L'*Helix tuberculosa* Conrad vit également en Arabie et en Égypte.

### Variété **conico-turrita** Bourguignat.

*Helix tuberculosa* Roth, *Malakozoolog. Blätter* ; 1855, p. 28, taf. 1, fig. 6-7; — *Helix tuberculosa* var. B *conico-rufa* Bourguignat, *loc. supra cit.* ; 1863, p. 62.

Coquille aussi haute que large : hauteur : 14 millimètres; diamètre maximum : 14 millimètres.

Çà et là, avec le type.

### Helix (Obelus) philamnia Bourguignat.

*Helix philamnia* Bourguignat, *Mollusques nouveaux, litigieux ou peu connus* ; III, 1863, p. 64, pl. X, fig. 1-3; — *Helix (Turricula) philamnia* Jickeli, *Fauna der Land- und Süsswasser-Mollusken Nord-Ost-Afrika's* ; 1874, p. 93; — *Helix philamnia* Kobelt, in : Rossmässler, *Iconographie der Land- und Süsswasser-Mollusken* ; V, 1877, p. 109, taf. CXLVI, fig. 1466; — *Helix (Turricula) philamnia* Westerlund, *Fauna der paläarct. region Binnenconchylien* ; II, 1889, p. 353, n° 926; — *Helix (Obelus) philamnia* Pilsbry, in : Tryon, *Manual of Conchology* ; 2ᵉ série, *Pulmonata* ; IX, 1894, p. 261; — *Helix serrulata* Pfeiffer, in : Martini et Chemnitz, *Systemat. Conchylien-Cabinet* ; éd. II, *Helix*, 1846, p. 176, n° 139, taf. XXIII, fig. 5-8 (non *Turricula serrulata* Beck, *Index Molluscorum*, 1837, p. 10 ); — *Helix crenulata* de Lamarck, *Animaux sans Vertèbres* ; VI, part. II, 1822, p. 88; et éd. II [par DESHAYES], VIII, 1838, p. 67 (non *Helix crenulata* Müller, nec *Helix crenulata* Olivier, nec *Helix crenulata* Dillwyn).

Espèce commune dans le sud de la Syrie. Elle se retrouve également en Égypte et en Perse.

### * Helix (Obelus) ptychodia Bourguignat.

*Helix ptychodia* Bourguignat, *Mollusques nouveaux, litigieux ou peu connus* ; III, 1863, p. 66, pl. X, fig. 4-7; — *Helix (Turricula) ptychodia* Jickeli, *Fauna der Land- und Süsswasser-Mollusken Nord-Ost-*

*Afrika's;* 1874, p. 94 ; — *Helix ptychodia* Kobelt, in : Rossmässler, *Iconographie der Land - und Süsswasser-Mollusken ;* V, 1877, p. 109, taf. CXLVI, fig. 1467; — *Helix (Obelus) ptychodia* Pilsbry, in : Tryon, *Manual of Conchology ;* 2ᵉ série, *Pulmonata ;* IX , 1894, p. 261.

Voisine de la précédente, cette espèce s'en distingue par sa forme moins conique-élevée ; par son dernier tour proportionnellement plus grand ; par son ombilic plus ouvert et par son test moins épais.

Assez commune dans le nord de l'Égypte (notamment aux environs d'Alexandrie), cette espèce vit, très probablement, dans le sud de la Syrie.

Dans l'isthme de Suez habite une variété de taille plus faible et à carène dentelée plus saillante. C'est cette forme, que WESTERLUND désigne sous le nom de f. *crenulata* [1], qui a été figurée par OLIVIER [2].

Sous-genre TROCHULA Schlüter, 1838 [3].

### Helix (Trochula) pyramidata Draparnaud.

*Helix pyramidata* Draparnaud, *Histoire Mollusques terr. fluv. France ;* 1805, p. 80, nº 4, tab. V, fig. 6 (non *Helix pyramidata* Philippi); — *Helix (Trochula) pyramidata* Germain, *Étude Mollusques terr. fluv. Henri Gadeau de Kerville Khroumirie ;* 1908, p. 221.

C'est à M. P. HESSE [4], de Venise, que l'on doit la connaissance de cette espèce en Syrie. La coquille, recueillie sur les bords du Nahr-el-Kelb (rivière du Chien), aux environs de Beyrouth, n'est pas le type, mais la variété *conica* Bourguignat [5].

1. WESTERLUND (Dʳ C. A.). — *Fauna der paläaret. region Binnenconchylien ;* II, 1889, p. 353.

2. OLIVIER (A.). — *Voyage dans l'empire Ottoman*, etc. ; III, p. 69 ; et atlas, 1804, tab. XXXI, fig. 5 (*Helix crenulata*).

3. SCHLUTER. — *System Verzeichn. ;* 1838, p. 7.

4. HESSE (P.). — *Ueber einige vorderasiatische Schnecken ; Nachrichtsblatt d. Deutschen Malakozoolog. Gesellschaft ;* 1910, p. 127 (*Trochula pyramidata* f. *conica*)

5. BOURGUIGNAT (J. R.). — *Malacologie de l'Algérie ;* I, 1864, p. 360, pl. XXX, fig. 29.

## Helix (Trochula) vernicata Westerlund.

*Helix (Turricula) vernicata* Westerlund, *Nachrichtsblatt d. Deutschen Malakozoolog. Gesellschaft ;* XXXIV, 1902, p. 38.

Connue seulement par la description originale, cette espèce a été découverte, par Th. Kruper, à Berg Karabol, près de Smyrne (Asie-Mineure).

### Sous-genre COCHLICELLA Risso, 1826.

## Helix (Cochlicella) barbara Linné.

*
* *

### § 1. — CRYPTOMPHALUS Agassiz, 1837 [1].

## Helix (Cryptomphalus) aspersa Müller.

1774. *Helix aspersa* Müller, *Verm. terr. et fluv. histor.;* II, p. 59,
n° 253.

1853. *Helix aspersa* Bourguignat, *Catalogue rais. Mollusques terr. fluv.
Sauley Orient;* p. 16.

1854. *Helix aspersa* Mousson, *Coquilles terr. fluv. Bellardi Orient.*
p. 18, n° 4.

1874. *Helix (Pomatia) adspersa* Martens, *Vorderasiatische Conchylien ;*
p. 16, n° 23, et p. 53.

1889. *Helix (Pomatia) adspersa* Blanckenhorn, *Nachrichtsblatt d.
Deutschen Malakozoolog. Gesellschaft ;* p. 83.

1908. *Helix (Cryptomphalus) aspersa* Germain, *Étude Mollusques
terr. fluv. Henri Gadeau de Kerville Khroumirie ;* p. 150.

1912. *Helix (Cryptomphalus) aspersa* Germain, *Bulletin Muséum Hist.
natur. Paris;* n° 7, p. 442, n° 44.

Localité :

Environs de Beyrouth, près de l'embouchure de la rivière du Chien [Henri Gadeau de Kerville].

1. Agassiz, in : Charpentier (de). — Catalogue des Mollusques terr. et fluv. de la Suisse: *Neue Denkschriften der allg. Schweizerischen Gesellsch. für die gesamm. Naturwissench. ;* I, 1837, p. 5 (part.).

Les exemplaires syriens de cet *Helix*, si répandu, ne diffèrent en rien de ceux de nos pays. Je renvoie le lecteur à mon *Étude sur les Mollusques recueillis par M. Henri Gadeau de Kerville pendant son voyage en Khroumirie (Tunisie)*; il y trouvera une synonymie détaillée de cette espèce et une étude de sa distribution géographique.

### § 2. — HELICOGENA de Férussac, 1819 [1].

## Helix (Helicogena) cavata Mousson.

### Fig. 13 - 16, dans le texte.

1853. *Helix figulina* var. B Bourguignat, *Catalogue rais. Mollusques terr. fluv. Saulcy Orient;* p. 15, pl. 1, fig. 44-45.

1854. *Helix cavata* Mousson, *Coquilles terr. fluv. Bellardi Orient;* p. 21.

1855. *Helix cavata* Roth, *Malakozoolog. Blätter;* p. 30, n° 15.

1859. *Helix cavata* Pfeiffer, *Monogr. Heliceor. vivent.;* IV, p. 160, n° 1008.

1860. *Helix cavata* Bourguignat, *Revue Magas. Zoologie;* et *Aménités malacologiques;* II, p. 182, pl. XXI, fig. 5.

1864. *Helix cavata* Mousson, *Coquilles terr. fluv. Roth Palestine;* p. 30, n° 32.

1865. *Helix cavata* Tristam, *Proceed. Zoological Society of London;* p. 535, n° 49.

1868. *Helix cavata* Pfeiffer, *Monogr. Heliceor. vivent.;* V, p. 229, n° 1372.

1871. *Helix cavata* Martens, *Malakozoolog. Blätter;* p. 57, n° 11.

1874. *Helix (Pomatia) cavata* Martens, *Vorderasiatische Conchylien;* p. 53.

1876-1877. *Helix cavata* Kobelt, in : Rossmässler, *Iconographie der*

---

1. FÉRUSSAC (DE). — *Tableaux systématiques des animaux Mollusques classés en familles naturelles, dans lesquels on a établi la concordance de tous les systèmes; suivis d'un Prodrome général pour tous les Mollusques terrestres et fluviatiles, vivants ou fossiles;* 1821, p. 27.

*Land - und Süsswasser-Mollusken* ; IV, (1876), p. 24 taf. CI,
fig. 1046 ; et V (1877), p. 117, taf. CXLVIII, fig. 1488.

1888. *Helix (Pomatia) cavata* Tryon, *Manual of Conchology* ; 2ᵉ série,
*Pulmonata;* IV, p. 252, pl. LXIX, fig. 32-33.

1889. *Helix (Pomatia) cavata* Westerlund, *Fauna der paläarct. region
Binnenconchylien;* II, p. 452, n° 1149.

1894. *Helix (Helicogena) cavata* Pilsbry, in : Tryon, *Manual of Conchology;* 2ᵉ série, *Pulmonata* ; IX, p. 320.

1902. *Helix (Helicogena) cavata* Gude, *Journal of Malacology;* IX,
part. IV, p. 129.

1912. *Helix (Helicogena) cavata* Germain, *Bulletin Muséum Hist. natur.
Paris;* n° 7, p. 443, n° 69.

Un exemplaire, peu adulte, ne mesurant que 31 millimètres de diamètre maximum, 26 millimètres de diamètre
minimum et 33 millimètres de hauteur. Son ouverture a
27 millimètres de hauteur pour 17 millimètres de diamètre.
Le sommet obtus, presque lisse, est plus clair et plus brillant que le reste de la coquille. Le test est assez mince,

Fig. 13-14. — *Helix (Helicogena) cavata* Mousson.

Callonia, près de Jérusalem.

Grandeur naturelle.

orné, au dernier tour, de quatre bandes brunes peu apparentes se détachant sur un fond jaunâtre. Les stries d'accroissement sont assez fortes, serrées, irrégulières, obliques,
onduleuses, bien crispées au voisinage des sutures et coupées, surtout vers le haut des tours, de stries spirales fines
et serrées donnant au test un aspect légèrement chagriné.

Je dois à mon ami, M. Carlo Pollonera, le savant naturaliste de Turin, la connaissance de la variété suivante :

Variété **minor** Pollonera, *in litt.*

Pl. VIII, fig. 26, et fig. 15 - 16, dans le texte.

1912  *Helix (Helicogena) cavata* Mousson var. *minor* Pollonera, in :
Germain, *Bulletin Muséum Hist. natur. Paris*; n° 7, p. 443.

Test unicolore, jaunacé ; sommet d'un brun clair brillant ; stries fortes, très obliques, un peu onduleuses, tout à fait irrégulières et nettement crispées près des sutures.

Fig. 15 - 16. — *Helix (Helicogena) cavata* Mousson variété *minor* Pollonera.

Angora (Asie - Mineure).

Cotype, en grandeur naturelle.

Diamètre maximum : 21 1/2 millimètres ; diamètre minimum : 17 millimètres ; hauteur : 22 millimètres ; hauteur de l'ouverture : 17 1/2 millimètres ; diamètre de l'ouverture (y compris l'épaisseur du péristome) : 15 millimètres.

Jérusalem [C. Pollonera].

Localité (du type) :

Beit-Méri, dans le Liban, entre 600 et 800 mètres d'altitude [Henri Gadeau de Kerville].

Distribution géographique :

Rare en Syrie, où elle a été recueillie par Henri Gadeau de Kerville, cette espèce est abondante en Palestine, notam-

ment aux environs de Jérusalem [ROTH, MOUSSON, POLLONERA]
et sur les collines bordant la mer Morte[1].

Il existe, dans les collections du Muséum national d'Histoire naturelle de Paris, un exemplaire d'un *Helix* étiqueté
*Helix Siouffii* Bourguignat, par J. R. BOURGUIGNAT lui-

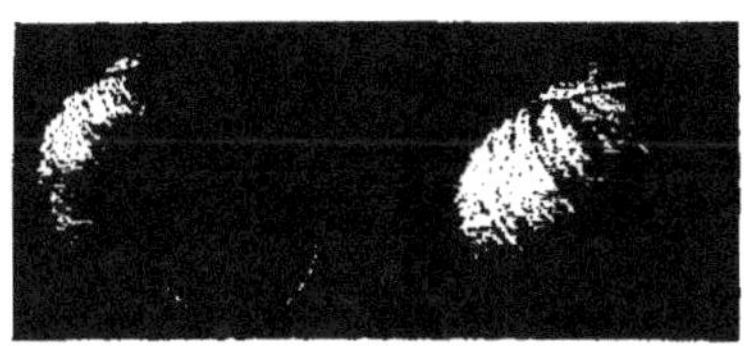

Fig. 17-18. — *Helix (Helicogena) Siouffii*
Bourguignat.

Diarbékir (Asie-Mineure).

Collections du Muséum national d'Histoire
naturelle de Paris.

Cotype de l'auteur, en grandeur naturelle.

même. Cette espèce inconnue ne semble qu'une variété peu
distincte de l'*Helix cavata* Mousson (fig. 13-14, dans le
texte). C'est une coquille d'assez petite taille (diamètre
maximum : 25 millimètres; diamètre minimum : 23 millimètres; hauteur : 23 millimètres; diamètre de l'ouverture :
14 millimètres; hauteur de l'ouverture : 20 millimètres) et
de même forme que l'*Helix cavata* Mousson. Le test est
assez épais, solide, d'un brun blanchâtre peu brillant, avec
un sommet jaunacé assez luisant. On aperçoit, au dernier
tour, les traces de cinq étroites bandes rougeâtres. La
sculpture se compose de stries longitudinales obliques, un
peu onduleuses, irrégulières et assez serrées.

L'*Helix Siouffii* Bourguignat a été recueilli à Diarbékir
(Asie-Mineure).

1. Particulièrement à Mar Saba où cet *Helix* est très commun.

## Helix (Helicogena) pachya Bourguignat.

Pl. XI, fig. 13 - 14.

1860. *Helix pachya* Bourguignat, *Revue et Magasin de Zoologie*; p. 163,
pl. V, fig. 6-9.

1860. *Helix pachya* Bourguignat, *Aménités malacologiques*; II, p. 180,
pl. XXI, fig. 6-9.

1861. *Helix pachya* Mousson, *Coquilles terr. fluv. Roth Palestine*;
p. 31, n° 35.

1861. *Helix texta* Mousson, *Coquilles terr. fluv. Roth Palestine*; p. 32[1].

1868. *Helix pachya* Pfeiffer, *Monogr. Heliceor. vivent.*; V, p. 229,
n° 1370.

1874. *Helix (Pomatia) pachya* Martens, *Vorderasiatische Conchylien*;
p. 53.

1876. *Helix pachya* Kobelt, in : Rossmässler, *Iconographie der Land-
und Süsswasser-Mollusken*; n. F., IV, p. 21, taf. XCIX,
fig. 1030[2 et 3] et 1038[4].

1888. *Helix (Pomatia) pachya* Tryon, *Manual of Conchology*; 2° série,
*Pulmonata*; IV, p. 248, pl. LXVII, fig. 98.

1889. *Helix (Pomatia) pachya* Westerlund, *Fauna der paläarct. region
Binnenconchylien*; II, p. 453, n° 1151.

1889. *Helix (Pomatia) pachya* Blanckenhorn, *Nachrichtsblatt d.
Deutschen Malakozoolog. Gesellschaft*; p. 77 et 83.

1894. *Helix (Helicogena) pachya* Pilsbry, in : Tryon, *Manual of Conchology*; 2° série, *Pulmonata*; IX, p. 320.

1895. *Helix (Pomatia) pachya* Rolle et Kobelt, in : Rossmässler,

1. Pour WESTERLUND [*Fauna der paläarct. region Binnenconchylien*;
II, 1889, p. 453], l'*Helix texta* Mousson n'est pas absolument synonyme de l'*Helix pachya* Bourguignat, mais constitue une variété de
cette espèce [*Helix (Pomatia) pachya* var. *texta*].

2. Cette figure représente, pour WESTERLUND [*loc. supra cit.*; 1889,
p. 453], la var. *texta* Mousson.

3. Pour WESTERLUND [*loc. supra cit.*; II, 1889, p. 454], la figure 1031
de l'Iconographie ne représente pas l'*Helix pachya* Bourguignat, mais
une variété à laquelle il donne le nom de variété *dehiscens* [*Helix
(Pomatia) pachya* var. *dehiscens*]. Cette variété *dehiscens* n'est autre
chose que l'*Helix (Helicogena) cavata* Bourguignat.

4. Cette figure représente, d'après KOBELT [*Iconogr. Suppl. band*,
1897, p. 45], le véritable type de l'*Helix pachya* Bourguignat.

23

*Iconographie der Land- und Süsswasser-Mollusken ;* 1ᵉʳ Suppl.
band, p. 54, nº 21, taf. XXIV, fig. 3-4.

1902. *Helix (Helicogena) pachya* Gude, *Journal of Malacology ;* IX,
part. 4, p. 129.

1908. *Helix (Helicogena) pachya* Germain, *Étude Mollusques terr. fluv.
Henri Gadeau de Kerville Khroumirie ;* p. 131, pl. XXV, fig. 7.

1912. *Helix (Helicogena) pachya* Germain, *Bulletin Muséum Hist.
natur. Paris ;* nº 7, p. 443, nº 71.

Cette coquille a été parfaitement représentée par Bourguignat, mais les exemplaires décrits et figurés par cet auteur
ne sont pas de grande taille. Voici, en effet, les dimensions
de quelques spécimens :

| | | | | |
|---|---|---|---|---|
| Hauteur totale ........ | 31[1] — | 34[1] | — 37 — | 56 mm. |
| Diamètre maximum..... | 28 — | 30 1/2 — | 33 — | 40 — |
| Diamètre minimum..... | 20 — | 21 | — 27 — | 36 — |
| Hauteur de l'ouverture.. | 25 — | 24 1/2 — | 27 — | 21 — |
| Diamètre de l'ouverture. | 18 — | 17 | — 18 — | 18 — |

Le test est d'un jaune clair ou blanchâtre, ceint de bandes
marron, ordinairement au nombre de 5, la deuxième étant
toujours beaucoup plus large que les autres. Il arrive également que l'on ne compte plus que quatre ou même trois
bandes : cette réduction provient de la coalescence des
bandes 2 et 3 ($1\overline{23}\,45$) ou des bandes 1, 2 et 3 ($\overline{123}\,45$).

La sculpture présente les caractères suivants : le sommet
est obtus, presque lisse ; les autres tours montrent des
stries fortes, obliques, irrégulières, un peu pliciformes,
crispées près des sutures, et coupées de stries spirales beaucoup plus faibles donnant à la coquille un aspect chagriné
plus ou moins net.

Le test est toujours épais, crétacé et un peu pesant.
Cependant, M. P. Pallary m'a communiqué quelques échantillons qui constituent une mutation *incrassata* Pallary[2]
très nette. La coquille est ici excessivement épaisse et solide,

---

1. Ces deux exemplaires ont été déterminés par J. R. Bourguignat.
On peut donc les considérer comme des cotypes.

2. *Helix pachya* var. *incrassata* Pallary, *in litt.*, 1910.

très pondéreuse, d'un jaune marron clair avec trois bandes
(par suite de la coalescence des bandes 1, 2 et 3) plus
sombres ; les stries sont plus fines, plus régulières, mais
toujours bien crispées près des sutures. Je figure (pl. XI,
fig. 13-14) ces spécimens dont l'un est albinos. Ils ont été
recueillis, par le Père Clainpanain, à Beilan près d'Alexandrette, et dans les sables des environs de Beyrouth.

Enfin je signalerai la mutation *elongata* Bourguignat[1]
dont je figure (fig. 19-20, dans le texte) un très bel exemplaire recueilli aux environs de Beyrouth, en Syrie. C'est

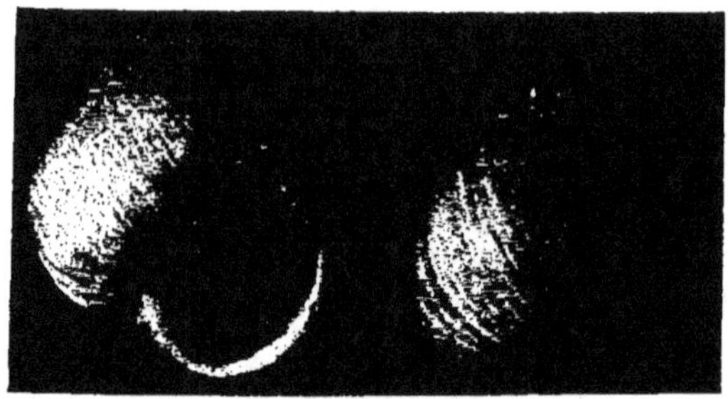

Fig. 19-20. — *Helix* (*Helicogena*) *pachya* Bourguignat
forma *elongata* Bourguignat.

Beyrouth (Syrie).

Grandeur naturelle.

une coquille possédant le même test que le type, mais dont
la spire est relativement très haute et prend un aspect
conique tout à fait particulier. Hauteur totale : 41 millimètres ; diamètre maximum : 36 millimètres ; diamètre
minimum : 27 millimètres ; hauteur de l'ouverture : 28 millimètres ; diamètre de l'ouverture : 18 millimètres.

LOCALITÉS :

Broumana, dans le Liban, entre 500 et 700 mètres d'altitude [Henri Gadeau de Kerville].

1. Bourguignat (J. R.). — *Aménités malacologiques;* II, 1860,
p. 180, pl. XXI, fig. 8 (*Helix pachya* var. B *Elongata*).

Beit-Méri, dans le Liban, entre 600 et 800 mètres d'altitude [HENRI GADEAU DE KERVILLE].

DISTRIBUTION GÉOGRAPHIQUE :

L'*Helix pachya* Bourguignat est commun dans les contrées arides de la Syrie et de la Palestine. Il s'est propagé en Égypte, en Tunisie et en Algérie.

Plus au nord, notamment en Arménie, l'*Helix pachya* Bourguignat est remplacé par toute une série d'*Helix* apparentés à l'*Helix pomatia* Linné [1].

C'est d'abord l'*Helix (Helicogena) Nordmanni* Parreyss [2] (fig. 21-22, dans le texte), petite coquille dont « le bord

Fig. 21-22. — *Helix (Helicogena) Nordmanni* Parreyss.

Arménie (localité précise inconnue).

Collection A. LOCARD, au Muséum national d'Histoire naturelle de Paris.

Grandeur naturelle.

columellaire non coloré qui s'applique en large cône très en avant sur le tour précédent laisse apercevoir un ombilic assez large » [3]. Elle atteint de 25 à 28 millimètres de diamètre sur 23 à 26 millimètres de hauteur. Son test

1. LINNÉ. — *Systema Naturæ* ; ed. X, 1758, 1, p. 771.

2. PARREYSS, in MOUSSON (A ). — *Coquilles Bellardi Orient*, 1854, p. 20 ; — PFEIFFER, *Monographia Heliceorum viventium* ; IV, 1859, p. 167. Cette espèce a été figurée par ROSSMASSLER, *Iconographie der Land- und Süsswasser-Mollusken* ; n. f., IV, 1876, p. 24, taf. CI, fig. 1047-1048.

3. MOUSSON (A.). — *Loc. supra cit.* ; 1854, p. 20-21.

est assez finement. strié, d'un brun jaunâtre et orné de bandes bien marquées. L'*Helix Nordmanni* Parreyss s'étend au nord jusqu'au Caucase[1] où il se rencontre avec une espèce de taille déjà plus considérable, l'*Helix (Helicogena) obtusata* Zeigler[2], également répandue dans le sud de la Russie[3] et une partie de la Turquie d'Europe. Une espèce voisine, l'*Helix (Helicogena) philibinensis* Friwaldsky[4] [non Parreyss], de forme plus globuleuse et de coloration plus terne, vit en Géorgie.

L'*Helix (Helicogena) Christophi* Boettger[5] habite la Transcaspie et une partie de la Caucasie méridionale. C'est une grande espèce (32 à 34 millimètres de diamètre maximum ; 30 à 31 millimètres de diamètre minimum ; 26 à 28 millimètres de hauteur[6]) intermédiaire, comme forme générale et caractères picturaux, entre l'*Helix obtusata* Zeigler et l'*Helix Nordmanni* Parreyss.

Appartenant toujours au même groupe, l'*Helix (Helicogena) Raddei* Boettger[7] est une espèce se rapprochant sur-

1. Et même en Transcaucasie où il a été recueilli par le Dr Sievers [A. Mousson, Coquilles recueillies par le Dr Sievers dans les contrées transcaucasiques ; *Journal de Conchyliologie* ; Janvier 1876, p. 7].

2. Zeigler, in : Albers. — *Die Heliceen* (éd. II, par E. von Martens). 1860, p. 143. Cette espèce a été figurée par Rossmassler sous les noms d'*Helix obtusalis* Zeigler (*Iconographie der Land- und Süss-wasser-Mollusken* ; V, 1837, fig. 288) et d'*Helix Philibinensis* Parreyss (id., IX, 1839, fig. 582) [non *Helix Philibinensis* Friwaldsky].

3. Cette espèce est notamment abondante en Crimée.

4. Friwaldsky, in : Mousson (A.). — *Coquilles Bellardi Orient* : 1854, p. 20. Cette espèce avait été précédemment représentée par Rossmassler (*loc. supra cit.*, IX, 1839, fig. 584), sous le nom d'*Helix vulgaris*.

5. Boettger (O.). — *Jahrb. d. Deutschen Malakozoolog. Gesellschaft* ; VIII, 1881, p. 217, n° 52.

6. L'ouverture mesure 18 1/2 à 20 millimètres de diamètre et 19 millimètres de hauteur.

7. Boettger (O.). — Die Binnenmollusken des Talysch-Gebietes, in : Radde. *Fauna und Flora des Südwestlichen Caspi-Gebietes* : p. 295, n° 32, taf. II, fig. 6 a - c.

tout de l'*Helix obtusata* Zeigler. C'est une coquille atteignant 38 millimètres de diamètre maximum, 31 millimètres de diamètre minimum et 23 millimètres de hauteur. Son test est solide et montre, sur un fond lactescent-jaunâtre, cinq bandes brunes fortement colorées. Le péristome est orangé ou rosé. L'*Helix Raddei* Boettger vit en Transcaucasie et dans le nord de la Perse, notamment dans le Talysch.

Quant à l'*Helix (Helicogena) Buchii* Dubois[1], c'est la plus grosse espèce du groupe, puisqu'elle atteint de 45 à 64 millimètres de diamètre maximum sur 40 à 60 et, exceptionnellement, 64 millimètres de hauteur. Il existe, d'ailleurs, une variété *minor*, décrite par O. Boettger[2], et qui ne dépasse pas 41 millimètres de diamètre maximum

Fig. 23-24. — *Helix ( Helicogena ) Buchii* Dubois.

Exemplaire appartenant aux Collections du Muséum national d'Histoire naturelle de Paris.

Localité précise inconnue.

Grandeur naturelle.

1. Dubois *mss.* in Coll. Philippi; — Pfeiffer, *Monographia Heliceorum viventium*: III, 1853, p. 181, n° 974; et : Helic., in : Martini et Chemnitz, *Systemat. Conchylien-Cabinet ;* 2ᵉ éd., 1859, p. 417, n° 973, taf. CXLVIII, fig. 6-7.

2. Boettger (O.). *Jahrb. d. Deutschen Malakozoolog. Gesellschaft :* VIII, 1881, p. 218-219.

pour 41 millimètres de hauteur. Je figure ici (fig. 23-24, dans le texte) un bel exemplaire appartenant aux collections du Muséum national d'Histoire naturelle de Paris, mais dont, malheureusement, la localité précise dont il provient est inconnue. L'*Helix Buchii* Dubois habite la Caucasie et la Transcaucasie.

Enfin, dans ses *Miscellanées Italo-Malacologiques*, J. R. Bourguignat écrit :

« Les espèces de cette série[1] sont, à ma connaissance, au nombre de 16, savoir : *Euphratica, Trapeziensis, Anatolica, mutata, Romanica, Bysantiensis, calechista, socia, mahometana, straminea, lucorum, yleobia, Virago, rypara, nigrozonata* et *atrocincta*. — Sur ces 16 espèces, huit vivent dans la péninsule italique »[2].

Nous laisserons de côté les espèces italiennes qui, à part

Fig. 25-26. — *Helix (Helicogena) romanica* Bourguignat.

Localité inconnue.

Cotype de l'auteur, en grandeur naturelle.

1. Il s'agit des espèces classées par J. R. Bourguignat sous le vocable de *Straminiana* et dont le type est l'*Helix straminea* Briganti père. [Desc. due nuov. Elici, *Atti Reali Accad. Sc. Borbonica*; XI, 1825, p. 172, tav. II].

2. Bourguignat (J. R.). — Miscellanées Italo-Malacologiques; § 3. Description de quelques espèces italo-pomaticnnes de la Série des *Helix ligata* et *lucorum*; 1883, p. 11, (extrait du *Naturalista Siciliano*, II, 1883).

les *Helix straminea* Briganti père et *Helix lucorum* Müller,
ont été toutes décrites par J. R. BOURGUIGNAT. Ces *Helix
yleobia* Bourguignat[1], *Helix virago* Bourguignat[2], *Helix
rypara* Bourguignat[3], *Helix nigrozonata* Bourguignat[4] et
*Helix atrocincta* Bourguignat[5] doivent être considérés, avec
le Dr C. A. WESTERLUND[6], comme de simples variétés de
l'*Helix lucorum* Linné. Signalons, cependant, l'*Helix
romanica* Bourguignat, coquille qui n'a jamais été ni
décrite ni figurée et dont le Muséum national d'Histoire
naturelle de Paris possède un cotype. Je donne ici la figuration de cet *Helix* (fig. 25-26, dans le texte) bien voisin
de l'*Helix lucorum* Linné dont il ne saurait être spécifiquement séparé.

Parmi les espèces orientales ainsi signalées par J. R. BOUR-
GUIGNAT il en est, comme les *Helix (Helicogena) euphra-
tica* Martens[7], *Helix (Helicogena) anatolica* Kobelt[8],
*Helix (Helicogena) mutata* de Lamarck[9], *Helix (Helico-

1. BOURGUIGNAT (J. R.). — *Loc. supra cit.*; 1883, p. 15.

2. BOURGUIGNAT (J. R.). — *Loc. supra cit.*; 1883, p. 15 | = *Helix
lucorum* Linné var. *depressa* Bourguignat, *Aménités malacologiques*;
II, 1860, pl. XX, fig. 2].

3. BOURGUIGNAT (J. R.). — *Loc. supra cit.*; 1883, p. 16.

4. BOURGUIGNAT (J. R.). — *Loc. supra cit.*; 1883, p. 17.

5. BOURGUIGNAT (J. R.). — *Loc. supra cit.*; 1883, p. 18.

6. WESTERLUND (Dr C. A.). — *Fauna der paläaret. region Binnenconchylien*: II, 1889, p. 470.

7. MARTENS (Dr E. VON). — *Vorderasiatische Conchylien*: 1874, p. 18,
taf. IV, fig. 22 (*Helix lucorum* var. *euphratica*). Espèce des environs
d'Orfa.

8. L'*Helix (Helicogena) anatolica* Kobelt est considéré par PILSBRY
(in TRYON, *Manual of Conchology*, 2e série, *Pulmonata*; IX, 1894,
p. 320) comme une variété de l'*Helix (Helicogena) cincta* Müller.

9. L'*Helix mutata* de Lamarck [*Hist. Animaux sans vertèbres*; IV,
part. II, 1822, p. 67] est synonyme de l'*Helix (Helicogena) lucorum*
Linné, comme J. R. BOURGUIGNAT le reconnaissait lui-même, en 1856,
dans le t. II de ses *Aménités malacologiques* (p. 173) : « Nous avons

gena) *socia* Rossmässler [1] et *Helix (Helicogena) mahome-tana* Bourguignat[2], qui nous sont connues ou que nous pouvons rapporter à des espèces bien définies. Il n'en est malheureusement pas de même des *Helix* auxquels J. R. Bourguignat a attribué les noms d'*Helix trapezien-sis*, *Helix bysantiensis* et *Helix calechista*. Nous savons seulement qu'ils ont été institués d'après des échantillons provenant de l'Asie-Mineure.

§ 3. — THEBA Risso, 1826 [3].

Le sous-genre *Theba* développe, en Syrie, en Palestine et dans une très grande partie de l'Asie-Antérieure, de nombreuses coquilles dont les plus abondantes, dans les régions syriennes, ont été distinguées sous les noms d'*Helix Olivieri* de Férussac, *Helix syriaca* Ehrenberg, *Helix Rothi* Pfeiffer et *Helix obstructa* de Férussac.

Tous ces Mollusques, très voisins les uns des autres, sont également fort peu distincts du véritable *Helix carthu-siana* Müller [4], qui, à l'exception des hautes chaînes de montagnes, s'étend jusqu'au Caucase à travers toute l'Eu-

indiqué, avec un point de doute, la synonymie de Lamarck (*Helix mutata*) attendu qu'il nous paraît plus que douteux que cet auteur ait eu en vue l'espèce d'OLIVIER. LAMARCK cite bien, il est vrai, OLIVIER, mais il indique également des figures de FÉRUSSAC qui représentent tout autre chose. *Quant à la description de son Helix mutata, elle convient à l'Helix lucorum par les caractères qui y sont signalés ».*

Cette dernière phrase n'est pas soulignée dans le texte de J. R. BOURGUIGNAT.

1. ROSSMASSLER. — *Zeitschrift für Malakozoolog.*; 1853, p. 146. PFEIFFER. — *Monographia Heliceorum viventium*; IV, 1859, p. 169.

2. = *Helix (Helicogena) lucorum* var. *castanea* Olivier. *Vide ante*, p. 127.

3. RISSO (A). — *Histoire naturelle des principales productions de l'Europe méridionale et principalement de celles des environs de Nice et des Alpes-Maritimes*; IV, 1826, p. 73 (part.).

4. MULLER. — *Verm. terr. et fluv. histor.*; 1774, II, p. 15.

24

rope moyenne et méridionale. Il semble bien que tous
dérivent d'un même type spécifique primitif ayant développé un certain nombre de formes plus ou moins tranchées, isolées parfois, mais mêlées le plus souvent et
réunies par des passages presque insensibles. Ce sont ces
formes mal délimitées et dont la dispersion géographique
est à peu près inconnue, qui ont été considérées comme
espèces. Mais, tandis que dans l'Europe occidentale et
moyenne dominent les variétés de l'*Helix carthusiana*
Müller connues sous les noms d'*Helix stagnina* Bourguignat [1], *Helix ventiensis* Bourguignat [2], *Helix sarriensis*
Martorell y Pena [3], *Helix leptomphala* Bourguignat [4],
*Helix eucyæ* Servain [5], *Helix euscepia* Bourguignat [6], etc.,
la Syrie, la Palestine et l'Asie-Mineure donnent asile à des
formes représentatives dont les principales sont les *Helix
Olivieri* de Férussac, *Helix syriaca* Ehrenberg, *Helix
Rothi* Pfeiffer et *Helix obstructa* de Férussac. Cette dernière coquille est, d'ailleurs, la seule de la série qui n'ait
pas été rencontrée en Europe. Les autres, en effet, com-
mencent d'apparaître, sous forme de variétés, en Italie
(environs de Naples, Calabres), etc., et en Sicile; elles
deviennent abondantes en Grèce et en Turquie, et se

1. Bourguignat (J. R ), in : Locard (A.). — *Les Coquilles terrestres
de France ;* 1894, p. 108.

2. Bourguignat (J. R.), in : Fagot. — *Société Hist. natur. Toulouse ;*
1879, p. 14.

3. Martorell y Pena. — *Apunt. arqueol. ;* 1879, p. 78, et in :
Servain (G.). — *Étude sur les Mollusques recueillis en Espagne et en
Portugal,* 1880, p. 52.

4. Bourguignat (J. R.), in : Locard (A.). — *Prodrome de la Malacologie française. Catalogue gén. Mollusques terr. eaux douces France ;*
1882, p. 72 et 316.

5. Servain (G.). — *Histoire malacologique lac Balaton Hongrie ;*
1881, p. 31.

6. Bourguignat (J. R.), in : Servain (G.). — *Loc. supra cit. ;* 1881,
p. 32.

retrouvent, plus ou moins communément, dans les îles de la Méditerranée orientale.

On verra, dans la suite de ce mémoire, que j'ai réuni les *Helix Olivieri* de Férussac et *Helix syriaca* Ehrenberg en une seule espèce à laquelle il conviendra probablement d'ajouter, quand on possédera des matériaux suffisants, les *Helix Rothi* Pfeiffer et *Helix obstructa* de Férussac. Le groupe de l'*Helix carthusiana* Müller se réduirait ainsi à une forme occidentale : l'*Helix carthusiana* Müller [ = *Helix stagnina* Bourguignat + *Helix sarriensis* Martorell + *Helix eucyæ* Servain, etc.], et à une forme orientale : l'*Helix Olivieri* de Férussac [ = *Helix syriaca* Ehrenberg + *Helix Rothi* Pfeiffer + *Helix obstructa* de Férussac, etc.], *toutes deux dérivées d'un même type ancestral en voie d'évolution.*

### **Helix (Theba) Olivieri** de Férussac.

### Pl. VIII, fig. 1-16.

1821. *Helix Olivieri* de Férussac, *Tableaux systématiques* ; p. 43, n° 255 [1].

1837. *Bradybæna Olivieri* Beck, *Index Molluscorum* : p. 19.

1837. *Fruticicola Olivieri* Held, *Isis* ; p. 914.

1839. *Helix Olivieri* var. *a ocellata* Roth, *Molluscorum species Orient.* : p. 14, n° 16.

1839. *Helix Olivieri* Rossmässler, *Iconographie der Land - und Süsswasser-Mollusken* ; VI, p. 37, taf. XXVII, fig. 365.

1846. *Helix Olivieri* Pfeiffer, *Gattung Helix.* in : Martini et Chemnitz. *Systemat. Conchylien-Cabinet* : p. 120, n° 88, taf XVI, fig. 21-22.

1847. *Helix Olivieri* Roth, *Malakozoolog. Blätter* : II, p. 25, n° 10.

1848. *Helix Olivieri* Pfeiffer, *Monogr. Heliceor. vivent.* ; 1, p. 130, n° 339.

1. Non *Helix Olivieri* var. *b.* Roth [*Molluscorum species, quas in itinere per Orientem…* ; 1839, p. 14] qui est l'*Helix Rothi* Pfeiffer, in : *Wiegm. Archiv.* ; 1, 1841, p. 218.

1833. *Helix Olivieri* Pfeiffer, *Monogr. Heliceor. rivent.*; III, p. 118,
n° 558.

1853. *Helix Olivieri* Bourguignat, *Catalogue rais. Mollusques terr. flur.
Saulcy Orient*; p. 25.

1854. *Helix Olivieri* Mousson, *Coquilles terr. flur. Bellardi Orient*; p. 4,
n° 1.

1855. *Helix Olivieri* Bourguignat, *Revue et Magasin Zoologie*; n° 12
[1855], p. 115 ; et *Aménités malacologiques*; I [1856], p. 115.

1855. *Hygromia Olivieri* A. Adams, *Genera of recent Mollusca*; p. 215.

1855. *Helix Olivieri* Mousson, *Coquilles terr. flur. Schlaefli Orient*;
p. 7, n° 5, p. 18, n° 4, et p. 28, n° 5.

1859 *Helix Olivieri* Pfeiffer, *Monogr. Heliceor. rivent.*; IV, p. 119,
n° 751.

1861. *Helix Olivieri* Mousson. *Coquilles terr. flur. Roth Palestine*; p. 8,
n° 8.

1863. *Helix Olivieri* Mousson, *Coquilles terr. flur. Schlaefli Orient*;
part. II, p. 8, n° 9.

1865. *Helix Olivieri* Tristam, *Proceed. Zoological Society of London*;
p. 532, n° 18.

1868. *Helix Olivieri* Pfeiffer, *Monogr. Heliceor. rivent.*; V, p. 194,
n° 1057.

1879. *Helix (Carthusiana) Olivieri* Westerlund et Blanc, *Aperçu faune
malacologique Grèce*; p. 43, n° 34.

1887. *Helix (Carthusiana) Olivieri* Tryon, *Manual of Conchology*;
2ᵉ série, *Pulmonata*; III, p. 191, pl. XLII, fig. 59-64.

1889. *Helix (Theba) Olivieri* Westerlund, *Fauna der paläarct. region
Binnenconchylien*; II, p. 85, n° 227.

1894. *Helix Olivieri* Dautzenberg, *Revue biologique Nord France*; VI,
p. 332 (tirés à part, p. 4).

1894. *Helix (Theba) Olivieri* Pilsbry, in: Tryon, *Manual of Conchology*;
2ᵉ série, *Pulmonata*; IX, p. 266.

1902. *Helicella (Theba) Olivieri* Gude, *Journal of Malacology*; IX,
p. 128.

1902. *Helix (Fruticicola) Olivieri* Sturany, *Sitzungsberichte d. Kais.
Akad. d. Wissenschaft. Wien*; CXI, p. 127, n° 13 (tirés à part,
p. 5).

1909. *Carthusiana Olivieri* Wohlberedt, *Wissensch. Mitt. Bosnien und Herzegovina ;* XI, p. 661 (tirés à part, p. 77).

1912. *Helix (Theba) Olivieri* Germain, *Bulletin Muséum Hist. natur. Paris ;* n° 7, p. 444, n° 95.

*

1831. *Helix syriaca* Ehrenberg, *Symbol. phys.* (sans pagination).

1837. *Bradybæna syriaca* Beck, *Index Molluscorum ;* p. 49.

1837. *Fruticicola syriaca* Held, *Isis*, p. 914.

1839. *Helix onychina* Rossmässler, *Iconographie der Land - und Süsswasser-Mollusken ;* p. 7, taf. IX, fig. 568, et var. *gregaria*, fig. 569.

1848. *Helix Syriaca* Pfeiffer, *Monogr. Heliceor. viveut.:* I, p. 131, n° 342.

1853. *Helix syriaca* Bourguignat, *Catalogue rais. Mollusques terr. fluv. Saulcy Orient ;* p. 25.

1853. *Helix Syriaca* Pfeiffer, *Monogr. Heliceor. vivent. ;* III, p. 118, n° 561.

1854. *Helix syriaca* Mousson, *Coquilles terr. fluv. Bellardi Orient ;* p. 43, n° 2.

1855. *Helix syriaca* Roth, *Malakozoolog. Blätter ;* II, p. 25, n° 11.

1855. *Helix syriaca* Bourguignat, *Revue et Magasin Zoologie ;* n° 12 [1855], p. 118 ; et *Aménités malacologiques ;* I [1856], p. 118.

1855. *Hygromia Syriaca* A. Adams, *Genera of recent Mollusca :* p. 215.

1859. *Helix Syriaca* Pfeiffer, *Monogr. Heliceor. vivent. ;* IV, p. 127, n° 794.

1861. *Helix syriaca* Mousson, *Coquilles terr. fluv. Roth Palestine ;* p. 8, n° 7.

1864. *Helix onychina* Bourguignat, *Malacologie Algérie ;* I, p. 149.

1865. *Helix syriaca* Tristam, *Proceed. Zoological Society of London ;* p. 532, n° 17.

1865. *Helix syriaca* Issel, *Molluschi raccolti miss. Italiana in Persia :* p. 27, n° 1.

1868. *Helix Syriaca* Pfeiffer, *Monogr. Heliceor. vivent.:* V, p. 199, n° 1104.

1874. *Helix (Carthusiana) syriaca* Jickeli, *Fauna der Land- und Süsswasser-Mollusken Nord-Ost-Afrika's* ; p. 65, n° 32.

1874. *Helix syriaca* Martens, *Vorderasiatische Conchylien* ; p. 8, n° 8, et p. 51.

1874. *Helix (Fruticicola) syriaca* Mousson, *Journal de Conchyliologie* : XXII, p. 10, n° 8.

1879. *Helix syriaca* Westerlund et Blanc, *Aperçu faune malacologique Grèce* ; p. 44, n° 35.

1887. *Helix (Carthusiana) Syriaca* Tryon, *Manual of Conchology* ; 2ᵉ série, *Pulmonata* ; III, p. 197, pl. XLIV, fig. 24-26.

1889 *Helix (Theba) syriaca* Westerlund, *Fauna der paläarct. region Binnenconchylien* ; II, p. 87, n° 229.

1889. *Helix (Fruticicola) syriaca* Blanckenhorn, *Nachrichtsblatt d. Deutschen Malakozoolog. Gesellschaft* ; p. 77 et 83.

1894. *Helix syriaca* Dautzenberg, *Revue biologique Nord France* ; VI, p. 331 (tirés à part, p. 3).

1894 *Helix (Theba) syriaca* Pilsbry, in : Tryon, *Manual of Conchology* ; 2ᵉ série, *Pulmonata* ; IX, p. 267.

1894. *Helix (Fruticicola) syriaca* Sturany, *Annalen d. K. K. Naturhistor. Hofmuseums Wien* ; IX, p. 371.

1902. *Helicella (Theba) syriaca* Gude, *Journal of Malacology* ; IX, p. 128.

1904 *Helix (Theba) syriaca* Sturany, *Nachrichtsblatt d. Deutschen Malakozoolog. Gesellschaft* ; p. 109, n° 4.

1909. *Hygromanes (Theba) syriaca* Pallary, *Catalogue faune malacologique Égypte* ; p. 15, pl. 1, fig. 28-29.


Le tableau synonymique qui précède montre que, contrairement à tous les auteurs, je réunis les *Helix Olivieri* de Férussac et *Helix syriaca* Ehrenberg. C'est qu'en effet les caractères distinctifs de ces deux coquilles ne sont pas d'ordre spécifique.

D'une manière générale, l'*Helix Olivieri* de Férussac est plus grand, plus globuleux ; son ouverture est arrondie ; son ombilic punctiforme, et sa surface plus grossièrement sculptée que celle de l'*Helix syriaca* Ehrenberg, qui est, lui, plus déprimé et possède une ouverture transversale; enfin, son ombilic est nul et seulement accusé par un faible relèvement du bord columellaire. Ces différences sont nettement accusées sur les figures données par Tryon dans son *Manual of Conchology* [1] où la représentation de l'*Helix syriaca* Ehrenberg correspond parfaitement à une coquille très répandue en Syrie.

Mais ces deux *Helix* possèdent un nombre considérable de variétés de forme, de taille et de coloration [2] fort mal délimitées et rentrant les unes dans les autres, celles de l'*Helix Olivieri* de Férussac s'intriquant dans celles de l'*Helix syriaca* Ehrenberg, et réciproquement. Ce mélange est si intime que certains auteurs rapportent quelques-unes de ces variétés à l'*Helix Olivieri* de Férussac [3], tandis que d'autres les subordonnent à l'*Helix syriaca* Ehrenberg [4].

Enfin, entre la forme type de l'*Helix Olivieri* de Férussac (pl. VIII, fig. 7) et la forme type de l'*Helix syriaca* Ehrenberg (pl. VIII, fig. 11), — et indépendamment de toutes variétés — il existe un tel nombre de formes intermédiaires que le passage se fait de la manière la plus insensible. A ce point de vue, les très riches matériaux recueillis par M. Henri Gadeau de Kerville sont particulièrement précieux.

Cet excellent collecteur a rapporté un nombre souvent

---

1. Vol. III [1887], *Helix Olivieri* de Férussac, pl. XLII, fig. 59-64. *Helix syriaca* Ehrenberg, pl. XLIV, fig. 24-26.

2. Ces variétés sont mentionnées p. 204 et suiv. de ce mémoire.

3. Tel est le cas de Westerlund [*Fauna der paläarctischen region Binnenconchylien*, II, 1889, p. 86] qui considère l'*Helix gregaria* Zeigler comme variété de l'*Helix Olivieri* de Férussac.

4. Tel est le cas de Mousson [*Coquilles terrestres et fluviatiles recueillies par M. le Prof. Bellardi dans un voyage en Orient: 1854, p. 30*] qui considère ce même *Helix gregaria* Zeigler comme variété de l'*Helix syriaca* Ehrenberg.

considérable[1] d'échantillons, provenant généralement, *et sans triage préalable, de la même colonie.* Or, dans chacune de ces colonies on observe les faits suivants :

1° *Allure de la spire.* Entre les échantillons à spire globuleuse élevée comme l'*Helix Olivieri* typique et ceux à spire déprimée comme l'*Helix syriaca* typique se placent tous les intermédiaires représentés, d'ailleurs, par nombre de spécimens.

2° *Allure de l'ombilic.* Il y a tous les passages entre les coquilles à ombilic relativement ouvert (pl. VIII, fig. 6) et celles à ombilic entièrement clos (pl. VIII, fig. 3), et cela indépendamment de l'allure de la spire.

3° *Allure du dernier tour de spire.* Tantôt arrondi (pl. VIII, fig. 9 et 11), tantôt plus ou moins nettement subcomprimé (pl. VIII, fig. 13), avec tous les intermédiaires, le dernier tour est aussi variable que le reste de la coquille.

4° *Taille.* Le tableau de la page 197 résume les variations de la taille et montre que l'on passe insensiblement de la forme *major* à la forme naine.

5° *Couleur.* Elle est également peu stable, et entre les exemplaires ornés de bandes bien nettes et les individus unicolores il existe des échantillons intermédiaires chez lesquels les bandes sont plus ou moins effacées.

Les nombreuses figures que je donne ici (pl. VIII, fig. 1-16) prouveront définitivement, je pense, qu'il est absolument illusoire de songer à séparer les *Helix Olivieri* de Férussac et *Helix syriaca* Ehrenberg qui, en outre, vivent ensemble, non-seulement dans les mêmes localités, mais encore au sein des mêmes colonies. Dans ces conditions, et en présence du riche matériel que j'avais à ma disposition, j'ai réuni ces deux *Helix* en adoptant le nom d'*Helix Olivieri* de Férussac qui est le plus ancien.

----

1. M. Henri Gadeau de Kerville a recueilli parfois jusqu'à 100 et même 500 exemplaires de la même espèce, *dans la même localité.*

Le tableau suivant exprime, en millimètres, les principales dimensions de quelques échantillons de localités différentes :

| Localités | Diamètre maximum | Diamètre minimum | Hauteur totale | Diamètre de l'ouverture | Hauteur de l'ouverture |
|---|---|---|---|---|---|
| Beit-Méri (Liban), entre 600 et 800 mètres d'altitude. | 12 m/m | 10 1/2 m/m | 6 m/m | 5 1/2 m/m | 4 3/4 m/m |
| | 12 | 10 1/4 | 6 1/4 | 6 1/4 | 5 1/4 |
| | 10 | 9 | 6 | 5 | 5 |
| | 9 | 8 | 5 1/2 | 4 1/2 | 4 1/2 |
| Koutaïfé, au nord-est de Damas. | 13 | 11 | 7 | 6 | 5 1/2 |
| | 12 | 9 3/4 | 5 3/4 | 6 | 5 |
| | 11 | 9 1/4 | 5 1/4 | 5 | 5 |
| | 10 1/2 | 10 | 6 | 5 | 5 |
| | 10 | 8 3/4 | 5 | 4 1/4 | 4 |
| Damas, région verdoyante, entre 650 et 700 mètres d'altitude. | 15 | 13 | 8 | 7 1/2 | 7 |
| | 14 | 11 3/4 | 7 1/4 | 7 1/4 | 6 1/2 |
| | 13 1/2 | 11 1/4 | 6 3/4 | 6 1/4 | 6 |
| | 13 | 11 | 6 1/2 | 6 | 6 |
| | 12 3/4 | 10 1/2 | 7 | 6 | 5 1/2 |
| | 11 3/4 | 10 1/4 | 6 | 6 | 5 |
| | 11 1/2 | 10 | 6 1/4 | 5 1/2 | 5 |
| | 11 1/4 | 9 | 5 1/2 | 5 | 5 |
| | 10 1/2 | 8 3/4 | 5 1/2 | 5 | 4 1/2 |
| | 10 | 8 1/4 | 5 1/4 | 5 1/4 | 5 |
| | 9 | 7 1/4 | 5 | 4 1/2 | 4 1/2 |
| Broumana (Liban), entre 600 et 800 mètres d'altitude. | 12 | 10 1/2 | 7 | 5 3/4 | 5 1/4 |
| | 11 1/2 | 10 1/2 | 6 1/4 | 5 1/2 | 5 |
| | 10 3/4 | 10 | 6 | 5 | 4 3/4 |
| | 10 | 9 | 5 1/4 | 5 | 4 1/2 |
| | 10 | 8 3/4 | 5 1/4 | 5 | 5 |
| | 9 1/2 | 8 1/4 | 5 1/2 | 4 | 4 |
| | 9 | 8 | 5 3/4 | 4 1/2 | 4 1/2 |
| | 8 1/2 | 7 1/4 | 5 | 4 | 4 |
| | 8 | 6 3/4 | 4 1/4 | 4 | 3 1/2[1] |
| Rochers maritimes près de l'embouchure de la rivière du Chien, aux environs de Beyrouth. | 11 1/4 | 10 | 6 1/4 | 5 3/4 | 5 |
| | 11 | 9 3/4 | 6 | 5 3/4 | 5 |
| | 10 1/4 | 9 1/4 | 5 1/4 | 5 | 4 3/4 |
| | 10 | 9 | 5 | 4 3/4 | 4 3/4 |
| | 10 | 8 1/2 | 5 1/4 | 4 | 4 |
| | 9 | 8 | 5 1/4 | 4 1/2 | 4 |
| | 9 | 8 | 5 | 4 1/2 | 4 1/4 |
| | 8 1/2 | 7 1/4 | 4 3/4 | 4 | 4 |

1. Forme *nana* parfaitement adulte. Je la figure pl. VIII, fig. 1.

Ce long tableau fait tout d'abord ressortir l'extrême variété de taille de cette espèce, même dans une seule localité. Il montre ensuite la prédominance prise, dans certaines localités [1], par les formes *minor* ou tout à fait naines, sans qu'il y ait, cependant, exclusion complète des individus de taille normale.

Le test de l'*Helix Olivieri* de Férussac est ordinairement brillant, très finement strié ; les stries sont subégales, irrégulières, très obliques et plus fortes en dessus qu'en dessous. Les individus sans bandes sont plus finement striés que les autres.

La coloration est, le plus souvent, d'un corné blanchâtre, quelquefois d'un jaune verdâtre, surtout chez les spécimens sans bandes. Les autres sont ornés de bandes blanches et brillantes de largeur variable suivant les individus : l'une est située contre la suture, l'autre est supracarénale. Le péristome, qui est d'un rouge vineux plus ou moins foncé, est généralement bordé d'une zonule blanche très marquée. L'intérieur de l'ouverture est garni d'un fort bourrelet blanc ou quelquefois rosé.

L'*Helix Olivieri* de Férussac présente un assez grand nombre de variétés que nous allons maintenant passer en revue :

### Variété **parumcincta** Parreyss.

1837. *Helix parumcincta* Parreyss, in : Rossmässler, *Iconographie der Land- und Süsswasser-Mollusken* ; 1 (part. IV), p. 37.

1848. *Helix parumcincta* Parreyss, in : Pfeiffer, *Monogr. Heliceor. vivent.* ; 1, p. 130.

1854. *Helix Olivieri* var. *parumcincta* Mousson, *Coquilles terr. fluv. Bellardi Orient* ; p. 5 *(part.)*.

---

1. Notamment aux environs de Broumana (Liban) et sur les rochers maritimes près de l'embouchure de la rivière du Chien, aux environs de Beyrouth.

1863. *Helix Olivieri* var. *parumcincta* Mousson, *Coquilles terr. fluv.
Schlaefli Orient;* part. II, p. 8.

1887. *Helix Olivieri* var. *parumcincta* Tryon, *Manual of Conchology;*
2ᵉ série, *Pulmonata;* III, p. 191.

1889. *Helix Olivieri* var. *parumcincta* Westerlund, *Fauna der
paläarct. region Binnenconchylien;* II, p. 86.

1894. *Helicella Olivieri* var. *parumcincta* Pilsbry, in : Tryon, *Manual
of Conchology;* 2ᵉ série, *Pulmonata;* IX, p. 266.

1902. *Helix Olivieri* var. *parumcincta* Sturany, *Sitzungsberichte d.
Kais. Akad. d. Wissenschaft. Wien;* CXI, p. 127.

Coquille plus déprimée, avec une zonule blanche contre
la suture et une autre, plus étroite, sur la périphérie du
dernier tour. Cette variété vit partout avec le type.

### Variété **Rizzæ** Aradas.

1843. *Helix bicincta* Benoit, *Ricerche Malacologische;* p. 9, tab. 2,
fig. 11 *(mala)* [1].

1843. *Helix Rizzæ* Aradas, *Giornale l'Occhio,* anno V, nº 143.

1844. *Helix Rizzæ* Aradas, in : Philippi, *Zeitschrift für Malakozoolog.;* p. 105, nº 13.

1845. *Helix Rizzæ* Calcara, *Molluschi terr. e fluv. di Palerme;* p. 43.

---

1. Non *Helix bicincta* MENKE [*Synopsis methodica Molluscorum;*
éd. 2, 1830, p. 127] qui est l'*Helix (Cepolis) multistriata* DESHAYES
[*Encyclop. méthodique; Vers;* II, 1830, p. 248], espèce de l'île de
Cuba.

Non *Helix bicincta* PFEIFFER [*Symbolæ ad historiam Heliceorum;*
I, 1841, p. 38] qui est l'*Helix (Oxychina) bicincta* Pfeiffer, espèce du
Guatemala, du Costa-Rica et du Mexique.

Non *Helix bicincta* DUBOIS [in : MOUSSON, *Coquilles terr. fluv.
Schlaefli Orient;* II, 1863, p. 37 *(Helix obtusalis* var. *bicincta);* et
KOBELT, in : ROSSMASSLER, *Iconographie der Land- und Süsswasser-
Mollusken;* V, 1877, p. 116, taf. CXLVIII, fig. 1485 *(Helix obtusalis*
var. *bicincta)*] qui est une variété de l'*Helix (Helicogena) vulgaris*
PARREYSS [in : ROSSMASSLER, *Iconogr.,* etc.; 1839, p. 10, taf. XLIV,
fig. 581].

1846. *Helix Rizzæ* Calcara, *Cenno su' Moll. riv. e foss. della Sicilia*;
    p. 22.

1854. *Helix bicincta* Mousson, *Coquilles terr. fluv. Bellardi Orient*;
    p. 5.

1859. *Helix bicincta* Benoît, *Illustraz. sistem. iconogr. Testacei estra-
    marini della Sicilia*; part. III, p. 170, n° 61, tav. 3, fig. 16.

1868. *Helix bicincta* Pfeiffer, *Monogr. Heliceor. vivent.*; V, p. 479,
    n° 1057 a.

1887. *Helix Olivieri* var. *bicincta* Tryon, *loc. supra cit.*; III, p. 192,
    pl. XLII, fig. 64.

1889. *Helix Olivieri* var. *bicincta* Westerlund, *loc. supra cit.*; II,
    p. 86.

1894. *Helicella Olivieri* var. *bicincta* Pilsbry, in : Tryon, *loc. supra
    cit.*; IX, p. 266.

Benoît[1] a donné, de cette variété, l'excellente diagnose
suivante :

« *Testa demum clauso-perforata, subglobosa, tenuis,
subpellucida, striato-rugulosa, corneo-rufescens, fasciis
duabus lacteis cincta; spira elevata, convexa; anfractus
sex rotundati, ultimus antice vix descendens; sutura
profunda; apertura rotundato-lunata, vix obliqua;
peristoma acutum, extus rubellum, intus albido-labia-
tum, margine dextro subrecto, basili patulo, columellari
reflexo perforationem occultante* ».

Les dimensions de la var. *Rizzæ* sont les suivantes :

Diamètre maximum : 15 millimètres ; diamètre minimum :
12 1/2 millimètres ; hauteur : 11 millimètres.

Cette variété est abondante en Sicile.

Une assez grosse difficulté s'est élevée au sujet de la
nomenclature de cette coquille. La même année, Aradas et

---

1. Benoît (L.). — *Illustrazione sistematica critica iconografica de'
Testacei estramarini della Sicilia ulteriore e delle isole circostanti*; III,
1859, p. 170. Cet ouvrage, resté inachevé, a paru en 4 fascicules aux
dates suivantes : fasc. I, p. 1-52 (1857); fasc. II, p. 53-116 (1857);
fasc. III, p. 117-180 (1859); fasc. IV, p. 181-248 (1862).

Benoit avaient décrit ce Mollusque sous les noms respectifs d'*Helix Rizzæ* et d'*Helix bicincta*. La description d'Aradas ayant paru dans un journal de Palerme, l'*Occhio*, aujourd'hui introuvable [1] et n'étant pas accompagnée de figure, Benoît a proposé d'adopter définitivement le nom d'*Helix bicincta* :

« Il dott. Aradas di Catania opina essere stato il primo a ventilare per le stampe la presente specie nostrale, facendo noto averla prima di noi nomata *H. Rizzæ* nel Giornale palermitano l'*Occhio*, anno V, n. 143 (Vedi *Prosp. della stor. della Zool. di Sic. Catania* 1850, *Estr. dal vol. V degli Atti dell' Accademia Gioenia*, p. 13 e 20). Tale publicazione è certamente oscura, ignorandosi la descrizione di tale lumaca, e non conoscendosi se ne abbia esibita figura : solo presso noi se ne ha una nuda notizia nè già citati Opuscoli del fu Calcara, senza cognizione di data. Stante il modo oscuro di tal divolgamento, stimiano giusto ritenere il nome di *H. bicincta* da noi dato alla specie il 1843 nelle nostre *Ricerche Malacogische*, ove ne fu già esposta la descrizione accompagnata da une figura » [2].

Il est malheureusement impossible d'adopter le nom d'*Helix bicincta*, puisque ce vocable s'applique à une espèce du Guatemala, du Costa-Rica et du Mexique, décrite antérieurement par Pfeiffer [3]; il convient donc de désigner sous le nom de variété *Rizzæ* Aradas la coquille dont il est ici question, d'autant plus que l'identité des deux Mollusques décrits par Aradas et Benoit ne laisse aucun doute [4].

1. La Bibliothèque municipale de Palerme ne possède qu'une collection incomplète de ce recueil. M. le Marquis de Monterosato a eu l'amabilité de consulter ce journal à mon intention et de m'adresser une copie des articles malacologiques. Qu'il veuille bien recevoir ici tous mes remerciements.

2. Benoit (L.). — *Loc. supra cit.* ; part. III ; 1859, p. 172.

3. Voir page 199, note 1 de ce mémoire.

4. Il est, d'autre part, impossible de savoir lequel des deux mémoires d'Aradas et de Benoit est antérieur à l'autre, le mois de la publication n'étant pas indiqué.

Quant aux coquilles nommées : *Helix ornata* par
DE CRISTOFORI et JAN [1], et *Helix bizona* par MUHLFELDT [2], il
est impossible, en l'absence de toute description, de les
rapporter à une variété bien définie de l'*Helix Olivieri* de
Férussac ; tout au plus peut-on, sur la foi de ROSSMASSLER [3],
les considérer comme synonymes de l'*Helix Olivieri*.

### Variété **cribrata** Westerlund.

1876. *Helix Olivieri* var. *cribrata* Westerlund, *Fauna europ.* ; p. 62.

1879. *Helix Olivieri* var. *cribrata* Westerlund et Blanc, *Aperçu faune
malacologique Grèce* ; p. 43.  ·

1887. *Helix Olivieri* var. *cribrata* Tryon, *loc. supra cit.* ; III, p. 192.

1889. *Helix Olivieri* var. *cribrata* Westerlund, *loc. supra cit.* ; II,
p. 86.

1894. *Helicella Olivieri* var. *cribrata* Pilsbry, in : Tryon, *loc. supra
cit.* ; IX, p. 266.

1. CRISTOFORI et JAN *in sched.*, *teste* ROSSMASSLER, *Iconographie der
Land - und Süsswasser-Mollusken* ; 1, part. IV, 1837, p. 37.

Non *Helix ornata* PARREYSS [in : PFEIFFER, *Monogr. Heliceor.
vivent.* ; IV, 1859, p. 177] qui est une variété de l'*Helix (Chilostoma)
phocæa* ROTH [*Malakozoolog. Blätter* ; III, p. 1, taf. I, fig. 1-3 *(Helix
Phocæa)*], espèce du mont Parnasse.

2. MUHLFELDT *in sched.*, *teste* ROSSMASSLER, *loc. supra cit.* ; I, 1837,
p. 37.

Non *Helix bizona* ROSSMASSLER [*loc. supra cit.* ; IV, 1842, p. 1,
taf. LI, fig. 683 ; et KOBELT, in : ROSSMASSLER, *loc. supra cit.* ; V,
n. f., 1876, p. 35 *(Helix cingulata* var. *bizona)*] qui est une variété
de l'*Helix (Chilostoma) cingulata* STUDER [*Systematisches Verzeichniss
der Schweizer-Conchylien* ; 1820, p. 14 *(Helix cingulata)*], espèce du
Tyrol.

Non *Helix bizona* GREDLER qui est l'*Helix (Ganesella) bizona*
Gredler, espèce de Chine.

Non *Helix bizona* MARTENS qui est une variété de l'*Helix (Lysinoe)
Ghiesbreghti* NYST [*Bullet. Acad. Sc. Bruxelles* ; VIII, 1841, p. 343, fig. 2
*(Helix Ghiesbreghtii)*], espèce de Vera-Cruz, du Mexique et du Gua-
temala.

3. ROSSMASSLER. — *Loc. supra cit.* ; I, 1837, p. 37.

Coquille brillante, d'un corné bleuâtre, ornée de deux bandes brunes brillantes et de stries à la suture et autour de l'ombilic.

Cette variété, qui atteint 13 1/2 millimètres de diamètre maximum et 9 millimètres de hauteur, habite la Grèce, notamment aux environs d'Athènes.

## Variété **gregaria** Zeigler.

1839. *Helix gregaria* Zeigler, in : Rossmässler, *Iconographie der Land- und Süsswasser-Mollusken ;* p. 7, laf. XLIII, fig. 569.

1842. *Helix Olivieri* Pirajno, *Nota di Moll. di Sicilia ;* p. 6 *(non* de Férussac).

1842. *Helix Olivieri* Aradas et Maggiore, *Catal. della Conch. di Sicilia ;* p. 94 *(non* de Férussac).

1842. *Helix Olivieri* Calcara, *Cenno topographico de' dintorni di Torino ;* p. 23 *(non* de Férussac).

1845. *Helix Olivieri* Calcara, Esposiz. Moll. terr. e fluv. di Palermo ; p. 15 *(Atti dell' Accad. di Scienze e Lett. di Palermo) (non* de Férussac).

1848. *Helix syriaca* var. β Pfeiffer, *Monogr. Heliceor. vivent.;* 1, p. 131.

1853. *Helix syriaca* Morelet, Catal. Mollusques Algérie ; *Journal de Conchyliologie ;* IV, p. 288.

1854. *Helix syriaca* var. *gregaria* Mousson, *Coquilles terr. fluv. Bellardi Orient ;* p. 30.

1859. *Helix occulta* Bivona, *teste* Pirajno, in : Benoît, *Illustraz. sistem. iconogr. Testacei estramarini della Sicilia ;* part. III, p. 167, n° 60, tav. III, fig. 19.

1864. *Helix oxychina* var. *minor* Bourguignat, *Malacologie Algérie ;* 1, p. 149, pl. XVIII, fig. 1-4.

1879. *Helix syriaca* var. *gregaria* Westerlund et Blanc, *loc. supra cit. ;* p. 44.

1882. *Helix (Monacha) gregaria* Statuti, Catalogo Molluschi terr. et fluv. prov. Romana ; *Atti Accad. pont. de' nuovi Lincei ;* XXXIV ; (tirés à part, p. 19, n° 22).

1887. *Helix gregaria* Tryon, *loc. supra cit. ;* III, p. 196, pl. XLIV, fig. 22-23.

1889. *Helix Olivieri* var. *gregaria* Westerlund, *loc. supra cit.*; II, p. 86.

1894. *Helicella Olivieri* var. *gregaria* Pilsbry, in : Tryon, *loc. supra cit.*; IX, p. 266.

1894. *Helix (Carthusiana) gregaria* de Monterosato, Conchiglie terrestri Monte Pellegrino; *Naturalista Siciliano*; XIII, n° 9 (tirés à part, p. 2).

1900. *Helix (Zenobia) gregaria* Bellini; *Bollettino Soc. zoologica italiana* (2ᵉ série), 1, p. 38, n° 19 (tirés à part, p. 10, n° 19).

La variété *gregaria* ressemble beaucoup à l'*Helix carthusiana* Müller et constitue un des nombreux termes de passage qui relie cette dernière espèce à l'*Helix Olivieri* de Férussac. La taille de la variété *gregaria* reste petite : 10-12 millimètres de diamètre maximum pour 7-8 millimètres de hauteur ; la sculpture est la même que chez le type ; enfin, l'ombilic, réduit à un point, est aussi très souvent accusé seulement par un faible relèvement du bord columellaire.

La variété *gregaria* présente une aire de dispersion considérable : on la rencontre dans le sud de l'Italie, notamment aux environs de Naples et en Calabre où elle est abondante; en Sicile, en Grèce, en Algérie et jusqu'en Égypte. En Syrie, elle vit à Cheikle [Naegele].

A côté de ces variétés, l'*Helix Olivieri* de Férussac offre de nombreuses formes de taille et de coloration dont je me contenterai de donner une liste critique.

Ex forma :

1.) *major* Paulucci.

Paulucci, 1879, *Fauna malacologica della Calabria*; p. 71, tab. I, fig. 6 ; — Pilsbry, 1887, *loc. supra cit.*; III, p. 191, pl. XLII, fig. 61 ; — Westerlund, 1889, *loc. supra cit.*; II, p. 86.

Forme de grande taille, atteignant jusqu'à 19-20 millimètres de diamètre maximum et 13 millimètres de hauteur, vivant dans presque toutes les localités où habite le type. M. Henri Gadeau de Kerville ne l'a pas recueillie en Syrie.

### 2.) *nana* Paulucci.

Paulucci, 1879, *loc. supra cit.;* p. 71, tab. I, fig. 7; — Statuti, 1882, *loc. supra cit.;* p. 20; — Pilsbry, 1887, *loc. supra cit.;* III, p. 191, pl. XLII, fig. 62; — Westerlund, 1889, *loc. supra cit.;* II, p. 86.

La forme *nana* est souvent de taille très petite puisqu'elle n'a parfois que 7 millimètres de diamètre maximum. M. Henri Gadeau de Kerville a rencontré, notamment à Broumana (Liban) et sur les rochers maritimes près de l'embouchure de la rivière du Chien, aux environs de Beyrouth, de très beaux spécimens de cette forme, ne mesurant que 8 millimètres de diamètre maximum pour 4 1/4 millimètres de hauteur. De telles coquilles sont parfaitement adultes, et leur ouverture est bordée d'un bourrelet rosé très marqué. Je figure ici (pl. VIII, fig. 1) un des exemplaires les mieux caractérisés.

Ex colore :

### 1.) *ocellata* Parreyss.

Parreyss, 1839, in : Roth, *Molluscorum species Orient.;* p. 14; — Pfeiffer, 1848, *Monogr. Heliceor. vivent.;* I, p. 130; — Mousson, 1864, *loc. supra cit.;* p. 5; — Tryon, 1887, *loc. supra cit.;* p. 191, pl. XLII, fig. 63; — Westerlund, 1889, *loc. supra cit.;* II, p. 86.

Cette forme possède une coquille presque opaque, d'apparence laiteuse, ornée d'une ou de deux zonules d'un corné foncé et de taches de même couleur irrégulièrement distribuées.

La forme *ocellata* Parreyss vit aux environs de Constantinople et en divers points de l'Asie-Mineure.

### 2.) *pallida* Paulucci.

Paulucci, 1879, *loc. supra cit.;* p. 71; — Westerlund, 1889, *loc. supra cit.;* II, p. 86.

Coquille d'un corné rosé, avec le dernier tour orné d'une bande étroite d'un brun-rougeâtre sombre. Cette forme habite la Calabre.

### 3.) *monochroa* Westerlund.

WESTERLUND, 1889, *loc. supra cit.*; II, p. 86.

Coquille unicolore, mince, de couleur cornée, atteignant 14-15 millimètres de diamètre maximum sur 10 millimètres de hauteur.

La forme *monochroa* Westerlund habite la Grèce.

### 4.) *rufescens* Platania.

PLATANIA, in: PAULUCCI, 1879, *loc. supra cit.*; p. 71; — TRYON, 1887, *loc. supra cit.*; III, p. 191; — WESTERLUND, 1889, *loc. supra cit.*; II, p. 86.

Coquille rougeâtre ou d'un brun-rougeâtre, ornée d'une bande blanche; ouverture garnie d'un bourrelet rosé.

Cette mutation *ex colore* se rencontre, plus ou moins abondamment, en Sicile.

Deux autres *Theba* sont très voisins de l'*Helix Olivieri* de Férussac et devront sans doute lui être réunis : l'*Helix Rothi* Pfeiffer et l'*Helix obstructa* de Férussac.

L'*Helix Rothi* Pfeiffer[1], qui habite l'île de Syra, les environs de Smyrne et de Constantinople, n'est qu'une forme représentative de l'*Helix Olivieri* de Férussac, reliant cette dernière espèce aux variétés si nombreuses de l'*Helix car-*

---

1. PFEIFFER, in: *Wiegm. Archiv. für Naturg.*; 1, 1841, p. 218. Figuré dans MARTINI et CHEMNITZ, *Systemat. Conchylien-Cabinet*; 1846, p. 126, n° 92, taf. XVII, fig. 5-7; et par KOBELT, in: ROSSMASSLER, *Iconographie der Land- und Süsswasser-Mollusken*; n. f., 1879, taf. CX, fig. 1633. La figure 1635 représente la var. *Draxleri* Zelebor. MOUSSON [*Coquilles terr. fluv. Bellardi. Orient*, 1854, p. 26] a décrit une variété *obsita*, qui vit aux environs de Smyrne.

*thusiana* Müller. Ainsi que le dit Sturany[1], il est actuellement impossible de trancher la question, par suite du manque de matériaux de comparaison.

Quant à l'*Helix obstructa* de Férussac[2] (pl. VIII, fig. 18-20), il se relie, comme Pallary[3] le fait remarquer, à l'*Helix Olivieri* de Férussac par de nombreux passages[4]. Je le conserve cependant comme espèce distincte parce qu'il vit très abondant et très typique, et en l'absence de l'*Helix Olivieri* de Férussac, dans les régions mésopotamiennes. Peut-être s'agit-il ici d'une variété locale ou d'une espèce représentative[5] ? Peut-être aussi y a-t-il confusion, et l'*Helix obstructa*, signalé par Mousson comme si abondant en Mésopotamie, est-il une espèce différente de la coquille de la Syrie et de l'Égypte désignée sous le même nom par de nombreux naturalistes ?

1. Sturany (R.). — Beitrag zur Kenntniss der kleinasiatischen Molluskenfauna ; *Sitzungsberichte d. Kais. Akad. d. Wissenschaft. Wien ;* CXI, 1902, p. 128.

2. Férussac (de) et Deshayes. — *Histoire gén. et particul. des Mollusques;* I, p. 110, tabl. CX, fig. 10.

3. Pallary (P ) — Catalogue de la faune malacologique d'Égypte ; *Mémoires Institut Égyptien ;* VI, 1909, p 15.

4. Pour Mousson [*Coquilles terr. fluv. Bellardi Orient;* 1854, p. 43] l'*Helix obstructa* de Férussac se distingue « par la forte déviation du dernier tour à l'endroit de l'ombilic, qui reste punctiforme »; mais ce caractère s'observe facilement chez toutes les espèces du groupe de l'*Helix carthusiana* Müller.

5. L'*Helix obstructa* est « très fréquente dans la Haute-Mésopotamie où elle semble remplacer les *Helix syriaca* Ehr., *Olivieri* Fér., qui n'y paraissent plus, tandis que sur certains points de la Syrie elles coexistent. Dans ce vaste domaine elle ne se développe pas en variétés appréciables et ne se change nulle part en variété *appressula* Friwaldsky [in : Roth, *Coquilles terr. fluv. Bellardi Orient;* 1861, p. 9], espèce mentionnée sur la côte méditerranéenne. Elle a été trouvée en quantité à Bakuba (Dschebel-Sindscher), sous des buissons au bord du désert ». [Mousson (A.). — Coquilles terr. fluv. D' Schlaefli Orient; *Journal de Conchyliologie ;* XXII, 1874, p. 28].

Enfin, Bourguignat[1] a décrit un *Helix subobstructa* qui « offre surtout de grands rapports extérieurs avec l'*Helix syriaca* », mais qui s'en distingue par « sa perforation ombilicale qui, au lieu d'être arrondie, présente une forme allongée semblable à celle que l'on remarque chez l'*Helix obstructa* de Férussac.

» Mais on séparera toujours notre *Helix subobstructa* de l'*obstructa* dont nous avons donné la reproduction dans nos planches, à ses tours de spire, plus nombreux et s'accroissant avec plus de régularité ; à son test, plus fragile, plus diaphane ; à sa spire, un peu plus élancée ; enfin, surtout, à son dernier tour de spire, moins dévié vers la perforation ombilicale »[2].

On voit que les caractères énumérés par Bourguignat ne sont pas spécifiques, et qu'après ce que j'ai dit de la variabilité de l'*Helix Olivieri* et des espèces voisines, il ne saurait être question de séparer spécifiquement l'*Helix subobstructa*.

Localités :

Rochers maritimes près de l'embouchure de la rivière du Chien, aux environs de Beyrouth [Henri Gadeau de Kerville].

Broumana (Liban), entre 600 et 800 mètres d'altitude [Henri Gadeau de Kerville].

---

1. Bourguignat (J. R.). — *Aménités malacologiques;* I, 1856, p. 116, pl. IX, fig. 4-6. [ « Habite sous les gazons, les feuilles mortes, à Beicos en Anatolie (Raymond) », p. 117 ].

Bourguignat, qui avait l'intention de publier une Histoire malacologique de l'Égypte, a étiqueté un certain nombre d'*Helix obstructa* de ce pays sous les noms d'*Helix morphina* Bourguignat, *Helix pephisema* Bourguignat, *Helix cahirina* Bourguignat, *Helix nearæ* Bourguignat, *Helix catemphatia* Bourguignat. P. Pallary [*loc. supra cit.;* 1909, p. 15] a eu parfaitement raison de considérer ces coquilles comme de véritables *Helix obstructa* de Férussac.

2. Bourguignat (J. R.). — *Loc. supra cit.;* 1856, p. 117.

Beit-Méri (Liban), entre 600 et 800 mètres d'altitude [Henri Gadeau de Kerville].

Berzé (Anti-Liban), près de Damas, entre 700 et 800 mètres d'altitude [Henri Gadeau de Kerville].

Région verdoyante de Damas, entre 650 et 700 mètres d'altitude [Henri Gadeau de Kerville].

Ataïbé, à l'est de Damas [Henri Gadeau de Kerville].

Koutaïfé, au nord-est de Damas [Henri Gadeau de Kerville].

## § 4. — PLATYTHEBA Pilsbry, 1894 [1].

C'est avec raison que Pilsbry[2] a proposé le nouveau nom de *Platytheba* pour le sous-genre *Nummulina* Kobelt[2], ce dernier vocable ayant été antérieurement employé par d'Orbigny[3].

Les espèces de ce sous-genre, d'ailleurs peu nombreuses, sont caractéristiques de la Syrie et du Caucase.

### Helix (Platytheba) nummus Ehrenberg.

1831. *Caracolla nummus* Ehrenberg, *Symbol. phys.* (sans pagination).

1845. *Helix Henderborgi* Pfeiffer, *Proceed. Zoological Society of London ;* p. 132.

1847. *Helix oxigyra* Boissier, in : de Charpentier, *Zeitschrift für Malakozoologie ;* p. 131.

1848. *Helix nummus* Pfeiffer, *Monogr. Heliceor. vivent. ;* 1, p. 299, nᵒ 549 [1].

1. Pilsbry (G. W.), in : Tryon (H. A.). — *Manual of Conchology :* 2ᵉ série, *Pulmonata ;* IX, 1894, p. 268.

2. Kobelt (Dᵛ W.). — *Catalog Europ. Binnenconchylien ;* 1871, p. 12.

3. Orbigny (Al. d'). — *Annales Sciences naturelles ;* VII, 1826.

4. Non *Helix nummus* Issel, qui est une variété du *Trochomorpha (Videna) planorbis* Lesson [*Voyage de la Coquille ; Zoologie ;* II, 1, 1830, p. 312, atlas. pl. XIII, fig. 4 (*Helix planorbis*)], espèce de Sumatra, Java, Bornéo, Célèbes, etc.

1848. *Helix Henderborgi* Pfeiffer, *Monogr. Heliceor. vivent.* ; I, p. 215,
n° 563.

1848. *Helix oxigyra* Pfeiffer, *Monogr. Heliceor. vivent.* ; I, p. 444,
n° 444 a.

1853. *Helix nummus* Pfeiffer, *Monogr. Heliceor. vivent.* ; IV, p. 161,
n° 862.

1853. *Helix nummus* Bourguignat, *Catalogue rais. Mollusques Saulcy
Orient* ; p. 21.

1853. *Helix bottæ* de Valenciennes, in : Bourguignat, *loc. supra cit.* ;
p. 21 (*in Collect. Muséum Paris*).

1854. *Helix nummus* Reeve, *Conchol. Iconica* ; tab. 145, fig. 935.

1855. *Helix nummus* Schmidt, *Stylommatophoren* ; p. 33, taf. VII,
fig. 50.

1855. *Iberus nummus* Adams, *Genera of Shells* ; p. 209.

1856. *Helix nummus* Martens, *Gattung Helix*, in : Martini et
Chemnitz, *Systemat. Conchylien-Cabinet* ; III, p. 431, n° 995,
taf. 151, fig. 18-20 [1].

1859. *Helix nummus* Pfeiffer, *Monogr. Heliceor. vivent.* ; IV, p. 187,
n° 1171.

1862. *Hygromia nummus* Mörch, *Journal de Conchyliol.* ; XIII,
p. 383.

1865. *Helix nummus* Tristam, *Proceed. Zoological Society of London* ;
p. 533, n° 22.

1868. *Helix nummus* Pfeiffer, *Monogr. Heliceor. vivent.* ; V, p. 258,
n° 1598.

1868. *Helix nummus* Bourguignat, *Mollusques nouveaux, litigieux ou
peu connus* ; 10e décade, p. 312, pl. XLII, fig. 1-3.

1874. *Helix (Nummulina) nummus* Jickeli, *Fauna der Land- und
Süsswasser-Mollusken Nord-Ost-Afrika's* ; p. 67.

1877. *Helix nummus* Kobelt, in : Rossmässler, *Iconographie der
Land- und Süsswasser-Mollusken* : V, p. 26, taf. CXXVI,
fig. 1214.

1887. *Helix (Nummulina) nummus* Tryon, *Manual of Conchology* ;
2e série, *Pulmonata* ; III, p. 199, pl. XLIV, fig. 45-46.


1. Dans son texte, MARTENS [*loc. supra cit.*, 1856, p. 431] renvoie par
erreur à la pl. 152. Cette confusion a été reproduite par de nombreux
auteurs.

1889. *Helix (Nummulina) nummus* Westerlund, *Fauna der paläarct. region Binnenconchylien;* part. II, p. 29, n° 82.

1889. *Helix (Fruticicola) nummus* Blanckenhorn, *Nachrichtsblatt d. Deutschen Malakozoolog. Gesellschaft;* p. 83.

1894. *Helix (Platytheba) nummus* Pilsbry, in Tryon, *Manual of Conchology;* 2ᵉ série, *Pulmonata;* IX, p. 268.

1912. *Helix (Platytheba) nummus* Germain, *Bulletin Muséum Hist. natur. Paris;* n° 7, p. 444, n° 103.

Cette belle espèce est peu variable; la taille reste sensiblement constante chez les individus adultes; la spire est, quelquefois, un peu plus élevée et plus franchement tectiforme en dessus; enfin, quelques spécimens présentent un ombilic légèrement plus ouvert.

Le test est assez solide, bien que médiocrement épais; il est chocolat clair en dessous, moins foncé en dessus, avec un sommet lisse et brillant. Il est orné, de la manière la plus élégante, de fortes stries obliques, presque lamelleuses, un peu plus délicates et plus serrées en dessous. La carène est blanche et tranchante.

Diamètre maximum : 16 1/2 millimètres; diamètre minimum : 14 1/4 millimètres; hauteur totale : 5 1/2 millimètres; largeur de l'ouverture : 7 1/2 millimètres; hauteur de l'ouverture : 7 millimètres.

Avec les individus normaux, M. Henri Gadeau de Kerville a recueilli un échantillon, malheureusement peu adulte, dont la coquille, absolument transparente, est entièrement albine.

L'*Helix (Platytheba) nummus* est une espèce bien particulière et qu'il est facile de séparer des autres *Helix* du même groupe. L'espèce la plus voisine est, en effet, l'*Helix spiroxia* Bourguignat[1] qui vit également en Syrie, mais qui se distingue de l'*Helix nummus* :

---

1. Bourguignat (J. R.). — *Mollusques nouveaux, litigieux ou peu connus;* 10ᵉ décade, 1868, p. 310, n° 97, pl. XLII, fig. 4-6. La figure donnée par le Dʳ W. Kobelt [in : Rossmassler, *Iconographie der Land - und Süsswasser-Mollusken;* V, 1877, p. 27, taf. CXXVI, fig. 1215] est également très exacte.

Par sa coquille plus petite, moins lenticulaire, plus bombée en dessus ; par son ouverture proportionnellement plus petite, plus serrée, presque aussi haute que large ; enfin, par son ombilic presque nul, tandis qu'il est bien développé chez l'*Helix nummus.*

L'*Helix nummus* est beaucoup plus éloigné de l'*Helix genezarethana* Mousson[1] qui habite la Palestine ; cette dernière espèce se sépare de l'*Helix nummus :*

Par sa taille plus grande, sa forme bien plus globuleuse, renflée à la base ; par sa carène plus forte et plus obtuse ; par son ombilic bien moins large ; enfin, par sa coloration uniforme.

Au nord de la Syrie vivent également deux autres espèces du sous-genre *Platytheba :* l'*Helix Jasonis* Dubois[2] et l'*Helix prometheus* Boettger[3].

L'*Helix Jasonis* Dubois, qui habite la Mingrélie, au sud-ouest du Caucase[4], se distingue par sa taille bien plus

1. MOUSSON (A.). — *Coquilles terrestres et fluviatiles recueillies par le Prof. J. R. Roth pendant son dernier voyage en Palestine;* 1861, p. 28, n° 31. Cette espèce a été exactement figurée par J. R. BOURGUIGNAT [*Mollusques nouveaux, litigieux ou peu connus;* 1re décade, 1863, p. 17, n° 8, pl. III, fig. 9-11] et par le Dr W. KOBELT [in : ROSSMASSLER, *Iconographie der Land - und Süsswasser-Mollusken ;* VI, 1879, p. 1, taf. CLI, fig. 1530].

2. DUBOIS, in : MOUSSON (A.). — *Coquilles terrestres et fluviatiles recueillies par le Prof. J. R. Roth pendant son dernier voyage en Palestine;* 1861, p. 29 (sans description). Décrite par MOUSSON (A.) [*Coquilles terrestres et fluviatiles recueillies dans l'Orient par M. le Dr Alexandre Schlaefli,* part. II, 1863, p. 52, n° 41], cette espèce a été figurée par le Dr W. KOBELT [in : ROSSMASSLER, *Iconographie der Land- und Süsswasser-Mollusken;* VI, 1879, p. 1, taf. CLI, fig. 1529].

3. BOETTGER (Dr OSKAR). — Siebentes Verzeichniss von Mollusken der Kaukasusländer nach Sendungen des Herrn Hans Leder, z. Z. in Helenendorf bei Elisabetpol (Transkaukasien) ; *Jahrbücher d. Deutschen Malakozoolog. Gesellschaft ;* X, 1883, p. 159, n° 31, taf. IV, fig. 6 a, 6 b et 6 c [*Helix (Nummulina) Prometheus*].

4. Le type original, décrit par A. MOUSSON, a été recueilli aux environs de Nakolekewi par DUBOIS.

grande, atteignant jusqu'à 22-24 millimètres de diamètre maximum [1] ; par sa spire moins élevée ; par son *ombilic beaucoup plus large ;* enfin, par son test plus fortement strié, presque costulé, avec un dernier tour muni d'une carène blanche plus mince, plus tranchante et plus proéminente. C'est une forme septentrionale de l'*Helix nummus.* Il en est de même de l'*Helix prometheus* Boettger, espèce du Caucase [2] qui se sépare de l'*Helix nummus* Ehrenberg : par sa taille plus grande ; par son ombilic *plus largement ouvert ;* par son test très obscurément granulé, non rugueux en dessous ; et, enfin, par son dernier tour très nettement descendant à l'extrémité.

En résumé, les *Platytheba* sont des *Helix* particuliers à l'Asie-Antérieure, où ils se rencontrent depuis la Palestine (*Helix genezarethana* Mousson) et la Syrie (*Helix nummus* Ehrenberg, *Helix spiroxia* Bourguignat), jusqu'au Caucase (*Helix prometheus* Boettger) et à la Mingrélie (*Helix Jasonis* Dubois). Il est intéressant de remarquer que l'ombilic, presque nul chez l'espèce de la Palestine, va en s'élargissant à mesure que l'on s'avance vers le nord pour atteindre son plus grand développement chez les espèces de la Mingrélie et du Caucase.

Localité :

Rochers maritimes près de l'embouchure de la rivière du Chien, aux environs de Beyrouth [Henri Gadeau de Kerville].

### § 5. — METAFRUTICICOLA von Ihering, 1892 [3].

**Helix (Metafruticicola) berytensis** de Férussac.

Pl. VIII, fig. 17 ; et pl. IX, fig. 12-14.

1. Pour 9 millimètres de hauteur totale.

2. L'*Helix prometheus* habite près de Muri [Tskeni-Tskali, dans le Riongebiet].

3. Ihering (Hermann von). — *Zeitschrift für Wissensch. Zool.,* 4 octobre 1892, p. 452. [ = *Pseudocampylæa* Hesse, *Jahrb. d. Deutschen Malakozoolog. Gesellschaft* ; 1884, p. 237, non *Pseudocampylæa* Pfeiffer, *Malakozoolog. Blätter,* XXIV, 1877, p. 8].

27

1821. *Helix Berytensis* de Férussac, *Tableaux systématiques;* p. 43, n° 260.

1841. *Helix Berytensis* Pfeiffer, *Symbol. ad Hist. Heliceor. vivent.;* 1, p. 39.

1846. *Helix berytensis* Pfeiffer, *Gattung Helix,* in : Martini et Chemnitz, *Systemat. Conchylien-Cabinet;* p. 126, n° 93, taf. XVII, fig. 11-12.

1848. *Helix Berytensis* Pfeiffer, *Monogr. Heliceor. vivent.;* 1, p. 138, n° 358.

1850. *Fruticicola berytensis* Albers, *Die Heliceen;* p. 71.

1852. *Helix berytensis* Reeve, *Conchologia Iconica,* pl. CXLVI, sp. 966.

1853. *Helix Berytensis* Pfeiffer, *Monogr. Heliceor. vivent.;* III, p. 120, n° 580.

1853. *Helix berytensis* Bourguignat, *Catalogue rais. Mollusques terr. flur. Saulcy Orient;* p. 23.

1854 *Helix berytensis* Mousson, *Coquilles terr. flur. Bellardi Orient;* p. 42, n° 1.

1855. *Hygromia berytensis* Adams. *Genera of recent Mollusca;* p. 214.

1859. *Helix Berytensis* Pfeiffer, *Monogr. Heliceor. vivent.;* IV, p. 120, n° 760.

1861. *Helix berytensis* Mousson, *Coquilles terr. flur. Roth Palestine;* p. 9, n° 10.

1863. *Helix berytensis* Bourguignat, *Mollusques nouveaux, litig. ou peu connus;* p. 37, pl. VI, fig. 1-3.

1865. *Helix berytensis* Tristam, *Proceed. Zoological Society of London;* p. 532, n° 20.

1868. *Helix Berytensis* Pfeiffer, *Monogr. Heliceor. vivent.;* V, p. 195, n° 1068.

1874. *Helix berytensis* Martens, *Vorderasiatische Conchylien;* p. 8, n° 5, et p. 51.

1877. *Helix berytensis* Kobelt, in : Rossmässler, *Iconographie der Land- und Süsswasser-Mollusken;* V, p. 25, taf. CXXV, fig. 1208.

1887. *Helix (Carthusiana) berytensis* Tryon, *Manual of Conchology;* 2e série, *Pulmonata;* III, p. 194, pl. XLIII, fig. 97-99.

1889. *Helix (Latonia) berytensis* Westerlund, *Fauna der paläarct. region Binnenconchylien;* II, p. 69, n° 196.

1889. *Helix (Fruticicola) berytensis* Blanckenhorn, *Nachrichtsblatt d. Deutschen Malakozoolog. Gesellschaft;* p. 83.

1894. *Helix (Theba) berytensis* Pilsbry, in : Tryon, *Manual of Conchology :* 2ᵉ série, *Pulmonata;* IX, p. 266.

1902. *Helicella (Theba) berytensis* Gude, *Journal of Malacology;* IX, p. 128.

1912. *Helix (Metafruticicola) berytensis* Germain, *Bulletin Muséum Hist. natur. Paris;* p. 445, n° 106.

La figuration de l'*Helix berytensis* de Férussac, donnée par Pfeiffer[1], est *relativement exacte*, bien qu'elle représente une coquille à spire trop haute[2] avec un ombilic trop étroit; celle de J. R. Bourguignat[3] est beaucoup plus fidèle et rend bien, notamment, les caractères de l'ombilic. Je figure ici (pl. IX, fig. 12 - 14) le *type* de la collection DE Férussac, aujourd'hui au Muséum national d'Histoire naturelle de Paris. On voit que l'*Helix berytensis* de Férussac, qui, à première vue, présente l'aspect des coquilles du groupe de l'*Helix Olivieri* de Férussac, s'en distingue par sa forme plus globuleuse, par sa spire plus haute, plus régulièrement conique et à tours plus convexes; par son ombilic large, entouré d'une angulosité émoussée; par sa coloration uni-

---

1. Pfeiffer (L.). — Die Schnirkelschnecken, Gattung Helix, in : Martini et Chemnitz, *Systemat. Conchylien-Cabinet;* 1846, p. 126, n° 93, taf. XVII, fig. 11-12.

2. Westerlund (C. A.) [*Fauna der in der paläarctischen region Binnenconchylien;* II, 1889, p. 69] a distingué cette coquille du type de l'*Helix berytensis* de Férussac, sous le nom de forma *altior*. Déjà Bourguignat [*Mollusques nouveaux, litigieux ou peu connus;* 2ᵉ décade, 1ᵉʳ mai 1863, p. 42] avait créé, pour cette même coquille, la variété *conica;* ce nom étant incontestablement le plus ancien est celui qu'il convient d'adopter. Dans ce même travail, Bourguignat a encore distingué une variété *leucozona* chez laquelle le « dernier tour subanguleux est orné d'une obscure zonule d'une teinte pâle qui disparaît vers l'ouverture », et une variété *subgranulata* qui possède une « coquille à granulations à peine sensibles, même à la loupe ».

3. Bourguignat (J. R.). — *Loc. supra cit.;* 1ᵉʳ mai 1863, p. 39, pl. VI, fig. 1-3.

forme d'un brun-jaunâtre clair et, enfin, par sa sculpture spéciale. Le test de l'*Helix berytensis* de Férussac est, non-seulement orné de stries assez fortes, un peu irrégulières et très obliques, mais encore de fines granulations placées les unes contre les autres et à peu près orientées comme les stries. Sur les premiers tours, ce sont les granulations qui dominent les stries; par contre, au dernier tour, les stries sont plus importantes que les granulations.

L'unique[1] échantillon recueilli par M. HENRI GADEAU DE KERVILLE est, comparativement au type de FÉRUSSAC, de taille un peu plus forte. Il mesure 16 millimètres de diamètre maximum, 14 millimètres de diamètre minimum et 10 millimètres de hauteur totale (pl. VIII, fig. 17).

L'enroulement des tours de spire est rigoureusement identique chez les deux coquilles qui présentent un dernier tour brusquement descendant à l'extrémité, mais seulement sur une très petite longueur. Le test de l'exemplaire récolté par M. HENRI GADEAU DE KERVILLE est jaunacé, un peu café au lait clair, moins fortement coloré en dessous qu'en dessus; enfin, l'ouverture est intérieurement garnie d'un bourrelet blanchâtre[2].

Une espèce très voisine de l'*Helix berytensis* de Férussac a été décrite, par J. R. BOURGUIGNAT[3], sous le nom d'*Helix Fourousi*. La coquille, de même taille, de même forme

1. M. HENRI GADEAU DE KERVILLE n'a fait que très peu de recherches zoologiques dans la localité où il a recueilli cet unique échantillon, localité indiquée ci-après.

2. J'ai reçu dernièrement, des environs de Beyrouth, quelques exemplaires de l'*Helix berytensis* de Férussac, remarquables par leur coloration qui est d'un jaune olivâtre, plus franchement jaune vers le sommet et aux environs de l'ouverture. L'intérieur de l'ouverture est d'un blanc violacé un peu brillant, avec un péristome plus nettement violacé.

3. BOURGUIGNAT (J. R.). — *Mollusques nouveaux, litigieux ou peu connus*; 2e décade, 1er mai 1863, p. 41, pl. VI, fig. 6-9.

générale, se distingue par un ombilic notablement plus
étroit et une sculpture différente, beaucoup plus nettement
accusée : les granulations sont ici plus grosses, plus allon-
gées, et disposées d'une manière plus symétrique. De telles
différences paraissent peu importantes et il semblerait, en
s'en tenant au seul examen de la coquille, que l'*Helix
Fourousi* Bourguignat ne soit qu'une variété de l'*Helix
berytensis* de Férussac ; cependant, il n'en est rien,
P. Hesse [1] ayant dernièrement montré que ces deux Mollusques présentaient de nombreuses différences anatomiques
portant, principalement, sur l'appareil génital [2]. D'autre
part cet habile anatomiste, qui a étudié le *type* de l'*Helix
granulata* Roth [3], conservé au Musée de Munich, a pu
l'identifier à l'*Helix Fourousi* Bourguignat ; mais, comme
il existe déjà un *Helix granulata* antérieurement décrit par
Quoy et Gaimard [4], le nom proposé par Roth ne peut être

1. Hesse (P.). — Kritische Fragmente. V. *Helix berytensis* Fér. und
*fourousi* Bgt. VIII. *Helix granulata* Roth ; *Nachrichtsblatt d. Deutschen
Malakozoolog. Gesellschaft* ; 1908, p. 133-135.

2. D'après P. Hesse [*loc. supra cit.*: 1908, p. 135], la longueur du
pénis, qui atteint de 15 à 20 1/2 millimètres chez l'*Helix berytensis*,
n'est que de 5 1/2 millimètres chez l'*Helix Fourousi*.

3. Roth (J. R.) — *Molluscorum species, quas in itinere per Orientem
facto comites clar. Schuberti doctores M. Erdl et J. R. Roth collegerunt*;
1839, p. 16, n° 29, tab. I, fig. 3 et 19.

Non *Helix granulata* Quoy et Gaimard [*Voyage autour du monde de
l' « Astrolabe », de 1826 à 1829. sous les ordres du capitaine d'Urville ;
Zoologie*; II, 1832, p. 95, tab. VII, fig. 6-9], qui est l'*Helix (Albersia)
granulata* Quoy et Gaimard, espèce de la Nouvelle-Guinée.

Nec *Helix granulata* Alder, A Catalogue of the land and freshwater
Mollusca found in the vicinity of Newcastle-upon-Tyne, with
remarks ; *Transac. Northumb. Newcastle-upon-Tyne* ; I, 1830, p. 39 ;
— [and Notes of the land and freshwater Mollusca of Great Britain,
with a revised list of species ; *Magaz. Zool. and Botan*: II, 1837,
p. 107. espèce de l'Angleterre].

4. *Loc. supra cit.* ; 1832, p. 95.

accepté. Bourguignat [1], qui avait remarqué ce double emploi, a baptisé *Helix rachiodia* la coquille figurée par Roth, tout en ayant le tort de la considérer comme une espèce distincte de son *Helix Fourousi* [2]. Comme le vocable d'*Helix rachiodia* est antérieur à celui de *Fourousi* [3], c'est lui qui, en définitive, doit être attribué à cette espèce qui, dans la nomenclature, prendra rang à côté de l'*Helix berytensis* de Férussac, sous le nom d'*Helix* (*Metafruticicola*) *rachiodia* Bourguignat [= *Helix granulata* Roth, non Quoy et Gaimard, *nec* Alder; = *Helix Fourousi* Bourguignat].

LOCALITÉ :

Rochers maritimes près de l'embouchure de la rivière du Chien, aux environs de Beyrouth (Syrie) [HENRI GADEAU DE KERVILLE].

DISTRIBUTION GÉOGRAPHIQUE :

L'*Helix berytensis* de Férussac est un Mollusque essentiellement oriental qui vit dans la majeure partie de l'Asie-Antérieure, où on le rencontre depuis la Carie [ROTH], la Syrie et la Palestine [DE SAULCY, BELLARDI, Collection DE FÉRUSSAC au Muséum national d'Histoire naturelle de Paris, ROTH, etc.], jusqu'au Caucase [WESTERLUND].

---

1. BOURGUIGNAT (J. R.). — *Loc. supra cit.*; 1863, p. 39.

2. Les différences que signale BOURGUIGNAT [*loc. supra cit.*; 1863, p. 39] sont uniquement d'ordre individuel. Cet auteur dit, en effet, que l'*Helix Fourousi* se sépare « de la *rachiodia* : par son test moins globuleux ; par son dernier tour plus grand, plus dilaté ; par son ouverture plus allongée dans le sens de la largeur ; par sa perforation ombilicale un peu moins étroite ; enfin, par ses granulations épidermiques plus symétriquement disposées ». [*Loc. supra cit.*; 1863, p. 43].

3. Le nom de *rachiodia* est imprimé à la page 39, tandis que le vocable *Fourousi* ne l'est qu'à la page 41, de la 2ᵉ décade des *Mollusques nouveaux, litigieux ou peu connus*. [1ᵉʳ mai 1863].

## § 6. — EUPARYPHA Hartmann, 1842 [1].

### § 1.

# Helix (Euparypha) pisana Müller.

1774. *Helix pisana* Müller, *Verm. terr. et fluv. histor.*; II, p. 60, n° 255.

1839. *Helix pisana* Roth, *Molluscorum species Orient.*; p. 13, n° 11.

1853. *Helix pisana* Bourguignat, *Catalogue rais. Mollusques terr. fluv. Saulcy Orient*; p. 27.

1854. *Helix pisana* Mousson, *Coquilles terr. flux. Bellardi Orient*; p. 9, n° 3, et p. 31, n° 6.

1855. *Helix pisana* Roth, *Malakozoolog. Blätter*; II, p. 25, n° 13.

1856. *Helix pizana* Deshayes, *Expédition scient. Morée*; III, *Mollusques*; p. 163, n° 243.

1859. *Helix pisana* Mousson, *Coquilles terr. flux. Schlaefli Orient*; p. 8, n° 8, et p. 33, n° 11.

1861. *Helix pisana* Mousson, *Coquilles terr. flux. Roth Palestine*; p. 23, n° 22.

1865. *Helix pisana* Tristam, *Proceed. Zoological Society of London*; p. 533, n° 24.

1874. *Helix (Euparypha) pisana* Mousson, *Journal de Conchyliologie*, XXII, p. 7, n° 2.

1874. *Helix (Euparypha) pisana* Martens, *Vorderasiatische Conchylien*; p. 11, n° 15, et p. 53.

1889. *Helix (Euparypha) pisana* Blanckenhorn, *Nachrichtsblatt d. Deutschen Malakozoolog. Gesellschaft*; p. 83.

1902. *Helix (Euparypha) pisana* Gude, *Journal of Malacology*; IX, p. 128.

1908. *Euparypha pisana* Sturany, *Zoologischen Jahrbüchern*; XXVII, p. 296, n° 9.

1908. *Helix (Euparypha) pisana* Germain, *Étude Mollusques terr. fluv. Henri Gadeau de Kerville Khroumirie*; p. 182, pl. XXVI-XXIX.

1912. *Helix (Euparypha) pisana* Germain, *Bulletin Muséum Hist. natur. Paris*; p. 445, n° 110 bis.

1. HARTMANN (J. D. W.). — *Erd- und Süsswasser-Gasteropoden beschrieben und abgebildet von... Saint-Gall.*; 1842, p. 204.

Quelques exemplaires de cette espèce, appartenant à la variété *albida* Moquin-Tandon [1], ont été recueillis par M. Henri Gadeau de Kerville sur les rochers maritimes à l'embouchure de la rivière du Chien, près de Beyrouth.

L'*Helix pisana* Müller est assez répandu en Syrie et en Palestine; je renvoie, pour la synonymie, pour l'étude des variations et pour la distribution géographique de cette espèce, à mon mémoire sur les Mollusques terrestres et fluviatiles recueillis par M. Henri Gadeau de Kerville pendant son voyage zoologique en Khroumirie (Tunisie).

§ 2.

### Helix (Euparypha) Seetzeni Koch.

Pl. IV, fig. 3; pl. VII, fig. 13 - 17; pl. IX, fig. 1 - 11 et 18 - 19;<br>et pl. X, fig. 1 - 9, 13 - 16 et 22 - 24.

Janvier 1847. *Helix Seetzeni* Koch, in : Pfeiffer, *Zeitschrift für Malakozoologie*; p. 14, n° 6.

Septembre 1847. *Helix sabœ* Boissier, in : de Charpentier, *Zeitschrift für Malakozoologie*; p. 132, n° 4. [2]

1. Moquin-Tandon (A.). — *Histoire naturelle des Mollusques terr. et flur. de France*; II, 1855, p. 260 [= *Helix pisana* var. *a* Menke, *Synopsis methodica Molluscorum ... Museo Menkeano*; 1830, p. 3; = *Helix pisana* var. *alba* Shuttleworth, Ueber Land - und Süsswasser-Mollusken von Corsica; *Mittheil. Naturforsch. Gesellsch. Bern*, 1843, p. 15; non *Helix pisana* var. *alba* Moquin-Tandon, *loc. supra cit.*; II, 1855, p. 260].

2. Dans le travail de de Charpentier [Uebersicht der durch Herrn Edm. Boissier von einer Reise nach Palästina mit zurückgebrachten Conchylien-Arten], paru en Septembre 1847 dans la *Zeitschrift für Malakozoologie* [p. 129-144], le D^r L. Pfeiffer qui, avec Karl Theodor Menke, dirigeait ce recueil, avait déjà prévu cette synonymie, puisqu'il ajoute, en note, au mémoire de de Charpentier : « Sollte diese Art nicht mit *Helix Seetzeni* Koch (*Zeitschr. f. Malak.*, 1847, p. 14, Pl. Monogr., 1, p. 154, n° 397) zusammengehören ? (Pfr.) » [*loc. supra cit.*; 1847, p 132. note 1].

1848. *Helix Seetzeni* Pfeiffer, *Monogr. Helicœor. vivent.*; I, p. 154, n° 397.

1852. *Helix Seetzeni* Reeve, *Conchologia Iconica*; pl. CXLVIII, fig. 959.

1853. *Helix Seetzeni* Bourguignat, *Catalogue rais. Mollusques terr. fluv. Saulcy Orient*; p. 26.

1853. *Helix Seetzeni* Pfeiffer, *Monogr. Helicœor. vivent.*; III, p. 127, n° 636.

1855. *Helix Seetzeni* Roth, *Malakozoolog. Blätter*; p. 25, n° 14.

1856. *Helix Seetzeni* Martini et Chemnitz, *Systemat. Conchylien-Cabinet*; *Helix*; taf. XXXVII, fig. 13-14.

1859. *Helix Seetzeni* Pfeiffer, *Monogr. Helicœor. vivent.*; IV, p. 132, n° 826.

1861. *Helix Seetzeni* Mousson, *Coquilles terr. fluv. Roth Palestine*; p. 24, n° 24.

1865. *Helix Seetzeni* Tristam, *Proceed. Zoological Society of London*; p. 534, n° 37.

1868. *Helix Seetzeni* Pfeiffer, *Monogr. Helicœor. vivent.*; V, p. 202, n° 1137.

1871. *Helix Seetzeni* Martens, *Malakozoolog. Blätter*; p. 56, n° 8.

1874. *Helix (Xerophila) Seetzeni* Mousson, *Journal de Conchyliologie*; XXII, p. 24, n° 5.

1876. *Helix Seetzeni* Kobelt, in : Rossmässler, *Iconographie der Land- und Süsswasser-Mollusken*; IV, p. 57, taf. CXV, fig. 1133-1135.

1879. *Helix Seetzeni* Kobelt, in : Rossmässler, *Iconographie der Land- und Süsswasser-Mollusken*; VI, p. 2, n° 1532, taf. CLI, fig. 1532.

1887. *Helix (Euparypha) Seetzeni* Tryon, *Manual of Conchology*; 2° série, *Pulmonata*; III, p. 223, pl. LIII, fig. 26-27.

1889. *Helix (Xerophila) Seetzeni* Westerlund, *Fauna der paläarct. region Binnenconchylien*; II, p. 186, n° 432.

1889. *Helix (Euparypha) Seetzeni* Blanckenhorn, *Nachrichtsblatt d. Deutschen Malakozoolog. Gesellschaft*; p. 77 et 83.

1894. *Helix (Xerocrassa) Seetzeni* Pilsbry, in : Tryon, *Manual of Conchology*; 2° série, *Pulmonata*; IX, p. 247.

1902. *Helix (Xerocrassa) Seetzeni* Gude, *Journal of Malacology*; IX, p. 127.

1912. *Helix (Euparypha) Seetzeni* Germain, *Bulletin Muséum Hist. natur. Paris*; p. 445, n° 111.

L'*Helix Seetzeni* Koch remplace, en grande partie, l'*Helix pisana* Müller, en Syrie et en Palestine. Mousson [1], qui rapproche cette espèce de l'*Helix simulata* de Férussac [2], ajoute :

« On est convenu maintenant de ranger sous ce nom une espèce qui, par sa fréquence, son extension et sa variabilité de coloration, remplace en Syrie l'*H. variabilis* Drap. et que M. Férussac, sans aucun doute, aurait subordonnée à son *H. simulata* (Pr. 289. Pfr. Mon. I. 157). Malheureusement ce dernier nom, faute de diagnoses et d'échantillons authentiques, et par suite de son application à des formes de la Grèce, de la Syrie et de l'Égypte..... est tombé dans le vague..... ».

En réalité, Mousson commet ici une erreur d'appréciation en rapprochant l'*Helix Seetzeni* Koch des Xérophiles du groupe de l'*Helix variabilis* Draparnaud. L'*Helix simulata* de Férussac renferme évidemment, sous ce nom, plusieurs formes distinctes, mais qui toutes sont des coquilles se rapprochant de l'*Helix cretica* de Férussac [3] dont elles se séparent par leur forme plus élevée et leur ombilic plus étroit [4]. Les figures que je donne ici (pl. VIII, fig. 21 - 25) montrent l'exactitude de ces vues.

Parmi les coquilles étiquetées *Helix simulata* par DE Férussac lui-même, il en est une, très distincte, dont je donne ci - après la description, sous le nom d'*Helix (Xerophila) pseudosimulata* Germain.

---

1. Mousson (A.). — *Coquilles terrestres et fluviatiles recueillies par M. le Prof. J. R. Roth dans son dernier voyage en Palestine;* 1861, p. 21.

2. Férussac (D. DE). — *Tableaux systématiques des animaux Mollusques, suivis d'un Prodrome;* 1821, n° 289.

3. Férussac (D. DE). — *Tableaux systématiques des animaux Mollusques, suivis d'un Prodrome;* 1821, n° 288.

4. L'*Helix cretica* de Férussac a un ombilic ouvert et profond.

### Helix (Xerophila) pseudosimulata Germain, nov. sp.

Pl. V, fig. 17; et pl. XII, fig. 7-9.

Coquille de taille moyenne, subconique-globuleuse ; spire haute, composée de 6 tours convexes à croissance lente et régulière ; sommet un peu obtus, bien brillant ; sutures très marquées ; dernier tour grand, à peu près aussi convexe dessus que dessous, à profil à peine comprimé à la naissance de l'ouverture, non descendant à l'extrémité ; ombilic petit, profond ; ouverture oblique, subcirculaire ; bord ombilical un peu évasé, légèrement réfléchi ; bords marginaux assez rapprochés, nettement convergents ; péristome bordé d'un bourrelet interne assez fort, d'un blanc brillant.

Diamètre maximum : 12 millimètres ; diamètre minimum : 11 millimètres ; hauteur : 10 millimètres ; hauteur de l'ouverture égale au diamètre : 6 millimètres.

Test assez épais, solide, un peu crétacé, d'un blanc légèrement brillant avec une large zonule fauve supracarénale continuée en dessus presque effacée, et des zonules infracarénales étroites également peu marquées. Premiers tours à peu près lisses et d'un roux très brillant ; les autres tours *costulés, ornés de stries lamelleuses très fortes, subégales, obliques, un peu flexueuses, assez rapprochées et à peine atténuées aux environs de l'ombilic.*

Cette espèce se distingue très facilement de l'*Helix simulata* de Férussac, à sa sculpture très accentuée et tout à fait particulière. Elle provient des environs d'Alexandrie [OLIVIER] et appartient à la collection DE FÉRUSSAC aujourd'hui conservée dans les galeries du Muséum national d'Histoire naturelle de Paris.

En 1892, le Marquis DE MONTEROSATO, qui a divisé le sousgenre *Xerophila* en un certain nombre de sections, a proposé le nom de *Xerocrassa* pour « Una specie a « test »

molto solido, riferita al genere *Euparypha*. Esempio :
*H. Seelzeni* (Palestina) »[1].

Pilsbry[2] adopte ce nom de *Xerocrassa* et y fait entrer,
en dehors de l'*Helix Seelzeni* Koch et de ses variétés,
l'*Helix eremophila* Boissier[3], l'*Helix Erkellii* Kobelt[4] et sa
variété *discrepans* Pilsbry[5], l'*Helix Beadlei* Pilsbry[6],
l'*Helix sinaica* Martens[7], et, enfin, l'*Helix psammita*
(Bourguignat) Westerlund[8]. De Monterosato et Pilsbry ont
eu parfaitement raison de réunir en une section, que j'élè-
verai volontiers au rang de sous-genre, les *Helix eremophila*, *H. Erkellii*, *H. Beadlei*, *H. sinaica* et *H. psammita*,
qui constituent un petit groupe très spécial de Xérophiles
adaptées à la vie désertique ; mais ils commettent une erreur
au sujet de l'*Helix Seelzeni* qui appartient, sans conteste,
au groupe de l'*Helix pisana*. L'intéressante série de jeunes

1. Monterosato (Marquis A. de). — Molluschi terrestri delle Isole
adiacenti alla Sicilia ; *Atti della R. Accad. di Scienze, Lettere e Belle
Arti di Palermo;* 3ᵉ série, vol. II, 1892 ; tirés à part, p. 23.

2. Pilsbry, in : Tryon (W.). — *Manual of Conchology;* 2ᵉ série,
*Pulmonata;* IX, 1894, p. 247.

3. Boissier, in : Charpentier (de). — Uebersicht der durch Herrn
Edm. Boissier von einer Reise nach Palästina mit zurückgebrachten
Conchylien-Arten ; *Zeitschrift für Malakozoologie ;* 1847, p. 180, n° 1
(*Helix cremnophila*, errore pro *eremophila*).

4. Kobelt, in : Rossmassler. — *Iconographie der Land- und Süsswasser-Mollusken ;* 1879, VI, p. 5, taf. CLII, fig. 1541-1542.

5. Pilsbry, in : Tryon (W.). — *Loc. supra cit.;* VIII, 1892, p. 177,
pl. XLVI, fig. 58-59. Cette espèce habite le désert de Sinaï (Beadle).

6. Pilsbry, in : Tryon (W.). — *Loc. supra cit.;* VIII, 1892, p. 176,
pl. XLVI, fig. 47-49 (il est indiqué par erreur, dans le texte,
fig. 49-51). [*Helix (Helicella) Beadlei*]. Cette espèce habite le désert
d'Arabie.

7. Martens (Dr E. von). — *Sitzungsberichte der Gesellschaft natur-
forschender Freunde zu Berlin ;* 1889, n° 10, p. 200.

8. Cité par H. A. Pilsbry, in : Tryon (W.), *loc. supra cit.;* IX,
1894, p. 248.

*Helix Seetzeni* recueillis pas M. Henri Gadeau de Kerville apporte ici un argument définitif.

Les jeunes *Helix Seetzeni* ont, en effet, une coquille rappelant absolument celle de l'*Helix pisana* Müller et, plus particulièrement, la forme *calocyphia inerme*. La comparaison des figures que je donne ici (pl. IX, fig. 1 - 11) et de celles de mon mémoire sur les Mollusques de la Khroumirie[1] fait ressortir ces analogies. Voici, d'ailleurs, la description des jeunes *Helix Seetzeni* :

Coquille petite, assez fortement carénée, presque plane en dessus, bien bombée en dessous ; spire composée de 4-5 tours séparés par une suture linéaire ; dernier tour très développé, enroulé, en dessus, presque sur le même plan que les premiers ; ouverture plus ou moins nettement subtétragone, présentant un péristome épaissi, et, le plus souvent, garni d'un bourrelet d'un blanc rosé[2]. Test relativement épais, subcrétacé, orné de stries fortes, obliques, un peu serrées, un peu moins fortes en dessous qu'en dessus ; sommet ambré, lisse et brillant.

Les échantillons recueillis par M. Henri Gadeau de Kerville ont rarement le test entièrement blanc : il est orné de bandes brunes, continuées en dessus, et dont la couleur et la disposition varient comme chez les *Helix Seetzeni* adultes.

Parmi les exemplaires adultes récoltés à Doummar (Anti-Liban), par M. Henri Gadeau de Kerville, un certain nombre ont l'ouverture fermée par un très épais épiphragme (pl. IX, fig. 18 - 19) absolument semblable à celui que l'on observe chez les *Helix pisana* qui, aux Canaries et aux

---

1. Germain (Louis). — Étude sur les Mollusques recueillis par M. Henri Gadeau de Kerville pendant son voyage en Khroumirie (Tunisie), in : Gadeau de Kerville (Henri). — *Voyage zoologique en Khroumirie (Tunisie)* ; 1908, p. 201, pl. XXIX, fig. 1-22.

2. Comme chez les jeunes *Helix pisana* Müller.

Açores, vivent en si grande abondance sur les Euphorbes arborescentes. Il était intéressant de signaler cette nouvelle analogie entre les deux espèces.

Le test de l'*Helix Seelzeni* Koch est, en général, lourd, pesant, plus ou moins crétacé, rappelant celui des *Helix (Euparypha) Dehnei* Rossmässler[1] et *Helix (Euparypha) planata* Chemnitz[2] du Maroc. A ce point de vue, nous remarquerons que si, dans la presque totalité de son aire de distribution géographique, l'*Helix pisana* Müller a un test relativement mince, ce test s'épaissit considérablement aux deux extrémités du domaine de l'espèce pour donner, d'une part, les *Helix Dehnei* Rossmässler et *Helix planata* Chemnitz, dans les régions atlantiques du Maroc; et, d'autre part, l'*Helix Seelzeni* Koch, dans les régions syriennes.

La taille de l'*Helix Seelzeni* varie dans des proportions assez étendues. Le tableau suivant, qui exprime en millimètres les principales dimensions d'un certain nombre de spécimens recueillis dans des localités variées, précise le sens de ces variations.

1. Rossmässler. — *Zeitschrift für Malakozoologie;* 1846, p. 173. Cette espèce a été souvent figurée : notamment dans Martini et Chemnitz, *System. Conchylien-Cabinet; Helix;* taf. XXXVI, fig. 22-24; dans Kobelt, in : Rossmässler, *Iconographie der Land- und Süsswasser-Mollusken;* IV, 1876, p. 59, taf. CXV, fig. 1138-1140; dans le *Journal de Conchyliologie*, par Morelet [Faune malacologique Maroc, *Journal de Conchyliologie;* XXVIII, 1880, pl. II, fig. 1]; etc.

2. Chemnitz, in : Martini et Chemnitz. — *System. Conchylien-Cabinet;* XI, 1795, p. 281, taf. CCIX, fig. 2067.

...



| Localités | Diamètre maximum | Diamètre minimum | Hauteur totale | Diamètre de l'ouverture | Hauteur de l'ouverture |
|---|---|---|---|---|---|
| Doummar. (Anti-Liban) | 15 1/2 mm. | 13 mm. | 9 1/2 mm. | 7 mm. | 7 mm. |
| | 14 | 13 | 10 | 7 | 7 |
| | 14 | 13 | 9 | 7 | 7 [1] |
| Djébel Kasioun. (Anti-Liban) | 16 | 14 | 10 1/4 | 7 1/2 | 7 |
| | 16 | 14 | 10 | 8 | 7 1/2 |
| | 14 | 13 | 8 3/4 | 7 | 7 |
| El Dray (Palestine) [Collection du Muséum][2] | 20 1/2 | 18 | 16 | 10 1/2 | 10 |
| | 23 | 21 | 17 | 12 | 12 |
| | 22 | 20 | 17 | 11 1/2 | 10 1/2 |
| | 22 | 19 | 16 | 12 | 11 1/2 |
| α | 21 | 20 | 19 1/2 | 11 | 10 1/2 |
| Entre Jéricho et Béthel | 20 1/2 | 19 | 14 | 10 1/2 | 10 |
| | 20 1/2 | 19 | 16 | 10 1/2 | 10 |
| α' | 20 1/2 | 18 1/4 | 17 | 10 1/2 | 10 |
| | 20 1/2 | 18 | 15 | 10 1/4 | 10 |
| | 20 | 18 1/2 | 16 | 10 | 9 |
| β | 20 | 18 1/2 | 13 | 10 | 9 1/2 |
| | 20 | 18 | 16 | 10 | 10 1/2 |
| Bords du Jourdain [Collection du Muséum][2] | 20 1/2 | 18 | 14 | 10 | 9 |
| | 19 | 17 | 15 | 9 | 9 |
| Bords du lac de Tibériade [Collection du Muséum][2] | 21 | 19 | 12 | 12 | 10 [1] |
| | 20 | 17 | 13 | 10 1/2 | 10 |
| | 17 1/2 | 15 | 11 1/2 | 9 1/2 | 9 |

L'examen de ce tableau montre jusqu'à quel point peuvent varier les principales dimensions. Si, par exemple, M repré-

1. Exemplaires constituant une mutation *depressa*.

2. Muséum national d'Histoire naturelle de Paris.

sente le diamètre maximum, h, la hauteur, le rapport $\dfrac{M}{h}$ sera : $\dfrac{M}{h} = 1,07$ pour l'échantillon $\alpha$ et : $\dfrac{M}{h} = 1,53$ pour l'exemplaire $\beta$.

Le spécimen $\alpha$ (de même que l'individu $\alpha'$) constitue une mutation **alta** caractérisée par une coquille de grande taille, à spire très haute, conique, à croissance regulière, avec un dernier tour grand et bien convexe et une ouverture relativement petite et comme contractée (pl. X, fig. 16).

L'exemplaire $\beta$ est, au contraire, une mutation **depressa** très nette. Ici la coquille est de grande taille ; la spire, peu haute, a des tours nettement étagés, séparés par des sutures moins marquées que chez le type ; le dernier tour, très grand, comme comprimé en haut et en bas, est proportionnellement plus volumineux, mais il est moins franchement convexe et son profil est moins arrondi.

### Variété **avia** Westerlund.

1889. *Helix (Xerophila) Seetzeni* var. *avia* Westerlund, *Fauna der paläarct. region Binnenconchylien;* II, p. 187.

1894. *Helix (Xerocrassa) Seetzeni* forma *avia* Pilsbry, in : Tryon, *Manual of Conchology;* 2ᵉ série, *Pulmonata ;* IX, p. 248.

1912. *Helix (Euparypha) Seetzeni* var. *avia* Germain, *Bulletin Muséum Hist. natur. Paris;* p. 445.

Cette variété ne m'est connue que par la description de Westerlund. Elle vit sur les bords de la mer Morte.

### Variété **subinflata** Mousson.

1861. *Helix Seetzeni* var. *subinflata* Mousson, *Coquilles terr. fluv. Roth Palestine;* p. 22.

1889. *Helix (Xerophila) Seetzeni* var. *subinflata* Westerlund, *loc. supra cit. ;* II, p. 187.

1894. *Helix (Xerocrassa) Seetzeni* forma *subinflata* Pilsbry, in : Tryon, *loc. supra cit. ;* IX, p. 248.

1912. *Helix (Euparypha) Seetzeni* var. *subinflata* Germain, *Bulletin Muséum Hist. natur. Paris;* p. 445.

Cette variété se distingue par sa forme plus renflée et son ornementation picturale formée de bandes interrompues, sans dessin bien net. Elle est commune autour de la mer Morte. M. Henri Gadeau de Kerville l'a recueillie, assez abondamment, sur les pentes arides du djébel Kasioun (Anti-Liban), près de Damas, entre 700 et 900 mètres au-dessus du niveau de la mer.

### Variété **fasciata** Mousson.

1861. *Helix Seetzeni* var. *fasciata* Mousson, *loc. supra cit.* : p. **22**.

1876. *Helix Seetzeni* var. *fasciata* Kobelt, in : Rossmässler, *Iconographie der Land- und Süsswasser-Mollusken* ; IV, p. 57, taf. CXV, fig. 1133.

1879. *Helix Seetzeni* var. *fasciata* Kobelt, *loc. supra cit.* ; VI, p. **2**, taf. CLI, fig. 1532.

1889. *Helix (Xerophila) Seetzeni* var. *fasciata* Westerlund, *loc. supra cit.* : II, p. 186.

1894. *Helix (Xerocrassa) Seetzeni* forma *fasciata* Pilsbry, in : Tryon, *loc. supra cit.* ; IX, p. 248.

1912. *Helix (Euparypha) Seetzeni* var. *fasciata* Germain, *Bulletin Muséum Hist. natur. Paris* ; p. 443.

Le test de cette variété est orné de bandes colorées, en nombre variable, d'un brun plus ou moins vif. Les figures de Kobelt, que j'ai citées en synonymie, rendent parfaitement le port de cette variété qui, au point de vue pictural, présente, avec la variété *subinflata*, de nombreux termes de passage. M. Henri Gadeau de Kerville en a recueilli plusieurs spécimens sur les pentes arides du djébel Kasioun (Anti-Liban), près de Damas, entre 700 et 900 mètres d'altitude.

Je figure (pl. X, fig. 22-24) deux spécimens recueillis entre Samarie et Djémir (Syrie) et appartenant à cette variété.

29

### Variété **iberoides** Pollonera, nov. var.

#### Pl. X, fig. 4 - 6.

1910. *Xerophila Seetzeni* var. *iberoides* Pollonera, *in litt.*

1912. *Helix (Euparypha) Seetzeni* var. *iberoides* Germain, *Bulletin Muséum Hist. natur. Paris :* p. 445 *(sans descript.).*

Coquille subglobuleuse-déprimée ; spire à croissance rapide et à tours non étagés, séparés par des sutures faibles ; dernier tour très grand, bien convexe-arrondi, plus convexe en dessous qu'en dessus ; ombilic très étroit, notablement plus étroit que dans le type.

Diamètre maximum : 16 1/2 - 17 3/4 millimètres ; diamètre minimum : 14 1/2 - 15 1/2 millimètres ; hauteur : 11 1/4 - 11 millimètres ; diamètre de l'ouverture : 9 - 8 1/2 millimètres ; hauteur de l'ouverture : 8 1/2 - 9 millimètres.

Test assez solide, orné, sur les premiers tours, de flammules rayonnantes ; sommet brillant ; dernier tour avec des bandes supra et infracarénales en nombre variable ; stries obliques et subrégulières.

La variété *iberoides* Pollonera se rapproche de la variété *fasciata* Mousson, dont elle se distingue par sa forme plus globuleuse, son enroulement différent et son ombilic très étroit. [Carlo Pollonera].

### Variété **antilibanica** Pollonera, nov. var.

#### Pl. VII, fig. 13-14 ; et pl. X, fig. 1 - 3.

1910. *Xerophila Seetzeni* var. *antilibanica* Pollonera, *in litt.*

1911. *Helix (Euparypha) Seetzeni* var. *antilibanica* Germain, *Bulletin Muséum Hist. natur. Paris :* p. 29.

1912. *Helix (Euparypha) Seetzeni* var. *antilibanica* Germain, *Bulletin Muséum Hist. natur. Paris :* p. 445.

Coquille de même taille ; spire subconique assez élevée en dessus, composée de 5-6 tours à croissance rapide, séparés par des sutures bien marquées ; dernier tour grand, bien arrondi-convexe, aussi convexe en dessous qu'en dessus ; ouverture comme rétrécie, moins large transversalement que dans le type ; même ombilic.

Diamètre maximum ... 16 1/2—17  —17  —17 1/4 $^{mm}$.
—  minimum.... 15 1/2—16  —16 1/2—16 1/2 —
Hauteur.............. 12 3/4—13  —12 1/2—14  —
Diamètre de l'ouverture. 8 3/4— 7 1/2— 9  — 8  —
Hauteur de l'ouverture. 8  — 7  — 8  — 7 3/4 —

Le test, qui est presque toujours dépourvu de bandes brunes, est ici moins solide et plus fortement strié. Les stries, déjà fortes sur les premiers tours de spire, deviennent saillantes aux tours suivants (pl. VII, fig. 13-14); elles sont très obliques, un peu onduleuses, subégales, légèrement crispées près des sutures et atténuées en dessous au voisinage de l'ombilic.

Cette variété qui, d'après Carlo Pollonera, « remplace la vraie *Seetzeni* dans l'Anti-Liban »[1] est, comme le type, susceptible de variations. Mon ami Carlo Pollonera distingue une mutation **subdepressa**[2] (pl. X, fig. 1-3), d'ailleurs très voisine du type, chez laquelle la spire est moins haute, moins étagée, avec un dernier tour un peu moins ventru-globuleux (diamètre maximum : 18 1/2-19 millimètres ; diamètre minimum : 17-17 1/2 millimètres ; hauteur : 12 1/4-12 1/2 millimètres ; diamètre de l'ouverture : 9 1/4-9 1/4 millimètres ; hauteur de l'ouverture : 9-9 millimètres) ; et une mutation **turgescens**[3] mieux caractérisée. C'est une coquille plus grande, avec une spire à croissance plus rapide ; les premiers tours sont très petits, l'avant-dernier médiocre, le dernier très grand, très développé en

---

1. Carlo Pollonera, *in litt.* ; 1910.

2. *Xerophila Seetzeni* Koch var. *antilibanica* Pollonera mutat. *subdepressa* Pollonera, *in litt.*

3. *Xerophila Seetzeni* Koch var. *antilibanica* Pollonera mutat. *turgescens* Pollonera, *in litt.*

largeur, est parfaitement convexe-arrondi ; enfin, l'ouverture, relativement étroite, est mieux arrondie et plus haute que large. Diamètre maximum : 17-20 1/2 millimètres ; diamètre minimum : 16-19 millimètres ; hauteur : 11-13 1/2 millimètres ; diamètre de l'ouverture : 8 1/2-10 millimètres ; hauteur de l'ouverture : 9-10 1/2 millimètres.

Vallée de la Cœlésyrie, entre le Liban et l'Anti-Liban [CARLO POLLONERA].

Souk-Wadi-Barada, dans l'Anti-Liban [CARLO POLLONERA].

Variété ereminoides Pollonera, nov. var.

Pl. VII, fig. 15-17.

1910. *Xerophila Seetzeni* var. *ereminoides* Pollonera, *in litt.*

1911. *Helix (Euparypha) Seetzeni* var. *ereminoides* Germain, *Bulletin Muséum Hist. natur. Paris* ; p. 29.

1912. *Helix (Euparypha) Seetzeni* var. *ereminoides* Germain, *Bulletin Muséum Hist. natur. Paris* ; p. 445.

Coquille de forme générale subdéprimée ; spire très peu élevée, presque plane, composée de 5 1/2 tours à croissance rapide, les premiers très petits, le dernier grand, très régulièrement arrondi-convexe, sensiblement aussi convexe dessus que dessous, à peine déclive à l'extrémité ; sutures peu profondes ; ouverture arrondie, bien échancrée par l'avant-dernier tour ; ombilic assez étroit ; bord columellaire réfléchi sur l'ombilic ; péristome aigu ; bords marginaux assez éloignés, convergents, réunis par une faible callosité blanchâtre.

Diamètre maximum : 20 millimètres ; diamètre minimum : 17 millimètres ; hauteur : 12 millimètres ; diamètre de l'ouverture : 10 1/2 millimètres ; hauteur de l'ouverture : 9 1/2 millimètres.

Test médiocrement épais, subcrétacé, assez solide, d'un blanc jaunâtre plus foncé en dessous ; dernier tour orné :

1° d'une bande brune, étroite, bordant la suture et continuée sur les tours supérieurs ; 2° d'une bande supracarénale un peu plus large, brune et également continuée en
dessus ; 3° d'une série de bandes infracarénales entourant
l'ombilic, la plus voisine de la partie médiane du tour étant
plus large que les inférieures ; intérieur de l'ouverture d'un
blanc mat, très pur, sur lequel se détachent, par transpa-
rence, les bandes brunes du dernier tour. Stries assez
fortes, surtout au dernier tour, très obliques, à peine onduleuses, subégales et un peu atténuées en dessous aux environs de l'ombilic.

Environs de Jérusalem [CARLO POLLONERA].

Cette très belle coquille rappelle le facies des *Eremina*,
d'où son nom. C'est certainement une forme de l'*Helix
Seetzeni* Koch, adaptée, d'une manière plus spéciale, au
régime désertique. Il conviendra de l'élever au rang spécifique le jour où on en connaîtra un nombre suffisant
d'exemplaires.

LOCALITÉS (de l'*Helix Seetzeni* Koch typique) :

Montagnes à Doummar (Anti-Liban), près de Damas,
entre 700 et 1000 mètres d'altitude [HENRI GADEAU DE KER-
VILLE].

Pentes arides du djébel Kasioun (Anti-Liban), près de
Damas, entre 700 et 900 mètres d'altitude [HENRI GADEAU
DE KERVILLE] [1].

DISTRIBUTION GÉOGRAPHIQUE :

L'*Helix Seetzeni* Koch est répandu en Syrie et en Pales-

---

1. Les collections du Muséum national d'Histoire naturelle de
Paris renferment cette espèce du Moab et des localités suivantes :
environs de Jérusalem ; entre Jéricho et Béthel ; entre Samarie et
Djémir (Syrie). Mon ami M. CARLO POLLONERA, le malacologiste bien
connu du Musée de Turin, m'en a communiqué des exemplaires également recueillis entre Samarie et Djémir (Syrie).

tine jusque sur les confins des régions désertiques de l'Arabie. Il ne semble pas se propager, au nord, en Asie-Mineure, d'où il n'a jamais été signalé.

## § 7. — CANDIDULA Kobelt, 1871[1].

### Helix (Candidula) Langloisiana Bourguignat.

1853. *Helix Langloisiana* Bourguignat, *Catalogue Mollusques terr. fluv. Saulcy Orient*; p. 34, pl. I, fig. 39-41[2].

1855. *Helix caperata* var. Roth, *Malakozoolog. Blätter*; II, p. 28, n° 20[3].

1859. *Helix Langloisiana* Pfeiffer, *Monogr. Heliceor. vivent.*; IV, p. 144, n° 887.

1861. *Helix Langloisiana* Mousson, *Coquilles terr. fluv. Roth Palestine*; p. 40, n° 12.

1865. *Helix caperata* Tristam, *Proceed. Zoological Society of London*; p. 533, n° 28 *(non* Montagu*)*.

1868. *Helix Langloisiana* Schmidt, *Stylommatophoren*; p. 34, taf. VII, fig. 44.

1868. *Helix Langloisiana* Pfeiffer, *Monogr. Heliceor. vivent.*; V, p. 208, n° 1209.

1871. *Helix Langloisiana* Martens, *Malakozoolog. Blätter*; p. 55, n° 5.

1878 *Helix Langloisiana* Kobelt, in : Rossmässler, *Iconographie der Land - and Süsswasser-Mollusken*, VI, p. 10, n° 1557, taf. CLIII, fig. 1557.

1. Kobelt Dr W.). — *Catalog. Europ. Binnenconchylien*; 1871, p. 22.

2. Non Issel A.) [Dei Molluschi raccolti della Missione Italiana in Persia; *Memorie d. Reale Accademia d. Scienze di Torino*; 2e série, t. XXIII; tirés à part, p. 28, tav. I, fig. 17-19], qui est l'*Helix Kotschyi* Pfeiffer [*Symbolæ ad historiam Helicorum*; III, 1846, p. 96].

3. Non *Helix caperata* Montagu [*Testacea Britannica, or natural history of British Shells, marine, land and fresh-water*; 1803, p. 430, pl. 11, fig. 11] qui est l'*Helix (Helicella) intersecta* Poiret [*Coquilles fluviatiles et terrestres observées dans le département de l'Aisne et aux environs de Paris; Prodrome*; 1801, p. 80, 81], espèce de l'Europe centrale et occidentale.

1887. *Helix (Candidula) Langloisiana* Tryon, *Manual of Conchology*; 2ᵉ série, *Pulmonata* : IV, p. 15, pl. III, fig. 6-8.

1889. *Helix Langloisiana* Westerlund, *Fauna der paläarct. region Binnenconchylien* : II, p. 296, nᵒ 764.

1889. *Helix (Xerophila) Langloisiana* Blanckenhorn, *Nachrichtsblatt d. Deutschen Malakozoolog. Gesellschaft* ; p. 84.

1894. *Helix Langloisiana* Dautzenberg, *Revue biologique Nord France* ; VI, p. 333 (tirés à part, p. 5).

1894. *Helix (Candidula) Langloisiana* Pilsbry, in : Tryon, *Manual of Conchology* ; 2ᵉ série, *Pulmonata* : IX, p. 255.

1912 *Helix (Candidula) Langloisiana* Germain, *Bulletin Muséum Hist. natur. Paris* : p. 445, nᵒ 113.

Coquille de taille médiocre, bien ombiliquée, subdéprimée ; spire composée de 5 tours convexes, un peu étagés, à croissance régulière un peu rapide ; sutures très marquées ; sommet un peu obtus, lisse et brillant ; dernier tour grand, arrondi, avec une carène obsolète qui disparaît plus ou moins complètement près de l'ouverture, à peine descendant à l'extrémité ; ouverture oblique, subcirculaire ; bord columellaire très légèrement réfléchi sur l'ombilic ; péristome intérieurement bordé d'un bourrelet blanc bien marqué.

Diamètre maximum : 8 1/2 - 10 millimètres ; diamètre minimum : 7 - 8 1/2 millimètres ; hauteur : 5 - 6 millimètres ; diamètre de l'ouverture : 4 - 4 3/4 millimètres ; hauteur de l'ouverture : 4 - 4 1/4 millimètres.

Test assez solide, crétacé, blanchâtre ou d'un roux jaunâtre plus ou moins foncé, orné de stries lamelleuses fortes, serrées, obliques, irrégulières, pressées par endroits les unes contre les autres, plus régulières et moins fortes en dessous qu'en dessus.

A côté de ces individus unicolores, il existe une variété **picturata**[1] chez laquelle le test est orné soit de points ou de petites taches brunes ou grisâtres, soit de bandes brunes

1. *Helix (Candidula) Langloisiana* var. *picturata* Germain, *Bulletin Muséum Hist. natur. Paris* ; 1912, p. 445 (sans descript.).

infracarénales et d'une bande brune supracarénale, cette
dernière quelquefois continuée en dessus. Cette variété
*picturata* est d'ailleurs aussi répandue que le type et vit
avec lui.

Mousson[1] a signalé une variété *major*, atteignant jusqu'à
13 millimètres de diamètre maximum, et dont la coquille,
plus déprimée, possède une ouverture plus élargie transversalement. Elle provient, dit Mousson, d'Es-Zenore, en
Palestine. Quelques exemplaires recueillis à Beit-Méri[2]
par M. Henri Gadeau de Kerville appartiennent à cette
variété, d'ailleurs peu distincte du type.

L'*Helix Langloisiana* Bourguignat ne peut être rapproché que de l'*Helix improbata* Mousson[3], qui vit également aux environs de Jérusalem. L'espèce de Mousson se
distingue surtout par sa forme plus déprimée, son dernier
tour moins nettement caréné, son ouverture moins oblique
et, enfin, son ombilic plus large. En réalité les deux
espèces sont extrêmement voisines et pourraient bien
appartenir au même type spécifique. De l'aveu même de
Mousson, les rapports sont très intimes entre « ces deux
espèces, et surtout à l'état juvénile, où l'ombilic est moins
grand et la carène mieux développée, il devient presque
impossible de les distinguer »[4]. Ce n'est qu'en présence de
séries considérables d'individus appartenant à ces deux
*Helix* que l'on pourrait émettre une opinion définitive.

---

1. Mousson (A.). — *Coquilles terrestres et fluviatiles recueillies par
M. le Prof. J. R. Roth dans son dernier voyage en Palestine ;* 1861,
p. 11 : « *Major, depressior, anfractu ultimo minus deflecto, apertura
lateriore* ».

2. Dans le Liban, entre 600 et 800 mètres au-dessus du niveau de
la mer.

3. Mousson (A.). — *Loc. supra cit. ;* 1861, p. 11, n° 13. Cette espèce
a été figurée par Kobelt [in : Rossmassler. — *Iconographie der
Land- und Süsswasser-Mollusken ;* VI, 1878, p. 10, taf. CLIII,
fig. 1556].

4. Mousson (A.). — *Loc. supra cit. ;* 1861, p. 12.

Localités :

Broumana (Liban), entre 600 et 800 mètres d'altitude. Type et variété *picturata* Germain [Henri Gadeau de Kerville].

Beit-Méri (Liban), entre 600 et 800 mètres au-dessus du niveau de la mer. Type et variété *picturata* Germain [Henri Gadeau de Kerville].

Distribution géographique :

L'*Helix Langloisiana* Bourguignat habite la Syrie et la Palestine où il représente, avec l'*Helix improbata* Mousson, le groupe des *Helix* striés de l'Europe occidentale.

§ 8. — XEROPHILA Held, 1837 [1].

§ 1.

### Helix (Xerophila) vestalis Parreyss.

Pl. X, fig. 10-12 et 17-21 ; pl. XI, fig. 8-9 ; et pl. XII, fig. 13-15.

1841. *Helix vestalis* Parreyss, in : Pfeiffer, *Symbol. ad histor. Heliceor.* ; 1, p. 40.

1848. *Helix vestalis* Pfeiffer, *Monogr. Heliceor. vivent.* ; 1, p. 170, n° 437.

1853. *Helix vestalis* Pfeiffer, *Monogr. Heliceor. vivent.* : III, p. 134, n° 691.

1853. *Helix vestalis* Bourguignat, *Catalogue rais. Mollusques terr. fluv. Sauley Orient* ; p. 32.

1859. *Helix vestalis* Pfeiffer, *Monogr. Heliceor. vivent.* ; IV, p. 140, n° 877.

1863. *Helix vestalis* Mousson, *Coquilles terr. fluv. Schlaefli Orient* ; p. 32. n° 14.

1. Held (Fr.). — Notizen über Weichthiere Bayerns ; *Isis*, 1837, p. 919.

1865. *Helix vestalis* Tristam, *Proceed. Zoological Society of London* ;
p. 534, n° 34.

1865. *Helix vestalis* Martens, *Malakozoolog. Blätter* ; XII, p. 185.

1868. *Helix vestalis* Pfeiffer, *Monogr. Heliceor. vivent.* ; V, p. 208,
n° 1199.

1868. *Helix vestalis* Morelet, *Mollusques terr. flur. voyage Welwitsch* ;
p. 39.

1871. *Helix vestalis* Martens, *Malakozoolog. Blätter* ; p. 55, n° 6.

1874. *Helix (Xerophila) vestalis* Mousson, *Journal de Conchyliologie* ;
XXII, p. 8, n° 4, et p. 21, n° 6.

1874. *Helix (Helicella) vestalis* Jickeli, *Fauna der Land- und Süsswasser-Mollusken Nord-Ost-Afrika's* ; p. 88, taf. 1, fig. 12, et
taf. IV, fig. 27.

1874. *Helix (Xerophila) vestalis* Martens, *Vorderasiatische Conchylien* ;
p. 10, taf. 1, fig. 4-5.

1877. *Helix vestalis* Kobelt, in : Rossmässler, *Iconographie der Land-
und Süsswasser-Mollusken* ; V, p. 100, taf. CXLIV, fig. 1442-
1443.

1887. *Helix (Helicella) vestalis* Tryon, *Manual of Conchology* ; 2ᵉ série,
*Pulmonata* ; III, p. 240, pl. LVII, fig. 26-27.

1889. *Helix (Heliomanes) vestalis* Westerlund, *Fauna der paläarct.
region Binnenconchylien* ; II, p. 195, n° 460.

1889 *Helix (Xerophila) vestalis* Blanckenhorn, *Nachrichtsblatt d.
Deutschen Malakozoolog. Gesellschaft* ; p. 77 et 83.

1894. *Helix (Heliomanes) vestalis* Pilsbry, in : Tryon, *Manual of Conchology* ; 2ᵉ série, *Pulmonata* ; IX, p. 249.

1902. *Helicella (Heliomanes) vestalis* Gude, *Journal of Malacology* ;
IX, p. 127.

1909. *Xerophila vestalis* Pallary, *Catalogue faune malacologique
Égypte* ; p. 25, pl. II, fig. 1-3.

1910. *Xerophila vestalis* Pallary, *loc. supra cit.* : *Additions et Correct.* ;
p. 179, n° 25.

1910. *Helicella vestalis* Hesse, *Nachrichtsblatt d. Deutschen Malakozoolog. Gesellschaft* ; p. 125.

1912. *Helix (Xerophila) vestalis* Germain, *Bulletin Muséum Hist.
natur. Paris* ; p. 445, n° 129.

L'*Helix vestalis* Parreyss est une espèce assez variable quant à la forme et à l'ornementation picturale. Tandis que certains exemplaires sont d'un blanc pur, assez brillant, crétacé, avec un sommet brun marron ou noirâtre (Angora, Jaffa, Alexandrette de Syrie, etc.), d'autres sont ornés, sur un fond blanc brillant ou jaunacé clair, de bandes brunes ou fauves en nombre variable et assez étroites. La plus large est supracarénale et ordinairement continuée en dessus ; les autres, bien plus étroites, sont infracarénales (Angora, Saïda, Berzé, près de Damas, etc.).

La forme de la coquille est également variable : la spire, plus ou moins déprimée, est quelquefois subplanorbique ; l'ouverture, arrondie ou subarrondie, est garnie d'un élégant bourrelet interne.

L'*Helix vestalis* Parreyss appartient au même groupe que les *Helix joppensis* Roth et *Helix Krynickii* Andrzejowski. Il se rapproche également, d'après Mousson, de l'*Helix aberrans* Mousson [1], mais, dit cet auteur, il en diffère « par une coquille encore plus déprimée, par des tours plus petits et un ombilic qui, d'abord un peu large, s'évase au dernier tour par une certaine déviation de ce dernier. Le test reste lacté, poli et muni d'un sommet foncé » [2]. En réalité, l'*Helix aberrans* Mousson n'appartient pas à ce groupe, mais bien à celui de l'*Helix ericetorum* Müller, c'est-à-dire au sous-genre *Helicella*.

1. Mousson (A.). — *Coquilles terrestres et fluviatiles recueillies dans l'Orient par M. le D' Al. Schlaefli* : II. 1863, p. 7. n° 8. Cette espèce a été figurée, d'abord par Kobelt [in : Rossmassler. — *Iconographie der Land- und Süsswasser-Mollusken* : V, 1877, p. 99, taf. CXLIV, fig. 1440], et, plus récemment, par Tryon [*Manual of Conchology* : 2ᵉ série, *Pulmonata* : III, 1887, p. 246, pl. LX, fig. 2-4]. D'après Kobelt [*loc. supra cit.* ; 1877, p. 99], cette espèce serait synonyme de l'*Helix ericetorum* var. *græca* Martens [*Malakozoolog. Blätter* : XX, 1872, p. 37, taf. II, fig. 1].

2. Mousson (A.). — Coquilles terrestres et fluviatiles recueillies par le D' Al. Schlaefli en Orient ; *Journal de Conchyliologie* : XXII. 1874, p. 8.

Zeigler [1] a nommé *Helix nivea* un Mollusque décrit plus tard par L. Pfeiffer [2] et que plusieurs auteurs considèrent comme synonyme de l'*Helix vestalis* Parreyss [3]. Tout d'abord, ainsi que l'a fait remarquer A. Mousson [4], la localité de Corfou indiquée par Zeigler est erronée [5] ; ensuite, la diagnose de Pfeiffer ne correspond pas à celle de l'*Helix vestalis* Parreyss, comme Albers l'a judicieusement fait observer [6]. Dans ces conditions, il convient de suivre l'exemple de Westerlund [7] qui conserve l'*Helix nivea* Zeigler comme espèce distincte.

1. Zeigler, in : Anton. — *Verzeichniss der Conchylien* ; 1839, p. 37. Non *Helix nivea* Gmelin, *Systema Naturæ* ; ed. XIII, 1789, p. 3639, n° 176, qui est un *Helix* appartenant au sous-genre *Helicella*, mais qu'il est impossible d'identifier, avec certitude, à une espèce connue.

2. Pfeiffer (L.). — *Symbolæ ad historiam Heliceorum* ; II, 1842, p. 34 ; et *Monographia Heliceorum viventium, sistens descriptiones systematicas et criticas omnium hujus familiæ generum et specierum hodie cognitarum* : I, 1847, p. 165.

3. Tel est, notamment, le cas de Jickeli .C.) [Fauna der Land- und Süsswasser-Mollusken Nord-Ost-Afrika's ; *Nova Acta der Ksl. Leop. Carol. Deutschen Akademie der Naturforscher*, Dresden ; XXXVII, 1874, p. 89].

4. Mousson (A.). — Coquilles terrestres et fluviatiles recueillies par le Dr Al. Schlaefli én Orient ; *Journal de Conchyliologie* ; XXII, 1874, p. 8.

5. L'*Helix nivea* vit à Mersina, à Alexandrette et dans un certain nombre de localités de l'Asie-Mineure.

6. Albers (J. C.). — *Die Heliceen nach natürlicher Verwandschaft systematisch geordnet* ; 1850, p. 115.

7. Westerlund (C. A.). — *Fauna der in der paläarctischen region Binnenconchylien* ; II, 1889, p. 193, n° 453. Cet auteur considère l'*Helix alexandrina* Parreyss [in : Pfeiffer (L.). — *Monogr. Heliceor. vivent.* ; I, 1848, p. 166] comme synonyme. Cet *Helix alexandrina* Parreyss est d'ailleurs totalement différent de celui décrit si succinctement sous le même nom par Ehrenberg [*Symbolæ physicæ. Evertebrata. Mollusca* ; 1831, n° 10]. L'*Helix alexandrina* Ehrenberg est encore une de ces espèces indiscernables, par suite du manque de figuration et de l'insuffisance de la diagnose originale. « Pupæ habitus, sed characteres *Helicis*. An *H. crenulata* olio. jun. ? » dit Pfeiffer [*Monogr. Heliceor. vivent.* : I, 1847, p. 423].

### Variété **foveolata** Westerlund.

### Pl. XII, fig. 17-19.

1889. *Helix (Heliomanes) vestalis* var. *foveolata* Westerlund, *Fauna der paläarct. region Binnenconchylien* ; II, p. 196.

1894. *Helix (Heliomanes) vestalis* var. *foveolata* Pilsbry, in : Tryon, *Manual of Conchology* : 2ᵉ série, *Pulmonata* : IX, p. 294.

1902. *Helicella (Heliomanes) Hamyi* var. *foveolata* Gude, *Journal of Malacology* ; IX, p. 127.

1912 *Helix (Xerophila) vestalis* var. *foveolata* Germain, *Bulletin Muséum Hist. natur. Paris*; p. 445.

Test assez solide, d'un blanc jaunâtre peu brillant, orné, au dernier tour, d'une étroite bande brune supracarénale, de bandes infracarénales encore plus étroites, et d'élégantes maculatures suturales d'un brun marron plus clair ; stries fortes, régulières, serrées, bien obliques et légèrement atténuées en dessous ; ouverture subcirculaire à bords très convergents, intérieurement garnie d'un fort bourrelet blanchâtre.

Diamètre maximum : 12 millimètres ; diamètre minimum : 10 1/4 millimètres ; hauteur : 7 millimètres ; diamètre de l'ouverture : 5 3/4 millimètres ; hauteur de l'ouverture : 5 1/2 millimètres.

Jéricho [Westerlund].
Environs de Jérusalem [Carlo Pollonera].

Gude rapproche, à titre de variété, cette coquille de l'*Helix Hamyi* Bourguignat[1] ; il me semble beaucoup plus

---

1. Cet *Helix Hamyi* Bourguignat *mss.* a été publié par C. A. Westerlund [*Fauna der in der paläarctischen region Binnenconchylien* ; II, 1889, p. 184] comme variété de l'*Helix subrostrata* de Férussac [*Tableaux systématiques des animaux Mollusques classés en familles naturelles, dans lesquels on a établi la concordance de tous les systèmes ; suivis d'un Prodrome général pour tous les Mollusques terrestres et fluviatiles, vivants et fossiles* : 1821, p. 45, nᵒ 287]. P. Pallary a montré

rationnel de la considérer comme dépendant du véritable *Helix vestalis* Parreyss, dont elle possède les principaux caractères.

### Variété **amorrhæa** Pollonera *mss.*

Pl. XI, fig. 7, 10 et 11.

1910. *Xerophila vestalis* var. *amorrhæa* Pollonera. *in litt.*
1912. *Helix (Xerophila) vestalis* var. *amorrhæa* Germain, *Bulletin Muséum Hist. natur. Paris;* p. 445 *(sans descript.).*

Coquille de taille plus grande; spire plus déprimée, à croissance assez rapide, avec un dernier tour grand, nettement dilaté à l'extrémité; ombilic plus étroit; ouverture plus développée transversalement, avec un bourrelet moins fort; test plus mince, plus fragile, orné d'une bande supra-carénale brune continuée en dessus et de 3-4 bandes infra-carénales plus claires; stries d'accroissement plus délicates, plus fortes en dessus qu'en dessous.

Diamètre maximum : 15 1/4 - 15 1/2 millimètres; diamètre minimum : 13 1/2 - 14 millimètres; hauteur : 9 millimètres; diamètre de l'ouverture : 8 millimètres; hauteur de l'ouverture : 7 millimètres.

Je dois à M. Carlo Pollonera, de Turin, la connaissance de cette intéressante variété.

Djérasch (Palestine) [Carlo Pollonera].

En dehors des variétés précédentes, l'*Helix vestalis* Parreyss en offre quelques autres qui vivent en Égypte. Je vais les passer très rapidement en revue :

[Catalogue de la faune malacologique d'Égypte; *Mémoires Institut Égyptien.* VI, part. I, Novembre 1909, p. 32] que cet *Helix Hamyi* Bourguignat, ainsi d'ailleurs que l'*Helix Didieri* Bourguignat [in : Westerlund, *loc. supra cit.*; II, 1889, p. 180, nº 418], était synonyme de l'*Helix simulata* de Férussac [*loc. supra cit.*; 1821, p. 45, nº 289], coquille antérieurement figurée par Savigny [*Description de l'Égypte; Histoire naturelle;* 1805, pl. II, fig. 13].

### Variété **ramlehensis** Bourguignat.

1889. *Helix ramlensis* Bourguignat *mss.*, in : Westerlund, *Fauna der
   paläarct. region Binnenconchylien :* II, p. 196.

1909. *Helix vestalis* var. *ramlehensis* Pallary, *Catalogue faune malacologique Égypte ;* p. 26, pl. II. fig. 8-10.

Cette variété possède une spire plus haute, un ombilic
plus étroit et une ouverture moins arrondie. Elle mesure,
d'après WESTERLUND, 11 1/2 - 12 1/2 millimètres de diamètre
pour 8 1/2 - 9 1/2 millimètres de hauteur. Elle habite aux
environs d'Alexandrie, à Ramleh et à Sidi-Gaber (Égypte).

### Variété **mahmoudiana** Bourguignat.

1889. *Helix ramlensis* var. *mahmoudiana* Bourguignat *mss.*, in : Westerlund, *loc. supra cit. :* II, p. 196.

1909. *Helix vestalis* var. *mahmoudiana* Pallary, *loc. supra cit. ;* II,
   p. 27, pl. II, fig. 5-6.

Coquille plus petite (diamètre maximum : 12 millimètres ;
hauteur totale : 9-10 millimètres) ; spire notablement plus
haute, turriculée.

« Dans les terres jaunâtres entre le lac Hadra et le canal
Mahmoudieh. Partout le long du canal » (Égypte) [PALLARY].
J'ai également reçu cette variété des environs de Gaza
(Asie-Mineure).

Quant à l'*Helix palmarum* Parreyss[1], ce n'est qu'une
variété ex colore dont l'ornementation picturale rappelle,
ainsi que l'a fait observer P. PALLARY[2], « celle de l'*Helix*

1. PARREYSS, in : HARTMANN. — *Erd- und Süsswasser-Gasteropoden
beschrieben und abgebildet von... Saint Gall. ;* 1842, p. 146. taf. XLVI,
fig. 1-3.

2. PALLARY (P.). — Catalogue de la faune malacologique d'Égypte ;
*Mémoires Institut Égyptien ;* VI, fasc. 1, Novembre 1909, p. 26.
PALLARY a figuré pl. II, fig. 4) cette variété *palmarum*.

*sphærita* [Hartmann [1]], d'Oran (en dessous surtout) et celle de l'*H. millepunctata* Bœttger [2] ».

Enfin, P. PALLARY a encore distingué les mutations ex colore *unifasciata*, *bifasciata*, *trifasciata* et *quadrifasciata* [3] qui se définissent d'elles-mêmes.

LOCALITÉS (du type) :

Montagnes à Aïn-Fidjé (Anti-Liban), près de Damas, entre 850 et 1050 mètres d'altitude [HENRI GADEAU DE KERVILLE] [4].

1. HARTMANN. — *Loc. supra cit.* : 1842, I, p. 147, taf. XLVI, fig. 4-7.

2. BŒTTGER (O.). — Die Binnenmollusken Transkaspiens und Chorassans; *Zoologische Jahrbücher* : IV, 1889, p. 948, taf. XXVII, fig. 13.

3. PALLARY (P.). — *Loc. supra cit.* : 1909, p. 26.

4. En dehors des nombreux spécimens recueillis par M. HENRI GADEAU DE KERVILLE, j'ai reçu dernièrement, d'un certain nombre de localités du littoral de la Palestine et de la Syrie, des exemplaires de cette espèce présentant quelques particularités. Voici ces localités, avec les remarques faites sur les échantillons.

Alexandrette de Syrie :

Exemplaires de petite taille (diamètre maximum : 15 millimètres ; hauteur : 7 millimètres pour les plus grands spécimens), possédant un test unicolore, d'un blanc pur assez brillant.

Saïda (Syrie) :

Grands et beaux spécimens (diamètre maximum : 17 - 18 millimètres ; diamètre minimum : 15 - 15 millimètres ; hauteur : 8 3/4 - 9 1/2 millimètres ; diamètre de l'ouverture : 8 1/2 - 8 1/2 millimètres ; hauteur de l'ouverture : 7 3/4 - 8 1/2 millimètres). Le test est d'un blanc pur, brillant, orné, sur les premiers tours, de flammules rayonnantes d'un brun rougeâtre clair et, sur les derniers tours, de bandes coalescentes d'un brun roux. Ces bandes, qui sont plus nombreuses en dessous qu'en dessus, présentent un aspect diffusé, surtout aux environs de l'ouverture.

Jaffa :

Exemplaires *minor*, à test blanc et à ombilic plus étroit que le type.

Gaza (Palestine :

Exemplaires typiques.

Montagnes à Berzé (Anti-Liban), près de Damas, entre
700 et 800 mètres d'altitude [Henri Gadeau de Kerville].



L'*Helix vestalis* Parreyss a été signalé en Transcaucasie,
notamment à Bakou, sur les bords de la mer Caspienne, et
à Lenkoran ; il est surtout abondant en Asie-Mineure et,
plus particulièrement, dans les régions côtières [1] ; il suit,
d'ailleurs, la côte est de la mer Méditerranée, est assez
commun en Syrie et en Palestine, et, enfin, pénètre en
Égypte où il vit principalement aux environs d'Alexandrie
et à Marsa-Matrouh. Vers l'ouest de la Palestine, l'*Helix
vestalis* Parreyss a été signalé à Haleb, dans la Haute-
Mésopotamie [Schlaefli].

## Helix (Xerophila) joppensis Roth.

### Pl. XI, fig. 4 - 6.

1855. *Helix joppensis* Roth, in : Schmidt, *Stylommatophoren ;* p. 29,
taf. VI, fig. 34.

1859. *Helix Joppensis* Pfeiffer, *Monogr. Heliceor. vivent. ;* IV, p. 140,
n° 876.

1861. *Helix joppensis* Mousson, *Coquilles terr. fluv. Roth Palestine ;*
p. 17, n° 19.

1868. *Helix Joppensis* Pfeiffer, *Monogr. Heliceor. vivent. ;* V, p. 208,
n° 1198.

1. Cependant l'*Helix vestalis* Parreyss habite également la chaîne
du Taurus, et j'en ai reçu d'Angora (Anatolie) de très beaux exemplaires. Ils mesurent 16 - 19 1/2 millimètres de diamètre maximum,
14 - 17 millimètres de diamètre minimum et 8 1/2 - 10 millimètres de
hauteur. L'ombilic est large ; l'ouverture, subcirculaire, a 7 1/4 - 9 millimètres de diamètre sur 7 - 8 1/2 millimètres de hauteur. Le test est
quelquefois unicolore, d'un blanc pur assez brillant, mais, le plus
souvent, il est orné de bandes. Dans ce dernier cas, on observe soit
une seule bande brune supracarénale continuée en dessus, soit, bien
plus communément, une bande brune supracarénale continuée en
dessus et un nombre variable (de deux à quatre) de bandes infracarénales également brunes entourant l'ombilic.

1871. *Helix Joppensis* Martens, *Malakozoolog. Blätter* ; p. 56, n° 7.

1874. *Helix (Xerophila) bargesiana* Martens, *Vorderasiatische Conchylien* ; p. 11, taf. II, fig. 10 *(non* Bourguignat).

1874. *Helix (Xerophila) joppensis* Martens, *Vorderasiatische Conchylien* ; p. 54.

1877. *Helix joppensis* Kobelt, in : Rossmässler, *Iconographie der Land - und Süsswasser-Mollusken* ; V, p. 99, taf. CXLIV, fig. 1439.

1887. *Helix (Helicella) joppensis* Tryon, *Manual of Conchology* ; 2ᵉ série, *Pulmonata* ; III, p. 244, pl. LIX, fig. 89-90.

1889. *Helix (Heliomanes) joppensis* Westerlund, *Fauna der paläarct. region Binnenconchylien* ; II, p. 193, n° 452.

1889. *Helix (Xerophila) joppensis* Blanckenhorn, *Nachrichtsblatt d. Deutschen Malakozoolog. Gesellschaft* ; p. 83.

1894. *Helix joppensis* Dautzenberg, *Revue biologique Nord France* ; VI, p. 332 (tirés à part, p. 4).

1894. *Helix (Heliomanes) joppensis* Pilsbry, in : Tryon, *Manual of Conchology* ; 2ᵉ série, *Pulmonata* ; IX, p. 250.

1902. *Helicella (Heliomanes) joppensis* Gude, *Journal of Malacology* ; IX, p. 127.

1905. *Xerophila joppensis* Sturany, *Annalen des K. K. Naturhistorischen Hofmuseums* ; XX, p. 298, n° 6 (tirés à part, p. 4).

1912. *Helix (Xerophila) joppensis* Germain, *Bulletin Muséum Hist. natur. Paris* ; p. 445, n° 131.

La coquille de cette espèce est de forme assez variable, comme on l'observe généralement dans le groupe, si polymorphe, des Xérophiles. La spire, plus ou moins haute, permet de distinguer une mutation *alta* assez nettement caractérisée ; le dernier tour, qui est toujours bien arrondi, un peu déclive à son extrémité sur une petite longueur, est quelquefois notablement dilaté aux environs de l'ouverture, surtout chez les individus de grande taille. Le test, assez brillant, d'un blanc jaunacé ou légèrement teinté de bleuâtre, est assez fortement mais irrégulièrement strié — les stries sont serrées et un peu fortes dès les premiers tours ; — enfin, le sommet est d'un marron clair brillant.

Une grande partie des exemplaires recueillis par M. Henri

Gadeau de Kerville sont entièrement blancs [1] ; d'autres montrent une ornementation picturale plus ou moins développée : tantôt d'étroites bandes spirales d'un brun clair, presque effacées et réduites à des points, font penser au test de l'*Helix derbentina* Krynicki [2] et de ses nombreuses variétés ; tantôt, mais plus rarement, on observe de véritables bandes colorées dont l'une, supracarénale, est continuée en dessus. Ces dernières coquilles rappellent, d'une part le Mollusque figuré par Kobelt sous le nom d'*Helix joppensis* var. ? [3], d'autre part l'*Helix Krynickii* Andrzejowski [4] et l'*Helix bargesiana* Bourguignat [5].

La taille varie également dans de grandes proportions. Je distinguerai une mutation *major* pour certains spécimens recueillis par M. Henri Gadeau de Kerville aux environs de Damas, et qui atteignent jusqu'à 15 millimètres de diamètre maximum. En outre, le Dr O. Boettger a

1. Mousson (A.) [*Coquilles terr. et fluv. recueillies par M. le Prof. J. R. Roth dans son dernier voyage en Palestine ;* 1861, p. 18] a observé le même fait chez les colonies de l'*Helix joppensis* répandues autour de Jaffa.

2. Krynicki. — *Bulletin de la Société impériale des Naturalistes de Moscou ;* IX, 1836, p. 192.

3. Kobelt (W.), in : Rossmassler. — *Iconographie der Land- und Süsswasser-Mollusken ;* VI, 1879, taf. CLIII, fig. 1554-1555.

4. Voir, plus loin, l'article consacré à cette espèce.

5. Bourguignat (J. R.). — *Aménités malacologiques ;* I, 1856, p. 19, pl. I, fig. 12-14.
Cette espèce, indiquée de Syrie sans indication précise de localité, est caractérisée par une spire dont l'enroulement est excessivement lent et régulier, si bien que le dernier tour est à peine plus grand que l'avant-dernier ; de plus, son dernier tour possède « une ressemblance parfaite avec celle d'un Cyclostome » [Bourguignat, *loc. supra cit. ;* I, 1856, p. 19]. A la vérité, ce dernier caractère n'est pas indiqué sur la figure donnée par Bourguignat, tandis que sous ce même nom de *bargesiana* von Martens [*Ueber vorderasiatische Conchylien ;* 1874, taf. II, fig. 10] figure un *Helix* assez répandu en Syrie et qui n'est qu'une variété de l'*Helix joppensis* Roth. Il est d'ailleurs très possible que l'*Helix bargesiana* Bourguignat soit synonyme de l'*Helix joppensis* Roth. C'est l'avis de Gude [A classified list of the Helicoid Land Shells of Asia ; *Journal of Malacology ;* 1902, IX, part. IV, p. 127]

décrit une variété *minor* ne mesurant que 9 millimètres de diamètre[1]. Cette forme a été retrouvée par le Dr A. PENTHER en 1902. Quelques-uns des exemplaires récoltés par ce naturaliste mesurent seulement 7,6 millimètres de diamètre pour 4,8 millimètres de hauteur, d'après l'étude qui en a été faite par le Dr R. STURANY [2].

Le tableau suivant donne, en millimètres, les principales dimensions de quelques échantillons.

| Localités | Hauteur totale | Diamètre maximum | Diamètre minimum | Diamètre de l'ouverture | Hauteur de l'ouverture | |
|---|---|---|---|---|---|---|
| Pentes du djébel Kasioun (Anti-Liban) près de Damas | 6 mm. | 12 1/2 mm. | 10 1/2 mm. | 5 3/4 mm. | 6 mm. | |
| | 6 — | 12 — | 10 — | 5 1/2 — | 5 — | |
| | 5 1/2 — | 11 — | 10 — | 5 — | 5 — | |
| | 5 1/2 — | 10 1/2 — | 10 — | 5 — | 4 3/4 — | |
| | 5 1/4 — | 11 — | 10 1/2 — | 5 — | 5 1/4 — | |
| Région verdoyante de Damas | 7 — | 15 — | 12 — | 6 1/2 — | 5 1/2 — | 3 |
| | 6 3/4 — | 12 — | 10 — | 5 1/2 — | 5 — | 4 |
| | 6 — | 12 — | 10 — | 6 — | 5 — | |
| | 5 3/4 — | 11 1/2 — | 10 — | 5 — | 4 3/4 — | |
| | 6 — | 11 — | 10 — | 5 3/4 — | 5 — | |
| | 6 — | 11 — | 10 — | 5 — | 5 — | |
| | 5 — | 9 — | 8 — | 4 — | 4 — | |

et de PILSBRY [in : TRYON, *Manual of Conchology*; 2e série, *Pulmonata*; IX, 1894, p. 250]; malheureusement ces auteurs n'apportant aucune preuve à leur manière de voir, il semble prudent de réserver toute opinion définitive à ce sujet.

1. BOETTGER (Dr O.). — In : *Offenb. Ver. für Naturk.*; 1883, p. 170.

2. STURANY (Dr R.). — Schalentragende·Mollusken ; *Annalen des K. K. Naturhistorischen Hofmuseums*; XX, 1905, p. 208, n° 6 (tirés à part, p. 4, n° 6) [*Xerophila joppensis* Roth forme *minor* Boettger].

3. Mutation *major* Germain.

4. Mutation *alta* Germain.

### Variété **multinotata** Mousson.

1861. *Helix Joppensis* var. *multinotata* Mousson, *Coquilles terr. fluv. Roth Palestine ;* p. 19.

1874. *Helix (Xerophila) joppensis* var. *multinotata* Martens, *Vorderasiatische Conchylien ;* p. 11, taf. II, fig. 11.

1887. *Helix (Helicella) joppensis* var. *multinotata* Tryon, *Manual of Conchology ;* 2ᵉ série, *Pulmonata ;* III, p. 244.

1889. *Helix (Heliomanes) joppensis* var. *multinotata* Westerlund, *Fauna der paläarct. region Binnenconchylien ;* II, p. 193.

1894. *Helix (Heliomanes) joppensis* var. *multinotata* Pilsbry, in : Tryon, *Manual of Conchology ;* 2ᵉ série, *Pulmonata ;* IX, p. 250.

1902. *Helicella (Heliomanes) joppensis* var. *multinotata* Gude, *Journal of Malacology ;* IX, p. 127.

1912. *Helix (Xerophila) joppensis* var. *multinotata* Germain, *Bulletin Muséum Hist. natur. Paris ;* p. 445.

Coquille plus déprimée avec un dernier tour plus fortement élargi ; stries plus marquées ; ornementation picturale particulière, ainsi décrite par A. Mousson (*loc. supra cit. ;* 1861, p. 19) :

« La coloration [est] plus variée, du blanc uniforme au brun foncé, interrompu de blanc. La zone continue foncée, accompagnée en dessus d'une bande blanche, ne manque jamais ; les taches le long de la suture deviennent minces, se prolongent sous forme de virgules, souvent même en rayons fasciés ; de plus, il y a des séries décurrentes pâles ou foncées, extrêmement élégantes, formées de petits points, de flèches, de chaînons, etc. »

Cette variété, qui atteint parfois jusqu'à 17 millimètres de diamètre maximum, vit aux environs de Jérusalem et dans la chaîne du Liban [Roth]. M. Henri Gadeau de Kerville l'a recueillie à Koutaïfé, au nord-est de Damas (Syrie).

## Variété **subkrynickii** Mousson.

### Pl. XII, fig. 1-3.

1861. *Helix joppensis* var. *subkrynickiana* Mousson, *Coquilles terr. fluv. Roth Palestine ; p. 19.*

1874. *Helix (Xerophila) subkrynickiana* Mousson, *Journal de Conchyliologie ;* XXII, p. 9, n° 7, et p. 58, n° 7.

1887. *Helix (Helicella) joppensis* var. *subkrynickiana* Tryon, *Manual of Conchology ;* 2° série, *Pulmonata ;* III, p. 244.

1889. *Helix (Xerophila) subkrynickiana* Blanckenhorn, *Nachrichtsblatt d. Deutschen Malakozoolog. Gesellschaft ;* p. 84.

1894. *Helix (Heliomanes) joppensis* var. *subkrynickiana* Pilsbry, in : Tryon, *Manual of Conchology ;* 2° série, *Pulmonata ;* IX, p. 250.

1912. *Helix (Xerophila) joppensis* var. *subkrynickii* Germain, *Bulletin Muséum Hist. natur. Paris ;* p. 445.

Cette variété, qui se distingue par son ombilic plus ouvert, par ses tours de spire moins convexes, ses sutures moins profondes et sa sculpture plus délicate, rappelle, par son ornementation picturale, l'*Helix Krynickii* Andrzejowski, dont elle se sépare par sa forme moins globuleuse, son ombilic beaucoup plus large (l'*Helix Krynickii* possède un ombilic relativement étroit) et son test plus fortement strié.

La variété *subkrynickii* Mousson est assez répandue autour du lac de Tibériade [Schlaefli]; elle vit également, d'après A. Mousson, à Sidon, Mersina, dans le Kurdistan et jusqu'aux environs d'Ispahan.

Localités :

Pentes arides du djébel Kasioun (Anti-Liban), près de Damas, entre 700 et 900 mètres d'altitude [Henri Gadeau de Kerville].

Montagnes à Berzé (Anti-Liban), près de Damas, entre 700 et 800 mètres d'altitude [Henri Gadeau de Kerville].

Région verdoyante de Damas, entre 650 et 700 mètres d'altitude [Henri Gadeau de Kerville].

Koutaïfé, au nord-est de Damas [Henri Gadeau de Kerville].

Distribution géographique :

L'*Helix joppensis* Roth est une espèce très répandue en Syrie et en Palestine, où elle vit en colonies populeuses, notamment dans les régions montagneuses du Liban et de l'Anti-Liban. Elle habite également les parties littorales et sublittorales du sud de l'Asie-Mineure ; plus au nord, elle est remplacée par des Xérophiles qui, bien qu'appartenant au même groupe, sont cependant différentes (*Helix Krynickii* Andrzejowski, *Helix derbentina* Krynicki, etc.). En Mésopotamie, se substitue à l'*Helix joppensis* Roth une petite espèce parfaitement caractérisée et très exactement décrite par A. Mousson : l'*Helix (Xerophila) mesopotamica* Mousson [1].

## Helix (Xerophila) Krynickii Andrzejowski.

1833. *Helix (Helicella) Krynickii* Andrzejowski, in : Krynicki, *Bulletin Société Naturalistes Moscou;* VI, p. 434, n° 9.

1835. *Helix cespitum* var. ? de Férussac, *Bullet. Zoolog.;* p. 21.

1836. *Helix Krynickii* Krynicki, *Bulletin Société Naturalistes Moscou;* IX, p. 195.

1839. *Helix Babondubii* Parreyss, in : Anton, *Verzeichniss der Conchylien;* p. 37,

1846. *Helix candaharica* Pfeiffer, *Proceed. Zoological Society of London;* p. 37.

1846. *Helix Krynickii* Pfeiffer, *Gattung Helix,* in : Martini et Chemnitz, *Systemat. Conchylien-Cabinet;* p. 258, n° 240, taf. XXXVIII, fig. 1-3.

---

1. Mousson (A.). — Coquilles terrestres et fluviatiles recueillies dans l'Orient par M. le D^r Al. Schlaefli ; *Journal de Conchyliologie;* XXII, 1874, p. 22, n° 9, p. 37, n° 2, p. 59, n° 9, et p. 59, n° 2 [*Helix (Xerophila) Mesopotamica*].

1848. *Helix Krynickii* Pfeiffer, *Monogr. Heliceor. vivent.*; I, p. 162, n° 418.

1853. *Helix Krynickii* Bourguignat, *Catalogue rais. Mollusques terr. fluv. Saulcy Orient*; p. 31.

1853. *Helix Krynickii* Pfeiffer, *Monogr. Heliceor. vivent.*; III, p. 132, n° 671.

1856. *Helix Krynickii* Bourguignat, *Aménités malacologiques*; I, p. 120.

1859. *Helix Krynickii* Pfeiffer, *Monogr. Heliceor. vivent.*; IV, p. 137, n° 866.

1863. *Helix Krynickii* Mousson, *Coquilles terr. fluv. Schlaefli Orient*; p. 6, n° 6, et p. 28, n° 12.

1865. *Helix Krynickii* Issel, *Molluschi raccolti miss. Italiana in Persia*; p. 29.

1868. *Helix Krynickii* Pfeiffer, *Monogr. Heliceor. vivent.*; V, p. 206, n° 1184.

1871. *Helix Krynickii* Martens, *Malakozoolog. Blätter*; p. 56, p. 66, n° 3, et p. 68, taf. 1, fig. 4-5.

1874. *Helix (Xerophila) Krynickii* Martens, *Vorderasiatische Conchylien*; p. 54.

1881. *Helix Theodosiæ* Clessin, *Malakozoolog. Blätter*; n. f., III, p. 137.

1883. *Helix (Xerophila) Krynickii* Retowski, *Malakozoolog. Blätter*; n. f., VI, p. 7-9, n° 23.

1883. *Helix Krynickii* Clessin, *Malakozoolog. Blätter*; n. f., VI, p. 45, n° 28, taf. II, fig. 4.

1884. *Helix Krynickii* Boettger, *Bericht Senkenberg. Naturforschende Gesellschaft in Frankfurt*; p. 152.

1884. *Helix Krynickii* Kobelt, in : Rossmässler, *Iconographie der Land - und Süsswasser-Mollusken*; n. f., 1, p. 48, taf. XVIII, fig. 139-140.

1886. *Helix (Xerophila) Krynickii* Boettger, in : Radde, *Fauna und Flora Südwestlichen Caspi-Gebietes*; p. 291, n° 28.

1887. *Helix (Helicella) Krynickii* Tryon, *Manual of Conchology*; 2ᵉ série, *Pulmonata*; III, p. 247, pl. LX, fig. 18-21.

1889. *Helix (Heliomanes) Krynickii* Westerlund, *Fauna der paläarct. region Binnenconchylien*; II, p. 192, n° 450.

1889. *Helix (Xerophila) Krynickii* Retowski, *Bericht Senkenberg. Naturforschende Gesellschaft in Frankfurt*; p. 239, n° 34.

1889. *Helix (Xerophila) Krynickii* Boettger, *Zoologische Jahrbücher*; IV, p. 946, n° 5.

1890. *Helix (Xerophila) Krynickii* Westerlund, *Fauna der paläarct. region Binnenconchylien*; *Supplément*; p. 131.

1894. *Helix (Heliomanes) Krynickii* Pilsbry, in : Tryon, *Manual of Conchology*; 2ᵉ série, *Pulmonata*; IX, p. 249.

1902. *Helicella (Heliomanes) Krynickii* Gude, *Journal of Malacology*; IX, p. 104, 115 et 118.

1905. *Xerophila Krynickii* Sturany, *Annalen des K. K. Naturhistorischen Hofmuseums*; XX, p. 299, n° 8 (tirés à part, p. 5, n° 8).

1912. *Helix (Xerophila) Krynickii* Germain, *Bulletin Muséum Hist. natur. Paris*; p. 446, n° 134.

« *Testa orbiculata subdepressa, subtus convexa, tenui, pellucida, nitidula, transversim striolata, tota flavescenti alba, aut fasciis lineisque subtus sæpe interruptis, fuscis nigrisve longitudinalibus ornata ; anfractibus senis, supra planulatis, ultimo incrassato; suturis tenuibus ; spira parum prominula , apice fusco ; umbilico mediocri, spiraliter coarctato ; apertura rotundatolunata, peristomate subsimplici, intus vix marginato, concolore.*

» *Alt. 4‴, diam. 8‴.*

» *Incola sordide griseo-lutescens, pellucidus, supra scaber ; tentaculis superioribus lineisque ab illis per collum excurrentibus abbreviatis, parallelis, cinereogriseis.*

» *Long. corporis 10‴.*

» *Long. tentac. 3‴.*

» *Species proxima* H. variabili *Drp. ex Italia, attamen distinguitur spira minus elevata, umbilico latiori, minus profundo et peristomate concolori.*

» *Habitat inter montes calcareos Tauriæ* ».

J'ai tenu à reproduire la diagnose originale afin de la rapprocher de celle donnée par Mousson, pour son *Helix vestalis* var. *radiolata*[1], coquille qui est considérée, par de nombreux auteurs[2], comme synonyme de l'*Helix Krynickii* Andrzejowski.

L'*Helix Krynickii* Andrzejowski se rapproche surtout, d'une part, de l'*Helix derbentina* Krynicki[3], et, d'autre part, des *Helix joppensis* Roth et *Helix vestalis* Parreyss. Il est, au point de vue de la distribution géographique, plus septentrional que les deux dernières espèces citées.

Au point de vue de la forme générale et de l'ornementation picturale, l'*Helix Krynickii* Andrzejowski présente des variations qui ont permis à Retowski de définir les variétés *varipicta*, *eximia* et *infratœniata*, ainsi que la mutation *albina*[4]. Toutes ces variétés vivent en Asie-Mineure et en Arménie.

1. Mousson (A.) [*Coquilles terrestres et fluviatiles recueillies dans l'Orient par M. le D*r *Al. Schlaefli*; 11, 1863, p. 32] décrit ainsi sa variété *radiolata* : « *tenuior, summo rosco-corneo, lineis fuscidulis radiatim et subtus lineis interruptis spiralibus picta* ».

Comparé à l'*Helix vestalis* Parreyss, ajoute Mousson, cette coquille est plus mince, « sans être fragile et présente en haut un système fort élégant de lignes rayonnantes arquées, en bas des traces de une ou deux lignes décurrentes ».

2. Notamment par Clessin (S.) [Anhang zur Molluskenfauna der Krim; *Malakozoolog. Blätter*; n. f., VI, 1883, p. 45]; par Boettger [Die Binnenmollusken des Talysch-Gebietes, in : Radde, *Fauna und Flora Südwestlichen Caspi-Gebietes*; 1886, p. 291; — Die Binnenmollusken Transkaspiens und Chorassans; *Zoologische Jahrbücher*; IV, 1889, p. 946-947]; par Pilsbry [in : Tryon, *Manual of Conchology*; 2e série, *Pulmonata*; IX, p. 249]; etc.

3. Rossmassler [*Iconographie der Land- und Süsswasser-Mollusken*; V, 1877, p. 98] avait considéré les *Helix derbentina* Krynicki et *Helix Krynickii* Andrzejowski comme synonymes; Kobelt a, par la suite, rectifié cette erreur [*Iconogr.* etc.; n. f., 1, 1884, p. 48]. En conséquence, les figures portant les numéros 1433 à 1438 dans l'ouvrage de Rossmassler [*Iconogr.* etc.; V, 1877] se rapportent à l'*Helix derbentina* Krynicki.

4. Retowski (O.). — Liste der von mir auf meiner Reise von Konstantinopel nach Batum gesammelten Binnenmollusken; *Bericht über die Senkenbergische Naturforschende Gesellschaft in Frankfurt am Main*; 1888, p. 239-240.

L'*Helix Krynickii* Andrzejowski est une espèce très commune en Crimée, notamment dans les environs de Sébastopol, de Balaklava, de Theodosia, etc. [KRYNICKI, RAYMOND, VESCO, RETOWSKI, etc.]. Il semble habiter tout le pourtour de la mer Noire puisqu'il a été retrouvé, à l'ouest, jusqu'aux environs de Constantinople [DE SAULCY, SCHLAEFLI], et dans de nombreuses localités de la Turquie et de la Grèce. Au sud, il vit également en Arménie et en Asie-Mineure où il a été signalé dans la chaîne du Taurus [PARREYSS, DUBOIS]. A l'est de la mer Noire, l'*Helix Krynickii* Andrzejowski s'étend à travers toute la Transcaucasie [SCHLAEFLI, HAUSKNECHT, DORIA, DUBOIS, A. WALTER, LEDER, etc.], jusqu'aux rives de la mer Caspienne [CLESSIN, RADDE], pénètre en Perse [DORIA, A. WALTER, O. HERZ] et même, d'après HUTTON, dans l'Afghanistan.

§ 2.

### Helix (Xerophila) protea Zeigler.

1837. *Theba campestris* Beck, *Index Molluscorum* ; p. 13.

1837. *Helix pustulata* Mühlfeldt, *teste* Beck, *Index Molluscorum*; p. 13.

1838 *Helix protea* Zeigler, in : Rossmässler, *Iconographie der Land- und Süsswasser-Mollusken*: II (part. VIII), p. 34, n° 521, taf. XXXVIII, fig. 521.

1838. *Helix obvia* de Cristofori et Jan, in spec. *teste* Rossmässler, *loc. supra cit.*; p. 34 [1].

1846. *Helix protea* Pfeiffer, in : Martini et Chemnitz, *Systemat. Conchylien-Cabinet*; p. 262, n° 246, taf. XXXVIII, fig. 22-23.

1848. *Helix protea* Pfeiffer, *Monogr. Helicæor. vivent.*; I, p. 166, n° 427.

---

1. Non *Helix obvia* Hartmann [*Erd- und Süsswasser Gasteropoden beschrieben und abgebildet von... Saint-Gall.*; I, 1840, p. 148, t. XLV] qui est l'*Helix (Xerophila) obvia* Hartmann.

Nec *Helix obvia* Andrzejówski [*teste* KRYNICKI] qui serait, d'après PFEIFFER [*Monogr. Helicæor. vivent.*; I, 1848, p. 163], l'*Helix (Xerophila) ericetorum* Müller [*Verm. terr. et fluv. histor.*; II, 1774, p. 33, n° 236].

1853. *Helix protea* Pfeiffer, *Monogr. Heliceor. vivent.*; III, p. 133, n° 679.

1853. *Helix campestris* Bourguignat, *Catalogue rais. Mollusques terr. fluv. Saulcy Orient*; p. 32.

1855. *Helix protea* Roth, *Malakozoolog. Blätter*; II, p. 27, n° 19.

1859. *Helix protea* Pfeiffer, *Monogr. Heliceor. vivent.*; IV, p. 140, n° 879.

1861. *Helix protea* Mousson, *Coquilles terr. fluv. Roth Palestine*; p. 16, n° 17.

1865. *Helix protea* Tristam, *Proceed. Zoological Society of London*; p. 533, n° 33.

1868. *Helix protea* Pfeiffer, *Monogr. Heliceor. vivent.*; V, p. 208, n° 1201.

1879. *Helix (Pseudoxerophila) proteus* Westerlund et Blanc, *Aperçu faune malacologique Grèce*; p. 59, n° 56.

1888. *Helix (Candidula) protea* Tryon, *Manual of Conchology*; 2ᵉ série, *Pulmonata*; IV, p. 5. pl. 1, fig. 1-2.

1889. *Helix (Heliomanes) protea* Westerlund, *Fauna der paläarct. region Binnenconchylien*; II, p. 193, n° 451.

1894. *Helix (Candidula) protea* Pilsbry, in : Tryon, *Manual of Conchology*; 2ᵉ série, *Pulmonata*; IX, p. 255.

1902. *Helicella (Candidula) protea* Gude, *Journal of Malacology*; IX, p. 127.

1912. *Helix (Xerophila) protea* Germain, *Bulletin Muséum Hist. natur. Paris*; p. 446, n° 140.

Coquille de forme subglobuleuse, bien ombiliquée; spire conique, composée de 5-6 tours convexes, légèrement étagés, à croissance lente et régulière; sommet lisse, d'un très beau marron brillant; sutures bien indiquées, mais peu profondes; dernier tour grand, bien convexe, légèrement subcomprimé à sa naissance, non descendant à l'extrémité, un peu plus convexe en dessous qu'en dessus; ouverture oblique, subcirculaire; bord columellaire un peu réfléchi sur l'ombilic qui est assez large, très profond, et légèrement évasé; bords marginaux convergents et assez rapprochés; péristome simple, bordé intérieurement d'un léger bourrelet blanc.

Diamètre maximum : 9 - 11 millimètres ; diamètre minimum: 7 1/2 - 9 millimètres ; hauteur : 5 1/4 - 6 millimètres ; diamètre de l'ouverture : 4 - 5 millimètres ; hauteur de l'ouverture : 4 - 4 3/4 millimètres.

Test crétacé, blanc, à peine brillant, orné de stries fines, très serrées, bien obliques, presque régulières et légèrement atténuées en dessous; ornementation picturale comprenant : une bande carénale continuée en dessus contre la suture, réduite à des points bien espacés, d'un brun clair, et 4 à 5 bandes infracarénales de même couleur, également réduites à des points assez espacés, et entourant l'ombilic. Cette ornementation picturale communique à l'*Helix protea* Zeigler un aspect particulier, très bien rendu par la figuration de ROSSMASSLER [1], figuration qui correspond exactement aux exemplaires recueillis par M. HENRI GADEAU DE KERVILLE.

C'est certainement à tort que MOUSSON [2] rapproche cette espèce de l'*Helix* (*Helicella*) *gratiosa* Studer [3], qui appartient au groupe, très différent, des *Helix* striés. En réalité, l'*Helix protea* Zeigler se rattache aux *Helix vestalis* Parreyss, *H. joppensis* Roth et *H. Krynickii* Andrzejowski, dont il vient d'être question, mais s'en distingue par sa spire plus élevée, plus étagée, par son ombilic plus resserré et par son ornementation picturale particulière.

LOCALITÉ :

Près du lac de Homs, à 490 mètres au-dessus du niveau de la mer [HENRI GADEAU DE KERVILLE].

DISTRIBUTION GÉOGRAPHIQUE :

L'*Helix protea* Zeigler a été découvert dans les îles

1. ROSSMASSLER. — *Iconographie der Land- und Süsswasser-Mollusken ;* II, 1838, taf. XXXVIII, fig. 521.

2. MOUSSON (A.). — *Coquilles terr. fluv. Roth Palestine ;* 1861, p. 17.

3. STUDER. — Kurzes Verzeichniss der bis jetzt in unserm vaterlande entdeckten Conchylien; *Naturw. Schweiz. Gesellsch. Bern ;* 1820, p. 14.

Ioniennes, notamment dans l'île de Corfou. Il habite également la Grèce [DE SAULCY] et a été retrouvé en un certain nombre de localités de la Syrie et de la Palestine, notamment à Souk-Ouady-Baradah [DE SAULCY], à Jaffa [BELLARDI] et à Kamlch [BELLARDI]. H. B. TRISTAM dit que cette espèce est commune entre la côte et le sud du désert de la Palestine [1].

§ 3.

### Helix (Xerophila) candiota Friwaldsky.

1847. *Helix turbinata* Pfeiffer, *Gattung Helix*, Martini et Chemnitz, *Systemat. Conchylien-Cabinet;* p. 254, n° 235, taf. XXXVII, fig. 17-18 [2].

1. TRISTAM (H. B.). — Report on the Terrestrial and Fluviatile Mollusca of Palestine; *Procced. Zoological Society of London;* 1865, p. 533.

2. *Non* JAN [in : CRISTOFORI (J. DE) et JAN (G.). — *Mantissa in secundam partem Catalogi Testaceorum extantium in collectione quam president de Cristofori et Jan exhibens caracteres essentiales specierum Molluscorum terrestrium et fluviatilium, ab eis enunciatorum in prima parte ejusdem Catalogi;* 1832, p. 2], qui est une espèce de Sicile décrite à nouveau sous les noms d'*Helix Aradasii* [MANDRALISCA (H. PIRAJNO DE). — *Catalogo dei Molluschi terrestri e fluviatile delle Madonie;* Palerme, 1840, p. 6] et d'*Helix cyclostomoides* PORRO [in : MOUSSON (A.). — *Coquilles terrestres et fluviatiles recueillies par M. le Prof. Bellardi dans un voyage en Orient;* 1854, p. 11].

*Non* BECK [*Index Molluscorum;* 1837, p. 4, n° 20], qui est le *Nanina (Xesta) turbinata* Beck, de Tranquebar.

*Non* DESHAYES [*Encyclopédie méthodique; Vers;* II, 1832, p. 265, n° 150], qui est le *Papuina coniformis* DE FÉRUSSAC [*Tableaux systématiques des animaux Mollusques,* etc.; 1821, n° 321 *(Helix coniformis)*], espèce des îles Salomon et de la Nouvelle-Irlande.

*Non* MORELET [*Revue et Magasin de Zoologie;* 1851, p. 219 *(Helix semicerina* var. *turbinata)*], qui est le *Nanina (Rotula) argentea* REEVE [*Conchologia Iconica;* pl. CCIV, fig. 1434 *(Helix argentea)*], espèce des îles Maurice et Bourbon.

*Non* CAFICI [Note su alcune Conchiglie terrestri della Sicilia; *Natur. Sicil.;* n° 2, novembre 1882, p. 31, pl. 1, fig. 5 a, 5 b, 5 c *(Helix variabilis* var. *turbinata)*], qui est une variété de l'*Helix variabilis*

1848. *Helix turbinata* Pfeiffer, *Monogr. Heliceor. vivent.* ; 1, p. 155;
    n° 401.

1853. *Helix turbinata* Bourguignat, *Catalogue Mollusques terr. fluv.
    Saulcy Orient* ; p. 26 *(excl. synon.).*

1853. *Helix turbinata* Pfeiffer, *Monogr. Heliceor. vivent.* ; III, p. 128,
    n° 642 *(non* Jan).

1854. *Helix pilula* Mousson, *Coquilles terr. fluv. Bellardi Orient* ;
    p. 12[1].

Draparnaud [*Tableaux des Mollusques terrestres et fluviatiles de la
France* ; 1801, p. 63] voisine de l'*Helix melantozona* Cafici [in :
Locard (A.). — *Les Coquilles terrestres de France* ; 1894, p. 231,
fig. 307-308] à laquelle Westerlund (C. A.) [*Fauna der in der
paläarct. region Binnenconchylien* ; II, 1889, p. 167] a donné le nom
de variété *variata.*

*Non* Valenciennes [*in schedis Mus. Zool. Parisiensis* teste Tapparone-
Canefri. — Fauna malacologica della Nuovo Guinea e delle Isole
adiacenti ; *Annali dei Museo civico di Storia naturale di Genova* ;
XIX, 1883, p. 133], qui est le *Papuina Blanfordi* H. Adams [*Proceed.
Zoological Society of London* ; 1865, p. 415, pl. 21, fig. 1. (*Helix* [*Geo-
trochus*] *Blanfordi* )], espèce de la Noùvelle-Guinée et des îles
Moluques.

1. Non *Helix pilula* Reeve [*Conchologia Iconica* ; pl. CXXXII,
fig. 809], qui est le *Flammulina (Phenacohelix) pilula* Reeve, espèce
de la Nouvelle-Zélande.

Non *Helix pilula* Locard [*Les Coquilles terrestres de France* ; 1894,
p. 229], qui est l'*Helix pila* Caziot (*Étude sur la faune des Mollusques
vivants terr. et fluv. de l'île de Corse)* ; 1902, p. 172). [Non *Helix pila*
C. B. Adams (*Contrib. to Conchology* ; n° 2, p. 31 ; et Reeve, *Conchologia Iconica*, sp. 322), qui est le *Sagda pila* Adams, espèce de la
Jamaïque]. Cet *Helix pila* Caziot est synonyme de l'*Helix (Xerophila) papalis* Locard [*Bulletins Société malacologique de France* ; IV,
p. 181 ; et *Les Coquilles terrestres de France* ; 1894, p. 229, fig. 303-304],
ainsi que je l'ai montré précédemment [Germain (Louis). — *Études
sur quelques Mollusques terr. et fluv. du Massif Armoricain* ; *Bulletin
Soc. Sciences natur. Ouest France* ; 2ᵉ série, VI, 1906, p. 39]. Il conviendra sans doute de réunir ultérieurement cette coquille à l'*Helix
tabarkana* Letourneux et Bourguignat [*Prodrome Malacologie Tunisie* ; 1887, p. 51], comme je l'ai indiqué [Germain (Louis). — *Étude
sur les Mollusques recueillis par M. Henri Gadeau de Kerville pendant son voyage en Khroumirie*, in : Henri Gadeau de Kerville. —
*Voyage zoologique en Khroumirie (Tunisie)* ; 1908, p. 215 et suiv.].

1854. *Helix candiota* Friwaldsky, in : Mousson, *Coquilles terr. fluv. Bellardi Orient ;* p. 10, n° 5.

1859. *Helix turbinata* Pfeiffer, *Monogr. Heliceor. vivent. ;* IV, p. 132, n° 832 *(excl. synon. part. ; —* non JAN).

1868. *Helix turbinata* Pfeiffer, *Monogr. Heliceor. vivent. ;* V, p. 203, n° 1145.

1874. *Helix (Heliomanes) candiota* Jickeli, *Fauna der Land- und Süsswasser-Mollusken Nord-Ost-Afrika's ;* p. 88.

1879. *Helix (Xerophila) turbinata* var. *candiota* Westerlund et Blanc, *Aperçu faune malacologique Grèce ;* p. 64.

1879. *Helix candiota* Kobelt, in : Rossmässler, *Iconographie der Land- und Süsswasser-Mollusken ;* VI, p. 7, taf. CLII, fig. 1547.

1887. *Helix (Heliomanes) candiota* Tryon, *Manual of Conchology ;* 2ᵉ série, *Pulmonata ;* III, p. 234, pl. LVI, fig. 73-74.

1889. *Helix (Heliomanes) candiota* Westerlund, *Fauna der paläarct. region Binnenconchylien ;* II, p. 189.

1894. *Helix (Heliomanes) candiota* Pilsbry, in : Tryon, *Manual of Conchology ;* 2ᵉ série, *Pulmonata ;* IX, p. 250.

1912. *Helix (Xerophila) candiota* Germain, *Bulletin Muséum Hist. natur. Paris ;* p. 446, n° 144.

L'*Helix candiota* Friwaldsky appartient à une petite série d'*Helix* caractérisés par leur taille médiocre et leur spire élevée, et répandus : soit en Sicile et en Italie, comme les *Helix turbinata* Jan [1] et *Helix filograna* Parreyss [2], soit en Algérie et en Tunisie, comme les *Helix Durieui* Moquin-Tandon [3], *Helix Berlieri* Morelet [4], etc.

1. JAN (G.), in : CRISTOFORI (J. DE) et JAN (G.). — *Mantissa,* etc., 1832, p. 2. Figuré par KOBELT, in : ROSSMASSLER, *Iconographie der Land- und Süsswasser-Mollusken ;* V, 1877, p. 106, taf. CXLVI, fig. 1459.

2. PARREYSS, in : MOUSSON (A.). — *Coquilles terr. fluv. recueillies par M. le Prof. Bellardi dans un voyage en Orient ;* 1854, p. 12.

3. MOQUIN-TANDON (A.), in : PFEIFFER, *Monographia Heliceorum viventium ;* 1, 1848, p. 441, n° 401.

4. MORELET (A.). — *Journal de Conchyliologie ;* 1857, p. 39, pl. I, fig. 6-7.

De tous les *Helix* de ce groupe, l'*Helix candiota* Friwaldsky est le seul qui ait été signalé en Syrie. M. Henri Gadeau de Kerville a recueilli, au cours de son voyage, un certain nombre d'individus d'un petit *Helix* que je subordonne à cette espèce, mais sans cependant l'y réunir. Le peu d'échantillons dont je dispose actuellement ne permet pas de suivre les variations de cette coquille et de décider si elle est spécifiquement distincte. Je la décris sous le nom de variété *subcandiota* Germain.

### Variété **subcandiota** Germain, nov. var.

### Pl. XII, fig. 10-12.

1911. *Helix (Heliomanes) subcandiota* Germain, *Bulletin Muséum Hist. natur. Paris;* p. 30.

1912. *Helix (Xerophila) candiota* var. *subcandiota* Germain, *Bulletin Muséum Hist. natur. Paris;* p. 446.

Coquille de petite taille, subconique-élevée, assez largement et profondément ombiliquée — ombilic évasé —; spire *non étagée*, composée de 5 1/2 - 6 tours subconvexes, à croissance d'abord lente et régulière, puis plus rapide; sutures bien marquées, mais peu profondes; dernier tour grand, bien convexe, aussi convexe dessus que dessous, à peine comprimé à la région carénale, sensiblement élargi et légèrement mais nettement descendant à l'extrémité; ouverture très obliquement ovalaire, bien arrondie en bas; bord ombilical très oblique, légèrement réfléchi sur l'ombilic; bords marginaux convergents, assez éloignés.

Diamètre maximum : 8 millimètres; diamètre minimum : 6 millimètres ; hauteur : 5 1/2 millimètres; diamètre de l'ouverture : 4 1/4 millimètres ; hauteur de l'ouverture : 3 3/4 millimètres.

Test blanchâtre légèrement teinté de bleuâtre, subcrétacé, à peine brillant ; sommet lisse, brillant, jaunacé ; stries fines, un peu serrées, irrégulières, à peu près aussi fortes en dessus qu'en dessous.

33

M. Henri Gadeau de Kerville a recueilli, dans la même localité, une mutation *zonata* caractérisée par une zonule infracarénale étroite, d'un brun roux, entourant l'ombilic ; son test est, en outre, élégamment moucheté de brun (pl. XII, fig. 12). La forme générale ne diffère pas sensiblement de la variété *subcandiola :* le dernier tour est seulement plus élargi à l'extrémité.

La variété *subcandiola* diffère de l'*Helix candiota* Friwaldsky tel qu'il a été figuré par les auteurs cités dans ma synonymie :

Par sa forme bien moins globuleuse, plus élargie à la base ; par son dernier tour proportionnellement plus développé dans le sens transversal ; par son ouverture plus oblique, moins arrondie ; enfin, par son ombilic notablement plus large, et, de plus, nettement évasé.

LOCALITÉ :

Près du lac de Homs, à 490 mètres au-dessus du niveau de la mer [Henri Gadeau de Kerville].

DISTRIBUTION GÉOGRAPHIQUE :

L'*Helix candiota* Friwaldsky est abondant dans l'île de Crète [Raulin, Friwaldsky, Schwerzenbach] ; dans les îles de Milo, Tino et Syra [Spratt et Forbes, Bellardi, de Saulcy] ; il vit également en Grèce et en Macédoine [Parreyss] ; et, enfin, en Syrie où il a été recueilli aux environs de Jérusalem [de Saulcy].

### § 9. — COCHLICELLA Risso, 1826 [1].

### Helix (Cochlicella) barbara Linné.

1758. *Helix barbara* Linné, *Systema Naturæ ;* ed. X, p. 773, n° 610.

1. Risso (A.). — *Histoire naturelle des principales productions de l'Europe méridionale et particulièrement de celles des environs de Nice et des Alpes-Maritimes ;* IV, 1826, p. 77.

1836. *Bulimus acutus* Deshayes, *Expédition scient. Morée ;* III,
*Mollusques ;* p. 164, n° 250.

1839. *Bulimus acutus* Roth, *Molluscorum species Orient. ;* p. 17, n° 2.

1853. *Helix acuta* Bourguignat, *Catalogue rais. Mollusques terr. fluv.
Saulcy Orient ;* p. 35.

1854. *Bulimus acutus* Mousson, *Coquilles terr. fluv. Bellardi Orient ;*
p. 24, n° 12.

1859. *Bulimus acutus* Mousson, *Coquilles terr. fluv. Schlaefli Orient ;*
part. I, p. 10, n° 15, p. 21, n° 10, et p. 34, n° 15.

1863. *Bulimus acutus* Mousson, *Coquilles terr. fluv. Schlaefli Orient ;*
part. II, p. 12, n° 14, et p. 102, n° 15.

1865. *Bulimus acutus* Tristam, *Procced. Zoological Society of London ;*
p. 536, n° 56.

1889. *Helix (Xerophila) acuta* Blanckenhorn, *Nachrichtsblatt d. Deutschen Malakozoolog. Gesellschaft ;* p. 84.

1908. *Helix (Cochlicella) barbara* Germain, *Mollusques Henri Gadeau
de Kerville Khroumirie ;* p. 231.

1909. *Cochlicella barbara* Pallary, *Catalogue faune malacologique
Égypte ;* p. 38, pl. I, fig. 35-36.

1912. *Helix (Cochlicella) barbara* Germain, *Bulletin Muséum Hist.
natur. Paris ;* p. 446, n° 154.


M. HENRI GADEAU DE KERVILLE a recueilli de nombreux échantillons de cette espèce. Ils restent de petite taille, puisqu'ils ne dépassent pas 12 millimètres de hauteur sur 3 1/2 millimètres de diamètre maximum.

Avec le type vit la variété *unifasciata* Menke [1], dont la coquille est ornée, sur le dernier tour, d'une bande infra-carénale étroite, brune ou marron, quelquefois interrompue ou réduite à des points. Le test est, en outre, rarement orné de flammules longitudinales étroites et très peu colo-rées.

---

1. MENKE. — *Synopsis methodica Molluscorum generum omnium et specierum earum quæ in Museo Menkeano adversantur, cum synonymia critica et novarum specierum diagnosibus, editio altera auctior et emandatior ;* 1830, p. 27 [*Bulimus acutus* var. β *unifasciatus*].

Localité :

Bords du lac de Homs, à 490 mètres au-dessus du niveau de la mer [Henri Gadeau de Kerville].

J'ai donné, dans mon mémoire sur les Mollusques de Khroumirie, une synonymie détaillée de cette espèce, ainsi qu'une étude sur sa répartition géographique. Je crois donc inutile d'y revenir ici.

## Famille des PUPIDÆ.

### Sous-Famille des BULIMINÆ.

### Genre BULIMINUS Ehrenberg, 1831 [1].

Le genre *Buliminus* est un des plus caractéristiques de la faune syrienne. Il renferme un assez grand nombre d'espèces dont quelques-unes n'ont qu'une aire de dispersion peu étendue. Je donne ci-après la liste des *Buliminus* constatés jusqu'ici en Syrie et en Palestine, en y ajoutant les références originales.

### Sous-Genre PETRÆUS Albers [2].

**Buliminus (Petræus) labrosus** Olivier.

**Buliminus (Petræus) granulatus** Westerlund.

*Buliminus (Petræus) granulatus* Westerlund, *Verhandlung. d. K. K. Zoologischen-Botanischen Gesellschaft Wien;* XLII, 1892, p. 36.

Espèce voisine du *Buliminus (Petræus) labrosus* Olivier, et qui a été définie de la manière suivante par Westerlund :

1. Ehrenberg (C. G ). — *Symbolæ physicæ, seu icones et descriptiones corporum animalium novorum aut minus cognitorum, quæ ex itineribus per Libyam, Ægyptum, Nubiam, Dongolam, Syriam, Arabiam et Habessiniam, etc.* ; 1831 (sans pagination).

2. Je ne donne pas d'indications bibliographiques pour les espèces dont il sera question dans la suite de ce mémoire.

« *Paraffinis Buliminus labroso* Oliv., *sed testa oblonga, sursum lentissime attenuata, apice obtuso, albido-cinerea, irregulariter leviterque striata, ubique densissime tenue granulata ; apertura 14 mm. longa. Long. 30, lat. 12 mm.* ».

« Forma *curta* n. : *testa celerius ab apertura ad apicem attenuata, elongato-conica. Long. 26, lat. 13 mm.* ».

### Buliminus (Petræus) sabæanus Bourguignat.

*Bulimus sabæanus* Bourguignat, *Species novissimæ Molluscorum Europ.* ; 1876, p. 19, n° 26.

Ce *Buliminus*, découvert sur les ruines de l'ancienne ville des Sabéens, près de Mareb (Arabie), est signalé en Syrie par le Dr C. A. WESTERLUND.

### Buliminus (Petræus) spirectinus Bourguignat.

*Bulimus spirectinus* Bourguignat, *Species novissimæ Molluscorum Europ.* ; 1876, p. 1, n° 1.

Gorges des montagnes, à l'est du lac Bahr-el-Houlé, en Syrie [PIERRE COURTIER].

### Buliminus (Petræus) thaumastus Bourguignat.

*Bulimus thaumastus* Bourguignat, *Species novissimæ Molluscorum Europ.* ; 1876, p. 2, n° 2.

Gorges montagneuses près de la source du Nahr-el-Kelb et vallée de Terebintho, près de Beyrouth, en Syrie.

### Buliminus (Petræus) exochus Bourguignat.

*Bulimus exochus* Bourguignat, *Species novissimæ Molluscorum Europ.* ; 1876, p. 3, n° 3.

Les vallées de l'Anti-Liban, au nord des sources du Jourdain, dans la direction de Damas [BOURGUIGNAT].

### Buliminus (Petræus) lamprostatus Bourguignat.

*Bulimus lamprostatus* Bourguignat, *Species novissimæ Molluscorum Europ.* ; 1876, p. 3, n° 4.

Vallées du Liban, sur les rochers [Bourguignat].

## Buliminus (Petræus) exacastoma Bourguignat.

*Bulimus exacastoma* Bourguignat, *Species novissimæ Molluscorum Europ.*; 1876, n° 4, p. 5.

Montagnes du Liban, entre Beyrouth et Baalbek [Bourguignat].

Toutes les espèces que je viens de signaler n'ont jamais été figurées ; elles appartiennent au groupe du *Buliminus labrosus* Olivier et n'en sont, fort probablement, que des variétés.

## Buliminus (Petræus) therinus Bourguignat.

*Bulimus therinus* Bourguignat, *Species novissimæ Molluscorum Europ.*; 1876, p. 5, n° 6.

Le Liban, entre Beyrouth et Naplouse [Bourguignat].

## Buliminus (Petræus) Courtieri Bourguignat.

*Bulimus Courtieri* Bourguignat, *Species novissimæ Molluscorum Europ.*; p. 6, n° 7.

Environs de Jérusalem ; bords du Jourdain [Bourguignat].

## Buliminus (Petræus) Fourousi Bourguignat (pl. XIV, fig. 12-13).

*Bulimus Fourousi* Bourguignat, *Species novissimæ Molluscorum Europ.*; 1876, p. 7, n° 8.

Coquille subconique peu ventrue ; spire composée de 8-9 tours à croissance lente et régulière : les premiers tours assez convexes, les autres moins convexes, séparés par des sutures peu obliques, peu profondes, mais accentuées par la présence d'une étroite bande blanchâtre ; sommet obtus ; ouverture oblique, ovalaire, n'atteignant pas, en hauteur, le tiers de la hauteur totale de la coquille, anguleuse en haut, nettement arrondie en bas, à bords bien convergents et très rapprochés; ombilic profond; péristome bien réfléchi, d'un blanc pur.

Hauteur : 15-15 1/2 millimètres ; diamètre maximum : 5-5 millimètres ; diamètre minimum : 4-4 millimètres ; hauteur de l'ouverture : 4-4 1/2 millimètres ; diàmètre de l'ouverture : 3 1/2-3 3/4 millimètres.

Test d'un corné brun légèrement roussâtre, orné de stries fines, irrégulières et extrêmement obliques.

Les échantillons appartenant aux collections du Muséum national d'Histoire naturelle de Paris ont été récoltés à Broumana, dans le Liban, vers 750 mètres d'altitude [1].

BOURGUIGNAT avait donné, comme localité, le nord de Beyrouth, dans les hautes vallées du Nahr-el-Kelb.

### Variété **dispisthus** Bourguignat.

*Bulimus dispisthus* Bourguignat, *Species novissimæ Molluscorum Europ.* ; 1876, p. 7, n° 9.

Vallées du Liban [ BOURGUIGNAT ].

C'est avec raison que KOBELT et MOLLENDORF considèrent ce *Buliminus* comme une variété du *Buliminus Fourousi* Bourguignat.

### Buliminus (Petræus) halepensis Pfeiffer.

### Buliminus (Petræus) carneus Pfeiffer.

### Buliminus (Petræus) Sikesi Preston.

*Petræus Sikesi* Preston, *Nachrichtsblatt d. Deutschen Malakozoolog. Gesellschaft* ; 1907, p. 94 ; figuré à la même page.

Espèce voisine du *Buliminus halepensis* Pfeiffer, dont

1. P. HESSE a également signalé cette espèce des environs de Broumana [HESSE (P.). — Ueber einige vorderasiatische Schnecken; *Nachrichtsblatt d. Deutschen Malakozoologischen Gesellschaft* ; 1910, p. 131].

elle ne diffère guère que par sa forme proportionnellement plus globuleuse. Hauteur : 21 millimètres; diamètre maximum : 9 3/4 millimètres.

Environs de Jéricho [J. H. Sikes].

**Buliminus (Petræus) sidoniensis** de Férussac.

**Buliminus (Petræus) Naegelei** Boettger.

*Buliminus (Petræus) Naegelei* Boettger, *Nachrichtsblatt d. Deutschen Malakozoolog. Gesellschaft;* 1898, p. 25, n° 13.

Espèce du groupe du *Buliminus sidoniensis* de Férussac, mais plus grande (elle atteint 23 millimètres de hauteur sur 10 millimètres de diamètre maximum), de forme plus ventrue.

Environs d'Alexandrette, dans le nord de la Syrie.

**Buliminus (Petræus) acbensis** Naegele.

*Buliminus (Petræus) acbensis* Naegele, *Nachrichtsblatt d. Deutschen Malakozoolog. Gesellschaft ;* 1901, p. 23, n° 9.

Akbes, dans la Syrie boréale [Naegele].

**Buliminus (Petræus) eliæ** Naegele.

*Buliminus (Petræus) eliæ* Naegele, *Nachrichtsblatt d. Deutschen Malakozoolog. Gesellschaft;* 1901, p. 23, n° 10.

Cheikle, dans la Syrie boréale [Naegele].

**Buliminus (Petræus) Kotschyi** Pfeiffer.

*Buliminus Kotschyi* Pfeiffer, *Malakozoolog. Blätter;* 1854, p. 66.

Ce *Buliminus,* qui habite une grande partie de l'Asie-Mineure, a été signalé par Naegele à Cheikle, dans la Syrie boréale.

**Buliminus (Petræus) syriacus** Pfeiffer.

**Buliminus (Petræus) neortus** Westerlund.

*Buliminus (Petræus) neortus* Westerlund, *Fauna der paläarct.
region Binnenconchylien;* III, 1887, p. 60, n° 184.

Bords de la mer Morte [PONSONBY in WESTERLUND].

## Buliminus (Petræus) mixtus Westerlund.

*Buliminus (Petræus) mixtus* Westerlund, *Fauna der paläarct.
region Binnenconchylien;* III, 1887, p. 61, n° 186.

Cette espèce et sa variété *compositus* Westerlund [*loc.
supra cit.;* 1887, p. 61] vivent aux environs d'Antioche
[TRISTAM, PONSONBY].

## Sous-genre PSEUDOPETRÆUS Westerlund.

## Buliminus (Pseudopetræus) longulus Rolle.

*Buliminus longulus* Rolle, *Nachrichtsblatt d. Deutschen Malakozoolog. Gesellschaft;* 1893, p. 34.

Coquille atteignant jusqu'à 30 millimètres de longueur
sur 7 millimètres de diamètre maximum. L'ouverture a
7 millimètres de hauteur. La spire est très allongée, composée de 11 tours 1/2 convexes, séparés par des sutures
marquées d'une faible zonule blanchâtre. L'ouverture
oblique, ovalaire-acuminée, est jaune blanchâtre intérieurement. Le test est solide, luisant, d'un gris roux, obliquement strié.

La Palestine, sans indication précise de localité [ROLLE].

## Sous-genre ZEBRINUS Held [1].

## Buliminus (Zebrinus) mirus Westerlund.

*Buliminus (Zebrinus) mirus* Westerlund, *Fauna der paläarct.
region Binnenconchylien;* III, 1887, p. 4, n° 2.

La Syrie, sans indication précise de localité [PONSONBY
in WESTERLUND].

1. HELD. — *Isis;* 1837, p. 917. *(Zebrina).*

### Buliminus (Zebrinus) oligogyrus Boettger.

*Buliminus (Zebrinus) oligogyrus* Boettger, *Nachrichtsblatt d. Deutschen Malakozoolog. Gesellschaft;* 1898, p. 20, n° 2.

Ce *Buliminus*, qui se rapproche du *Buliminus mirus* Westerlund, a été découvert aux environs d'Alexandrette, dans le nord de la Syrie [ROLLE].

### Buliminus (Zebrinus) detritus Müller.

*Helix detrita* Müller, *Verm. terr. et fluv. histor.;* II, 1774, p. 101.

Cette coquille, répandue dans une grande partie de l'Europe moyenne et méridionale, reste douteuse en Syrie. En tous les cas, la forme syrienne ne pourrait être que la variété *inflatus* Parreyss, qui vit dans de nombreuses localités de l'Asie-Mineure.

### Buliminus (Zebrinus) fasciolatus Olivier.

*Buliminus fasciolatus* Olivier, *Voyage empire Ottoman ;* 1, p. 416, atlas, pl. XVII, fig. 5.

« On trouve sur quelques arbustes le bulime fasciolé (fig. 5), dont la bouche est ovale, brune intérieurement, blanche sur les bords. La coquille est fusiforme, blanche, avec un grand nombre de lignes d'un roux foncé, qui disparaissent insensiblement à mesure qu'elle vieillit. Nous l'avons revue à Rhodes, en Syrie, en Caramanie ».

Et, en note, au bas de la page :

« *Bulimus fasciolatus parvus, oblongus, albidus, longitudinaliter fusco multilineatus; apertura intus tota fusca; labio simplici albo* ».

Cette description d'OLIVIER convient parfaitement à quelques spécimens recueillis sur la route d'Aïn-Tab à Alexandrette (nord de la Syrie) et qui font partie des collections du Muséum national d'Histoire naturelle de Paris. Mais ces échantillons (pl. VIII, fig. 27) constituent une mutation *obesa*, caractérisée par un galbe plus ventru-globuleux. Ils mesurent :

Hauteur : 20[1]-25-26 1/2 millimètres ; diamètre maximum : 11[1]-11-13 millimètres ; diamètre minimum : 10[1]-10-10 1/2 millimètres ; hauteur de l'ouverture : 9[1]-10-12 millimètres ; diamètre de l'ouverture : 5 1/2[1]-7-7 millimètres.

Cette espèce qui vit, non-seulement en Syrie, mais encore dans l'île de Crète, l'île de Chypre, la Cilicie (Asie-Mineure) et une partie de la Mésopotamie, présente plusieurs variétés. Celles de la Syrie sont :

La variété *Kurdistana* Parreyss [2] qui habite Tschengenkoi près d'Alexandrette, et Pompejopolis, en Syrie [ROLLE, 1898] [3] ;

La variété *Piochardi* Heynemann, découverte à Tschengenkoi près d'Alexandrette, au nord de la Syrie [ROLLE, 1898] ;

Et la variété *candida* Pfeiffer [4], des environs d'Alexandrette et de Pompejopolis, dans le nord de la Syrie [ROLLE, 1898] [5].

### Buliminus (Zebrinus) eburneus Pfeiffer.

*Bulimus eburneus* Pfeiffer, *Symbol. ad histor. Heliceor.* ; II, 1846, p. 44.

Le Muséum national d'Histoire naturelle de Paris possède de très beaux exemplaires de cette espèce (pl. XIV, fig. 3-4).

1. Cet échantillon est très probablement un jeune ; son test est épais, crétacé.

2. PARREYSS, in : PFEIFFER (L.). — *Monographia Heliceorum viventium ;* VI, 1868, p. 145, n° 1216 *(Bulimus Kurdistanus).*

3. HEYNEMANN. — *Nachrichtsblatt d. Deutschen Malakozoolog. Gesellschaft ;* 1870, p. 126.

4. PFEIFFER (L.). — *Monographia Heliceorum viventium ;* II, 1848, p. 123 [*Bulimus fasciolatus, β unicolor candidus*].

5. Voir, au sujet de ces variétés, le travail de BOETTGER : Bemerkungen über einige Buliminus aus Kleinasien, Syrien und Cypern nebst Beschreibung neuer Arten ; *Nachrichtsblatt d. Deutschen Malakozoolog. Gesellschaft ;* XXX, 1898, p. 21-22.

Ils mesurent 17 millimètres de longueur sur 8 millimètres d'épaisseur maximum et 7 millimètres d'épaisseur minimum. L'ouverture a 8 1/2 millimètres de hauteur sur 3 1/2 millimètres de diamètre. Le test est d'un blanc pur, crétacé, très brillant, élégamment orné de stries fines, obliques et irrégulières ; le sommet est jaunacé ; enfin, l'intérieur de l'ouverture est d'un blanc jaunâtre brillant.

Les exemplaires du Muséum national d'Histoire naturelle de Paris ont été recueillis à Tarsoum.

Cette espèce habite de nombreuses localités de l'Asie-Mineure, de la Syrie et de la Mésopotamie.

Sous-genre ENA Leach.

### Buliminus (Ena) benjamiticus Roth.

*Bulimus benjamiticus* Roth, in : Benson, *Annals and Magas. of Natur. History ;* 1859, p. 395.

Cette espèce, figurée par Kobelt [1], habite les environs de Jérusalem.

### Buliminus (Ena) Louisi Pallary, *nov. sp.*

Sous-genre MASTUS Beck.

### Buliminus (Mastus) episomus Bourguignat.

### Buliminus (Mastus) gastrum Ehrenberg.

*Bulimus gastrum* Ehrenberg, *Symbol. physic. ; Mollusc. ;* 1831 (sans pagination) [2].

La Syrie, entre Arissa et Broumana (Liban).

1. Kobelt (W.), in : Rossmassler. — *Iconographie der Land- und Süsswasser-Mollusken ;* n. f., 1905, sp. 2042, fig. 2042.

2. Non *Bulimus gastrum* auct. plur., qui est le *Buliminus (Mastus) pseudogastrum* Hesse [Eine Reise nach Griechenland ; *Jahrbücher d. Deutschen Malakozoolog. Gesellschaft ;* IX, 1882, p. 328], espèce figurée par Kobelt [in : Rossmassler. — *Iconographie der Land- und*

### Buliminus (Mastus) uriæ Tristam.

*Bulimus uriæ* Tristam, *Proceed. Zoological Society of London ;* 1865 p. 537.

Habite la Palestine.

### Buliminus (Mastus) pusio Broderip.

*Bulimus pusio* Broderip, *Proceed. Zoological Society of London ;* 1836, p. 45 [ = *Pupa Delesserti* Bourguignat, *Catalogue rais. Mollusques terr. fluv. Saulcy Orient ;* 1853, p. 10, pl. 11, fig. 1-3 ].

Espèce des îles de Syra, Tino et Syphantus, signalée, par BOURGUIGNAT, dans les environs de Baalbek, en Syrie.

### Buliminus (Mastus) pupa Bruguière.

*Bulimus pupa* Bruguière, *Encyclopédie méthodique ; Vers ;* I, 1792, p. 349.

Espèce des contrées littorales de la Méditerranée orientale, signalée dans le nord de la Syrie et en Asie-Mineure.

### § 1. — PETRÆUS Albers [1].

### Buliminus (Petræus) labrosus Olivier.

### Pl. XI, fig. 2.

1804. *Bulimus labrosus* Olivier, *Voyage empire Ottoman ;* 11, p. 222, pl. 31, fig. 10 A, B, [2].

*Süsswasser-Mollusken ;* V, 1877, taf. CXXXVII, fig. 1354] sous le nom de *Buliminus gastrum.* Le vrai *Buliminus (Mastus) gastrum* d'Ehrenberg a été figuré par HESSE dans son travail précité [1882, p. 329, taf. XII, fig. 7].

1. ALBERS (J. C.) — *Die Heliceen, nach natürl. Verwandts. System. geordnet ;* 1850, p. 183, n° 48.

2. Non *Bulimus labrosus* KUSTER, in : MARTINI et CHEMNITZ, *Systemat. Conchylien-Cabinet ;* taf. XVIII, fig. 1-2, qui est l'*Helix fragosus* de Férussac, *Tableaux systémat. ;* 1821, n° 421. [*Buliminus (Petræus) fragosus* Fér. ; espèce de l'Arabie ]. — Nec *Helix labrosa* WOOD, *Index*

1821. *Helix labrosa* de Férussac, *Tableaux systématiques;* p. 55, n° 419.

1822. *Pupa labrosa* de Lamarck, *Hist. Animaux sans Vertèbres;* VI, part. II, p. 106, n° 5.

1830. *Pupa labrosa* Deshayes, *Encyclop. méthodique; Vers;* II, p. 404, n° 8.

1831. *Bulimina labrosa* Ehrenberg, *Symbolæ physicæ; Mollusques* (sans pagination).

1837. *Buliminus labrosus* Beck, *Index Molluscorum;* p. 69, n° 5.

1838. *Pupa labrosa* de Lamarck, *Hist.Animaux sans Vertèbres;* éd. II. [par DESHAYES], VIII, p. 171.

1847. *Bulimus Jordani* Boissier, in : de Charpentier, *Zeitschrift für Malakozoologie;* p. 141.

1848. *Bulimus labrosus* Pfeiffer. *Monogr. Heliceor. vivent.;* II, p. 64, n° 163.

1848. *Bulimus Jordani* Pfeiffer, *Monogr. Heliceor. vivent.;* II, p. 65, n° 164.

1849. *Bulimus labrosus* Reeve, *Conchologia Iconica; Bul.;* sp. 410.

1852. *Pupa candida* Küster, in : Martini et Chemnitz, *Systemat. Conchylien-Cabinet; Pupa;* p. 69, taf. IX, fig. 6-7.

1853. *Bulimus labrosus* Bourguignat, *Catalogue rais. Mollusques terr. fluv. Saulcy Orient;* p. 37.

1853. *Bulimus labrosus* Pfeiffer, *Monogr. Heliceor. vivent.;* III, p. 360, n° 406.

1854. *Bulimus labrosus* Mousson, *Coquilles terr. fluv. Bellardi Orient;* p. 44, n° 6.

1855. *Bulimus labrosus* Roth, *Malakozoolog. Blätter;* p. 38, n° 10.

1855. *Bulimus labrosus* Schmidt, *Stylommatophoren;* p. 41, taf. X, fig. 77.

1855. *Bulimulus (Petræus) labrosus* Adams, *Genera of Shells;* p. 162.

1855. *Bulimulus (Petræus) Jordani* Adams, *Genera of Shells;* p. 162.

1859. *Bulimus labrosus* Pfeiffer, *Monogr. Heliceor. vivent.;* IV, p. 423, n° 469.

*Testaceologicus or a Catalogue of Shells, British and Foreign, arranged according to the Linnean system;* Supplément, 1828, pl. VIII, fig. 69, qui est l'*Helix (Cochlogena) Alepi* de Férussac, *Tableaux systémat.,* 1821, p. 55, n° 418. [= *Buliminus (Petræus) halepensis* dont il est question, p. 278 de ce mémoire].

1861. *Bulimus labrosus* Mousson, *Coquilles terr. fluv. Roth Palestine;* p. 36, n° 38.

1865. *Bulimus syriacus* Tristam, *Procced. Zoological Society of London;* p. 537, n° 59 [*non* Pfeiffer].

1868. *Bulimus labrosus* Pfeiffer, *Monogr. Heliceor. vivent.;* VI, p. 64, n° 553.

1871. *Buliminus labrosus* Martens, *Malakozoolog. Blätter;* p. 58, n° 14.

1874. *Buliminus labrosus* Martens, *Vorderasiatische Conchylien;* p. 23, n° 35, et p. 56.

1877. *Buliminus labrosus* Kobelt, in : Rossmässler, *Iconographie der Land- und Süsswasser-Mollusken;* V, p. 61, taf. CXXXV, fig. 1322-1326.

1887. *Buliminus (Petræus) labrosus* Westerlund, *Fauna der paläarct. region Binnenconchylien;* III, p. 57, n° 171.

1889. *Buliminus (Petræus) labrosus* Blanckenhorn, *Nachrichtsblatt d. Deutschen Malakozoolog. Gesellschaft;* p. 78 et 84.

1903. *Buliminus (Petræus) labrosus* Kobelt et Möllendorf, *Nachrichtsblatt d. Deutschen Malakozoolog. Gesellschaft;* p. 44.

1912. *Buliminus (Petræus) labrosus* Germain, *Bulletin Muséum Hist. natur. Paris;* p. 446, n° 155.

M. Henri Gadeau de Kerville a recueilli de beaux échantillons de cette espèce bien connue. Le test, assez épais, est solide, d'un blanc jaunâtre clair, terne ou à peine brillant; les premiers tours sont à peu près lisses, les autres sont ornés de stries obliques, relativement serrées et irrégulières; enfin, le labre, bien épanoui, est d'un blanc pur.

Les principales mensurations de ces exemplaires sont les suivantes : hauteur : 35 millimètres; diamètre maximum : 20 millimètres; diamètre minimum : 15 millimètres; hauteur de l'ouverture : 17 millimètres; diamètre de l'ouverture : 14 millimètres (y compris l'épaisseur de l'ouverture). Ces dimensions rappellent celles de la variété *major* Kobelt[1], qui n'est d'ailleurs autre chose que le *Bulimus Jordani* de

1. Kobelt (Dᵣ W.), in : Rossmassler. — *Iconographie der Land- und Süsswasser-Mollusken;* V, 1877, taf. CXXXV, fig. 1322-1323.

Charpentier [1]. D'après A. Mousson [2], cette forme de grande taille du *Buliminus labrosus* habite surtout la vallée du Jourdain, « depuis Tiberias (Roth) jusqu'à sa source, près de Banias (Boissier) ».

A. Mousson a également décrit la variété suivante :

### Variété **diminutus** Mousson.

1861. *Bulimus labrosus* var. *diminutus* Mousson, *Coquilles terr. fluv. Roth Palestine ;* p. 37.

1877. *Buliminus labrosus* var. *diminuta* Kobelt, in : Rossmässler, *Iconographie der Land - und Süsswasser-Mollusken ;* V, p. 61, fig. 1326.

1887. *Buliminus (Petræus) labrosus* var. *diminutus* Westerlund, *Fauna der paläarct. region Binnenconchylien ;* III, p. 57.

1912. *Buliminus (Petræus) labrosus* var. *diminutus* Germain, *Bulletin Muséum Hist. natur. Paris ;* p. 446.

Coquille de taille plus petite (longueur totale : 22 millimètres ; diamètre maximum : 12 millimètres) ; ouverture relativement plus grande, atteignant presque la moitié de la hauteur totale de la coquille ; sculpture moins accentuée.

La variété *diminutus* vit dans les environs de Jérusalem [3].

D'autre part, M. Henri Gadeau de Kerville a récolté une très belle variété de cette espèce que je suis particulièrement heureux de lui dédier :

1. Cette variété *major* mesure 37 millimètres de longueur totale pour 18 millimètres de diamètre maximum.

2. Mousson (A.). — *Coquilles terrestres et fluviatiles recueillies par M. le Prof. J. R. Roth dans son dernier voyage en Palestine ;* 1861, p. 36.

3. J'ai reçu, de Jaffa, des exemplaires ne mesurant que 25 millimètres de hauteur sur 13 millimètres de diamètre maximum et 11 millimètres de diamètre minimum (hauteur de l'ouverture : 19 millimètres ; diamètre de l'ouverture : 10 millimètres) qui me paraissent appartenir à la variété *diminutus* Mousson. On voit que leur dernier tour est proportionnellement très grand.

## Variété **Kervillei** Germain, nov. var.

### Pl. XI, fig. 2.

1911. *Buliminus (Petræus) labrosus* var. *Kervillei* Germain, *Bulletin Muséum Hist. natur. Paris;* p. 30.

1912. *Buliminus (Petræus) labrosus* var. *Kervillei* Germain, *Bulletin Muséum Hist. natur. Paris;* p. 446.

Coquille de forme bien plus trapue, à spire écourtée : premiers tours très petits, à peine convexes ; dernier tour grand, nettement cylindroïque ; ouverture beaucoup plus petite ; même test.

Longueur totale : 32 millimètres ; diamètre maximum : 20 millimètres ; diamètre minimum : 14 1/2 millimètres ; hauteur de l'ouverture : 16 1/2 millimètres ; diamètre de l'ouverture : 14 millimètres (y compris l'épaisseur du péristome).

La variété *Kervillei* vit, avec le type, sur les rochers maritimes près de l'embouchure de la rivière du Chien (environs de Beyrouth).

Enfin, le Dr A. WESTERLUND a décrit, sous le nom de variété *asphaltinus*[1], une variété qui ne mesure, y compris l'épaisseur du péristome, que 21 millimètres de longueur totale pour 10 millimètres d'épaisseur maximum.

LOCALITÉ :

Rochers maritimes près de l'embouchure de la rivière du Chien, aux environs de Beyrouth[2] [HENRI GADEAU DE KERVILLE].

DISTRIBUTION GÉOGRAPHIQUE :

Le *Buliminus labrosus* Olivier est une espèce caractéris-

---

1. WESTERLUND (Dr A ). — *Fauna der in der paläarctischen region lebenden Binnenconchylien ;* part. III, p. 57.

2. J'ai encore reçu le *Buliminus (Petræus) labrosus* Olivier d'Aïn-Fidjé, de Déir-el-Kamar, des environs de Tripoli de Syrie, de Saïda et des environs de Jérusalem.

tique de la faune syrienne. Elle ne vit guère, en effet, qu'en Syrie et en Palestine où elle est relativement abondante. Elle est également connue de la Mésopotamie où elle a été recueillie près d'Orfa [VON MARTENS].

## Buliminus (Petræus) halepensis de Férussac.

### Pl. XIII, fig. 1-7.

1821  *Helix (Cochlogena) Alepi* de Férussac, *Tableaux systématiques;* p. 55, n° 418.

1828.  *Helix labrosa* Wood, *Index Test.; Suppl.;* ed. II, t. VIII, fig. 69 [*non* OLIVIER].

1837.  *Buliminus Alepi* Beck, *Index Molluscorum;* p. 68, n° 4.

1841.  *Bulimus halepensis* Pfeiffer, *Symb. ad Hist. Heliceor.;* 1, p. 45.

1848.  *Bulimus Halepensis* Pfeiffer, *Monogr. Heliceor. vivent.;* II, p. 65, n° 166.

1849.  *Bulimus Alepi* Reeve, *Conchologia Iconica;* pl. LX, fig. 413.

1853.  *Bulimus Alepi* Bourguignat, *Catalogue rais. Mollusques terr. fluv. Saulcy Orient;* p. 38.

1853.  *Bulimus Halepensis* Pfeiffer, *Monogr. Heliceor. vivent.;* III, p. 361, n° 410.

1855.  *Bulimulus Alepi* Adams, *Genera of Shells;* p. 159.

1859.  *Bulimus Halepensis* Pfeiffer, *Monogr. Heliceor. vivent.;* IV, p. 424, n° 472.

1861.  *Bulimus halepensis* Mousson, *Coquilles terr. fluv. Roth Palestine;* p. 37, n° 39.

1865.  *Bulimus halepensis* Tristam, *Proceed. Zoological Society of London;* p. 537, n° 61.

1868.  *Bulimus Halepensis* Pfeiffer, *Monogr. Heliceor. vivent.;* VI, p. 64, n° 556.

1874.  *Bulimus halepensis* Mousson, *Journal de Conchyliologie;* XXII, p. 24, n° 14, et p. 59.

1874.  *Buliminus halepensis* Martens, *Vorderasiatische Conchylien;* p. 23, taf. IV, fig. 27-29.

1877.  *Buliminus halepensis* Kobelt, in : Rossmässler, *Iconographie der Land- und Süsswasser-Mollusken;* V, p. 62, taf. CXXXV, fig. 1327-1329.

1879. *Buliminus (Petræus) halepensis* Westerlund et Blanc, *Aperçu faune malacologique Grèce ;* p. 95, n° 127.

1887 *Buliminus (Petræus) halepensis* Westerlund, *Fauna der paläarct. region Binnenconchylien ;* III, p. 62, n° 194.

1889. *Buliminus (Petræus) halepensis* Blanckenhorn, *Nachrichtsblatt d. Deutschen Malakozoolog. Gesellschaft ;* p. 84.

1898. *Buliminus (Petræus) halepensis* Boettger, *Nachrichtsblatt d. Deutschen Malakozoolog. Gesellschaft ;* p. 26, n° 16.

1903. *Buliminus (Petræus) halepensis* Kobelt et Möllendorf, *Nachrichtsblatt d. Deutschen Malakozoolog. Gesellschaft ;* p. 44.

1912. *Buliminus (Petræus) halepensis* Germain, *Bulletin Muséum Hist. natur. Paris ;* p. 447, n° 167.


Les jeunes de cette espèce ont une coquille absolument conique (pl. XIII, fig. 1-5); les tours de spire sont presque plans et le sommet obtus; leur dernier tour est fortement caréné, leur ombilic bien ouvert n'est qu'à peine recouvert par une légère déflexion du bord columellaire. L'ouverture, petite, subquadrangulaire, très anguleuse en haut et en bas, présente une angulosité très nette sur le bord externe, à l'endroit où aboutit la carène du dernier tour. Le test est orné de stries fines, obliques, à peine onduleuses.

A un stade plus avancé (pl. XIII, fig. 4), la coquille devient plus élancée et la carène du dernier tour s'atténue tout en restant cependant sensible, même chez des animaux dont la coquille atteint 15 millimètres de longueur (pl. XIII, fig. 6). Ce n'est que chez les exemplaires entièrement adultes (pl. XIII, fig. 7) que le dernier tour devient régulièrement convexe.

Les individus adultes ont un test assez brillant d'un corné clair lavé de jaune clair ou de bleuâtre; le sommet est blanc grisâtre, lisse et bien brillant; les stries d'accroissement très obliques, fines, un peu crispées, bien atténuées près de l'ombilic, sont légèrement crispées et plus fortes au voisinage des sutures; enfin, le péristome très épaissi, épanoui, est d'un blanc pur brillant, les bords marginaux étant réunis par une forte callosité blanche.

Longueur totale : 19 - 20 1/2 millimètres ; diamètre maximum : 9 3/4 - 10 1/2 millimètres ; diamètre minimum : 8 - 9 1/2 millimètres ; hauteur de l'ouverture : 9 - 9 1/2 millimètres ; diamètre de l'ouverture : 6 1/2 - 7 millimètres (y compris l'épaisseur du péristome).

### Variété **libanotica** Boettger.

1898. *Buliminus ( Petræus ) halepensis* var. *libanotica* Boettger, *Nachrichtsblatt d. Deutschen Malakozoolog. Gesellschaft ;* p. 27.

1912. *Buliminus (Petræus) halepensis* var. *libanotica* Germain, *Bulletin Muséum Hist. natur. Paris ;* p. 447.

Cette variété, qui habite la chaîne du Liban aux environs de Beyrouth, se distingue du type par sa forme moins cylindrique, ovalaire-oblongue, notablement plus ventrue, et sa taille plus grande. Longueur : 19 1/2 - 22 millimètres ; diamètre maximum : 9 1/2 - 10 1/2 millimètres ; diamètre minimum : 8 1/2 - 9 millimètres ; hauteur de l'ouverture : 8 1/2 - 9 1/2 millimètres ; diamètre de l'ouverture : 7 - 7 1/2 millimètres.

LOCALITÉS :

Montagnes de l'Anti-Liban, à Baalbek, entre 1100 et 1300 mètres d'altitude [HENRI GADEAU DE KERVILLE].

Ferzol (Syrie) [CARLO POLLONERA].

DISTRIBUTION GÉOGRAPHIQUE :

Le *Buliminus halepensis* de Férussac est surtout répandu en Syrie où on le rencontre tout le long des chaînes du Liban et de l'Anti-Liban. Il habite également, mais en moins grande abondance, la Haute Mésopotamie, où il a, notamment, été recueilli à Orfa [HAUSKNECHT, VON MARTENS] et à Biredjik, sur l'Euphrate [SCHLAEFLI]. Enfin, dans le Kurdistan, on le retrouve sous la forme de la variété *urmiana* Boettger [1].

1. BOETTGER (Dr O.). — Bemerkungen über einige *Buliminus* aus Kleinasien, Syrien und Cypern, nebst Beschreibung neuer Arten ; *Nachrichtsblatt der Deutschen Malakozoologischen Gesellschaft ;* février 1898, p. 27 [*Buliminus (Petræus) halepensis* var. *urmiana*].

### Buliminus (Petræus) carneus Pfeiffer.

1845. *Bulimus carneus* Pfeiffer, in : Philippi. *Abbildungen u. Beschreibung neuer Conchylien;* II, p. 114, taf. IV, fig. 5.

1848. *Bulimus carneus* Pfeiffer, *Monogr. Heliceor. vivent.;* II, p. 66, n° 169.

1849. *Bulimus carneus* Reeve, *Conchologia Iconica;* pl. LX, sp. 409.

1853. *Bulimus carneus* Pfeiffer, *Monogr. Heliceor. vivent.;* III, p. 361, n° 415.

1855. *Bulimulus (Petræus) carneus* Adams, *Genera of recent Shells;* p. 162.

1859. *Bulimus carneus* Pfeiffer, *Monogr. Heliceor. vivent.;* IV, p. 424 n° 474.

1861. *Bulimus carneus* Mousson, *Coquilles terr. fluv. Roth Palestine;* p. 37, n° 40.

1868. *Bulimus carneus* Pfeiffer, *Monogr. Heliceor. vivent.;* VI, p. 64, n° 558.

1874. *Buliminus (Petræus) carneus* Martens, *Vorderasiatische Conchylien;* p. 56.

1887. *Buliminus (Petræus) carneus* Westerlund, *Fauna der paläarct. region Binnenconchylien;* III, p. 62, n° 191.

1888. *Buliminus carneus* Kobelt, in : Rossmässler, *Iconographie der Land- und Süsswasser-Mollusken;* VII, p. 42, taf. CXCVIII, fig. 1986.

1889. *Buliminus (Petræus) carneus* Blanckenhorn, *Nachrichtsblatt d. Deutschen Malakozoolog. Gesellschaft;* p. 84.

1898. *Buliminus (Petræus) carneus* Boettger, *Nachrichtsblatt d. Deutschen Malakozoolog. Gesellschaft;* XXX, p. 26, n° 15.

1903. *Buliminus (Petræus) carneus* Kobelt et Möllendorf, *Nachrichtsblatt d. Deutschen Malakozoolog. Gesellschaft;* XXXV, p. 43.

1905. *Buliminus (Petræus) carneus* Sturany, *Annalen des K. K. Naturhistorichen Hofmuseums Wien:* XX, p. 6, n° 14, fig. 3.

1912. *Buliminus (Petræus) carneus* Germain, *Bulletin Muséum Hist. natur. Paris;* p. 447, n° 166.

Coquille atteignant jusqu'à 26 millimètres de longueur sur 9 millimètres de diamètre maximum. Le test est assez épais, solide, peu brillant, garni de stries fines, irrégulières et onduleuses.

### Variété **glabratus** Mousson.

1861. *Bulimus carneus* var. *glabratus* Mousson, *Coquilles terr. fluv. Roth Palestine*; p. 37.

1887. *Buliminus (Petræus) carneus* var. *glabratus* Westerlund, *Fauna der paläarct. region Binnenconchylien*; III, p. 62.

1888. *Buliminus carneus* var. *glabratus* Kobelt, in : Rossmässler, *Iconographie der Land- und Süsswasser-Mollusken*; VII, p. 42, taf. CXCVIII, fig. 1987.

1903. *Buliminus (Petræus) carneus* var. *glabratus* Kobelt et Möllendorf, *Nachrichtsblatt d. Deutschen Malakozoolog. Gesellschaft*; XXXV, p. 43.

Coquille plus petite [longueur : 18 millimètres ; diamètre maximum : 7 millimètres]; ouverture moins fortement bordée ; test plus mince, plus fragile, notablement plus brillant.

Cette variété a été découverte par ROTH aux environs d'Es-Zenore, en Palestine.

J'ai reçu de mon ami, M. CARLO POLLONERA, le naturaliste bien connu du Musée de Turin, un certain nombre d'exemplaires de la variété suivante :

### Variété **reconditus** Pollonera, nov. var.

### Pl. XIV, fig. 6-7.

1910. *Buliminus carneus* var. *reconditus* Pollonera, *in litt.*

1912. *Buliminus (Petræus) carneus* var. *reconditus* Germain, *Bulletin Muséum Hist. natur. Paris*; p. 447.

Coquille subcylindrique, étroitement ombiliquée ; spire composée de six tours peu convexes, à croissance rapide, séparés par des sutures presque linéaires, peu profondes, mais bien indiquées ; dernier tour grand, presque régulièrement cylindrique ; ouverture oblique, ovalaire, anguleuse en haut, régulièrement arrondie en bas et extérieurement ; bords marginaux convergents réunis par une callosité blanche; péristome réfléchi, fortement épaissi, d'un blanc pur brillant.

Hauteur : 14 - 15 millimètres ; diamètre maximum : 6 - 7 millimètres ; diamètre minimum : 5 1/2 - 6 millimètres; hauteur de l'ouverture : 6 - 6 millimètres ; diamètre de l'ouverture : 4 1/4 - 4 1/2 millimètres.

Test un peu épais, solide, médiocrement brillant, d'un brun corné clair; stries longitudinales fines, obliques, un peu onduleuses et irrégulières.

Environs de Jérusalem [CARLO POLLONERA].

La variété *reconditus* Pollonera diffère du type et de la variété *glabratus* Mousson, par sa taille plus petite, sa forme plus ventrue, sa croissance plus rapide et son dernier tour proportionnellement plus grand.

DISTRIBUTION GÉOGRAPHIQUE :

Le *Buliminus* (*Petrœus*) *carneus* Pfeiffer habite, en dehors de la Palestine et de la Syrie, une partie de l'Asie-Mineure [C. CONÉMÉNOS, 1887; H. ROLLE, 1898; HOLTZ et W. SIEHE, 1905; etc.][1]; il vit également dans l'île de Chypre.

## Buliminus (Petræus) syriacus Pfeiffer.

Pl. XIII, fig. 8 - 14.

1846. *Bulimus syriacus* Pfeiffer, *Symbol. ad Hist. Helic.*; III, p. 88.

1848. *Bulimus Syriacus* Pfeiffer, *Monogr. Heliceor. vivent.*; II, p. 68, n° 167.

1. BOETTGER [Bemerkungen über einige *Buliminus* aus Kleinasien, Syrien und Cypern, nebst Beschreibung neuer Arten ; *Nachrichtsblatt der Deutschen Malakozoologischen Gesellschaft*; XXX, 1898, p. 26] a signalé (de Adalia, en Lycie) une forme *minor* de cette espèce qui aurait 16-18 millimètres de hauteur pour 7-8 millimètres de diamètre maximum. De telles dimensions correspondent exactement à celles de la variété *glabratus* Mousson, dont il a été parlé précédemment.

1849. *Bulimus syriacus* Reeve, *Conchologia Iconica*; pl. LX, fig. 406.

1852. *Bulimus syriacus* Küster, in : Martini et Chemnitz, *Systemat. Conchylien-Cabinet; Bulim.*; n° 285, taf. LVII, fig. 12-13.

1853. *Bulimus Syriacus* Pfeiffer, *Monogr. Heliceor. vivent.*; III, p. 361, n° 411.

1854. *Bulimus syriacus* Rossmässler, *Iconographie der Land- und Süsswasser-Mollusken*; III, p. 91, taf. LXXXIII, fig. 914.

1855. *Bulimulus (Petræus) Syriacus* Adams, *Genera of Shells*; p. 162.

1855. *Bulimus syriacus* Schmidt, *Stylommatophoren*; p. 40, taf. X, fig. 75.

1859. *Bulimus Syriacus* Pfeiffer, *Monogr. Heliceor. vivent.*; IV, p. 424, n° 475.

1865. *Bulimus syriacus* Tristam, *Proceed. Zoological Society of London*; p. 537, n° 62.

1868. *Bulimus Syriacus* Pfeiffer, *Monogr. Heliceor. vivent.*; VI, p. 64, n° 559. .

1871. *Buliminus syriacus* Martens, *Malakozoolog. Blätter*; p. 59, n° 15.

1887. *Buliminus (Petræus) Syriacus* Westerlund, *Fauna der paläarct. region Binnenconchylien*; III, p. 60, n° 185.

1889. *Buliminus (Petræus) syriacus* Blanckenhorn, *Nachrichtsblatt d. Deutschen Malakozoolog. Gesellschaft*; p. 84.

1903. *Buliminus (Petræus) Syriacus* Kobelt et Möllendorf, *Nachrichtsblatt d. Deutschen Malakozoolog. Gesellschaft*; p. 44.

1912. *Buliminus (Petræus) syriacus* Germain, *Bulletin Muséum. Hist. natur. Paris*; p. 447, n° 174.

Cette espèce, qui a souvent été confondue avec le *Buliminus sidoniensis*, s'en sépare :

Par sa taille plus grande; par son ouverture moins régulièrement ovalaire : chez le *Buliminus syriacus* l'insertion du bord columellaire avec le bord inférieur est marquée d'une angulosité plus ou moins accentuée qui manque chez le *Buliminus sidoniensis*; par son labre beaucoup plus épaissi et plus nettement épanoui; enfin, par sa couleur d'un blanc légèrement bleuâtre, tandis que le *Buliminus sidoniensis* est grisâtre ou d'un corné pâle.

Ces deux espèces, quoique très voisines, sont cependant

bien distinctes : c'est ainsi que le jeune du *Buliminus syriacus* (pl. XIII, fig. 8 - 14) est très différent de celui du *Buliminus sidoniensis* (pl. XIII, fig. 15 - 24).

Le jeune *Buliminus syriacus* est trapu, conico-globuleux ; il présente, sur le dernier tour, une carène médiane assez accentuée lorsque l'animal n'a que cinq ou six tours de spire (pl. XIII, fig. 8-9), mais qui s'atténue considérablement lorsque la coquille atteint 11 millimètres (pl. XIII, fig. 13) pour devenir à peu près insensible lorsqu'elle a 15 millimètres (pl. XIII, fig. 14). L'ouverture est alors étroite et bien anguleuse en haut et en bas.

Le test est translucide, d'un blanc bleuâtre brillant, finement et peu irrégulièrement strié.

La forme générale reste peu variable, bien qu'il existe des mutations *alta* (longueur : 20 1/2 millimètres ; diamètre maximum : 7 1/2 millimètres ; diamètre minimum : 5 3/4 millimètres) et *ventricosa* (longueur : 17 1/2 millimètres ; diamètre maximum : 8 millimètres ; diamètre minimum : 6 1/4 millimètres) assez nettes ; mais elles ne constituent pas de colonies séparées et elles sont réunies au type par de trop nombreux passages pour qu'il soit possible de les distinguer utilement.

Voici les principales dimensions de quelques spécimens :

| | | | | | | | |
|---|---|---|---|---|---|---|---|
| Longueur totale........ | 17 | 17 1/2 | 18 | 18 | 19 | 19 | 20 1/2 ᵐ/ᵐ |
| Diamètre maximum.... | 6 1/2 | 8 | 7 | 7 | 7 1/4 | 8 | 7 1/2 — |
| Diamètre minimum ... | 6 | 6 1/4 | 6 | 6 | 5 1/2 | 6 | 5 3/4 — |
| Hauteur de l'ouverture[1] | 6 | 6 1/4 | 6 | 7 | 6 1/4 | 7 | 6 . — |
| Diamètre de l'ouverture[1] | 4 3/4 | 5 1/2 | 5 | 5 | 5 | 5 1/2 | 5 — |

*Le Buliminus syriacus* Pfeiffer, ainsi d'ailleurs que le *Buliminus sidoniensis* de Férussac, appartient à un groupe de Bulimes ayant, par l'intermédiaire du *Buliminus*

---

1. Y compris l'épaisseur du péristome.

*monticola* Roth [1], de la Grèce, et du *Buliminus Kotschyi*
Pfeiffer [2], de l'Asie-Mineure, des attaches avec les *Buli-*
*minus* des provinces caucasiques comme les *Bulimus*
*merduenianus* Krynicki [3], *Buliminus caucasicus* Pfeiffer [4],
*Buliminus gibber* Krynicki [5], etc. Ils se relient ainsi avec
les nombreuses espèces de ce genre qui peuplent la Transcaucasie et le Turkestan.

LOCALITÉS :

Rochers maritimes près de l'embouchure de la rivière du
Chien, aux environs de Beyrouth [HENRI GADEAU DE KER-
VILLE] [6].

Montagnes à Doummar (Anti-Liban), près de Damas,
entre 700 et 1000 mètres d'altitude [HENRI GADEAU DE KER-
VILLE].

Montagnes à Berzé (Anti-Liban), près de Damas, entre
700 et 800 mètres d'altitude [HENRI GADEAU DE KERVILLE].

1. ROTH (J. R.). — Ueber einige griechische Heliceen ; *Malako-*
*zoolog. Blätter ;* III, 1856, p. 3, n° 3, taf. 1, fig. 4-5 *(Bulimus monti-*
*cola )* .

2. PFEIFFER. — *Malakozoolog. Blätter ;* 1854, p. 66 ; — et *Monogra-*
*phia Heliceorum viventium ;* IV, 1859, p. 415, n° 414 *(Bulimus*
*Kotschyi)*.

3. KRYNICKI. — Novæ species aut minus cognitæ e Chondri, Bulimi,
Peristomæ Helicisque generibus præcipue Rossiæ meridionalis ;
*Bulletin Société impér. Naturalistes Moscou ;* III, 1833, p. 421, n° 1,
tab. IX, 7, fig. a-d *(Peristoma merdueniana )* .

4. PFEIFFER. — *Zeitschrift für Malakozoologie ;* 1852, p. 94 ; — et
*Monographia Heliceorum viventium ;* III, 1853, p. 352, n° 336 *(Buli-*
*mus caucasicus )*.

5. KRYNICKI. — *Loc. supra cit. ;* III, 1833, p. 416, n° 3, tab. III, 6,
fig. a-e *(Bulimus gibber)*. — ROSSMASSLER *[Iconographie der Land- und*
*Süsswasser-Mollusken ;* I, fig. 389] a également figuré cette espèce.

6. J'ai encore reçu cette espèce de Djedeidé, dans le district de
Saïda, et des collines de Naplouse.

Distribution géographique :

Le *Buliminus syriacus* Pfeiffer est encore une espèce à distribution géographique restreinte : jusqu'à présent, il n'est connu que de la Syrie.

## Buliminus (Petræus) sidoniensis de Férussac.

### Pl. XIII, fig. 15-24.

1821. *Helix (Cochlogena) sidoniensis* de Férussac, *Tableaux systématiques;* p. 56, n° 426.

1837. *Buliminus sidoniensis* Beck, *Index Molluscorum ;* p. 71, n° 47.

1847. *Bulimus sidoniensis* de Charpentier, *Zeitschrift für Malakozoologie ;* p. 141, n° 15.

1848. *Pupa bulimoides* Pfeiffer, *Monogr. Heliccor. vivent.;* II, p. 308, n° 19 [*non* Michaud].

1849. *Bulimus sidoniensis* Reeve, *Conchologia Iconica; Bul.;* pl. LXIII, fig. 433.

1852. *Bulimus sidoniensis* Küster, in : Martini et Chemnitz, *Systemat. Conchylien-Cabinet;* p. 84, taf. XII, fig. 8-9.

1853. *Bulimus sidoniensis* Bourguignat, *Catalogue rais. Mollusques terr. fluv. Saulcy Orient:* p. 39.

1853. *Bulimus Sidoniensis* Pfeiffer, *Monogr. Heliccor. vivent.;* III, p. 361, n° 412.

1854. *Bulimus Sidoniensis* Mousson, *Coquilles terr. fluv. Bellardi Orient;* p. 45, n° 7.

1854. *Bulimus sidoniensis* Rossmässler, *Iconographie der Land- und Süsswasser-Mollusken ;* III, p. 92, taf. LXXXIII, fig. 915.

1855. *Bulimus sidoniensis* Roth, *Malakozoolog. Blätter ;* II, p. 38, n° 11.

1855. *Bulimulus (Petræus) Sidoniensis* Adams, *Genera of Shells,* p. 162.

1859. *Bulimus Sidoniensis* Pfeiffer, *Monogr. Heliceor. vivent.;* IV, p. 424, n° 476.

1861. *Bulimus sidoniensis* Mousson, *Coquilles terr. fluv. Roth Palestine;* p. 38, n° 41.

1863. *Bulimus sidoniensis* Mousson, *Coquilles terr. fluv. Schlaefli Orient;* p. 59, n° 51.

1865. *Bulimus sidoniensis* Issel, *Molluschi raccolti miss. Italiana in Persia ;* p. 32, n° 2.

1865. *Bulimus sidoniensis* Tristam , *Proceed. Zoological Society of London* ; p. 537, n° 63.

1868. *Bulimus Sidoniensis* Pfeiffer, *Monogr. Heliceor. vivent.* ; VI, p. 65, n° 560.

1874. *Buliminus sidoniensis* Mousson , *Journal de Conchyliologie* ; XXII, p. 29, n° 15, et p. 59.

1887. *Buliminus ( Petræus ) sidoniensis* Westerlund , *Fauna der paläarct. region Binnenconchylien* ; III, p. 61, n° 187.

1889. *Buliminus (Petræus) sidoniensis* Blanckenhorn, *Nachrichtsblatt d. Deutschen Malakozoolog. Gesellschaft* ; p. 84.

1903. *Buliminus (Petræus) sidoniensis* Kobelt et Möllendorf, *Nachrichtsblatt d. Deutschen Malakozoolog. Gesellschaft* ; p. 44.

1912. *Buliminus ( Petræus ) sidoniensis* Germain , *Bulletin Muséum Hist. natur. Paris* ; p. 447, n° 169.

Cette espèce bien connue est abondante en Syrie.

La coquille est solide, mais assez mince, translucide, d'un corné pâle légèrement grisâtre, quelquefois violacé au dernier tour ; les premiers tours de spire sont lisses et brillants, les autres présentent des stries bien obliques, un peu irrégulières et légèrement crispées vers la suture. L'ouverture, régulièrement ovalaire, un peu élargie dans le bas, est à bords très convergents et très rapprochés, réunis par une callosité blanchâtre ordinairement bien marquée ; le péristome, qui est nettement réfléchi, est d'un blanc pur ; enfin, le bord columellaire présente souvent, intérieurement, un rudiment de denticulation plus ou moins émoussée.

Voici les dimensions principales de quelques spécimens :

| | | | | | | | |
|---|---|---|---|---|---|---|---|
| Longueur totale....... | 16 1/2 | 16 1/2 | 17 | 17 1/2 | 18 1/2 | 19 | ᵐ/ᵐ |
| Diamètre maximum .... | 5 1/4 | 6 | 5 1/2 | 6 | 6 1/2 | 6 1/2 | — |
| Diamètre minimum..... | 5 | 5 3/4 | 5 | 5 3/4 | 5 1/2 | 6 | — |
| Hauteur de l'ouverture[1] | 4 3/4 | 5 1/2 | 5 | 5 1/2 | 5 1/2 | 5 1/2 | — |
| Diamètre de l'ouverture[1] | 3 1/2 | 4 | 4 | 4 | 4 1/4 | 4 | — |

1. Y compris l'épaisseur du péristome.

La forme générale varie peu : quelques échantillons ont un galbe plus cylindrique ou, au contraire, plus franchement conique que le type ; quelques-uns sont plus ventrus, d'autres, enfin, plus élancés, mais sans qu'il y ait séparation nette ou constitution de colonies distinctes permettant l'établissement de variétés.

Les jeunes (pl. XIII, fig. 15-24) ont une coquille franchement et régulièrement conique (même lorsqu'ils possèdent huit tours de spire) avec des tours presque plans ou à peine convexes ; le dernier présente alors une carène médiane très nettement indiquée et sensible jusqu'au bord externe de l'ouverture.

LOCALITÉS :

Rochers maritimes près de l'embouchure de la rivière du Chien, aux environs de Beyrouth [HENRI GADEAU DE KERVILLE, P. CLAINPANAIN][1].

Beit-Méri (Liban), entre 600 et 800 mètres d'altitude [HENRI GADEAU DE KERVILLE].

Montagnes de l'Anti-Liban à Baalbek, entre 1100 et 1300 mètres d'altitude [HENRI GADEAU DE KERVILLE].

DISTRIBUTION GÉOGRAPHIQUE :

Comme le *Buliminus syriacus* Pfeiffer, le *Buliminus sidoniensis* de Férussac est une espèce caractéristique de la faune syrienne. Les deux espèces, qui sont abondantes en certaines localités où elles forment des colonies populeuses, vivent souvent ensemble et sont inconnues en dehors de la Syrie.

1. J'ai encore reçu cette espèce de Deïr-el-Mekhales, de Saïda et des environs d'Alep.

## § 2. — ENA Leach, 1820 [1].

### **Buliminus (Ena) Louisi** Pallary.

### Pl. XIV, fig. 1-2.

1911. *Buliminus (Ena) Louisi* Germain, *Bulletin Muséum Hist. natur. Paris;* p. 30.

1912. *Buliminus (Ena) Louisi* Germain, *Bulletin Muséum Hist. natur. Paris;* p. 447, n° 184.

Coquille de forme générale cylindro-conique, un peu élancée ; spire composée de huit tours peu convexes, à croissance lente et régulière, séparés par des sutures linéaires médiocrement profondes ; sommet obtus, assez gros ; dernier tour médiocre, nettement caréné depuis l'insertion du bord supérieur de l'ouverture jusqu'au péristome, remontant à l'extrémité ; ombilic étroit, un peu recouvert ; ouverture verticale, subrectangulaire, anguleuse en haut, arrondie en bas ; bords marginaux convergents et très rapprochés ; péristome réfléchi.

Longueur : 13 millimètres ; diamètre maximum : 4 1/2 millimètres ; diamètre minimum : 4 millimètres ; hauteur de l'ouverture : 3 3/4 millimètres ; diamètre de l'ouverture : 3 millimètres.

Test assez solide, un peu brillant, d'un corné fauve plus clair aux deux derniers tours ; dernier tour plus foncé en dessous, dans la région ombilicale ; stries fines, très obliques, onduleuses, irrégulières, crispées près des sutures.

LOCALITÉ :

Cette espèce, dédiée au FRÈRE LOUIS, a été recueillie entre Bilhas et Kartéba (Syrie) [FRÈRE LOUIS].

---

1. LEACH (W. E.). — *Molluscorum Britanniæ synopsis. A synopsis of the Mollusca of Great Britain ;* 1820.

### § 3. — MASTUS Beck, 1837 [1].

## Buliminus (Mastus) episomus Bourguignat.

1853. *Bulimus obesata* Bourguignat, *Catalogue rais. Mollusques terr.
fluv. Saulcy Orient;* p. 39 [2].

1854. *Chondrus attenuatus* Mousson, *Coquilles terr. fluv. Bellardi
Orient;* p. 36, n° 10; p. 57, pl. 1, fig. 7 [3].

1855. *Bulimus attenuatus* Roth, *Malakozoolog. Blätter;* II, p. 35,
n° 1 [4].

1. BECK (H.). — *Index Molluscorum præsentis ævi Musei principis
Augustissimi Christiani Frederici;* 1837, p. 73.

2. Non *Bulimus obesatus* Webb et Berthelot, Synops. Moll. terr. et
fluv., in *Annales Sciences naturelles,* XXVIII, 1833, p. 318, figuré par
d'ORBIGNY, in : WEBB et BERTHELOT, *Histoire naturelle îles Canaries;
Mollusques;* 1839, p. 68, pl. II, fig. 20, qui est le *Buliminus (Mastus)
obesatus* Webb et Berthelot, espèce qui vit à la Grande Canarie.

3. Non *Chondrus attenuatus* Krynicki [KRYNICKI (J.). — *Novæ* species
aut minus cognitæ e Chondri, Bulimi, Peristomæ Helicisque generibus præcipue Rossiæ meridionalis ; *Bulletin Société impériale Naturalistes de Moscou;* VI, 1833, p. 404, n° 6], qui est le *Buliminus
(Brephulus) attenuatus* Krynicki, espèce de Crimée dont voici la description originale :

« Testa elongata, cylindracea, vertice acutiuscula, perforata, transversim irregulariter subplicata, longitudinaliter tenuissime granu-
lato-striata, tenui, grisescenti albida vel fuscescens, fasciis fuscis
transversis tota superficie tecta ; anfractibus undecim planiusculis,
suturis profondioribus ; columella supra contorta dentem æmulante,
subcontortione in aperturæ fundo plica longitudinali ; labro simplici.

» Alt. 6 ''', diam. 1 1/2 ''' ».

4. Non *Bulimus attenuatus* Pfeiffer [*Procced. Zoological Society of
London;* 1851, p. 251; et *Monogr. Heliceor. vivent.;* III, 1853, p. 336,
n° 233 ; figuré dans MARTINI et CHEMNITZ, *Systemat. Conchylien-
Cabinet; Bul.;* p. 83, n° 94, taf. XXX, fig. 9-10], qui est le *Drymæus
attenuatus* Pfeiffer, de Vera-Cruz et de Costa-Rica.

Nec *Bulimus attenuatus* Issel [ISSEL (A.). — Die Molluschi raccolti
dalla Missione italiana in Persia ; *Memorie d. Reale Accad. d. Scienze
di Torino;* 2° série, XXIII, 1865 ; tirés à part, p. 37 (*Bulimus tridens*
Müller, var. *attenuatus* Issel)], qui est une variété du *Chondrus tridens* Müller, découverte à Trébizonde par le Marquis DORIA.

1859. *Bulimus Ehrènbergi* var., Pfeiffer, *Monogr. Heliceor. vivent.*; IV, p. 426, n° 495.

1860. *Bulimus episomus* Bourguignat, *Aménités malacologiques*; II, p. 26, pl. III, fig. 5-7.

1860. *Bulimus pseudoepisomus* Bourguignat, *Aménités malacologiques*; II, p. 27, pl. III, fig. 8-10.

1861. *Chondrus attenuatus* Mousson, *Coquilles terr. fluv. Roth Palestine*; p. 40, n° 43.

1865. *Bulimus attenuatus* Tristam, *Proceed. Zoological Society of London*; p. 537, n° 64.

1868. *Bulimus Ehrènbergi* var., Pfeiffer, *Monogr. Heliceor. vivent.*; VI, p. 67, n° 579.

1871. *Buliminus attenuatus* Martens, *Malakozoolog. Blätter*; p. 59, n° 16.

1874. *Buliminus (Chondrula) attenuatus* Martens, *Vorderasiatische Conchylien*; p. 24, n° 38, et p. 56.

1877. *Buliminus attenuatus* Kobelt, in : Rossmässler, *Iconographie der Land- und Süsswasser-Mollusken*; V, p. 62, taf. CXXXV, fig. 1331-1334.

1887. *Buliminus (Mastus) episomus* Westerlund, *Fauna der paläarct. region Binnenconchylien*; III, p. 15, n° 32.

1889. *Buliminus (Chondrula) episoma* Blanckenhorn, *Nachrichtsblatt d. Deutschen Malakozoolog. Gesellschaft*; p. 78.

1889. *Buliminus (Chondrula) attenuata* Blanckenhorn, *Nachrichtsblatt d. Deutschen Malakozoolog. Gesellschaft*; p. 84.

1898. *Buliminus (Pseudomastus) episomus* Boettger, *Nachrichtsblatt d. Deutschen Malakozoolog. Gesellschaft*; p. 23, n° 6.

1903. *Buliminus (Mastus) attenuatus* Kobelt et Möllendorf, *Nachrichtsblatt d. Deutschen Malakozoolog. Gesellschaft*; p. 54.

1908. *Buliminus (Mastus) attenuatus* Sturany, *Zoologischen Jahrbüchern*; XVII, p. 302, taf. X, fig. 3 a-3 c.

1910. *Chondrula (Mastus) episomus* Hesse, *Nachrichtsblatt d. Deutschen Malakozoolog. Gesellschaft*; p. 133.

1912. *Buliminus (Mastus) episomus* Germain, *Bulletin Muséum Hist. natur. Paris*; p. 447, n° 185.

Coquille de taille moyenne, subconique un peu obèse, bien ventrue ; spire composée de sept tours à croissance régulière et assez rapide ; premiers tours nettement convexes, les autres à peine convexes ; sommet un peu obtus, non mamelonné ; sutures presque superficielles ; dernier tour grand, formant environ le tiers de la coquille, cylindrique, un peu atténué à la base ; ombilic réduit à une fente étroite ; ouverture subverticale, ovalaire ou très légèrement subquadrangulaire, très anguleuse en haut, anguleuse en bas du côté de l'ombilic ; péristome blanc ou teinté de roux, bien étalé ; bord columellaire recouvrant partiellement l'ombilic ; bords marginaux convergents réunis par une callosité blanche ; un tubercule saillant près de l'insertion du bord supérieur.

Longueur : 15 millimètres ; diamètre maximum : 7 millimètres ; diamètre minimum : 6 1/2 millimètres ; hauteur de l'ouverture : 6 millimètres ; diamètre de l'ouverture : 5 millimètres [1].

Test solide, peu épais, d'un brun corné ; sommet presque lisse ; stries fines, bien onduleuses et très obliques.

On observe, chez des individus qui ne sont pas encore entièrement adultes, une très légère indication carénale à la naissance du dernier tour.

Lorsqu'on examine une série de coquilles de cette espèce, on rencontre quelques spécimens qui ont un test plus épais, plus solide, d'un gris cendré ; le péristome est plus épaissi, d'un blanc pur ; enfin, la callosité qui réunit les bords de l'ouverture est plus forte, mais, par contre, le tubercule qui avoisine le bord supérieur est moins nettement indiqué. Il ne s'agit évidemment ici que de variations individuelles.

Dans une même colonie de *Buliminus episomus* Bourguignat, on observe des spécimens chez lesquels la columelle offre une inflexion tuberculeuse plus ou moins accentuée. C'est alors le *Bulimus pseudoepisomus* Bourguignat, tel qu'il a été figuré par cet auteur. Mais entre cette coquille

---

1. Le type décrit par Mousson mesure 16-18 millimètres de longueur pour 6-7 millimètres de diamètre ; son ouverture a 7 millimètres de hauteur sur 5 millimètres de diamètre.

37

— qui présente aussi parfois le mode *elatus* — et le type, il est facile d'observer tous. les passages. Il y a donc lieu de considérer le *Buliminus pseudoepisomus* comme synonyme du *Buliminus episomus*. Ce *Buliminus episomus* Bourguignat n'est d'ailleurs pas autre chose que le *Chondrus attenuatus* de Mousson, ainsi que ce dernier auteur l'a reconnu dès 1861[1], mais, comme le nom d'*attenuatus* avait antérieurement été employé par Krynicki pour un *Buliminus* de Crimée, il convient de reprendre le vocable d'*episomus* pour désigner l'espèce dont il est ici question.

Le *Buliminus episomus* Bourguignat se rapproche surtout du *Buliminus athensis* Frivaldsky[2], mais s'en distingue, dit Mousson[3], par les caractères suivants :

« La surface, dans le sens de la spire, est finement, mais distinctement striée, surtout vers le haut des tours ; ceux-ci sont moins nombreux et plus gros ; l'ouverture est irrégulière, le bord droit arqué, le bord gauche rectiligne forme un angle avec le premier ; la columelle, vue latéralement, se termine par un pli assez prononcé ; enfin, le dernier tour est comprimé à la base et forme une ouverture insolitement petite ».

Il est bien plus éloigné du *Buliminus Ehrenbergi* Pfeiffer[4], qui appartient au groupe du *Buliminus labrosus* Olivier.

1. Mousson (A.). — *Coquilles terrestres et fluviatiles recueillies par M. le Prof. J. R. Roth dans son dernier voyage en Palestine ;* 1861, p. 41.

2. Frivaldsky, in : Pfeiffer (L.). — Diagnosen neuer von Frivaldsky gesammelter Landschnecken ; *Zeitschrift für Malakozoologie ;* 1847, p. 191, n° 1 *(Bulimus athensis)* ; et Pfeiffer (L.). — *Monographia Heliceorum viventium ;* II, 1848, p. 128, n° 338 a.

3. Mousson (A.). — *Coquilles terrestres et fluviatiles recueillies par M. le Prof. Bellardi dans un voyage en Orient ;* 1854, p. 36.

4. Pfeiffer (L.). — *Proceedings Zoological Society of London ;* 1846, p. 113 ; et *Monographia Heliceorum viventium ;* II, 1848, p. 127, n° 337.

Localités :

Sous la mousse, au pied des pins, dans un bois de pins à Broumàna (Liban), entre 600 et 800 mètres d'altitude [Henri Gadeau de Kerville].

Beit-Méri (Liban), entre 600 et 800 mètres d'altitude [Henri Gadeau de Kerville].

Distribution géographique :

Le *Buliminus episomus* Bourguignat habite toute la Syrie et la Palestine; il a été retrouvé dans l'île de Chypre [Bellardi]; enfin, le D^r R. Sturany vient de le signaler dans la presqu'île de Barka (Tripolitaine) où il a été découvert par le D^r Bruno Klaptocz [1].

## Genre CHONDRULA (Cuvier) Beck, 1837 [2].

Le genre *Chondrula* atteint, dans l'Asie-Antérieure, un développement remarquable. Les espèces sont nombreuses et remplacent, en grande partie du moins, les *Pupa* si répandus dans presque toutes les contrées européennes. La liste suivante comprend toutes les espèces de *Chondrula* actuellement connues en Syrie et en Palestine.

### Sous-genre CHONDRULA sensu stricto.

**Chondrula (Chondrula) tridens** Müller [3].

**Chondrula (Chondrula) tricuspidata** Küster.

---

1. Sturany (R.). — Mollusken aus Tripolis und Barka; *Zoologischen Jahrbüchern*; XXVII, 1908, p. 302.

2. Beck (H.). — *Index Molluscorum præsentis ævi Musei principis Augustissimi Christiani Frederici*; 1837, p. 15 [= *Chondrus* (part.) Cuvier, *Règne animal*; 1817, II, p. 408].

3. Je n'indique pas les références bibliographiques pour les espèces dont il sera question plus loin.

*Pupa tricuspidata* Küster, *Pupa;* in : Martini et Chemnitz, *Systemat. Conchylien-Cabinet;* 1852, p. 62, taf. VIII, fig. 5-6.

La Syrie, notamment aux environs de Beyrouth.

### Chondrula (Chondrula) ghilanensis Issel.

*Bulimus ghilanensis* Issel, *Molluschi raccolti Missione italiana in Persia;* 1865, p. 38, n° 10, tav. II, fig. 41-44.

Cette espèce, primitivement découverte en Perse, aux environs de Ghilan, a été retrouvée depuis en Crimée et en Syrie. Elle vit, probablement, dans toute l'Asie-Antérieure.

### Chondrula (Chondrula) libanica Naegele.

*Buliminus (Chondrulus) libanicus* Naegele, *Nachrichtsblatt d. Deutschen Malakozoolog. Gesellschaft;* 1897, p. 14.

Je figure ici (pl. XV, fig. 20-21) un exemplaire qui m'a été adressé par NAEGELE. C'est une coquille de petite taille (longueur : 6-6 1/4 millimètres; diamètre : 2 4/5-3 millimètres; hauteur de l'ouverture : 2 millimètres; diamètre de l'ouverture : 1 3/4 millimètres), ovalaire-ventrue, composée de six tours assez convexes à croissance régulière, séparés par des sutures bien marquées. L'ouverture est ovalaire, anguleuse en haut, bien arrondie en bas et ne présente que quatre denticulations bien saillantes. Le péristome épaissi est coloré en blanc jaunâtre; les bords marginaux sont réunis par une faible callosité; enfin, le test, d'un brun roux corné, est orné de stries fines, obliques et irrégulières.

Hamana, dans le Liban, vers 1000 mètres d'altitude [NAEGELE].

Environs de Beyrouth [FRÈRE LOUIS; P. CLAINPANAIN].

### Chondrula (Chondrula) limbodentata Mousson.

*Chondrus limbodentatus* Mousson, *Coquilles terr. fluv. Bellardi Orient;* 1854, p. 38, n° 12, pl. I, fig. 9.

Ce *Chondrula* vit dans l'île de Chypre ; seule la variété *abbreviata* Mousson [*loc. supra cit.* ; 1854, p. 46, n° 10 (*Chondrus limbodentatus* var. *abbreviatus*)] habite la Syrie où elle a été découverte par BELLARDI.

## Chondrula (Chondrula) septemdentata Roth.

## Chondrula (Chondrula) sexdentata Naegele.

*Buliminus (Chondrus) sexdentatus* Naegele, *Nachrichtsblatt d. Deutschen Malakozoolog. Gesellschaft* ; XXIX, 1897, p. 13.

Voisin du *Chondrula septemdentata* Roth, il s'en distingue surtout par son ouverture garnie seulement de six denticulations : 1 pli pariétal robuste ; 1 pli à l'insertion du bord supérieur ; 1 pli columellaire et 2 plis sur le bord externe de l'ouverture. Cette espèce atteint 8 millimètres de hauteur sur 3 millimètres de diamètre maximum.

Le Liban septentrional [NAEGELE].

## Chondrula (Chondrula) ovularis Olivier.

## Chondrula (Chondrula) Broti Clessin.

*Buliminus (Chondrula) Brotianus* Clessin, in : Kobelt, in : Rossmässler, *Iconographie der Land- und Süsswasser-Mollusken* ; n. f., IV, 1890, p. 55, taf. CIII, fig. 606.

La Syrie, sans indication précise de localité.

## Chondrula (Chondrula) triticea Rossmässler.

*Bulimus triticeus* Rossmässler, *Iconographie der Land- und Süsswasser-Mollusken*, III, p. 98, figuré à la même page.

Jérusalem [STENZ]. Environs de Damas.

## Chondrula (Chondrula) lamellifera Rossmässler.

*Bulimus lamelliferus* Rossmässler, *Iconographie der Land- und Süsswasser-Mollusken* ; III, 1859, p. 95, taf. LXXXIII, fig. 919.

Petite espèce, très ventrue-globuleuse, haute de 6 1/2 millimètres, large de 4 1/4 millimètres, pourvue d'un ombilic bien ouvert, en fente oblique. Le test est obliquement et un peu fortement strié.

Rare en Syrie, cette espèce vit dans un grand nombre de localités de l'Asie-Mineure.

### Chondrula (Chondrula) Saulcyi Bourguignat.

*Bulimus Saulcyi* Bourguignat, *Testac. noviss. Saulcy Orient.*; 1852, p. 18, n° 2; et *Catalogue rais. Mollusques terr. fluv. Saulcy Orient*; p. 42, pl. II, fig. 4-5.

Khan-el-Bedaouich près de Nazareth [BOURGUIGNAT]; Tibériade [KOBELT]; environs de Tibériade et de Saïda, où il est très commun [MOUSSON]; colline des environs de Tyr [TRISTAM]; Djenin [BARROIS]; Haïfa [F. LANGE, in : O. BOETTGER].

Je dois à M. CARLO POLLONERA, du Musée zoologique de l'Université de Turin, un très bel exemplaire de cette espèce recueillie sur les collines entre Neelin et Beit-Naleala, dans le district de Jaffa. Cet échantillon est de petite taille (hauteur : 6 millimètres ; diamètre : 3 millimètres)[1]; il est ventru-globuleux, franchement conique ; son test, sub-transparent, est d'un corné pâle, finement strié.

A. MOUSSON a décrit, des environs de Jérusalem, une variété *impressus* Mousson[2], de taille plus petite et dont l'ouverture est garnie de denticulations plus accentuées.

### Chondrula (Chondrula) chondriformis Mousson.

*Pupa chondriformis* Mousson, *Coquilles terr. fluv. Roth Palestine*; p. 49, n° 47. — *Buliminus (Euchondrus) chondriformis* Boettger, *Bericht des Offenbacher Vereins für Naturkunde*; XXII, 1883, p. 173, n° 38.

Environs de Jérusalem [ROTH ; F. LANGE, in : BOETTGER].

1. Les exemplaires de taille normale atteignent jusqu'à 10 1/2 millimètres de hauteur sur 5 millimètres de diamètre maximum.

2. MOUSSON (A.). — *Coquilles terrestres et fluviatiles recueillies par M. le Prof. J. R. Roth dans son dernier voyage en Palestine*; 1861, p. 47 (*Chondrus Saulcyi* var. *impressus*).

Sous-genre AMPHISCOPUS Westerlund, 1887 [1].

## Chondrula (**Amphiscopus**) **Ledereri** Zelebor.

*Pupa Ledereri* Zelebor, in : Pfeiffer, *Monogr. Heliceor. vivent.*; VI, 1868, p. 316, n° 187 a.

La Syrie, chaîne du Taurus, sans indication précise de localité.

## Chondrula (**Amphiscopus**) **Michoni** Bourguignat.

*Pupa Michoni* Bourguignat, *Catalogue rais. Mollusques terr. fluv. Saulcy Orient ;* p. 53, pl. II, fig. 24-25.

Espèce vivant « aux environs du lac de Tibériade, sur les rochers qui avoisinent le lac du même nom » [ DE SAULCY].

### § 1. — CHONDRULA sensu stricto.

## Chondrula (**Chondrula**) **tridens** Müller.

1774. *Helix tridens* Müller, *Verm. terr. et fluv. histor.* ; II, p. 106, n° 305.

1788. *Turbo tridens* Gmelin, *Systema Naturæ;* éd. XIII, p. 3611 [*non* PULTENEY].

1792. *Bulimus tridens* Bruguière, *Encyclop. méthod.;* *Vers;* II, p. 350, n° 90.

1801. *Pupa tridens* Draparnaud, *Tableau Mollusques France;* p. 60, n° 16.

1805. *Pupa tridens* Draparnaud, *Histoire Mollusques terr. fluv. France;* p. 67, pl. III, fig. 57.

1812. *Turbo quadridens* Alten, *Syst. Abhandl. Conchyl.* ; p. 19 [2].

1. WESTERLUND (C. A.). — *Fauna der in der paläarctischen region Binnenconchylien ;* III, 1887, p. 55.

2. Non *Turbo quadridens* Gmelin, *Systema Naturæ ;* editio XIII, 1788, p. 3610, qui est le *Chondrus (Chondrula) quadridens* Müller [*Vermium terrestrium et fluviatilium historia, seu animalium Infusoriorum, Helminthicorum et Testaceorum non marinorum succinta historia;* II, 1774, p. 107] *(Helix quadridens).*

1815. *Pupa tridentata* Brard, *Coquilles envir. Paris;* p. 88, pl. III,
fig. 2 [*non* LAMARCK].

1817. *Chondrus tridens* Cuvier, *Règne animal;* II, p. 50.

1817. *Turbo tridens* Dillwyn, *Descriptive Catalogue of recent Shells;*
II, p. 877, n° 149.

1821. *Bulimus tridens* Hartmann, in : *Neue Alpina;* I, p. 221.

1821. *Bulimus tridens* Hartmann, *System der Erd- und Süsswasser
Gasteropoden Europa's;* p. 50.

1822. *Pupa tridens* de Lamarck, *Hist. Animaux sans Vertèbres;* VI,
p. 108.

1824. *Bulimus variedentatus* Hartmann, in : Sturm, *Deutschlands
Fauna;* VI, hft. 7, taf. 8.

1826. *Jaminia tridens* Risso, *Hist. natur. Europe méridionale;* IV,
p. 90, n° 205.

1829. *Pupa tridens* Wagner, in : Martini et Chemnitz, *System. Conchylien-Cabinet;* XII, p. 168, taf CCXXXV, fig. 4113.

1833. *Chondrus tridens* Krynicki, *Bulletin Soc. impér. Naturalistes
Moscou;* VI, p. 405, tab. VII, 4, fig. a-c.

1835. *Pupa tridens* Rossmässler, *Iconographie der Land- und Süsswasser-Mollusken;* I, p. 80.

1836. *Pupa tridens* Deshayes, *Expédition scient. Morée;* III, *Mollusques;*
p. 169, n° 262.

1836. *Chondrula tridens* Beck, *Index Molluscorum;* p. 87, n° 4.

1837. *Gonodon tridens* Held, in : *Isis;* p. 918.

1837. *Bulimus tridens* Fitzinger, *System. Verz. im Erzher. Ostr. vor-
kom. Weichthiere;* p. 106.

1838. *Pupa tridens* de Lamarck, *Hist. Animaux sans Vertèbres;* éd. 2
[par DESHAYES], VIII, p. 175.

1840. *Pupa tridens* Cantraine, *Malacol. médit. et littorale;* p. 142.

1842. *Torquilla tridens* Villa, *Dispositio systematica Conchyliarum
terrestrium et fluviatilium;* p. 24.

1842. *Pupa tridens* Rossmässler, *Iconographie der Land- und Süsswasser-Mollusken;* XI, p. 9.

1846. *Torquilla tridens* Graëlls, *Catalogo de los Moluscos terr. agua
dulce Espana;* p. 8.

1848. *Bulimus tridens* Pfeiffer, *Monogr. Heliceor. vivent.;* II, p. 129,
n° 341.

1850. *Pupa tridens* Dupuy, *Hist. Mollusques terr. fluv. France;* 4ᵉ fasc.,
p. 374, pl. XVIII, fig. 7.

1853. *Bulimus tridens* Pfeiffer, *Monogr. Heliceor. vivent.;* III, p. 357,
n° 373.

1855. *Bulimus tridens* Moquin-Tandon, *Hist. Mollusques terr. fluv.
France;* II, p. 297, pl. XXI, fig. 25-30.

1855. *Bulimus tridens* Schmidt, *Stylommatophoren;* p. 38, taf. X,
fig. 71.

1855. *Bulimus tridens* Bourguignat, *Revue Magas. Zoologie;* n° 12; et
*Aménités malacologiques;* 1 (1856), p. 124.

1859. *Bulimus tridens* Pfeiffer, *Monogr. Heliceor. vivent.;* IV, p. 428,
n° 505.

1859. *Chondrus tridens* Mousson, *Coquilles terr. fluv. Schlaefli Orient;*
part. I, p. 62, n° 13.

1860. *Buliminus tridens* Albers, *Die Heliceen;* éd. 2, p. 237.

1863. *Chondrus tridens* Mousson, *Coquilles terr. fluv. Schlaefli Orient;*
part. II, p. 65, n° 60.

1864. *Buliminus tridens* Walderdorff, *Verhandl. K. K. Zool. Botan.
Gesellsch. Wien;* p. 506.

1865. *Bulimus tridens* Pfeiffer, *Malakozoolog. Blätter;* XII, p. 103.

1865. *Bulimus tridens* Issel, *Molluschi raccolti Missione italiana in
Persia;* p. 36, n° 8.

1866. *Bulimus tridens* Brusina, *Contribuzione fauna Molluschi Dalmati;* p. 111, n° 54.

1868. *Bulimus tridens* Pfeiffer, *Monogr. Heliceor. vivent.;* VI, p. 69,
n° 591.

1873. *Buliminus tridens* Möllendorf, *Beiträge zur Fauna Bosniens;*
p. 43.

1874. *Buliminus (Chondrula) tridens* Martens, *Vorderasiatische Conchylien;* p. 25, n° 40, et p. 57.

1875. *Bulimus tridens* Hidalgo, *Moluscos terrestres Espana, Portugal y
las Baleares;* p. 184.

1879. *Buliminus (Chondrula) tridens* Westerlund et Blanc, *Aperçu
faune malacologique Grèce;* p. 90, n° 112.

1879. *Buliminus (Chondrula) tridens* Boettger, *Jahrb. d. Deutschen
Malakozoolog. Gesellschaft;* VI, p. 23, n° 27.

38

1880. *Buliminus (Chondrula) tridens* Boettger, *Jahrb. d. Deutschen Malakozoolog. Gesellschaft;* VII, p. 134, n° 37.

1880. *Buliminus (Chondrula) tridens* Martens, *Bulletin Acad. imp. Sciences Saint-Pétersbourg;* XXVI, p. 147, n° 12, et p. 155.

1880. *Chondrus tridens* Locard, *Variations malacologiques faune bassin Rhône;* I, p. 213, pl. IV, fig. 1-2.

1880. *Buliminus tridens* Lessona, Molluschi viventi del Piemonte; *Reale Accad. dei Lincei;* CCLXXVII ; tirés à part, p. 30.

1881. *Chondrus tridens* Locard, *Contributions faune malacologique franç.;* I : *Monogr. Bulimus et Chondrus;* p. 24, pl. I, fig. 17 ; — II : *Mollusques envir. Lagny;* p. 22.

1881. *Buliminus (Chondrula) tridens* Boettger, *Jahrb. d. Deutschen Malakozoolog. Gesellschaft;* VIII, p. 222, n° 61.

1881. *Bulimina tridens* Clessin, *Monogr. Heliceor. vivent.;* p. 297.

1882. *Chondrus tridens* Locard, *Prodrome Malacol. française; Catalogue Mollusques terr., eaux douces et saumâtres;* p. 125.

1882. *Buliminus tridens* Statuti, Catalogo Molluschi terrestri fluv. viventi provincia Romana; *Atti Accad. pontif. nuovi Lincei;* XXXIV ; tirés à part, p. 42, n° 59.

1883. *Buliminus (Chondrula) tridens* Boettger, *Bericht des Offenbacher Vereins für Naturkunde;* XXII, p. 172, n° 32.

1883. *Buliminus (Chondrula) tridens* Boettger, *Jahrb. d. Deutschen Malakozoolog. Gesellschaft;* X, p. 178, n° 50.

1885. *Buliminus (Chondrula) tridens* Clessin, *Nachrichtsblatt d. Deutschen Malakozoolog. Gesellschaft;* XVII, p. 181.

1885. *Buliminus (Chondrula) tridens* Pollonera, Elenco Molluschi terr. Piemonte; *Atti R. Accad. delle Scienze di Torino;* XX ; tirés à part, p. 12, n° 61.

1886. *Buliminus (Chondrula) tridens* Pollonera, Molluschi fossili postpliocenici cont. Torino; *Memorie R. Accad. delle Scienze di Torino;* 2e série, t. XXXVIII ; tirés à part, p. 7, n° 11.

1886. *Buliminus (Chondrula) tridens* Clessin, *Malakozoolog. Blätter;* n. f., VIII, p. 54, n° 13.

1887. *Buliminus (Chondrulus) tridens* Westerlund, *Fauna der paläarct. region Binnenconchylien;* III, p. 38, n° 115.

1888. *Buliminus tridens* Brancsik, *Jahresh. des naturw. Vereines des Trencsiner Komitates;* XI, p. 71.

1894. *Chondrus tridens* Locard, *Coquilles terrestres France ;* p. 243,
fig. 329-330.

1894. *Bulimus (Chondrulus) tridens* Sturany, *Annalen d. K. K.
Naturhistor. Hofmuseums Wien ;* IX, p. 372.

1897. *Buliminus tridens* Brancsik, *Jahresh. des naturw. Vereines des
Trencsiner Komitates ;* XX, p. 87.

1897. *Buliminus (Chondrulus) tridens* Sturany, *Annalen d. K. K.
Naturhistor. Hofmuseums Wien ;* XII, p. 116, n° 8.

1899. *Buliminus tridens* Wohlberedt, *Nachrichtsblatt d. Deutschen
Malakozoolog. Gesellschaft ;* XXXI, p. 34, n° 61, p. 52, n° 59,
et p. 108, n° 61 ; tirés à part, p. 21, n° 61, p. 39, n° 52, et
p. 108, n° 61.

1901. *Buliminus (Chondrula) tridens* Naegele, *Nachrichtsblatt d.
Deutschen Malakozoolog. Gesellschaft ;* XXXIII, p. 29.

1901. *Chondrula tridens* Lindholm, *Nachrichtsblatt d. Deutschen Malakozoolog. Gesellschaft ;* XXXIII, p. 172, n° 20.

1901. *Buliminus tridens* Wohlberedt, *Abhandl. der Naturforsch.
Gesellschaft zu Görlitz ;* p. 196 et 200.

1901. *Chondrulus tridens* Wohlberedt, *loc. supra cit. ;* p. 204, n° 47.

1902. *Chondrulus tridens* Caziot, *Faune Mollusques vivants terr. fluv.
Corse ;* p. 274.

1902. *Chondrus tridens* Bérenguier, *Malacographie département du
Var ;* p. 283, pl. XI, fig. 11.

1903. *Chondrus tridens* Germain, *Mollusques terr. fluv. envir. Angers
et départ. Maine-et-Loire ;* p. 134, n° 96.

1903. *Chondrula tridens* Wohlberedt, *Nachrichtsblatt d. Deutschen
Malakozoolog. Gesellschaft ;* XXXV, p. 84, n° 47.

1905. *Chondrula quinquedentata* Petrbok, *Nachrichtsblatt d. Deutschen
Malakozoolog. Gesellschaft ;* XXXVII, p. 88.

1907. *Chondrula tridens* Wohlberedt, *Société Bosnie et Herzégovine
( en caract. cyrilliques ),* XIX, p. 545 ; tirés à part, p. 47.

1908. *Buliminus tridens* Sturany, *Annalen d. K. K. Naturhistor. Hofmuseums Wien ;* p. 56-57.

1909. *Chondrula tridens* Wohlberedt, *Wissensch. Mitt. Bosnien und
Herzegowina ;* XI, p. 664 ; tirés à part, p. 80.

1910. *Chondrula tridens* Wohlberedt, *Annalen d. K. K. Naturhistor.
Hofmuseums Wien ;* p. 250.

1912. *Chondrula (Chondrula) tridens* Germain, *Bulletin Muséum Hist.
natur. Paris ;* p. 447, n° 190.

Le *Chondrula tridens* Müller est une coquille extrêmement répandue, non-seulement dans une grande partie de l'Europe, mais encore dans de nombreuses régions asiatiques. Il se présente sous des formes diverses qui ont nécessité la création de variétés que je vais passer en revue après avoir donné, tout d'abord, quelques détails sur les exemplaires recueillis par M. HENRI GADEAU DE KERVILLE.

Ces échantillons présentent peu de modifications dans la forme générale. Quelques-uns constituent une mutation *elata*, caractérisée par une coquille plus étroitement allongée et subcylindrique [1].

Le test est finement strié. Les stries sont très obliques, peu régulières, subparallèles et à peine plus fortes au dernier tour. Il est brillant, plus clair sur la partie inférieure du dernier tour, le plus souvent jaunâtre, parfois d'un brun assez fortement lavé de verdâtre.

La taille reste petite :

| | | | | |
|---|---|---|---|---|
| Hauteur...................... | 8 1/2 | 9 | 10 | mm. |
| Diamètre maximum.......... | 3 1/2 | 3 3/4 | .3 1/4 | — |
| Diamètre minimum ........ . | 3 1/4 | 3 1/2 | 3 | — |
| Hauteur de l'ouverture...... | 3 | 3 | 3 | — |
| Diamètre de l'ouverture...... | 2 1/2 | 2 1/2 | 2 1/2 | — |

Il existe, cependant, dans nombre de localités du domaine du *Chondrula tridens* Müller, des formes *major* Menke [2] et *minor* Menke [3], assez communément répandues.

1. Cette mutation est loin de constituer une forme stable : elle est reliée au type par de très nombreux intermédiaires.

2. MENKE. — *Synopsis methodica Molluscorum generum omnium et specierum earum quæ in Musco Menkeano adservantur, cum synonymia critica et novarum specierum diagnosibus;* 1828, I, p. 34 *(Pupa tridens, a major)*. La forme *major* atteint jusqu'à 15 millimètres.

3. MENKE. — *Loc. supra cit.;* 1828, p. 34 *(Pupa tridens, b minor)*. Certains spécimens de cette forme n'ont que 6 1/2 millimètres de longueur.

· L'ouverture est garnie d'un bourrelet blanc très marqué ; les bords marginaux, qui sont médiocrement convergents, sont réunis par une faible callosité jaunâtre. Quant aux denticulations aperturales, elles varient considérablement suivant les individus : très robustes et très saillantes chez quelques-uns, elles sont fort obsolètes chez quelques autres spécimens, à la vérité plus rares. Elles peuvent même arriver à disparaître à peu près complètement [1].

Je passe en revue, dans les pages suivantes, les nombreuses variétés du *Chondrula tridens* Müller qui vivent dans l'Europe orientale et dans l'Asie-Antérieure, laissant de côté celles qui habitent l'Europe occidentale.

### Variété **eximius** Rossmässler.

1835. *Pupa tridens* var. *eximia* Rossmässler, *Iconographie der Land und Süsswasser-Mollusken* ; 1, p. 81, taf. II, fig. 33 [2].

1835. *Pupa spreta* Zeigler, in : Rossmässler, *loc. supra cit.* ; 1, p. 81.

1837. *Pupa tridens* var. *eximia* Rossmässler, *loc. supra cit.* ; V, p. 9, taf. XXII, fig. 305.

1841. *Torquilla spreta* Villa, *Dispositio systematica Conchyliarum terr. et fluv.* ; p. 24.

1848. *Bulimus tridens* γ *eximius* Pfeiffer, *Monogr. Heliceor vivent.* ; II, p. 130.

1855. *Bulimus (Chondrula) tridens* var. β *eximius* Moquin-Tandon, *Hist. Mollusques terr. fluv. France* ; II, p. 297.

· 1. Tel est le cas de la variété *edentulus* Germain [*Étude Mollusques terrestres et fluviatiles environs d'Angers et département Maine-et-Loire ; Bulletin Soc. Sciences naturelles Ouest France* ; (2) III, 1903, p. 134 *(Chondrus tridens* β *edentula)*].

2. Non *Bulimus eximius* Albers [*Malakozoolog. Blätter* ; IV, 1857, p. 96] qui est le *Placostylus Souvillei* Morelet, espèce de la Nouvelle-Calédonie [*Bulletin Soc. Hist. naturelle Moselle* ; 1857, p. 1 *(Bulimus Souvillei)*].

Non *Bulimus eximius* Reeve [*Conchol. systemat.* ; II, 1842, p. 81, pl. CLXXIII, fig. 2] qui est le *Placostylus (Callistocharis) gracilis* Broderip [*Proceed. Zoological Society of London* ; 1840, p. 182 *(Plekocheilus gracilis)*], espèce des Iles Fidji.

1859. *Chondrus tridens* var. *eximius* Mousson, *Coquilles terr. fluv. Schlaefli Orient;* p. 62, n° 13.

1863. *Chondrus tridens* var. *eximius* Mousson, *Coquilles terr. fluv. Schlaefli Orient;* II, p. 66.

1865. *Bulimus tridens* var. *eximius* Issel, *Molluschi raccolti Missione italiana in Persia;* p. 36.

1879. *Bulimus (Chondrula) tridens* var. *eximius* Westerlund et Blanc, *Aperçu faune malacologique Grèce;* p. 90.

1880. *Buliminus (Chondrula) tridens* var. *eximius* Boettger, *Jahrb. d. Deutschen Malakozoolog. Gesellschaft;* VII, p. 134.

1887. *Buliminus (Chondrulus) tridens* var. *eximius* Westerlund, *Fauna der paläarct. region Binnenconchylien;* III, p. 38.

1901. *Buliminus tridens* var. *eximius* Wohlberedt, *Abhandl. der Naturforsch. Gesellschaft zu Görlitz;* p. 200.

1901. *Chondrulus tridens* var. *eximius* Wohlberedt, *loc. supra cit.;* p. 204, n° 47.

1907. *Chondrula tridens* var. *eximia* Wohlberedt, *Société Bosnie et Herzégovine (en caractères cyrilliques),* XIX, p. 545; tirés à part, p. 47.

1909. *Chondrula tridens* var. *eximia* Wohlberedt, *Wissensch. Mitt. Bosnien und Herzegowina;* XI, p. 664; tirés à part, p. 80.

Coquille assez élancée, de taille plus forte que le type ; ouverture garnie de denticulations plus robustes et plus proéminentes [1]. Hauteur : 14-17 millimètres ; diamètre maximum : 6 - 6 1/2 millimètres.

Cette variété possède une aire de dispersion considérable : elle vit en Italie [2], en Autriche-Hongrie, en Pologne, au Monténégro, en Bulgarie, en Turquie, passe en Asie-Mineure et pénètre jusqu'en Transcaucasie.

1. Ce caractère est particulièrement accentué en ce qui concerne la dent située sur le bord columellaire.

2. Notamment aux environs de Florence, d'après A. Mousson [*Coquilles. terr. fluv. recueillies dans l'Orient par M. le D<sup>r</sup> Al. Schlaefli;* 1863, p. 66].

### Variété **Bayeri** Parreyss.


1833. *Chondrus major* Krynicki, *Bulletin Soc. impér. Naturalistes Moscou ;* VI , p. 408, n° 8 [1].

1858. *Bulimus Bayeri* Pfeiffer, *Malakozoolog. Blätter ;* p. 240, n° 7.

1860. *Bulimus Bayeri* Parreyss, in : Pfeiffer, *Novitates Conchologicæ ;* II , p. 159, n° 255, taf. XLII , fig. 6-11.

1863. *Chondrus tridens* var. *caucasicus* Mousson, *Coquilles terr. fluv. Schlaefli Orient ;* p. 66.

1863. *Chondrus Bayeri* Mousson, *Coquilles terr. fluv. Schlaefli Orient ;* p. 67, n° 61.

1863. *Chondrus Bayeri* var. *Kubanensis* Bayer, in : Mousson, *Coquilles terr. fluv. Schlaefli Orient ;* p. 67.

1865. *Chondrus Bayeri* Issel, *Molluschi raccolti Missione italiana in Persia ;* p. 35, n° 7.

1868. *Bulimus Bayeri* Pfeiffer, *Monogr. Heliceor. vivent. ;* VI , p. 68, n° 587.

1873. *Chondrus Bayeri* Mousson, *Journal de Conchyliologie ;* XXI, p. 206, n° 19.

1874. *Buliminus tridens* var. *Bayeri* Martens, *Vorderasiatische Conchylien ;* p. 25, n° 40, et p. 57.

1879. *Buliminus (Chondrula) tridens* var. *Bayerni* Boettger, *Jahrb. d. Deutschen Malakozoolog. Gesellschaft ;* VI , p. 23, n° 27.

1879. *Buliminus (Chondrula) tridens* var. *kubanensis* Boettger, *Jahrb. d. Deutschen Malakozoolog. Gesellschaft;* VI , p. 23, n° 28.

1880. *Buliminus (Chondrula) tridens* var. *Kubanensis* Boettger, *Jahrb. d. Deutschen Malakozoolog. Gesellschaft ;* VII , p. 134.

1880. *Buliminus (Chondrula) tridens* var. *caucasicus* Martens, *Bulletin Acad. imp. Sciences Saint-Pétersbourg ;* XXVI , p. 147.

1881. *Buliminus (Chondrula) tridens* var. *major* Boettger, *Jahrb. d. Deutschen Malakozoolog. Gesellschaft ;* VIII , p. 222.


1. Non *Pupa tridens* a *major* Menke [*Synopsis methodica Molluscorum generum omnium et specierum earum quæ in Museo Menkeano adservantur, cum synonymia critica et novarum specierum diagnosibus ;* 1828, p. 34] qui est une variété *ex forma* du *Chondrula tridens* Müller. Voir, au sujet des variations de taille chez cette espèce, la page 304 de ce mémoire.

1883. *Buliminus (Chondrula) tridens* var. *Kubanensis* Boettger, *Jahrb. d. Deutschen Malakozoolog. Gesellschaft* ; X, p. 178.

1887. *Buliminus (Chondrulus) tridens* var. *bayerni* Westerlund, *Fauna der paläarct. region Binnenconchylien* ; III, p. 39.

1887. *Buliminus (Chondrulus) tridens* var. *kubanensis* Westerlund, *loc. supra cit.* ; III, p. 39.

1901. *Buliminus (Chondrula) tridens* var. *Bayerni* Naegele, *Nachrichs-blatt d. Deutschen Malakozoolog. Gesellschaft* ; XXXIII, p. 29.

1901. *Chondrula tridens* var. *bayerni* Lindholm, *Nachrichtsblatt d. Deutschen Malakozoolog. Gesellschaft;* XXXIII, p. 172.

La variété *Bayeri* Parreyss a été très exactement décrite par Pfeiffer. Je reproduis ci-dessous sa diagnose origi-nale [1] :

« T. rimata, ovato-oblonga, tenuiscula, striatula, cornea ; spira convexo-turrita, apice acutiuscula ; sutura leviter marginata ; anfr. 7-8 convexiusculi, ultimus 2/5 longitu-dinis subaequans, basi vix compressus, antice late albolim-batus ; apertura verticalis, sinuato-elliptica, quinquedentata ; dente 1 parietali libero, linguaeformi, intrante, secundo nodiformi ad insertionem marginis dextri, 2 in parte supera marginis dextri (superiore minore, profun-diore), quinto ad basin columellae ; perist. crasse albola-biatum, margine dextro vix expanso, columellari lato, patente. — Long. 14-15, diam. 5 1/2 mill. Ap. 5 1/2 mill. longa. (Coll. Comm. Parreyss).

» β Major, margine dextro subsinuo ; long. 19 1/2, diam. 8 mill.

» γ Minor, ventricosior ».

C'est également la variété *Bayeri* que Krynicki a décrite sous le nom de *Chondrus major* [2]. Quant aux *Chondrus*

---

1. Pfeiffer. — Diagnosen neuer Schnecken-Arten ; *Malakozoolog. Blätter* ; 1858, p. 240 *(Bulimus Bayeri)*.

2. « *Testa subovato-oblonga, turgida, vertice acutiuscula, perforata, nitidula, pallida ; flavescenti-cornea, transversim regulariter oblique striata, longitudinaliter substriata ; anfractibus nonis, tumidulis ;*

nommés *caucasicus* Mousson et *kubanensis* Bayer, ils appartiennent également à la même variété, ainsi que l'avait déjà pressenti Mousson. Cet auteur écrivait, en effet, à propos des échantillons recueillis par Bayer, et qu'il rapportait au *Chondrula Bayeri* Parreyss :

« La grandeur, jusqu'à 17 millimètres dans les échantillons provenant de M. Bayer, et la position très élevée de la dent principale du bord droit la distinguent en particulier. Mais ce dernier caractère n'est nullement constant et se perd entièrement dans la forme plus petite

» Var. *Kubanensis* Bay.

qui devient un *Ch. tridens* var. *caucasicus*, grossi d'un tiers [1] ».

Ainsi comprise, cette belle variété se distingue du *Chondrula tridens* Müller, par sa forme plus ventrue, son ouverture plus large, ornée de denticulations plus fortes, plus saillantes, sa taille plus grande et sa coloration plus claire, d'un corné plus blond. Elle est assez répandue en Pologne et dans le sud de la Russie ; elle domine dans l'Arménie et surtout dans les provinces du Caucase où elle remplace, à peu près complètement, le *Chondrula tridens* Müller typique.

Boettger a décrit, sous le nom de variété *marcida* [2], une forme un peu différente de cette même coquille, qui habite également le Caucase.

*suturis profundioribus; apertura subtridentata; peristomio margine late reflexo undique albo.*
» *Alt. 8 1/4′′′ diam. 3/4′′′.*
» *Animal..... ».*
Krynicki, *loc. supra cit.* ; 1833, p. 408-409.

1. Mousson (A.). — *Coquilles terrestres et fluviatiles recueillies dans l'Orient par M. le D′ Alex. Schlaefli* ; II, 1863, p. 67.

2. Boettger (O.). — *Jahrb. d. Deutschen Malakozoolog. Gesellschaft;* XIII, 1886, p. 251, taf. VIII, fig. 6. [*Buliminus (Chondrulus) tridens var. marcidus*]. — Westerlund considère cette coquille comme une forme de la variété *Bayeri* [*Fauna der in der paläarctischen region Binnenconchylien* ; III, 1887, p. 39 : *Buliminus (Chondrulus) tridens var. bayerni forma 1 marcidus*].

### Variété **tenuilabiata** Lindholm.

1901. *Chondrula tridens* var. *tenuilabiata* Lindholm, *Nachrichtsblatt d.*
*Deutschen Malakozoolog. Gesellschaft* ; XXXIII, p. 172.

Cette variété, établie par Lindholm, est très voisine de la
précédente, notamment de la forme *marcida* Boettger,
dont elle diffère surtout par les caractères de l'ouverture
qui est plus petite et plus délicatement bordée. Hauteur :
12-14 millimètres; diamètre maximum : 5 - 5 1/2 millimètres.

La variété *tenuilabiata* vit dans la Russie méridionale.

### Variété **Langei** Boettger.

1883. *Buliminus (Chondrula) tridens* var. *Langei* Boettger, *Bericht*
*des Offenbacher Vereins für Naturkunde* ; tal. 1, fig. 3.

1887. *Buliminus (Chondrulus) tridens* var. *langei* Westerlund, *Fauna*
*der paläarct. region Binnenconchylien;* III, p. 39.

1912. *Chondrula (Chondrula) tridens* var. *Langei* Germain, *Bulletin*
*Muséum Hist. natur. Paris* ; p. 447.

La variété *Langei* ressemble beaucoup à la variété
*eximia* Rossmässler, mais elle est presque constamment
plus grande, sa taille variant entre 15 1/2 et 20 millimètres
de longueur pour 6 à 8 millimètres de diamètre maximum.
Les tours de spire croissent lentement et assez régulièrement bien que, toutes proportions gardées, le dernier soit
médiocrement développé ; enfin, la coquille est distinctement ombiliquée.

Cette coquille habite la Syrie, aux environs de Haïfa.

### Variété **albolimbata** Pfeiffer.

1848. *Bulimus albolimbatus* Pfeiffer, *Monogr. Heliceor. vivent.* : II,
p. 129, nᵒ 340 a.

1848. *Pupa obesa* Parreyss, in : Pfeiffer, *loc. supra cit.* ; II, p. 129 [1].

1. Non *Pupa obesa* Adams [*Proceed. Boston Society;* 1845, p. 15] qui
est le *Urocoptis brevis* (de Férussac) Pfeiffer [*Symbola ad Hist. Heli-*
*ceor.*, I, 1841, p. 47], espèce de la Martinique et de la Jamaïque.

1852. *Bulimus albolimbatus* Pfeiffer, *Bulim.*, in : Martini et Chemnitz,
    *Systemat. Conchylien-Cabinet;* n° 161, taf. XXXVI, fig. 20-21.

1853. *Bulimus albolimbatus* Pfeiffer, *Monogr. Heliceor. vivent.;* III,
    p. 357, n° 372.

1859. *Bulimus albolimbatus* Pfeiffer, *Monogr. Heliceor. vivent.;* V,
    p. 428, n° 504.

1868. *Bulimus albolimbatus* Pfeiffer, *Monogr. Heliceor. vivent.;* VI,
    p. 69, n° 590.

1877. *Buliminus albolimbatus* Kobelt, in : Rossmässler, *Iconographie
    der Land- und Süsswasser-Mollusken ;* n. f., V, p. 172,
    taf. CXXXVII, fig. 1363.

1886. *Buliminus (Chondrula) tridens* var. *allolimbatus* Clessin, *Mala-
    kozoolog. Blätter;* n. f., VIII, p. 54, n° 14 (errore typogr.
    pro *albolimbatus).*

1886. *Buliminus (Chondrula) albolimbatus* Clessin, *Malakozoolog.
    Blätter;* n. f., VIII, p. 166, n° 19.

1887. *Buliminus (Chondrula) tridens* var. *albolimbatus* Westerlund,
    *Fauna der paläarct. region Binnenconchylien;* III, p. 39.

Cette variété, qui vit en Roumanie, dans le sud de la
Russie et dans les provinces du Caucase, est une coquille
ovalaire-oblongue, à spire allongée composée de 7 tours
médiocrement convexes dont le dernier forme environ les
2/5 de la hauteur totale. L'ouverture est sensiblement semi-
ovalaire; elle possède un péristome épanoui, bordé de blanc,
et une callosité aperturale également blanche. Hauteur :
14 millimètres; diamètre maximum : 6 millimètres; hauteur de l'ouverture : 5 1/2 millimètres; diamètre de l'ouverture : 4 1/3 millimètres.

## Variété **galiciensis** Clessin.

1879. *Chondrula Galiciensis* Clessin, *Malakozoolog. Blätter;* n. f., I,
    p. 7, n° 1, taf. I, fig. 5.

1887. *Buliminus (Chondrulus) tridens* var. *haliciensis* Westerlund,
    *Fauna der paläarct. region Binnenconchylien;* III, p. 39.

Cette variété, à laquelle CLESSIN [1] rapporte le *Pupa tri-*

_______

1. CLESSIN (S.). — Aus meiner Novitäten-Mappe ; *Malakozoolog.
Blätter;* n. f., I, 1879, p. 7.

*dens* de Krol [1], est une coquille ovalaire-oblongue, finement striée, possédant 7 tours de spire convexes, une
ouverture semi-ovalaire, suboblique, atteignant sensiblement le tiers de la hauteur totale, un péristome bordé de
blanc et réfléchi, enfin, une denticulation analogue à celle
du type *tridens*. La hauteur atteint 10 millimètres et le
diamètre maximum 4 millimètres.

Cette variété vit en Galicie, notamment aux environs de
Cracovie. Westerlund a signalé, sous le nom de *vicina*,
une forme plus petite et plus cylindrique de cette coquille[2].
(Hauteur : 8 millimètres ; diamètre : 3 millimètres).

<h3 style="text-align:center">Variété podolica Clessin.</h3>

1880. *Buliminus (Chondrula) tridens* var. *podolica* Clessin, *Malako-
      zoolog. Blätter ;* n. f., II, p. 202, n° 8.

1887. *Buliminus (Chondrulus) tridens* var. *podolicus* Westerlund,
      *Fauna der paläarct. region Binnenconchylien ;* III, p. 39.

1901. *Chondrula tridens* var. *podolica* Lindholm, *Nachrichtsblatt d.
      Deutschen Malakozoolog. Gesellschaft ;* XXXIII, p. 173.

Petite coquille vivant en Pologne et se rapprochant beaucoup de la variété *galiciensis* Clessin ; elle est surtout
caractérisée par le très faible développement de ses denticulations aperturales. Longueur : 9 millimètres ; diamètre
maximum : 3 1/2 millimètres.

Westerlund [3] rapporte à cette variété le *Pupa microstoma*
Andraz [4], coquille de la Pologne décrite par Krynicki [4].

1. Krol. — *Beitrag zur Kenntniss der Mollusken-Fauna Galiciens.*

2. Westerlund (C. A.). — *Fauna der in der paläarctischen Binnenconchylien ;* III, 1887, p. 39 [*Buliminus (Chondrulus) tridens* var.
*haliciensis forma* 1 *vicinus*].

3. Westerlund (C. A.). — *Fauna der in der paläarctischen Binnenconchylien ;* III, p. 39 : « Zu dieser Form gehört zweifelsohne die
verschollene *B. (Pupa) microstomus* Andr. ».

. 4. Krynicki (J.). — *Novae species aut minus cognitae e Chondri,
Bulimi, Peristomae Helicisque generibus praecipue Rossiae meridio-

### Variété **migrata** Milachevich.

1881. *Chondrula tridens* var. *migrata* Milachevich, *Bulletin Soc.*
*impér. Naturalistes Moscou ;* p. 233.

1887. *Buliminus (Chondrulus) tridens* var. *migratus* Westerlund,
*Fauna der paläarct. region Binnenconchylien ;* III, p. 40.

1901. *Chondrula tridens* var. *migrata* Lindholm, *Nachrichtsblatt d.*
*Deutschen Malakozoolog. Gesellschaft ;* XXXIII, p. 173.

La variété *migrata* Milachevich vit dans le sud de la
Russie (districts de Zadonsk et de Koslof). Elle a été décrite
de la manière suivante par MILACHEVICH :

« Testa rimata, fortifer striata, parum nitida, fusco-
cornea, oblongo-ovata ; apice obtusiusculo ; sutura profunda ; anfractus 7 convexiusculi ; primi tres subaequali,
quartus duplicate latior, ultimus tertiam partem longi-
tudinis aequans. Apertura rotundato triangularis, dentibus
2 munita : uno tuberculiformi in pariete aperturali ed uno
tuberculiformi in parte superiore margini dextro ; basis
columellae vix incrassata. Peristoma intus latelabiatum,
extus albolimbatum.

» Alt. 11, diam. 4, 5 mill. ».

A ces variétés il faudrait ajouter, pour être complet, la
variété *unidentata* Issel [1], et la variété *edentula* Germain [2] ; mais ces coquilles vivent dans l'Europe occidentale,
la première en Italie, la seconde en France, dans le département de Maine-et-Loire.

nalis ; *Bulletin Soc. impér. Naturalistes Moscou ;* VI, 1833, p. 409, n° 9
*(Chondrus microstomus).* « *Pupa microstoma* Andraz, *Dzien. Wilen.,*
1830, N. 8, p. 272 ».

1. ISSEL (A.). — Dei Molluschi raccolti nella provinzia di Pisa ;
*Mém. Soc. Ital. Sc. natur. ;* Milan, II, 1866.

2. GERMAIN (LOUIS). — Étude Mollusques terrestres et fluviatiles
vivants environs d'Angers et département Maine-et-Loire ; *Bulletin*
*Soc. Sciences naturelles Ouest France ;* (2), III, 1903, p. 134 *(Chondrus*
*tridens β edentula).*

Localité (du *Chondrula tridens* Müller, type) :

Commun sous les feuilles mortes, dans la région verdoyante de Damas, entre 650 et 700 mètres au-dessus du niveau de la mer [Henri Gadeau de Kerville].

Distribution géographique :

L'aire de dispersion du *Chondrula tridens* Müller est considérable : il vit en Espagne [Graëlls, Hidalgo] ; dans presque toute la France ; en Corse ; en Italie, où il a également été trouvé fossile sous une forme un peu différente à laquelle Carlo Pollonera a donné le nom de variété *Gastaldii* [1]. Il se retrouve en Sicile, dans une grande partie de l'Allemagne, de l'Autriche-Hongrie et de la Russie ; il habite le Monténégro, la Bulgarie, la Roumanie, la Serbie, la Turquie d'Europe, passe en Asie-Mineure où il se répand d'une part jusqu'au Caucase et à la mer Caspienne, et, d'autre part, jusqu'en Perse [Issel, J. de Morgan].

## Chondrula (Chondrula) septemdentata Roth.

1839. *Pupa septemdentata* Roth, *Molluscorum species Orient.*; p. 19, n° 2, tab. II, fig. 2.

1846. *Bulimus septemdentatus* Pfeiffer, *Symbol. ad Histor. Heliceor.*; III, p. 57 [2].

1. Pollonera (C.). — Molluschi fossili post-pliocenici del contorno di Torino ; *Memorie della Reale Accad. Scienze di Torino ;* (2° série) XXXVIII (tirés à part, p. 7, tav. 1, fig. 7) [*Buliminus (Chondrula) tridens* var. *Gastaldii*].

2. Non *Bulimus septemdentatus* var. γ Pfeiffer, *Monogr. Heliceor. vivent.*; III, 1853, p. 358, qui est le *Chondrus Saulcyi* Bourguignat [*Testacea novissimæ quæ Cl. de Saulcy in itinere per Orientem annis 1850 et 1851 collegit ;* 1852, p. 18, n° 2 *(Bulimus Saulcyi) ;* — et : Description de quelques coquilles provenant de Syrie ; *Journal de Conchyliologie ;* IV, 1853, p. 73, pl. III, fig. 6 ; — et : *Catalogue raisonné Mollusques terr. fluv. Saulcy Orient ;* 1853, p. 42, pl. II, fig. 4-5].

1847. *Pupa septemdentata* Küster, in : Martini et Chemnitz, *Systemat. Conchylien-Cabinet; Pupa*; p. 60, taf. VIII, fig. 3-4.

1847. *Pupa septemdentata* de Férussac et Deshayes, *Histoire gén. part. Mollusques;* II, p. 219, n° 21, pl. CLXII, fig. 14-16.

1847. *Bulimus septemdentatus* de Charpentier, *Zeitschrift für Malakozoologie;* p. 142, n° 17.

1848. *Bulimus septemdentatus* Pfeiffer, *Monogr. Heliceor. vivent.;* II, p. 135, n° 352.

1853. *Bulimus septemdentatus* Pfeiffer, *Monogr. Heliceor. vivent.;* III, p. 358, n° 386.

1853. *Bulimus ovularis* Bourguignat, *Catalogue rais. Mollusques terr. fluv. Saulcy Orient;* p. 41 *(part.).*

1854. *Chondrus septemdentatus* Mousson, *Coquilles terr. fluv. Bellardi Orient;* p. 46, n° 9.

1855. *Bulimus septemdentatus* Roth, *Malakozoolog. Blätter;* p. 37, n° 7.

1859. *Bulimus septemdentatus* Pfeiffer, *Monogr. Heliceor. vivent.;* IV, p. 431, n° 523.

1859. *Bulimus septemdentatus* Rossmässler, *Iconographie der Land- und Süsswasser-Mollusken;* III, p. 97, taf. LXXXIV, fig. 922.

1861. *Chondrus septemdentatus* Mousson, *Coquilles terr. fluv. Roth Palestine;* p. 41, n° 44.

1868. *Bulimus septemdentatus* Pfeiffer, *Monogr. Heliceor. vivent.;* VI, p. 70, n° 609.

1874. *Buliminus (Chondrula) septemdentatus* Martens, *Vorderasiatische Conchylien;* p. 26, n° 42, et p. 57.

1874. *Chondrus septemdentatus* Mousson, *Journal de Conchyliologie;* XXII, p. 15, n° 17, p. 29, n° 16, p. 58, n° 16, et p. 59, n° 16.

1879. *Bulimus (Chondrula) septemdentatus* Westerlund et Blanc, *Aperçu faune malacologique Grèce;* p. 91, n° 113.

1884. *Bulimus (Chondrus) septemdentatus* Tristram, *Fauna and Flora of Palestine;* p. 190, n° 93.

1887. *Buliminus (Chondrulus) septemdentatus* Westerlund, *Fauna der paläarct. region Binnenconchylien;* p. 45, n° 134.

1889. *Buliminus (Chondrula) septemdentata* Blanckenhorn, *Nachrichtsblatt d. Deutschen Malakozoolog. Gesellschaft;* p. 84.

1898. *Buliminus (Chondrulus) septemdentatus* Boettger, *Nachrichtsblatt d. Deutschen Malakozoolog. Gesellschaft;* p. 24, n° 10.

1912. *Chondrula (Chondrula) septemdentata* Germain, *Bulletin Muséum Hist. natur. Paris;* n° 7, p. 447, n° 195.

La forme générale de cette coquille varie dans des proportions assez étendues. M. Henri Gadeau de Kerville a recueilli, à Baalbek, une forme caractérisée par une spire courte, à croissance bien plus rapide que dans le type, ce qui fait paraître le dernier tour énorme. L'ouverture est plus étroite, contractée dans le bas, anguleuse en haut et en bas. Malgré ces différences, je ne pense pas qu'il s'agisse ici d'une variété stable, car, dans les exemplaires de Baalbek, il existe des passages évidents entre cette forme et le type. Peut-être même ne s'agit-il ici que d'un stade junior du *Chondrula septemdentata* Roth ?

Le test, à peine brillant, d'un corné jaunâtre plus ou moins clair, est parfois marron ou ferrugineux. Les stries sont fines, irrégulières, subobliques, très légèrement crispées près de la suture ; les trois premiers tours sont presque lisses.

Voici, exprimées en millimètres, les dimensions principales de quelques exemplaires de diverses localités.

| Localités | Diamètre maximum | Diamètre minimum | Hauteur totale | Diamètre de l'ouverture | Hauteur de l'ouverture |
|---|---|---|---|---|---|
| Beyrouth, embouchure de la rivière du Chien. | 4 1/2 mm. | 4 1/4 mm | 9 mm | 3 mm. | 3 1/4 mm. |
| | 4 — | 3 3/4 — | 9 — | 2 3/4 — | 3 1/4 — |
| | 3 1/2 — | 3 1/4 — | 6 — | 2 1/4 — | 2 1/2 — |
| Beit-Méri (Liban). | 4 3/4 — | 4 1/2 — | 10 1/2 — | 2 3/4 — | 3 — |
| | 4 1/2 — | 4 1/4 — | 10 1/2 — | 3 — | 3 1/2 — |
| | 5 — | 5 — | 10 1/4 — | 3 1/4 — | 3 1/4 — |
| | 4 — | 4 — | 10 1/4 — | 2 1/2 — | 3 — |
| Baalbek. | 4 — | 4 — | 10 — | 3 — | 3 1/4 — |
| | 4 1/2 — | 4 1/4 — | 8 1/4 — | 3 — | 3 1/4 — |
| | 4 1/2 — | 4 1/2 — | 8 1/4 — | 2 5/6 — | 3 1/2 — |

Le polymorphisme de cette espèce a permis l'établissement d'un certain nombre de variétés, d'ailleurs peu tranchées.

### Variété **borealis** Mousson [1].

### Pl. XV, fig. 18-19.

1874. *Chondrus septemdentatus* var. *borealis* Mousson, *Journal de Conchyliologie*; XXII, p. 16.

1887. *Buliminus (Chondrulus) septemdentatus* forma 2 : *borealis* Westerlund, *Fauna der paläarct. region Binnenconchylien*; III, p. 45.

Cette variété, qui habite l'Asie-Mineure (notamment aux environs de Mersina et de Tharsus), est de taille plus petite, de forme plus allongée et mieux acuminée que le type. Les échantillons que je figure ici (pl. XV, fig. 18-19)[2] ont un test d'un brun corné pâle, presque blanc chez quelques spécimens constituant une mutation *hyalina* Germain, orné de stries fines, obliques et peu régulières.

### Variété **maxima** Bourguignat.

1853. *Bulimus ovularis* var. *maximus* Bourguignat, *Catalogue rais. Mollusques terr. fluv. Saulcy Orient*; p. 14.

1861. *Chondrus septemdentatus* var. *maximus* Mousson, *Coquilles terr. fluv. Roth Palestine*; p. 44.

---

1. « *Paulo minor* (6.9 mm.), *gracilior, sutura sæpe linea alba marginata, apertura minus rotundata, 1/3 long. vix superans, dentibus minus validis* » [Mousson (A.). — Coquilles terr. et fluv. recueillies par M. le Dr Schlaefli en Orient; *Journal de Conchyliologie*; XXII, 1874, p. 16].

2. Ces exemplaires, qui appartiennent au Muséum national d'Histoire naturelle de Paris, ont été recueillis aux environs de Mersina. Ils mesurent 9 millimètres de hauteur, 4 1/4 millimètres de diamètre maximum et 4 millimètres de diamètre minimum. L'ouverture a 3 millimètres de hauteur sur 2 1/2 millimètres de diamètre.

40

1887. *Buliminus (Chondrulus) septemdentatus* forma 1 : *maximus* Westerlund, *loc. supra cit.*; III, p. 45.

1912. *Chondrula (Chondrula) septemdentata* var. *maxima* Germain, *Bulletin Muséum Hist. natur. Paris*; n° 7, p. 447.

La variété *maxima* ne se distingue du type que par sa taille plus forte, atteignant 12 millimètres de longueur sur 5 millimètres de diamètre maximum. En outre, le bord columellaire est, le plus souvent, très fortement développé. Cette variété se retrouve dans presque toutes les localités où vit le *Chondrula septemdentata* Roth typique.

### Variété **elongata** Roth.

1861. *Chondrus septemdentatus* var. *elongatus* Roth, in : Mousson, *loc. supra cit.*; p. 44.

1887. *Buliminus (Chondrulus) septemdentatus* forma 3 : *elongatus* Westerlund, *loc. supra cit.*; III, p. 45.

1898. *Buliminus (Chondrulus) septemdentatus* var. *elongata* Boettger, *Nachrichtsblatt d, Deutschen Malakozoolog. Gesellschaft*; p. 24.

1912. *Chondrula (Chondrula) septemdentata* var. *elongata* Germain, *Bulletin Muséum Hist. natur. Paris*; n° 7, p. 447.

Cette variété, séparée seulement par la forme plus élevée de sa spire, est fort peu distincte du type avec lequel on la rencontre presque toujours.

Mousson a encore décrit, sous le nom de variété *albula*[1], un *Chondrula* que Westerlund[2] considère comme une espèce distincte. Ce Mollusque habite les environs de Jérusalem où il a été recueilli par Roth.

Le *Chondrula septemdentata* Roth se rapproche surtout du *Chondrula triticea* Rossmässler[3], mais cette dernière espèce se distingue :

1. Mousson (A.). — *Coquilles terr. fluv. Roth Palestine*; 1861, p. 45.

2. Westerlund (C. A.). — *Fauna der in der paläarctischen region Binnenconchylien*; III, 1887, p. 47, n° 142 [*Buliminus (Chondrulus) albulus*].

3. Rossmassler. — *Iconographie der Land- und Süsswasser-Mollusken*; III, 1859, p. 99; figuré à la même page *(Bulimus triticeus)*. Cette espèce habite également les environs de Jérusalem et de Damas.

Par sa forme régulièrement ovoïde-allongée ; par ses tours notablement moins convexes avec une suture très superficielle ; par sa dent pariétale plus faible et plus enfoncée.

Rapproché du *Chondrula ovularis* Olivier[1], le *Chondrula septemdentata* Roth s'en sépare par sa forme beaucoup moins globuleuse-écourtée ; par ses tours moins convexes ; par son dernier tour proportionnellement plus développé en hauteur ; enfin, par sa taille plus considérable. Le *Chondrula ovularis* Olivier habite également la Syrie et la Palestine, mais on le retrouve aussi dans une grande partie de l'Asie-Mineure.

LOCALITÉS :

Rochers maritimes près de l'embouchure de la rivière du Chien, aux environs de Beyrouth [HENRI GADEAU DE KERVILLE].

Broumana (Liban), entre 600 et 800 mètres d'altitude [HENRI GADEAU DE KERVILLE ; P. CLAINPANAIN].

Beit-Méri (Liban), entre 600 et 800 mètres d'altitude [HENRI GADEAU DE KERVILLE].

Baalbek (Anti-Liban), entre 1100 et 1300 mètres d'altitude [HENRI GADEAU DE KERVILLE].

Montagnes à Aïn-Fidjé (Anti-Liban), entre 850 et 1050 mètres d'altitude [HENRI GADEAU DE KERVILLE][2].

1. OLIVIER (G. A ). — *Voyage dans l'empire Ottoman, l'Égypte et la Perse; etc.*, I, p. 225, note 2 [« *Bulimus ovularis minutus, ovatus, sordide albidus ; anfractibus sex ; vertice obtusissimo ; apertura obliqué oblongiuscula, sexdentata* »], t. XVII, fig. 12 [1801] C'est le *Cyclodontina ovularis* Beck, *Index Molluscorum;* 1837, p. 88, n° 9.

Non *Pupa ovularis* Kurr, in : KUSTER, in : MARTINI et CHEMNITZ, *Systemat. Conchylien-Cabinet; Pupa;* 1850, p. 10, taf. I, fig. 16-18, qui est le *Pupa (Faula) Kurri* Krauss, in : PFEIFFER, *Symbola ad Historiam Heliccorum;* II, 1842, p. 54, espèce de l'Afrique australe.

2. J'ai également reçu cette espèce de Jaffa et des environs de Saïda.

Le *Chondrula septemdentata* Roth est une des espèces les plus répandues en Syrie et en Palestine. Il vit dans toute l'étendue des chaines du Liban et de l'Anti-Liban. Il habite également une grande partie de l'Asie-Mineure.

## Chondrula (Chondrula) ovularis Olivier.

1801. *Bulimus ovularis* Olivier, *Voyage empire Ottoman ;* 1, p. 225, pl. XVII, fig. 12.

1821. *Vertigo ovularis* de Férussac, *Tableaux systématiques ; Prodrome ;* p. 65, n° 9.

1822. *Pupa ovularis* de Lamarck, *Hist. Animaux sans Vertèbres ;* VI, part. II, p. 108, n° 13 [1].

1830. *Pupa ovularis* Deshayes, *Encyclopédie méthodique ; Vers ;* II, p. 403, n° 5.

1833. *Chondrus pupoides* Krynicki, *Bulletin Soc. Naturalistes Moscou ;* VI, p. 410, n° 10.

1837. *Vertigo ovularis* Krynicki, *Bulletin Soc. Naturalistes Moscou ;* p. 54.

1837. *Cyclodontina ovularis* Beck, *Index Molluscorum ;* p. 88, n° 9.

1838. *Pupa ovularis* de Lamarck, *Hist. Animaux sans Vertèbres ;* éd. II, [par Deshayes], VIII, p. 174, n° 13.

1847. *Pupa ovularis* Küster, *Monogr. Pupa,* in : Martini et Chemnitz, *Systemat. Conchylien-Cabinet ;* p. 104, n° 105, taf. XIV, fig. 21-24.

1848. *Pupa ovularis* Pfeiffer, *Monogr. Heliceor. vivent. ;* III, p. 333, n° 81.

1853. *Bulimus ovularis* Bourguignat, *Catalogue rais. Mollusques terr. fluv. Saulcy Orient ;* p. 41 *(excl. plur. synonym.).*

1853. *Pupa ovularis* Pfeiffer, *Monogr. Heliceor. vivent. ;* III, p. 551, n° 165.

---

1. Non *Pupa ovularis* Kurr, in : Kuster, in : Martini et Chemnitz, *Systemat. Conchylien-Cabinet ; Pupa ;* 1850, p. 10, taf. I, fig. 16-18, qui est le *Pupa (Faula) Kurri* Krauss, in : Pfeiffer ; *Symbolæ ad Historiam Heliceorum ;* II, 1842, p. 54, espèce de l'Afrique australe.

1854. *Chondrus ovularis* Mousson, *Coquilles terr. fluv. Bellardi Orient;* p. 46, n° 11.

1859. *Bulimus ovularis* Pfeiffer, *Monogr. Heliceor. vivent.;* IV, p. 432, n° 526.

1861. *Chondrus ovularis* Mousson, *Coquilles terr. fluv. Roth Palestine;* p. 47, n° 46.

1868. *Bulimus ovularis* Pfeiffer, *Monogr. Heliceor. vivent.;* VI, p. 71, n° 613.

1874. *Buliminus (Chondrula) ovularis* Martens, *Vorderasiatische Conchylien;* p. 57.

1874. *Chondrus ovularis* Mousson, *Journal de Conchyliologie;* XXII, p. 15, n° 17, et p. 58, n° 17.

1884. *Bulimus (Chondrus) ovularis* Tristram, *Fauna and Flora of Palestine;* p. 190, n° 94.

1887. *Buliminus (Chondrulus) ovularis* Westerlund, *Fauna der paläarct. region Binnenconchylien;* III, p. 46, n° 137.

1889. *Buliminus (Chondrula) ovularis* Blanckenhorn, *Nachrichtsblatt d. Deutschen Malakozoolog. Gesellschaft;* p. 85.

1898. *Buliminus (Chondrulus) ovularis* Boettger, *Nachrichtsblatt d. Deutschen Malakozoolog. Gesellschaft;* p. 25, n° 11.

1903. *Buliminus (Chondrulus) ovularis* Naegele, *Nachrichtsblatt d. Deutschen Malakozoolog. Gesellschaft;* p. 175, n° 76.

1904. *Chondrula ovularis* Sturany, *Anz. Kais. Akad. Wissenschaft. Wien;* X, p. 117.

1905. *Chondrula ovularis* Sturany, *Annalen K. K. Naturhistorischen Hofmuseums Wien;* XX, p. 8, n° 23.

1912. *Chondrula (Chondrula) ovularis* Germain, *Bulletin Muséum Hist. natur. Paris;* n° 7, p. 448, n° 197.

Il n'est guère possible de confondre cette espèce avec le *Chondrula (Chondrula) septemdentata* Roth, car elle est constamment plus petite, beaucoup plus raccourcie-ventrue, presque globuleuse, et possède une ouverture proportionnellement moins haute, ornée de denticulations relativement plus fortes.

Le test des exemplaires recueillis par M. HENRI GADEAU DE KERVILLE est brillant, d'un corné ambré assez clair, orné de stries fines, obliques et irrégulières. Les sutures sont soulignées, surtout au dernier tour de spire, d'un très étroit cordon blanchâtre ; enfin, le péristome est fortement épaissi, réfléchi, d'un blanc pur.

Hauteur : 6 1/2 millimètres ; diamètre maximum : 4 millimètres ; diamètré minimum : 3 1/2 millimètres ; hauteur de l'ouverture : 3 millimètres ; diamètre de l'ouverture : 2 1/2 millimètres.

Le *Chondrula ovularis* Olivier est beaucoup moins polymorphe que le *Chondrula septemdentata* Roth ; aussi n'a-t-il été décrit, des régions syriennes, qu'une seule variété.

### Variété **sulcidens** Mousson.

1861. *Chondrus ovularis* var. *sulcidens* Mousson, *Coquilles terr. fluv. Roth Palestine* ; p. 48.

1884. *Bulimus (Chondrus) sulcidens* Tristram, *Fauna and Flora of Palestine* ; p. 190, n° 91.

1887. *Buliminus (Chondrulus) ovularis* var. *sulcidens* Westerlund, *Fauna der paläarct. region Binnenconchylien* ; III, p. 46.

1898. *Buliminus (Chondrulus) ovularis* var. *sulcidens* Boettger, *Nachrichtsblatt d. Deutschen Malakozoolog. Gesellschaft* ; XXX, p. 25, n° 11.

1912. *Chondrula (Chondrula) ovularis* var. *sulcidens* Germain, *Bulletin Muséum Hist. natur. Paris* ; n° 7, p. 448.

Cette variété diffère du type par les denticulations de son ouverture. Ces denticulations, placées sur un bourrelet apertural moins fortement épaissi, sont larges et plus ou moins épaissies au sommet, au lieu d'être subconiques, comme dans le *Chondrula ovularis* typique.

La variété *sulcidens* vit aux environs de Jaffa (Syrie) [ROTH, in : MOUSSON, 1861 ; — ROLLE, in : BOETTGER, 1898].

LOCALITÉS (du *Chondrula ovularis* Olivier, type) :

Beit-Méri (Liban), entre 600 et 800 mètres d'altitude [HENRI GADEAU DE KERVILLE].

Beit-Dajan, près de Jaffa (Syrie) [Récoltes du FRÈRE Louis].

DISTRIBUTION GÉOGRAPHIQUE :

Le *Chondrula* (*Chondrula*) *ovularis* Olivier est une espèce assez répandue en Syrie, en Palestine et dans la plus grande partie de l'Asie-Mineure. Le Dr R. STURANY a décrit une variété *Codomanni* [1], découverte par les Drs ARNOLD PENTHER et EMERICH ZEDERBAUER, à 2600 mètres d'altitude, dans les environs du Bulghar-Dagh et du Karagöl (Asie-Mineure).

Sous-famille des PUPINÆ.

Genre PUPA de Lamarck, 1801 [2].

Les *Pupa* sont mal représentés dans l'Asie-Antérieure. Les seules espèces connues en Syrie et en Palestine sont énumérées dans la liste suivante :

§ 1. — Sous-genre TORQUILLA Faure-Biguet [3].

### Pupa (Torquilla) granum Draparnaud.

*Pupa granum* Draparnaud, *Tableaux Mollusques terr. fluv. France;* 1801, p. 50; et *Histoire Mollusques terr. fluv. France;* 1805, p. 63, pl. III, fig. 45-46. [= *Pupa æmulea* Martens, *Malakozoolog. Blätter;* 1872, p. 49, taf. III, fig. 6].

1. STURANY (Dr R.). — Schalentragende Mollusken [du voyage des Drs ARNOLD PENTHER et EMERICH ZEDERBAUER en Asie-Mineure]; *Annalen des K. K. Naturhistorischen Hofmuseums Wien;* XX, 1905, p. 13, n° 23 *(Chondrula ovularis n. f. codomanni),* fig. 5. Cette variété avait été précédemment décrite, d'une manière plus succincte, dans *Anz. Kais. Akad. der Wissenschaft. Wien;* X, 1904 (21 avril), p. 117.

2. LAMARCK (DE). — *Système des Animaux sans Vertèbres;* 1801, p. 88.

3. Je ne donne pas d'indications bibliographiques pour les espèces dont il sera question plus loin.

Espèce répandue dans toute l'Europe moyenne et méridionale, en Algérie et dans une grande partie de l'Asie-Antérieure.

En Syrie et en Palestine, ce *Pupa* a été signalé dans de nombreuses localités, notamment aux environs de Saïda et de Broumana. BOURGUIGNAT l'a décrit à nouveau sous le nom de *Pupa Saulcyi* [1].

### Pupa (Torquilla) rhodia Roth.

### Pupa (Torquilla) libanotica Tristram.

*Pupa libanotica* Tristram, *Proceed. Zoological Society of London;* 1865, p. 538.

Le Liban, près de Ainat [TRISTRAM].

§ 2. — Sous-genre ALÆA Jeffreys [2].

### Pupa (Alæa) hebraica Tristram.

*Pupa hebraica* Tristram, *Proceed. Zoological Society of London;* 1865, p. 539.

Environs de Jéricho [TRISTRAM].

§ 1. — TORQUILLA Faure-Biguet, 1821 [3].

### Pupa (Torquilla) rhodia Roth.

### Pl. XXI, fig. 29-30.

1839. *Pupa rhodia* Roth, *Molluscorum species Orient.;* p. 19, tab. II, fig. 4.

---

1. BOURGUIGNAT (J. R.). — *Testacea novissima de Saulcy Orient.;* 1852, p. 19, n° 1; et *Catalogue rais. Mollusques terr. fluv. de Saulcy Orient;* 1853, p. 53, pl. II, fig. 22-23. Le *Pupa Saulcyi* avait été trouvé, par F. DE SAULCY, sur les rochers, à Nabi-Younès (Syrie).

2. JEFFREYS (J. G.). — A synopsis of the testaceous-pneumobranchous Mollusca of Great Britain; *Transact. Linnean Society;* XVI, 1833, p. 324, 327 [= *Dixiogyra* Stabile, 1864].

3. FAURE-BIGUET, in : STUDER. — Kurzes Verzeichniss der bis jezt in unserm Vaterlande entdeckten Conchylien; *Naturwiss. Anzeig. Schweiz. Gesellschaft Bern* ; 1820, p. 96.

1841. *Pupa meledana* Stentz, in : Villa, *Dispositio Systematica Con-*
*chyliarum terr. et fluviat. ;* p. 24.

1847. *Pupa rhodia* Küster, in : Martini et Chemnitz, *Systemat. Con-*
*chylien-Cabinet ; Pupa ;* p. 31, taf. IV, fig. 11-13.

1847. *Pupa occulta* Parreyss, in : Küster, *loc. supra cit.;* p. 31.

1848. *Pupa Rhodia* Pfeiffer, *Monogr. Heliceor. vivent. ;* II, p. 350,
n° 113.

1853. *Pupa Rhodia* Pfeiffer, *Monogr. Heliceor. vivent. ;* III, p. 548,
n° 149.

1859. *Pupa Rhodia* Pfeiffer, *Monogr. Heliceor. vivent. ;* IV, p. 674,
n° 152.

1859. *Pupa Rhodia* Rossmässler, *Iconographie der Land- und Süsswas-*
*ser-Mollusken ;* III, p. 108, taf. LXXXV, fig. 940.

1859. *Pupa acuta* Kutschig, *teste* Rossmässler, *loc. supra cit.;* III,
p. 108.

1859. *Pupa acutula* Parreyss, *teste* Rossmässler, *loc. supra cit. ;* III,
p. 108.

1861. *Pupa Rhodia* Mousson, *Coquilles terr. fluv. Roth Palestine ;*
p. 50, n° 49.

1866. *Pupa Rhodia* Brusina, Conchiglie dalmate nuove; *Beitg. zu*
*Verhandl. der K.-K. Zool.-Bot. Gesellschaft ;* XVI, p. 112, n° 63.

1868. *Pupa Rhodia* Pfeiffer, *Monogr. Heliceor. vivent.;* VI, p. 318,
n° 198.

1874. *Pupa (Torquilla) Rhodia* Martens, *Vorderasiatische Conchylien ;*
p. 62.

1879. *Pupa (Modicella) rhodia* Westerlund et Blanc, *Aperçu faune*
*malacologique Grèce;* p. 99, n° 140.

1884. *Pupa rhodia* Tristram, *Fauna and Flora of Palestine ;* p. 191,
n° 102.

1887. *Pupa (Torquilla) rhodia* Westerlund, *Fauna der paläarct.*
*region Binnenconchylien ;* III, p. 106, n° 60.

1889. *Pupa Rhodia* Blanckenhorn, *Nachrichtsblatt d. Deutschen Mala-*
*kozoolog. Gesellschaft ;* p. 86.

1903. *Pupa (Modicella) rhodia* Naegele, *Nachrichtsblatt d. Deutschen*
*Malakozoolog. Gesellschaft ;* p. 176, n° 77.

1910. *Pupa rhodia* Caziot, *Bulletin Soc. zoologique France ;* XXV,
p. 150.

1912. *Pupa (Torquilla) rhodia* Germain, *Bulletin Muséum Hist. natur.*
*Paris ;* n° 7, p. 448, n° 205.

Cette petite espèce, si caractéristique, possède une spire élevée, composée de 7 tours très convexes séparés par de profondes sutures ; le sommet est gros, proéminent, rougeâtre, peu brillant ; le test, d'un brun marron, est élégamment orné de stries, fortes dès le troisième tour, serrées, très obliques, subégales et irrégulièrement distribuées.

Longueur : 4 - 4 1/2 millimètres ; diamètre maximum : 1 - 1 1/4 millimètres.

LOCALITÉS :

Rochers maritimes près de l'embouchure de la rivière du Chien, aux environs de Beyrouth [HENRI GADEAU DE KERVILLE].

Sur les rochers calcaires et sur les Lichens, à Beit - Méri (Liban), entre 600 et 800 mètres d'altitude [HENRI GADEAU DE KERVILLE].

DISTRIBUTION GÉOGRAPHIQUE :

Cette espèce paraît abondante en Syrie, notamment aux environs de Jérusalem ; elle est commune dans l'île de Rhodes [ROTH], et plusieurs auteurs [STENTZ, PARREYSS, BRUSINA, WESTERLUND, etc.] l'ont signalée en Grèce et en Dalmatie, où elle est remplacée partiellement par le *Pupa* (*Torquilla*) *Philippii* Cantraine [1], espèce beaucoup moins allongée et moins élégamment striée, que l'on retrouve jusqu'en Italie. Enfin, KESSLER [2] a décrit, sous le nom de *taurica*, une variété du *Pupa rhodia* Roth, qui vit en Crimée, notamment dans les environs de Jalta.

---

1. CANTRAINE (F.). — Malacologie méditerranéenne et littorale, ou description des Mollusques qui vivent dans la Méditerranée ou sur le continent de l'Italie ; *Nouv. Mémoires Acad. Bruxelles*; XIII, 1840, p. 140. C'est le *Pupa caprearum* Philippi, in : ROSSMASSLER, *Iconographie der Land- und Süsswasser-Mollusken*; II (part. V), 1842, p. 11, taf. LIII, fig. 729.

2. KESSLER. — *Reise n. der Krim*, 1860.

## Genre ORCULA Held, 1837 [1].

Dans l'Asie-Antérieure, les *Orcula* remplacent, en grande partie du moins, les véritables *Pupa*. Ils se divisent en deux sous-genres : le sous-genre *Orcula* sensu stricto, et le sous-genre *Pilorcula* Germain, renfermant les espèces suivantes :

§ 1. — Sous-genre ORCULA Held, sensu stricto.

### Orcula (Orcula) doliolum Bruguière.

*Bulimus doliolum* Bruguière, *Encyclopédie méthodique; Vers;* II, 1792, p. 351.

Espèce de l'Europe moyenne et méridionale, retrouvée au Caucase et en Arménie et signalée en Syrie par plusieurs auteurs, peut-être par confusion avec l'espèce suivante :

### Orcula (Orcula) scyphus Friwaldsky.

### Orcula (Orcula) orientalis Parreyss.

*Pupa orientalis* Parreyss, in : Pfeiffer, *Malakozoolog. Blätter;* 1861, p. 168, taf. III, fig. 6-8 [= *Pupa dolium* var. *sirianocoriensis* Mousson, *Coquilles terr. fluv. Bellardi Orient;* 1854, p. 39, n° 11 ; = *Pupa (Orcula) Moussoni* Reinhardt, *Sitz. bericht. Naturf. Berlin;* 1880, p. 44].

Vit en Syrie, en Palestine, dans le Kurdistan, etc., a été retrouvé dans l'île de Chypre. Mousson en a décrit une variété *nitida* [2] habitant les environs d'Alep (Syrie). Le Dr M. Blanckenhorn a signalé une variété *obesa* [3] mesu-

1. Held (Fr.). — Notizen über die Weichthiere Bayerns ; *Isis,* 1837, p. 919 [= *Eruca,* Swainson, 1840].

2. Mousson (A.). — Coquilles terr. fluv. recueillies par le Dr A. Schlaefli dans l'Orient; *Journal de Conchyliologie;* 1874, p. 31, n° 18 [*Pupa (Sphyradium) orientalis* var. *nitida*].

3. Blanckenhorn (M.). — Beitrag zur Kenntniss der Binnenconchylien-Fauna von Mittel- und Nord-Syrien ; *Nachrichtsblatt d. Deutschen Malakozoolog. Gesellschaft;* 1889, p. 89 (*Pupa orientalis* var. *obesa*).

rant 5 millimètres de diamètre maximum pour seulement
11 millimètres de longueur, découverte à Bab-el-Haua près
d'Antioche. Enfin, sous le nom de *cedretorum*, Westerlund [1] a désigné une petite variété (elle mesure 11 millimètres de longueur) qui habite la chaîne du Liban.

Dans une note sur les espèces du groupe de l'*Orcula
doliolum* Bruguière, Caziot [2] a eu le tort d'élever au rang
spécifique, sous les noms d'*Orcula Sirianocoriensis*,
*Orcula Moussoni*, *Orcula nitida*, *Orcula obesa* [3] et *Orcula
cedretorum* [4], non-seulement les variétés du *Pupa (Orcula)
orientalis* Parreyss, mais encore les synonymes de cette
espèce.

### § 2. — PILORCULA Germain, nov. subg.

*Pilorcula* Germain, *Bulletin Muséum Hist. natur. Paris;* 1912, n° 7,
p. 448.

J'établis ce nouveau sous-genre pour les espèces de la
série de l'*Orcula Raymondi* Bourguignat, caractérisées
par leur test garni de lamelles épidermiques saillantes « se
prolongeant vers la partie supérieure des tours en une
pointe roide, aiguë, allongée et ascendante ». (Fig. 27-29,
dans le texte).

**Orcula (Pilorcula) Raymondi** Bourguignat (fig. 27-29,
dans le texte).

1. Westerlund (C. A.). — *Fauna der in der paläarctischen region
Binnenconchylien ;* supplément, 1890, p. 141, n° 14 [*Pupa (Orcula)
orientalis var. cedretorum*].

2. Caziot. — Étude sur quelques espèces de la région paléarctique
de l'Asie qui ont pénétré dans les sous-centres alpique et hispanique ;
*Feuille Jeunes Naturalistes ;* XXXVII, 1907, p. 224.

3. Dans son travail précité (p. 224), Caziot indique pour la référence originale de cette coquille : « *Orcula sirianoconensis* var. *obesa*
Blank, Natur. blatt., 1889 » ; or, dans le travail de Blanckenhorn,
paru en 1889 dans les *Nachrichtsblatt d. Deutschen Malakozoolog.
Gesellschaft*, on lit, p. 79 : « *Pupa orientalis* var. *obesa* n. ».

4. « *Orcula sirianoconensis* var. *cedretorum* West. », dit encore Caziot
(p. 224). Il faut lire : *Pupa (Orcula) orientalis* var. *cedretorum*.

*Pupa Raymondi* Bourguignat, *Mollusques nouveaux, litigieux ou peu connus ;* 2ᵉ décade, 1ᵉʳ mai 1863, p. 48, nᵒ 20, pl. VI, fig. 10-13 ; — *Pupa (Orcula) Raymondi* Westerlund, *Fauna der paläarct. region Binnenconchylien ;* III, 1887, p. 86 ; — *Orcula Raymondi* Kobelt, in : Rossmässler, *Iconographie der Land- und Süsswasser-Mollusken ;* n. f., VIII, 1899, p. 75, taf. CCXXXII, fig. 1497 ; — *Orcula (Pilorcula) Raymondi* Germain, *Bulletin Muséum Hist. natur. Paris ;* 1912, nᵒ 7, p. 448, nᵒ 211.

Très remarquable par sa sculpture formée de « lamelles épidermiques, obliques, saillantes, blanchâtres, symétriques, se prolongeant vers la partie supérieure des tours en une pointe roide, aiguë, allongée et ascendante [1] », cette coquille possède 7 tours de spire convexes dont les premiers « sont subanguleux, comme carénés, là où les lamelles se prolongent en forme de dard aigu ».

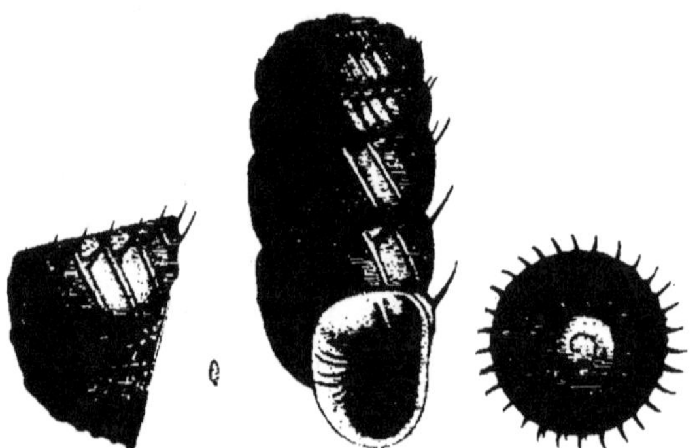

Fig. 27 - 29. — *Orcula (Pilorcula) Raymondi* Bourguignat × 15.

D'après J. R. Bourguignat, *Mollusques nouveaux, litigieux ou peu connus;* 1863, pl. VI, fig. 10 - 13.

1. « Ces lamelles épidermiques, très rapprochées les unes des autres sur les tours supérieurs, s'espacent graduellement de plus en plus au fur et à mesure qu'elles se rapprochent de l'ouverture » [Bourguignat (J. R.). — *Loc. supra cit.;* 1863, p. 48-49].

La coquille atteint jusqu'à 4 1/2 millimètres de longueur pour 2 1/4 millimètres de diamètre maximum. Le Dr C. A. WESTERLUND [1] a fait justement remarquer que les dimensions données par J. R. BOURGUIGNAT (longueur 2 1/2 mill., diamètre 1 1/2 mill.) correspondent à une forme *minor*.

L'*Orcula Raymondi* Bourguignat vit sous les feuilles mortes, sous les pierres, dans les fentes des rochers. Découvert par L. RAYMOND aux environs de Beyrouth, il a été retrouvé depuis, non-seulement dans des localités variées de la Syrie, mais encore dans presque toute l'Asie-Antérieure. Il paraît spécialement répandu dans la Caucasie où O. RETOWSKI en a signalé une forme *longior* [2] (longueur : 4 mill. 9 à 5 mill. 7; diamètre maximum : 2 - 2 mill. 25) et une forme *intermedia* [3] (longueur : 5 mill. 6; diamètre maximum : 2 mill. 1).

Au voisinage immédiat de l'*Orcula Raymondi* Bourguignat se placent deux autres *Orcula* qui ne vivent pas en Syrie, mais qui ont été trouvés dans de nombreuses localités asiatiques et, notamment, dans le Caucase et le nord de la Perse. Le premier est l'*Orcula (Pilorcula) trifilaris* Mousson [4], le second, l'*Orcula (Pilorcula) bifilaris* Mousson [5]. Les rapports qui existent entre ces trois Mollusques sont certainement très étroits, et je crois qu'à l'exemple de

1. WESTERLUND (C. A.). — *Fauna der in der paläarctischen region Binnenconchylien;* III, 1887, p. 87 [*Pupa (Orcula) Raymondi* forma *minor*].

2. RETOWSKI (O.). — *Bericht über d. Senckenbergische Naturforschende Gesellschaft Frankfurt;* 1889, p. 254 [*Pupa (Orcula) Raymondi* forma *longior*].

3. RETOWSKI (O.). — *Malakozoologische Blätter;* n. f., VI, 1873, p. 59, et IX, 1887, p. 35 (*Pupa Raymondi* forma *intermedia*).

4. MOUSSON (A.). — *Coquilles terrestres fluviatiles recueillies par le Dr Schlaefli Orient;* II, 1863, p. 71, n° 66 (*Pupa trifilaris*).

5. MOUSSON (A.). — Coquilles recueillies par M. le Dr Sievers dans la Russie Méridionale et Asiatique; *Journal de Conchyliologie;* XXI, 1873, p. 210, n° 24, pl. VIII, fig. 8 [*Pupa (Sphyradium) bifilaris*].

beaucoup d'auteurs, et notamment de O, BOETTGER[1] et de O. RETOWSKI[2], il convient de considérer les deux espèces de A. MOUSSON comme des variétés de l'*Orcula (Pilorcula) Raymondi* Bourguignat.

§ 1. — ORCULA sensu stricto.

## Orcula (Orcula) scyphus Friwaldsky.

1848. *Pupa scyphus* Friwaldsky, in : Pfeiffer, *Zeitschrift für Malako-zoologie ;* p. 7.

1848. *Pupa scyphus* Pfeiffer, *Monogr. Heliceor. vivent. ;* II, p. 326, n° 61 a.

1848. *Pupa Lindermeyeri* Parreyss, in : Pfeiffer, *Monogr. Heliceor. vivent. ;* II, p. 326, n° 61.

1852. *Pupa doliolum* var. *scyphus* Küster, in : Martini et Chemnitz, *Systemat. Conchylien-Cabinet ;* p. 112, n° 112, taf. XV, fig. 10-11.

1853. *Pupa scyphus* Pfeiffer, *Monogr. Heliceor. vivent. ;* III, p. 540, n° 85.

1853. *Pupa scyphus* Bourguignat, *Catalogue rais. Mollusques terr. fluv. Saulcy Orient ;* p. 54.

1854. *Pupa Lindermeyeri* Mousson, *Coquilles terr. fluv. Bellardi Orient ;* p. 47, n° 12.

1855. *Pupa Scyphus* Roth, *Malakozoolog. Blätter ;* II, p. 40, n° 2.

1855. *Orcula scyphus* Adams, *Genera of recent Mollusca ;* p. 170.

1859. *Pupa scyphus* Pfeiffer, *Monogr. Heliceor. vivent. ;* IV, p. 667, n° 94.

1863. *Pupa scyphus* Mousson, *Coquilles terr. fluv. Schlaefli Orient ;* p. 15, n° 25, et p. 105.

1868. *Pupa scyphus* Pfeiffer, *Monogr. Heliceor. vivent. ;* VI, p. 305, n° 126.

---

1. BOETTGER (O.). — *Bericht über d. Senckenbergische Naturfors-chende Gesellschaft Frankfurt ;* 1889, p. 23 *(Orcula Raymondi* var. *trifi-laris* et var. *bifilaris).*

2. RETOWSKI (O.). — *Loc. supra cit. ;* p. 264 [*Pupa (Orcula) Ray-mondi* var. *bifilaris* et var. *trifilaris*].

1874. *Pupa (Sphyradium) doliolum* var. *scyphus* Martens, *Vorder-asiatische Conchylien;* p. 63.

1874. *Pupa (Sphyradium) scyphus* Mousson, *Journal de Conchyliologie;* XXII, p. 31, n° 19, et p. 59, n° 19.

1884. *Orcula turcica* Bourguignat, in : Letourneux, *Bulletin Soc. malacologique France ;* p. 298.

1884. *Pupa scyphus* Tristram, *Fauna and Flora of Palestine;* p. 191, n° 104.

1887. *Pupa (Orcula) scyphus* Westerlund, *Fauna der paläarct. region Binnenconchylien ;* III, p. 86.

1889. *Pupa scyphus* Blanckenhorn, *Nachrichtsblatt d. Deutschen Malakozoolog. Gesellschaft ;* p. 86.

1899. *Orcula scyphus* Kobelt, in : Rossmässler, *Iconographie der Land- und Süsswasser-Mollusken ;* n. f., VIII, p. 74, taf. CCXXXII, fig. 1496.

1902. *Pupa (Orcula) doliolum* var. *scyphus* Naegele, *Nachrichtsblatt d. Deutschen Malakozoolog. Gesellschaft ;* p. 7, n° 46 *(Orcata p. Orcula,* err. typogr.).

1909. *Orcula scyphus* Pallary, *Catalogue Faune malacologique Égypte;* p. 41, pl. III, fig. 22.

1912. *Orcula (Orcula) scyphus* Germain, *Bulletin Muséum Hist. natur. Paris ;* n° 7, p. 448, n° 209.

Quelques-uns des exemplaires recueillis par M. Henri Gadeau de Kerville sont remarquables par une très notable turgescence voisine du sommet (échantillons 1 et 2 du tableau suivant.

L'ouverture, relativement petite, subcirculaire, possède des bords bien rapprochés réunis par une forte callosité blanche ; le péristome, très épaissi, est fortement bordé, un peu réfléchi ; la dent pariétale, très incurvée, est très saillante ; enfin, il existe, sur le bord columellaire, deux petites denticulations plus ou moins marquées, parfois même réduites à de simples indications.

Le test est solide, assez épais, peu brillant, d'un corné blanchâtre ou jaunacé toujours assez clair. Il est orné de stries serrées, très obliques, un peu onduleuses, légèrement crispées au voisinage des sutures, relativement fortes sur les premiers tours, très nettement atténuées au dernier.

La taille varie peu. Le tableau suivant indique, en millimètres, les principales dimensions des exemplaires recueillis par M. Henri Gadeau de Kerville. Ces exemplaires sont groupés par localités.

| Localités | Hauteur totale | Diamètre maximum | Diamètre minimum | Hauteur de l'ouverture | Diamètre de l'ouverture |
|---|---|---|---|---|---|
| Montagnes à Berzé, près de Damas. | 10 mm. / 9 1/2 — | 4 mm. / 4 1/4 — | 4 mm. / 4 1/4 — | 3 mm. / 3 — | 3 mm. / 3 — |
| Berzé. | 10 1/4 — | 4 — | 4 — | 3 — | 3 — |
| Anti-Liban à Baalbek. | 10 1/4 — / 10 — | 4 1/4 — / 4 — | 4 — / 4 — | 3 — / 3 — | 3 — / 3 — |

L'*Orcula scyphus* Friwaldsky est une espèce certainement très voisine de l'*Orcula doliolum* Bruguière [1]. Il s'en sépare cependant : par sa taille plus grande, atteignant jusqu'à 10 et 11 millimètres; par sa forme plus allongée, plus nettement cylindrique ; par sa sculpture beaucoup moins accentuée, striée assez fortement, principalement sur les premiers tours, mais non costulée. En résumé, l'*Orcula scyphus* Friwaldsky doit être considéré comme une espèce représentative qui, en grande partie, remplace dans les régions asiatiques occidentales l'*Orcula doliolum* Bruguière.

Quant à l'*Orcula Lindermeyeri* Parreyss, il ne saurait être distingué de l'*Orcula scyphus* Friwaldsky, même à titre de variété. Il en est de même de l'*Orcula turcica* Bourguignat [2].

1. Bruguière. — *Encyclopédie méthodique; Vers; II*, 1792, p. 351 (*Bulimus doliolum*).

2. Cette coquille a été décrite par Letourneux, en 1884 (*Bulletins Société malacologique de France*; p. 298), qui renvoie à l'ouvrage de

Localités :

Montagnes de l'Anti-Liban, à Baalbek, entre 1100 et 1300 mètres d'altitude [Henri Gadeau de Kerville].

Pentes arides du djébel Kasioun (Anti-Liban), près de Damas, entre 700 et 900 mètres d'altitude [Henri Gadeau de Kerville].

Montagnes à Berzé (Anti-Liban), près de Damas, entre 700 et 800 mètres d'altitude [Henri Gadeau de Kerville].

Sous une pierre, aux environs de Berzé [Henri Gadeau de Kerville].

Distribution géographique :

L'*Orcula scyphus* Friwaldsky est une espèce possédant un aréa assez étendu qui empiète d'ailleurs assez fortement sur celui de l'*Orcula doliolum* Bruguière [1]. Il se trouve communément dans l'Europe sud-orientale (Grèce, Turquie, îles de l'Archipel), d'où il passe en Asie-Mineure, pour

Bourguignat : *Species novissimæ Molluscorum in Europæ systemate detectæ* ; 2ᵉ centurie, 1878, n° 153. Or, cette deuxième centurie n'a *jamais paru*, ainsi que le montre la note suivante du Dʳ E. André, du Musée de Genève où sont conservées la Bibliothèque et la Collection J. R. Bourguignat : « J'ai consulté le Catalogue de la bibliothèque Bourguignat et la bibliothèque elle-même et je n'ai trouvé que la première partie du *Species novissimæ*..... qui ne comporte, en effet, qu'une centurie. *Il est donc certain que la deuxième partie n'a pas été publiée* ». Cette note a été publiée par M. Pallary [Catalogue de la Faune malacologique de l'Égypte ; *Mémoires Institut Égyptien* ; VI, part. 1, 1909, p. 8, note 2].

1. Il arrive alors que certaines variétés de l'*Orcula doliolum* sont très voisines de l'*Orcula scyphus* Friwaldsky. Tel est le cas de la coquille des environs de Batoum décrite par Retowsky sous le nom de *Pupa doliolum* var. *batumensis* [*Ber. Senckenberg. Gesellschaft*; 1889, p. 254]. Le Dʳ R. Sturany a donné une excellente figuration de ce Mollusque [Schalentragende Mollusken (Voyage du Dʳ A. Penther et du Dʳ E. Zederbauer en Asie-Mineure); *Annalen d. K. K. Naturhistorischen Hofmuseums Wien* ; XX, 1905, p. 10, n° 8, fig. 7 *(Orcula doliolum* var. *batumensis)*].

se répandre, d'une part jusqu'au Caucase, et, d'autre part, jusqu'en Palestine. En Mésopotamie, l'*Orcula scyphus* Friwaldsky est remplacé par une variété un peu différente, la variété *mesopotamica* Mousson [1]. Enfin, dans de nombreuses localités de la Syrie, de la Palestine et du Kurdistan vit une espèce voisine, l'*Orcula orientalis* Parreyss [2].

## Famille des CLAUSILIIDÆ.

### Genre CLAUSILIA Draparnaud, 1805 [3].

Le genre *Clausilia* est représenté, en Syrie et en Palestine, par un assez grand nombre d'espèces dont quelques-unes vivent en colonies très populeuses dans les régions montagneuses du Liban et de l'Anti-Liban. Je donne ci-dessous la liste des Clausilies de ces régions en y ajoutant les références originales.

### Sous-genre EUXINA Boettger, 1877 [4].

**Clausilia (Euxina) Schwerzenbachi** Parreyss.

*Clausilia Schwerzenbachi* Parreyss, in : Schmidt, *System der europäischen Clausilien* ; 1868, p. 147, 148, 164, 165, 166 et 168.

1. MOUSSON (A.). — Coquilles terr. fluv. Dr Schlaefli Orient ; *Journal de Conchyliologie* ; XXII, 1874, p. 31 [*Pupa (Sphyradium) scyphus* var. *mesopotamica*]. WESTERLUND [*Fauna der paläarct. region Binnenconchylien* ; III, 1887, p. 86] nomme cette coquille *Pupa (Orcula) mesopotamica*, en en faisant ainsi une espèce distincte.

2. PARREYSS, in : PFEIFFER, *Malakozoolog. Blätter* ; 1861, p. 168, taf. III, fig. 6-8. C'est le *Pupa dolium* Draparnaud var. *sirianocoriensis* MOUSSON [*Coquilles terrestres et fluviatiles Bellardi Orient* ; 1854, p. 39, n° 14] et, très probablement, l'*Orcula Moussoni* du Dr REINHARDT [*Sitz. ber. der Gesellsch. naturf. Freunde zu Berlin* ; 1880, p. 44 *(Orcula Moussoni)*].

3. DRAPARNAUD (J. R.) — *Histoire naturelle des Mollusques terrestres et fluviatiles de la France* ; 1805, p. 68.

4. Je ne donne pas ici d'indications bibliographiques pour les espèces dont il sera plus loin question.

Cette espèce vit en Anatolie et en Arménie. Une variété *cristata*, décrite par A. Schmidt [1], vit aux environs de Baalbek (Syrie).

### Clausilia (Euxina) galeata Parreyss.

*Clausilia galeata* Parreyss, in : Rossmässler, *Iconographie der Land- und Süsswasser-Mollusken*; X, 1839, p. 17, taf. XLVIII, fig. 621.

Environs de Baalbek (Syrie).

### Clausilia (Euxina) pleuroptychia Boettger.

*Clausilia pleuroptychia* Boettger, *Jahrbücher d. Deutschen Malako-zoolog. Gesellschaft*; V, 1878, p. 291, taf. X, fig. 1.

Espèce de taille moyenne (14-15 millimètres de longueur sur 3 - 3 1/4 millimètres de diamètre maximum), au test fortement costulé et possédant une ouverture relativement petite, pyriforme vaguement subquadrangulaire.

La Syrie, sans indication précise de localité [Stentz].

### Clausilia (Euxina) mœsta de Férussac.

### Clausilia (Euxina) corpulenta Friwaldsky.

### Sous-genre BITORQUATA Boettger, 1883 [2].

### Clausilia (Bitorquata) bitorquata Friwaldsky.

*Clausilia bitorquata* Friwaldsky, in : Rossmässler, *Malakozoolog. Blätter*; 1857, p. 38.

Cette espèce habite la chaîne du Liban.

### Clausilia (Bitorquata) cedretorum Bourguignat.
(Pl. XV, fig. 4, et fig. 30-32, dans le texte).

1. Schmidt (A.). — *System der europäischen Clausilien und ihrer nächsten Verwandten*; 1868, p. 165.

2. Boettger (D' O.). — Diagnosen neuer Clausilien, gesammelt 1883 auf Creta vom F. H. V. Maltzan; *Nachrichtsblatt der Deutschen Malakozoologischen Gesellschaft*; XV, 1883, p. 112.

*Clausilia cedretorum* Bourguignat, *Mollusques nouveaux, litigieux ou peu connus ;* 1ʳ décade, 1863, p. 19, n° 9, pl. IV, fig. 1-5, et 9ᵉ décade, 1868, p. 277, n° 3.

Je reproduis (fig. 30-32, dans le texte) la figuration originale et donne la photographie (pl. XV, fig. 4) d'un exemplaire déterminé par Bourguignat et recueilli dans la loca-

Fig. 30-32. — *Clausilia (Bitorquata) cedretorum* Bourguignat.

D'après J. R. Bourguignat, *Mollusques nouveaux, litigieux ou peu connus ;* 1863, pl. IV, fig. 1-3.

lité originale par le conseiller Letourneux : les bords du Nahr-el-Kelb, près de Beyrouth, à environ 12 kilomètres de l'embouchure de cette rivière.

Sous-genre AGATHYLLA Vest, 1867 [1].

## Clausilia (Agathylla) prægracilis Boettger.

*Clausilia prægracilis* Boettger, *Jahrbücher d. Deutschen Malakozoolog. Gesellschaft ;* VI, 1879, p. 118, taf. III, fig. 12.

La Syrie, aux environs de Beyrouth.

1. Vest. — *Schliess-App. Clausilia ;* 1867, p. 25.

## Sous-genre ALBINARIA Vest, 1867 [1].

**Clausilia (Albinaria) filumna** Parreyss.

## Sous-genre CRISTATARIA Vest, 1867 [1].

**Clausilia (Cristataria) Boissieri** de Charpentier.

**Clausilia (Cristataria) Staudingeri** Boettger.

**Clausilia (Cristataria) strangulata** de Férussac.

**Clausilia (Cristataria) sancta** Bourguignat.

**Clausilia (Cristataria) vesicalis** Friwaldsky.

**Clausilia (Cristataria) davidiana** Bourguignat.
  (Fig. 33-35, dans le texte).

*Clausilia Davidiana* Bourguignat, *Mollusques nouveaux, litigieux ou peu connus ;* 9ᵉ décade, 1868, p. 273, n° 87, pl. XLI, fig. 12-15.

Le *Clausilia prophetarum* Bourguignat (*loc. supra cit.;* 1868, p. 275, n° 88, pl. XLI, fig. 8-11) (fig. 36-38, dans le texte) est synonyme de cette espèce. Ces deux coquilles montrent les mêmes caractères aperturaux et le même

Fig. 33-35. — *Clausilia (Cristataria) davidiana* Bourguignat.

D'après J. R. Bourguignat, *Mollusques nouveaux, litigieux ou peu connus;* 1868, pl. XLI, fig. 12, 14 et 15.

mode de sculpture. Cependant, le *Clausilia propheta-*

1. Vest. — *Loc. supra cit.;* 1867, p. 26.

*rum* est généralement plus allongé. Ainsi, le rapport $\dfrac{\text{Hauteur}}{\text{Diamètre maximum}}$ est égal à $\dfrac{57}{12}$ pour le *Clausilia davidiana*, tandis qu'il atteint $\dfrac{72}{12}$ pour le *Clausilia prophetarum*[1]. Mais les intermédiaires entre ces deux modalités sont fort nombreux et il me semble impossible de baser une signification sur un tel critérium.

Fig. 36-38. — *Clausilia (Cristataria) prophetarum* Bourguignat.

D'après J. R. Bourguignat, *Mollusques nouveaux, litigieux ou peu connus;* 1868, pl. XLI, fig. 8, 10 et 11.

Westerlund [2] a décrit une variété *flexuosa*, mesurant 15 millimètres de longueur sur 3 millimètres de diamètre maximum et qu'il décrit ainsi : « T. isabellina, costis concoloribus, ubique æqualibus, forte fluxuosis ». La localité où cette variété a été découverte n'est pas indiquée.

Beyrouth, rochers sur les bords de la rivière du Chien; environs de Jaffa; Amchit, dans le Liban [exemplaires envoyés par P. Pallary].

**Clausilia (Cristataria) fauciata** Parreyss.

**Clausilia (Cristataria) Delesserti** Bourguignat.

1. D'après les dimensions originales données par J. R. Bourguignat.

2. Westerlund (C. A.). — Synopsis Molluscorum in regione palæarctica viventium ex typo *Clausilia; Mémoires Académie imp. Sciences Saint-Pétersbourg;* 8ᵉ série, XI, 1901, p. 46.

*Clausilia Delesserti* Bourguignat, *Catalogue rais. Mollusques terr. fluv. Saulcy Orient ;* 1853, p. 47, pl. II, fig. 10-13. [= *Clausilia Ehrenbergi* Roth, *Malakozoolog. Blätter ;* 1855, p. 44, taf. 1, fig. 12-14, (non : *Clausilia Ehrenbergi* Rossmässler)].

Cette espèce n'est pas rare aux environs de Beyrouth, où elle vit en compagnie de la variété *Gaudryi* Bourguignat[1], qui diffère du type par sa taille plus petite, sa forme plus globuleuse, et ses papilles suturales moins nombreuses.

Je possède également le *Clausilia Delesserti* Bourguignat, de Achkoub, dans le Liban.

### Clausilia (Cristataria) Zelebori Rossmässler.

*Clausilia Zelebori* Rossmässler, *Iconographie der Land- und Süsswasser-Mollusken ;* part. XV, 1856, p. 45, taf. LXXII, fig. 858.

Environs de Beyrouth.

### Clausilia (Cristataria) Colbeaui Parreyss.

*Clausilia Colbeauiana* Parreyss, *Malakozoolog. Blätter ;* 1861, p. 169, taf. III, fig. 9-11.

Environs d'Antioche (Syrie).

### Clausilia (Cristataria) dextrorsa Boettger.

### Clausilia (Cristataria) Albersi de Charpentier.

*Clausilia Albersi* de Charpentier, *Journal de Conchyliologie ;* 1852, p. 374, pl. II, fig. 4.

Environs de Beyrouth.

La variété *judaica* Bourguignat[2] est une forme plus ventrue avec un test parfois plus fortement lamellé près de la suture. Elle vit également aux environs de Beyrouth.

1. BOURGUIGNAT (J. R.). — *Mollusques nouveaux, litigieux ou peu connus ;* 9ᵉ décade, 1868, p. 281, nᵒ 13 *(Clausilia Gaudryi).*

. 2. BOURGUIGNAT (J. R.). — *Mollusques nouveaux, litigieux ou peu connus ;* 9ᵉ décade, 1868, p. 284, nᵒ 18 *(Clausilia Judaica).*

### Clausilia (Cristataria) dutaillyana Bourguignat.

*Clausilia Dutaillyana* Bourguignat, *Mollusques nouveaux, litigieux ou peu connus ;* 9ᵉ décade, 1868, p. 284, n° 19.

Environs de Beyrouth.

### Clausilia (Cristataria) phæniciaca Bourguignat.

*Clausilia phæniciaca* Bourguignat, *Mollusques nouveaux, litigieux ou peu connus ;* 9ᵉ décade, 1868, p. 284, n° 20.

« Sur les rochers, dans la partie haute de la vallée du Nahr-el-Kelb », aux environs de Beyrouth [BOURGUIGNAT].

Cette Clausilie et le *Clausilia (Cristataria) dutaillyana* Bourguignat n'ont jamais été décrits complètement, ni figurés. Il est dès lors impossible, en l'absence d'exemplaires authentiques, de se faire une idée précise de la valeur de ces espèces.

### Clausilia (Cristataria) genezarethana Tristram.

*Clausilia Genezarethana* Tristram, *Proceed. Zoological Society of London ;* 1865, p. 539.

Sur les rochers, à Genezareth (Palestine) [TRISTRAM].

### Clausilia (Cristataria) Medlycotti Tristram.

*Clausilia Medlycotti* Tristram, *Proceed. Zoological Society of London ;* 1865, p. 540.

Sarepta (Palestine) [TRISTRAM].

### Clausilia (Cristataria) Hedenborgi Pfeiffer.

*Clausilia Hedenborgi* Pfeiffer, *Proceed. Zoological Society of London ;* 1849, p. 138.

Vallée du Nahr-el-Kelb, près de Beyrouth.

### Clausilia (Cristataria) porrecta Friwaldsky.

*Clausilia porrecta* Friwaldsky, in : Rossmässler, *Malakozoolog. Blätter ;* 1857, p. 39 [= *Clausilia Raymondi* Bourguignat, *Mollusques nouveaux, litigieux ou peu connus;* 1re décade, 1863, p. 21, n° 10, pl. IV, fig. 6-10, et 9e décade, 1868, p. 285, n° 23] [1].

Le *Clausilia Raymondi* Bourguignat, dont je reproduis la figuration originale (fig. 39-41, dans le texte), est un synonyme. C'est une coquille fusiforme, fortement costulée et dont le système de sculpture est comparable à celui du *Clausilia (Cristataria) davidiana* Bourguignat, sauf au

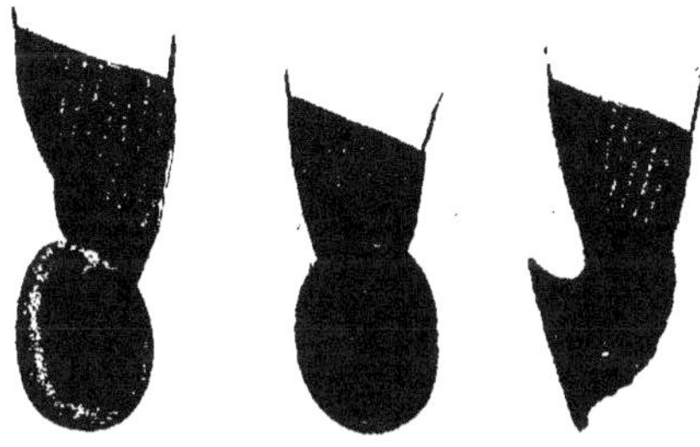

Fig. 39-41. - *Clausilia (Cristataria) Raymondi* Bourguignat.

D'après J. R. Bourguignat, *Mollusques nouveaux, litigieux ou peu connus;* 1868, pl. IV, fig. 8-10.

dernier tour sur lequel les costulations sont assez fortement atténuées. Je figure ici (pl. XIV, fig. 5) un exemplaire recueilli par Letourneux [2] et nommé par Bourguignat. On remarquera l'absence d'arête antipéristomale chez cette espèce.

Vallée du Nahr-el-Kelb, près de Beyrouth, à environ

1. Non *Clausilia Raimondii* Philippi [Beschreibung zweier neuen peruanischen Clausilien; *Malakozoolog. Blätter;* 1867, p. 195, n° 2, taf. II, fig. 5-7], espèce dédiée à Ant. Raimondi qui la découvrit sur les montagnes des environs de S. Gregorio et de Patipampa (Pérou).

2. Cet exemplaire a été récolté dans la localité originale: vallée du Nahr-el-Kelb (environs de Beyrouth), à 7 kilomètres de l'embouchure de la rivière.

7 kilomètres de l'embouchure de la rivière [L. Raymond].

Naegele a décrit une variété *multicoscata*[1] qui habite également les environs de Beyrouth.

### Clausilia (**Cristataria**) **Dupouxi** Naegele.

*Clausilia (Cristataria) dupouxi* Naegele, *Nachrichtsblatt d. Deutschen Malakozoolog. Gesellschaft;* XXII, 1890, p. 137, n° 1.

Espèce voisine du *Clausilia ( Cristataria ) porrecta* Friwaldsky, découverte dans la chaîne du Liban, aux environs de Beyrouth, par P. Dupoux.

### Clausilia (**Cristataria**) **calopleura** Letourneux.
### (Pl. IX, fig. 23).

*Clausilia (Cristataria) calopleura* Letourneux, in : Westerlund, *Verhandlungen der K. K. Zoologisch-Botanischen Gesellschaft in Wien;* XLII, 1892, p. 41.

Décrite par C. A. Westerlund, cette espèce rare n'a jamais été figurée. Les exemplaires représentés ici (pl. IX, fig. 23) ont été recueillis par Letourneux à Hari-el-Mir, dans le Liban (Syrie). Ils appartiennent aux Collections du Muséum national d'Histoire naturelle de Paris. Tout dernièrement, M. P. Hesse, de Venise, a signalé ce *Clausilia* dans la vallée du Nahr-el-Kelb, aux environs de Beyrouth[2].

Le *Clausilia (Cristataria) calopleura* Westerlund est remarquable par sa sculpture formée de grosses costulations très saillantes et fort espacées entre lesquelles on observe de fines stries longitudinales irrégulièrement distribuées.

1. Naegele (G.). — Einige neue Syrische Land- und Süsswasserschnecken ; *Nachrichtsblatt d. Deutschen Malakozoolog. Gesellschaft;* XXIX, 1897, p. 14 [*Clausilia (Cristataria) porrecta* var. *multicoscata*].

2. Hesse (P.). — Ueber einige vorderasiatische Schnecken ; *Nachrichtsblatt d. Deutschen Malakozoolog. Gesellschaft;* 1910, n° 3, p. 133.

## Sous-genre OBLIGOPTYCHIA Boettger, 1877 [1].

### Clausilia (**Obligoptychia**) bicarinata Zeigler.

*Clausilia bicarinata* Zeigler, in : Rossmässler, *Iconographie der Land- und Süsswasser-Mollusken;* part. X, 1839, p. 17, taf. XLVlll, fig. 620.

Les forêts du Liban, en Syrie.

*<br>* *

En dehors de ces espèces, il a encore été signalé deux Clausilies syriennes. L'une est le *Clausilia tuba-paradisi* Ehrenberg [2], coquille trop sommairement décrite et qu'il est impossible de reconnaitre. L. Pfeiffer [3] rapproche le *Clausilia tuba-paradisi* Ehrenberg du *Clausilia corrugata* Chemnitz [4], opinion qui a été adoptée, plus récemment, par Westerlund [5 et 6].

L'autre *Clausilie syrienne,* que je place parmi les *Incertæ sedis,* est le *Clausilia oxystoma* Rossmässler [7], découvert aux environs de Baalbek (Syrie). Je crois que c'est avec raison que Westerlund [8] considère cette coquille comme une monstruosité, le sillon canaliforme de la base de l'ou-

1. Boettger (Dr O.). — Clausilienstudien, in : *Palæontographica ;* suppl. III, 1877.

2. Ehrenberg. — *Symbolæ physicæ ;* 1831 (sans pagination).

3. Pfeiffer (L.). — *Monographia Heliceorum viventium ;* II, 1848, p. 487.

4. Chemnitz, in : Martini et Chemnitz. — *Systemat. Conchylien-Cabinet ;* IX, p. 120, tab. CXII, fig. 961-962 *(Turbo corrugatus).*

5. Westerlund (C. A.). — *Fauna der in der paläarctischen region Binnenconchylien ;* IV, 1884, p. 212.

6. Ce *Clausilia tuba-paradisi* Ehrenberg a été trouvé entre les villages d'Eden et de Bischerra, dans le haut Liban.

7. Rossmassler. — *Iconographie der Land- und Süsswasser-Mollusken ;* part. X, 1839, p. 19, taf. XLVIII, fig. 621.

8. Westerlund (C. A.). — *Loc. supra cit. ;* IV, 1884, p. 161.

verture ayant toutes les apparences d'une anomalie. WES-
TERLUND rapporte le *Clausilia oxystoma* Rossmässler à la
variété *tetragonostoma* Pfeiffer [1] du *Clausilia (Obligopty-
chia) bicristata* Friwaldsky [2].

## § 1. — EUXINA Boettger, 1877 [3].

Le sous-genre *Euxina* ne renferme que des Clausilies
spéciales à l'Asie-Orientale (Palestine, Syrie, Asie-Mineure,
Caucasie, Transcaucasie, Perse, Mésopotamie). WESTER-
LUND [4] l'a divisé en deux sections : les *Peneptychia*,
comme les *Clausilia hetœra* Friwaldsky [5], *Cl. belone*
Boettger [6], etc. ; et les *Polyptychia*, comme les *Clausilia
Lederi* Boettger [7], *Cl. acuminata* Mousson [8], *Cl. Strauchi*
Boettger [9], etc. Le sous-genre *Euxina* représente, en
Asie, les *Alinda* [10] de l'Europe centrale et orientale.

---

1. PFEIFFER (L.). — *Procced. Zoological Society of London ;* 1849,
p. 138 *(Clausilia tetragonostoma)*.

2. FRIWALDSKY, in : ROSSMASSLER. — *Loc. supra cit.;* part. X, 1839,
p. 16, taf. XLVIII, fig. 619.

3. BOETTGER (D' O.). — Clausilienstudien, in : *Palæontographica;*
suppl. III, 1877, p. 83, sect. XXVIII.

4. WESTERLUND (C. A.). — *Fauna der in der paläarctischen region
Binnenconchylien;* IV, 1884, Gen. *Balea* Prid. et *Clausilia* Drap., p. 28.

5. FRIWALDSKY, in : PFEIFFER. — *Zeitschrift für Malakozoologie;*
1848, p. 10.

6. BOETTGER (D' O.). — Neue Recente Clausilien ; *Jahrbücher d.
Deutschen Malakozoologischen Gesellschaft;* VI, 1879, p. 114, taf. III,
fig. 9.

7. BOETTGER (D' O.). — *Loc. supra cit. ;* 1879, p. 36, taf. I, fig. 5.

8. MOUSSON (A.). — *Journal de Conchyliologie;* 1876, p. 144, pl. V,
fig. 4.

9. BOETTGER (D' O?). — Neue Recente Clausilien ; *Jahrbücher d.
Deutschen Malakozoologischen Gesellschaft ;* VIII ; 1881, p. 301, taf. X,
fig. 6.

10. BOETTGER (D' O.). — *Loc. supra cit, ;* 1877, p. 86, sect. XXIX.

## Clausilia (Euxina) mœsta de Férussac.

### Pl. XV, fig. 9-10.

1821. *Clausilia mœsta* de Férussac, *Tableaux systématiques ;* n° 539.

1839. *Clausilia mœsta* Rossmässler, *Iconographie der Land - und Süsswasser-Mollusken ;* II, part. 3-4, p. 23, taf. XLVIII, fig. 634.

1847. *Clausilia mœsta* Küster, in Martini et Chemnitz, *Systemat. Conchylien-Cabinet;* p. 230, n° 235, taf. XXV, fig. 31-33.

1847. *Clausilia mœsta* de Charpentier, *Zeitschrift für Malakozoologie ;* p. 144, n° 20.

1848. *Clausilia mœsta* Pfeiffer, *Monogr. Heliccor. vivent. ;* II, p. 477, n° 194.

1853. *Clausilia mœsta* Pfeiffer, *Monogr. Heliccor. vivent.;* III, p. 620, n° 256.

1853. *Clausilia Saulcyi* Bourguignat, *Catalogue rais. Mollusques terr. fluv. Saulcy Orient;* p. 50, pl. IV, fig. 7-9.

1855. *Clausilia mœsta* Roth, *Malakozoolog. Blätter;* p. 47, n° 12.

1859. *Clausilia mœsta* Pfeiffer, *Monogr. Heliccor. vivent. ;* IV, p. 783, n° 360.

1859. *Clausilia mœsta* de Charpentier, *Journal de Conchyliologie ;* p. 398, n° 205.

1861. *Clausilia mœsta* Mousson, *Coquilles terr. fluv. Roth Palestine ;* p. 50, n° 50.

1868. *Clausilia mœsta* Bourguignat, *Mollusques nouveaux, litigieux ou peu connus ;* 9° décade, p. 287, n° 30.

1868. *Clausilia mœsta* Pfeiffer, *Monogr. Heliccor. vivent. ;* VI, p. 509, n° 520.

1868. *Clausilia mœsta* Schmidt, *System der europäischen Clausilien ;* p. 149.

1874. *Clausilia mœsta* Martens, *Vorderasiatische Conchylien ;* p. 27, n° 45, et p. 62.

1877. *Clausilia (Euxina) mœsta* Boettger, *Clausilienstudien ;* p. 86.

1883. *Clausilia (Euxina) mœsta* Boettger, *Bericht des Offenbacher Vereins für Naturkunde ;* XXII, p. 175, n° 50.

1884. *Clausilia (Euxina) mœsta* Westerlund, *Fauna der paläarct. region Binnenconchylien ;* IV, p. 36, n° 68.

1884. *Clausilia mœsta* Tristram, *Fauna and Flora of Palestine;* p. 192, n° 111.

1889. *Clausilia (Euxina) mœsta* Blanckenhorn, *Nachrichtsblatt d. Deutschen Malakozoolog. Gesellschaft;* p. 86.

1901. *Clausilia (Euxina) mœsta* Westerlund, *Mémoires Académie impér. Sciences Saint-Pétersbourg;* 8ᵉ série, XI, p. 33.

1912. *Clausilia (Euxina) mœsta* Germain, *Bulletin Muséum Hist. natur. Paris;* n° 7, p. 448, n° 215.

Cette espèce appartient à une série de Clausilies syriennes caractérisées par une ouverture ornée de très nombreux plis rappelant ceux du *Clausilia (Alinda) plicata* Draparnaud [1] de la faune française. Elle est assez variable; aussi a-t-on créé, à ses dépens, un certain nombre d'espèces qu'il convient d'y rapporter comme synonymes.

C'est, tout d'abord, le *Clausilia Saulcyi* Bourguignat [2], qui ne diffère nullement du *Clausilia mœsta* de Férussac.

C'est, ensuite, le *Clausilia hierosolymitana* Bourguignat [3], espèce dont il est fort difficile de se faire une idée exacte, puisqu'elle n'a jamais été ni décrite, ni figurée. Bourguignat dit seulement :

« Aux environs de Jérusalem.

» Coquille plus petite et plus trapue que celle de la *mœsta*. Test presque lisse, à peine striolé vers la suture. Cinq plis palataux blanchâtres, très saillants, fortement émergés ; base de l'ouverture un tant soit peu canaliculée. Denticulations assez nombreuses à la partie supérieure de l'ouverture ».

Il semblerait donc, d'après cette description, que l'on ait

---

1. DRAPARNAUD (J. R.). — *Histoire naturelle des Mollusques terrestres et fluviatiles de France ;* 1805, p. 72, pl. IV, fig. 15.

2. BOURGUIGNAT (J. R.). — *Catalogue raisonné des Mollusques terrestres et fluviatiles recueillis par M. F. de Saulcy pendant son voyage en Orient ;* 1853, p. 50, pl. IV, fig. 7-9 ; et *Mollusques nouveaux, litigieux ou peu connus ;* 9ᵉ décade, 1868, p. 288, n° 32.

3. BOURGUIGNAT (J. R.). — *Loc. supra cit. ;* 1868, p. 288.

affaire à une forme très voisine du *Clausilia corpulenta* Friwaldsky, dont il sera question plus loin, sinon à ce *Clausilia corpulenta* lui-même. Cependant WESTERLUND [1] rapproche, à titre de variété, l'espèce de BOURGUIGNAT du véritable *Clausilia mœsta* de Férussac. L'examen des types authentiques de l'auteur permettrait seul de résoudre définitivement cette question [2].

Le *Clausilia denticulata*, décrit et figuré par OLIVIER [3], est une coquille plus grêle, plus délicate, mais qui rentre bien dans le même groupe. Il a été fort mal figuré [4], et c'est sans doute pour cette raison que WESTERLUND [5] l'éloigne des *Euxina* pour le placer dans le sous-genre *Pseudolinda* de Boettger. Je figure ici (pl. XV, fig. 17) un exemplaire recueilli par OLIVIER à Gemelek, et donné par ce naturaliste au Muséum national d'Histoire naturelle de Paris. Un tel exemplaire est un véritable cotype.

En dehors de ce groupe très homogène, les environs de Baalbek (Syrie) nourrissent un autre *Clausilia* à ouverture dentée, le *Clausilia oxystoma* Rossmässler [6] qui se dis-

---

1. WESTERLUND (C. A.). — *Fauna der in der paläarctischen region Binnenconchylien;* IV, 1884, p. 36.

2. BOETTGER a décrit une variété *sublævis*, ainsi définie par WESTERLUND [Synopsis Molluscorum in regione palæarctica viventium ex typo *Clausilia; Mémoires Académie impér. Sciences Saint-Pétersbourg ;* 8e série, XI, p. 33]. « T. major, obscure castanea, sub lente subtilissime striata, sublævis, perist. denticulus plerumque horrido; l. 16 1/2, d. 4 1/2 mm. (Syria) » [*Clausilia (Euxina) mœsta* var. *sublævis*].

3. OLIVIER (G. A.). — *Voyage dans l'empire Ottoman, l'Égypte et la Perse,* etc.; I, p. 297, note 1, pl. XVII, fig. 9 *(Bulimus denticulatus)*.

4. Cette figure ne permet pas, en effet, de se faire une idée exacte de la coquille et, d'autre part, la diagnose d'OLIVIER est peu précise ; ce sont ces raisons qui m'ont incité à reproduire le type d'OLIVIER.

5. WESTERLUND (C. A.). — *Loc. supra cit.;* IV, 1884, p. 148.

6. ROSSMASSLER. — *Iconographie der Land- und Süsswasser-Mollusken;* vol. II, part. X, 1839, p. 19, taf. XLVIII, fig. 625. C'est le *Clausilia ambliostoma* Parreyss, in : PFEIFFER, *Monogr. Heliceor. vivent.;* II, 1848, p. 479.

tingue très facilement à sa forme plus élancée et, surtout, à son ouverture ne présentant de denticulations qu'à sa partie supérieure.

Plus au nord, et couvrant de ses variétés les provinces transcaucasiennes, vit le *Clausilia somchetica* Pfeiffer [1], espèce représentative du *Clausilia mœsta*, mais qui est plus lisse, plus grosse et d'une couleur plus claire ; sa lamelle supérieure avance plus fortement ; enfin, ses plis palataux sont plus égaux et atteignent souvent une callosité qui borde l'intérieur de l'ouverture. Le *Clausilia obliquaris* Parreyss [2] n'est qu'une variété *minor* de cette coquille dont le test est plus fortement costulé [3].

Les exemplaires recueillis par M. HENRI GADEAU DE KERVILLE atteignent jusqu'à 17 millimètres de hauteur. Leur test, d'un brun-rougeâtre lavé de violet, est finement et obliquement strié.

O. BOETTGER a décrit une variété *sublœvis* : « Major, obscure castanea, fere fusca, sublævis, subvitro subtilissime striata, peristomate denticulis plerumque horrido. Alt. 16 1/2, lat. 4 1/2 mill. » [4]. La variété *sublœvis* a été découverte dans la vallée du Nahr-el-Kelb, aux environs de Beyrouth, par l'ingénieur E. SCHUMACHER.

---

1. PFEIFFER. — *Monogr. Heliceor. vivent.* ; II. 1848, p. 458, n° 152. Cette espèce, figurée par ROSSMASSLER [*Iconographie der Land-und Süsswasser-Mollusken* ; III, 1856, p. 61, taf. LXXVI, fig. 877], a été rééditée, sous le nom de *Clausilia Kolenati*, par SIEMASCHKO [Beitrag zur Kenntniss der Konchylien Russlands ; *Bulletin der naturf. Ges. zu Moskau* ; XX, 1847, p. 24, taf. II, fig. 1 a, b, c].

2. PARREYSS, in : PFEIFFER. — *Monogr. Heliceor. vivent.* ; IV, 1859, p. 783.

3. C'est l'opinion de PFEIFFER qui écrit [*loc. supra cit.* ; IV, 1859, p. 783] : « β Minor, distinctius costulata ; alt. 9, diam. 3 mill. : *Cl. obliquaris* Parr. teste Charp. ».

4. BOETTGER (D^r O.). — Binnenconchylien aus Syrien ; *Bericht des Offenbacher Vereins für Naturkunde* ; XXII, 1883, p. 175.

44

Localités :

Broumana (Liban), entre 600 et 800 mètres au-dessus du niveau de la mer [Henri Gadeau de Kerville].

Jaffa, Beyrouth, Amchit dans la chaîne du Liban. [Matériaux communiqués par M. P. Pallary].

Distribution géographique :

Le *Clausilia mœsta* de Férussac vit en Syrie, en Palestine et en divers points de l'Asie-Mineure.

### Clausilia (Euxina) corpulenta Friwaldsky.

1848. *Clausilia corpulenta* Friwaldsky, in : Pfeiffer, *Zeitschrift für Malakozoologie;* p. 7.

1848. *Clausilia corpulenta* Pfeiffer, *Monogr. Heliceor. vivent.;* II, p. 478, n° 195.

1848. *Clausilia corpulenta* Küster, in : Martini et Chemnitz, *Systemat. Conchylien-Cabinet;* p. 164, n° 159, taf. XVIII, fig. 10-12.

1853. *Clausilia corpulenta* Pfeiffer, *Monogr. Heliceor. vivent.;* III, p. 620, n° 257.

1856. *Clausilia corpulenta* Rossmässler, *Iconographie der Land- und Süsswasser-Mollusken;* III, p. 62, taf. LXXVI, fig. 878.

1859. *Clausilia corpulenta* Pfeiffer, *Monogr. Heliceor. vivent.;* IV, p. 783, n° 361.

1868. *Clausilia corpulenta* Schmidt, *System der europäischen Clausilien;* p. 149.

1868. *Clausilia corpulenta* Pfeiffer, *Monogr. Heliceor. vivent.;* V, p. 509, n° 521.

1868. *Clausilia corpulenta* Bourguignat, *Mollusques nouveaux, litigieux ou peu connus;* 9ᵉ décade, p. 288, n° 33.

1874. *Clausilia corpulenta* Martens, *Vorderasiatische Conchylien;* p. 61.

1877. *Clausilia ( Euxina ) corpulenta* Boettger, *Clausilienstudien;* p. 86.

1884. *Clausilia (Euxina) corpulenta* Westerlund, *Fauna der paläarct. region Binnenconchylien;* IV, p. 35, n° 67.

1884 *Clausilia corpenlenta (err. typogr.)* Tristram, *Fauna and Flora of Palestine;* p. 193, n° 120.

1889. *Clausilia (Euxina) corpulenta* Blanckenhorn, *Nachrichtsblatt d. Deutschen Malakozoolog. Gesellschaft ;* p. 85.

1901. *Clausilia (Euxina) corpulenta* Westerlund, *Mémoires Académie impér. Sciences Saint-Pétersbourg ;* 8e série, XI, p. 33.

1902. *Clausilia (Euxina) corpulenta* Sturany, *Sitzungsberichte d. Kais. Akad. d. Wissenschaft. Wien ;* CXI, p. 136 (tirés à part, p. 14).

1912. *Clausilia (Euxina) corpulenta* Germain, *Bulletin Muséum Hist. natur. Paris ;* n° 7, p. 448, n° 216.

Cette espèce est très voisine de la précédente dont elle se distingue par sa forme générale plus courte, plus trapue, et ses tours de spire beaucoup plus renflés. La figure 878 de l'Iconographie [III, 1856] de Rossmassler rend parfaitement l'aspect de cette coquille qui n'est, sans doute, qu'une variété *ventricosa* du *Clausilia mœsta*. Quelques-uns des exemplaires recueillis par M. Henri Gadeau de Kerville constituent d'ailleurs de véritables termes de passage entre ces deux Mollusques ; ils sont, malheureusement, en trop petit nombre pour que je puisse appporter ici une opinion suffisamment documentée.

Test d'un marron fauve parfois un peu brillant.

Longueur totale : 16 millimètres ; diamètre maximum : 5 1/2 millimètres ; diamètre minimum : 5 1/4 millimètres.

Localité :

Broumana (Liban), entre 600 et 800 mètres d'altitude, en compagnie du *Clausilia mœsta* de Férussac [Henri Gadeau de Kerville].

Distribution géographique. :

Le *Clausilia corpulenta* Friwaldsky vit en Syrie et en Anatolie. Le Dr R. Sturany l'a signalé, il y a quelques années, à Yedi Kouhéh, près de Constantinople, où il a été récolté par V. Apfelbeck [1].

1. Sturany (Dr R.). — Beitrag zur Kenntniss der Kleinasiatischen Molluskenfauna ; *Sitzungsberichte der Kais. Akademie der Wissenschaften in Wien ; Math.- Naturw. Cl. ;* CXI, Mars 1902, p. 14.

## § 2. — ALBINARIA Vest, 1867 [1].

### Clausilia (Albinaria) filumna Parreyss.

1866. *Clausilia filumna* Parreyss, in : Pfeiffer, *Malakozoolog. Blätter ;* XIII, p. 151, n° 11.

1868. *Clausilia filumna* Bourguignat, *Mollusques nouveaux litigieux ou peu connus ;* 9ᵉ décade, p. 279, n° 9.

1868. *Clausilia filumna* Schmidt, *System der europäischen Clausilien ;* p. 93.

1868. *Clausilia filumna* Pfeiffer, *Monogr. Heliceor. vivent. ;* V, p. 465, n° 286.

1874. *Clausilia (Albinaria) filumna* Martens, *Vorderasiatische Conchylien ;* p. 58.

1884. *Clausilia (Albinaria) filumna* Westerlund, *Fauna der paläarct. region Binnenconchylien ;* IV, p. 114, n° 266.

1884. *Clausilia filumna* Tristram, *Fauna and Flora of Palestine ;* p. 194, n° 137.

1889. *Clausilia (Albinaria) filumna* Blanckenhorn, *Nachrichtsblatt d. Deutschen Malakozoolog. Gesellschaft ;* p. 85.

1901. *Clausilia (Albinaria) filumna* Westerlund, *Mémoires Académie impér. Sciences Saint-Pétersbourg ;* 8ᵉ série, XI, p. 97.

1912. *Clausilia (Albinaria) filumna* Germain, *Bulletin Muséum Hist. natur. Paris ;* n° 7, p. 448, n° 220.

Cette Clausilie habite la chaîne du Liban. M. P. PALLARY m'a communiqué la variété suivante :

### Variété tanourinnensis Pallary, *nov. var.*

### Pl. XV, fig. 5-6.

1910. *Clausilia filumna* var. *tanourinnensis* Pallary, *in litt.*

1912. *Clausilia (Albinaria) filumna* var. *tanourinnensis* Germain, *Bulletin Muséum Hist. natur. Paris ;* n° 7, p. 448, n° 220.

Coquille plus élancée ; ouverture plus élargie à la base ;

1. VEST. — *Ueber den Schliessapparat der Clausilien ;* Hermannstadt, 1867.

test plus mince, orné de stries assez fines, bien obliques et irrégulières ; sutures très marquées, nettement marginées ; coloration d'un gris bleuâtre clair, passant au violacé sur les bords de l'ouverture.

Longueur : 16 1/2 millimètres ; diamètre maximum : 3 3/4 millimètres ; diamètre minimum : 3 1/2 millimètres ; hauteur de l'ouverture : 3 millimètres ; diamètre de l'ouverture : 2 1/4 millimètres.

Forêt de Cèdres à Tanourinne, dans le Liban.

Une variété *maronitica* a été décrite par NAEGELE[1] qui n'a donné aucune indication sur la localité où elle vit.

## § 3. — CRISTATARIA Vest, 1867[2].

### Clausilia (Cristataria) Boissieri de Charpentier.

### Pl. XIV, fig. 8-11.

1847. *Clausilia Boissieri* de Charpentier, *Zeitschrift für Malakozoologie;* p. 142, n° 18.

1847. *Clausilia Boissieri* Küster, in : Martini et Chemnitz, *Systemat. Conchylien-Cabinet;* p. 86, n° 79, taf. IX, fig. 27-32.

1848. *Clausilia Boissieri* Pfeiffer, *Monogr. Heliceor. vivent.;* II, p. 414, n° 46.

1852. *Clausilia birugata* Parreyss, in : de Charpentier, *Journal de Conchyliologie;* p. 374.

1853. *Clausilia Boissieri* Bourguignat, *Catalogue rais. Mollusques terr. fluv. Saulcy Orient;* p. 45.

1853. *Clausilia Boissieri* Pfeiffer, *Monogr. Heliceor. vivent.;* III, p. 594, n° 59.

1. NAEGELE, in : WESTERLUND (C. A.). — Synopsis Molluscorum in regione palæarctica viventium ex typo *Clausilia* Drap.; *Mémoires Académie impériale Sciences Saint-Pétersbourg;* 8ᵉ série, XI, 1901, p. 97 [*Clausilia (Albinaria) filumna* var. *maronitica*].

2. VEST. — *Verhand. Siebenb. Ver.;* 1867, p. 170 ; et BOETTGER (Dᵣ O.). — Clausilienstudien ; in : *Palæontographica;* suppl. III, 1877, p. 45, sect. XIV.

1854. *Clausilia Boissieri* Rossmässler, *Iconographie der Land - und Süsswasser-Mollusken;* III, p. 47, taf. LXXII, fig. 860.

1859. *Clausilia Boissieri* Pfeiffer, *Monogr. Heliceor. vivent.;* IV, p. 728, n° 78.

1868. *Clausilia Boissieri* Bourguignat, *Mollusques nouveaux, litigieux ou peu connus;* 9ᵉ décade, p. 279, n° 6.

1868. *Clausilia birugata* Bourguignat, *loc. supra cit.;* 9ᵉ décade, p. 279, n° 7.

1868. *Clausilia Boissieri* Pfeiffer, *Monogr. Heliceor. vivent.;* VI, p. 513, n° 534.

1868. *Clausilia Boissieri* Schmidt, *System der europäischen Clausilien;* p. 101.

1874. *Clausilia Boissieri* Martens, *Vorderasiatische Conchylien;* p. 59.

1877. *Clausilia (Cristataria) Boissieri* Boettger, *Clausilienstudien;* p. 46.

1884. *Clausilia (Cristataria) Boissieri* Westerlund, *Fauna der paläarct. region Binnenconchylien;* IV, p. 156.

1884. *Clausilia boissieri* Tristram, *Fauna and Flora of Palestine;* p. 192, n° 116.

1884. *Clausilia cylindrelliformis* Tristram, *Fauna and Flora of Palestine;* p. 193, n° 122.

1889. *Clausilia (Cristataria) Boissieri* Blanckenhorn, *Nachrichtsblatt d. Deutschen Malakozoolog. Gesellschaft;* p. 85.

1889. *Clausilia (Cristataria) cylindrelliformis* Blanckenhorn, *loc. supra cit.;* p. 79 et 85.

1901. *Clausilia (Cristataria) Boissieri* Westerlund, *Mémoires Académie impér. Sciences Saint-Pétersbourg;* 8ᵉ série, XI, p. 49.

1912. *Clausilia (Cristataria) Boissieri* Germain, *Bulletin Muséum Hist. natur. Paris;* n° 7, p. 448, n° 221.

Cette belle Clausilie atteint une grande taille, puisque certains exemplaires des récoltes de M. Henri Gadeau de Kerville ont jusqu'à 21 et même 24 millimètres de longueur. Elle est peu variable quant à la forme : quelques spécimens sont, cependant, proportionnellement plus globuleux, mais ils ne constituent pas de colonies bien nettes.

La couleur du test reste également constante. Les caractères du dernier tour et de l'ouverture varient dans des proportions un peu plus étendues :

L'ouverture, toujours arrondie, avec un péristome continu
et largement évasé, est plus ou moins détachée du dernier
tour ;

Au dernier tour, les deux arêtes cervicales, toujours très
accentuées et ordinairement convergentes vers le péristome,
sont, parfois, plus ou moins subparallèles.

C'est à l'aide de ces deux principaux caractères que BOUR-
GUIGNAT [1] a détaché, sous le nom de *Clausilia cylindrelliformis*, une forme qui habite la chaîne du Liban. L'auteur
ajoute :

« Cette singulière espèce, qui offre de si grands rapports,
par son dernier tour de spire, avec les Cylindrelles, a été
rapportée en 1853, par notre ami Albert Gaudry, de l'intérieur du Liban.

» Cette coquille présente surtout une ressemblance frappante avec la *Cl. Boissieri* de ces mêmes régions.

» Mais on séparera notre *Cl. cylindrelliformis* du *Boissieri* :

» 1° A son renflement médian ;

» 2° A l'excessive contraction de son dernier tour ;

» 3° A ses stries régulières ;

» 4° A ses deux crêtes qui ne se rejoignent point vers le
péristome, mais qui demeurent presque parallèles ;

» 5° A son ouverture arrondie et qui se trouve si détachée et si éloignée du centre de l'axe spiral ».

En réalité, parmi les nombreux exemplaires recueillis
par M. HENRI GADEAU DE KERVILLE, il s'en trouve un certain nombre qui répondent à la formule et à la figuration
de BOURGUIGNAT ; mais il ne s'agit ici que de *formes* du
*Clausilia Boissieri* qu'il est impossible d'isoler spécifiquement, puisque tous les intermédiaires s'observent entre ces
coquilles et le type *Boissieri*. Il convient donc de regarder

1. BOURGUIGNAT (J. R.). — *Revue et Magasin de Zoologie*; n° 7
[1855] ; — *Aménités malacologiques*; I [1856], § 26, p. 101, pl. VI,
fig. 10-13 ; — *Mollusques nouveaux, litigieux ou peu connus*; 9ᵉ décade,
[Septembre 1868], p. 279.

l'espèce de Bourguignat comme constituant, tout au plus, une variété peu distincte du *Clausilia Boissieri*.

Cependant Westerlund[1] conserve le *Clausilia cylindrelliformis* Bourguignat comme une espèce distincte et l'éloigne même du *Clausilia Boissieri* de Charpentier, pour le rapprocher des *Clausilia porrecta* Friwaldsky et *Clausilia Raymondi* Bourguignat. Je crois qu'il y a là une erreur d'appréciation de Westerlund qui, dans ce même travail, décrit une variété *novella*[2] découverte dans le Liban par le Dr Carlo Landberg.

Je représente ici une intéressante monstruosité (pl. XIV, fig. 9) chez laquelle l'enroulement, d'abord normal, devient très vite irrégulier, et les tours chevauchent les uns sur les autres à partir du septième ; l'ouverture est restée petite et peu typique ; enfin, les crêtes cervicales ne se sont pas complètement développées. Cette anomalie a été recueillie avec le type, aux environs de Beyrouth, par M. Henri Gadeau de Kerville.

LOCALITÉS :

Rochers maritimes près de l'embouchure de la rivière du Chien, aux environs de Beyrouth. Très abondant [Henri Gadeau de Kerville].

Amchit, dans la chaîne du Liban.

DISTRIBUTION GÉOGRAPHIQUE :

Cette espèce est abondante en Syrie. Elle a été introduite aux environs d'Alger par le malacologiste Letourneux et, d'après Pallary[3], elle forme encore actuellement une colo-

---

1. Westerlund (C. A.). — Synopsis Molluscorum in regione palæarctica viventium ex typo *Clausilia* Drap.; *Mémoires Académie impériale Sciences Saint-Pétersbourg;* 8ᵉ série, XI, 1901, p. 50.

2. Westerlund (C. A.). — *Loc. supra cit. ;* XI, 1901, p. 50 [*Clausilia (Cristataria) cylindrelliformis* var. (?) *novella*].

3. Pallary (P.). — Note sur l'acclimatation d'une Clausilie syrienne aux environs d'Alger ; *Bulletin Soc. Histoire naturelle Afrique du Nord ;* I, nº 1, p. 2-3, 15 Novembre 1909.

— 357 —

nie très florissante près de Guyotville. Elle est également
citée des environs d'Alexandrie, en Égypte; mais tous les
individus provenant de cette localité, recueillis morts sur
la plage, ont été amenés par les courants marins venant
converger sur cette côte. Le *Clausilia Boissieri* de Charpentier ne se trouve donc en Égypte qu'à l'état sporadique,
en compagnie, d'ailleurs, de toute une faunule étrangère au
pays également introduite par les courants marins [1].

### Clausilia (Cristataria) Staudingeri Boettger.

Pl. XV, fig. 1-3 et 7-8.

1890. *Clausilia (Cristataria) Staudingeri* Boettger, in : Naegele et
Boettger, *Nachrichtsblatt d. Deutschen Malakozoolog. Gesellschaft;* p. 139, n° 2.

1901. *Clausilia (Cristataria) Staudingeri* Westerlund, *Mémoires Académie impér. Sciences Saint-Pétersbourg;* 8° série, XI, p. 50.

1912. *Clausilia (Cristataria) Staudingeri* Germain, *Bulletin Muséum
Hist. natur. Paris;* n° 7, p. 448, n° 222.

Cette magnifique espèce possède la coloration du *Clausilia Boissieri* de Charpentier, et rappelle, par son arête
cervicale extrêmement saillante, le *Clausilia galeata* Parreyss [2]. Voici la diagnose originale de Boettger :

« *T. punctato-rimata, fusiformis, lactea, hic illic cine-
reo-punctata, nitida; spira elongata, turrita; apex acu-
tiusculus, fuscus. Anfr. 12 planulati, obsolete striatuli,
sutura levi, obsolete filomarginata disjuncti, ultimus
decrescens, solutus, cervice profundissime spiraliter
excavatus, ante aperturam parum distinctius striatus,
basi carina unica ingenti, compressa, angusta, lato cir-*

---

1. Pallary (P.). — Catalogue de la faune malacologique de
l'Égypte; *Mémoires présentés à l'Institut Égyptien;* VI, fasc. 1,
Novembre 1909, p. 87.

2. Parreyss, in : Rossmassler. — *Iconographie der Land- und Süsswasser-Mollusken;* part. X, 1839, p. 16, taf. XLVIII, fig. 621.

45

*cuitu periomphalum maximum subinfundibuliforme spi-*
*raliter cingente instructus. Apert. ampla, regulariter*
*circulari-ovalis, intus hepatica ; perist. liberum, sim-*
*plex, undique latissime expansum ; lamellae et appara-*
*tus claustralis uti in* Cl. boissieri, *sed lamella supera*
*minore, ab infera intus magis remota, subcolumellari*
*longiore, oblique descendente. Lunella arcuata parum*
*perspicua exacte lateralis. Adest callus palatalis macu-*
*liformis pallidior profundis in faucibus.*

» *Alt. 22 1/2, diam. med. 4 1/4 mm.; alt. apert. 4 3/4,*
*lat. apert. 3 3/4 mm.* ».

Quelques exemplaires, recueillis dans la vallée du Nahr-
Fédar (Syrie), correspondent parfaitement à cette description et atteignent les mêmes dimensions : 22 1/2 millimètres
de longueur, 5 millimètres de diamètre maximum et
4 1/2 millimètres de diamètre minimum (pl. XV, fig. 2-3).
Cependant, l'ouverture n'est pas « *intus hepatica* », mais
d'un blanc pur, ainsi que le labre. Je figure ici un spécimen qui présente une déviation assez curieuse de la spire
(pl. XV, fig. 7).

### Variété **maxima** Germain, *nov. var.*

### Pl. XV, fig. 1.

1912. *Clausilia (Cristataria) Staudingeri* var. *maxima* Germain, *Bul-*
*letin Muséum Hist. natur. Paris;* n° 7, p. 448.

Cette coquille m'a été adressée par NAEGELE. Elle est
remarquable par sa très grande taille; ses tours de spire
sont notablement moins convexes; son test est orné de
stries très fines, sauf au dernier tour où elles sont plus
fortes, onduleuses, un peu saillantes et très irrégulières;
enfin, le labre est fortement épanoui sur tout son pourtour.

Même coloration du test; intérieur de l'ouverture d'un
brun marron très brillant.

Longueur : 30 millimètres; diamètre maximum : 7 mil-

limètres ; diamètre minimum : 6 1/4 millimètres ; hauteur
de l'ouverture : 8 millimètres [1] ; diamètre de l'ouverture :
6 millimètres [1].

Ghazir, dans le Liban.

### Variété **minor** Pallary.

### Pl. XV, fig. 7-8.

1910. *Clausilia Staudingeri* var. *minor* Pallary, *in litt.*
1912. *Clausilia (Cristataria) Staudingeri* var. *minor* Germain, *Bulletin Muséum Hist. natur. Paris*; n° 7, p. 448.

Coquille beaucoup plus petite ; cordon cervical très saillant ; même test. Longueur 12 1/2 - 15 - 16 millimètres ; diamètre maximum : 3 1/2 - 4 - 4 millimètres ; diamètre minimum : 3 - 3 1/2 - 3 3/4 millimètres ; hauteur de l'ouverture : 3 - 3 1/2 - 3 3/4 millimètres ; diamètre de l'ouverture : 2 3/4 - 3 - 3 millimètres.

Une forme un peu plus ventrue mesure 15 1/2 millimètres de longueur pour 4 3/4 millimètres de diamètre maximum.

Amchit, dans la chaîne du Liban.

LOCALITÉS (du type) :

Amchit, dans la chaîne du Liban.
Nahr-Ibrahim (Syrie).

DISTRIBUTION GÉOGRAPHIQUE :

Le *Clausilia Staudingeri* Boettger a été découvert, dans la chaîne du Liban, aux environs de Beyrouth (Syrie), par le Dr O. STAUDINGER. Il n'est pas connu en dehors de la Syrie.

### Clausilia (Cristataria) strangulata de Férussac.

1821. *Helix strangulata* de Férussac, *Tableaux systématiques :* p. 62, n° 516.

1. Y compris l'épaisseur du péristome.

1837. *Clausilia strangulata* Beck, *Index Molluscorum* ; p. 91.

1841. *Clausilia strangulata* Pfeiffer, *Symbolæ ad hist. Heliceor. vivent.* ; 1, p. 47.

1847. *Clausilia strangulata* Küster, in : Martini et Chemnitz, *Systemat. Conchylien-Cabinet* ; p. 91, n° 86, taf. X, fig. 16-20.

1848. *Clausilia strangulata* Pfeiffer, *Monogr. Heliceor. vivent.* ; II, p. 467, n° 174.

1853. *Clausilia strangulata* Pfeiffer, *Monogr. Heliceor. vivent.* ; III, p. 618, n° 245.

1853. *Clausilia strangulata* Bourguignat, *Catalogue rais. Mollusques terr. fluv. Saulcy Orient* ; p. 49.

1856. *Clausilia strangulata* Rossmässler, *Iconographie der Land - und Süsswasser-Mollusken* ; III, p. 46, taf. LXXII, fig. 859.

1859. *Clausilia strangulata* Pfeiffer, *Monogr. Heliceor. vivent.* ; IV, p. 774, n° 332.

1868. *Clausilia strangulata* Bourguignat, *Mollusques nouveaux, litigieux ou peu connus* ; 9ᵉ décade, p. 286, n° 25.

1868. *Clausilia strangulata* Pfeiffer, *Monogr. Heliceor. vivent.* ; VI, p. 503, n° 484.

1868. *Clausilia strangulata* Schmidt, *Stylommatophoren* ; p. 45, taf. XI, fig. 84.

1868. *Clausilia strangulata* Schmidt, *System der europäischen Clausilien* ; p. 102.

1874. *Clausilia strangulata* Martens, *Vorderasiatische Conchylien* ; p. 27, n° 44, et p. 59.

1877. *Clausilia (Cristataria) strangulata* Boettger, *Clausilienstudien* ; p. 45.

1884. *Clausilia (Cristataria) strangulata* Westerlund, *Fauna der paläarct. region Binnenconchylien* ; IV, p. 153, n° 391.

1884. *Clausilia strangulata* Tristram, *Fauna and Flora of Palestine* ; p. 192, n° 112.

1889. *Clausilia (Cristataria) strangulata* Blanckenhorn, *Nachrichtsblatt d. Deutschen Malakozoolog. Gesellschaft* ; p. 85.

1901. *Clausilia (Cristataria) strangulata* Westerlund, *Mémoires Académie impér. Sciences Saint-Pétersbourg* ; 8ᵉ série, XI, p. 46.

1912. *Clausilia (Cristataria) strangulata* Germain, *Bulletin Muséum Hist. natur. Paris* ; n° 7, p. 448, n° 223.

La coquille de cette espèce est d'un cendré légèrement bleuâtre ; elle est très élégamment costulée ; les sutures, bien indiquées, sont encore accentuées par la présence d'une zonule blanche et étroite qui les borde. Le type, tel qu'il a été exactement figuré par ROSSMASSLER, ne possède qu'une seule carène cervicale sur le dernier tour : elle se prolonge en une arête antépéristomale [1] bien accentuée. Le dernier tour, comprimé, aplati en dessus de l'arête, simule une « vessie pendante et dégonflée ».

Longueur : 20 millimètres ; diamètre maximum : 4 millimètres ; diamètre minimum : 3 millimètres ; diamètre de l'ouverture égal à sa hauteur : 4 millimètres (y compris l'épaisseur du péristome).

Le *Clausilia sancta* Bourguignat est une coquille très voisine du *Clausilia strangulata* de Férussac. D'après BOURGUIGNAT [2], elle s'en distingue : par sa teinte plus foncée ; par ses costulations plus fines et plus serrées ; par son ouverture un peu moins détachée ; par son arête antépéristomale un peu plus rapprochée du bord externe ; mais surtout par l'existence, sur le dernier tour, de *deux carènes cervicales* à peine convergentes, alors que le vrai *Clausilia strangulata* n'en possède qu'une seule.

Cette espèce a été récoltée aux environs de Beyrouth, avec le *Clausilia strangulata* de Férussac.

LOCALITÉ :

Rochers maritimes près de l'embouchure de la rivière du Chien, aux environs de Beyrouth. Avec le *Clausilia Boissieri* de Charpentier [HENRI GADEAU DE KERVILLE].

DISTRIBUTION GÉOGRAPHIQUE :

Cette espèce, qui habite la Syrie, se retrouve dans l'île de

---

1. On appelle ainsi une arête, *parallèle au péristome*, située en avant du bord apertural.

2. BOURGUIGNAT (J. R.). — *Mollusques nouveaux, litigieux ou peu connus ;* 9ᵉ décade, [1ᵉʳ Septembre 1868], p. 286, nᵒ 20.

Crète sous la forme d'une variété *minor*, décrite par
Boettger [1].

## Clausilia (Cristataria) vesicalis Friwaldsky.

1857. *Clausilia vesicalis* Friwaldsky, in : Rossmässler, *Malakozoolog.
Blätter;* IV, p. 38.

1859. *Clausilia vesicalis* Rossmässler, *Iconographie der Land- und
Süsswasser-Mollusken ;* III, p. 130, taf. LXXXVII, fig. 961.

1859. *Clausilia vesicalis* Pfeiffer, *Monogr. Heliceor. vivent. ;* IV, p. 752,
n° 234.

1868. *Clausilia vesicalis* Bourguignat, *Mollusques nouveaux, litigieux
ou peu connus ;* 9° décade, p. 282, n° 14.

1868. *Clausilia vesicalis* Pfeiffer, *Monogr. Heliceor. vivent. ;* VI, p. 476,
n° 347.

1868. *Clausilia vesicalis* Schmidt, *System der europäischen Clausilien;* p. 101.

1874. *Clausilia vesicalis* Martens, *Vorderasiatische Conchylien ;* p. 59.

1877. *Clausilia (Cristataria) vesicalis* Boettger, *Clausilienstudien ;*
p. 45.

1884. *Clausilia (Cristataria) vesicalis* Westerlund, *Fauna der paläarct.
region Binnenconchylien ;* IV, p. 155, n° 398.

1884. *Clausilia vesicalis* Tristram, *Fauna and Flora of Palestine ;*
p. 194, n° 128.

1889. *Clausilia (Cristataria) vesicalis* Blanckenhorn, *Nachrichtsblatt
d. Deutschen Malakozoolog. Gesellschaft ;* p. 85.

1901. *Clausilia (Cristataria) vesicalis* Westerlund, *Mémoires Académie
impér. Sciences Saint-Pétersbourg ;* 8° série, XI, p. 48.

1910. *Clausilia (Cristataria) vesicalis* Hesse, *Nachrichtsblatt d. Deutschen Malakozoolog. Gesellschaft ;* p. 133.

1912. *Clausilia (Cristataria) vesicalis* Germain, *Bulletin Muséum Hist.
natur. Paris ;* n° 7, p. 448, n° 223.

Test brillant, corné clair sur les premiers tours, puis

1. Boettger (D' O.). — Clausilienstudien ; 1877, p. 45, note au bas
de la page : « var. *minor*. Apertura circulari, subcolumellari conspi-
cua, sed haud emersa. Alt. 15 1/2 mm., lat. 3 mm. ».

d'un violacé vineux aux tours suivants [1], très finement strié (stries obliques, serrées, un peu inégales); sutures fortement marginées; dernier tour offrant une arête péristomale très saillante, continuée par une arête antépéristomale également bien marquée et une forte arête cervicale d'un blanc brillant. Ouverture avec un péristome continu, épaissi, nettement évasé et d'un beau blanc pur.

Longueur : 18 1/2 millimètres ; diamètre maximum : 4 millimètres ; diamètre minimum : 3 3/4 millimètres ; diamètre de l'ouverture : 2 millimètres ; hauteur de l'ouverture : 4 millimètres.

M. Henri Gadeau de Kerville a recueilli, avec le type, une belle variété ex colore **lutescens** Germain, *nov. var.*[2], dont le test est entièrement d'un corné clair, brillant.

Localités :

Beit-Méri (Liban), entre 600 et 800 mètres au-dessus du niveau de la mer [Henri Gadeau de Kerville].

Beyrouth [matériaux communiqués par M. P. Pallary].

Distribution géographique :

Comme beaucoup de Clausilies, le *Clausilia vesicalis* Friwaldsky n'a qu'une distribution géographique restreinte. On le connaît seulement d'un certain nombre de localités de la Syrie où il vit généralement sur les rochers humides et garnis de Mousses.

### Clausilia (Cristataria) fauciata Parreyss.

Pl. XV, fig. 15-16.

1857. *Clausilia fauciata* Parreyss, in : Rossmässler, *Malakozoolog. Blätter ;* p. 39.

1. Comme dans la figure 961, de l'*Iconographie* de Rossmassler, citée dans ma synonymie.

2. Germain (Louis). — Mollusques terrestres et fluviatiles de l'Asie Antérieure. 5° Note. Catalogue des Gastéropodes de la Syrie et de la Palestine ; *Bulletin Muséum Hist. natur. Paris ;* n° 7, Décembre 1912, p. 449 (tirés à part, p. 28).

1858. *Clausilia Ehrenbergi* Rossmässler, *Iconographie der Land- und
    Süsswasser-Mollusken ;* part. XVIII, p. 127, taf. LXXXVII,
    fig. 960 [1].

1859. *Clausilia fauciata* Pfeiffer, *Monogr. Heliceor. vivent.;* IV, p. 775,
    n° 339.

1868. *Clausilia fauciata* Bourguignat, *Mollusques nouveaux, litigieux
    ou peu connus ;* 9° décade, p. 228, n° 15.

1868. *Clausilia fauciata* Schmidt, *System der europäischen Clausilien ;*
    p. 101. .

1868. *Clausilia fauciata* Pfeiffer, *Monogr. Heliceor. vivent.;* V, p. 504,
    n° 493.

1874. *Clausilia (Albinaria) fauciata* Martens, *Vorderasiatische Con-
    chylien ;* p. 59.

1884. *Clausilia (Cristataria) fauciata* Westerlund, *Fauna der paläarct.
    region Binnenconchylien ;* IV, p. 154.

1884. *Clausilia fauciata* Tristram, *Fauna and Flora of Palestine ;*
    p. 194, n° 131.

1889. *Clausilia (Cristataria) fauciata* Blanckenhorn, *Nachrichsblatt
    d. Deutschen Malakozoolog. Gesellschaft ;* p. 85.

1901. *Clausilia (Cristataria) fauciata* Westerlund, *Mémoires Acadé-
    mie impér. Sciences Saint-Pétersbourg ;* 8° série, XI, p. 47.

1912. *Clausilia (Cristataria) fauciata* Germain, *Bulletin Muséum Hist.
    natur. Paris ;* n° 7, p. 449, n° 227.

Le sommet de la coquille est fortement obtus ; les sutures
présentent une zone marginale blanche, très marquée ; le
test, d'un brun roux, assez brillant, est orné de stries
obliques, médiocres et irrégulières.

Les magnifiques échantillons recueillis par M. HENRI
GADEAU DE KERVILLE mesurent : longueur : 19 - 20 millimètres ; diamètre maximum : 4 1/4 - 4 1/4 millimètres ; diamètre minimum : 4 - 4 1/4 millimètres ; hauteur de l'ouverture : 4 - 4 millimètres ; diamètre de l'ouverture :
3 - 3 millimètres.

Cette espèce peut être considérée comme une forme lisse
du *Clausilia Delesserti* Bourguignat.

---

1. Non *Clausilia Ehrenbergi* ROTH [*Malakozoolog. Blätter ;* 1855,
p. 44, taf. I, fig. 12-14] qui est le *Clausilia (Cristataria) Delesserti*
Bourguignat. (Voir p. 339 de ce mémoire).

### Variété **Bargesi** Bourguignat.

1868. *Clausilia Bargesi* Bourguignat, *Mollusques nouveaux, litigieux
ou peu connus ;* 9ᵉ décade, p. 282, nº 16.

1884. *Clausilia (Cristataria) fauciata* var. *bargesi* Westerlund, *Fauna
der paläarct. region Binnenconchylien ;* IV, p. 154.

1901. *Clausilia (Cristataria) fauciata* var. *bargesi* Westerlund, *Mémoires Académie impér. Sciences Saint-Pétersbourg ;* 8ᵉ série,
XI, p. 48.

1912. *Clausilia (Cristataria) fauciata* var. *Bargesi* Germain, *Bulletin
Muséum Hist. natur. Paris ;* nº 7, p. 449.

Coquille moins nettement fusiforme ; dernier tour moins
contracté, carène cervicale moins forte ; péristome un peu
moins évasé ; test plus légèrement strié.

La variété *Bargesi* Bourguignat habite la Syrie. La localité précise où elle a été trouvée n'a pas été indiquée.

LOCALITÉS (du type) :

Rochers maritimes près de l'embouchure de la rivière du
Chien, aux environs de Beyrouth [HENRI GADEAU DE KER-
VILLE].

Amchit, dans le Liban (Collection du Muséum national
d'Histoire naturelle de Paris).

DISTRIBUTION GÉOGRAPHIQUE :

Le *Clausilia fauciata* Parreyss est une espèce particulière à la Syrie.

### Famille des FERUSSACIIDÆ.

### Genre CALAXIS Bourguignat, 1887 [1].

### **Calaxis hierosolymarum** Roth.

### Fig. 42-43, dans le texte.

---

1. BOURGUIGNAT (J. R.), in : LETOURNEUX (A.) et BOURGUIGNAT (J. R.).
— *Prodrome de la Malacologie terrestre et fluviatile de la Tunisie ;* 1887,
p. 114 [= *Elasmophora* WESTERLUND, *Fauna der paläarct. region Binnenconchylien ;* III, 1887, p. 152].

46

1855. *Tornatellina Hierosolymarum* Roth, *Malakozoolog. Blätter;* p. 39,
   n° 1, taf. 1, fig. 8-9.

1855. *Achatina Hierosolymarum* Pfeiffer, *Malakozoolog. Blätter;* p. 170.

1859. *Tornatellina Hierosolymarum* Pfeiffer, *Monogr. Heliceor. vivent.;*
   IV, p. 652, n° 25.

1861. *Tornatellina Hierosolymarum* Mousson, *Coquilles terr. fluv.
   Roth Palestine;* p. 51, n° 51.

1864. *Ferussacia Hierosolymarum* Bourguignat, *Revue et Magasin
   Zoologie;* 2° série, XVI, p. 208, pl. XVIII, fig. 1-4.

1864. *Ferussacia Hierosolymarum* Bourguignat, *Mollusques nouveaux,
   litigieux ou peu connus;* 4° décade, p. 117, 119 et 126, n° 26,
   pl. XIX, fig. 1-4.

1868. *Tornatellina Hierosolymarum* Pfeiffer, *Monogr. Heliceor. vivent.,*
   VI, p. 260, n° 3.

1874. *Tornatellina Hierosolymarum* Martens, *Vorderasiatische Conchylien;* p. 58.

1883. *Cochlicopa (Tornatellinoides) Hierosolymarum* Boettger, *Bericht
   des Offenbacher Vereins für Naturkunde;* XXII, p. 173.

1884. *Tornatellina hierosolymarum* Tristram, *Fauna and Flora of
   Palestine;* p. 195, n° 142.

1887. *Calaxis Hierosolymarum* Bourguignat, in : Letourneux et Bourguignat, *Prodrome Malacologie Tunisie.;* p. 115.

1887. *Cionella (Calaxis) hierosolymarum* Westerlund, *Fauna der
   paläarct. region Binnenconchylien;* III, p. 153, n° 20.

1896. *Calaxis Hierosolymarum* Kobelt, in : Rossmässler, *Iconographie
   der Land- und Süsswasser-Mollusken;* n. f., VII, p. 17,
   taf. CLXXXIV, fig. 1164.

1908. *Calaxis hierosolymarum* Pilsbry, in : Tryon, *Manual of Conchology;* 2° série, *Pulmonata;* XIX, p. 295, n° 1, pl. XLV,
   fig. 29-32.

1910. *Cionella (Calaxis) hierosolimarum* Naegele, *Nachrichtsblatt d.
   Deutschen Malakozoolog. Gesellschaft;* p. 152, n° 122.

1912. *Calaxis hierosolymarum* Germain, *Bulletin Muséum Hist. natur.
   Paris;* n° 7, p. 449, n° 242.

Typiquement, l'ouverture de cette coquille présente, en
dehors de la lamelle de la base de la columelle qui se
retrouve chez toutes les espèces du genre *Calaxis*, un pli

lamelliforme bien développé et placé au milieu de la convexité de l'avant-dernier tour. Ce pli est assez variable quant à sa taille et à sa forme, et il s'y adjoint parfois un second pli plus faible et placé immédiatement au-dessous de lui. C'est en se basant sur ces caractères que BOURGUIGNAT a créé ses *Calaxis Rothi* et *Calaxis Moussoni* qu'il

Fig. 42-43. — *Calaxis hierosolymarum* Roth.

D'après J. R. BOURGUIGNAT, *Mollusques nouveaux, litigieux ou peu connus;* 1864, pl. XIX, fig. 1 et 3.

convient de considérer, avec KOBELT et PILSBRY, comme de simples variétés du *Calaxis hierosolymarum* Roth.

### Variété **Rothi** Bourguignat.

### Fig. 44-45, dans le texte.

1864. *Ferussacia Rothi* Bourguignat, *Malacologie Algérie;* II, p. 31.

1864. *Ferussacia Rothi* Bourguignat, *Revue et Magasin Zoologie;* 2ᵉ série, XVI, p. 193, pl. XVIII, fig. 13-16.

1864. *Ferussacia Rothi* Bourguignat, *Mollusques nouveaux, litigieux ou peu connus;* 4ᵉ décade, p. 108, n° 37, p. 117, 119 et 120, n° 27, pl. XIX, fig. 13-16.

1868. *Tornatellina Rothi* Pfeiffer, *Monogr. Heliceor. vivent.;* VI, p. 261, n° 4.

1874. *Tornatellina Rothi* Martens, *Vorderasiatische Conchylien;* p. 58.

1883. *Cochlicopa (Tornatellinoides) Rothi* Boettger, *Bericht des Offenbacher Vereins für Naturkunde;* XXII, p. 173, n° 40.

1887. *Calaxis Rothi* Bourguignat, in : Letourneux et Bourguignat, *Prodrome Malacologie Tunisie;* p. 115.

1887. *Cionella (Calaxis) rothi* Westerlund, *Fauna der paläarct. region Binnenconchylien;* III, p. 153.

1896. *Calaxis rothi* Kobelt, in : Rossmässler, *Iconographie der Land- und Süsswasser-Mollusken;* n. f., VII, p. 18, taf. CLXXXIV, fig. 1166.

1908. *Calaxis hierosolymarum* var. *rothi* Pilsbry, in : Tryon, *Manual of Conchology;* 2ᵉ série, *Pulmonata;* XIX, p. 286, pl. XLV, fig. 30.

1912. *Calaxis hierosolymarum* var. *Rothi* Germain, *Bulletin Muséum Hist. natur. Paris;* n° 7, p. 449.

Coquille plus élancée, moins ventrue ; pli columellaire

 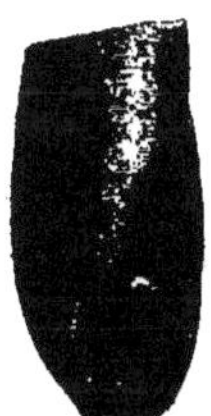

Fig. 44 - 45. — *Calaxis hierosolymarum* Roth variété *Rothi* Bourguignat.

D'après J. R. Bourguignat, *Mollusques nouveaux, litigieux ou peu connus;* 1864, pl. XIX, fig. 14 et 16.

moins épais, mais notablement plus saillant et plus allongé ; columelle terminée par une lamelle plus accentuée et de direction moins oblique.

Même test.

Environs de Jérusalem [Roth, in : Bourguignat].

### Variété **Moussoni** Bourguignat.

Fig. 46-47, dans le texte.

1864. *Ferussacia Moussoniana* Bourguignat, *Malacologie Algérie;* II, p. 31.

1864. *Ferussacia Moussoniana* Bourguignat, *Revue et Magasin Zoologie;* 2' série, XVI, p. 195, pl. XVIII, fig. 5-8.

1864. *Ferussacia Moussoniana* Bourguignat, *Mollusques nouveaux, litigieux ou peu connus;* 4' décade, p. 111, n° 38, p. 117, 119 et 126, n° 28, pl. XIX, fig. 5-8.

1868. *Tornatellina Moussoniana* Pfeiffer, *Monogr. Heliceor. vivent.;* VI, p. 261, n° 5.

1874. *Tornatellina Moussoniana* Martens, *Vorderasiatische Conchylien;* p. 58.

1887. *Calaxis Moussonianus* Bourguignat, in : Letourneux et Bourguignat, *Prodrome Malacologie Tunisie;* p. 115.

1887. *Cionella (Calaxis) moussoniana* Westerlund, *Fauna der paläarct. region Binnenconchylien;* III, p. 153.

1896. *Calaxis moussoniana* Kobelt, in : Rossmässler, *Iconographie der Land- und Süsswasser-Mollusken;* n. f., VII, p. 18, taf. CLXXXIV, fig. 1165.

1908. *Calaxis hierosolymarum* var. *moussoniana* Pilsbry, in : Tryon, *Manual of Conchology;* 2° série, *Pulmonata;* XIX, p. 286, pl. XLV, fig. 33.

1912. *Calaxis hierosolymarum* var. *Moussoni* Germain, *Bulletin Muséum Hist. natur. Paris;* n° 7, p. 449.

La variété *Moussoni* Bourguignat présente les mêmes caractères extérieurs que le type : la taille est la même

Fig. 46-47. — *Calaxis hierosolymarum* Roth variété *Moussoni* Bourguignat.

D'après J. R. Bourguignat, *Mollusques nouveaux, litigieux ou peu connus;* 1864, pl. XIX, fig. 5 et 6.

(7 millimètres de longueur pour 2 millimètres de largeur); la spire possède le même enroulement et le test est iden-

tique. Mais ici l'ouverture, qui est légèrement dilatée à sa partie inférieure, montre deux plis columellaires : un pli fort, saillant, comprimé, placé sur le milieu de la convexité de l'avant-dernier tour, et un pli plus petit, assez enfoncé, situé un peu en dessous du premier.

La présence de ce second pli n'est pas constante : il s'atténue chez certains spécimens pour disparaître complètement chez d'autres qui deviennent alors des *Calaxis hierosolymarum* Roth absolument typiques [1].

Assez abondant sous les pierres, sur les rochers et au pied des arbustes, aux environs de Jérusalem et de Bethléem.

Variété discrepans Mousson.

1861. *Tornatellina hierosolymarum* var. *discrepans* Mousson, *Coquilles terr. fluv. Roth Palestine;* p. 52.

1887. *Cionella (Calaxis) hierosolymarum* var. *discrepans* Westerlund, *Fauna der paläarct. region Binnenconchylien;* III, p. 153.

1908. *Calaxis hierosolymarum* var. *discrepans* Pilsbry, in : Tryon, *Manual of Conchology;* 2ᵉ série, *Pulmonata;* XIX, p. 286.

1912. *Calaxis hierosolymarum* var. *discrepans* Germain, *Bulletin Muséum Hist. natur. Paris;* n° 7, p. 449.

Coquille plus petite; tours de spire légèrement convexes, le dernier plus court, subanguleux, n'atteignant pas le tiers de la hauteur totale de la coquille; columelle avec une très forte lamelle terminale; pli columellaire petit.

Mousson n'a trouvé qu'un seul exemplaire de cette coquille qui n'a pas été signalée depuis.

Les échantillons de *Calaxis hierosolymarum* Roth recueillis par M. Henri Gadeau de Kerville sont bien typiques; ils atteignent 8 millimètres (et rarement 8 1/2 millimètres) de longueur sur 2 1/2 millimètres de diamètre maximum. L'ouverture a 4 millimètres de hauteur sur 1 ou 1 1/4 millimètre de diamètre maximum. Le test est vitreux, abso-

---

1. Tous les intermédiaires existant d'ailleurs entre ces deux formes.

lument transparent, un peu mince, assez fragile et d'un
corné à peine teinté d'ambre. Il est très finement strié.

LOCALITÉS (du type) :

Rochers près de l'embouchure de la rivière du Chien,
aux environs de Beyrouth [HENRI GADEAU DE KERVILLE][1].
Beyrouth [PÈRE CLAINPANAIN].

DISTRIBUTION GÉOGRAPHIQUE :

Le *Calaxis hierosolymarum* Roth est surtout commun
en Palestine, notamment aux environs de Jérusalem, où il
vit sous les pierres. ROLLE et KOBELT ont décrit et figuré
une variété *cypria*[2] découverte par ROLLE dans l'île de
Chypre.

### Calaxis Saulcyi Bourguignat.

Pl. XIV, fig. 16-17; et fig. 48-49, dans le texte.

1864. *Ferussacia Saulcyi* Bourguignat, *Malacologie Algérie*; II, p. 31.

1864. *Ferussacia Saulcyi* Bourguignat, *Revue et Magasin Zoologie*;
2ᵉ série, XVI, p. 196, pl. XVIII, fig. 9-12.

1864. *Ferussacia Saulcyi* Bourguignat, *Mollusques nouveaux, litigieux*

1. P. PALLARY [Observations sur quelques Férussacidées de la
Syrie et de l'Égypte; *Feuille Jeunes Naturalistes;* Vᵉ série, XLII,
nº 501, 1ᵉʳ Septembre 1912, p. 124, fig. 1] a décrit, sous le nom de
variété *mixta* [*Calaxis hierosolymarum* var. *mixta*], une coquille
ayant l'aspect général du *Calaxis hierosolymarum* Roth et les caractères de l'ouverture du *Calaxis Rothi* Bourguignat. Ce fait montre
bien les rapports étroits qui unissent ces deux prétendues espèces.
La variété *mixta* Pallary vit aux environs de Beyrouth et de Gebaïl
où elle a été trouvée par le PÈRE CLAINPANAIN et le FRÈRE LOUIS.

2. ROLLE et KOBELT (W.). — Beiträge zur Molluskenfauna des
Orients; in : ROSSMASSLER. — *Iconographie der Land- und Süsswasser-
Mollusken;* n. f., I suppl. band, 1896, p. 59, taf. X, fig. 6-7 (*Calaxis
rothi* var. *cypria).*

*ou peu connus;* 4ᵉ décade, p. 113, n° 39, p. 117, 119 et 126, n° 29, pl. XIX, fig. 9-12.

1868. *Spiraxis Saulcyi* Pfeiffer, *Monogr. Heliceor. vivent.;* VI, p. 197, n° 77.

1874. *Cionella (Ferussacia) Saulcyi* Martens, *Vorderasiatische Conchylien;* p. 57.

1887. *Calaxis Saulcyi* Bourguignat, in : Letourneux et Bourguignat, *Prodrome Malacologie Tunisie;* p. 115.

1887. *Cionella (Calaxis) saulcyi* Westerlund, *Fauna der paläarct. region Binnenconchylien;* III, p. 154, n° 21.

1887. *Cionella (Ferussacia) Saulcyi* Blanckenhorn, *Nachrichtsblatt d. Deutschen Malakozoolog. Gesellschaft;* p. 85.

1908. *Calaxis Saulcyi* Pilsbry, in : Tryon, *Manual of Conchology;* 2ᵉ série, *Pulmonata;* XIX, p. 287, n° 2, pl. XLV, fig. 34.

1912. *Calaxis Saulcyi* Germain, *Bulletin Muséum Hist. natur. Paris;* n° 7, p. 449, n° 243.

Coquille de forme lancéolée, bien acuminée; spire composée de 8 tours à peine convexes, à croissance d'abord assez lente, puis rapide aux deux derniers tours, séparés par des sutures à peu près linéaires, peu profondes, mais bien indiquées; sommet obtus; dernier tour grand, subcylindrique, égalant la 1/2 hauteur totale de la coquille; ouverture très étroitement allongée, fort anguleuse en haut, subarrondie en bas; un pli peu apparent, souvent très enfoncé, sur le milieu de la convexité de l'avant-dernier tour; columelle courte, terminée par une lamelle tortueuse bien apparente; bords marginaux réunis par une callosité blanche.

Longueur : 6 à 8 1/4 - 8 1/2 millimètres; diamètre maximum : 2 à 2 1/2 millimètres.

Test mince, fragile, hyalin, absolument transparent, très brillant, d'un corné rougeâtre clair, stries extrêmement fines, peu serrées et irrégulières.

Les figures données par J. R. BOURGUIGNAT, que je reproduis ici (fig. 48-49, dans le texte), ne sont pas très exactes. L'auteur a exagéré les caractères de l'ouverture qui, bien

bien que très étroite, est moins resserrée que ne l'indique la figure 12 (pl. XIX) des « *Mollusques nouveaux, litigieux ou peu connus* ». De plus, la lamelle qui termine la colu-

Fig. 48-49. — *Calaxis Saulcyi* Bourguignat.

D'après J. R. Bourguignat, *Mollusques nouveaux, litigieux ou peu connus;* 1864, pl. XIX, fig. 9 et 12.

melle est trop fortement accentuée, tandis que le pli columellaire n'est pas indiqué. La ligne « imitant une rainure suturale », dont parle Bourguignat, n'est bien apparente que sur les premiers tours de spire.

Localités :

Rochers près de l'embouchure de la rivière du Chien, aux environs de Beyrouth [Henri Gadeau de Kerville] [1].

Route de Beyrouth à Saïda [Père Clainpanain].

Distribution géographique :

Le *Calaxis Saulcyi* Bourguignat est indiqué, par Bourguignat lui-même, comme très rare aux environs de Saïda (Syrie).

Genre CÆCILIOIDES (de Férussac) Herrmannsen, 1846 [2].

Répandus dans la plus grande partie de l'Europe moyenne et méridionale, les *Cæcilioides* se retrouvent dans tous les

1. Je figure (pl. XIV, fig. 16-17) un de ces exemplaires.

2. Férussac (de), in : Blainville. — *Dictionnaire Sciences naturelles;* VII, 1817, p. 332 *(Cécilioide);* Herrmannsen. — *Indicis Generum*

pays baignés par la Méditerranée, à Madère [1] et jusque dans les iles du Cap Vert [2 et 3]. En Syrie, en Palestine et dans une grande partie de l'Asie-Mineure, ces petites coquilles développent un certain nombre d'espèces, encore peu connues, et que je vais rapidement passer en revue.

## Cæcilioides (Cæcilioides) Liesvillei Bourguignat.

*Cæcilianella Liesvillei* Bourguignat, *Revue et Magasin Zoologie*, 1856, p. 382, pl. XII, fig. 6-8; et *Aménités malacologiques;* I, 1856, p. 217, pl. XVIII, fig. 6-8 [ = *Bulimus acicula* Bruguière, *Encyclopédie méthodique; Vers;* I, 1789, p. 311; = *Achatina acicula* de Lamarck, *Histoire naturelle Animaux sans Vertèbres;* VI. part. II, 1822, p. 133 (non *Buccinum aciculum* Müller, *Verm. terr. et fluv. histor.;* II, 1774, p. 150 [4]; nec *Cionella acicula* Jeffreys, *Trans. Linnean Soc.;* XVI, part. II, 1830, p. 347 [5])].

Signalée en Palestine dès 1861 par A. Mousson sous le nom de *Glandina Liesvillei*, cette espèce, commune dans

*Malacol.;* I, 1846, p. 150 (*Cæcilioides*) [ = *Acicula* Risso. — *Histoire naturelle Europe-méridionale;* IV, 1826, p. 81 (non *Acicula* Hartmann, 1821) = *Cæcilianella* Bourguignat. — *Revue et Magasin de Zoologie;* VIII, 1856, p. 378; = *Aciculina* Westerlund. — *Fauna der in der paläarctischen region Binnenconchylien;* III, 1887, p. 175 ].

1. *Cæcilioides eulima* Lowe; *Cæcilioides nyctelina* Bourguignat.

2. *Cæcilioides spiculum* Benson.

3. Les *Cæcilioides* vivent également dans le sud de l'Afrique (*Cæcilioides advena* Ancey, *C. ovampoensis* Melvill et Ponsonby), en Abyssinie (*Cæcilioides Munzingeri* Jickeli), en Éthiopie (*Cæcilioides Soleilleti* Bourguignat) et en Arabie (*Cæcilioides Isseli* Paladilhe). Dans l'Amérique tropicale, les *Cæcilioides* appartiennent au sous-genre *Cæcilianopsis* Pilsbry [in : *Nautilus;* 1907, p. 28; type : *Cæcilioides (Cæcilianopsis) consobrina* d'Orbigny] et au sous-genre *Geostilbia* Crosse [*Journal de Conchyliologie;* 1887, p. 184; type : *Cæcilioides (Geostilbia) caledonica* Crosse] dont certaines espèces vivent également en Océanie, à l'ile Maurice et aux iles Comores.

4. Qui est le *Cæcilioides (Cæcilioides) acicula* Müller, espèce de l'Europe centrale.

5. Qui est le *Cæcilioides (Cæcilioides) acicula* var. *anglica* Bourguignat [*Aménités malacologiques;* I, 1856, p. 216, pl. XVIII, fig. 4-5 (*Cæcilianella Anglica*)].

l'Europe centrale, vit également aux environs de Marsaba, en Syrie [H. VON MALTZAN, 1883].

### Cæcilioides (Cæcilioides) torta Mousson.

*Glandina (?) aciculoides* var. *torta* Mousson, *Coquilles terr. fluv. Bellardi Orient;* p. 48, n° 15 [ = *Cæcilianella syriaca* Bourguignat, *Revue et Magasin Zoologie;* 1856, p. 429; et *Aménités malacologiques;* I, 1856, p. 223; = *Ferussacia syriaca* Bourguignat, *Mollusques nouveaux, litigieux ou peu connus:* 4ᵉ décade, 1864, p. 117, 119 et 127, n° 30].

C'est bien à tort que BOURGUIGNAT a changé le nom de cette espèce qui vit aux environs de Saïda (Syrie), où elle a été découverte par BELLARDI. Ce *Cæcilioides* reste toujours assez douteux, n'ayant jamais été ni figuré ni complètement décrit.

### Cæcilioides (Cæcilioides) tumulorum Bourguignat [1].

Découverte en Grèce « au fond d'antiques urnes lacrymatoires provenant des tombeaux des anciens habitants de

1. Voici une courte synonymie de cette espèce :

1856. *Cæcilianella tumulorum* Bourguignat, *Revue et Magasin Zoologie;* VIII, p. 424, pl. XII, fig. 15-17.

1856. *Cæcilianella tumulorum* Bourguignat, *Aménités malacologiques;* I, p. 219, pl. XVIII, fig. 15-17.

1859. *Achatina tumulorum* Pfeiffer, *Monogr. Heliceor. vivent.;* IV, p. 625, n° 162.

1868. *Achatina tumulorum* Pfeiffer, *Monogr. Heliceor. vivent.;* VI, p. 241, n° 209.

1882. *Cionella tumulorum* Hesse, *Jahrb. d. Deutschen Malakozoolog. Gesellschaft;* IX, p. 331.

1889. *Cionella (Cæcilianella) tumulorum*, Blanckenhorn, *Nachrichtsblatt d. Deutschen Malakozoolog. Gesellschaft;* p. 85.

1902. *Cionella (Cæcilianella) tumulorum* Naegele, *Nachrichtsblatt d. Deutschen Malakozoolog. Gesellschaft;* p. 8, n° 49.

1903. *Cionella (Cæcilianella) tumulorum* Naegele, *Nachrichtsblatt d. Deutschen Malakozoolog. Gesellschaft;* p. 176, n° 180.

1905. *Cæcilianella (Acicula) tumulorum* Boettger, *Nachrichtsblatt d. Deutschen Malakozoolog. Gesellschaft;* XXXVII, p. 111, n° 26.

1909. *Cæcilioides tumulorum* Pilsbry, in : Tryon, *Manual of Conchology,* 2ᵉ série, *Pulmonata;* XX, p. 30, n° 22, pl. III, fig. 45.

Mégare » [A. GAUDRY, in : BOURGUIGNAT], cette espèce a été retrouvée aux environs d'Athènes [HESSE]; de Nauplie [RAYMOND, BOETTGER]; dans les îles de Syra [HESSE], de Corfou [CONÉMÉNOS, 1883] et de Crète [H. VON MALTZAN, 1883]; à Adalia en Lycie [CONÉMÉNOS, 1887]; aux environs de Samsum [O. RETOWSKI, 1883]; en Cilicie [NAEGELE, BOETTGER, E. F. TEMBE et BENJAMIN BOYADJIAN]; enfin en Syrie [BLANCKENHORN].

### Cæcilioides (Cæcilioides) judaica Mousson.

*Glandina tumulorum* var. *judaica* Mousson, *Coquilles terr. fluv. Roth Palestine;* 1861, p. 53 [= *Ferussacia judaica* Bourguignat, *Malacologie Algérie;* II, 1864, p. 33; = *Acicula (Cæcilianella) judaica* Mousson, *Journal de Conchyliologie;* p. 15, n° 19, et p. 58, n° 19].

Ce *Cœcilioides* diffère du *tumulorum* par ses tours plus faiblement convexes; par son dernier tour occupant les 2/5 de la longueur totale. de la coquille; par sa paroi aperturale sans callosité; enfin par sa columelle tronquée plus obliquement. Il atteint jusqu'à 7 millimètres de longueur.

Environs de Jérusalem, sous les pierres [BELLARDI], et dans les tombes [TRISTRAM].

### Cæcilioides (Cæcilioides) Michoni Bourguignat.

*Ferussacia Michoniana* Bourguignat, *Revue et Magazin Zoologie;* 2ᵉ série, XVI, 1864, p. 197, pl. XVIII, fig. 17-20; et *Mollusques nouveaux, litigieux ou peu connus;* 4ᵉ décade, 1864, p. 115, pl. XIX, fig. 17-20 [= *Cæcilianella (Aciculina) Michoniana* Boettger, *Nachrichtsblatt d. Deutschen Malakozoolog. Gesellschaft;* XXXVII, 1905, p. 113].

Sous les pierres, aux environs de Jérusalem.

### § 1. — CÆCILIOIDES sensu stricto.

## Cæcilioides (Cæcilioides) Kervillei Germain, *nov. sp.*

### Pl. XIV, fig. 14-15.

1911. *Cæcilioides Kervillei* Germain, *Bulletin Muséum Hist. natur. Paris;* n° 1, p. 31.

1912. *Cæcilioides Kervillei* Germain, *Bulletin Muséum Hist. natur. Paris;* n° 7, p. 449, n° 247.

Coquille petite, conique-fusiforme très allongée; six tours de spire à peine convexes, à croissance rapide, séparés par des sutures sublinéaires, presque superficielles, précisées par une ligne infrasuturale blanche plus ou moins accentuée; sommet obtus; dernier tour très grand, subcylindrique, un peu atténué dans le bas; ouverture pyriforme très étroite, longuement anguleuse en haut, arrondie en bas; columelle arquée, brusquement tronquée à la base; bord columellaire garni d'une denticulation subtriangulaire, peu saillante, obtuse à son extrémité, mais toujours bien apparente et occupant le milieu de la convexité de l'avant-dernier tour; péristome mince et tranchant.

Longueur : 5 3/4 - 6 millimètres; diamètre maximum : 1 3/4 - 2 millimètres.

Test mince, fragile, transparent, d'un blond corné très clair; stries longitudinales subverticales et extrêmement fines.

Cette coquille n'est peut-être qu'une espèce représentative du *Cæcilioides tumulorum* Bourguignat. Cependant, on la distinguera toujours de cette dernière espèce :

Par sa forme générale moins régulièrement conique; par son dernier tour plus allongé, plus franchement cylindroïque; par son ouverture plus longuement pyriforme; enfin, par sa denticulation columellaire beaucoup plus saillante[1]. Par ce dernier caractère, le *Cæcilioides Kervillei* Germain se rapproche de certaines variétés du *Cæcilioides Liesvillei* Bourguignat et, notamment, de la variété *uniplicata* Bourguignat[2], mais cette dernière coquille possède

1. Cette denticulation est constante chez tous les exemplaires que j'ai examinés.

2. Bourguignat (J. R.). — *Malacologie d'Aix-les-Bains;* 1864, p. 55, pl. II, fig. 3-5 *(Cæcilianella uniplicata).*

un enroulement très différent et un sommet particulièrement obtus.

LOCALITÉS :

Beit-Méri (Liban), entre 600 et 800 mètres d'altitude
[Henri Gadeau de Kerville].

Sous les Tamarix, dans un jardin, à Beit-Méri (Liban)
[Frère Louis].

### Famille des SUCCINEIDÆ.

### Genre SUCCINEA Draparnaud, 1801 [1].

Deux Succinées seulement avaient, jusqu'ici, été signalées
en Syrie. M. Henri Gadeau de Kerville en a découvert
une nouvelle espèce, le *Succinea Kervillei* Germain. La
liste des Succinées syriennes s'établit donc maintenant de
la manière suivante :

### Succinea (Amphibina) Pfeifferi Rossmässler.

*Succinea Pfeifferi* Rossmässler, *Iconographie der Land- und Süsswasser-Mollusken;* 1, 1832, p. 92, taf. 1, fig. 46.

Cette espèce est, d'après plusieurs auteurs, assez répandue
dans la chaîne du Liban. Peut-être a-t-elle été confondue
avec les espèces suivantes ; cependant Bourguignat trouve
les échantillons du Liban parfaitement identiques à ceux
de France et d'Allemagne [2]. A. Mousson fait, d'autre part,
la même constatation à propos des individus de *Succinea*

1. Draparnaud (J. R.). — *Tableau Mollusques terrestres et fluviatiles France;* 1801, p. 32, n° IX.

2. Bourguignat (J. R. . — *Catalogue raisonné Mollusques terr. fluv.
Cl. de Saulcy Orient;* 1853, p. 6.

*Pfeifferi* Rossmässler recueillis par BAYER [1] aux environs de Tiflis.

### Succinea (Amphibina) Kervillei Germain, nov. sp.

### Succinea (Amphibina) indica Pfeiffer.

*Succinea indica* Pfeiffer, *Proceed. Zoological Society of London ;* 1849, p. 133 [2].

Signalée par HESSE [3] sur les bords du Nahr-el-Kelb, cette très élégante coquille doit être considérée comme une variété du *Succinea (Amphibina) elegans* Risso [4].

### § 1. — AMPHIBINA Hartmann, 1821 [5].

### Succinea (Amphibina) Kervillei Germain, nov. sp.

### Pl. XXI, fig. 28.

1911. *Succinea Kervillei* Germain, *Bulletin Muséum Hist. natur. Paris;* n° 1, p. 28.

1912. *Succinea (Amphibina) Kervillei* Germain, *Bulletin Muséum Hist. natur. Paris;* n° 7, p. 450, n° 251.

Animal d'un gris bleuâtre, moucheté de petits points noirs très irrégulièrement distribués, visibles au travers de la coquille; pied grand, subelliptique, d'un blanc grisâtre, fortement chagriné.

1. MOUSSON (A.). — *Coquilles terrestres et fluviatiles recueillies dans l'Orient par M. le D' A. SCHLAEFLI;* part. II, 1863, p. 84.

2. Cette espèce a été parfaitement figurée par JICKELI : *Fauna der Land- und Süsswasser-Mollusken Nord-Ost-Afrika's;* 1874, p. 167, n° 102, taf. VI, fig. 11.

3 HESSE (P.). — *Ueber einige vorderasiatische Schnecken; Nachrichtsblatt d. Deutschen Malakozoolog. Gesellschaft;* 1910, p. 134.

4. RISSO. — *Histoire naturelle princip. productions Europe méridionale, etc...,* 1826, p. 59.

5. HARTMANN (J. D.). — In : *Neue Alpina,* I, 1821; p. 15. [ = *Amphibulina* HARTMANN, in : STURM (J.). — *Deutschlands Fauna....* Nürnberg, VI. 1821, p. 8].

Coquille allongée, bien atténuée dans le bas ; spire courte, composée de 3 tours convexes à croissance extra rapide ; dernier tour énorme, constituant presque toute la coquille ; sommet obtus, lisse, sutures très obliques, bien marquées ; ouverture suboblique, ovalaire-oblongue, anguleuse en haut, bien arrondie en bas ; bord columellaire convexe ; péristome simple et tranchant.

Hauteur : 10 1/2 millimètres ; diamètre maximum : 4 1/2 millimètres ; hauteur de l'ouverture : 7 millimètres ; diamètre de l'ouverture : 3 1/2 millimètres.

Test mince, fragile, transparent, d'un corné clair ou d'un gris verdâtre, orné de stries irrégulières, relativement fortes et très obliques. Cette sculpture rappelle un peu celle du *Succinea indica* Pfeiffer.

LOCALITÉS :

Sur le bord des marécages, à Damas, vers 690 mètres d'altitude [HENRI GADEAU DE KERVILLE].

Sur le bord des marettes à Hidachariyé, auprès du Barada, rivière de la région verdoyante de Damas, entre 650 et 700 mètres d'altitude [HENRI GADEAU DE KERVILLE].

## BASOMMATOPHORES.

### Famille des LIMNÆIDÆ.

### Genre LIMNÆA de Lamarck, 1799 [1].

Les Limnées de la Syrie et de la Palestine appartiennent

1. LAMARCK (J. B. M. DE). — *Prodrome nouv. classificat. des Coquilles ;* 1799, p. 75 ; et *Système Animaux sans vertèbres, ou tabl. gén. classes ordres de ces animaux ;* 1801, p. 91 (*Lymnæa*).

Beaucoup d'auteurs attribuent le genre *Limnæa* à BRUGUIÈRE [in *Encyclopédie méthodique ; Vers*]. Mais, ainsi que l'a justement fait remarquer W. H. DALL [*Land and fresh-water Mollusks of Alaska and adjoin. regions ;* 1905, p. 61], cette attribution repose sur une erreur aux sous-genres *Limnus* Denys de Montfort [1], *Radix* Denys de Montfort [2], *Stagnicola* Leach [3] et *Galba* Schrank [4].

Le type du sous-genre *Limnus* est le *Limnœa stagnalis* Linné [5], si répandu dans toutes les eaux douces de l'Europe moyenne, mais qui ne se retrouve pas typique en Syrie. Cependant, une variété du *Limnœa stagnalis* Linné a été signalée dans le lac de Homs par A. LOCARD [6]. C'est le *Limnœa colpodia* Bourguignat [7], dont une mutation peu importante a été décrite sous le nom de *Limnœa callopleura* Locard [8]. Ces coquilles, qui sont de vrais *stagnalis*, restent toujours rares, aussi bien en Asie-Mineure qu'en

de date. En effet, la planche 459, qui contient le nom de *Lymnœa*, a paru en 1816, alors que le titre du volume de l'Encyclopédie porte la date de 1791.

1. DENYS DE MONTFORT. — *Conchyliologie systématique et classification méthod. des Coquilles;* II, 1810, p. 262.

2. DENYS DE MONTFORT. — *Loc. supra cit.;* II, 1810, p. 266 (pour l'*Helix auricularia* Linné). Ce nom de *Radix* doit donc primer celui de *Gulnaria* ordinairement adopté. Le vocable *Gulnaria* n'a, en effet, été introduit dans la nomenclature qu'en 1831 par LEACH [in : TURTON. — *A Manual of land and fresh-water Shells of the British Islands, arranged accord. modern systems of classific.; and described specimens in the author's cabinet;* 1831, p. 117].

3. LEACH, in : JEFFREYS (J. G.). — A Synopsis of the testaceous-pneumobr. Mollusca of Great Britain; *Linnean Transact;* XVI, part. II, *29 Mai 1830* [non *Stagnicola* BREHM, *Décembre 1830* (Oiseaux)]. Ce nom prime donc celui de *Limnophysa* FITZINGER [*Systematische Verzeichniss der in Erzherzogthum Oesterreich vorkommenden Weichthiere; Beiträgen z. Landeskund. Oesterr.;* III, 1833, p. 112] ordinairement adopté.

4. SCHRANK (P. F.). — *Fauna Boïca;* III, part. II, 1803, p. 262 et 285 (pour *Limnœa truncatula*) [= *Fossaria* WESTERLUND. — *Fauna der in der paläarctischen region Binnenconchylien;* V, 1885, p. 24 et 49].

5. LINNÉ. — *Systema Naturæ;* ed. X, 1758, p. 774 (*Helix stagnalis*).

6. LOCARD (A.). — Malacologie des lacs de Tibériade, d'Antioche et d'Homs; *Archives Muséum de Lyon;* III, 1883, p. 83 des tirés à part.

7. BOURGUIGNAT (J. R.). — *Spicilèges malacologiques;* 1862, p. 99, pl. XI, fig. 12-14. Cette coquille a été, autrefois, répandue dans les collections sous le nom de *Limnœa turcica* Parreyss.

8. LOCARD (A.). — *Loc. supra cit.;* 1883, p. 84.

48

Syrie[1]. Dans cette dernière région, elles sont remplacées par une très belle espèce représentative, le *Limnœa Chantrei* Locard[2], dont je figure ici (pl. XVIII, fig. 14-15) l'un des types de l'auteur.

Le *Limnœa Chantrei* Locard habite le lac de Homs, où il a été découvert par M. E. CHANTRE. C'est une coquille caractérisée par une spire très élevée, étroite, fortement tordue, avec une « ligne suturale profonde qui découpe élégamment la spire ». Le dernier tour est très développé, globuleux-ventru, mais avec un profil rappelant celui du *Limnœa elophila* Bourguignat[3]. Le test est solide, subtransparent, d'un corné clair peu brillant, parfois malléé, orné de stries longitudinales fines, très serrées, à peine obliques sur les premiers tours, bien onduleuses au dernier tour. L'intérieur de l'ouverture, d'un ambré lactescent, est assez brillant. Quant aux bords marginaux, ils sont réunis par une forte callosité d'un blanc jaunacé.

Je représente (pl. XVIII, fig. 16-17) un exemplaire du lac de Homs dont l'ouverture est anomale. Ici, le bord columellaire est double à partir du niveau de l'ombilic et le bord externe est également double. La coquille possède ainsi deux ouvertures comme emboîtées l'une dans l'autre.

A cette Limnée, qui est une excellente espèce, je rapporte, comme variété, le *Limnœa lagodeschina* Bourguignat[4], coquille qui forme un terme de passage entre le *Limnœa Chantrei* Locard et le véritable *Limnœa stagnalis* Linné.

1. Cependant WESTERLUND [*Fauna der in der paläarctischen region Binnenconchylien;* V, 1885, p. 28] a décrit sous le nom de *Limnœa stagnalis* Linné, variété *armenica*, une coquille antérieurement figurée par KOBELT [in : ROSSMASSLER. — *Iconographie der Land- und Süsswasser-Mollusken;* n. f., 1884, taf. XXI, fig. 172-173], et qui vit en Arménie.

2. LOCARD (A.). — *Loc. supra cit.;* 1883, p. 85, pl. XXIII, fig. 11-16.

3. BOURGUIGNAT (J. R.). — *Spicilèges malacologiques;* 1862, p. 97, pl. XII, fig. 7-8. Cette coquille n'est qu'une variété du *Limnœa stagnalis* Linné.

4. BOURGUIGNAT (J. R.), in : LOCARD A. . — *Loc. supra cit.;* 1883, p. 87, pl. XXIII, fig. 17-19.

Comparée au type *Chantrei*, la variété *lagodeschina* Bourguignat (pl. XXI, fig. 27) s'en sépare par sa spire moins élancée, moins tordue; par son dernier tour mieux arrondi et par son ouverture plus régulièrement ovalaire. Quant au *Limnæa homsiana* Locard[1], ce n'est qu'une forme à peine différente du *Limnæa lagodeschina* Bourguignat auquel je le rapporte en synonyme. « Chez le *Limnæa Homsiana* », dit LOCARD[2], « le dernier tour de spire est toujours plus largement développé [que chez le *Limnæa lagodeschina*], ce qui fait paraître l'ouverture plus grande et surtout plus large; mais, en outre, cette ouverture a son angle d'insertion avec l'avant-dernier tour presque à angle droit, ce qui lui donne un caractère tout particulier, rappelant celui de l'ouverture du *Limnæa Chantrei* ».

En résumé, le groupe du *Limnæa stagnalis* Linné est en grande partie remplacé, en Syrie, par une espèce représentative : le *Limnæa Chantrei* Locard, qui offre une variété : la variété *lagodeschina* Bourguignat [= *Limnæa homsiana* Locard].

En dehors de ces Limnées, et de celles recueillies par M. HENRI GADEAU DE KERVILLE, dont il sera question plus loin, les espèces suivantes vivent également en Syrie :

## Limnæa (Limnus) axiaca Locard[3].

Cette coquille, de forme ovoïde-oblongue, assez ventrue, possède une spire composée de 4 à 5 tours peu convexes, le dernier étant très grand et bien dilaté. L'ouverture, oblongue-arrondie, atteint sensiblement les 2/3 de la hauteur totale; enfin la columelle est forte, et les bords marginaux sont réunis par une épaisse callosité. Hauteur :

---

1. LOCARD (A). — *Loc. supra cit.*; 1883, p. 88. pl. XXIII, fig. 20-25 [*Limnæa Homsiana*].

2. LOCARD (A.). — *Loc. supra cit.*; 1883, p. 89.

3. LOCARD (A.). — *Loc. supra cit.*; 1883, p. 69, pl. XXIII, fig. 26-28.

21 millimètres; diamètre maximum : 13 millimètres; hauteur de l'ouverture : 15 millimètres; largeur de l'ouverture : 8 millimètres.

Le *Limnœa axiaca* Locard habite l'Oronte. Je considère le *Limnœa Renei* Locard [1] comme le jeune de cette espèce : l'examen des figures données par Locard et l'étude de ses descriptions conduisent à ce résultat auquel était déjà arrivé Westerlund [2].

### Limnæa (Radix) peregriformis Locard [3].

Bien figurée par A. Locard, cette espèce, dont je n'ai pas vu d'exemplaires, semble parfaitement distincte. Elle est caractérisée par sa forme presque régulièrement ovoïde un peu allongée; sa spire peu élevée composée de 5 tours à croissance peu rapide; son dernier tour grand, allongé dans le sens de la hauteur; son ouverture légèrement oblique, ovalaire-allongée; sa columelle courte et subtordue et, enfin, ses bords marginaux réunis par une forte callosité.

Le *Limnœa peregriformis* Locard habite le lac de Homs, où il a été découvert par M. E. Chantre.

A. Locard a encore décrit un *Limnœa tripolitana* [4] dont je parlerai à propos du *Limnœa lagotis* Schrank.

Enfin quelques auteurs ont signalé, en Syrie, sous le nom de *Limnœa ovata* Draparnaud [5], une coquille qu'il est difficile de rapporter avec certitude à une espèce bien déterminée, de nombreuses Limnées ayant été confondues sous

1. Locard (A.). — *Loc. supra cit.;* 1883. p. 84, pl. XXIII, fig. 8-10 [*Limnœa Renœana*].

2. Westerlund (C. A.). — *Fauna der in der paläarctischen region Binnenconchylien;* V, 1885, p. 28.

3. Locard (A.). — *Loc. supra cit.;* 1883, p. 92, pl. XXIII, fig. 41-43.

4. Locard (A.). — *Loc. supra cit.;* 1883, p. 90, pl. XXIII, fig. 35-37.

5. Draparnaud (J. R.). — *Histoire Mollusques terrestres et fluviatiles France;* 1805, p. 52, tabl. II, fig. 30-31 [*Limneus ovatus*].

ce nom et le véritable *Limnæa ovata* Draparnaud n'habitant pas la Syrie. Il est cependant probable qu'il s'agit ici du *Limnæa lagotis* Schrank ou d'une de ses nombreuses variétés.

### § 1. — RADIX Denys de Montfort, 1810.

## Limnæa (**Radix**) lagotis Schrank.

Pl. XVII, fig. 2-5 et 19-20; pl. XVIII, fig. 10-11; et pl. XXI, fig. 12-13.

1803. *Buccinum lagotis* Schrank. *Fauna Boïca*; III, p. 289.

1835. *Limnæa vulgaris* Rossmässler, *Iconographie der Land- und Süsswasser-Mollusken*; 1, p. 93, taf. 1, fig. 53 [non C. PFEIFFER][1].

1851. *Limnæa ovata* var. *vulgaris* Middendorf, *Reise in den äussersten Norden und Osten Sibiriens*; II, part. 1, p. 291, taf. XXX, fig. 6-8.

1855. *Limnæus atticus* Roth, *Malakozoolog. Blätter*; II, p. 48, n° 2, taf. II, fig. 16-17.

1859. *Limnæa vulgaris* Mousson, *Coquilles terr. fluv. Schlaefli Orient*; p. 52, n° 32, et p. 67, n° 24 [non PFEIFFER et plur. auct. Gall.][2].

1861. *Lymnæus tener* Mousson, *Coquilles terr. fluv. Roth Palestine*; p. 54, n° 35.

1862. *Limnæus tener* Küster, in : Martini et Chemnitz, *Systemat. Conchylien-Cabinet*; p. 54, n° 60, taf. XII, fig. 1-2.

1865. *Limnæus tener* Tristram, *Proceed. Zoological Society of London*; p. 540.

1. Non *Limnæa vulgaris* C. Pfeiffer [*Naturgeschichte Deutscher Land- und Süsswasser-Mollusken*; 1, 1821, p. 89, pl. IV, fig. 22], espèce de l'Europe centrale.

2. C'est avec doute que j'indique cette synonymie. Cependant MOUSSON écrit à propos de cette coquille : « De petits échantillons, provenant du lac de Janina, qui ressemblent parfaitement à des individus non adultes du *L. vulgaris* (C. Pfr. 1, p. 89, T. I, f. 22 et Rossm. Icon. 1, N° 53 ), auquel il faut adjoindre le *L. tener* Parr. de l'Orient ». L'indication : Icon. 1, fig. 53, semble bien indiquer que MOUSSON avait en vue l'espèce qui nous occupe ici.

1865. *Limnæa limosa* var. *vulgaris* Issel, *Molluschi raccolti miss. Italiana in Persia;* p. 45, n° 2 [non *Limnæa vulgaris* C. Pfeiffer et plur. auct. Gall.].

1865. *Limnæa lessonæ* Issel, *loc. supra cit.;* p. 46, n° 4, tav. III, fig. 64-65.

1870. *Limnæa vulgaris* Kobelt, *Malakozoolog. Blätter;* XVII, p. 159, taf. III, fig. 9 [non C. Pfeiffer].

1872. *Limnæa tener* Reeve, *Conchologia Iconica;* XVIII, pl. XIV, sp. 96.

1873. *Limnæa lagotis* Westerlund, *Fauna Mollusc. Sueciæ;* p. 333.

1873. *Limnæa (Gulnaria) tenera* Mousson, *Journal de Conchyliologie;* XXI, p. 220, n° 39.

1874. *Limnæa lagotis* Martens, *Vorderasiatische Conchylien;* p. 29, n° 49, et p. 64, taf. V, fig. 36.

1874. *Limnæa lagotis* Martens, in : Fedtschenko, *Reise in Turkestan : Mollusken* (en russe); p. 26, n° 33; p. 44; p. 51; p. 58 et 60, taf. II, fig. 22.

1877. *Limnæa lagotis* Kobelt, in : Rossmässler, *Iconographie der Land- und Süsswasser-Mollusken;* V, p. 37, taf. CXXVIII, fig. 1240-1242.

1877. *Limnæa attica* Kobelt, in : Rossmässler, *Iconographie der Land- und Süsswasser-Mollusken,* V, p. 121, taf. CL, fig. 1522.

1877. *Limnæa (Gulnaria) lagotis* Westerlund, *Siberiens land- och Sotvatten-Mollusker;* p. 53, n° 6, et p. 108.

1878. *Limnæa lagotis* Nevill, *Hand-list of Mollusca in the Indian Museum, Calcutta;* p. 237.

1878. *Limnæa lagotis* Nevill, *Scientific results of the second Yarkand Mission; Moll.;* p. 7.

1879. *Limnæa (Gulnaria) lagotis* Westerlund et Blanc, *Aperçu faune malacologique Grèce;* p. 125, n° 266.

1880. *Limnæa lagotis* Martens, *Bulletin Académie impériale Sciences Saint-Pétersbourg;* XXVI, p. 151, n° 25.

1881. *Limnæus auricularius* var. Boettger, *Jahrbücher d. Deutschen Malakozoolog. Gesellschaft;* p. 250 [1].

1881. *Limnæa lagotis* Milachevich, *Bulletin Société impériale Naturalistes Moscou;* LVI, part. II, p. 238, n° 65.

1882. *Limnæa lagotis* Martens, Ueber Centralasiatische Land- und Süsswasserschnecken ; *Sitz. ber. Gesellschaft Naturf. Freunde Berlin;* p. 105.

---

1. Non *Helix auricularia* Linné [*Systema Naturæ*, ed. X, 1758, p. 708], qui est le *Limnæa (Radix) auricularia* Linné.

1882. *Limnæa lagotis* Martens, *Mémoires Académie impériale Sciences Saint-Pétersbourg*; XXX, p. 34[1]; p. 47 et 50.

1883. *Limnæus (Gulnaria) lagotis* Boettger, *Jahrbücher d. Deutschen Malakozoolog. Gesellschaft*; p. 53, n° 6, et p. 108.

1883. *Limnæa (Gulnaria) tenera* Retowski, *Malakozoolog. Blätter*; n. f., VI, p. 28, n° 59.

1883. *Limnæa lagotis* Locard, *Malacologie lacs Tibériade, Antioche et Homs*; p. 18.

1883. *Limnæa lagotopsis* Locard, *loc. supra cit.*; p. 89, pl. XXIII, fig. 29-31.

1883. *Limnæa antiochiana* Locard, *loc. supra cit.*; p. 70, pl. XXIII, fig. 32-34.

1883. *Limnæa subpersica* Locard, *loc. supra cit.*; p. 91, pl. XXIII, fig. 38-40.

1884 *Limnæa tenera* Tristram, *Fauna and Flora of Palestine, Terrestrial and Fluviatile Mollusca*; p. 195, n° 150.

1885. *Limnæa (Gulnaria) lagotis* Westerlund, *Fauna der paläarct. region Binnenconchylien*; V, p. 33.

1885. *Limnæa (Gulnaria) lagotis* var. *attica* Westerlund, *loc. supra cit.*; V, p. 34.

1885. *Limnæa (Gulnaria) lagotis* var. *lagotopsis* Westerlund, *loc. supra cit.*; V, p. 36.

1885. *Limnæa (Gulnaria) lagotis* var. *antiochiana* Westerlund, *loc. supra cit.*; V, p. 36.

1885. *Limnæa (Gulnaria) lagotis* var. *subpersica* Westerlund, *loc. supra cit.*; V, p. 36.

1886. *Limnæa (Gulnaria) lagotis* var. *tenera* Boettger, in : Radde, *Fauna und Flora des Südwest. Caspi-Gebietes*; p. 321, n° 58.

1889. *Limnæus lagotis* Boettger, *Zoologische Jahrbücher*; IV, p. 962, n° 15.

1889. *Limnæus (Gulnaria) lagotis* Retowski, *Bericht Senkenb. Naturforsch. Gesellschaft Frankfurt-a-Main*; p. 265, n° 90.

1889. *Limnea lagotis* Blanckenhorn, *Nachrichtsblatt d. Deutschen Malakozoolog. Gesellschaft*; p. 86.

1889. *Limnea lagotopsis* Blanckenhorn, *loc. supra cit.*; p. 86.

---

1. Exclure de la synonymie le *Limnæa intermedia* (de Férussac) Michaud [*Complément hist. natur. Mollusques Draparnaud*; 1831, p. 86, pl. XVI, fig. 17-18], espèce de l'Europe centrale.

1889. *Limnea subpersica* Blanckenhorn, *loc. supra cit.*; p. 86.

1894. *Limnæa tenera* Dautzenberg, *Revue biologique Nord France;* VI, p. 335; tirés à part, p. 7.

1899. *Limnæa (Gulnaria) lagotis* Wohlberedt, *Nachrichtsblatt d. Deutschen Malakozoolog. Gesellschaft;* p. 27, nᵒ 93; p. 40, nᵒ 91, et p. 109, nᵒ 95.

1901. *Limnæa lagotis* Wohlberedt, *Abhandl. d. Naturforsch. Gesellschaft zu Görlitz;* XXIII, p. 207, nᵒ 85.

1907. *Limnæa (Radix) lagotis* Wohlberedt, *Mollusques du Montenegro et de l'Albanie;* p. 559; tirés à part, p. 61.

1909. *Limnæa (Radix) lagotis* Wohlberedt, *Wissensch. Mitt. Bosnien und Herzegowina;* XI, p. 687 (tirés à part, p. 103), taf. LIV, fig. 190.

1912. *Limnæa (Radix) lagotis* Germain, *Bulletin Muséum Hist. natur. Paris;* nᵒ 7, p. 450, nᵒ 256.

Le *Limnæa lagotis* Schrank est extrêmement abondant dans la Syrie et l'Asie-Mineure où il représente le *Limnæa limosa* Linné [1], d'Europe. Il est, d'ailleurs, tout aussi polymorphe que ce dernier, et il serait facile de créer nombre de Limnées à ses dépens. Je vais, tout d'abord, donner une description du type le plus répandu et essayer ensuite de montrer dans quelles proportions il est susceptible de se modifier.

Coquille de taille moyenne, de forme générale ovoïde assez ventrue; spire peu élevée, aiguë, composée de 4 à 5 tours à croissance très rapide, les premiers très petits, le dernier énorme, ventru-renflé, à profil bien convexe, constituant plus des 4/5 de la coquille; sutures bien marquées; ouverture régulièrement ovalaire, plus haute que large, anguleuse en haut, très largement arrondie en bas et extérieurement, dépassant les 2/3 de la hauteur totale; columelle subtordue; bord columellaire réfléchi sur l'ombilic qui est réduit à une fente étroite; bords marginaux réunis par une callosité relativement épaisse.

---

1. LINNÉ. — *Systema Naturæ;* ed. X, 1758 *(Helix limosa)* [= *Limnæa ovata* Draparnaud, *Histoire Mollusques terr. et fluv. France;* p. 52, tabl. II, fig. 30-31 *(Limneus ovatus)* ].

Hauteur : 14-15 millimètres; diamètre maximum : 10-11 millimètres; diamètre minimum : 7-8 millimètres; hauteur de l'ouverture : 10-12 millimètres; diamètre de l'ouverture : 7-8 millimètres.

Test mince, subtransparent, d'un corné ambré-clair, orné de stries presque régulières, obliques et assez fortes.

Si l'on examine un grand nombre de spécimens recueillis dans des localités assez variées, et c'est le cas pour les riches matériaux rapportés par M. Henri Gadeau de Kerville, on ne tarde pas à s'apercevoir que le type du *Limnæa lagotis* Schrank, tel qu'il vient d'être défini, se modifie parfois profondément. En dehors des variétés établies par différents auteurs, et qui souvent ne sont pas de grande importance, on constate un polymorphisme portant sur la forme générale, la taille et le test de la coquille.

Le galbe montre des mutations *globosa* et *elata* souvent très nettes, mais réunies par un tel nombre de formes intermédiaires, qu'il devient impossible de songer à un classement rationnel. La spire est plus ou moins effilée : les tours, quelquefois plus convexes, sont alors séparés par des sutures mieux marquées. Le dernier tour, ordinairement globuleux-ventru, s'allonge chez quelques exemplaires et communique à l'ouverture une forme plus longuement ovalaire. La columelle est tantôt fortement tordue, tantôt subrectiligne, et cela au sein d'une même colonie. C'est ainsi que de deux spécimens de la var. *hidachariyensis* Germain, recueillis ensemble[1], l'un présente une columelle très torse (pl. XVIII, fig. 8), tandis que la columelle de l'autre est à peine infléchie (pl. XVIII, fig. 6). Quelques individus ont des stries particulièrement développées : la coquille est alors rugueuse au toucher, et les stries sont profondément sculptées, même sur les premiers tours (pl. XVIII, fig. 11), comme dans la

1. Dans une marette, à Hidachariyé (Syrie), aux environs de Damas, entre 650 et 700 mètres d'altitude [Henri Gadeau de Kerville].

49

variété *costulata* Martens, dont il sera plus loin question. Enfin, la taille varie également, ainsi que le montre le tableau suivant qui indique, en millimètres, les mensurations principales d'un assez grand nombre d'échantillons.

| Hauteur totale | Diamètre maximum | Diamètre minimum | Hauteur de l'ouverture | Diamètre de l'ouverture |
|---|---|---|---|---|
| 18 mm. | 12 mm. | 9 1/4 mm. | 13 mm. | 8 mm. |
| 16 — | 12 1/2 — | 9 3/4 — | 12 1/2 — | 9 — |
| 15 — | 11 — | 8 — | 12 — | 8 — |
| 14 3/4 — | 10 — | 7 — | 11 — | 8 — |
| 14 1/2 — | 10 — | 8 — | 12 — | 7 3/4 — |
| 14 1/2 — | 11 1/4 — | 8 1/2 — | 12 — | 8 — |
| 14 — | 9 1/2 — | 7 — | 10 1/2 — | 7 — |
| 13 1/2 — | 9 — | 7 — | 10 — | 7 — |
| 13 — | 8 3/4 — | 6 1/4 — | 10 — | 6 — |
| 13 — | 10 1/4 — | 7 — | 11 — | 7 1/4 — |
| 13 — | 9 — | 7 — | 10 — | 6 — |
| 13 — | 9 — | 6 1/2 — | 10 — | 7 — |
| 13 — | 9 — | 6 1/4 — | 10 — | 6 1/2 — |
| 11 — | 7 1/2 — | 6 — | 8 — | 5 1/2 — |

Variété **confinis** Mousson.

1873. *Limnæa (Gulnaria) confinis* Mousson, *Journal de Conchyliologie;* XXI, p. **219**, n° 38.

1881. *Limnæa (Gulnaria) auricularia* var. *confinis* Boettger, *Jahrbücher d. Deutschen Malakozoolog. Gesellschaft;* VIII, p. **249**, n° 112.

1885. *Limnæa (Gulnaria) lagotis* var. *confinis* Westerlund, *Fauna der paläarct. region Binnenconchylien;* V, p. 35.

1886. *Limnæa auricularia* var. *confinis* Kobelt, in : Rossmässler, *Iconographie der Land- und Süsswasser-Mollusken;* n. f., I, p. 59, taf. XXIII, fig. 196-197.

Cette variété se distingue du type par sa spire plus élevée

dont les tours sont un peu scalaroïdes et légèrement aplatis vers le haut. Le dernier tour reste large et ampullacé[1].

Cette coquille, qui diffère peu du véritable *Limnæa lagotis* Schrank, habite le Balyk-Goh, lac de la chaine de l'Ararat, sur la frontière de l'Arménie.

### Variété **hidachariyensis** Germain, *nov. var.*

#### Pl. XVIII, fig. 6-9.

1911. *Limnæa (Radix) lagotis* var. *hidachariyensis* Germain, *Bulletin Muséum Hist. natur. Paris*; n° 1, p. 31.

1912. *Limnæa (Radix) lagotis* var. *hidachariyensis* Germain, *Bulletin Muséum Hist. natur, Paris*; n° 7, p. 450.

Coquille globuleuse-ovoïde; spire extra courte à croissance très rapide; sommet aigu; sutures bien marquées; dernier tour énorme, formant au moins les 5/6 de la coquille, et présentant son *maximum de convexité au voisinage de la suture;* ouverture irrégulièrement *subquadrangulaire,* anguleuse en haut, bien arrondie en bas, avec un bord externe *rectiligne dans sa partie médiane;* bord columellaire assez épaissi, réfléchi sur l'ombilic; bords marginaux réunis par une forte callosité.

Hauteur : 15 1/4 - 17 1/4 millimètres; diamètre maximum : 10 1/2 - 12 millimètres; diamètre minimum : 8 1/4 - 10 millimètres; hauteur de l'ouverture : 12-14 millimètres; diamètre de l'ouverture : 7 1/2 - 8 3/4 millimètres.

---

1. Voici la diagnose originale de l'auteur :
« T. rimato-perforata, solidula, globoso-ovata, striatula, corneo-albescens. Spira modice elata, acuta; summo minuto, violaceo-griseo; sutura bréviter adnata, inframediata. Anfract. 4 1/2 - 5, celeriter accrescentes, convexi; ultimus non ascendens, 2/3 altitudinis paulo superans, inflatus, supra rotundato-tabulatus, linea peripherica supramediana. Apertura subverticalis (5° cum axi) ampla, ovato-circularis, angulo insertionis supero recto. Perist. acutum, tenue, non expansum; margine dextro supra magis curvato, antrorsum arcuatum producto, basali subeffuso, columellari in laminam perforationem semitegentem reflexo. Columella tenuiter curvata, infra protracta, obscure plicata. — Long. 23, diam-maj. 18, min. 13 mm. — Rat. anfr. : 2 : 1. — Rat. apert. : 4 : 3. »

Même test corné, assez brillant, mais plus solide.

Cette variété est surtout caractérisée par la convexité supérieure du dernier tour et la forme particulière de son ouverture. Elle paraît tout à fait distincte du type; mais, en réalité, on observe de nombreuses formes intermédiaires.

Marettes à Hidachariyé, près de Damas, entre 650 et 700 mètres d'altitude [Henri Gadeau de Kerville].

Le D$^r$ E. von Martens a décrit et figuré plusieurs variétés portant surtout sur la taille et l'allure du test, et que je vais rapidement passer en revue. Toutes vivent dans le Turkestan ou l'Asie Centrale.

### Variété **solidior** Martens.

1872. *Limnœa lagotis* var. *solidissima* Kobell, *Malakozoolog. Blätter;* XIX, p. 77, taf. II, fig. 17-18 (ap. Martens).

1876. *Limnœa auricularia* var. *albescens* Clessin, *Deutsche Excursions-Mollusken-Fauna;* p. 363 (ap. Martens).

1882. *Limnœa lagotis* var. *solidior* Martens, *Mémoires Académie impériale Sciences Saint Pétersbourg;* XXX, p. 34 et 50, taf. IV, fig. 6.

Coquille plus globuleuse; test plus épais, plus solide, finement strié. Hauteur : 14-18 millimètres; diamètre maximum : 11-14 millimètres; diamètre minimum : 7-11 millimètres.

Habite dans la rivière Ulungur (Asie Centrale).

### Variété **costulata** Martens.

1874. *Limnœa lagotis* var. *costulata* Martens, in : Fedtschenko, *Reise in Turkestan; Mollusken;* p. 26, taf. II, fig. 24.

Coquille de taille moyenne, ornée de stries fortes, un peu saillantes, assez serrées.

Je rapporte à cette variété, qui a été découverte dans le Turkestan, quelques spécimens recueillis par M. Henri Gadeau de Kerville dans le lac de Yamouné (Liban).

### Variété **albopicta** Martens.

1874. *Limnæa lagotis* var. *albopicta* Martens, *loc. supra cit.*; p. 27.
taf. II, fig. 23.

Coquille de petite taille, maculée de points blancs.
Le Turkestan russe.

### Variété **minor** Martens.

1874 *Limnæa lagotis* var. *minor* Martens, *loc. supra cit.*; p. 27.

Coquille ne dépassant pas 10 millimètres de hauteur.
Le Turkestan russe.

On retrouve çà et là des exemplaires se rapportant à la variété *minor* au milieu d'individus de *Limnæa lagotis* Schrank de taille normale [lac de Yamouné, mares au bord du Barada, etc.].

J'ai, dans le tableau synonymique, placé le *Limnæa attica* Roth. Il me paraît en effet difficile de considérer cette coquille comme une espèce distincte. L'auteur la définit ainsi :

« *Testa subrimata, ovata, corneo-lutescens, limo oblecta, tenera, striata; spira brevis, acuta; anfractus quatuor, ultimus ampullaceus; apertura basi rotundata, apice obtuse angulata, peristomate recto, simplici, columella pliciformi, dein late reflexa.*

» *Alt. 17, lat. 12; apert. alt. 14, lat. 7 millim.* »[1].

Tous ces caractères concordent parfaitement avec ceux du *Limnæa lagotis* Schrank, et les excellentes figures données par Roth ne laissent guère de doute sur cette identification.

Le *Limnæa lagotopsis* Locard appartient encore à la même espèce. Il diffère du *Limnæa lagotis* Schrank, dit l'auteur, « d'abord par sa taille [plus forte], mais surtout par son galbe moins régulier; les derniers tours, chez cette

---

1. Roth (J. R.) — *Spicilegium Molluscorum orientalium annis 1852 et 1853 collectorum; Malakozoologische Blätter; 1855, p. 48.*

nouvelle forme, croissent beaucoup plus rapidement, de telle sorte que, dans son ensemble, le dernier tour est plus ventru, plus obèse ; partant l'ouverture est plus déjetée en dehors et plus large, avec son angle supérieur beaucoup plus droit. D'autre part, la spire est plus petite pour une même taille ; chez quelques individus, les tours sont séparés par une suture plus profonde, accompagnée d'un léger méplat correspondant à la partie supérieure de chaque tour de spire » [1]. Je figure ici le type de LOCARD (pl. XVII, fig. 17-18) qui se rapporte évidemment à un *Limnæa lagotis* Schrank presque typique. Il en est de même du *Limnæa antiochiana* Locard et du *Limnæa subpersica* Locard. Il est probable qu'il s'agit, pour cette dernière coquille, de jeunes exemplaires du *Limnæa lagotis* Schrank. LOCARD dit bien : « Test solide, épais... » [2] ; mais il convient de remarquer que toutes les Limnées du lac de Homs étudiées par cet auteur « se trouvaient... en véritables amas accumulés sans doute depuis nombre de siècles sur les bords du lac » [3]. Il s'en suit que cette épaisseur anomale du test est un véritable caractère *post mortem*. C'est un phénomène de subfossilisation, d'ailleurs bien connu, non-seulement chez les Limnées, mais encore chez les Succinées qui, exposées à l'air depuis un certain temps, voient facilement leur test doubler d'épaisseur.

Le *Limnæa tripolitana* Letourneux [4], qui habite également le lac de Homs, est une coquille qui appartient encore au même type ; mais ici la forme est plus élancée, la spire plus effilée et le dernier tour beaucoup moins ventru.

---

1. LOCARD (A.). — Malacologie des lacs d'Antioche, de Tibériade et d'Homs ; *Archives Muséum Histoire naturelle Lyon* ; III, 1883, p. 89, pl. XXIII, fig. 29-31.

2. LOCARD (A ). — *Loc. supra cit.* ; 1883, p. 91.

3. LOCARD (A ). — *Loc. supra cit.* ; 1883. p. 79.

4. LETOURNEUX, in : LOCARD (A.). — *Loc. supra cit.* ; 1883, p. 90, pl. XXIII, fig. 35-37 [ *Limnæa Tripolitana* ].

Je n'ai jamais vu d'échantillons de cette espèce qui semble avoir été établie sur des exemplaires jeunes.

Enfin M. HENRI GADEAU DE KERVILLE a recueilli, dans la mare d'Addous, près de Baalbek (vers 1100 mètres d'altitude), une remarquable monstruosité que je figure (pl. XXI, fig. 12-13). On voit que la coquille possède une spire absolument normale jusqu'au dernier tour, mais qu'à ce niveau la coquille a subi un accident aux environs immédiats de l'ouverture. L'animal s'est alors construit une nouvelle ouverture, mais n'embrassant plus que la demi-hauteur totale du dernier tour.

LOCALITÉS :

Lac de Yamouné (Liban) [HENRI GADEAU DE KERVILLE].

Mare d'Addous, près de Baalbek, vers 1100 mètres d'altitude [HENRI GADEAU DE KERVILLE].

Marécages à Damas, vers 690 mètres d'altitude [HENRI GADEAU DE KERVILLE].

Marettes au bord du Barada, à Hidachariyé, dans la région verdoyante de Damas, entre 650 et 700 mètres d'altitude [HENRI GADEAU DE KERVILLE].

Marettes au bord du Barada, rivière de la région verdoyante de Damas, entre 650 et 700 mètres d'altitude [HENRI GADEAU DE KERVILLE].

Dans les alluvions du Barada [HENRI GADEAU DE KERVILLE].

Le Barada, à Ataïbé, à l'est de Damas [HENRI GADEAU DE KERVILLE].

DISTRIBUTION GÉOGRAPHIQUE :

Le *Limnæa lagotis* Schrank est une espèce très répandue dans l'Europe orientale (Péninsule balkanique, Serbie, Roumélie, Albanie, etc.) [WOHLBEREDT][1] et dans la Russie

---

1. Voir, au tableau synonymique, les références bibliographiques.

méridionale [Retowski] où elle remonte jusque dans le gouvernement de Moscou [Milachevich] [1]. Certains auteurs considèrent même le *Limnæa lagotis* Schrank comme habitant presque toute l'Europe, en y faisant entrer, il est vrai, comme variétés, le *Limnæa acutalis* Morelet [2] du Portugal et le *Limnæa Trenquelleoni* Gassies [3] du midi de la France. Je crois cette manière de voir peu exacte et considère les *Limnæa acutalis* Morelet et *Limnæa Trenquelleoni* Gassies comme des variétés du *Limnæa auricularia* Linné.

En Asie, le *Limnæa lagotis* Schrank vit en Sibérie [Westerlund] [4], en Asie Centrale (Afghanistan, Belouchistan) [Martens] [5] et dans toute l'Asie Antérieure depuis le Caucase jusqu'à la Syrie et à la Palestine (Caucasie, Transcaucasie, Turkestan, Perse, Syrie-Palestine, Arménie) [6].

1. Milachevich (C.). — Études sur la faune des Mollusques vivants terrestres et fluviatiles de Moscou; *Bulletin Société impériale Naturalistes Moscou*; LVI, part. II, 1881, p. 238.

2. Morelet (A.). — *Mollusques terrestres et fluviatiles du Portugal;* 1845, p. 83, pl. VIII, fig. 1.

3. Gassies (J. B.). — *Tableau méthodique et descriptif des Mollusques terrestres et d'eau douce de l'Agenais;* 1849, p. 163, n° 2, pl. II, fig. 1 [*Limnæa Trencalconis*].

4. Sous forme de variété *patula* Westerlund [Sibiriens land-öch Sotvatten-Mollusker; *Kongl. Svenska Vatenskaps-Akademiens Handlingar;* XIV, 1877, p. 53, taf. I, fig. 9 [*Limnæa (Gulnaria) lagotis* var. *patula*].

5. Martens (Dr. E. von). — Ueber Centralasiatische Mollusken; *Mémoires Académie impériale Sciences Saint-Pétersbourg;* XXX, 1882, p. 50.

6. Notamment dans le Chorassan, au nord de la Perse [A. Brandt, Général Komarow, 1883]; au sud-ouest de la mer Caspienne [Radde] et dans de nombreuses localités de la Transcaspie [Chodsha-Kala [Dr. A. Walter, 1886]; Artschman [Eylandt, 1883]; Askhabad [Dr. Walter, 1887]; Merw-Oase [Dr. Walter, 1887]; etc.].

## § 2. — STAGNICOLA Leach, 1830.

## Limnæa (Stagnicola) palustris Müller.

### Pl. XVII, fig. 21 - 28.

1774. *Buccinum palustre* Müller, *Verm. terrestr. et fluv. histor.;* II, p. 131, n° 326.

1788. *Helix palustris* Gmelin, *Systema Naturæ;* ed. XIII, p. 3658.

1789. *Bulimus palustris* Bruguière, *Encyclopédie méthodique; Vers;* 1, p. 302.

1789. *Helix crassa* Razoumowski, *Histoire nat. Mont Jorat,* etc.; 1, p. 276 [1].

1798. *Helix stagnalis* Chemnitz, *Systemat. Conchylien-Cabinet:* IX, taf. CXXXV, fig. 1236-1240 [2].

1801. *Limneus palustris* Draparnaud, *Tableau Mollusques terr. fluv. France;* p. 50.

1805. *Limneus palustris* Draparnaud, *Histoire Mollusques terr. fluv. France;* p. 52, pl. II, fig. 40-41.

1814. *Lymnæa palustris* Fleming, *Edinb. Encyclop.;* VII, part. I, p. 77.

1821. *Limnæus palustris* C. Pfeiffer, *Naturg. Deutscher Land- und Süsswasser-Mollusken;* 1, p. 88, taf. IV, fig. 20.

1821. *Limnæus elodes* Say, *Journal Acad. of Natur. Sc. of Philadelphia;* II, p. 169.

1830. *Stagnicola communis* Leach, in : Jeffreys, *Linnean Transact.;* XVI, part. II, p. 376.

1830. *Limneus tinctus* Jeffreys, *Linnean Transact.;* XVI, part. II, p. 378-382.

1831. *Stagnicola communis* Turton, *Manual of land and fresh-water Shells of British Islands;* p. 121.

1832. *Limnæus elodes* Say, *American Conchology;* IV, pl. XXXI, fig. 3.

1832. *Limnæa palustris* Menetries, *Catalogue raisonné,* etc.; p. 270, n° 1301.

1833. *Limnophysa palustris* Fitzinger, *Systemat. Verzeichniss Oesterr. Weichth.;* p. 113.

1835. *Limnæa palustris* Rossmässler, *Iconographie der Land- und Süsswasser-Mollusken;* 1, p. 96, taf. II, fig. 54.

---

1. Non *Helix crassa* Da Costa.

2. Non *Helix stagnalis* Linné [*Systema Naturæ;* ed. X, 1758, p. 774] qui est le *Limnæa (Limnus) stagnalis* Linné.

1838. *Limnæa palustris* Brumati, *Catalogo sistematico Conchiglie terr. e fluviat. terr. di Montfalcone*; p. 47.

1841. *Limnæa elodes* Gould, *Rep. Invert. of Massach.*; p. 221, fig. 146-147.

1841. *Limnæa nuttaliana* Lea, *Proceed. Americ. Philosoph. Society*; II, p. 33.

1842. *Limnæa fragilis* Haldeman, *Monograph of the Limniades... of North-America*; p. 20, pl. XV, fig. 1 | non *Helix fragilis* Linné ].

1842. *Limnæa fragilis* Haldeman, *Monograph of the Limniades... of North-America*; p. 29, pl. IX, fig. 6-8 (cas pathologique).

1846. *Limneus palustris* Graëlls, *Catalogo Moluscos terr. y agua dolce Espana*; p. 10.

1850. *Limnæus fragilis* Stein, *Lebend. Schnecken u. Muscheln Umg. Berlins*; p. 67 [non *Helix fragilis* Linné].

1851. *Limnæa palustris* Dupuy, *Histoire Mollusques terr. fluv. France*; p. 465, pl. XXII, fig. 7.

1854. *Limnæa variabilis* Millet, *Mollusques Maine-et-Loire*; 3ᵉ édit.; p. 51, nᵒ 7.

1855. *Limnæa palustris* Moquin-Tandon, *Histoire Mollusques terr. fluv. France*; II, p. 475, pl. XXXIV, fig. 23-25.

1855. *Limnæa glabra* var. δ *variabilis* Moquin-Tandon, *loc. supra cit.*; II, p. 478.

1856. *Limnæa proxima* Lea, *Proceed. Acad. Natur. Sc. of Philadelphia*; VIII, p. 80.

1858. *Limnæa expansa* Lea, *Proceed. Acad. Natur. Sc. of Philadelphia*; VIII, p. 166.

1858. *Limnæus palustris* Wallenberg. *Malakozoolog. Blätter*; p. 121, nᵒ 22, et p. 124.

1862. *Limnæus fragilis* Küster, in : Martini et Chemnitz, *Systemat. Conchylien-Cabinet*; p. 19, nᵒ 23, taf. IV, fig. 2 [ non *Helix fragilis* Linné].

1863. *Limnæus palustris* Mousson. *Coquilles terr. fluv. Schlaefli Orient*: part. II, p. 85, nᵒ 87.

1865. *Limnæa nuttelliana* Binney, *Land and fresh-water shells of North America*; II, p. 45.

1865. *Limnæa hyadeni* Binney, *loc. supra cit.*; II, p. 44, fig. 59.

1865. *Limnæa proxima* Binney, *loc. supra cit.*; II, p. 48, fig. 67.

1866. *Limnæa variabilis* Bardin, *Actes Société linnéenne Bordeaux*; XXVI (3ᵉ série, VI), p. 269, pl. IV, fig. 1-6.

1870. *Limnœa variabilis* Millet, *Faune invertébrés Maine-et-Loire;*
I, p. 52, n° 9.

1871. *Limnœa palustris* Westerlund, *Exposé critique Mollusques terr.
eau douce Suède et Norvège;* p. 109, n° 2.

1872. *Limnœa palustris* Reeve, *Conchologia Iconica;* XVIII, pl. I,
sp. 5.

1873. *Limnœa palustris* Mousson, *Journal de Conchyliologie;* XXI,
p. 221, n° 40.

1874. *Limnœa palustris* Martens, *Vorderasiatische Conchylien;* p. 64.

1874. *Limnœa palustris* Martens, in : Fedtschenko, *Reise in Turkestan; Mollusken* (en russe); p. 50.

1877. *Limnœa palustris* Kobelt, in : Rossmässler, *Iconographie der
Land- und Süsswasser-Mollusken;* V, p. 44, taf. CXXX,
fig. 1271.

1881. *Limnœa palustris* Milachevich, *Bulletin Société impériale Naturalistes Moscou;* LVI, p. 238, n° 69.

1881. *Limnœus palustris* Boettger, *Jahrbücher d. Deutschen Malakozoolog. Gesellschaft;* p. 251.

1882. *Limnœa palustris* Locard, *Prodrome Malacologie française;
Catalogue Mollusques terr. eau douce France;* p. 203.

1883. *Limnœa ( Limnophysa) palustris* Retowski, *Malakozoolog. Blätter; n. f.,* VI, p. 29, n° 60.

1885. *Limnœa ( Limnophysa) palustris* Westerlund, *Fauna der
paläarct. region Binnenconchylien;* V, p. 45, n° 7.

1886. *Limnœa ( Limnophysa) palustris* Boettger, in : Radde, *Fauna
und Flora des Sudwest. Caspi-Gebietes;* p. 324, n° 60.

1889. *Limnca palustris* Blanckenhorn, *Nachrichtsblatt d. Deutschen
Malakozoolog. Gesellschaft;* p. 86.

1889. *Limnœus ( Limnophysa) palustris* Retowski, *Bericht Senkenberg.
Naturforsch. Gesellschaft Frankfurt-a.-Main;* p. 265, n° 91.

1893. *Limnœa palustris* Locard, *Conchyliologie française; Les Coquilles
eaux douces et saum.;* p. 40, fig. 22.

1899. *Limnœa ( Limnophysa) palustris* Wohlberedt, *Nachrichtsblatt
d. Deutschen Malakozoolog. Gesellschaft;* p. 28, n° 96, p. 40,
n° 94, et p. 110, n° 98.

1899. *Limnœa palustris* Wohlberedt, *Jahresber. d. Gesellschaft Freund.
Naturwissensch. Gera;* p. 3, n° 72.

1901. *Limnœa palustris* Wohlberedt, *Abhandl. d. Naturforsch. Gesellschaft zu Görlitz;* XXIII, p. 208, n° 88.

1902. *Limnœa palustris* var. Naëgele, *Nachrichtsblatt. d. Deutschen
Malakozoolog. Gesellschaft;* p. 8, n° 53.

1905. *Limnæa (Limnophysa) palustris* Sturany, *Annalen K. K. Naturhist. Hofmuseums Wien*; XX, p. 11, n° 37.

1905. *Limnæa (Stagnicola) palustris* Dall, *Land and fresh-water Mollusks of Alaska and adjoin. regions;* p. 76, fig. 56 a-f.

1907. *Limnæa (Limnophysa) palustris* Wohlberedt, *Mollusques du Montenegro et de l'Albanie;* p. 560 (tirés à part, p. 62).

1908. *Limnæa (Limnophysa) palustris* Sturany, *Zoologischen Jahrbüchern:* XXVII, p. 305, n° 27.

1909. *Limnæa (Limnophysa) palustris* Wohlberedt, *Wissensch. Mitt. Bosnien und Herzegowina;* XI, p. 687 (tirés à part, p. 103), taf. LIV, fig. 192.

1912. *Limnæa (Stagnicola) palustris* Germain, *Bulletin Muséum Hist. natur. Paris;* n° 7, p. 450, n° 258.

Les exemplaires de *Limnæa palustris* Müller recueillis par M. Henri Gadeau de Kerville en Syrie ne présentent pas de caractères bien spéciaux; ils sont de taille moyenne, ainsi que l'indique le tableau suivant où sont exprimées, en millimètres, les mensurations principales d'un assez grand nombre d'échantillons [1] :

| Hauteur totale | Diamètre maximum | Diamètre minimum | Hauteur de l'ouverture | Diamètre de l'ouverture |
|---|---|---|---|---|
| 25 mm. | 13 1/4 mm. | 10 mm. | 13 mm. | 6 1/2 mm. |
| 24 1/2 — | 12 — | 10 — | 12 1/2 — | 6 — |
| 24 — | 12 1/2 — | 10 — | 13 — | 6 1/2 — |
| 23 1/2 — | 13 — | 10 — | 12 — | 6 1/4 — |
| 21 1/2 — | 12 — | 9 3/4 — | 12 — | 6 — |
| 23 1/2 — | 12 1/2 — | 10 — | 13 — | 6 3/4 — |
| 23 — | 12 — | 10 — | 12 — | 6 1/2 — |
| 23 — | 11 — | 8 1/2 — | 12 — | 6 — |
| 22 1/2 — | 12 — | 9 — | 11 3/4 — | 6 — |

1. En Europe, le *Limnæa palustris* Müller atteint 40 millimètres et, exceptionnellement, 45 millimètres de hauteur.

La forme générale est élevée, parfois un peu trapue par suite du plus ou moins grand développement du dernier tour de spire; la columelle est bien tordue et l'ouverture assez irrégulièrement ovalaire.

Le test solide, subopaque, assez souvent malléé, est d'un brun roux plus ou moins foncé, quelquefois noirâtre; les stries sont assez fortes, inégales, peu obliques, plus saillantes aux environs de l'ouverture; enfin, l'intérieur de l'ouverture, d'un brun roux ou lie de vin fortement coloré, est très brillant, avec, parfois, une bande plus chaudement teintée près du bord externe.

Parmi les spécimens recueillis par M. HENRI GADEAU DE KERVILLE dans la mare d'Addous, près de Baalbek, il en est qui se distinguent par leur columelle contournée et rejetée en arrière. Il résulte de cette disposition que l'ouverture de la coquille est très fortement oblique, bien anguleuse en haut, anguleuse en bas, avec un bord externe irrégulièrement convexe (pl. XVII, fig. 26). De tels caractères correspondent parfaitement à la *forme de coquille* décrite par SERVAIN sous le nom de *Limnœa pœcila*[1]. Il est bien évident qu'on ne saurait admettre une telle manière de voir et qu'il convient de considérer le *Limnœa pœcila* Servain comme synonyme du *Limnœa palustris* Müller.

Les jeunes, recueillis en assez grand nombre dans les marécages des environs de Damas, ont une coquille beaucoup plus mince, très fragile et d'une coloration plus

---

1. SERVAIN (D<sup>r</sup> G.). — Histoire malacologique du lac de Grandlieu dans la Loire-Inférieure; *Bulletins Société malacologique France;* IV, juillet 1887, p. 244, n° 16 : « Cette singulière espèce, du groupe de la *L. palustris*, est surtout caractérisée par une ouverture très oblique et par une columelle excessivement courte, contournée en tire-bouchon, tout en se rejetant en arrière, au point de laisser voir, lorsqu'on regarde en dessous, l'enroulement interne jusqu'au troisième tour ». Il s'agit bien évidemment d'une anomalie, d'ailleurs assez fréquente, du *Limnœa palustris* Müller, anomalie qu'il est intéressant de retrouver, à peu près identique, dans les régions syriennes.

chaude : ici le test, entièrement transparent, toujours brillant, est d'un roux plus vif, quelquefois fauve assez foncé.

### Variété **syriacensis** Mousson.

### Pl. XVII, fig. 8 - 13.

1861. *Limnæus syriacus* Mousson, *Coquilles terr. fluv. Roth Palestine;* p. 53, n° 54.

1865. *Limnæus syriacus (?)* Tristram, *Procced. Zoological Society of London;* p. 540, n° 92.

1874. *Limnæa syriaca* Martens, *Vorderasiatische Conchylien;* p. 64.

1884. *Limnæa syriaca (?)* Tristram, *Fauna and Flora of Palestine, Terrestrial and Fluviatile Mollusca;* p. 195, n° 151.

1885. *Limnæa (Gulnaria) peregra var. syriaca* Westerlund, *Fauna der paläarct. region Binnenconchylien;* V, p. 41.

1889. *Limnæa syriaca* Blanckenhorn, *Nachrichtsblatt d. Deutschen Malakozoolog. Gesellschaft;* p. 86.

1894. *Limnæa palustris var. syriaca* Dautzenberg, *Revue biologique Nord France;* VI, p. 335 (tirés à part, p. 7).

1912. *Limnæa (Stagnicola) palustris var. syriaca* Germain, *Bulletin Muséum Hist. natur. Paris;* n° 7, p. 450.

Coquille de taille plus petite, de forme beaucoup plus globuleuse-écourtée; spire moins haute; dernier tour très gros, obèse, avec, surtout chez quelques spécimens, un maximum de convexité assez voisin de la suture; même test, parfois un peu plus mince, souvent mallée; mêmes caractères de coloration.

Hauteur : 17-17 millimètres; diamètre maximum : 9 - 9 1/4 millimètres; diamètre minimum : 8-8 millimètres; hauteur de l'ouverture : 9 1/2 - 10 millimètres; diamètre de l'ouverture : 5-5 millimètres.

Marécages à Damas, vers 690 mètres d'altitude [ HENRI GADEAU DE KERVILLE ] [1].

Dans le Barada, rivière de la région verdoyante de

---

1. Roth a également recueilli cette variété aux environs de Jérusalem.

Damas, entre 650 et 700 mètres d'altitude [HENRI GADEAU
DE KERVILLE].

MOUSSON [1], après avoir décrit cette coquille, ajoute qu'il
ne peut mieux la définir « qu'en disant qu'elle tient le
milieu entre le *L. palustris* Drap. et le *pereger* Müll. Elle
est moins allongée que le premier et plus que le second ;
sa spire se termine par une pointe très fine bleu-noirâtre ;
l'ouverture est presque aussi ample que dans le *pereger*,
mais n'a point son bord columellaire détaché, ni sa columelle allongée, presque droite ; cette dernière, au contraire,
est tordue comme dans le *palustris* et recouverte d'une lame
marginale qui se moule sur la coquille ». Le seul caractère
qui puisse rapprocher la coquille de MOUSSON de quelques
variétés du *Limnæa peregra* Müller est l'allure du dernier tour ; mais l'aspect malléolé du test, la forme de l'ouverture et de la columelle, les caractères de la coloration
appartiennent sans conteste au *Limnæa palustris* Müller ;
aussi, avec PH. DAUTZENBERG, je regarde le *Limnæa
syriaca* Mousson comme une variété courte du *Limnæa
palustris* Müller.

Les jeunes de la variété *syriacensis* se distinguent très
nettement des jeunes du type *palustris* par leur spire très
courte et leur dernier tour globuleux-ventru (pl. XVII,
fig. 8-9).

LOCALITÉS :

Mare d'Addous, près de Baalbek, à 1100 mètres d'altitude environ [HENRI GADEAU DE KERVILLE].

---

1. Voici, à titre de comparaison, la description de MOUSSON :
« *T. imperforata, ovato-elongata, crassiuscula, cornea, striatula,
sine nitore. Spira regularis, summo acuminato nigricante ; sutura
impressa. Anfractus 6 - 6 1/2 convexi, primi minimi ; ultimus spiram
paulo superans. Apertura ovata ; margine acuto, columellari apresso ;
columella torta, subplicata.*
» *Long. : 24 ; diam. major. 13 ; diam. min. 11 mm.*
» *Rat. anfr. 4 : 7. — Rat. apert. 7 : 4.* »

Marécage à Damas, vers 690 mètres d'altitude [ Henri Gadeau de Kerville ].

Marettes au bord du Barada, à Hidachariyé, dans la région verdoyante de Damas, entre 650 et 700 mètres d'altitude [ Henri Gadeau de Kerville ].

Dans le Barada, rivière de la région verdoyante de Damas, entre 650 et 700 mètres d'altitude [ Henri Gadeau de Kerville ].

Distribution géographique :

Le *Limnæa palustris* Müller vit dans toute l'Europe, y compris la Suède et la Norvège [ Westerlund ] [1]. Cependant, dans la péninsule ibérique, il semble remplacé par des formes plus petites, comme le *Limnæa fusca* Pfeiffer [2] et le *Limnæa limbata* Zeigler [3], qui ne sont d'ailleurs que des variétés du *Limnæa palustris* Müller [ A. Locard ] [4]. Il est de même représenté en Crimée par une espèce voisine, le *Limnæa taurica* Clessin [5].

En Asie, le *Limnæa palustris* habite la Sibérie [ Westerlund ] [6], la Transcaucasie, l'Hyrcanie, le sud de la mer

---

1. Westerlund (C. A.). — Exposé critique des Mollusques de terre et d'eau douce de la Suède et de la Norvège ; *Société royale Sciences Upsal ;* 1871, p. 110.

2. Pfeiffer (C.). — *Naturgeschichte Deutscher Land- und Süsswasser-Mollusken ;* 1, 1821, p. 92, taf. IV, fig. 25.

3. Zeigler, in : Moquin-Tandon (A.). — *Histoire natur. Mollusques terr. et fluv. de France ;* II, p. 476 *(Limnæa palustris var. limbata).*

4. Locard (A.). — Conchyliologie portugaise ; *Archives Muséum Hist. natur. Lyon ;* VII, 1899, p. 169.

5. Clessin (S.). — *Malakozoolog. Blätter ;* n. f., II, 1880, p. 198 ; et VI, 1884, p. 31, taf. II, fig. 5. Espèce également figurée par W. Kobelt, in : Rossmässler, *Iconographie der Land- und Süsswasser-Mollusken ;* n. f., 1884, taf. XXIV, fig. 207.

6. Westerlund (C. A.). — Sibiriens land-öch Sotvatten-Mollusker ; *Kongl. svenska Vetenskaps-Akademiens Handlingar ;* XIV, 1877, p. 50 et 108.

Caspienne [Boettger][1], la Perse [Issel [2], J. de Morgan],
la Palestine, la Syrie et toute l'Asie-Mineure.

En Afrique, nous retrouvons cette même Limnée au
Maroc[3], dans de très nombreuses localités de l'Algérie,
même dans l'extrême sud[4], et dans la Tripolitaine[5]. Elle
n'a jamais été signalée en Tunisie, bien qu'elle doive s'y
retrouver, et ne vit pas en Égypte.

En Amérique, le *Limnœa palustris* Müller vit abondamment dans les lacs et rivières de l'Alaska[6], du Canada
et de toute la partie nord des États-Unis. On le trouve déjà
dans les marnes pleistocènes de l'Amérique boréale[7]. Il est
d'ailleurs aussi variable qu'en Europe et son polymorphisme lui a fait attribuer les noms de *Limnœa elodes* Say,
*Limnœa fragilis* Haldeman, *Limnœa nuttalliana* Lea,
*Limnœa Hyadeni* Lea, *Limnœa proxima* Lea, *Limnœa
plebeia* Gould et *Limnœa expansa* Haldeman, que j'ai
relevés dans ma synonymie.

1. Boettger, in : Radde. — *Fauna und Flora der Südwestlichen
Caspi-Gebietes* ; 1886, p. 324.

2. Issel (A.). — *Dei Molluschi raccolti dalla Missione italiana in
Persia* ; 1865, p. 45 [*Memorie d. Accademia d. Sc. di Torino* ; sér. II,
t. XXIII].

3. Pallary (P.). — Quatrième contribution à l'étude de la faune
malacologique du nord-ouest de l'Afrique ; *Journal de Conchyliologie* ;
LII, 1904, p. 53.

4. Bourguignat (J. R.). — *Malacologie de l'Algérie* ; II, 1864, p. 185.

5. Sturany (D' R.). — Mollusken aus Tripolis und Barka ; *Zoologischen Jahrbüchern* ; XXVII, 1908, p. 305.

6. Comme, d'autre part, le *Limnœa palustris* Müller vit dans la
presqu'île du Kamtschatka [Westerlund, *loc. supra cit.* ; 1877,
p. 108], son aire de dispersion s'étend, sans solution de continuité,
depuis la côte atlantique de l'Europe jusqu'à la côte atlantique de
l'Amérique, à travers toute l'Europe, tout le nord du continent asiatique et toute l'Amérique boréale.

7. Dall (W. H.). — *Land and fresh-water Mollusks of Alaska and
adjoin. regions* ; 1905, p. 76.



51

## § 3. — GALBA Schrank, 1803.

### Limnæa (Galba) truncatula Müller.

1774. *Buccinum truncatulum* Müller, *Verm. terrestr. et fluv. histor.;*
II, p. 130, n° 325.

1784. *Turbo rivulus* Walker et Boys, *Testacea minuta rariora;* fig. 57.

1788. *Helix truncatula* Gmelin, *Systema Naturæ;* éd. XIII, p. 3659,
n° 132.

1789. *Buccinum fossarum* Studer, in : Coxe, *Faunula Helvetica*, in :
Coxe, *Travels in Switzer Land;* III, p. 433.

1789. *Bulimus truncatus* Bruguière, *Encyclopédie méthodique; Vers;* I,
p. 510 [1].

1801. *Bulimus obscurus* Poiret, *Coquilles fluv. terr. Aisne, env. Paris;*
*Prodrome;* p. 35, n° 3 [2].

1801. *Limneus minutus* Draparnaud, *Tableau Mollusques terr. fluv.*
*France;* p. 51.

1803. *Helix fossaria* Montagu, *Testacea Britannica;* p. 372, pl. XVI,
fig. 9.

1805. *Limneus minutus* Draparnaud, *Histoire Mollusques terr. fluv.*
*France;* p. 53, n° 8, pl. III, fig. 5-7.

1814. *Lymnæa fossaria* Fleming, *Edinburgh Encyclop.;* VII, part. 1,
p. 77.

1815. *Lymneus minutus* Brard, *Coquilles terr. fluv. env. Paris;* p. 138,
pl. V, fig. 8-9.

1820 *Stagnicola minuta* Leach, *Molluscorum Britanniæ Synopsis;*
p. 143 (excl. Turton).

1822. *Lymnæa minuta* de Lamarck, *Hist. natur. Animaux sans Ver-*
*tèbres;* VI, part. II, p. 162, n° 12.

1825. *Limneus truncatus* Jeffreys, *Linnean Transact.;* XVI, p. 377.

1828. *Limnæa fossaria* Fleming, *History of British Anim.;* p. 274.

1. Non *Bulimus truncatus* Pfeiffer [*Symbolæ ad Historiam Helicco-*
*rum;* I, 1841, p. 43], qui est l'*Eucalodium truncatum* (Pfeiffer), espèce
du Mexique.
Non *Bulimus truncatus* Zeigler [mss. in Dupuy, *Hist. natur. Mol-*
*lusques terr. fluv. France*, 1851, p. 322], qui est le *Rumina decollata*
Linné [*Systema Naturæ;* éd. X, 1758, p. 773, n° 608 *(Helix decollata)*].

2. Non *Helix obscura* Müller [*Vermium terrestr. et fluvial. histor.;*
II, 1774, p. 103, n° 302], qui est le *Buliminus (Ena) obscurus* Müller.

1831. *Limnea minuta* Michaud, *Complément hist. Mollusques Drapar
    naud;* p. 89.

1831. *Limnæus fossarius* Turton, *Manual of Land and fresh-water
    Shells British Islands;* p. 124, fig. 108.

1833. *Limnophysa minuta* Fitzinger, *Systemat. Verzeichniss Oesterr.
    Weichth.;* p. 113.

1835. *Limnæa truncatula* Goupil, *Mollusques Sarthe;* p. 64, pl. II,
    fig. 1-3.

1837. *Limnophysa truncatula* Beck, *Index Molluscorum;* p. 113.

1840. *Limnæus truncatulus* Gray, in : Turton, *Manual of Land and
    fresh-water Shells British Islands;* 2ᵉ édit.; p. 240, n° 925.

1841. *Limnæa ferruginea* Haldeman, *Monograph of the Limniades...
    of North America;* part III, page 3 de la couverture ; et
    part IV (1842), p. 49, pl. XIII, fig. 19-20.

1847. *Limnæa oblonga* Puton, *Essai Mollusques terr. fluv. Vosges;* p. 60,
    n° 14.

1851. *Limnæa minuta* Dupuy, *Histoire Mollusques terr. fluv. France;*
    p. 469, n° 5, pl. XXIV, fig. 1.

1853. *Limnæa truncatula* Bourguignat, *Catalogue rais. Mollusques
    terr. fluv. Saulcy Orient;* p. 59.

1854. *Limnæus truncatulus* Mousson, *Coquilles terr. fluv. Bellardi
    Orient;* p. 49, n° 16.

1855. *Limnæa truncatula* Moquin-Tandon, *Histoire Mollusques terr.
    fluv. France;* II, p. 473, pl. XXXIV, fig. 21-23.

1858. *Limnæus truncatulus* Wallenberg, *Malakozoolog. Blätter;* p. 112,
    n° 14, p. 124; taf. I, fig. 10-11.

1859. *Limnæus truncatulus* Mousson, *Coquilles terr. fluv. Schlaefli
    Orient;* part. I, p. 67, n° 23.

1862. *Limnæus truncatus* Küster, in : Martini et Chemnitz, *Systemat.
    Conchylien-Cabinet;* p. 17, n° 21, taf. III, fig. 24-27.

1862. *Limnæus Umlaasianus* Küster, in : Martini et Chemnitz, *Syste-
    mat. Conchylien-Cabinet;* p. 32, taf. VI, fig. 4-5.

1863. *Limnæus truncatulus* Mousson, *Coquilles terr. fluv. Schlaefli
    Orient;* part. II, p. 103, n° 21.

1864. *Limnæa truncatula* Bourguignat, *Malacologie Algérie;* II, p. 187,
    pl. II, fig. 8-13.

1868. *Limnæa Umlaasiana* Morelet, *Coquilles terr. fluv. voyage Wel-
    witsch;* p. 42.

1871. *Limnæa truncatula* Westerlund, *Exposé critique Mollusques terr
    eau douce Suède Norvège;* p. 111, n° 3.

1872. *Limnæa truncatula* Reeve, *Conchologia Iconica;* XVIII, pl. 1, sp. 3.

1873 *Limnæa truncatula* Westerlund, *Fauna Mollusc. Succiæ;* p. 323.

1874. *Limnæa truncatula* Martens, *Vorderasiatische Conchylien;* p. 64.

1874. *Limnæa truncatula* Martens, in : Fedtschenko, *Reise in Turkestan; Mollusken* (en russe); p. 28, n° 36; p. 50, 51, 58 et 60; taf. II, fig. 26.

1874. *Limnæa truncatula ?* Jickeli, *Fauna der Land- und Süsswasser-Mollusken Nord-Ost-Afrika's;* p. 194, n° 127, taf. VII, fig. 10.

1874. *Limnæa peregra?* Jickeli, *loc. supra cit.;* p. 193, n° 126, taf. VII, fig. 9.

1876. *Limnophysa truncatula* Clessin, *Deutsche Excurs. Mollusk. Fauna;* éd. II; fig. 257.

1877. *Limnæa (Limnophysa) truncatula* Westerlund, *Sibiriens Land- och Sötvatten-Mollusker;* p. 51, n° 4, et p. 108.

1878. *Limnæa truncatula* Nevill, *Hand-List of Mollusca in the Indian Museum, Calcutta;* part 1, p. 234.

1879. *Limnæus truncatulus* Clessin, *Malakozoolog. Blätter;* n. f., 1, p. 20, taf. 11.

1879. *Limneus truncatulus* Boettger, *Jahrbücher d. Deutschen Malakozoolog. Gesellschaft;* VI, p. 40, n° 50, et p. 414.

1882. *Limnæa truncatula* Martens, *Mémoires Académie impériale Sciences Saint-Pétersbourg;* p. 41, 47 et 50.

1882. *Limnæa truncatula* Locard, *Prodrome Malacologie française; Catalogue Mollusques terr. eaux douces France;* p. 203 et 457.

1883. *Limnæa truncatula* Bourguignat, *Histoire malacologique Abyssinie;* p. 96 et 126.

1883. *Limneus (Limnophysa) truncatulus* Boettger. *Jahrbücher d. Deutschen Malakozoolog. Gesellschaft;* X, p. 328, n° 51.

1883. *Limnæa (Limnophysa) truncatula* Retowski, *Malakozoolog. Blätter;* n. f., VI, p. 29, n° 62.

1884. *Limnæa truncatula* Tristram, *Fauna and Flora of Palestine, Terrestrial and Fluviatile Mollusca;* p. 196, n° 152.

1885. *Limnæa (Fossaria) truncatula* Westerlund, *Fauna der paläarct. region Binnenconchylien;* V, p. 49, n° 1.

1886. *Limnæus (Gulnaria) truncatulus* Boettger, in : Radde, *Fauna und Flora des Sudwestl. Caspi-Gebictes;* p. 323, n° 59.

1889. *Limnæa truncatula* Bourguignat, *Mollusques Afrique équatoriale;* p. 157.

1889. *Limnæus truncatulus* Boettger, *Zoologische Jahrbücher*; IV,
p. 964, n° 16.

1889. *Limnæus (Limnophysa) truncatulus* Retowski, *Bericht Senkenb.
Naturforsch. Gesellschaft Frankfurt-a.-Main*; p. 265, n° 92.

1889. *Limnæa truncatula* Blanckenhorn, *Nachrichtsblatt d. Deutschen
Malakozoolog. Gesellschaft*; p. 86.

1893. *Limnæa truncatula* Locard, *Conchyliologie française; Les
Coquilles eaux douces saum. France*; p. 45, fig. 28.

1894. *Limnæa truncatula* Dautzenberg, *Revue biologique Nord France*;
VI, p. 336 (tirés à part, p. 8).

1898. *Limnæus umlaasianus* Sturany, *Catalog Südafrik. Land- und
Süsswasser-Mollusken*; p. 74, n° 323.

1899. *Limnæa (Limnophysa) truncatula* Wohlberedt, *Nachrichtsblatt
d. Deutschen Malakozoolog. Gesellschaft*; p. 28, n° 97; p. 40,
n° 95; et p. 110, n° 99.

1899. *Limnæa truncatula* Wohlberedt, *Jahresber. d. Gesellschaft
Freund. Naturwissensch. Gera*; p. 3, n° 73.

1901. *Limnæa truncatula* Wohlberedt, *Abhandl. d. Naturforsch.
Gesellschaft zu Görlitz*; XXIII, p. 208, n° 90.

1902. *Limnæa (Fossaria) truncatula* Sturany, *Sitzungsber. d. Kais.
Akad. d. Wissenschaft. Wien*; CXI, abth. I, p. 137, n° 45 (tirés
à part, p. 15).

1902. *Limnæa truncatula* Naegele, *Nachrichtsblatt d. Deutschen Malakozoolog. Gesellschaft*; p. 8, n° 51.

1905. *Limnæa (Fossaria) truncatula* Sturany, *Annalen K. K. Naturhist.
Hofmuseums Wien*; XX, p. 11, n° 38.

1905. *Limnæa (Galba) truncatula* Dall, *Land and fresh-water Mollusks
of Alaska and adjoin. regions*; p. 72, fig. 49.

1907. *Limnæa (Fossaria) truncatula* Wohlberedt, *Mollusques du Montenegro et de l'Albanie*, p. 560 (tirés à part, p. 62).

1909. *Limnæa (Fossaria) truncatula* Wohlberedt, *Wissensch. Mitt.
Bosnien und Herzegowina*; XI, p. 688 (tirés à part, p. 104).

1909. *Limnæa (Fossaria) truncatula* Pallary, *Catalogue Faune Malacologique Égypte*; p. 47, pl. III, fig. 31 et 43.

1912. *Limnæa (Galba) truncatula* GERMAIN, *Bulletin Muséum Hist.
natur. Paris*, p. 450, n° 259.

Les exemplaires de Syrie sont de taille moyenne; les
tours de spire, bien étagés, sont séparés par des sutures
profondes; l'ouverture est ovalaire-allongée, ses bords mar-

ginaux, bien convergents, sont réunis par une assez forte callosité d'un brun roux; enfin le bord columellaire est nettement réfléchi sur l'ombilic.

Hauteur : 8 3/4 - 9 millimètres; diamètre maximum : 5 - 5 millimètres; diamètre minimum : 4 - 4 millimètres; hauteur de l'ouverture : 4 3/4 - 5 millimètres; diamètre de l'ouverture : 3 - 3 millimètres.

Test peu fragile, subtransparent, d'un brun marron parfois teinté de verdâtre; stries assez fortes, un peu onduleuses et irrégulières; intérieur de l'ouverture d'un ambré brillant légèrement orangé.

LOCALITÉS :

Ruisseaux formés par l'Aïn el Djididé (source), à Broumana, entre 600 et 800 mètres d'altitude (Liban) [HENRI GADEAU de Kerville].

Ruisseau à Koutaïfé, au nord-est de Damas [HENRI GADEAU DE KERVILLE].

Dans un fossé à Djéroud, au nord-est de Damas [HENRI GADEAU DE KERVILLE].

DISTRIBUTION GÉOGRAPHIQUE :

Le *Limnæa truncatula* Müller est une espèce extrêmement polymorphe et dont la distribution géographique est considérable, presque cosmopolite. Il habite toute l'Europe, y compris la Suède, la Norvège [WESTERLUND] [1], les îles Shetland [JEFFREYS] [2], les îles Féroë et l'Islande [MÖRCH] [3]. En Asie, le *Limnæa truncatula* Müller vit en Sibérie

---

1. WESTERLUND (C. A.). — Exposé critique des Mollusques de terre et d'eau douce de la Suède et de la Norvège; *Société royale Sciences Upsal;* 1871. p. 112.

2. JEFFREYS (J. G.). — *Annals and Magazine of Natural History;* 1868

3. MÖRCH (O. A. L.). — *Faunula Molluscorum Insularum Faeröensium;* 1868.

(jusqu'au Kamtschatka) [WESTERLUND] [1] et dans toute
l'Asie-Antérieure (Arménie, Transcaucasie, Syrie, Turkestan, Perse) où il se trouve mêlé à un certain nombre
d'espèces très voisines et d'ailleurs assez mal caractérisées :
tel est le cas du *Limnæa hordeum* Mousson [2] de la vallée
de l'Euphrate, du *Limnæa schirazensis* von dem Busch [3]
de la Perse, du *Limnæa pervia* Martens [4] de l'Asie-
Centrale, etc. Il existe d'ailleurs plusieurs variétés de
*Limnæa truncatula* Müller propres à l'Asie-Antérieure,
comme les variétés *longispirata* Clessin [5] et *labiata*
Boettger [6], des régions sud de la mer Caspienne, et la variété *longula* (Parreyss) Martens [7] de l'Asie Centrale.

1. WESTERLUND (C. A.). — Sibiriens Land- öch Sötvatten-Mollusker; *Kongl. Svenska Vetenskaps-Akademiens Handlingar;* XIV, 1877,
p. 51 et 108.

2. MOUSSON (A.). — Coquilles terr. fluv. Al. Schlaefli Orient,
*Journal de Conchyliologie;* XXII, 1874, p. 42, n° 7 [*Limnæus hordeum*].

3. VON DEM BUSCH, in : KUSTER. — Die Gattung Limnæus, Amphi-
peplea, Chilina, Isidora und Physopsis; in : MARTINI et CHEMNITZ. — *Sys-
temat. Conchylien-Cabinet;* p. 53, n° 78, taf. XI, fig. 28-31 [*Limnæus
schirazensis*]. Cette coquille, qui n'est peut-être qu'une variété du
*Limnæa truncatula* Müller, est le *Limnæa persica* Reeve [*Conchologia
Iconica;* Décembre 1872, pl. XIV, sp. 92], non Bourguignat, in : ISSEL
[*Dei Molluschi raccolti dalla Missione italiana in Persia;* 1865, p. 47
(Limnæa auricularia var. persica)] qui, d'après E. VON MARTENS
[*Vorderasiatische Conchylien;* 1874, p. 29] serait synonyme du *Limnæa
(Radix) lagotis* Schrank.

4. MARTENS (Dr E. VON). — Ueber Centralasiatische Mollusken; *Mémoires Académie impériale Sciences Saint-Pétersbourg;* XXX, 1882,
p. 40, taf. IV, fig. 11.

5. CLESSIN (S.). — *Malakozoologische Blätter;* n. f., I, 1879, p. 29.

6. BOETTGER, in : RADDE. — *Fauna und Flora des Südwestlichen
Caspi-Gebietes;* 1886, p. 323 [*Limnæus (Gulnaria) truncatulus* var.
*labiata* Boettger].

7. MARTENS (Dr E. VON). — *Loc. supra cit.;* in *Mémoires Académie
impériale Sciences Saint-Pétersbourg;* XXX, 1882, p. 41 [*Limnæa truncatula* var. *longula*]. Dès 1874, MARTENS [Mollusken, in : FEDTSCHENKO. —
*Reise in Turkestan* (en russe); p. 28, taf. II, fig. 26] avait figuré cette
coquille en la rapportant, à tort, à la variété *Goupili* Moquin-Tandon
(*Limnæa truncatula* var. *Goupili*) : « C. var. *Goupili* Moq.-Tand. Dupuy

En Afrique, le *Limnæa truncatula* Müller est également très abondant au Maroc[1], en Algérie[2], dans le Sahara algérien[3], en Tunisie[4] et en Égypte[5] où il vit dans tout le cours du Nil. De là, il s'est répandu en Abyssinie[6], dans l'est africain[7] et jusqu'à la colonie du Cap[8].

Enfin ce même *Limnæa*, introduit dans l'Amérique du Nord, s'est largement répandu aux États-Unis, au Canada et jusque dans l'Alaska[9].

### Genre PLANORBIS (Guettard) Müller[10].

Le genre *Planorbis* est représenté, en Syrie et en Pales-

l. c. fig. 1 d.; Rossm. Iconogr. f. 57. — *truncatula* Goupil. — *longula* Parr. (t. II, fig. 26) ». Non *Limnæus longulus* Mousson [ *Die Land- und Süsswasser-Mollusken von Java, nach den Sendungen des H. Sem.-Dir. Zollinger, zusammengestellt und beschrieben;* 1849, p. 43, taf. V, fig. 2-3] qui est le *Limnæa javanica* Hasselt [ in : Beck. — *Index Molluscorum;* 1837, p. 113], espèce de l'île de Java.

1. Pallary (P.). — Quatrième contribution à l'étude de la faune malacologique du nord-ouest de l'Afrique; *Journal de Conchyliologie;* LII, 1904, p. 53.

2. Bourguignat (J. R.). — *Malacologie de l'Algérie, ou Histoire naturelle des anim. Mollusques terr. et fluv. recueillis jusqu'à ce jour dans nos poss. du nord de l'Afrique:* II, 1864, p. 187.

3. Bourguignat (J. R.). — *Mollusques terr. et fluv. recueillis par M. H. Duveyrier dans le Sahara;* 1863, p. 15.

4. Letourneux (A.) et Bourguignat (J. R.). — *Prodrome de la Malacologie terrestre et fluviatile de la Tunisie;* 1887, p. 133.

5. Pallary (P.). — Catalogue de la faune malacologique d'Égypte; *Mémoires Institut Égyptien;* VI, 1909, p. 47.

6. Bourguignat (J. R.). — *Histoire malacologique de l'Abyssinie;* 1883, p. 96.

7. Bourguignat (J. R.). — *Mollusques de l'Afrique équatoriale;* Mars 1889, p. 157.

8. Sous le nom de *Limnæa Umlaasiana* Küster.

9. Voir les localités où cette Limnée vit aujourd'hui dans Dall (W. H.). — *Land and fresh-water Mollusks of Alaska and adjoin. regions;* 1905, p. 73.

10. Le nom de *Planorbis* fut imprimé dès 1702 par Petiver [*Gazophilacii naturæ et artis decades decum, in quibus Quadrupeda, Aves,*

tine, par un petit nombre d'espèces dont les plus répandues sont les *Planorbis umbilicatus* Müller et *Planorbis piscinarum* Bourguignat. En dehors de ces Planorbes, dont il sera plus loin question, vivent, plus rarement, quelques autres espèces que je vais passer rapidement en revue.

WESTERLUND a décrit, sous le nom de *Planorbis libanicus*[1], une coquille dont il a fait, quelques années plus tard, le type du sous-genre *Heterodiscus*[2]. Voici, tout d'abord, la description originale de l'auteur et les remarques qui l'accompagnent :

« *Testa magnitudine mediocris, supra late profundeque concavo-umbilicata, infra subplana, nitida, cornea (subtus paullo pallidior), firma lævigata, sublente forti densissime at distincte spiraliter lineata; anfract. 5 1/2 – 6, convexi, interiores utrinque perlente accrescentes, spiram magnam, subæquantes formantes, ultimus major, rotundatus, subcylindraceus, supra convexus, subtus pone suturam impressam obtusissime angulatus, extrorsum paullo planulatus; apertura oblique rotundato-*

Pisces, *Reptilia, Vegetabilia, item fossilia, corpora marina et stirpes minerales e terra erutæ, lapides figura insignes*... *descriptionibus brevibus et iconibus illustrantur*; 1702, p. 16, tab. 10, fig. 11], puis par GUETTARD, d'abord en 1756 [Observations qui peuvent servir à former quelques caractères de coquillages; *Mémoires Acad. royale Sciences;* 1756, p. 151], puis en 1762 [*Mémoires Acad. royale Sciences; 1762*]. DALL [*Land and fresh-water Mollusks of Alaska and adjoin. regions;* 1905, p. 83] n'accepte pas le nom de GUETTARD, parce que cet auteur n'emploie pas, dans ses écrits, la nomenclature binominale. Il attribue alors la paternité du genre *Planorbis* à MULLER qui, le premier [*Vermium terrestrium et fluvialium historia;* 1774, II, p. 152], a employé le mot *Planorbis* en suivant les règles linnéennes.

1. WESTERLUND (C. A.). — *Planorbis libanicus* nov. sp.; *Nachrichtsblatt d. Deutschen Malakozoolog. Gesellschaft;* XXXI, 1899, p. 170-171.

2. WESTERLUND (C. A.). — Methodus dispositionis Conchyliorum extramarinorum in Regione palæarctica viventium, familias, genera, subgenera et stirpes sistens; *Rad Jugoslavenske Akademije znanosti i umjet nosti* (Bulletin de l'Académie des Arts et Sciences de l'Esclavonie du Sud), Zagreb, CLI; 1903, p. 120 [*Heterodiscus*, sous-genre pour le *Planorbis libanicus*].

*lunaris, marginibus distantibus, disjunctis, basili obli-
que surrecto. Diam. 14, alt. ad apert. 5 mm.*

» *Hab. Mons Libanon (legit beat. Evers. Havniensis).*

» *Haec species forte typum novi subgeneris format,
quod a subgen. Meneto differe videtur : Testa supra late
concavo-umbilicata, infra subplana, sublente tenue distincte spiraliter lineata, spira magna, utrinque subaeque
lata* ».

Cette espèce n'a jamais été figurée. D'après la description,
je crois pouvoir la rapprocher du *Planorbis umbilicatus*
Müller dont elle possède les dimensions et la carène très
obtuse du dernier tour. Elle se rapproche également de certaines formes du type de MULLER par la concavité de sa
face supérieure, mais s'en éloigne par la présence d'une
sculpture spirale. Ce dernier caractère n'a jamais été observé chez les Planorbes du groupe du *Planorbis umbilicatus* Müller et sa présence justifie pleinement la création
d'une espèce distincte. Je crois cependant que le *Planorbis
libanicus* Westerlund doit se ranger dans le même sous-
genre, celui des *Tropidiscus* Stein [1].

Dans le lac de Homs vit une autre espèce, découverte par
T. BARROIS et décrite par PH. DAUTZENBERG : le *Planorbis
[Gyraulus] homsensis* [2]. C'est une petite coquille, pouvant
atteindre 5 millimètres de diamètre, se distinguant du *Planorbis (Gyraulus) piscinarum* Bourguignat par sa forme
notablement plus déprimée.

Enfin, le *Planorbis (Gyraulus) hebraicus* Bourguignat [3]

1. Le *Planorbis libanicus* Westerlund ne semble pas avoir été retrouvé depuis.

2. DAUTZENBERG (PH.). — Liste des Mollusques terrestres et fluviatiles recueillis par M. TH. BARROIS en Palestine et en Syrie; *Revue
biologique Nord de la France;* VI, 1894, p. 337, fig. 1 (tirés à part, p. 9,
fig. 1).

3. BOURGUIGNAT (J. R.). — *Testacea noviss. Saulcy Orient;* 1852,
p. 23, n° 3; et *Catalogue raisonné Mollusques terr. fluv. Saulcy Orient;*
1853, p. 57, pl. II, fig. 38-40.

vit en plusieurs localités de la Syrie, notamment dans les mares voisines du Bahr-el-Houlé. C'est une espèce bien voisine du *Planorbis piscinarum* Bourguignat et ne s'en distinguant que par sa forme légèrement plus déprimée, son dernier tour moins descendant à l'extrémité et sa suture plus profonde.

## § 1. — TROPIDISCUS Stein [1].

## Planorbis (Tropidiscus) umbilicatus Müller.

### Pl. XVI, fig. 16 à 19 et pl. XVII, fig. 6-7.

1758. *Helix planorbis* Linné, *Systema Naturæ*; éd. X, p. 769.

1761. *Helix planorbis* Linné, *Fauna Succica*; éd. II, p. 527.

1774. *Planorbis umbilicatus* Müller, *Verm. terrest. et fluv. histor.*; II, p. 160, n° 346.

1789. *Helix complanata* Poiret, *Voyage en Barbarie*; II, p. 27 (*non* Linné, *nec* Montagu).

1. STEIN (J. P. E.). — *Die lebenden Schnecken und Muscheln der Umgegend Berlins*; 1850, p. 76.

Le vocable *Anisus* Fitzinger [*Systematische Verzeichniss der im Erzherzogthum Oesterreich vorkommenden Weichthiere, als Prodrom einer Fauna derselben; (Beiträgen zur Landeskund. Oesterr.*, III, 1833), p. 111] ne peut être adopté, parce qu'il existe déjà un genre *Anisus* Dujardin (1821). Quant au genre *Anisus* Studer [*Kurzes Verzeichniss der bis jezt in unserm Vaterlande entdeckten Conchylien*; in : GARTNER, *Naturwiss. Anzeig. Schweiz. Gesellschaft Bern*; 1820, p. 23], il représente les Planorbes plus les Physes [*Anisus* Studer = *Planorbis* + *Physa*].

Le sous genre *Gyrorbis* Moquin-Tandon [*Histoire nat. Mollusques terrestres et fluviatiles France*; II, 1855, p. 423 et 428] est synonyme du sous-genre *Tropidiscus* Stein. Quant au sous-genre *Gyrorbis* Mörch [*Vidensk. Meddel. Kjöb.*; 1863, p. 343], dont le type est le *Planorbis vortex* Linné [*non Gyrorbis* Fitzinger, *loc. supra cit.*, 1833], il est synonyme du sous-genre *Spirorbis* [SWAINSON. — *A Treatise of Malacology, or the natural classification of Shells fish*; 1840, p. 337]; mais comme il existe un genre *Spirorbis* antérieur [DAUDIN, 1800 (Vers)], W. H. DALL a proposé le nouveau nom de *Paraspira* [DALL (W. H.). — *Land and fresh-water Mollusks of Alaska and adjoin. regions*; 1905, p. 82].

1789. *Planorbis complanatus* Studer, Fauna Helvet., in : Coxe, *Trav. Schwitz.*; III, p. 435 (*non* Poiret, *nec* Draparnaud).

1789. *Helix lacustris* Razoumowsky, *Histoire natur. Mont Jora*; I, p. 273.

1801. *Planorbis carinatus* var. b. Draparnaud, *Tableau Mollusques terr. fluv. France:* p. 46.

1803. *Planorbis umbilicatus* Schrank, *Fauna Boïca*; III, p. 280.

1805. *Planorbis marginatus* Draparnaud, *Histoire Mollusques terr. fluv. France;* p. 45, n° 8, tab. II, fig. 11, 12 et 15.

1820. *Planorbis Sheppardi* Leach, *Synopsis of British Mollusca;* p. 149.

1821. *Planorbis marginatus* Hartmann, *Neue Alpina*; I, p. 254.

1822. *Planorbis turgidus* Jeffreys, *Linnean Transact.*; XIII, p. 388.

1831. *Planorbis rhombeus* Turton, *Shells Britann.*; p. 108, fig. 90.

1832. *Planorbis submarginatus* Cristofori et Jan, *Catalog. Mant.*; n° 9.

1835. *Planorbis marginatus* Rossmässler, *Iconographie der Land- und Süsswasser-Mollusken;* I, p. 102, taf. IV, fig. 99.

1837. *Planorbis intermedius* de Charpentier, *Catalogue Mollusques Suisse;* p. 21.

1840. *Planorbis marginatus* Gray, in : Turton. *Manual of land and fresh-water Shells of British Islands;* éd. 2, p. 265, pl. VIII; fig. 87.

1850. *Planorbis complanatus* Dupuy, *Histoire Mollusques terr. fluv. France;* p. 445, n° 12, tab. XXI, fig. 5.

1850. *Planorbis submarginatus* Dupuy, *Histoire Mollusques terr. fluv. France;* p. 446, n° 13, tab. XXV, fig. 7.

1850. *Planorbis complanatus* Stein, *Die leb. Schnecken und Muscheln Berlins;* p. 76, taf. II, fig. 18.

1855. *Planorbis marginatus* Roth, *Malakozoolog. Blätter;* p. 50, n° 3.

1855. *Planorbis Linnei* var. *marginatus* Malm, *Goeteb. Vet. Vitt. Samhs. Handl.*; III, p. 137.

1855. *Planorbis complanatus* Moquin-Tandon, *Histoire Mollusques terr. fluv. France;* II, p. 428, pl. XXX, fig. 18-28.

1856. *Planorbis marginatus* Nordenskiold et Nylander, *Findland Mollusk.;* p. 63, pl. IV, fig. 52.

1862. *Planorbis complanatus* Jeffreys, *British Conchol.*; I, p. 91.

1863. *Planorbis marginatus* Mousson, *Coquilles terr. fluv. Schlaefli Orient;* part. II, p. 86, n° 92.

1864. *Planorbis complanatus* Bourguignat, *Malacologie Algérie;* II, p. 151.

1864. *Planorbis complanatus* var. B *submarginatus* Bourguignat, *Malacologie Algéric*; II, p. 152.

1865. *Planorbis complanatus* Issel, *Molluschi raccolti Miss. italiana in Persia*; p. 44, n° 1.

1871. *Planorbis (Tropidiscus) umbilicatus* Westerlund, *Exposé critique Mollusques Suède Norvège*; p. 124, n° 2.

1874. *Planorbis marginatus* Martens, *Vorderasiatische Conchylien*; p. 64.

1875. *Planorbis (Tropidiscus) umbilicatus* Westerlund, *Malakozoolog. Blätter*; XXII, p. 102, n° 3.

1876. *Planorbis marginatus* Mousson, *Journal de Conchyliologie*; XXIV, p. 46, n° 39.

1877. *Planorbis (Tropidiscus) umbilicatus* Kobelt, *Jahrbücher d. Deutschen Malakozoolog. Gesellschaft*; IV, p. 34.

1878. *Planorbis complanatus* Reeve, *Conchologia Iconica*; XX, pl. 1, sp. 5.

1879. *Planorbis (Tropidiscus) umbilicatus* Westerlund et Blanc, *Aperçu faune malacologique Grèce*; p. 126, n° 271.

1880. *Planorbis marginatus* Boettger, *Jahrbücher d. Deutschen Malakozoolog. Gesellschaft*; VII, p. 148, n° 74.

1880. *Planorbis marginatus* Martens, *Mémoires Académic impériale Sciences Saint-Pétersbourg*; XVI, p. 148, n° 21, et p. 155-156.

1881. *Planorbis marginatus* Milachevich, *Bulletin Société impériale Naturalistes Moscou*; LVI, n° 2, p. 238, n° 76.

1882. *Planorbis complanatus* Locard, *Prodrome Malacologie française*; p. 186.

1882. *Planorbis submarginatus* Locard, *Prodrome Malacologie française*; p. 187.

1883. *Planorbis Antiochianus* Locard, *Malacologie lacs Tibériade, Antioche et Homs*; p. 68, pl. XXIII, fig. 5-6.

1883. *Planorbis (Anisus) marginatus* Retowski, *Malakozoolog. Blätter*; n, f., VI, p. 29, n° 64.

1885. *Planorbis (Tropidiscus) umbilicatus* Westerlund, *Fauna der paläarct. region Binnenconchylien*; V, p. 69, n° 8.

1885. *Planorbis (Tropidiscus) antiochianus* Westerlund, *Fauna der paläarct. region Binnenconchylien*; V, p. 70.

1886. *Planorbis marginatus* Küster, Dunker et Clessin, Die Familie der Limnaeiden, in : Martini et Chemnitz, *Systemat. Conchylien-Cabinet*; p. 74, n° 48, taf. XIII, fig, 17-19, 29-31 et 36-38.

1886. *Planorbis marginatus* var. *submarginatus* Küster, Dunker et
Clessin, *loc. supra cit.;* p. 76.

1886. *Planorbis marginatus* Clessin, *Malakozoolog. Blätter;* n. f., VIII,
p. 55, n° 23.

1889. *Planorbis marginatus* Blanckenhorn, *Nachrichtsblatt d. Deutschen
Malakozoolog. Gesellschaft;* p. 86.

1889. *Planorbis antiochianus* Blanckenhorn, *Nachrichtsblatt d. Deutschen Malakozoolog. Gesellschaft;* p. 86.

1889. *Planorbis (Tropidiscus) marginatus* Retowski, *Bericht Senkenberg. Naturforsch. Gesellschaft Frankfurt-a.-Main*, p. 265, n° 93.

1893. *Planorbis umbilicatus* Locard, *Coquilles eaux douces France*,
p. 55, fig. 39-41.

1893. *Planorbis intermedius* Locard, *Coquilles eaux douces France*,
p. 56.

1893. *Planorbis submarginatus* Locard, *Coquilles eaux douces France*,
p. 55.

1894 *Planorbis submarginatus* Dautzenberg, *Revue biologique Nord
France;* VI, p. 336 (tirés à part, p. 8).

1899. *Planorbis (Tropidiscus) marginatus* Wohlberedt, *Nachrischtsblatt d. Deutschen Malakozoolog. Gesellschaft ;* XXXI, p. 30,
n° 102, p. 41, n° 100, et p. 110, n° 105.

1899. *Planorbis marginatus* Wohlberedt, *Jahresber. d. Gesellschaft
Freund. Naturwissensch. Gera;* p. 3, n° 76.

1901. *Planorbis (Tropidiscus) umbilicatus* Lindholm, *Nachrischtsblatt
d. Deutschen Malakozoolog. Gesellschaft;* p. 178, n° 41.

1902. *Planorbis (Tropidiscus) umbilicatus* Sturany, *Sitzungsber. d.
Kais. Akad. d. Wissenschaft. Wien;* CXI, p. 137, n° 46 (tirés à
part, p. 15, n° 46).

1905. *Planorbis (Tropidiscus) umbilicatus* Sturany, *Annalen K. K.
Naturhist. Hofmuseums Wien;* XX, p. 11, n° 41.

1912. *Planorbis (Tropidiscus) umbilicatus* Germain, *Bulletin Muséum
Hist. natur. Paris*, p. 450, n° 260.

Les plus grands exemplaires récoltés par M. Henri Gadeau
de Kerville mesurent 14 millimètres de diamètre maximum,
12 1/4 millimètres de diamètre minimum et 3 1/2 millimètres
d'épaisseur ; mais la taille de la majorité des échantillons,
d'ailleurs peu variable, est sensiblement plus faible : 10 à
12 millimètres de diamètre maximum, 9 à 10 1/2 millimètres

de diamètre minimum et 2 à 2 1/2 - 2 3/4 millimètres d'épaisseur.

La coquille présente les mêmes caractères que chez les échantillons européens : même polymorphisme, portant principalement sur la carène, et qui permet les remarques suivantes :

Tantôt la carène, basale ou subbasale, est bien marquée : c'est le cas du *Planorbis umbilicatus* Müller typique. Ce cas est rare dans les régions asiatiques. Cependant, M. Henri Gadeau de Kerville a recueilli un certain nombre d'exemplaires tout à fait typiques, dans les marécages des environs de Damas, vers 690 mètres d'altitude ;

Tantôt la carène, qui est inframédiane, mais non basale, est plus ou moins marquée, presque obsolète ; cette forme, qui a reçu le nom de *Planorbis intermedius* de Charpentier[1], est assez fréquente ;

Tantôt enfin la carène, tout en étant basale comme dans le type, est plus ou moins obsolète[2]. C'est alors le *Planorbis submarginatus* de Cristofori et Jan, qui est, au reste, la forme la plus répandue dans les régions parcourues par M. Henri Gadeau de Kerville.

Ces trois formes ne sont pas nettement définies et je les cite surtout parce que chacune d'elles a reçu un nom particulier ; mais, d'une part, la carène peut occuper toutes les positions depuis le milieu jusqu'à la base du dernier tour et, d'autre part, elle passe insensiblement de la forme subaiguë à la forme absolument obsolète[3]. Dans ces conditions, il devient illusoire de les distinguer.

1. Charpentier (de). — Catalogue des Mollusques terrestres et fluviatiles de la Suisse ; *Denkschr. Schweiz. Gesellschaft Naturwiss.* ; I, 1837 ; tirés à part, p. 21.

2. La carène, chez le *Planorbis umbilicatus* Müller, n'est jamais très aiguë comme chez une espèce voisine, mais bien certainement distincte, le *Planorbis carinatus* Müller [*Verm. terr. et fluv. histor.* ; II, 1774, p. 157].

3. Cette carène disparaît à peu près complètement chez le *Planorbis Philippii* de Monterosato [in Caziot. — *Mollusques vivants terr. et*

Le *Planorbis antiochianus* Locard est un *umbilicatus* à peu près typique, ainsi que le montre les figures 20 et 21 de la planche XVI[1]. « Chez le *Planorbis Antiochianus* », dit A. Locard, « le dessus de la coquille est plus concave pour des individus de même taille [que chez le *Planorbis umbilicatus* Müller]; le dernier tour, pour une même largeur, est plus renflé en dessus, et partant la suture est plus profonde; en outre, chez cette coquille, l'ouverture est toujours plus oblique, et le péristome un peu évasé à son point d'insertion supérieur. Mais, un des faits les plus caractéristiques, c'est que ce point d'insertion de l'ouverture est toujours plus haut; le dernier tour est, par conséquent, plus ascendant »[2]. Ces particularités, qui se rencontrent chez nombre d'exemplaires européens, n'ont aucune valeur spécifique. La concavité plus ou moins grande des faces supérieure et inférieure de la coquille varie, en effet, comme la carène, c'est-à-dire dans de grandes proportions. Les récoltes de M. Henri Gadeau de Kerville sont, ici encore, très instructives, car si, à ce point de vue particulier, certains

fluv. *île de Corse*; 1902, p. 262 (*Planorbis philippianus*)] = *Planorbis subangulatus* Philippi [*Enumeratio Molluscor. Siciliæ*; II, 1844, p. 119, tab. XXI, fig. 6] (non *Planorbis subangulatus* de Lamarck [*Annales du Muséum*; VIII, 1807, p. 151, n° 2, pl. LXII, fig. 1-2], fossile des environs de Paris).

Ce *Planorbis Philippii* de Monterosato est une variété *méridionale* du *Planorbis umbilicatus* Müller, qui est assez répandue dans le nord de l'Afrique (Algérie-Tunisie), l'Europe méridionale et une partie de l'Asie-Antérieure. Dans ces dernières contrées, elle vit dans l'Asie-Mineure, la Transcaucasie et le nord de la Perse.

1. Ces figures représentent un des exemplaires sur lesquels l'auteur a créé son espèce. Il appartient maintenant aux collections du Muséum national d'Histoire naturelle de Paris.

2 Locard (A.). — Malacologie des lacs de Tibériade, d'Antioche et d'Homs; *Archives Muséum Hist. natur. Lyon*; III, 1883, p. 68 (*Planorbis Antiochianus*). Quant à la figuration du *Planorbis umbilicatus* Müller d'Europe, donnée par A. Locard *à titre de comparaison* (pl. XXIII, fig. 7), elle n'est pas exacte, et représente un exemplaire dont le dernier tour a subi une torsion absolument anomale.

exemplaires sont comparables au type *antiochianus* [1], d'autres présentent beaucoup moins nettement ce caractère [2], et dans la majorité des échantillons [3] la coquille est sensiblement plane en dessus [4].

Le test est tantôt mince, léger, transparent, d'un corné pâle brillant [5]; tantôt plus solide, à peine brillant, et d'un roux fauve plus ou moins foncé [6]. Dans le premier cas, les stries sont fines, très obliques, fort irrégulières, beaucoup moins obliques en dessous qu'en dessus; dans le second cas, elles sont également fines et obliques, mais plus régulièrement distribuées.

Quelques spécimens [7] montrent une sculpture assez particulière. En dehors des stries fines habituelles, le test montre, d'espace en espace, et sans la moindre régularité, des stries plus fortes, simulant de petites côtes. Il en résulte quelque chose d'assez analogue au test de certains spécimens du *Planorbis corneus* Linné auxquels BOURGUIGNAT a donné le nom de *Planorbis adelosius* [8].

Ajoutons enfin que WESTERLUND [9] a distingué, sous le nom

1. Exemplaires recueillis dans le Barada, rivière de la région verdoyante de Damas, entre 650 et 700 mètres d'altitude.

2. Exemplaires recueillis dans les marettes à Hidachariyé, près de Damas, entre 650 et 700 mètres d'altitude [HENRI GADEAU DE KERVILLE].

3 Exemplaires recueillis dans les marécages de Damas, vers 690 mètres d'altitude [HENRI GADEAU DE KERVILLE].

4. Voir, à ce sujet, pl. XVI, fig. 17.

5. C'est le cas des échantillons recueillis dans le Barada, rivière de la région verdoyante de Damas, entre 650 et 700 mètres d'altitude [HENRI GADEAU DE KERVILLE].

6. C'est le cas des échantillons recueillis dans les marécages de Damas, vers 690 mètres d'altitude [HENRI GADEAU DE KERVILLE].

7. Des marettes de Hidachariyé, près de Damas, entre 650 et 700 mètres d'altitude [HENRI GADEAU DE KERVILLE].

8 BOURGUIGNAT (J. R.). — *Aménités malacologiques*; II, 1860, p. 131, pl. XVI, fig. 13-15.

9. WESTERLUND (C. A.). -- Malakologiska bidrag; *Kongl. Vetenskaps-Akademiens Förhandlingar, Stockholm*; 1881, p. 62.

53

de variété *armeniacus*, une variété du *Planorbis umbilicatus* Müller de taille plus faible[1] (elle ne dépasse pas 11 1/2
millimètres de diamètre maximum et 2 millimètres d'épaisseur) et qui habite certaines localités de l'Arménie.

LOCALITÉS :

Marécages à Damas, vers 690 mètres d'altitude [HENRI
GADEAU DE KERVILLE].

Marettes à Hidachariyé, près de Damas, entre 650 et 700
mètres d'altitude [HENRI GADEAU DE KERVILLE].

Dans le Barada, rivière de la région verdoyante de Damas,
entre 650 et 700 mètres d'altitude [HENRI GADEAU DE KER-
VILLE].

DISTRIBUTION GÉOGRAPHIQUE :

Le *Planorbis umbilicatus* Müller vit dans toute l'Europe,
y compris la Suède et la Norvège [WESTERLUND]. Dans la
péninsule balkanique habitent, en outre, la variété *aretusæ*
Clessin[2], le *Planorbis atticus* Bourguignat[3] et le *Planorbis græcus* Clessin[4] qui ne sont que des variétés locales
du *Planorbis umbilicatus* Müller.

En Asie, ce Planorbe vit en Sibérie [WESTERLUND] (surtout dans les régions occidentales), dans les territoires du
Caucase, dans toute l'Asie-Mineure, et dans une partie de
la Perse [ISSEL, J. DE MORGAN]. En Arménie et en Transcaucasie, il est partiellement remplacé par une espèce repré-

1. Chez cette variété, le dernier tour, convexe, est orné d'une
carène filiforme infrabasale.

2. CLESSIN (S.). — Aus meiner Novitäten-Mappe; *Malakozoolog.
Blätter;* n. f., 1, 1879, p. 5, n° 3, taf. 1, fig. 3. [*Planorbis atticus* var.
*Arethusæ*].

3. BOURGUIGNAT (J. R.). — *Testacea novissima quæ Cl. de Saulcy
in itinere per Orientem annis 1850 et 1851, collegit;* 1852, p. 22, n° 1;
et *Catalogue raisonné Mollusques terrestres et fluviatiles Cl. de Saulcy
Orient;* 1853, p. 55, pl. II, fig. 35-37.

4. CLESSIN (S.). — *Malakozoolog. Blätter;* 1878, p. 125, taf. V, fig. 5.
Cette coquille vit également dans l'Ile d'Eubée.

sentative, le *Planorbis Sieversi* Mousson [1], qui diffère par son enroulement plus lent, ses tours un peu plus convexes à la base, et sa carène dont l'acuité est intermédiaire entre celle du *Planorbis umbilicatus* Müller et celle de la variété *Philippii* de Monterosato.

En Afrique, le *Planorbis umbilicatus* Müller se retrouve au Maroc (variété *Philippii* de Monterosato) [P. PALLARY] et en Algérie-Tunisie [BOURGUIGNAT] [2].

## § 2. — GYRAULUS Agassiz [3].

### Planorbis (Gyraulus) piscinarum Bourguignat.

#### Pl. XVII. fig. 14 à 16.

1852. *Planorbis piscinarum* Bourguignat, *Testacea novissima Saulcy Orient.*; p. 22, n° 2.

1853. *Planorbis piscinarum* Bourguignat, *Catalogue rais. Mollusques terr. fluv. Saulcy Orient*; p. 56, pl. II, fig. 32-34.

1861. *Planorbis piscinarum* Mousson, *Coquilles terr. fluv. Roth Palestine*; p. 54, n° 56.

---

1. MOUSSON (A.). — Coquilles recueillies par M. le Dr Sievers dans la Russie méridionale et asiatique; *Journal de Conchyliologie*; XXI, 1873, p. 221, n° 44, pl. VII, fig. 9.

2. Type, variété *submarginatus* Cristofori et Jan, et variété *Philippii* de Monterosato.

3. AGASSIZ, in : CHARPENTIER (DE). — *Catalogue des Mollusques terrestres et fluviatiles de la Suisse*; 1837, p. 21 [pour *Planorbis hispidus* Draparnaud = *Planorbis albus* Müller].

Le nom antérieur de *Planaria* donné par BROWN [*Illustrations of the recent Conchology of Great Britain and Ireland*; 1827. Explic. pl. 51, fig. 48 et 49 bis] ne peut être adopté, puisqu'il existe déjà un genre *Planaria* Müller, 1776.

Depuis, ce sous-genre a reçu les noms de *Trochlea* [HALDEMAN, *American Journal of Sciences*; XLII, 1841, p. 216], *Giraulus* (per err. typogr.). [MOQUIN-TANDON. — *Histoire naturelle des Mollusques terrestres et fluviatiles de France*; II, 1855, p. 423] et *Gyrulus* [GRAY, in : TURTON. — *A Manual of the land and fresh-water Shells of the British Islands*; 2e édit., p. 234].

1865. *Planorbis piscinarum* Tristram, *Proceed. Zoological Society of London ;* p. 540.

1874. *Planorbis piscinarum* Martens, *Vorderasiatische Conchylien ;* p. 64.

1877. *Gyralus piscinarum* Kobelt, *Jahrbücher d. Deutschen Malakozoolog. Gesellschaft ;* IV, p. 36.

1881. *Planorbis (Gyraulus) piscinarum* Westerlund, *Vetenskaps-Akademiens Förhandlingar, Stockholm ;* p. 65.

1884. *Planorbis piscinarum* Tristram, *Fauna and Flora of Palestine, Terrestrial and Fluviatile Mollusca,* p. 195, n° 146.

1885. *Planorbis (Gyraulus) piscinarum* Westerlund, *Fauna der paläarct. region Binnenconchylien ;* V, p. 79, n° 28.

1886. *Planorbis piscinarum* Küster, Dunker et Clessin, Die Familie der Limnaeiden, in : Martini et Chemnitz, *Systemat. Conchylien-Cabinet ;* p. 190, n° 184, taf. XXIX, fig. 4.

1889. *Planorbis piscinarum* Blanckenhorn, *Nachrichtsblatt d. Deutschen Malakozoolog. Gesellschaft ;* p. 86.

1912. *Planorbis (Gyraulus) piscinarum* Germain, *Bulletin Muséum Hist. natur. Paris,* p. 450, n° 262.

Le *Planorbis piscinarum* Bourguignat possède un enroulement rapide, avec un dernier tour nettement dilaté à l'extrémité. En dessous, la coquille est très largement ombiliquée. Le test est mince, fragile, subtransparent ou même transparent, d'un corné clair uniforme, quelquefois verdâtre. Il est orné de stries fines, délicates, irrégulières, très obliques et un peu plus faibles en dessous qu'en dessus. La taille varie entre 3 et 5 millimètres de diamètre maximum pour 1 3/4 à 2 1/4 millimètres d'épaisseur maximum. Les plus grands exemplaires, qui atteignent 5 millimètres, proviennent des marécages aux environs de Damas (Syrie) où ils ont été recueillis, vers 690 mètres d'altitude, par M. Henri Gadeau de Kerville.

J.-R. Bourguignat a défini, de la manière suivante, une variété *minima :*

« *Minima, ultimo anfractu valde dilatato.*

» Diamètre 3 millimètres ; épaisseur 1 1/4 millimètre »[1].

---

1. Bourguignat (J. R.). — *Catalogue raisonné Mollusques terr. fluviat. Cl. de Saulcy Orient ;* 1853, p. 57.

Cette variété a été retrouvée, par M. HENRI GADEAU DE KERVILLE, dans les marécages des environs de Damas [1] et dans la mare d'Addous, aux environs de Baalbek [2]. Elle est surtout caractérisée par un enroulement plus rapide, avec un dernier tour mieux dilaté à l'extrémité.

Enfin, dans les marettes des environs de Damas, M. HENRI GADEAU DE KERVILLE a recueilli une grande variété de ce Planorbe assez curieuse par sa sculpture. Son test est corné clair, orné de stries d'accroissement irrégulières, serrées, très obliques et onduleuses. Les stries les plus nombreuses sont médiocres, mais, d'espace en espace et sans aucune régularité, on observe des stries beaucoup plus fortes, ayant presque l'apparence de petites côtes. Je donne à cette coquille le nom de variété **heterocostata** Germain, *nov. var.*

Le *Planorbis piscinarum* Bourguignat appartient au groupe européen des *Planorbis albus* Müller [3], *Planorbis lævis* Alder [4], etc. Il se rapproche surtout du *Planorbis hebraicus* Bourguignat [5] dont il diffère seulement par son test un peu plus déprimé, sa spire plus régulière, avec un

1. Vers 690 mètres d'altitude.

2. Vers 1100 mètres d'altitude.

3. MULLER (O. F.). — *Vermium terrestr. et fluvial. histor.*; II, 1774, p. 164, n° 350 [= *Planorbis hispidus* Draparnaud, *Histoire Mollusques terr. fluv. France*; 1805, p. 43, n° 3, tab. I, fig. 45-48; = *Planorbis villosus* Poiret, *Coquilles... Paris*; 1801, p. 95, n° 9].

4 ALDER. — Catal. suppl. Moll. Newcastle...; in : *Transact. of Newcastle*; II, p. 337.

5. BOURGUIGNAT (J. R.). — *Testacea novissima Cl. Saulcy Orient.*; 1852, p. 23, n° 3. Voici, à titre documentaire, la principale synonymie de cette espèce :

*Planorbis (Gyraulus) hebraicus* Bourguignat.

1852. *Planorbis Hebraicus* Bourguignat, *Testacea novissima Saulcy Orient.*; p. 23, n° 3.

1853. *Planorbis Hebraicus* Bourguignat, *Catalogue rais. Mollusques terr. fluv. Saulcy Orient.*; p. 57, pl. II, fig. 38-40.

dernier tour moins descendant et moins dilaté à l'extrémité et par ses sutures plus profondes. Il est possible, d'ailleurs, qu'il ne s'agisse ici que de variétés locales et que les deux espèces soient synonymes. D'autre part, le *Planorbis piscinarum* Bourguignat et, par suite, le *Planorbis hebraicus* Bourguignat, se rapprochent tellement du *Planorbis Ehrenbergi* Beck [1], que RETOWSKI propose de les réunir [2]. Il faudrait des échantillons bien authentiques de ce dernier Planorbe pour apporter une opinion définitive.

LOCALITÉS :

Dans l'Oronte, près de sa sortie du lac de Homs, à environ 490 mètres d'altitude [HENRI GADEAU DE KERVILLE].

1861. *Planorbis hebraicus* Mousson, *Coquilles terr. fluv. Roth Palestine;* p. 55, n° 57.

1865. *Planorbis hebraicus* Tristram, *Proceed. Zoological Society of London;* p. 540.

1874. *Planorbis hebraicus* Martens, *Vorderasiatische Conchylien;* p. 64.

1877. *Gyraulus hebraicus* Kobelt, *Jahrbücher d. Deutschen Malakozoolog. Gesellschaft;* IV, p. 36.

1885. *Planorbis (Gyraulus) hebraicus* Westerlund, *Fauna der paläarct. region Binnenconchylien;* V, p. 78, n° 27.

1886. *Planorbis hebraicus* Küster, Dunker et Clessin, Die Familie der Limnaeiden, in : Martini et Chemnitz, *Systemat. Conchylien-Cabinet;* p. 125, n° 94, taf XVIII, fig. 8.

1894. *Planorbis hebraicus* Dautzenberg, Revue biologique Nord France; VI, p. 337 (tirés à part, p. 9).

1. BECK. *Index Molluscorum*, 1837, p. 113.

2. RETOWSKI [Liste der von mir auf meiner Reise von Konstantinopel nach Batum gesammeltem Binnenmollusken; *Bericht Senkenberg. Naturforsch. Gesellschaft Frankfurt-a.-Main;* 1889, p. 265] s'exprime ainsi :

« Das als Pl. Ehrenbergi Beck bezeichnete Stück könnte übrigens auch zu piscinarum B. gehören, der sich überhaupt fast nur durch die Farbe von Pl. Ehrenbergi Beck unterscheidet, so dass beide Arten vielleicht als identisch zu betrachten sind ».

Mare d'Addous, près de Baalbek, à environ 1100 mètres d'altitude [Henri Gadeau de Kerville].

Marécages à Damas, à environ 690 mètres d'altitude [Henri Gadeau de Kerville].

Sur le bord de marettes à Hidachariyé, au bord du Barada, rivière de la région verdoyante de Damas, entre 650 et 700 mètres d'altitude [Henri Gadeau de Kerville].

Dans un ruisseau communiquant avec le Barada, rivière de la région verdoyante de Damas, entre 650 et 700 mètres d'altitude [Henri Gadeau de Kerville].

Marettes de la région verdoyante de Damas, entre 650 et 700 mètres d'altitude [Henri Gadeau de Kerville].

Dans un fossé d'eau stagnante de la région verdoyante de Damas, entre 650 et 700 mètres d'altitude [Henri Gadeau de Kerville].

Dans une source à Koutaïfé, au nord-est de Damas [Henri Gadeau de Kerville].

Dans un ruisseau à Koutaïfé, au nord-est de Damas [Henri Gadeau de Kerville].

DISTRIBUTION GÉOGRAPHIQUE :

Le *Planorbis piscinarum* Bourguignat est une espèce spéciale aux régions syriennes. En Europe, il est représenté par le *Planorbis janinensis* Mousson[1], petite espèce découverte par le D*r* A. Schlaefli dans le lac de Janina (Grèce) et retrouvée depuis dans plusieurs localités de la péninsule hellénique.

---

1. Mousson (A.). — *Coquilles terrestres et fluviatiles recueillies dans l'Orient par M. le D*r* Alexandre Schlaefli*; Zurich, 1859, p. 53, n° 36; voir aussi, au sujet de cette espèce, Westerlund et Blanc. — *Aperçu sur la faune malacologique de la Grèce inclus l'Épire et la Thessalie*; 1879, p. 129.

## Famille des BULLINIDAE.

### Genre BULLINUS Adanson, 1757[1].

#### § 1. — ISIDORA Ehrenberg, 1831[2].

#### Bullinus (Isidora) asiaticus Germain.

#### Pl. XVI, fig. 9-10.

1911. *Bullinus (Isidora) asiatica* Germain, *Bulletin Muséum Hist. natur. Paris;* p. 64.

1912. *Bullinus (Isidora) asiatica* Germain, *Bulletin Muséum Hist. natur. Paris,* p. 450, n° 265.

Coquille senestre, de petite taille, très ventrue-globuleuse ; spire peu haute, fortement étagée, composée de quatre tours convexes, méplans vers les sutures, séparés par des sutures profondes, obliques et linéaires ; dernier tour grand, avec un maximum de développement voisin de la suture, très atténué en bas, fortement descendant à l'extrémité ; ouverture étroite, pyriforme-allongée, très anguleuse en haut, subanguleuse en bas, largement et régulièrement convexe extérieurement ; bord columellaire incurvé, réfléchi sur l'ombilic qui est réduit à une fente particulièrement étroite ; bords marginaux réunis par une callosité assez faible, mais bien marquée ; péristome simple et tranchant.

Hauteur : 5 1/2 millimètres ; diamètre maximum : 3 1/2 millimètres ; diamètre minimum : 3 millimètres ; hauteur de l'ouverture : 4 millimètres ; diamètre de l'ouverture : . 2 1/2 millimètres.

Test assez solide, peu épais, subtransparent, d'un corné jaunâtre, orné de stries fines, irrégulières, peu obliques et non atténuées près de l'ombilic.

---

1. ADANSON (M.). — *Histoire naturelle du Sénégal ; Coquillages,* 1757, p. 5. [*Bullinus*].

2. EHRENBERG. — *Symbolæ physicæ;* etc., 1831 *(sans pagination).*

Cette espèce a été recueillie en Syrie par T. LETOURNEUX. Je ne connais pas la localité exacte d'où elle provient [1].

Le *Bullinus asiaticus* Germain est jusqu'ici le seul représentant syrien du sous-genre *Isidora*, si largement distribué dans toute l'Afrique tropicale [2]. Il présente, d'ailleurs, de grandes analogies avec le *Bullinus (Isidora) truncatus* de Férussac [3], d'Égypte, dont il n'est qu'une espèce représentative.

## Famille des PHYSIDÆ.

### Genre PHYSA Draparnaud, 1801 [4].

#### § 1. — PHYSA sensu stricto.

#### Physa (Physa) syriaca Germain, *nov. sp.*

Pl. XVI, fig. 11-12 et fig. 22 à 25.

1911. *Physa (Physa) syriaca* Germain, *Bulletin Muséum Hist. natur. Paris;* n° 2, p. 64.
1912. *Physa (Physa) syriaca* Germain, *Bulletin Muséum Hist. natur. Paris,* p. 450. n° 266.

Coquille senestre, de forme ovoïde-allongée; spire peu haute, composée de 5 tours très convexes à croissance rapide; sommet un peu aigu; sutures profondes, très obliques; dernier tour très grand, assez ventru, méplan en

1. Cette coquille m'a été communiquée par M. P. PALLARY.

2. Voir, à ce sujet, GERMAIN (LOUIS). — Étude sur les Mollusques terr. et fluviat. recueillis au cours de la Mission de délimitation du Niger-Tchad (Mission TILHO); *Documents Scientifiques, Mission Tilho;* II, 1911, p. 180 et suiv. (tirés à part, p. 20).

3. FÉRUSSAC (DE), in : BOURGUIGNAT (J. R.). — *Aménités malacologiques;* 1856, p. 170, pl. XXI, fig. 5-7 *(Physa truncata).*

4. DRAPARNAUD (J. R.). — *Tableau Mollusques terrestres fluviatiles France;* 1801, p. 31 et p. 52.

54

son milieu, atténué dans le bas; ouverture ovalaire-allongée, très échancrée par l'avant-dernier tour, anguleuse en haut, arrondie en bas, faiblement convexe extérieurement; bord columellaire presque droit, réfléchi sur l'ombilic qui est réduit à une étroite fente allongée; péristome mince, simple et tranchant.

Hauteur : 8 1/2 - 10 millimètres; diamètre maximum : 4 3/4 - 6 millimètres; diamètre minimum : 4 - 4 3/4 millimètres; hauteur de l'ouverture : 5 1/2 - 6 3/4 millimètres; diamètre de l'ouverture : 3 - 3 1/2 millimètres.

Test mince, assez fragile, subtransparent, d'un brun ambré brillant; bord de l'ouverture parfois bordé de rougeâtre; stries très fines, serrées, onduleuses, un peu irrégulières, crispées et comme granuleuses au voisinage des sutures qui paraissent ainsi légèrement marginées.

Les exemplaires récoltés dans un ruisseau marécageux, près de Beyrouth, sont de taille plus petite ; hauteur : 6 - 7 millimètres; diamètre maximum : 3 - 4 millimètres, et leur test est rarement transparent étant, le plus souvent, recouvert d'un épiderme verdâtre ou gris noirâtre.

Le *Physa syriaca* Germain appartient au groupe européen des *Physa fontinalis* Linné[1] et *Physa acuta* Draparnaud[2]. Il semble se placer entre ces deux espèces par l'allure de son test plus solide que celui de *Physa fontinalis* Linné, mais plus délicat et plus fragile que celui de *Physa acuta* Draparnaud. Cependant, par l'ensemble de ses caractères, le *Physa syriaca* Germain se rapproche davantage de l'espèce de Draparnaud.

Localités :

Beyrouth, mare alimentée par une source, dans les collines entre le fleuve et la route de Damas [ Père Clainpanain ].

---

1. Linné (C.). — *Systema Naturæ;* éd. X, 1758, p. 727 *(Bulla fontinalis).*

2. Draparnaud (J. R.). — *Histoire Mollusques terrestres et fluviatiles France;* 1805, p. 55, tab. III, fig. 10-11.

Ruisseau dans les terrains marécageux, à l'embouchure du Nahr-el-Kelb, près de Beyrouth [ Père Clainpanain ].

Marettes au bord du Barada, rivière de la région verdoyante de Damas, à Hidachariyé, entre 650 et 700 mètres d'altitude [ Henri Gadeau de Kerville ]. Avec le *Planorbis piscinarum* Bourguignat.

## Famille des ANCYLIDÆ.

### Genre ANCYLUS (Geoffroy) Müller, 1774 [1].

Les Ancyles sont des animaux fort rares en Syrie. M. Dautzenberg est le premier auteur qui ait signalé une espèce de ce genre. Son *Ancylus fluviatilis* Müller [2] variété *varians* [3] a été découvert, par Th. Barrois, à Aïn-Afka. Depuis, Naegele a décrit un *Ancylus libanicus* dont il sera question plus loin. Dans les régions voisines, les Ancyles sont également rares ; seul Mousson a cité un *Ancylus radiolatus* Küster variété *orientalis* Mousson [4], rapporté de la Haute Mésopotamie par le Dr Schlaefli.

### § 1. — ANCYLUS sensu stricto.

### Ancylus (Ancylus) libanicus Naegele.

### Pl. XVI, fig. 13 à 15.

1897. *Ancylus (Ancylastrum) libanicus* Naegele, *Nachrichtsblatt d. Deutschen Malakozoolog. Gesellschaft;* XXX, p. 13.

1. Geoffroy. — *Traité sommaire des Coquilles terr. fluv. environs Paris;* 1767, p. 122-124, et traduction allemande par Martini, 1767, p 108 et 110 (nomenclature non binominale). Müller (O. F.). — *Vermium terrest. et fluv. historia;* II, 1774, p. 199. (Pour *Ancylus lacustris* Linné [*Patella lacustris*] et *Ancylus fluviatilis* Müller).

2. Müller (O. F.). — *Loc. supra cit.;* 1774, II. p. 201.

3. Dautzenberg (Ph.). — Liste des Mollusques terr. et fluv. recueillis par M. Th. Barrois en Palestine et en Syrie; *Revue biologique Nord France;* VI, 1894, p. 334 (tirés à part, p. 6) [*Ancylus fluviatilis* var. *varians*].

4. Mousson (A.). — *Journal de Conchyliologie;* XXII, p. 33.

1912. *Ancylus (Ancylus) libanicus* Germain, *Bulletin Muséum Hist. natur. Paris*, p. 450, n° 268.

La description donnée par Naegele est très succincte :

« *Testa capuliformis, lævis, colore corneo, tumida; apex permagnus, recurvus, basin paululum superans. Peristoma late oviforme.*

» Diam. : long. 5, lat. 4, alt. 3 mm. ».

Les exemplaires récoltés par M. Henri Gadeau de Kerville ont un test d'un corné verdâtre, transparent, non pas *lævis* comme l'indique Naegele, mais orné de stries longitudinales très fines, peu régulières, médiocrement espacées, coupées de stries d'accroissement encore beaucoup plus fines. L'ouverture, très régulièrement ovalaire, est d'un blanc bleuâtre légèrement brillant.

Diamètre maximum : 4 - 4 3/4 - 5 1/4 millimètres ; diamètre minimum : 2 3/4 - 3 1/4 - 4 millimètres ; hauteur : 2 1/2 - 3 - 3 millimètres.

Naegele classe son espèce dans le sous-genre *Ancylastrum*. Or, ce sous-genre a été créé par Bourguignat, en février 1853[1], pour l'*Ancylus (Ancylastrum) Cumingi* Bourguignat[2], espèce de Tasmanie, très différente de celles d'Europe. L'erreur provient d'ailleurs du fait de Bourguignat lui-même qui, en juillet 1853[3], employa ce même nom d'*Ancylastrum* pour les Ancyles européens de la série de l'*Ancylus fluviatilis* Müller. Il convient donc de réserver le vocable d'*Ancylastrum* pour les espèces du groupe de l'*Ancylus Cumingi* Bourguignat.

1. Bourguignat (J. R.). — *Journal de Conchyliologie*, IV, 1853, p. 63.

2. Bourguignat (J. R.). — *Proceedings Zoological Society of London;* 1864, p. 91 [*Ancylus Cumingianus*]. Ce nom d'*Ancylastrum* étant le plus ancien doit seul être employé pour les Ancyles de cette série. Les vocables de *Cumingia* [Clessin. — *Monogr. Ancyl.*, in : Martini et Chemnitz. — *Systemat. Conchylien-Cabinet;* éd. II, 1880, p. 10] et *Legrandia* [Hanley. — *Proceedings Royal Society Tasmania;* (1871) 1872, p. 27] passent donc en synonymie.

3. Bourguignat (J. R.). — *Journal de Conchyliologie*, IV, 1853, p. 170.

Localités :

Sur le bord de marettes, auprès du Barada, rivière de la région verdoyante de Damas, à Hidachariyé, entre 650 et 700 mètres d'altitude [ Henri Gadeau de Kerville ].

Dans le Barada, rivière de la région verdoyante de Damas [ Henri Gadeau de Kerville ].

Naegele ne connaissait pas la localité exacte d'où provenait cette intéressante espèce [1].

## GASTÉROPODES PROSOBRANCHES.

## MONOTOCARDES.

### Famille des CYCLOSTOMATIDÆ.

### Genre CYCLOSTOMA Draparnaud, 1801 [2].

Les Cyclostomes de la Syrie se réduisent à deux espèces appartenant au sous-genre *Ericia* : l'une est le *Cyclostoma Olivieri* Sowerby, dont je parlerai plus loin ; l'autre est le *Cyclostoma elegans* Müller [3], si répandu dans l'Europe moyenne, mais relativement rare dans l'Asie-Antérieure. En Syrie, il vit dans la chaîne du Liban [ Westerlund ] et dans un assez grand nombre de localités voisines de la côte ; il est notamment assez commun dans la région de Beyrouth [ de Saulcy, Bourguignat, J. de Morgan ].

---

1. Il dit seulement : « *Hab. in fontibus Libani superioris* ».

2. Draparnaud (J. R.). — *Tableau des Mollusques terrestres et fluviatiles de France ;* 1801, p. 30 et 37.

3. Müller (O. F.). — *Vermium terrestrium et fluvialium historia ; seu animalium Infusoriorum, Helminthicorum et Testaceorum non marinorum succincta historia ;* II, 1774, p. 177.

## § 1. — ERICIA Moquin-Tandon [1].

## Cyclostoma ( Ericia ) Olivieri Sowerby.

### Pl. XVI, fig. 1 à 8.

1846. *Cyclostoma Olivieri* Sowerby, in : Pfeiffer, *Cyclostomacea;* in : Martini et Chemnitz, *Systemat. Conchylien- Cabinet;* p. 156, n° 169, taf. XXI, fig. 20-21.

1847. *Cyclostoma Olivieri* de Charpentier, *Zeitschrift für Malakozoologie;* p. 144, n° 22.

1847. *Cyclostoma syriacum* Zeigler, in : de Charpentier, *loc. supra cit.;* p. 144.

1852. *Cyclostoma Olivieri* Pfeiffer, *Monogr. pneumonop. vivent.; Suppl.;* I, p. 122.

1852. *Cyclostoma orientale* Rossmässler, teste Pfeiffer, *loc. supra cit.;* p. 122.

1853. *Cyclostoma Olivieri* Bourguignat, *Catalogue Mollusques terr. fluv. de Saulcy Orient;* p. 61.

1854. *Cyclostoma Olivieri* Mousson, *Coquilles terr. fluv. Bellardi Orient;* p. 49, n° 17.

1855. *Cyclostoma Olivieri* Roth, *Malakozoolog. Blätter;* II, p. 47, n° 1.

1865. *Cyclostoma Olivieri* Tristram, *Proceedings Zoological Society of London,* p. 540, n° 93.

1874. *Cyclostoma Olivieri* Martens, *Vorderasiatische Conchylien;* p. 29, taf. V, fig. 35, et p. 65.

1879. *Cyclostoma Olivieri* Kobelt, in : Rossmässler, *Iconographie der Land- und Süsswasser-Mollusken;* VI, p. 51, taf. CLXVI, fig. 1678-1680.

1883. *Cyclostoma Olivieri* Boettger, *Bericht des Offenbacher Vereins für Naturkunde;* XXII, p. 175, n° 52.

1884. *Cyclostoma Olivieri* Tristram, *Fauna and Flora of Palestine, Terrestrial and Fluviatile Mollusca,* p. 196, n° 153.

1885. *Cyclostoma (Ericia) Olivieri* Westerlund, *Fauna der paläarct. region Binnenconchylien;* V, p. 104, n° 1.

1889. *Cyclostoma Olivieri* Blanckenhorn, *Nachrichtsblatt d. Deutschen Malakozoolog. Gesellschaft;* p. 79 et 87.

---

1. Moquin-Tandon (A.), in : Partiot (L.). — *Mémoire sur les Cyclotomes;* Toulouse, 1848, p. 24.

1898. *Ericia Olivieri* Kobelt et Möllendorff, Catalog d. gegenwärtig
lebend bekannten Pneumonopomen; *Nachrichtsblatt d. Deutschen Malakozoolog. Gesellschaft;* p. 180 (tirés à part, p. 84).

1910. *Cyclostoma (Ericia) costulatus* var. *Olivieri* J. de Morgan,
*Bulletin de la délégation en Perse;* 1, p. 28.

1912. *Cyclostoma (Ericia) Olivieri* Germain, *Bulletin Muséum Hist.
natur. Paris,* p. 450, n° 270.

Les échantillons recueillis par M. Henri Gadeau de Kerville sont bien typiques ; quelques-uns sont de grande taille
puisqu'ils atteignent jusqu'à 20 millimètres de hauteur
maximum pour 17 millimètres de diamètre maximum et 12
millimètres de diamètre minimum. La forme reste peu
variable : c'est à peine s'il est possible de distinguer quelques individus, d'ailleurs peu nombreux, chez lesquels la
spire est un peu surbaissée. La coloration, également bien
constante, est généralement d'un rouge vineux ; quelques
spécimens sont cependant violacés.

Le test est solide, bien que médiocrement épais ; les premiers tours sont presque lisses ; les autres sont ornés de
stries longitudinales assez fortes, onduleuses et obliques,
coupées de stries spirales très saillantes et assez irrégulièrement espacées.

Le développement de la coquille offre d'intéressants caractères :

Les très jeunes spécimens [pl. XVI, fig. 1, 2, 3] ont une
spire proportionnellement moins haute, avec les premiers
tours bien plus globuleux-convexes ; *le péristome n'est pas
continu :* l'ouverture arrondie, mais notablement élargie
dans le bas, présente des bords marginaux bien convergents,
relativement espacés et réunis par une faible callosité. Dès
ce stade du développement, la sculpture est fortement marquée, les cordons spiraux du dernier tour étant très saillants
*jusqu'au péristome.* La coquille n'atteint alors que de 3 à
5 millimètres de hauteur. Elle grandit en conservant ces
caractères ; mais la spire s'allonge un peu et le test devient
plus résistant. C'est seulement lorsque l'animal atteint son

développement presque complet que les bords marginaux
se rejoignent ; le péristome est alors continu [pl. XVI, fig. 7]
et, dans les individus parfaitement adultes, il se détache
nettement du dernier tour de spire [pl. XVI, fig. 8].

Le *Cyclostoma Olivieri* Sowerby n'est bien certainement
qu'une variété du *Cyclostoma costulatum* Zeigler [1]. Je par-
tage absolument, à ce point de vue, l'opinion de J. DE
MORGAN [2] ; j'ai seulement conservé, pour la commodité de
l'exposition, la dénomination de *Cyclostoma Olivieri* Sowerby.

L'espèce de SOWERBY se sépare du *Cyclostoma costulatum*
Zeigler par sa taille plus grande, son opercule paucispiral
ne comptant que quatre circonvolutions [3] et sa coloration
différente. Ce n'est, en réalité, qu'une variété représentative,
propre à la Syrie, du *Cyclostoma costulatum* Zeigler dont
le domaine géographique comprend, non seulement tout le
littoral sud de la mer Noire et l'Asie-Mineure, mais encore
la Caucasie, le Turkestan et le nord de la Perse en Asie ; la
Valachie, la Serbie et la Bulgarie en Europe.

Il faut encore considérer comme variété du *Cyclostoma
costulatum* Zeigler le *Cyclostoma glaucum* Sowerby [4], qui
habite également l'Asie-Mineure et la Transcaucasie et qui
ne se distingue guère que par ses costulations spirales plus
fines et plus serrées. Ces deux Cyclostomes vivent souvent
dans les mêmes localités et pénètrent le domaine du *Cyclostoma elegans* Müller, mais sans qu'il puisse y avoir confusion avec cette dernière espèce.

1. ZEIGLER, in : ROSSMASSLER. — *Iconographie der Land- und Süsswasser-Mollusken;* 1, 1835, fig. 395.

2. MORGAN (J. DE). — Études sur la faune malacologique terr. et
fluv. de l'Asie Antérieure; 1, Cyclophoridae, Cyclostomidae, Auricu-
lidae; *Bulletin de la délégation en Perse;* 1, 1910, p. 25 et suiv.

3. Il y aurait, au contraire, toujours cinq ou six circonvolutions
chez le *Cyclostoma costulatum* Zeigler. Ce caractère n'a malheureusement pas grande valeur.

4. SOWERBY. — *Thesaurus Conchyliorum, or Monographs of Genera
of Shells;* 1, part. III, 1843, p. 100, n° 28, pl. XXIV, fig. 39.

Quant au *Cyclostoma caspicum* Mousson [1], il convient de le rapporter à la variété *hyrcana* Martens [2] du *Cyclostoma costulatum* Zeigler. Cette variété, qui suit le littoral sud de la mer Caspienne et qui présente une forme *distans* Westerlund [3], se distingue par la hauteur proportionnellement plus grande de la coquille, la petitesse de l'ombilic et le nucléus remarquablement gonflé [4].

LOCALITÉS :

Rochers maritimes, près de l'embouchure de la rivière du Chien, aux environs de Beyrouth [HENRI GADEAU DE KERVILLE].

Beit-Méri (Liban), entre 600 et 800 mètres d'altitude [HENRI GADEAU DE KERVILLE].

DISTRIBUTION GÉOGRAPHIQUE :

Le *Cyclostoma Olivieri* Sowerby est particulier à la Syrie.

1. MOUSSON (A.). — Coquilles recueillies par M. le Dr Sievers dans les contrées transcaucasiques ; *Journal de Conchyliologie;* XXIV, 1876, p. 46, n° 41, pl. IV, fig. 2.

2. MARTENS (Dr E. VON). — *Ueber Vorderasiatische Conchylien nach den Sammlungen des Prof. Hausclmecht;* Cassel, 1874, p. 30 [*Cyclostoma costulatum* var. *Hyrcanum*].

3. WESTERLUND (C. A.). — *Beitr. zur Molluskenf. Russlands;* 1897, p. 128 [*Cyclostoma hyrcanum* var. *distans*]. Habite le Caucase.

4. On trouvera, dans le travail précédemment cité de M. J. DE MORGAN, de nombreuses indications concernant le *modus vivendi* et la répartition géographique des divers Cyclostomes de l'Asie-Antérieure. Ce savant, avec lequel je suis absolument d'accord sur cette question, considère qu'il n'y a qu'une seule espèce très polymorphe, le *Cyclostoma costulatum* Zeigler, présentant un certain nombre de variétés. Il admet les suivantes :

    « Cyclostomus (Ericia) costulatus (Zeigler).

    » Var. hyrcanus (von Martens).

    » Var. glaucus (Sowerby).

    » Var. Olivieri (Sowerby) ».

        [J. DE MORGAN, *loc. supra cit.;* 1910, p. 29].

## Famille des BYTHINELLIDÆ.

La famille des Bythinellidæ est représentée, en Syrie et en Palestine, par les trois genres *Bythinia, Amnicola* et *Bythinella.* Un peu plus au nord, aux environs d'Adana, en Cilicie, le Dr O. Boettger a signalé la présence du genre *Paulia*[1], connu par une seule espèce, le *Paulia exigua* Boettger[2], très petite coquille dont la longueur ne dépasse pas 1 1/8 millimètre et le diamètre maximum 3/8 de millimètre.

### Genre BYTHINIA Gray, 1821[3].

Voici, avec les références originales, les espèces de *Bythinia* connues en Syrie et en Palestine :

**Bythinia (Elona) sidoniensis** Mousson[4].

**Bythinia (Elona) phialensis** Conrad.

*Paludina Phialensis* Conrad, in : Lynch, *Official report of the United States Expedition Dead Sea and river Jordan;* 1852, p. 229, pl. XXII, fig. 130.

Cette coquille est à peu près inconnue. Voici la très courte description de Conrad et les remarques qui l'accompagnent :

1. Le genre *Paulia* a été créé par Bourguignat en mai 1882 [*Paulia, ou description d'un nouveau genre de Mollusques habitant la nappe d'eau des puits de la ville d'Avignon*]; quelques mois plus tard, Nicolas, qui avait découvert ces coquilles, les décrivait à nouveau sous le nom de *Avenionia* [Nicolas. — *Quelques notes sur le genre Avenionia, nouveau Mollusque découvert dans les puits et les eaux souterraines du sous-sol de la ville d'Avignon; Mémoires Académie Vaucluse;* 15 juillet 1882, p. 159-168].

2. Boettger (Dr O.). — Die Konchylien aus den Auspülungen des Sarus-Flusses bei Adana in Cilicien; *Nachrichtsblatt d. Deutschen Malakozoolog. Gesellschaft;* juillet 1905, p. 118, n° 36, taf. 2 A, fig. 8 a-c.

3. Gray. — Natur. arrang. Moll. in *Medic. reposit.;* XV, 1821, p. 232 et 239 [*Bithinia* (sans carac.)].

4. Je ne donne pas d'indications bibliographiques pour les espèces décrites dans la suite de ce travail.

« Turrited , volutions five , regularly rounded ; suture profoundly impressed ; base umbilicated ; aperture ovate ; labium reflected ; labrum slightly reflected.

» Local. : Lake Phiala.

» This is a small species without any prominent character. It is thin and fragile and has traces of a pale-brown epidermis ».

Il semble, d'après ces caractères et l'examen de la figure, que le *Bythinia phialensis* Conrad se rapproche surtout du *Bythinia sidoniensis* Mousson dont il diffère par sa fente ombilicale, l'espèce de Mousson étant imperforée. Les autres caractères concordent bien dans les deux cas, et si l'identité des *Bythinia phialensis* Conrad et *Bythinia sidoniensis* Mousson est démontrée, il faudra adopter le premier de ces noms qui est le plus ancien.

### Bythinia (Elona) badiella Parreyss.

*Paludina badiella* Parreyss, in : Mousson, *Coquilles terr. fluv. Bellardi Orient;* 1854, p. 49.

Cette espèce diffère du *Bythinia (Elona) sidoniensis* Mousson par sa forme notablement plus globuleuse, sa spire conique, beaucoup moins élevée et sa suture moins profonde. Elle est connue des environs de Damas et de Der-el-Hamar, dans le Liban [ A. Mousson ]; du lac de Homs et du lac de Tibériade [ Th. Barrois ] ; enfin des marécages d'Aïn-el-Musaieh et du Nahr-el-Leboueh [ Th. Barrois ].

### Bythinia (Elona) Hawaderiana Bourguignat.

### Bythinia (Elona) Saulcyi Bourguignat.

*Bythinia Saulcyi* Bourguignat, *Catalogue rais. Mollusques terr. fluv. Saulcy Orient;* 1853, p. 63, pl. II, fig. 43-45.

Coquille de petite taille (hauteur 6 millimètres ; diamètre 3 1/2 millimètres), de forme ventrue, se rapprochant surtout du *Bythinia Hawaderiana* Bourguignat dont elle

n'est peut-être qu'une variété caractérisée par son test recou
vert d'un épiderme noir verdâtre orné de petites lignes transversales plus foncées. Le *Bythinia Saulcyi* Bourguignat a
été recueilli, par F. DE SAULCY, dans les mares et les flaques
d'eau des environs de Baalbek.

A côté du *Bythinia Saulcyi* Bourguignat se placent quelques espèces encore douteuses décrites par A. LOCARD d'après
les types de J. R. BOURGUIGNAT conservés au Musée d'Histoire
naturelle de Genève. Ces espèces sont les suivantes :

### Bythinia (Elona) heliopolitana Bourguignat.

*Bythinia Heliopolitana* Bourguignat, in : Locard, *Revue suisse de
Zoologie et Annales Musée Hist. natur. Genève;* II, 1894, p. 92 et 120,
pl. V, fig. 14.

Cette espèce vit aux environs de Baalbek (Syrie). Elle se
séparerait du *Bythinia Saulcyi* Bourguignat par sa taille
plus forte, son ombilic plus ouvert, son dernier tour mieux
arrondi dans le haut et son opercule plus profondément
enfoncé dans l'ouverture.

### Bythinia (Elona) damascensis Bourguignat.

*Bythinia Damasci* Bourguignat, in : Locard, *loc. supra cit.;* II, 1894,
p. 92 et 121, pl. VI, fig. 21.

De forme plus régulièrement ovoïde que le *Bythinia
Saulcyi* Bourguignat, avec une spire plus courte, un der-
nier tour plus allongé et un ombilic moins ouvert, cette
Bythinie a été recueillie aux environs de Damas (Syrie).
[Collection J. R. BOURGUIGNAT].

### Bythinia (Elona) succinea Locard.

*Bythinia succinea* Locard, *loc. supra cit.;* II, 1894, p. 92 et 122,
pl. VI, fig. 7.

Coquille de forme plus élancée que le *Bythinia Saulcyi*

Bourguignat, remarquable par son test dont la coloration rappelle celle du *Succinea oblonga* Draparnaud. Il en existe une variété *minor* Locard et une variété *curta* Locard, de forme plus trapue. Le type et les variétés ont été découverts aux environs de Beyrouth (Syrie) [ Collection J. R. Bourguignat ].

### Bythinia (Elona) elæca Bourguignat.

*Bythinia elæca* Bourguignat, in : Locard, *loc. supra cit.*; II, 1894, p. 93 et 128, pl. VI, fig. 16.

Cette petite coquille (longueur : 3 millimètres ; diamètre maximum : 3 millimètres) est remarquable par sa forme subsphérique rappelant celle du *Bythinia stossichiana* Letourneux [1], de l'île de Corfou. Elle s'en sépare par sa taille plus petite, son dernier tour mieux arrondi-globuleux ; son ombilic plus large et ses tours supérieurs moins étagés, séparés par des sutures moins profondes. Le *Bythinia elæca* Bourguignat habite le Bahr-el-Houlé (Syrie) [ Bourguignat ].

Enfin signalons, pour être complet, que J. R. Bourguignat a indiqué le véritable *Bythinia (Elona) rubens* Menke dans le Bahr-el-Houlé, les environs de Baalbek, de Sagda et de Damas (Syrie) [2]. Il est à peu près certain qu'il ne s'agit ici que d'échantillons du *Bythinia sidoniensis* Mousson qui est, de beaucoup, l'espèce la plus répandue en Syrie.

1. Letourneux, in : Locard (A.). — Les *Bythinia* du système européen. Révision des espèces appartenant à ce genre, d'après la collection Bourguignat; *Revue suisse de Zoologie et Annales du Musée d'Hist. natur. de Genève*; II, 1894, p. 91 et 118, pl. V, fig. 7 [*Bythinia Stossichiana*].

2. In : Locard (A.). — *Loc. supra cit.*; II, 1894, p. 92.

## § 1. — ELONA Moquin - Tandon, 1855 [1].

## Bythinia (Elona) sidoniensis Mousson.

### Pl. XXI, fig. 20 - 24.

1853. *Bithinia rubens* Bourguignat, *Catalogue rais. Mollusques terr. fluv. Saulcy Orient;* p. 62 [2].

1856. *Bithinia rubens* Bourguignat, *Aménités malacologiques;* I, p. 186 [ non MENKE ].

1861. *Bithynia rubens* var. *sidoniensis* Mousson, *Coquilles terr. fluv. Roth Palestine;* p. 56, n° 58.

1874. *Bithynia rubens* Martens, *Vorderasiatische Conchylien;* p. 66 [ non MENKE ].

1886. *Bythinia (Elona) rubens* var. *sidoniensis* Westerlund, *Fauna der paläarct. region Binnenconchylien;* VI, p. 21.

1889. *Bithynia rubens* Blanckenhorn, *Nachrichtsblatt d. Deutschen Malakozoolog. Gesellschaft;* p. 79 [ non MENKE ].

1891. *Bythinia sidoniensis* Kobelt, in : Rossmässler, *Iconographie der Land- und Süsswasser-Mollusken;* V, p. 71.

1894. *Bithinia sidoniensis* Dautzenberg, *Revue biologique Nord France;* VI, p. 347 (tirés à part, p. 19).

1894. *Bythinia Sidoniensis* Locard, *Revue Suisse Zoologie et Annales Musée Hist. natur. Genève;* II, p. 92.

1912. *Bythinia (Elona) Sidoniensis* Germain, *Bulletin Muséum Hist. natur. Paris;* n° 7, p. 450, n° 271.

Assez longtemps confondue avec le *Bythinia rubens* Menke, qui vit en Sicile, cette espèce s'en distingue par des caractères constants. La spire du *Bythinia sidoniensis* Mousson est toujours plus élancée ; le dernier tour propor-

1. MOQUIN-TANDON (A.). — *Histoire naturelle des Mollusques terrestres et fluviatiles de France;* II, 1855, p. 516, et 527.

2. Non *Paludina rubens* Menke [ *Synopsis methodica Molluscorum* etc. ; 1830, p. 134] qui est le *Paludina ferruginea* de CRISTOFORI et JAN [ *Catalogus in IV sectiones,* etc. 1832, p. 5 ] et le *Paludina rubens* de PHILIPPI [ *Enumeratio Molluscorum Siciliæ,* etc., I, 1836, p. 148, tav. IX, fig. 4], espèce de la Sicile.

tionnellement plus haut, moins ventru ; l'ouverture est ovalaire et non subcirculaire ; enfin la coquille du *Bythinia rubens* Menke est toujours très nettement ombiliquée, tandis que celle du *Bythinia sidoniensis* Mousson est imperforée.

Le *Bythinia sidoniensis* Mousson remplace, dans les rivières de la Syrie, le *Bythinia tentaculata* Linné, si abondant dans les eaux douces de l'Europe centrale et occidentale. Il est d'ailleurs aussi polymorphe que cette dernière espèce. Je figure ici un assez grand nombre de spécimens (pl. XXI, fig. 20-24) qui font saisir ce polymorphisme et montrent qu'il existe des mutations *elata*, *subventricosa*, *ventricosa* ou même *perventricosa* plus ou moins nettes, mais reliées entre elles par d'insensibles passages.

Voici, exprimées en millimètres, les dimensions principales de quelques spécimens bien adultes :

| | | | | | |
|---|---|---|---|---|---|
| Hauteur. . . . . . . | 7 ᵐᵐ | 7 1/2 ᵐᵐ | 7 1/2 ᵐᵐ | 7 1/2 ᵐᵐ | 8 ᵐᵐ |
| Diamètre maximum . | 5 — | 5 1/2 — | 5 1/2 — | 6 — | 5 1/2 — |
| Diamètre minimun . . | 3 3/4 — | 4 — | 4 — | 4 1/4 — | 4 — |
| Hauteur de l'ouverture. | 4 — | 3 1/2 — | 4 — | 4 — | 4 1/2 — |
| Diamètre de l'ouverture. | 2 1/2 — | 3 — | 3 — | 3 1/2 — | 3 — |

Les sutures sont toujours profondes ; mais, chez quelques individus, elles sont encore accentuées par la forme des tours nettement étagés. Ce caractère atteint son maximum de développement dans la mare d'Addous, près de Baalbek, où certains spécimens, recueillis par M. Henri Gadeau de Kerville, ont des tours paraissant presque détachés les uns des autres (pl. XXI, fig. 24).

La mutation *perventricosa* s'observe assez souvent : ici le dernier tour est proportionnellement énorme, constituant presque toute la coquille si on regarde cette dernière du côté apertural (pl. XXI, fig. 20). Rencontré isolément, un tel échantillon serait, à bon droit d'ailleurs, considéré comme espèce distincte par la majorité des malacologistes. Dans le cas présent il s'intercalle, très naturellement, dans la série.

Localités :

Ruisseaux dans les terrains marécageux à l'embouchure du fleuve, près de Beyrouth [ Père Clainpanain ].

Marc d'Addous, près de Baalbek, vers 1100 mètres d'altitude [ Henri Gadeau de Kerville ].

Dans un ruisseau de la plaine, près de Baalbek, à environ 1100 mètres d'altitude [ Henri Gadeau de Kerville ].

Marécages à Damas, vers 690 mètres d'altitude [ Henri Gadeau de Kerville ].

Dans les marettes à Hidachariyé, au bord du Barada, rivière de la région verdoyante de Damas, entre 650 et 700 mètres d'altitude [ Henri Gadeau de Kerville ].

Dans les alluvions, à Hidachariyé, sur le bord de marettes auprès du Barada [ Henri Gadeau de Kerville ].

Dans le Barada, rivière de la région verdoyante de Damas, entre 650 et 700 mètres d'altitude [ Henri Gadeau de Kerville ].

Dans un ruisseau communiquant avec le Barada, rivière de la région verdoyante de Damas, entre 650 et 700 mètres d'altitude [ Henri Gadeau de Kerville ].

Dans un fossé de la région verdoyante de Damas [ Henri Gadeau de Kerville ].

Dans un ruisseau à Koutaïfé, au nord-est de Damas [ Henri Gadeau de Kerville ].

Dans un fossé à Djéroud, au nord-est de Damas [ Henri Gadeau de Kerville ].

Distribution géographique :

Le *Bythinia sidoniensis* Mousson est une des espèces les plus abondantes dans les ruisseaux, les mares, les fossés et les petits lacs de la Syrie. Il joue, dans ces régions, le rôle du *Bythinia tentaculata* Linné dans nos eaux douces de France et il est tout aussi commun.

## **Bythinia (Elona) hawaderiana** Bourguignat.

### Pl. XXI, fig. 18-19.

1853. *Bithinia Hawaderiana* Bourguignat, *Catalogue rais. Mollusques terr. fluv. Saulcy Orient;* p. 63, pl. 11, fig. 46-47.

1856. *Bithinia Hawaderiana* Bourguignat, *Aménités malacologiques;* I, p. 185.

1874. *Hydrobia Hawaderiana* Martens, *Vorderasiatische Conchylien;* p. 66.

1883. *Bithynia Hawadieriana* Boettger, *Bericht des Offenbacher Vereins für Naturkunde;* XVII, p. 176, n° 53.

1884. *Bithinia hawadieriana* Tristram, *Fauna and Flora of Palestine, Terrestrial and Fluviatile Mollusca;* p. 196, n° 157.

1886. *Bythinia ( Elona ) hawaderiana* Westerlund, *Fauna der paläarct. region Binnenconchylien;* VI, p. 21, n° 27.

1889 *Bythinia Hawadieriana* Blanckenhorn, *Nachrichtsblatt d. Deutschen Malakozoolog. Gesellschaft;* p. 87.

1894. *Bythinia Hawadieriana* Locard, *Revue Suisse Zoologie et Annales Musée Hist. natur. Genève;* II, p. 92.

1911. *Bythinia ( Elona ) Hawaderiana* Germain, *Bulletin Muséum Hist. natur. Paris;* XVII, p. 65.

1912. *Bythinia (Elona) hawaderiana* Germain, *Bulletin Muséum Hist. natur. Paris;* XVIII, n° 7, p. 451, n° 274

Coquille de forme conoïde-ovalaire, un peu haute ; spire assez élevée, composée de 4 - 5 tours bien convexes, à croissance rapide, séparés par des sutures profondes et peu obliques ; sommet obtus, lisse ; dernier tour grand, globuleux-ventru, à peine descendant à l'extrémité, ouverture oblique, ovalaire-allongée, très anguleuse en haut, bien arrondie en bas, largement et régulièrement convexe extérieurement ; bord columellaire convexe, à peine réfléchi sur l'ombilic qui reste très visible, en forme de fente relativement étroite ; péristome continu, légèrement détaché de l'avant-dernier tour.

Opercule assez enfoncé, à nucleus subcentral ; stries concentriques fortes et irrégulières.

Hauteur : 4 1/2 - 5 1/2 millimètres ; diamètre maximum : 3 1/2 - 4 millimètres ; diamètre minimum : 2 3/4 - 3 1/4 millimètres ; hauteur de l'ouverture : 2 1/2 millimètres ; diamètre de l'ouverture : 1 3/4 millimètres.

Test assez mince, un peu fragile, subtransparent, d'un jaune ambré terne, quelquefois d'un gris bleuté ; stries fines, délicates, obliques, irrégulières, avec quelquefois, au dernier tour, des stries spirales extrêmement fines près de la suture.

Cette espèce se distingue facilement du *Bythinia sidoniensis* Mousson par sa forme générale plus élancée ; sa spire plus haute ; son test plus délicat, orné d'une sculpture plus fine ; mais surtout par sa coquille toujours très nettement ombiliquée.

### Variété **albocincta** Germain, *nov. var.*

1911. *Bythinia ( Elona ) Hawaderiana* var. *albocincta* Germain, *Bulletin Muséun Hist. natur. Paris ;* XVII, p. 65.

1912. *Bythinia (Elona) hawaderiana* var. *albocincta* Germain, *Bulletin Muséum Hist. natur. Paris ;* XVIII, p. 451.

Coquille de même taille que le type ; spire composée de 4 1/2 tours un peu moins convexes séparés par des sutures moins accentuées ; dernier tour orné d'une bande médiane assez étroite, blanche ou légèrement jaunâtre, continuée en dessus.

Test plus délicat, très finement strié, d'un corné clair, le sommet et les premiers tours rougeâtres.

Sur le bord des marettes, à Hidachariyé, au bord du Baraba, rivière de la région verdoyante de Damas, entre 650 et 700 mètres d'altitude [Henri Gadeau de Kerville].

Le type reste peu variable : seule, la spire est susceptible d'un léger polymorphisme portant sur la convexité plus ou moins grande des tours.

Localités :

Mare d'Addous, près de Baalbek, vers 1100 mètres d'altitude [ Henri Gadeau de Kerville ].

Sur le bord des marettes, à Hidachariyé, au bord du Barada, rivière de la région verdoyante de Damas, entre 650 et 700 mètres d'altitude [ Henri Gadeau de Kerville ].

Marettes à Hidachariyé, au bord du Barada, rivière de la région verdoyante de Damas, entre 650 et 700 mètres d'altitude [ Henri Gadeau de Kerville ].

Ruisseau à Koutaïfé, au nord-est de Damas [ Henri Gadeau de Kerville ].

Distribution géographique :

Le *Bythinia hawaderiana* Bourguignat est une espèce spéciale à la Syrie. Elle habite, notamment, le Bahr-el-Houlé, les environs de Saïda [ Cl. de Saulcy, Gaillardot ] et de Baalbek [ E. Schumacker, in : O. Boettger ].

### Genre AMNICOLA Haldeman, 1840[1].

Clessin[2] et Westerlund[3] ont adopté, pour ce genre, le nom de *Pseudamnicola* proposé, en 1878, par Paulucci[4] pour les Amnicoles de la faune européenne. C'est avec raison que Bourguignat[5] a fait observer que le genre *Pseudamni-*

1. Haldeman (S. .. — *Monograph on the fresh-water univalve Mollusca of the United States;* 1er livraison, Juillet 1840. Sur la couverture; « *Amnicola*, shell as in Paludina ; head exposed, foot emarginate ; inhabits running waters, under stones ».

2. Clessin (S. ;. — *Deutsche Excursions-Mollusken-Fauna;* 3e livraison, 1877.

3. Westerlund (C.-A.). — *Fauna der in der paläarctischen region Binnenconchylien;* VI, 1886, p. 29 et 69.

4. Paulucci. — *Matériaux pour servir à l'étude de la faune malacologique terrestre et fluviatile de l'Italie et de ses îles;* 1878, p. 48.

5. Bourguignat (J.R.). — *Étude sur les noms génériques des petites Paludinidées à opercule spirescent suivie de la description du nouveau genre Horatia;* 1887, p. 33.

*cola* ne peut être accepté, puisque les Amnicoles d'Europe et d'Amérique présentaient les mêmes caractères génériques.

M. HENRI GADEAU DE KERVILLE n'a recueilli aucune espèce de ce genre; mais un certain nombre d'Amnicoles ayant été signalées en Syrie et en Palestine, je crois utile d'en donner ici la liste avec les références originales.

### Amnicola byzantinensis Parreyss.

*Paludina Byzanthina* Parreyss, in : Küster, *Palud.* in : Martini et Chemnitz, *Systemat. Conchylien-Cabinet;* 1853, p. 61, taf XI, fig. 19-20.

Cette espèce vit à Brousse, en Anatolie, et dans les sources de Bonnhar-Bay, au fond du golfe de Smyrne. Il est probable qu'on la retrouvera dans le nord de la Syrie.

### Amnicola hebraica Bourguignat.

*Bithinia Hebraica* Bourguignat, *Aménités malacologiques;* 1, 1856 p. 181, pl. XV, fig. 7-9.

Espèce découverte aux environs de Saïda (Syrie) par GAILLARDOT.

### Amnicola Gaillardoti Bourguignat.

*Bithinia Gaillardoti* Bourguignat, *Aménités malacologiques;* 1, 1856, p. 147, pl. VIII, fig. 10-11.

La description donnée par BOURGUIGNAT n'est pas très exacte. L'auteur donne à son espèce 2 millimètres de hauteur pour 1 millimètre de diamètre; mais l'on trouve, fréquemment, des échantillons qui atteignent le double. D'autre part, la spire n'est pas déviée comme l'indique la figure.

Environs de Saïda, en Syrie [GAILLARDOT, ROTH].

### Amnicola Moquini Bourguignat.

*Bithinia Moquiniana* Bourguignat, *Aménités malacologiques;* 1, 1856, p. 148, et 185, pl. VIII, fig. 14-15.

La coquille de cette espèce est beaucoup plus ventrue-globuleuse que celle des Amnicoles précédentes. Je lui rapporte, en synonyme, l'*Amnicola Putoni* Bourguignat[1]. Il est, en effet, impossible de considérer ces deux coquilles comme spécifiquement distinctes et le seul examen des figures données par Bourguignat lui-même conduit de suite à ce résultat. Elles proviennent, toutes deux, des environs de Saïda, en Syrie, où elles ont été recueillies par Gaillardot. Il n'est d'ailleurs pas prouvé que l'*Amnicola Moquini* Bourguignat soit une bonne espèce : il pourrait très bien n'être qu'une variété *ventricosa* d'une des Amnicoles qui vivent dans les eaux douces de Saïda, peut-être de l'*Amnicola Gaillardoti* Bourguignat.

### Genre BYTHINELLA Moquin-Tandon, 1855[2].

En dehors du *Bythinella longiscata* Bourguignat dont je parlerai plus loin, deux espèces de ce genre, décrites par Ph. Dautzenberg, habitent la Syrie. La première est la *Bythinella palmyrensis* Dautzenberg[3], recueilli par Barrois dans la rivière Ephéca, à Palmyre, et qui se sépare du *Bythinella longiscata* Bourguignat par sa spire, moins allongée, ses tours plus convexes et son test lisse. La seconde est le *Bythinella contempta* Dautzenberg[4], également dé-

---

1. Bourguignat (J.R.). — *Aménités malacologiques;* I, 1856, p. 149, pl. XV, fig. 5-6 (*Bithinia Putoniana*). Le nom de *Moquiniana* étant imprimé le premier (p. 148), est celui qui doit être adopté.

2 Moquin-Tandon (A.). — Observations sur les genres Paludine et Bithinie; *Journal de Conchyliologie;* II, 1821, p. 235 (note) et *Histoire Mollusques terr. fluv. France;* II, 1855, p. 516. [= *Hydrobia* Hartmann. — System der erd und flussmollusken der Schweitz und in benachbatter lander; *Neue Alpina;* 1821, I, p. 258; non *Hydrobia* Leach, 1817].

3 Dautzenberg (Ph). — Liste des Mollusques terrestres et fluviatiles recueillis par M. Th. Barrois en Palestine et en Syrie; *Revue biologique Nord France;* VI, 1894, p. 348, fig. 4 (tirés à part, p. 20, fig. 4) [*Bithinella Palmyræ*].

4. Dautzenberg (Ph.). — *Loc. supra cit.;* 1894, p. 348, fig. 3 (tirés à part, p. 20, fig. 3) [*Bithinella contempta*].

couvert par .Tн. Barróis, et qui vit dans le Nahr-el-Haroûn, dans les marécages d'Aïn-el-Musaieh, dans les ruisseaux de Damas, et dans le Jourdain, au gué de El-Tell.

## Bythinella longiscata Bourguignat.

1856. *Bithinia longiscata* Bourguignat, *Revue et Magasin Zoologie;* p. 20, pl. XV, fig. 12-13.

1856. *Bithinia longiscata* Bourguignat, *Aménités malacologiques;* 1, p. 148 et 185, pl. VIII, fig. 12-13.

1865. *? Bythinia ( Hydrobia ) longiscata* Frauenfeld, *Verhandlungen d. K. K. Zoolog.-Botan. Gesellschaft Wien;* XIV, p. 623, nº 501 (tirés à part, p. 63. nº 501).

1874. *Hydrobia longiscata* Martens, *Vorderasiatische Conchylien;* p. 66.

1886. *Paludinella ( Hydrobia ) longiscata* Westerlund, *Fauna der paläarct. region Binnenconchylien;* VI, p. 40, nº 53.

1912. *Bythinella longiscata* Germain, *Bulletin Muséum Hist. natur. Paris;* XVIII, nº 7, p. 451, nº 279

Coquille petite, subconique allongée; spire composée de 6 tours convexes à croissance régulière, séparés par des sutures assez profondes; dernier tour médiocre, nettement convexe, n'atteignant pas la 1/2 hauteur totale de la coquille; ouverture pyriforme-allongée, très anguleuse en haut, bien arrondie en bas; bord columellaire réfléchi sur l'ombilic qui est réduit à une fente étroite, plus ou moins recouverte; péristome continu, légèrement épaissi.

Longueur : 4 millimètres; diamètre maximum : 1 1/2 millimètre; diamètre minimum : 1 1/3 millimètre; hauteur de l'ouverture : 1 1/4 millimètre; diamètre de l'ouverture : 3/4 millimètre.

Test mince, fragile, transparent, d'un corné hyalin un peu brillant, orné de stries longitudinales extrêmement fines et délicates, un peu serrées et irrégulières.

Localités :

Alluvions sur le bord de marettes auprès du Barada, rivière de la région verdoyante de Damas, à Hidachariyé, entre 650 et 700 mètres d'altitude [Henri Gadeau de Kerville].

Ruisseau à Kousseir, dans la région verdoyante de Damas, entre 650 et 700 mètres d'altitude [Henri Gadeau de Kerville].[1]

Distribution géographique :

Le *Bythinella longiscata* Bourguignat a été découvert par Gaillardot aux environs de Saïda (Syrie). Il n'avait pas été retrouvé depuis. Une espèce voisine, le *Bythinella lactea* Parreyss[2], vit en Perse, notamment aux environs de Mossoul.

## Famille des MELANIIDÆ.

La famille des Melaniidæ est presque exclusivement représentée, en Syrie et en Palestine, par les genres *Melania* de Lamarck, et *Melanopsis* de Férussac. Le genre de *Melanopsis* y montre un grand nombre de formes appartenant à quelques espèces extrêmement polymorphes, tandis que le genre *Melania* n'y développe que le seul *Melania tuberculata* Müller.

C'est aux recherches de M. Barrois que l'on doit la connaissance d'un genre de Mélaniens nouveau pour la faune syrienne : le genre *Pyrgula* de Cristofori et Jan. L'unique espèce, jusqu'ici connue, a été décrite par M. Ph. Dautzen-

---

1. Le *Bythinella elongata* Bourguignat vit, dans cette localité, en compagnie de très jeunes *Melania tuberculata* Müller.

2. Parreys, in : Kuster. — Gattung Paludina, in : Martini et Chemnitz. — *Systemat. Conchylien-Cabinet*, 1852, p. 50, taf. X. fig. 5-6 [*Paludina lactea*].

BERG sous le nom de *Pyrgula Barroisi*[1]. C'est une coquille de petite taille, atteignant 3 4/5 millimètres de hauteur et 1 1/2 millimètre de diamètre, mince, translucide, dont la spire est composée de sept tours à croissance régulière et fortement carénés un peu au-dessus de la suture. L'ouverture est arrondie, un peu anguleuse en haut et en bas, haute de 1 1/5 millimètres et large de 1 millimètre. Enfin, le test, presque lisse, un peu luisant, est d'un gris verdâtre uniforme. Cette très intéressante espèce a été draguée par M. BARROIS, dans le lac de Tibériade, par 25 mètres de profondeur. Il est très probable qu'il faut lui rapporter le *Pyrgula* que BLANCKENHORN[2] a défini sous le nom de *Pyrgula* cf. *Eugeniæ* Neumayr[3] et qui a été recueilli dans l'Oronte[4].

1. DAUTZENBERG (PH.). — Liste des Mollusques terr. et fluv. recueillis par M. TH. BARROIS en Palestine et en Syrie; *Revue biologique Nord de la France;* VI, 1894, p. 345, fig. 2 (tirés à part, p. 17, fig. 2).

2. BLANCKENHORN (Dʳ M.). — Beitrag zur Kenntniss der Binnenconchylien - Fauna von Mittel - und Nord - Syrien; *Nachrichtsblatt d. Deutschen Malakozoolog. Gesellschaft;* p. 76, 80 et 88.

3. NEUMAYR, in : ZITTEL. — *Handbuch der Paläontologie;* I, part. 2, p. 230, fig. 320 a.

4. Un peu au nord de la Syrie, aux environs d'Adana, en Cilicie, vit un autre type de la famille des MELANIIDÆ, le genre *Lartetia*. Le Dʳ O. BOETTGER a décrit trois espèces de ce genre : *Lartetia sarana* Boettger [Die Konchylien aus den Auspülungen des Sarus-Flusses bei Adana in Cilicien; *Nachrichtsblatt d. Deutschen Malakozoolog. Gesellschaft;* Juillet 1905, p. 114, n° 33, taf. 2 A, fig. 5 a-c]. *Lartetia sodalis* Boettger [*loc. supra cit.;* 1905, p. 117, n° 34, taf. 2 A, fig. 6 a-c] et *Lartetia compacta* Boettger [*loc. supra cit.;* 1905, p. 117, n° 35, taf. 2 A, fig. 7 a-c]. Il est particulièrement intéressant de retrouver, en Asie-Mineure, le genre *Lartetia* qui semblait jusqu'ici confiné dans l'Europe moyenne.

## Genre MELANIA de Lamarck, 1801 [1].

### § 1. — MELANOIDES Olivier, 1804 [2].

### [STRIATELLA Brot] [3].

## Melania (Melanoides) tuberculata Müller.

### Pl. XVIII, fig. 12-13.

1774. *Nerita tuberculata* Müller, *Verm. terr. et fluv. histor.*; II, p. 191.

1779. *Strombus tuberculatus* Schröter, *Geschichte der Flussconchylien*; p. 373.

1779. *Strombus costatus* Schröter, loc. cit.; p. 374, taf. VIII, fig. 14.

1786. *Nerita tuberculata* Chemnitz, *Systemat. Conchylien-Cabinet*; IX, p. 189, taf. CXXXVI, fig. 1261-1262.

1804. *Melanoides fasciolata* Olivier, *Voyage empire Ottoman*; II, p. 40, atlas [2e livr., 1807], pl. XXXI, fig. 7.

1822. *Melania fasciolata* de Lamarck, *Hist. Animaux sans Vertèbres*; VI, part. II, p. 174.

1823. *Melania fasciolata* Cailliaud, *Voyage à Meroë*; IV, p. 264, atlas II, pl. LX, fig. 8.

1834. *Melania virgulata* Quoy et Gaimard, *Voyage Astrolabe*; *Mollusques*; III, p. 144, atlas, pl. LVI, fig. 1-4.

1838. *Melania fasciolata* de Lamarck, *Hist. Animaux sans Vertèbres*; ed. II. [par Deshayes], VIII, p. 434. [4]

1. Lamarck (J. B. de). — *Système des Animaux sans Vertèbres, ou tableau général des classes, des ordres et des genres de ces animaux*; etc.; 1801, p. 91; — et : *Extrait du cours de Zoologie du Muséum d'Histoire naturelle sur les Animaux sans Vertèbres, présentant la distribution et la classification de ces animaux, les caractères des principales divisions, et une simple liste des genres*; 1812, p. 116.

2. Olivier (G. A.). — *Voyage dans l'empire Ottoman, l'Égypte et la Perse*; II, 1804, p. 40 : « La quatrième [espèce de coquille du Kalidje, *Melanoides fasciolata*], paraît devoir former un genre nouveau dont plusieurs espèces sont dans les collections : il diffère de la Mélanie par le défaut d'échancrure de la base; du Bulime, par l'habitation et l'opercule; de la Turritelle, par la lèvre non sinuée ».

3. Brot. — Melaniidae, in : Martini et Chemnitz. — *Systemat. Conchylien-Cabinet*; 1874, p. 193.

4. Non *Melania tuberculata* Wagner [in : Spix et Wagner. — *Testacea*

1840. *Melania tuberculata* Mousson, *Die Land- und Süsswasser-Mollusken von Java;* p. 93, taf. XI, fig. 6-7.

1847. *Melania virgulata* de Charpentier, *Zeitschrift für Malakozoolog.;* p. 144, n° 23.

1847. *Melania tuberculata* Philippi, *Abbild. und Beschreib. Conchyl.;* II, p. 4, taf. I, fig. 14.

1847. *Melania pyramis* Buch, in : Philippi, *loc. cit.;* II, p. 172, taf. IV, fig. 16.

1847. *Melania flammulata* Merian, *Bericht Naturf. Gesellschaft Basel;* p. 141.

1852. *Vivipara fasciolata* Raymond, *Journal de Conchyliologie;* III, p. 326.

1853. *Melania tuberculata* Bourguignat, *Catalogue rais. Mollusques terr. fluv. Saulcy Orient;* p. 65.

1855. *Melania tuberculata* Roth, *Malakozoolog. Blätter;* p. 52, n° 1.

1855. *Melania Judaïca* Roth, *Malakozoolog. Blätter;* p. 53, n° 2, taf. II, fig. 1-3.

1858. *Melania Layardi* Dohrn, *Proceed. Zoological Society of London;* p. 135.

1859. *Melania pyramis* Reeve, *Conchologia Iconica; Melania;* pl. XIII, fig. 87.

1859. *Melania pyramis var.* Reeve, *loc. cit.;* pl. XV, fig. 102.

1859. *Melania tuberculata* Reeve, *loc. cit.;* pl. XIII, fig. 87.

1859. *Melania punctata* Reeve, *loc. cit.;* pl. XV, fig. 100.

1859. *Melania judaïca* Reeve, *loc. cit.;* pl. XV, fig. 103.

1859. *Melania Layardi* Reeve, *loc. cit.;* pl. XV, fig. 104.

1859. *Melania Tamsii* Reeve, *loc. cit.;* pl. XV, p. 106.

1859. *Melania virgulata* Reeve, *loc. cit.;* pl XVI, fig. 109 a - 109 b.

1860. *Melania beryllina* Brot, *Revue et Magas. Zoologie;* pl. XVII, fig. 8.

1861. *Melania Rothiana* Mousson, *Coquilles terr. fluv. Roth Palestine;* p. 61, n° 65.

*fluviatilia Braziliana*, etc..; 1827, p. 15] qui est *l'Hemisinus tuberculatus* Wagner, espèce du Brésil.

Non *Melania tuberculata* Lea [*Trans. Amer. Philosoph. Society;* IV, pl. XV, fig. 31 a, 31 b] qui est le *Melania nodata* Reeve [*Conchologia Iconica;* XX, *Melama;* 1875, pl. LIV, sp. 422], espèce du Tennesse, États-Unis de l'Amérique du Nord.

1862. *Melania tuberculata* Brot, *Matériaux pour servir histoire Mélaniens ;* 1, p. 31.

1862. *Melania fasciolata* Brot, *loc. cit. ;* 1, p. 52

1862. *Melania virgulata* Brot, *loc. cit. ;* 1, p. 52.

1862. *Melania pyramis* Brot, *loc. cit. ;* 1, p. 48.

1862. *Melania tuberculata* var. *beryllina* Brot, *loc. cit. ;* 1, p. 51.

1863. *Melania tuberculata* Deshayes, *Catalogue Mollusques île Réunion ;* p. 81, n° 252.

1863. *Melania tuberculata* Mousson, *Coquilles terr. fluv. Schlaefli Orient ;* part. II, p. 92, n° 103.

1864. *Melania tuberculata* Bourguignat, *Malacol. terr. fluv. Algérie ;* II, p. 251, pl. XV, fig. 1-11.

1864. *Melania Aristides* Brondel, in : Bourguignat, *loc. cit. ;* II, p. 252.

1865. *Melania tuberculata* Tristram, *Proceed. Zoological Society of London ;* p. 541, n° 97.

1865. *Melania rothiana* Tristram, *Proceed. Zoological Society of London ;* p. 541, n° 98.

1865. *Melania pyramis* Tristram, *Proceed. Zoological Society of London ;* p. 541, n° 99.

1865. *Melania rubropunctata* Tristram, *Proceed. Zoological Society of London ;* p. 541, n° 100.

1865. *Melania tuberculata* Martens, *Malakozoolog. Blätter ;* XI. p. 205.

1865 *Melania Dembeana* Martens, *Malakozoolog. Blätter ;* XI, p. 206.

1865. *Melania tuberculata* Dohrn, *Proceed. Zoological Society of London ;* p. 234.

1865. *Melania tuberculata* Issel, *Molluschi raccolti Miss. italiana in Persia ;* p. 14.

1865. *Melania tuberculata* Bourguignat, *Hist. malacolog. régence Tunis.* p. 34.

1866. *Melania tuberculata* Adams, *Proceed. Zoological Society of London ;* p. 376.

1866. *Melania tuberculata* Martens, *Malakozoolog. Blätter ;* p. 99, n° 18.

1868. *Melania tuberculata* Morelet, *Mollusques terr. fluv. voyage Welwitsch ;* p. 39-41.

1868. *Melania Dembeana* Morelet, *loc. cit. ;* p. 40.

1868. *Melania tuberculata* Brot, *Matériaux pour servir histoire Mélaniens ;* II, p. 25.

1868. *Melania tuberculata* var. *beryllina* Brot, *loc. cit.* ; II, p. 25.

1868. *Melania pyramis* Brot, *loc. cit.* ; II, p. 25.

1868. *Melania rubropunctata* Brot, *loc. cit.* ; II, p. 25.

1868. *Melania Rothiana* Brot, *loc. cit.* ; II, p. 24.

1868. *Melania Judaica* Brot, *loc. cit.* ; II, p. 24.

1869. *Melania tuberculata* Martens, *Nachrichtsblatt d. Deutschen Malakozoolog. Gesellchaft* ; 1, p. 154.

1869. *Melania tuberculata* Martens, *Malakozoolog. Blätter* ; p. 211.

1872. *Melania tuberculata* Morelet, *Annali Museo civico di storia naturale di Genova* ; p. 208, n° 27.

1873. *Melania tuberculata* Morelet, *Journal de Conchyliologie* ; XXI,
p. 240, n° 14,

1874. *Melania tuberculata* Martens, *Vorderasiatische Conchylien* ;
p. 31.

1874. *Melania tuberculata* Mousson, *Journal de Conchyliologie* ; XXI,
p. 47.

1874. *Melania virgulata* Menke, *Zeitschrift für Malakozoologie* ; p. 144.

1874. *Melania tuberculata* Brot, Monogr. Melaniidae, in : Martini et
Chemnitz, *Systemat. Conchylien-Cabinet* ; p. 247, taf. XXVI,
fig. 11 a, 11 b.

1874. *Melania tuberculata* Jickeli, *Land- und Süsswasser-Mollusken
N. O. Afrik.* ; p. 251, taf III, fig. 7, taf VII, fig. 36.

1874. *Melania abyssinica* Rüppell, in : Jickeli, *loc. cit.* ; p. 253.

1877. *Melania tuberculata* Smith, *Proceed. Zoological Society of London* ; p. 712.

1879. *Melania tuberculata* Martens, *Sitz. ber. d. Gesellschaft Naturf.
Freunde in Berlin* ; p. 104.

1881. *Melania tuberculata* Smith, *Proceed. Zoological Society of London* ; p. 291.

1882. *Melania tuberculata* Bourguignat, *Mollusques terr. fluv. mission
Revoil au pays Çomalis* ; p. 90.

1883. *Melania tuberculata* Locard, *Malacologie lacs Tibériade, Antioche
et Homs* ; p. 31.

1883. *Melania Rothiana* Locard, *loc. cit.* ; p. 32.

1883. *Melania tuberculata* Bourguignat, *Histoire malacologique Abyssinie* ; p. 102 et 131.

1883. *Melania tuberculata* Bourguignat, *Mollusques Nyanza-Oukéréwé* ;
p. 4.

1884. *Melania tuberculata* Bourguignat, *Histoire Mélaniens syst. europ.*; p. 5, et *Ann. Malacologie*; II, p. 5.

1884. *Melania judaica* Bourguignat, *Histoire Mélaniens syst. europ.*; p. 4, et *Ann. Malacologie*; II, p. 5.

1884. *Melania tuberculata* Tristram, *Fauna and Flora of Palestine, Terrestrial and Fluviatile Mollusca*; p. 196, n° 162.

1884 *Melania rothiana* Tristram, *loc. supra cit.*; p. 197, n° 163.

1884. *Melania gemmulata* Tristram, *loc. supra cit.*; p. 197, n° 164.

1884. *Melania rubro-punctata* Tristram, *loc. supra cit.*; p. 197, n° 165.

1884. *Melania judaica* Tristram, *loc. supra cit.*; p. 197, n° 166.

1885. *Melania ( Striatella ) judaïca* Westerlund, *Fauna der paläarct. region Binnenconchylien*; VI, p. 103, n° 1.

1885. *Melania ( Striatella ) tuberculata* Westerlund, *loc. cit.*; VI, p. 103, n° 2.

1887. *Melania tuberculata* Bourguignat, *Bul. Soc. malacologique France*; IV, p. 267.

1887. *Melania tuberculata* Letourneux et Bourguignat, *Prodrome malacologie Tunisie*; p. 125.

1888. *Melania tuberculata* Pollonera, *Bolletti Societa malacolog. Italiana*; XIII, part. II, p. 82 [ tirés à part, p. 24 ].

1888. *Melania tuberculata* Smith, *Procced. Zoological Society of London*; p. 52.

1888. *Melania tuberculata* Bourguignat, *Iconogr. malacolog. lac Tanganika*; p. 27, pl. XI, fig. 26-27.

1889. *Melania tuberculata* Bourguignat, *Bul. Soc. malacologique France*; VI, p. 5 et p. 51.

1889. *Melania tuberculata* Bourguignat, *Mollusque Afrique équatoriale*: p. 182.

1890. *Melania tuberculata* Smith, *Ann. and Mag. Natural History*, 6ᵉ série, VI, p. 149.

1890. *Melania tuberculata* Bourguignat, *Histoire malacologique lac Tanganika*; p. 163, pl. XI, fig. 26-27; et *Ann. Sc. naturelles*; 7ᵉ série, X, même pagination.

1891. *Melania tuberculata* Smith, *Procced. Zoological Society of London*; p. 310.

1892. *Melania tuberculata* Martens, *Sitz. ber. d. Gesellschaft Naturf. Freunde in Berlin*; p. 173.

1894. *Melania tuberculata* Ancey, *Mémoires Société zoologique France*; VII, p. 224.

1894. *Melania tuberculata* Dautzenberg, *Revue biologique Nord France*, VI, p. 339, (tirés à part, p. 10).

1895. *Melania tuberculata* Smith, *Proceed. Malacolog. Society of London*; 1, p. 167.

1896. *Melania tuberculata* Sturany, in : Baumann, *Durch Massailand zur Nilquelle*; p. 10.

1898. *Melania tuberculata* Martens, *Beschalte Weichth. Ost-Afrik.*; p. 193.

1898. *Melania tuberculata* Pollonera, *Bollet. Musei Zool. anat. comp. R. Univers. Torino*; XIII, n° 313, p. 12. (4 mars).

1904. *Melania tuberculata* Smith, *Proceed. Malacolog. Soc. of London*; VI, p. 100.

1904. *Melania tuberculata* de Rochebrune et Germain, *Mémoires Soc. Zoologique France*; XVII, p. 7.

1904. *Melania tuberculata* Germain, *Bulletin Muséum Hist. natur. Paris*; X, p. 353.

1905. *Melania tuberculata* Germain, *Bulletin Muséum Hist. natur. Paris*; XI, p. 257 et 328.

1905. *Melania tuberculata* Neuville et Anthony, *Bulletin Muséum Hist. natur. Paris*; XI, p. 116.

1906. *Melania tuberculata* Neuville et Anthony, *Bulletin Muséum Hist. natur. Paris*; XII, p. 107.

1906. *Melania tuberculata* Germain, *Bulletin Muséum Hist. natur. Paris*; XII, p. 54, 59 et 297.

1906. *Melania tuberculata* Germain, *Mémoires Soc. zoologique France*; XIX, p. 235.

1906. *Melania tuberculata* Neuville et Anthony, *Bulletin Soc. philomatique Paris*; 9ᵉ série, VIII, p. 8.

1907. *Melania tuberculata* Germain, *Bulletin Muséum Hist. natur. Paris*; XIII, p. 269.

1907. *Melania tuberculata* Germain, *Mollusques Afrique centrale française*; p. 537.

1908. *Melania tuberculata* Neuville et Anthony, *Annales Sciences naturelles, Zoologie*; VIII, p. 247.

1908. *Melania tuberculata* Germain, *Mollusques lac Tanganyika et ses environs*; p. 649.

1908. *Melania tuberculata* Dautzenberg, *Journal de Conchyliologie*, LVI, p. 23, pl. II, fig. 4-5.

1909. *Melania tuberculata* Germain, *Bulletin Muséum Hist. natur. Paris*; XV, p. 275, 375 et 470.

1909. *Melania tuberculata* Pallary, *Catalogue faune malacologique Égypte* ; p. 67, pl. IV, fig. 23-25.

1910. *Melania tuberculata* Germain, *Bulletin Muséum Hist. natur. Paris* ; XVI.

1910. *Melania tuberculata* Hesse, *Nachrichtsblatt d. Deutschen Malakozool. Gesellschaft* ; p. 134.

1912. *Melania tuberculata* (et variétés : *fasciolata, rubropunctata, pyramis, judaica, Rothi*) Germain, *Bulletin Muséum Hist. nat. Paris*; XVIII. p. 451. n° 284.

Le tableau synonymique précédent montre que le *Melania tuberculata* Müller est une espèce particulièrement polymorphe à laquelle de fort nombreuses dénominations ont été attribuées : un grand nombre des mutations de couleur, de sculpture, de forme ou de taille de cette Mélanie ont reçu un nom distinct.

Le *Melania fasciolata* Olivier est une mutation *ex colore*, caractérisée par une coquille ornée de flammules rougeâtres ou brunâtres plus ou moins interrompues.

Chez le *Melania rubropunctata* Tristram le test, transparent ou subtransparent, d'un corné clair, est orné de séries transversales de petits points rougeâtres. Cette coquille vit dans les fontaines qui avoisinent la mer Morte.

L'ornementation sculpturale varie dans des proportions plus étendues encore. On sait que le *Melania tuberculata* Müller présente, à la fois, des côtes longitudinales plus ou moins saillantes et des cordons spiraux parfois très accentués. Or, ce double système de sculpture est excessivement polymorphe et, dans certains cas, les cordons spiraux sont les plus importants tandis que, dans d'autres cas, les côtes longitudinales dominent la sculpture décurrente.

Chez la coquille nommée *Melania pyramis* par von dem Busch, les côtes sont nodosiformes sur tous les tours, sauf à la partie inférieure du dernier. Déjà très peu marquées dans la variété *ex colore fasciolata* Olivier, les côtes longitudinales disparaissent à peu près complètement chez la forme baptisée *Melania judaïcensis* par Roth qui, par contre, possède des cordons spiraux bien accentués. La sculpture longitudinale prend, au contraire, une importance prépondérante dans la variété *Rothi* décrite, par Mousson [1], comme espèce distincte.

La forme générale de la coquille permet de distinguer des mutations *ventricosa* et *elongata*. Cette dernière, décrite par A. Locard [2], est assez commune dans le lac de Tibériade. C'est une coquille très allongée, où les côtes longitudinales dominent la sculpture décurrente et dont le test est tantôt foncé, sans flammules longitudinales [Locard] [3], tantôt « d'un jaune clair avec des ponctuations brunes sur les cordons décurrents [Dautzenberg] » [4].

Enfin la taille est également très variable [5]. La forme

1. Cette coquille diffère encore du *Melania tuberculata* Müller typique par sa forme plus allongée et ses tours moins convexes. Voici, du reste, la diagnose originale de Mousson [ *Coquilles terrestres et fluviatiles recueillies par M. le Prof. J.-R. Roth dans son dernier voyage en Palestine ; 1861, p. 61, n° 65* ] :

« *T. imperforata, cylindraceo-turrita, multispirata, calcareo-alba. Spira regularis, lente acrescens ; summo decollato ; sutura subimpressa, filari. Anfractus remanentes 7 ( restituti 12-14 ), plano-convexi, superis liris 5, costulis validis secatis, circumdati ; ultimus ad basin lineis spiralibus 4, in columellam minoribus, ornatus. Apertura angusto-ovalis ; margine dextro recto, infra arcuatim subproducto, sinistro lamina tenui callosa vestito ; columella crassiuscula, angulatim in marginem basalem curvata.*

» *Long. ( restituta ) 26 ; Diam. 6, 5 Mm.*

» *Apert. long. 6, 5 ; lat. 3 Mm. ».*

2. Locard ( A. ). — *Malacologie des lacs de Tibériade, d'Antioche et d'Homs ;* 1883, p. 32.

3. Locard ( A. ). — *Loc. supra cit. ;* 1883, p. 32.

4. Dautzenberg ( Ph. ). — Liste des Mollusques terrestres et fluviatiles recueillis par M. Th. Barrois en Palestine et en Syrie ; *Revue biologique Nord France ;* VI, 1894, p. 340 ( tirés à part, p. 11 ).

5. J'ai donné, dans plusieurs de mes travaux, des tableaux qui mettent en évidence cette variabilité de la taille chez le *Melania tuberculata* Müller. Cf. notamment : Germain ( Louis ). — Étude sur les Mollusques terrestres et fluviatiles vivants recueillis au cours de la mission de délimitation du Niger-Tchad ( Mission Tilho ) ; *Documents Scientifiques de la Mission Tilho ;* tome II ; 1911, p. 205.

décrite sous le nom de *judaïcensis*, et qui atteint jusqu'à 65 millimètres de longueur sur 12 millimètres de diamètre maximum, peut être considérée comme une var. *permaxima*. La variété *maxima* Bourguignat [1] ne vit pas en Syrie [2], mais on y trouve la variété *major* Westerlund [3], qui mesure 37 millimètres de longueur sur 10 millimètres de diamètre maximum.

LOCALITÉ :

Ruisseau à Kousseir, dans la région verdoyante de Damas, entre 650 et 700 mètres d'altitude [ HENRI GADEAU DE KERVILLE ].

DISTRIBUTION GÉOGRAPHIQUE :

Le *Melania tuberculata* Müller est une espèce répandue, non seulement en Mésopotamie et en Perse, mais encore dans toute l'Asie orientale, dans une grande partie de l'Océanie et dans toute l'Afrique équatoriale d'où il a essaimé, d'une part vers l'Algérie et le Maroc, d'autre part vers l'Égypte. Je n'insiste pas sur ces questions que j'ai précédemment développées dans mes travaux sur la faune malacologique africaine.

Genre MELANOPSIS de Férussac, 1801 [4].

Les *Melanopsis* sont les Gastéropodes les plus caractéristiques de la faune malacologique fluviatile de la Syrie, de la

1. BOURGUIGNAT ( J. R.). — *Malacologie de l'Algérie ;* II, 1864, p. 252, pl. XV, fig. 11.

2. Cette coquille, qui mesure jusqu'à 55 millimètres de longueur, habite l'Algérie.

3 WESTERLUND ( C. A ). — *Fauna der in der paläarctischen region Binnenconchylien ;* VI, 1886, p. 103 [*Melania ( Striatella ) tuberculata forma 2) major*].

4. FÉRUSSAC (DE) [ PÈRE ]. — *Essai d'une méthode Conchyliologique appliquée aux Mollusques fluviatiles et terrestres ;* etc..., 1801, p. 70.

58

Palestine et d'une grande partie de l'Asie-Mineure. Ce sont des animaux vivant en colonies extrêmement populeuses dans les lacs, les fleuves, les rivières et même les ruisseaux et les sources [1].

Comme presque tous les Mollusques très communs, les *Melanopsis* jouissent d'un polymorphisme étendu qui porte, non-seulement sur la taille et la coloration, mais encore sur l'ornementation sculpturale du test, la forme générale de la coquille, l'allure de la spire, les caractères de l'ouverture et de la columelle. Il en est résulté, là encore, la création d'un nombre considérable d'espèces, basées trop souvent sur des caractères individuels, et qu'il est impossible de considérer comme spécifiquement distinctes.

Voici, tout d'abord, l'énumération des nombreux *Melanopsis* signalés dans l'Asie-Antérieure. J'ai, pour la commodité des recherches, suivi l'ordre alphabétique :

*Melanopsis Alepi* Bourguignat, *Histoire Mélaniens système européen* [2]; 1884, p. 119.

Environs d'Alep [ LETOURNEUX, BOURGUIGNAT ].

*Melanopsis ammonis* Tristram, *Proceed. Zoological Society of London* ; 1865, p. 542.

Ruisseaux d'Hesbhon et d'Ammon, à l'est du Jourdain [ TRISTRAM ].

Nahr-el-Haroun ; Zerrâa ; ruisselet au sud de Kosseir [ BARROIS ].

*Melanopsis ascania* Bourguignat, *loc. supra cit.* ; 1884, p. 96.

Lac Sabandja, près d'Ismidt (Anatolie) [ BOURGUIGNAT ].

---

1. Les *Melanopsis* sont, avec les Bythinies, les Gastéropodes les plus abondamment répandus dans les eaux douces de la Syrie ; ils jouent, à ce point de vue, le même rôle que les Corbicules parmi les Pélécypodes.

2. In : *Annales de Malacologie* (sous la direction du Dr GEORGES SERVAIN); II, 1884; p. 1-168.

*Melanopsis aterrima* Bourguignat, *loc. supra cit.;* 1884, p. 127.

Sources de la plaine de Jéricho [ LETOURNEUX, BOURGUIGNAT ].

*Melanopsis belusiensis* Bourguignat, *loc. supra cit.;* 1884, p. 134, *(Melanopsis belusi)*.

Dans le Bélus, près de Saint-Jean-d'Acre [ LETOURNEUX, BOURGUIGNAT ].

*Melanopsis brevis* Parreyss, in : Mousson, *Coquilles terr. fluv. Bellardi Orient;* 1854, p. 51.

Vallée de Bka, dans les eaux de l'ancien Léontes [MOUSSON].

Aïn-es-Soultan [ ROTH ].

Lac d'Antioche [ E. CHANTRE ].

Fontaine d'Élisée, près de Jéricho ; Nahr-el-Lebouch ; Aïn-el-Min (Syrie) [ BARROIS ].

Fontaine du Soleil, à Báalbek [ BOURGUIGNAT ].

Brousse, Nilufer près Mondania (Anatolie) [BOURGUIGNAT].

*Melanopsis buccinoidea* Olivier, *Voyage empire Ottoman;* 1804, II, p. 141 ; atlas, pl. XVII, fig. 8.

Très répandu dans tous les cours d'eau de la chaîne du Liban, de l'Antiliban ; etc... ; se retrouve dans l'île de Chio et quelques autres îles de l'Archipel. Cette espèce présente de nombreuses variétés ; on en trouvera l'énumération à l'article consacré au *Melanopsis prœrosa* Linné (p. 480 et sq. de ce mémoire).

*Melanopsis bullio* Parreyss, in : Kobelt, *Iconogr. der Land-und Süsswasser-Mollusken;* VII, 1879, p. 17, taf. CLXXXVIII, fig. 1902-1903 *(Melanopsis costata* var. *bullio)*.

Lac d'Antioche [ E. CHANTRE ].

Variété *bipartita* Dautzenberg, *Liste Mollusques terr. fluv. Th. Barrois Palestine et Syrie* [1]; 1894, p. 16.

Lac de Homs [ TH. BARROIS ].

1. Extrait de la *Revue biologique du Nord de la France;* VI, 1894, p. 329 et suiv.

*Melanopsis callichroa* Bourguignat, *loc. supra cit.;* p. 91.

Intérieur de la grotte du Nahr-el-Kelb, près Beyrouth [ LETOURNEUX ].

*Melanopsis callista* Bourguignat, *loc. supra cit.;* 1884, p. 118.

Sadjour-Sou, entre Aïn-Taïb et Alep [ LETOURNEUX ].

*Melanopsis cerithiopsis* Bourguignat, *loc. supra cit.;* 1884, p. 130.

Plaine du Bahr-el-Houlé (Haut Jourdain) dans l'Aïn-el-Mellaha, avec une variété *curta* Bourguignat ( *loc. supra cit.;* 1884, p. 131 ) [ LETOURNEUX ].

*Melanopsis Chantrei* Locard, *Malacologie lacs Tibériade, Antioche et Homs;* 1883, p. 74, pl. XXIII, fig. 44 - 49.

Lac d'Antioche [ E. CHANTRE ].

Lac de Homs [ TH. BARROIS ].

C'est le *Melanopsis bullio* Parreyss.

*Melanopsis Charpentieri* Parreyss, in : Brot, Melanidæ, in : Martini et Chemnitz, *Systemat. Conchylien-Cabinet;* 1874, p. 430, taf. XLVI, fig. 8.

Environs de Schiraz (Perse) [ PARREYSS ].

*Melanopsis costata* Olivier, *Voyage empire Ottoman;* 1804, II, p. 294 ; atlas, pl. XXXI, fig. 3.

Espèce très répandue en Syrie et en Palestine ; elle présente de nombreuses variétés qui sont étudiées, p. 490 et sq. de ce travail.

*Melanopsis desertorum* Bourguignat, *loc. supra cit.;* 1884, p. 134.

Ruisseaux entre Tarsous et Mersina (Anatolie) [ LETOURNEUX ].

L'Aïn-el-Bass, dans la plaine du Bahr-el-Houlé [ LETOURNEUX ].

*Melanopsis Doriæ* Issel, *Molluschi raccolti Missione italiana in Persia ;* 1865, p. 16, pl. I, fig. 7 - 8.

Eaux thermales de Kerman, au sud de la Perse [ DORIA ].

*Melanopsis egregia* Bourguignat, *loc. supra cit. ;* 1884, p. 146.

Le Jourdain ; le Bélus, près de Saint-Jean-d'Acre [ LETOUR-NEUX ].

*Melanopsis eumorphia* Bourguignat, *loc. supra cit. ;* 1884, p. 146.

Le Jourdain, à 4 kilomètres au dessus de la mer Morte ; Aïn-el-Bass, dans la plaine du Bahr-el-Houlé (var. *minor* Bourguignat ; *ibid.*, p. 146) [ LETOURNEUX ].

*Melanopsis faseolaria* Parreyss, in : Brot, *loc. supra cit.;* 1874, p. 425, taf. XLVI, fig. 24 - 25 [ *Melanopsis variabilis* var. B *faseolaria* Parr. *mss.* et *Melanopsis fasciolata* Parr. *mss .*].

Fontaines de la plaine du Bahr-el-Houlé ; environs de Saint-Jean-d'Acre, dans le Bélus.

*Melanopsis Feliciani* Bourguignat, *loc. supra cit. ;* 1884, p. 145.

Le Jourdain, près de son embouchure dans la mer Morte. [ LETOURNEUX ].

*Melanopsis Ferussaci* Roth, *Dissertat. ;* 1839, p. 24, tab. II, fig. 10.

Smyrne [ ERDL, ROTH ].

Lac de Nycée (Anatolie) ; Larcana (Chypre).

Cours d'eau du Liban ; Oued Barada, près Damas ; Orfa ; Malatea ; Bérédjik, dans le Diarbekir [ LETOURNEUX ].

*Melanopsis hebraica* Letourneux, in : Bourguignat, *loc. supra cit.;* 1884, p. 131.

Aïn-Saadi, près de Kaifa (Syrie) | LETOURNEUX ].

*Melanopsis hiera* Bourguignat, *loc. supra cit.* ; 1884, p. 120.

Aïn-Taïb, près Alep [ LETOURNEUX ].

*Melanopsis infracincta* Martens, *Vorderasiatische Conchylien;* 1874, p. 32, taf. V, fig. 38 [ *Melanopsis costata* var. *infracincta* ].

Source de Chabur à Ras-el-Aïn (Mésopotamie). | Dr HAUSKNECHT ], avec les variétés *obsoleta* Martens [ *ibid.* ; p. 19 - 32, taf. V, fig. 39 [1] ] et *minor* [ *ibid.* ; p. 32, taf. V, fig. 40 [2] ].

*Melanopsis insignis* Parreyss, in : Martens, *loc. supra cit.;* 1874, p. 67.

Le Tigre et l'Euphrate (Mésopotamie) | Dr HAUSKNECHT ].

*Melanopsis Isseli* Bourguignat, *loc. supra cit.;* 1884, p. 115.

Vallée du Nahr-el-Kelb, près Beyrouth [ LETOURNEUX ] [3].

*Melanopsis jebusitica* Letourneux, in : Bourguignat, *loc. supra cit.;* 1884, p. 126.

Sources de la plaine de Jéricho [ LETOURNEUX ].

*Melanopsis jordanicensis* Roth, *Dissertat.;* 1839, p. 25, tab. II, fig. 12 - 13 (*Melanopsis costata* var. *jordanica*).

Espèce assez répandue en Syrie, surtout dans le Jourdain, et qui présente plusieurs variétés. Voir, p. 497 de ce mémoire.

*Melanopsis Kotschyi* Philippi, *Abbild. und Beschr. Conchyl.;* 1847, II, p. 175, taf. IV, fig. 11.

Persépolis (Perse).

*Melanopsis lœvigata* de Lamarck, *Hist. natur. Animaux sans Vertèbres;* VI, part. II, 1822, p. 168.

---

1. *Melanopsis costata* var. *obsoleta* Martens.

2. *Melanopsis costata* var. *minor* Martens.

3. D'après BOURGUIGNAT [ *loc. supra cit.;* 1884, p. 115 ], cette coquille est figurée, dans sa *Malacologie de l'Algérie;* II, 1864, pl. XV, fig. 25 (seulement), sous le nom de *Melanopsis maroccana.*

Espèce très répandue, qu'il convient de rapporter, en synonyme, au *Melanopsis praemorsa* Linné.

*Melanopsis lampra* Bourguignat, *loc. supra cit.;* 1884, p. 132.

Dans le Bélus, près Saint-Jean-d'Acre [ LETOURNEUX ].

*Melanopsis Lorteti* Locard, *loc. supra cit. ;* 1883, p. 77, pl. XXIII, fig. 50 - 51 (*Melanopsis Lortetiana*).

Lac d'Antioche | E. CHANTRE |.

*Melanopsis maroccana* Chemnitz, *Systemat. Conchylien-Cabinet ;* XI, 1795, p. 285, taf. CCX, fig. 2078 - 2079 (*Buccina maroccana*).

Cette espèce, très répandue dans les cours d'eau du Maroc, de l'Algérie et de la Tunisie, vit aussi en Espagne, en Italie et en Grèce. En Anatolie, elle a été recueillie dans les eaux chaudes de Brousse ; en Syrie, dans la plaine du Bahr-el-Houlé [ LETOURNEUX [1] ].

*Melanopsis microcolpia* Bourguignat, *loc. supra cit. ;* 1884, p. 81.

Fontaine de Jérémie, près de Jéricho [ LETOURNEUX ].

*Melanopsis mingrelica* Bayer, in : Mousson, *Coquilles terr. fluv. Schlaefli Orient ;* II, 1863, p. 91.

Région au sud du Caucase [ SCHLAEFLI ] ; ISSEL [ *loc. supra cit.;* 1865, p. 16] a signalé une variété *carinata* recueillie, aux environs de Poti, par le marquis DORIA.

*Melanopsis minutula* Bourguignat, *loc. supra cit.;* 1884, p. 92.

Fontaine froide du Hammam, à Brousse (Anatolie) ; Nahr-Antalies, dans le Liban (Syrie) [ LETOURNEUX ].

---

1. Pour J. R. BOURGUIGNAT, [*loc. supra cit. ;* 1884, p. 100] les individus asiatiques constituent une var. *media*.

*Melanopsis nodosa* de Férussac, *Mémoires Soc. Hist. natur. Paris ;* I, 1823, p. 158.

Abondant en Mésopotamie, dans le Tigre et l'Euphrate [SCHLAEFLI, J. DE MORGAN].

Lac Urmia, au sud de l'Arménie [A. THOMAS].

MOUSSON [*Journal de Conchyliologie;* XXII, 1874, p. 48, n° 60 et p. 60, n° 21], a décrit une variété *moderata* qui vit également dans le Tigre et l'Euphrate, surtout depuis Mossoul.

*Melanopsis obliqua* Letourneux, in : Bourguignat, *loc supra cit. ;* 1884, p. 138.

Le Bélus, près Saint-Jean-d'Acre [ LETOURNEUX ].

*Melanopsis Olivieri* Bourguignat, *loc supra cit ;* 1884, p. 98.

Entre Aïn-Taïb et Alep, à Sadjour-Sou ; le Nahr-el-Kelb, près Beyrouth ; Serghaia, dans l'Oued Barada, près Damas ; fontaine de Jérémie, à Jéricho [ Letourneux ].

Environs de Constantinople, avec une variété *lamellata* Bourguignat (*ibid.*, p. 98) [ LETOURNEUX ].

*Melanopsis ovum* Bourguignat, in : Locard, *loc. supra cit. ;* 1883, p. 8, et Bourguignat, *loc. supra cit. ;* 1884, p. 143.

Lac de Tibériade [ E. CHANTRE ].

*Melanopsis phœniciaca* Bourguignat, *loc. supra cit. ;* 1884, p. 133.

Dans le Bélus, à Saint-Jean-d'Acre [LETOURNEUX].

*Melanopsis praemorsa* Linné, *Systema Naturae ;* éd. X, 1758, p. 740 n° 408 (*Buccinum praemorsum*).

Espèce très répandue en Syrie et dans toute l'Asie-Antérieure ; voir, pages 477 et sq. de ce mémoire.

*Melanopsis prophetarum* Bourguignat, in : Locard, *loc. supra cit. ;* 1883, p. 71, pl. XXIII, fig. 52-53.

Le Jourdain, à 4 kilomètres de la mer Morte ; Banias ;
oued Sedjoum près de Djennin ; Aïn-el-Mellaha, dans la
plaine du Barh-el-Houlé ; fontaines d'Élisée et de Jérémie,
à Jéricho ; cours d'eau du Diarbékir ; environs de Smyrne,
de Trébizonde [ LETOURNEUX ].

Vallée de Bka, dans les eaux de l'ancien Léontes [ MOUSSON ].

Aïn-es-Soultan [ ROTH, TH. BARROIS ].

Lac d'Antioche [ E. CHANTRE ].

Fontaine d'Élisée, à Jéricho ; Nahr-el-Lebouch ; Aïn-el-
Min (Syrie) [ TH. BARROIS ].

Il existe une variété *minor* Bourguignat (*loc. supra cit.;*
1884, p. 82) qui vit dans le lac d'Antioche, l'Oued Barada
près Aïn-Fidjé ; dans les fontaines de la plaine du Bahr-el-
Houlé ; etc. [ LETOURNEUX ].

Le *Melanopsis prophetarum* Bourguignat est certainement synonyme du *Melanopsis brevis* Parreyss.

*Melanopsis saharica* Bourguignat, *Malacologie Algérie;*
II, 1864, p. 260, pl. XVI, fig. 9-10, 12, 13-14.

L'Oronte ; l'Aïn-el-Bass, dans la plaine du Bahr-el-Houlé
[ LETOURNEUX ].

*Melanopsis salomonis* Bourguignat, in : Locard, *loc.*
*supra cit.;* 1883, p. 7 ; et Bourguignat, *loc. supra cit.;*
1884, p. 95.

Fossé d'eau stagnante au camp des Pins (Syrie) [ LETOUR-
NEUX ] ; une variété *minor* Bourguignat (*ibid.*, p. 96) vit
aux environs d'Alep, à Sadjour-Sou, à 4 kilomètres en
aval d'Aïn-Taïb ; dans les ruisseaux à Dammar ; dans l'Oued
Barada, près d'Aïn-Fidjé ; et à Banias (Syrie) [ LETOUR-
NEUX ].

*Melanopsis sancta* Letourneux, in : Bourguignat, *loc.*
*supra cit.;* 1884, p. 129.

Sources de la plaine de Jéricho ; Aïn-el-Plaça, dans la
plaine du Barh-el-Houlé ; le Jourdain, à 4 kilomètres au
dessus de la mer Morte [ LETOURNEUX ].

*Melanopsis Saulcyi* Bourguignat.

Voir plus loin, p. 501 et suivantes de ce mémoire.

*Melanopsis Sesteri* Bourguignat, *loc. supra cit.;* 1884,
p. 119.

Petit cours d'eau à Sadjour-Sou, entre Aïn-Taïb et Alep
[Sester].

Aïn-el-Bass, dans la plaine du Bahr-el-Houlé (Syrie)
[Letourneux]. Dans cette dernière localité se trouve également une variété *diadema* Bourguignat (*ibid.*, p. 119).

*Melanopsis sphæroidea* Locard, *loc. supra cit.;* 1883,
p. 73; Bourguignat, *loc. supra cit.;* 1884, p. 78.

L'Oronte [E. Chantre].

*Melanopsis stephanota* Bourguignat, *loc. supra cit.;*
1884, p. 120.

Aïn-Taïb, près Alep [Letourneux].

*Melanopsis subcostata* Parreyss, *mss.*, in : Bourguignat,
*loc. supra cit.;* 1884, p. 137.

L'Oronte.

*Melanopsis Tanousi* Letourneux, in : Bourguignat, *loc.
supra cit.;* 1884, p. 137.

Barh-el-Houlé, non loin de l'Aïn-el-Méllaha [Letourneux].

*Melanopsis turcica* Parreyss, in : Mousson, *Coquilles
terr. fluv. Schlaefli Orient;* II, 1863, p. 49 *(Melanopsis
costata* var. *turcica).*

Cette espèce habite surtout le nord de la Syrie: lacs d'Antioche, d'Homs; le Karasa, affluent du lac d'Antioche;
l'Oronte; etc. [Mousson, E. Chantre, Letourneux, etc.].

Une variété *curta* Locard [*loc. supra cit.;* 1883, p. 76],
habite le lac d'Antioche [E. Chantre].

*Melanopsis variabilis* Philippi, *Abbild. und Beschreib.
Conchyl.;* 1847, II, p. 175, taf. IV, fig. 7-8 et 10 *(Melania variabilis* von dem Busch, *mss.).*

Environs d'Alep; ruisseau au Camp des Pins, près Beyrouth; intérieur de la grotte du Nahr-el-Kelb, près Beyrouth (Syrie) [Letourneux].

Schiraz et Persépolis (Perse) [von dem Busch].

*Melanopsis Wagneri* Roth, *Dissertat.;* 1839, p. 24, taf. II, fig. 11.

Ile de Rhodes; environs de Smyrne [Erdl, Roth].

Comme on le voit, la plupart de ces *Melanopsis* ont été séparés par Bourguignat et les naturalistes de son école. Sur quels caractères ces auteurs ont-ils établis leurs travaux? Avant tout, sur la *forme générale* de la coquille, sur le *galbe*, c'est-à-dire sur un caractère si variable qu'il est, chez de nombreuses espèces de Mollusques, à peu près impossible de trouver deux individus identiques; en second lieu, sur la forme de l'ouverture et de la columelle; enfin sur la sculpture et la coloration. Or, chez les *Melanopsis*, de tels caractères ne sont jamais stables. L'erreur de Bourguignat et de son école est justement d'avoir méconnu la variabilité spécifique et négligé les formes intermédiaires. Évidemment, si l'on étudie un lot considérable de *Melanopsis* recueillis dans une même localité, on pourra séparer facilement un certain nombre de formes paraissant nettement spécifiques. Supposons, par exemple, que l'on en sépare trois A, B et C. Pour Bourguignat, A, B et C, constituent *trois espèces;* mais, dans ce triage, il n'a été possible de grouper soit en A, soit en B, soit en C, qu'une faible partie des échantillons considérés; tous les autres sont des animaux qu'il est *matériellement impossible* de rapporter à A, à B ou à C, parce qu'ils présentent indifféremment soit les caractères de deux de ces formes, soit même les caractères de ces trois formes. Ils constituent donc, et j'insiste sur ce point, des termes de passage que l'on peut classer de telle sorte qu'il soit possible de passer *insensiblement* de la forme A à la forme B et de cette dernière à la forme C. Dans de telles conditions, il faut évidemment considérer A, B et C comme constituant une seule espèce polymorphe. Or, *systématiquement*, Bourguignat écartait ces formes de passage pour ne considérer que les types A, B et C primitivement séparés. On comprend que Bourguignat ait pu, de cette manière, multiplier les espèces pour ainsi dire à l'infini ; mais on comprend aussi qu'il soit rapidement devenu impossible, à un autre naturaliste, de reconnaître de telles espèces.

J'ai donc cru devoir, dans ce genre si polymorphe, comprendre l'espèce très largement. J'ai d'ailleurs été aidé, dans cette tâche délicate, par les très riches matériaux si habilement recueillis par M. Henri Gadeau de Kerville qui, parfois, m'a rapporté *plusieurs milliers d'exemplaires récoltés dans une même localité*. J'ai donc pu suivre facilement, et pour ainsi dire au sein de nombreuses colonies, les variations des caractères de la columelle, de l'ouverture, de la sculpture et de la coloration et noter, qu'autour d'un type bien défini, comme le *Melanopsis costata* Olivier, par exemple, gravitent de nombreuses variétés qu'il est impossible de considérer comme spécifiquement distinctes.

Le genre *Melanopsis* proprement dit est essentiellement circa méditerranéen.

En Europe, il est représenté par plusieurs espèces vivant : en Espagne [*Melanopsis Dufouri* de Férussac [1], *Melanopsis lorcana* Guirao [2], *Melanopsis cariosa* Linné [3], *Melanopsis maroccana* Chemnitz, etc. ] [4] ; aux îles Baléares [ *Melanopsis*

---

1. Férussac (de). — Monogr. Mélaniens ; *Ann. Soc. Histoire natur. Paris* ; 1, 1823, p. 153 *(part.)*.

2. Guirao. — *Malakozoolog. Blätter* ; 1854, p. 32.

3. Linné — *Systema Naturæ* ; éd. XII, 1766, n° 220 [*Murax cariosus*].

4. Le genre *Melanopsis* ne vit, en Espagne, que dans les régions orientales (voir la carte, fig. 50, p. 474 ; il est absent en Portugal.

*etrusca* Villa [1], *Melanopsis vespertina* Bourguignat [2] ] ; en Italie, principalement dans les marais de la Toscane [ *Melanopsis etrusca* Villa [1], *Melanopsis Isseli* Bourguignat [3], etc.]; en Grèce [ *Melanopsis prœrosa* Linné, *Melanopsis maroccana* Chemnitz ] ; dans l'île de Chypre [ *Melanopsis prœrosa* Linné forma *Ferussaci* Roth ] ; et dans plusieurs des îles de l'Archipel [ *Melanopsis prœrosa* Linné forma *buccinoidea* Olivier ].

En Asie, en dehors d'une grande partie de l'Asie-Mineure, de la Syrie et de la Palestine, où les *Melanopsis* sont très abondants, ces animaux vivent en Mésopotamie [ *Melanopsis insignis* Parreyss [4] ; *Melanopsis nodosa* de Ferussac [5]; *Melanopsis infracincta* Martens [6], etc. ], et en Perse [ *Melanopsis mingrelica* Bayer [7] ; *Melanopsis Doriœ* Issel [8] ; *Melanopsis Kotschyi* Philippi [9] ; *Melanopsis Charpentieri* Parreyss [10] ; etc. ].

Enfin, dans l'Afrique Mineure (Maroc, Algérie, Tunisie),

1. VILLA, in : BROT. — *Catalogue Systémat. Mélaniens* ; 1862, p. 63 [ *Melanopsis Dufouri* var. *etrusca* ].

2 BOURGUIGNAT (J. R.). — *Histoire Mélaniens système européen* ; 1884, p. 124.

3. BOURGUIGNAT (J. R.). — *Loc. supra cit.* ; 1884, p. 115.

4. PARREYSS, in : MARTENS (Dr E. VON). — *Vorderasiatische Conchylien* ; 1874, p. 67.

5. FÉRUSSAC (DE). — *Loc. supra cit.* ; I, 1823, p. 158.

6. MARTENS (Dr E. VON). — *Vorderasiatische Conchylien* ; 1874 ; p. 32, fig. 38-40.

7. BAYER, in : MOUSSON (A.). — *Coquilles terrestres et fluviatiles Schlaefli Orient* ; II, 1863, p. 91.

8. ISSEL. — *Molluschi raccolti Missione italiana in Persia* ; 1865, p. 16, tav. I, fig. 7-8.

9. PHILIPPI. — *Abbild. und Beschr. Conchylien* ; II, 1847, p. 175, taf, IV, fig. 11 [ *Melania Kotschyi* von dem Busch ].

10. PARREYSS, in : BROT. — Melaniidæ, in : MARTINI et CHEMNITZ, *Systemat. Conchylien-Cabinet* ; 1874, p. 430, taf. XLVI, fig. 8.

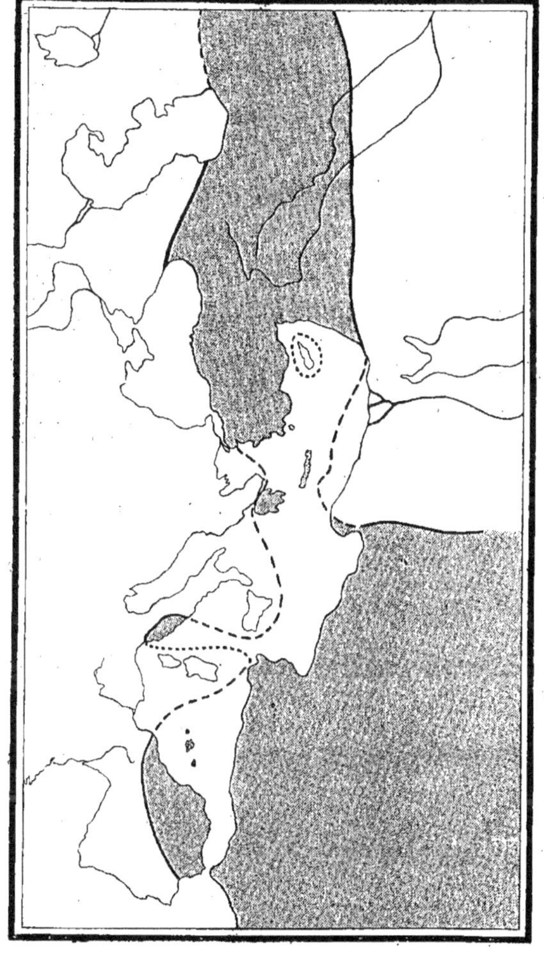

Fig. 50. — Distribution géographique du genre *Melanopsis* dans les régions méridionale et orientale du système paléarctique.

les *Melanopsis*, également très répandus et assez nombreux
en espèces [ *Melanopsis maroccana* Chemnitz ; *Melanopsis
prærosa* Linné et variété *buccinoidea* Ollivier; *Melanopsis
episema* Bourguignat [1] ; *Melanopsis Maresi* Bourguignat [2];
etc. ] s'avancent jusqu'aux confins du désert où ils peuplent
abondamment les chotts et les oueds plus ou moins desséchés de ces régions.

Une constatation extrêmement intéressante est l'absence
complète de *Melanopsis* en Tripolitaine et en Égypte. Pour
le premier de ces pays, ce fait provient de ce que la faune
est, comme la flore, désertique jusqu'au rivage et, par suite,
à peu près entièrement privée de population d'eau douce [3].
En Égypte, le Nil est un fleuve d'origine récente qui s'est
peuplé d'une faune entièrement africaine équatoriale dans
laquelle manque le genre *Melanopsis*. Il est d'ailleurs très
probable que si, grâce à une cause quelconque, les *Melanopsis* venaient à être introduits en Égypte, ils s'y acclimateraient et prospéreraient dans les fleuves et canaux de
ce pays.

La carte ci-jointe (fig. 50) permet de saisir la répartition
du genre *Melanopsis* proprement dit.

Les *Melanopsis* proprement dits ne vivent pas dans l'Europe centrale. Ils sont remplacés, dans toutes ces régions
[ Croatie, Carniole, Styrie, Dalmatie, Hongrie, Bosnie, Serbie,

---

1. BOURGUIGNAT ( J. R.). — *Histoire Mélaniens système européen;*
1884, p. 88.

2. BOURGUINAT (J. R.). — *Paléontologie de l'Algérie ;* 1862, p. 105;
pl. VI. fig. 1-4.

3. Le Dr R. STURANY, qui a étudié dernièrement la faune malacologique de la Tripolitaine [Mollusken aus Tripolis und Barka; *Zoologische Jahrbüchern;* XXVII, 1908; p. 291-312, taf. X-XI] ne signale,
comme Mollusques fluviatiles, que le *Limnœa ( Limnophysa ) palustris*
Müller, le *Physa (Isidora) contorta* Michaud, le *Planorbis atticus*
Bourguignat et le *Pseudamnicola pycnocheila* Bourguignat. [Cette
dernière espèce est figurée dans la *Malacologie de l'Algérie;* II, 1864,
p. 241, pl. XIV. fig. 46-48].

Bulgarie, etc. [1] ], par les sous-genres *Fagotia* Bourguignat [2] [*Melanopsis (Fagotia) Audebardi* Prevost [3], *Melanopsis (Fagotia) Esperi* de Férussac [4], etc. ], et *Microcolpia* Bourguignat [5] [*Melanopsis (Microcolpia) acicularis* de Férussac [6], *Melanopsis (Microcolpia) pyramidalis* Lang [7], etc.] dont quelques rares espèces vivent également en Anatolie [8]. Enfin, dans l'Europe centrale, et plus spécialement dans le bassin du Danube, vivent les *Amphimelania* Fischer [9], dont les espèces, peu nombreuses (*Amphimelania Hollandri* de Férussac [10], *Amphimelania crassa* Kutschig [11], etc.), présentent un nombre considérable de variétés.

1. J. R. BOURGUIGNAT a même signalé le *Melanopsis (Fagotia) decussata* de Férussac [Monogr. Mélaniens; *Mémoires Soc. Hist. natur. Paris*; I, 1823, p. 159] en Pologne [*Histoire Mélaniens système européen*; 1884, p. 33].

2. BOURGUIGNAT (J. R.). — *Loc. supra cit.*; 1884, p. 30.

3. PRÉVOST (C.). — Nouvelles espèces Melaniens; *Mémoires Soc. Hist. natur. Paris*; I, 1823, p. 264.

4. FÉRUSSAC (DE). — *Loc. supra cit.*; I, 1823, p. 160.

5. BOURGUIGNAT (J. R.). — *Loc. supra cit.*; 1884, p. 49. Les espèces de ce sous-genre avaient été classées par BROT [Melaniidæ, in: MARTINI et CHEMNITZ, *Systemat. Conchylien-Cabinet*; 1874, p. 369] dans le sous-genre *Hemisinus* créé par SWAINSON [*Treatise of Conchology*; 1840, p. 200 et 341] pour des Mélaniens de l'Amérique du Sud.

6 FÉRUSSAC (DE). — *Loc. supra cit.*; I, 1823, p. 160.

7. LANG, *mss.* in: BOURGUIGNAT (J. R.). — *Loc. supra cit.*; 1884, p. 61.

8. Telles sont, notamment, les coquilles du lac Sabandja et des rivières du bassin de ce lac (Anatolie), décrites, par BOURGUIGNAT sous les noms de *Fagotia Gallandi* Bourguignat, *Fagotia Locardiana* Bourguignat, *Microcolpia Coutagneana* Bourguignat, *Microcolpia Rochebrunei* Bourguignat, etc [*Loc. supra cit.*; 1884, p. 40, 39 56 et 57].

9. FISCHER (Dr P.). — *Manuel de Conchyliologie*; 1885, p. 701. Dès 1840, les espèces de ce genre avaient été séparées, par SWAINSON, sous le nom de *Melanella*, vocable déjà employé antérieurement par DUFRESNE.

10. FÉRUSSAC (DE), in: PFEIFFER (C.). — *Naturgeschichte Deutscher Land und Süsswasser-Mollusken. Systematische Anordnung und Beschr. Deutscher Land-und Wasser-Schnecken, mit besonderer Rücksicht auf die bisher in Hessen gefundenen Arten*; III, 1828, p. 47, taf. VIII, fig. 6-7.

11. KUTSCHIG, in: BRUSINA (S.). — *Contribuzione Fauna dei Molluschi Dalmati*; (Societa Zoologico-Botanica di Vienna; vol. XVI, 1866), p. 106, n° 1, des tirés à part. (*Melania crassa*).

## Melanopsis praemorsa Linné.

Pl. XIX, fig. 1 - 4, 7 - 11, 16, 18 - 20; pl. XX,
fig. 11 - 19; pl XXI, fig. 31 et fig. 51 - 56, dans le texte.

1758. *Buccinum praemorsum* Linné, *Systema Naturæ;* éd. X, p. 740
n° 408.

1767. *Buccinum prærosum* Linné, *Systema Naturæ;* éd. XII, p. 1203,
n° 471.

1801. *Melania buccinoidea* Olivier, *Voyage empire Ottoman;* I, p. 297;
atlas, pl. XVIII, fig. 8.

1822. *Melanopsis lævigata* de Lamarck, *Hist. Animaux sans Vertèbres;*
VI, part. II, p. 168, n° 2.

1838. *Melanopsis lævigata* de Lamarck, *Hist. Animaux sans Vertèbres;*
éd. II [par Deshayes]; VIII, p. 490, n° 2.

1839. *Melanopsis lævigata* Roth, *Molluscorum species Orient.;* p. 24, n° 1.

1839. *Melanopsis Ferussaci* Roth, *Molluscorum species Orient.;* p. 24,
n° 2, tab. II, fig. 10.

1839. *Melanopsis Wagneri* Roth, *Molluscorum species Orient.;* p. 24,
n° 3, tab. II, fig. 11.

1853. *Melanopsis præmorsa* Bourguignat, *Catalogue rais. Mollusques
terr. fluv. Saulcy Orient;* p. 65.

1854. *Melanopsis prærosa* Mousson, *Coquilles terr. fluv. Bellardi Orient;*
p. 28, n° 8.

1854. *Melanopsis Ferussaci* Mousson, *Coquilles terr. fluv. Bellardi
Orient;* p. 42, n° 18.

1854. *Melanopsis buccinoidea* Mousson, *Coquilles terr. fluv. Bellardi
Orient;* p. 50, n° 19.

1854. *Melanopsis brevis* Mousson, *Coquilles terr. fluv. Bellardi Orient;*
p. 51, n° 20

1855. *Melanopsis prærosa* Hanley, *Ipsa Linn. Conchyl.;* p. 255, pl. II,
fig. 5.

1855. *Melanopsis prærosa* Roth, *Malakozoolog. Blätter;* II, p. 53, n° 1.

1856. *Melanopsis prærosa* Pfeiffer, *Malakozoolog. Blätter;* III, p. 178,
n° 23.

1861. *Melanopsis prærosa* Mousson, *Coquilles terr. fluv. Roth Palestine;*
p. 58, n° 62.

1861. *Melanopsis prærosa* var. *Ferussaci* Mousson, *Coquilles terr. fluv.
Roth Palestine;* p. 58.

1864. *Melanopsis præmorsa* Bourguignat, *Malacologie Algérie* ; II,
   p. 262, pl. XVI, fig. 17, 19, 20.

1865. *Melanopsis prærosa* Tristram, *Proceed. Zoological Society of London;* p. 541, n° 101.

1865. *Melanopsis ammonis* Tristram, *Proceed. Zoological Society of
   London;* p. 542, n° 102.

1871. *Melanopsis præmorsa* Martens, *Malakozoolog. Blätter;* p. 59,
   n° 18.

1874. *Melanopsis præmorsa* Mousson, *Journal de Conchyliologie;*
   XXII, p. 16, n° 20; p. 34, n° 22; p. 48, n° 17; p. 58, n° 20;
   p. 59, n° 22 et p. 60, n° 19.

1874. *Melanopsis prærosa* Martens, *Vorderasiatische Conchylien;* p. 32,
   n° 55, et p. 66.

1879. *Melanopsis prærosa* Kobelt, in : Rossmässler, *Iconographie der
   Land- und Süswasser-Mollusken;* VII, p. 14, taf. CLXXXVII et
   CLXXXVIII, fig. 1876-1898.

1880. *Melanopsis buccinoidea* Brot, Melaniidæ; in : Martini et Chemnitz, *Systemat. Conchylien-Cabinet;* p. 419, taf. XLV, fig. 1-3
   et 5-12.

1880. *Melanopsis buccinoidea* var. *brevis* Brot, *loc. supra cit.;* p. 420,
   taf. XLV, fig. 4.

1880. *Melanopsis prærosa* Brot, *loc. supra cit.;* p. 421, taf. XLV,
   fig. 13-18.

1880. *Melanopsis prærosa* Martens, *Bulletin Académie Sciences Saint-
   Pétersbourg;* 5ᵉ série; XXI; p. 157.

1883. *Melanopsis buccinoidea* Locard, *Malacologie lacs Tibériade,
   Antioche et Homs;* p. 33 et 70.

1883. *Melanopsis prophetarum* Bourguignat, in : Locard, *loc. supra
   cit.;* p. 71, pl. XXIII, fig. 52-55.

1883. *Melanopsis Salomonis* Bourguignat, in : Locard, *loc. supra cit.,*
   p. 7.

1884. *Melanopsis buccinoidea* Tristram, *Fauna and Flora of Palestine,
   Terrestrial and Fluviatile Mollusca;* p. 197, n° 167.

1884. *Melanopsis ammonis* Tristram, *loc. supra cit.;* p. 198, n° 168.

1884. *Melanopsis prophetarum* Tristram, *loc. supra cit.;* p. 199, n° 178.

1884. *Melanopsis sphæroidea* Bourguignat, *Histoire Mélaniens système
   européen;* p. 78; et *Annales Malacologie;* II, p. 78 [1].

1. « Cette Coquille est celle que le Malacologiste Locard (Malac.
lac Tibériade, p. 73) a signalée comme une forme plus grande et plus
ventrue de la *Saharica* » [ Bourguignat (J. R.). — *Loc. supra cit.;*
1884, p. 78 ].

1884. *Melanopsis præmorsa* Bourguignat, *loc. supra cit.;* p. 78.

1884  *Melanopsis Wagneri* Bourguignat, *loc. supra cit.;* p. 80.

1884. *Melanopsis prophetarum* Bourguignat, *loc. supra cit.;* p. 81.

1884. *Melanopsis lævigata* Bourguignat, *loc. supra cit.;* p. 83.

1884. *Melanopsis agoræa* Bourguignat, *loc. supra cit.;* p. 83.

1884. *Melanopsis buccinoidea* Bourguignat, *loc. supra cit.;* p. 86.

1884. *Melanopsis Salomonis* Bourguignat, *loc. supra cit.;* p. 95.

1884. *Melanopsis Ammonis* Bourguignat, *loc. supra cit.;* p. 97.

1884. *Melanopsis Olivieri* Bourguignat, *loc. supra cit.;* p. 98.

1884. *Melanopsis Ferussaci* Bourguignat, *loc. supra cit.;* p. 98.

1884. *Melanopsis brevis* Bourguignat, *loc. supra cit.;* p. 100.

1886. *Melanopsis præmorsa* Westerlund, *Fauna der paläarct. region Binnenconchylien;* VI, p. 115, n° 3.

1886. *Melanopsis præmorsa* var. *sphæroidea* et var. *wagneri* Westerlund, *loc. supra cit.;* VI, p. 116.

1886. *Melanopsis buccinoidea* Westerlund, *loc. supra cit.;* VI, p. 116.

1886. *Melanopsis buccinoidea* var. *prophetarum*, var. *olivieri*, var *ferussaci* et var. *salomonis* Westerlund, *loc. supra cit.;* VI, p. 116-118.

1886. *Melanopsis lævigata* Westerlund, *loc. supra cit.;* VI, p. 124, n° 7.

1889. *Melanopsis præmorsa* Boettger, *Zoologische Jahrbücher;* IV, p. 966, n° 18.

1889. *Melanopsis prærosa* Blanckenhorn, *Nachrichtsblatt d. Deutschen Malakozoolog. Gesellschaft;* p. 79 et 87.

1889. *Melanopsis prophetarum* Blanckenhorn, *loc. supra cit.;* p. 87.

1889. *Melanopsis buccinoidea* Blanckenhorn, *loc. supra cit.;* p. 87.

1889. *Melanopsis Salomonis* Blanckenhorn, *loc. supra cit.;* p. 88.

1889. *Melanopsis Olivieri* Blanckenhorn, *loc. supra cit.;* p. 88.

1889. *Melanopsis Ferussaci* Blanckenhorn, *loc. supra cit.;* p. 88.

1889. *Melanopsis brevis* Blanckenhorn, *loc. supra cit.;* p. 88.

1894. *Melanopsis prærosa* Dautzenberg, *Revue biologique Nord France;* VI, p. 340 (tirés à part, p. 11).

1894. *Melanopsis brevis* Dautzenberg, *Revue biologique Nord France;* VI, p. 342 (tirés à part, p. 13).

1894. *Melanopsis Ammonis* Dautzenberg, *Revue biologique Nord France;* VI, p. 342 (tirés à part, p. 13).

1902. *Melanopsis prærosa* Sturany, *Sitzungsberichte d. Kais. Akad. d. Wissenschaft. Wien;* CXI, p. 138, n° 53 (tirés à part, p. 16, n° 53).

1905. *Melanopsis buccinoidea* Sturany, *Annalen d. K. K. Naturhistorischen Hofmuseums Wien;* XX, p. 13, n° 47 (tirés à part, p. 13, n° 47).

1910. *Melania buccinoidea* Hesse, *Nachrichtsblatt d. Deutschen Malakozoolog. Gesellschaft;* p. 134.

1912. *Melanopsis præmorsa* Germain, *Bulletin Muséum Hist. natur. Paris,* p. 451, n° 285.

En 1884, J. R. Bourguignat écrivait[1], à propos du *Melanopsis præmorsa* Linné :

« Cette espèce, *tout à fait inconnue*[2], n'a encore été figurée que par Hanley. Sa représentation est excellente ; le Dʳ Brot (Melaniidæ, pl. XLV, fig. 15) a donné, comme *prærosa* d'Hanley, la figure d'une forme qui, loin de ressembler à celle de l'auteur anglais, doit être, au contraire, rapportée à ma *saharica*.

. . . . . . . . . . . . . . . . .

» Dans la 10ᵉ édition du *Systema naturæ*, cette Coquille est signalée de l'Europe occidentale; dans la 12ᵉ, elle est mentionnée de l'aqueduc de Séville, en Espagne. J'ai naturellement fait mon possible pour entrer en possession de cette espèce; je n'ai pu y réussir, bien que j'aie reçu de Séville et du Guadalquivir des quantités de Melanopsides; par contre, j'ai été assez heureux de la recevoir, par hasard, des environs de Lorca, confondue avec la *Lorcana*, et des alentours de Saïda, dans la province d'Oran. En somme, cette *rarissime*[2] Mélanopside ne m'est connue que de trois localités : Séville, Lorca et Saïda.

» Toutes les espèces que les auteurs ont décrites ou cataloguées, soit sous le nom de *præmorsa*, soit sous celui de

1. Bourguignat (J. R.). — *Histoire des Mélaniens du système européen;* 1884, p. 78-80.

2. Ce mot est souligné dans le texte de Bourguignat.

*prœrosa* (même celle de Brot) n'ont point de rapport avec celle dont je vais donner les caractères.

» La véritable *prœmorsa*, celle, enfin, de Linnæus, est une espèce écourtée, ventrue, de petite taille (haut. 13-14, diam. 8 mill.), « magnitudine fere fabæ » ; sa spire courte, très obtuse, est toujours rongée ; lorsqu'elle ne l'est pas (ce qui est fort rare), au lieu de quatre tours, elle en a six ; seulement les supérieurs, tous petits, forment saillie sur les autres, à l'instar de ceux de la *Bleicheri* ; son dernier tour, qui égale les trois quarts de la hauteur, un peu plan, de la suture à la partie moyenne, est arrondi inférieurement; son ouverture bien développée, faiblement oblique, de forme ovale, assez sensiblement dilatée à la base du côté externe, un peu dans le genre des ouvertures de la série des *maroccana*, offre, à son sommet, une longue fente étroite; sa columelle courte, cintrée, nettement tronquée, a son extrémité sensiblement dirigée en dehors ; son sinus est profond; enfin, sa callosité blanche, nacrée, très épaisse, est fortement tuberculiforme à l'insertion du bord externe ».

Cette longue citation était absolument nécessaire. En effet, lorsqu'on étudie une série considérable de *Melanopsis* lisses d'Asie-Mineure recueillis dans des localités variées, on constate que la forme dominante est celle figurée par OLIVIER sous le nom de *Melanopsis buccinoidea*. Autour de cette forme se groupent des coquilles, ou plus élancées[1] ou, au contraire, beaucoup plus courtes, comme celles décrites sous les noms de *Melanopsis brevis* Mousson[2] et *Melanopsis sphœroidea* Bourguignat[3]. Enfin, très rarement, quelques exemplaires, également fort écourtés, ont, de plus, les tours plus ou moins nettement étagés et constituent de véri-

---

1. Je reviendrai plus loin sur ce polymorphisme de forme. — Je constaterai seulement ici que l'une de ces formes élancées a été décrite par J. R. BOURGUIGNAT [ *Histoire des Mélaniens du système européen;* 1884, p. 98 ] sous le nom de *Melanopsis Olivieri*.

2. = *Melanopsis prophetarum* (Bourguignat) Locard.

3. BOURGUIGNAT (J. R.). — *Loc. supra cit.;* 1884, p. 78.

tables anomalies. Or, lorsqu'on étudie avec attention la description du *Melanopsis præmorsa* Linné, donnée par Bourguignat[1], et la figuration reproduite par Hanley[2], on constate qu'il s'agit évidemment d'une de ces anomalies rappelant d'ailleurs, de très près, la *forme de coquille* baptisée *Melanopsis Wagneri* par Roth[3]. Il n'est donc pas étonnant que ce *Melanopsis* ainsi compris soit *rarissime* et que Bourguignat l'ait trouvé seulement *par hasard* au milieu de très nombreux échantillons de *Melanopsis* divers recueillis à Lorca [Espagne].

Ainsi nous nous trouvons en face d'une espèce dont la forme normale a reçu le nom de *Melanopsis buccinoidea* alors qu'antérieurement une anomalie de cette même espèce avait été décrite sous le vocable de *Melanopsis præmorsa*. Quel nom convient-il d'adopter définitivement ? Je crois que l'on peut, sans inconvénient, conserver celui donné, par Linné, à cette coquille très polymorphe qui se présente sous deux aspects assez différents pouvant être considérés comme variétés.

1° Variété *buccinoidea* Olivier. C'est, de beaucoup, la variété la plus répandue. Elle montre un mode *elongata* [= *Melanopsis Olivieri* Bourguignat]. Le *Melanopsis Ferussaci* Wagner, n'en est qu'une variation insignifiante. Il en est de même du *Melanopsis lævigata* de Lamarck[4], coquille un peu moins allongée et généralement plus petite.

1. Description reproduite ci-dessus, p. 481.

2. Hanley. — *Ipsa Linnæi Conch.* ; 1855, p. 255, pl. II, fig. 5.

3. Roth. — *Molluscorum species Orient.* ; p. 24, tab. II, fig. 11.

4. Lamarck (de). — *Histoire naturelle des Animaux sans Vertèbres ;* VI, part. II, 1822, p. 128. D'après Bourguignat *( loc. supra cit.* ; 1884, p. 83), *seules,* la figure 677 (pl. L) de l'*Iconographie* de Rossmassler [1839] et les figures 1876-1881, 1886, 1888-1893 et 1897 de la même *Iconographie* continuée par Kobelt (1879) se rapporteraient au véritable *Melanopsis lævigata.* Il suffit d'étudier ces figures pour voir qu'elles représentent, très exactement, le *Melanopsis buccinoidea* Olivier. Il est assez singulier qu'un naturaliste aussi averti que Westerlund ait éloigné le *Melanopsis lævigata* de Lamarck du *Melanopsis buccinoidea* Olivier [Westerlund (C. A). — *Fauna der in der palaärct. region Binnenconchylien ;* VI, 1886, p. 124].

2° Variété *brevis* Mousson[1]. Cette coquille, décrite à nouveau par Locard sous le nom de *Melanopsis prophetarum* Bourguignat[1], est de taille plus faible et de forme plus trapue. Elle présente un mode *curta*: le *Melanopsis sphœroidea* Bourguignat[1].

Les rapports de ces différentes formes sont précisées dans le tableau suivant :

**Melanopsis Olivieri** Bourguignat
[*forma elongata*]

**Melanopsis buccinoidea** Olivier
[= Melanopsis lævigata de Lamarck
= Melanopsis Ferussaci Roth ]
(*forma normalis*)

**Melanopsis brevis** Mousson
[= Melanopsis prophetarum (Bourguignat) Locard]
(*forma curta*)

**Melanopsis præmorsa** Linné
[= Melanopsis Wagneri Roth]

**Melanopsis sphæroidea** Bourguignat
(*forma perbrevis*)

1. Voir le tableau synonymique pour les indications bibliographiques.

Ces variétés ne sont pas isolées : il est, en effet, impossible de classer, nombre d'exemplaires, dans l'un plutôt que dans l'autre, tant les passages sont nombreux [1]. Elles peuvent, en outre, présenter des mutations *major* et *minor*. La taille est d'ailleurs assez variable, ainsi que l'indique le tableau suivant :

| Hauteur totale | Diamètre maximum | Diamètre minimum | Hauteur de l'ouverture | Diamètre de l'ouverture |
|---|---|---|---|---|
| 25 1/2 mm. | 11 mm. | 10 mm. | 15 mm. | 7 mm. |
| 25 — | 12 — | 10 — | 12 — | 7 — |
| 25 — | 11 1/2 — | 10 — | 12 — | 7 — |
| 24 1/2 — | 11 1/2 — | 10 1/2 — | 12 — | 7 — |
| 24 — | 10 1/2 — | 10 — | 12 — | 6 1/4 — |
| 23 — | 11 — | 10 — | 12 — | 5 3/4 — |
| 23 — | 10 — | 9 1/2 — | 12 — | 5 3/4 — |
| 22 1/2 — | 11 — | 10 — | 12 — | 6 — |
| 22 1/2 — | 10 1/2 — | 10 — | 12 — | 6 1/2 — |
| 21 1/2 — | 10 1/2 — | 10 — | 12 — | 6 — |
| 21 — | 10 1/2 — | 9 3/4 — | 11 — | 5 1/2 — |
| 21 — | 12 — | 10 1/2 — | 14 — | 7 — |
| 20 — | 10 — | 8 1/2 — | 11 — | 5 1/2 — |
| 18 — | 8 1/4 — | 7 1/2 — | 7 1/2 — | 4 — |
| 16 1/2 — | 7 — | 6 1/4 — | 8 — | 3 3/4 — |
| 15 — | 7 — | 6 1/4 — | 10 — | 5 — |

1. Mousson (A.) [*Coquilles terrestres et fluviatiles recueillies Prof. Bellardi Orient ;* 1854, p. 51] a déjà fait la même remarque : « La plupart des Melanopsides rapportés par M. Bellardi des eaux du Leonthes se rangent assez bien sous les deux formes *buccinoidea* et *brevis ;* cependant il s'en trouve, en petit nombre, qui forment, pour ainsi dire, la transition entr'elles et rendent leur séparation spécifique encore douteuse ».

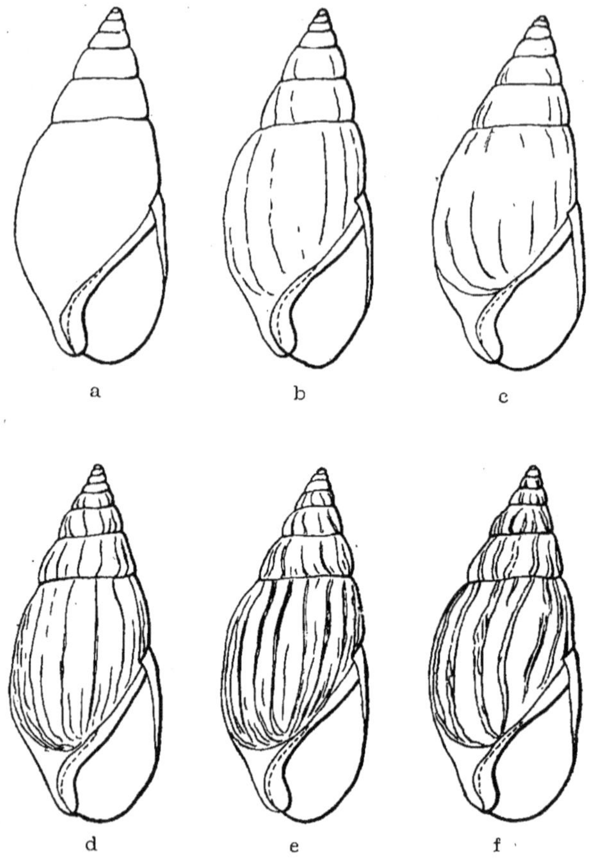

Fig. 51 - 56. — *Melanopsis præmorsa* Linné.

Figures schématiques montrant le passage de la forme à peu près lisse (a) aux formes costulées (e, f), en passant par des intermédiaires (b, c, d) plus ou moins fortement striés.

61

Le test du *Melanopsis præmorsa* Linné, est brillant, généralement sombre, marron foncé ou même entièrement noir, subtransparent au dernier tour ; une large bande brune orne, le plus souvent, chaque tour de spire. L'intérieur de l'ouverture est d'un violet très brillant. Le sommet, bien acuminé, est parfois érosé. La callosité du bord columellaire, qui est d'un blanc brillant ou d'un violet brillant, présente toutes les variations entre ces deux teintes extrêmes ; elle s'épaissit considérablement en une sorte de bouton saillant près de l'insertion du bord supérieur de l'ouverture.

Généralement linéaires et relativement peu profondes, les sutures prennent parfois de la profondeur, communiquant ainsi aux tours de spire, un aspect plus ou moins nettement étagé.

L'ornementation sculpturale est fort variable. Sur la très grande majorité des échantillons, le test, qui paraît lisse, est orné de stries fines, très délicates, devenant plus fortes au dernier tour où elles sont médiocres, à peine obliques, irrégulières, un peu crispées près des sutures et près du bord columellaire, assez souvent atténuées en bas. Mais à côté de ces exemplaires types [pl. XX, fig. 11-12], il en est d'autres, appartenant d'ailleurs à la même colonie, chez lesquels la sculpture s'accentue. Elle reste d'abord à l'état de stries plus prononcées, plus fortes au voisinage des sutures [pl. XX, fig. 13-14] ; quelques autres spécimens ont des stries encore plus importantes, prenant déjà un aspect légèrement costulé [pl. XX, fig. 15], aspect qui s'accentue considérablement chez des individus [pl. XX, fig. 16-17] qui, par ailleurs, conservent rigoureusement la forme générale, le *galbe*, et tous les autres caractères des *præmorsa* les plus typiques. Enfin, chez quelques specimens, rares à la vérité [pl. XX, fig. 18-19 et, surtout, pl. XXI, fig. 31], les costulations sont de plus en plus fortes, rappelant absolument celles du *Melanopsis Saulcyi* Bourguignat, ou de certaines variétés du *Melanopsis costata* Olivier.

Ainsi, constatation très importante, il est possible de

*passer de la forme la plus lisse à la forme costulée par degrés insensibles et cela dans la même colonie*[1]. Le *Melanopsis ammonis* Tristram[2], est l'une de ces formes de passage. Il a été figuré par MARTENS[3], et DAUTZENBERG, qui en a étudié de nombreux spécimens recueillis par TH. BARROIS, ajoute : « Ce *Melanopsis* est fort voisin par sa forme générale, ses tours non étagés et sa coloration, du *M. buccinoidea ;* mais, tandis que la surface du *buccinoidea* est entièrement lisse, celle du *M. Ammonis* est pourvue de plis longitudinaux. Ces plis apparaissent tantôt dès les premiers tours, tantôt seulement sur les derniers, et ils sont très diversement développés. On rencontre, en effet, des individus qui pourraient rivaliser sous le rapport de la sculpture avec le *M. costata*, alors que d'autres ont des plis tellement obsolètes qu'on serait disposé à les assimiler au *M. buccinoidea* »[4].

Ces constatations montrent que la distinction des *Melanopsis* en deux séries : *Melanopsis lisses* et *Melanopsis costulés*, n'est pas aussi tranchée qu'on a bien voulu le dire et que des espèces paraissant aussi éloignées que le *Melanopsis præmorsa* Linné, et le *Melanopsis costata* Olivier,

---

1. Tous les échantillons représentés ici ont été recueillis, par M. HENRI GADEAU DE KERVILLE, dans la même station : Ruisseau à Kousséir, région verdoyante de Damas, entre 650 et 700 mètres d'altitude.

2. TRISTRAM. — Report on the terr. and fluv. Moll. of Palestine ; *Proceed. Zoological Society of London ;* 1865, p. 542.

3. MARTENS (D<sup>r</sup> E. VON). — *Malakozoolog. Blätter ;* 1871, taf. I, fig. 10-11. La figuration de MARTENS est excellente ; elle montre une coquille avec des stries longitudinales très fortes qui sont de véritables petites costulations. Dans son texte, MARTENS [*loc. cit. :* 1871, p. 59-60] nomme cette coquille *Melanopsis prærosa* Linné, alors qu'il adopte, à l'explication de la pl. I, le vocable d'*ammonis* Tristram ; il a d'ailleurs soin de faire remarquer (p. 60) qu'il s'agit seulement d'une variété de *Melanopsis prærosa* Linné.

4. DAUTZENBERG (PH.). — Liste Mollusques terr. fluv. recueillis par TH. BARROIS, Syrie, Palestine ; *Revue biologique Nord France ;* VI, 1894, p. 342 (tirés à part, p. 13).

présentent des points de contact indiscutables. Dans les figures schématiques ci-contre (Fig. 51 - 56, dans le texte) j'ai mis en évidence, à l'aide d'individus recueillis par M. Henri Gadeau de Kerville, le passage insensible des formes à peu près lisses aux formes fortement costulées.

Je figure deux séries de jeunes provenant de deux localités différentes : un ruisseau à Kousséir, dans la région verdoyante de Damas, pour la première série [pl. XIX, fig. 12 - 15 et 17]; la mare d'Addous, près de Baalbek, pour la seconde [pl. XIX, fig. 1 - 4, 7 - 11, 16, 18 - 20]. Tous ces spécimens ont été récoltés par M. Henri Gadeau de Kerville ; ils montrent que, même sur les très jeunes coquilles, il est déjà possible de distinguer des formes *elata* ou *ventricosa* plus ou moins nettes.

Localités :

Région verdoyante de Damas, entre 650 et 700 mètres au-dessus du niveau de la mer [Henri Gadeau de Kerville].

Dans le Barada, région verdoyante de Damas, entre 650 et 700 mètres d'altitude [Henri Gadeau de Kerville].

Ruisseau à Kousséir, région verdoyante de Damas, entre 650 et 700 mètres d'altitude [Henri Gadeau de Kerville].

Marécage à Damas, à 690 mètres d'altitude [Henri Gadeau de Kerville].

Lac de Homs [Henri Gadeau de Kerville].

L'Oronte, à la sortie du lac de Homs, à environ 490 mètres d'altitude [Henri Gadeau de Kerville].

Ràs-el-Aïn (source) à Baalbek, à environ 1200 mètres d'altitude[1] [Henri Gadeau de Kerville].

1. Les exemplaires de cette localité sont de petite taille : hauteur : 15-16-17 millimètres ; diamètre maximum : 9-10 millimètres ; diamètre minimum : 8-9-9 1/4 millimètres ; hauteur de l'ouverture : 7 1/2-8-8 millimètres. Leur test est extrêmement érodé et leur spire tronquée ; de plus, ils affectent assez généralement une forme plus ventrue, intermédiaire entre le type et la variété *brevis* Mousson.

Mare d'Addous, près de Baalbek [1] [Henri Gadeau de Kerville].

Le *Melanopsis præmorsa* Linné, est une espèce très répandue en Syrie et en Palestine. Elle se retrouve en Algérie, au Maroc et jusqu'en Espagne. En Europe, elle vit en Espagne, en Italie, en plusieurs points de la Grèce [2] et dans quelques îles de l'Archipel. Elle habite également en Mésopotamie et dans presque toute l'Asie-Mineure ; mais, plus au nord, dans la Transcaucasie, elle est remplacée par le *Melanopsis mingrelica* Bayer [3], coquille de grande taille, dont le test est fortement strié et qu'il convient de considérer comme une variété du *Melanopsis præmorsa* Linné [4].

## Melanopsis costata Olivier.

### Pl. XX, fig. 5 - 6.

1804. *Melania costata* Olivier, *Voyage empire Ottoman ;* II, p. 294, atlas [2ᵉ livraison] ; pl. XXXI, fig. 3

1823. *Melanopsis costata* de Férussac, *Mém. Soc. Hist. natur. Paris ;* I, p. 156.

1. Les exemplaires adultes de la mare d'Addous sont un peu plus courts, plus globuleux, que le type ; leur test est d'un noir sombre assez terne ; leur spire est généralement érosée ; enfin leur test est parfois très fortement strié avec tendance à la costulation. Il serait d'ailleurs très facile, dans cette localité, de constituer une série avec passage insensible des formes lisses aux formes costulées.

2. Notamment aux environs de Korystos et de Nauplie [Letourneux].

3. Bayer, in : Mousson (A.). — *Coquilles terrestres et fluviatiles recueillies dans l'Orient par M. le Dr. Alex. Schlaefli ;* II, 1863, p. 91, n° 102.

4. C'est d'ailleurs l'avis d'un grand nombre d'auteurs, comme Retowski [*Senkenbergische Naturforschende Gesellschaft Frankfürt am Main* ; 1888, p. 264, n° 88. (*Melanopsis præmorsa* var. *mingrelica*)] ; Martens [*Vorderasiatische Conchylien* ; 1874 ; p. 66 (*Melanopsis prærosa* var. *mingrelica*)] ; Westerlund [*Fauna der in der paläarct. region Binnenconchylien* ; VI, 1886, p. 117 (*Melanopsis buccinoidea*, var. *mingrelica*)] ; etc.

1839. *Melanopsis costata* Rossmässler, *Iconographie der Land-und Süsswasser-Mollusken;* I, p. 47, taf. XLIV, fig. 638.

1839. *Melanopsis costata* Roth, *Molluscorum species Orient.*; p. 25, n° 4.

1847. *Melanopsis costata* de Charpentier, *Zeitschrift für Malakozoolog.;* p. 144, n° 24.

1853. *Melanopsis costata* Bourguignat, *Catalogue rais. Mollusques Saulcy Orient.;* p. 67 (*excl. var.*).

1855. *Melanopsis costata* Roth, *Malakozoolog. Blätter;* II, p. 54.

1865. *Melanopsis costata* Tristram, *Proceed. Zoological Society of London;* p. 542, n° 105.

1871. *Melanopsis costata* Martens, *Malakozoolog. Blätter;* p. 60, n° 19 [*part.*].

1874. *Melanopsis costata* Martens, *Vorderasiatische Conchylien;* p. 32, n° 56, et p. 67.

1874. *Melanopsis costata* Mousson, *Journal de Conchyliologie;* XXII; p. 33, n° 21; et p. 59, n° 21.

1879. *Melanopsis costata* Kobelt, in: Rossmässler, *Iconographie der Land-und Süsswasser-Mollusken;* VII, p. 17, taf. CLXXXVIII, fig. 1899-1900 et 1904.

1880. *Melanopsis costata* Brot, Melaniidæ, in: Martini et Chemnitz, *Systemat. Conchylien-Cabinet;* p. 426, taf. XLVI, fig. 4.

1883. *Melanopsis costata* Locard, *Malacologie lacs Tibériade, Antioche et Homs;* p. 8, 35, 73 et 94.

1883. *Melanopsis Lortetiana* Locard, *Loc. supra cit.;* p. 77, pl. XXIII, fig. 50-51.

1884. *Melanopsis costata* Tristram, *Fauna and Flora of Palestine, Terrestrial and Fluviatile Mollusca,* p. 199, n° 175.

1884. *Melanopsis stephanota* Bourguignat, *Hist. Mélaniens système européen;* p. 120; et *Annales Malacologie;* II, p. 120.

1884. *Melanopsis hiera* Bourguignat, *loc. supra cit.;* p. 121.

1884. *Melanopsis Lortetiana* Bourguignat, *loc. supra cit.;* p. 135.

1884. *Melanopsis Tanousi* Letourneux, in: Bourguignat, *loc. supra cit.;* p. 137.

1884. *Melanopsis obliqua* Letourneux, in: Bourguignat, *loc. supra cit.;* p. 138.

1884. *Melanopsis costata* Bourguignat, *loc. supra cit.;* p. 139.

1884. *Melanopsis Feliciani* Bourguignat, *loc. supra cit.;* p. 145.

1884. *Melanopsis eumorphia* Bourguignat, *loc. supra cit.;* p. 146.

1886. *Melanopsis costata* Westerlund, *Fauna der paläarct. region Binnenconchylien;* VI, p. 118, n° 4.

1886. *Melanopsis costata* var. *tanousi,* var. *obliqua,* var. *feliciani* et var. *eumorphia* Westerlund, *loc. supra. cit.;* VI, p. 118-119.

1886. *Melanopsis kotschyi* var. *lortetiana* Westerlund, *loc. supra cit.,* VI, p. 120.

1886. *Melanopsis chantrei* var. *stephanota* Westerlund, *loc. supra cit.;* VI, p. 121.

1886. *Melanopsis chantrei* var. *hiera* Westerlund, *loc. supra cit.;* VI, p. 121.

1889. *Melanopsis stephanota* Blanckenhorn, *Nachrichtsblatt d. Deutschen Malakozoolog. Gesellschaft;* p. 88.

1889. *Melanopsis hiera* Blanckenhorn, *loc. supra cit.;* p. 88.

1889. *Melanopsis Lortetiana* Blanckenhorn, *loc. supra cit.;* p. 88.

1889. *Melanopsis costata* Blanckenhorn, *loc. supra cit.;* p. 88.

1894. *Melanopsis costata* Dautzenberg, *Revue biologique Nord France;* VI, p. 343 (tirés à part, p. 14).

1912. *Melanopsis costata* Germain, *Bulletin Muséum Hist. natur. Paris;* p. 451, n° 286.

Je rapporte, en synonymes, au *Melanopsis costata* Olivier :

Le *Melanopsis stephanota* Bourguignat [1]. Cette coquille serait, d'après BOURGUIGNAT, représentée par les figures 1899 et 1900 de l'*Iconographie ;* cet auteur ajoute : « la *stephanota* ne ressemble nullement à la *costata,* comme l'on peut s'en convaincre par la comparaison des figures 1899 et 1900 avec celles de l'Atlas [pl. XXXI, fig. 3] d'Olivier ». Or, lorsque l'on étudie ces figures, on voit que celle donnée par OLIVIER représente une coquille plus grande, à spire plus étagée que la figure 1899 de l'*Iconographie,* mais rappelant beaucoup plus la figure 1900 [2]. Quant à la sculpture, elle est semblable à celle des échantillons de *Melanopsis costata*

1. Voir, pour les indications bibliographiques, le tableau synonymique des pages précédentes.

2 L'échantillon représenté fig. 1900 de l'*Iconographie* diffère de celui figuré par OLIVIER par sa taille un peu plus petite et sa forme à peine plus étroitement allongée.

Olivier, mais, sur le dernier tour, les côtes « ne descendent que jusqu'à moitié, la partie inférieure du dernier tour restant lisse »[1]. Cette constatation n'est vraie que pour *quelques spécimens ;* dans une même colonie[2], à côté de ces individus, on en rencontre d'autres qui ont soit un test entièrement costulé, soit un test orné de costulations presque obsolètes, tous les intermédiaires existant, d'ailleurs, entre ces différentes modalités sculpturales[3].

Le *Melanopsis hiera* Bourguignat[4]. Cette fausse espèce a été établie sur des caractères individuels, pour des exemplaires de *Melanopsis costata*, Olivier, dont le test est orné de costulations plus délicates, moins saillantes et atténuées à la base du dernier tour[5].

Les *Melanopsis Tanousi* Letourneux et *Melanopsis obliqua* Letourneux[6]. Ces noms désignent des *Melanopsis costata* Olivier, chez lesquels les costulations sont plus ou moins nettement inclinées de droite à gauche, soit seulement sur le dernier tour [ *Melanopsis Tanousi* ], soit sur tous les tours [ *Melanopsis obliqua* ].

Le *Melanopsis Lorteti* Locard[6], qui n'est qu'une mutation *elongata* du type *costata*.

Les *Melanopsis Feliciani* Bourguignat[6] et *Melanopsis eumorphia* Bourguignat[6]. Ce sont des formes de petite

---

1. Bourguignat (J. R.). — *Histoire des Mélaniens du système européen ;* 1884, p. 121.

2. Tel est le cas des nombreux exemplaires recueillis, par M. Henri Gadeau de Kerville, à Djéroud, au nord-est de Damas.

3. Voir, à propos de la sculpture du test chez les *Melanopsis*, p. 486 et suivantes de ce mémoire.

4. Pour Bourguignat [*loc. supra cit.* ; 1884, p. 122], la figure 1904, [taf. CLXXXVIII] de l'*Iconographie* « rend assez bien le port et la physionomie de l'*hiera* ». En comparant cette figure 1904 aux figures voisines (1899 et 1900 par exemple), on se convaincra facilement de l'*identité absolue* de ces coquilles.

5. C'est-à-dire que cette forme est un des nombreux termes de passage entre le *Melanopsis costata* Olivier et les variétés à costulations incomplètes.

6. Voir au tableau synonymique, p. 489, les références bibliographiques.

taille (10 millimètres de hauteur pour 5 millimètres de diamètre maximum), ornées de fortes costulations plus ou moins nodosiformes au voisinage des sutures.

On voit, par cet exposé, combien le *Melanopsis costata* Olivier, est une espèce polymorphe. Aussi existe-t-il des mutations *obesa, exigua, elongata*[1], *acuminata, ventrosa*[2], *major* et *minor*, qui se définissent d'elles-mêmes et qui sont aussi répandues que le type.

L'ornementation sculpturale varie dans des proportions considérables et l'on observe très facilement tous les intermédiaires entre le type orné de costulations saillantes, espacées, un peu obliques, bien parallèles et légèrement nodosiformes près des sutures [pl. XX, fig. 6] et les exemplaires pourvus de costulations plus faibles, parfois plus serrées, souvent très atténuées ou même obsolètes à la base du dernier tour [pl. XX, fig. 10]. Il n'y a donc pas lieu d'établir des espèces sur des caractères aussi variables.

La forme à grosses côtes saillantes, telle qu'elle a été figurée par OLIVIER, semble, de beaucoup, la moins répandue; elle habite surtout le lac d'Antioche.

La taille varie également beaucoup. Voici les dimensions principales de quelques échantillons:

| Hauteur totale | Diamètre maximum | Diamètre minimum | Hauteur de l'ouverture | Diamètre de l'ouverture |
|---|---|---|---|---|
| 26 mm. | 11 1/2 mm. | 11 mm. | 14 mm. | 7 mm. |
| 25 — | 10 — | 9 3/4 — | 12 — | 6 — |
| 22 — | 9 — | 8 — | 10 — | 6 — |
| 21 — | 9 — | 7 1/2 — | 10 — | 5 1/2 — |
| 21 — | 8 1/2 — | 7 3/4 — | 10 — | 6 — |
| 18 — | 8 — | 7 — | 8 — | 4 1/2 — |

1. Ces trois mutations ont été établies par A. LOCARD [*Malacologie des lacs de Tibériade, d'Antioche et d'Homs, en Syrie* ; 1883, p. 36].

2. Ces deux mutations ont été établies par BOURGUIGNAT [*Histoire des Mélaniens du système européen* ; 1884, p. 140-141].

62

## Variété **curta** Locard.

1883. *Melanopsis costata* var. *curta* Locard, *Malacologie lacs Tibériade, Antioche et Homs ;* p. 73 et 94.

1912. *Melanopsis costata* var. *curta* Germain, *Bulletin Muséum Hist. natur. Paris,* p. 451.

Coquille plus petite (hauteur totale ne dépassant pas 16 millimètres) ; côtes moins saillantes, parfois même un peu obsolètes à la base du dernier tour.

LOCALITÉS :

Lacs d'Antioche et de Homs [ TH. BARROIS ].

## Variété **gracilis** Locard.

1883. *Melanopsis costata* var. *gracilis* Locard , *Malacologie lacs Tibériade, Antioche et Homs ;* p. 94.

1884. *Melanopsis costata* var. *pulchella* Bourguignat, *Histoire Mélaniens système européen ;* p. 141.

1912. *Melanopsis costata* var. *gracilis* Germain, *Bulletin Muséum Hist. natur. Paris,* p. 451.

Coquille plus grêle, plus élancée, avec une ouverture plus allongée. Test épais, solide.

LOCALITÉS :

Lac de Homs [ TH. BARROIS ].
Aïn-el-Mellaha, dans la plaine du Bahr-el-Houlé [ LETOURNEUX ].

## Variété **luteopsis** Germain.

### Pl. XX, fig. 9 - 10.

1912. *Melanopsis costata* var. *luteopsis* Germain, *Bulletin Muséum Hist. natur. Paris ;* p. 451 *(nomen nudum).*

Coquille de forme typique ; test épais, solide, subtransparent au dernier tour, d'un jaune marron assez clair[1] et plus ou moins teinté de vert ; intérieur de l'ouverture lie de vin clair ; callosité violacée ou lilas avec un bouton brillant un peu plus coloré près de l'insertion du bord supérieur ; costulations plus ou moins fortes, souvent atténuées à la base du dernier tour ; même taille.

Cette variété, d'un très beau coloris, paraît peu commune ; elle a été recueillie dans l'Oronte, à la sortie du lac de Homs (490 mètres d'altitude), par M. HENRI GADEAU DE KERVILLE.

LOCALITÉS :

Djéroud, au nord-est de Damas [HENRI GADEAU DE KERVILLE].

Lac de Homs [HENRI GADEAU DE KERVILLE].

L'Oronte, près de sa sortie du lac de Homs, à environ 490 mètres d'altitude [HENRI GADEAU DE KERVILLE[2]].

Le *Melanopsis costata* Olivier, est une espèce très répandue, sous ses diverses variétés, dans la Syrie, la Palestine et une grande partie de l'Asie-Mineure, où vit une variété particulière décrite par MOUSSON sous le nom de *Melania turcica* Parreyss[3].

Vers l'ouest, le *Melanopsis costata* Olivier pénètre en Mésopotamie [MOUSSON, MARTENS] où il développe une variété *insignis* Parreyss[4] ; en Perse, ces coquilles sont, en grande partie, remplacées par le *Melanopsis Kotschyi* von dem

---

1. Plus sombre au dernier tour de spire.

2. Il existe, dans cette dernière localité, des échantillons de grande taille (Hauteur : 26 millimètres), de forme tout à fait typique, mais dont le test est seulement orné de *costulations très obsolètes*.

3. MOUSSON (A.). — *Journal de Conchyliologie*; XXII; 1874, p. 33 (*Melanopsis costata* var. *turcica* Parreyss); et p. 48, n° 19; p. 60, n° 22 (*Melanopsis turcica* Parreyss).

4. PARREYSS, in : MARTENS (Dʳ E. VON). — *Vorderasiatische Conchylien*; 1874, p. 67.

Busch[1], espèce de petite taille (hauteur : 6 millimètres ; diamètre maximum : 3 1/2 millimètres) dont le test est sillonné de costulations flexueuses, serrées, délicates, à peine noduleuses près de la suture.

## Melanopsis jordanicencis Roth.

1839. *Melanopsis costata* Rossmässler, *Iconographie der Land- und Süsswasser-Mollusken;* II, p. 41, taf L, fig. 679.

1839. *Melanopsis costata* var. a *jordanica* Roth, *Molluscorum Species Orient.;* p. 25, tab. II, fig. 12-13

1847. *Melanopsis costata* var. *jordanica* de Charpentier, *Zeitschrift für Malakozoolog.;* p. 144.

1853. *Melanopsis costata* var. Bourguignat, *Catalogue rais. Mollusques terr. fluv. Saulcy Orient;* p. 67.

1855. *Melanopsis costata* var. Jordanica Roth, *Malakozoolog. Blätter;* II, p. 54, n° 3.

1861. *Melanopsis Jordanica* Mousson, *Coquilles terr. fluv. Roth Palestine;* p. 59, n° 63.

1865. *Melanopsis Jordanica* Tristram, *Proceed. Zoological Society of London;* p. 542, n° 106.

1871. *Melanopsis costata* Martens, *Malakozoolog. Blätter;* p. 60, n° 19 (part.)

1879. *Melanopsis costata* var. Jordanica Kobelt, in : Rossmässler, *Iconographie der Land- und Süsswasser-Mollusken;* VII, p. 17, taf. CLXXXVIII, fig. 1905.

1880. *Melanopsis costata* var. Jordanica Brot, Melaniidæ, in : Martini et Chemnitz, *Systemat. Conchylien-Cabinet;* p. 427, taf. XLVI, fig. 5-6.

1883. *Melanopsis Jordanica* Locard, *Malacologie lacs Tibériade, Antioche et Homs;* p. 36.

1884. *Melanopsis jordanica* Tristram, *Fauna and Flora of Palestine, Terrestriel and Fluviatile Mollusca;* p. 199, n° 176.

1884. *Melanopsis Jordanica* Bourguignat, *Histoire Mélaniens système européen;* p. 141 et *Annales Malacologie;* II, p. 141.

1886. *Melanopsis nodosa* var. *jordanica* Westerlund, *Fauna der paläarct. region Binnenconchylien;* VI, p. 124.

---

1   In : Philippi. — *Abbild. und Beschrieb. Conchyl.;* II, 1847, p. 175; *Melan.;* taf. IV, fig. 11. [*Melania Kotschyi* von dem Busch].

1889. *Melanopsis Jordanica* Blanckenborn, *Nachrichtsblatt d. Deutschen Malakozoolog. Gesellschaft;* p. 88.

1894. *Melanopsis Jordanica* Dautzenberg, *Revue biologique Nord
France;* VI, p. 344 (tirés à part, p. 15).

1912. *Melanopsis jordanica* Germain, *Bulletin Muséum Hist. natur.
Paris;* p. 451, n° 287.

Le *Melanopsis jordanicensis* Roth, est certainement très
voisin du *Melanopsis costata* Olivier, dont il ne constitue
guère qu'une bonne variété. La coquille est constamment
plus courte, plus renflée, plus trapue, avec une ouverture
toujours élargie et peu développée en hauteur; enfin les
bandes sombres qui ornent le test sont bien marquées et se
détachent parfaitement sur un fond jaunâtre. A ces caractères, relativement nets, il convient d'ajouter ceux observés
par TRISTRAM [1] et qui sont relatifs au *modus vivendi* des
deux *Melanopsis :* le *Melanopsis costata* Olivier, vivrait
constamment attaché aux tiges et aux feuilles des plantes
aquatiques, tandis que le *Melanopsis jordanicensis* Roth,
ne se rencontrerait vivant que sur les pierres.

A. MOUSSON a décrit une variété *irregularis* [2] habitant le
lac de Tibériade. Elle est caractérisée par « sa taille plus
faible, sa forme plus contractée, l'inégalité de ses côtes, qui
tantôt sont fortes et distinctes, tantôt minces et serrées,
tantôt enfin, faibles et peu accusées ».

LOCALITÉ :

Dans l'Oronte, à la sortie du lac de Homs, vers 490 mètres
d'altitude [HENRI GADEAU DE KERVILLE].

DISTRIBUTION GÉOGRAPHIQUE :

Le *Melanopsis jordanicensis* Roth, est très commun dans

1 TRISTRAM. — Report Mollusca of Palestine; *Proceed. Zoological
Society of London;* 1865, p. 542.

2. MOUSSON (A.). — Coquilles terrestres et fluviatiles recueillies
J. R. ROTH... en Palestine; 1861, p. 60.

le lac de Tibériade et dans le Jourdain [ Roth, Tristram, A. Mousson, Lortet, Locard, Barrois ] ; il semble moins commun dans le lac de Homs [ Lortet, Locard ].

### Melanopsis bullio Parreyss.


1879. *Melanopsis costata* var. *bullio* ( Parreyss ) Kobelt, in : Rossmässler, *Iconographie der Land-und Süsswasser-Mollusken;* VII, p. 17, taf. CLXXXVIII, fig. 1902-1903.

1880. *Melanopsis costata* var. *bullio* Brot, Melaniidæ, in : Martini et Chemnitz, *Systemat. Conchylien-Cabinet;* p. 428, taf. XLVI, fig. 7.

1883. *Melanopsis Chantrei* Locard, *Malacologie lacs Tibériade, Antioche et Homs ;* p. 74, pl. XXIII, fig. 44-49.

1884. *Melanopsis Chantrei* Bourguignat, *Histoire Mélaniens système européen;* p. 122; et *Annales Malacologie;* II, p. 122.

1886. *Melanopsis Chantrei* Westerlund, *Fauna der paläarct. region Binnenconchylien;* VI, p. 121.

1889. *Melanopsis Chantrei* Blanckenhorn, *Nachrichtsblatt d. Deutschen Malakozoolog. Gesellschaft;* p. 79 et 88.

1894. *Melanopsis bullio* Dautzenberg, *Revue biologique Nord France ;* VI, p. 345 (tirés à part, p. 16).

1912. *Melanopsis bullio* Germain, *Bulletin Muséum Hist. natur. Paris;* p. 452, n° 288.


Coquille imperforée, ovoideo-subcylindrique peu allongée ; sommet obtus, très souvent érodé ; spire peu élevée, composée de 6 à 7 tours plans à croissance un peu rapide et assez régulière, séparés par des sutures bien marquées, non obliques ; dernier tour très grand, subcylindrique, légèrement atténué en bas ; ouverture ovalaire-allongée, terminée en fente étroite à sa partie supérieure, très largement arrondie en bas, mais brusquement limitée latéralement par la troncature de la columelle ; columelle fortement concave dont la troncature constitue, à l'extrémité, un sinus basal étroit et profond ; bord columellaire recouvert d'une callosité violacée, brillante, très épaissie en haut où elle forme, près de l'insertion du bord supérieur, une denticulation saillante ; bord externe simple et tranchant.

Test épais, très solide, d'un brun grisâtre, le plus souvent teinté de bleuâtre, terne, orné de bandes brunes ; costulations irrégulières, bien marquées, surtout au voisinage de la suture où elles constituent parfois de véritables nodosités ; ces costulations s'atténuent à partir de la moitié du dernier tour pour devenir obsolètes à la région inférieure.

Voici les dimensions principales de quelques exemplaires :

| Hauteur totale | Diamètre maximum | Diamètre minimum | Hauteur de l'ouverture | Diamètre de l'ouverture |
|---|---|---|---|---|
| 18 1/2 mm. | 12 mm. | 10 mm. | 11 mm. | 5 1/2 mm. |
| 16 — | 11 — | 9 1/2 — | 10 — | 5 — |
| 16 — | 10 — | 8 1/2 — | 10 1/2 — | 5 — |
| 15 1/2 — | 9 — | 7 1/2 — | 10 — | 5 1/2 — |
| 15 — | 8 — | 7 — | 10 — | 5 — |
| 14 — | 10 — | 9 — | 10 — | 5 — |
| 14 — | 8 — | 7 — | 9 — | 4 1/2 — |

Le type présente trois bandes d'un brun fauve : l'une est située à la partie supérieure du dernier tour, au-dessous de la rangée des nodosités aperturales, et se continue sur les tours supérieurs ; la seconde prend naissance au point d'insertion du labre ou très légèrement en dessous ; enfin la dernière entoure l'ombilic. Ces bandes sont très visibles à l'intérieur de l'ouverture ; elles sont rarement dédoublées ; enfin, chez quelques très rares spécimens, le test est, entre les bandes, coloré en vert bleuâtre assez brillant.

PH. DAUTZENBERG [1] a décrit une variété EX COLORE *bipartita* chez laquelle les bandes sont absentes ; le test est d'un

---

1. DAUTZENBERG (PH.). — Liste des Mollusques terrestres et fluviatiles recueillis par M. TH. BARROIS en Palestine et en Syrie ; *Revue biologique Nord France* ; VI, 1894, p. 345 (tirés à part, p. 16).

gris uniforme, sauf dans la moitié inférieure du dernier tour où il est d'une teinte plus foncée.

La forme générale de la coquille varie dans des proportions assez étendues. Ainsi que A. LOCARD[1] l'avait déjà remarqué, de nombreux individus ont une spire plus allongée que le type, constituant parfois une mutation *elata* assez nette, mais mal définie. Il est très probable que c'est en se basant sur de tels individus que BOURGUIGNAT a décrit son *Melanopsis Alepi* [2].

Enfin, les caractères du test permettent de séparer une variété *lœvigata* Locard [3], caractérisée par une forme générale plus ovoïde-ventrue et des costulations beaucoup moins saillantes se réduisant à un léger renflement subsutural rapidement atténué sur le premier tiers du dernier tour de spire. Cette variété n'est pas rare dans le lac de Homs où M. HENRI GADEAU DE KERVILLE en a recueilli de nombreux individus.

Il est fort probable que le *Melanopsis Sesteri* Bourguignat[4] et le *Melanopsis Alepi* Bourguignat, sont synonymes de cette espèce ; l'absence de toute figuration empêche cependant d'apporter ici une certitude.

LOCALITÉS :

Très commun dans le lac de Homs, avec la variété *lœvigata* Locard [ HENRI GADEAU DE KERVILLE ].

Dans l'Oronte, à la sortie du lac de Homs, à environ 490 mètres d'altitude [ HENRI GADEAU DE KERVILLE ].

DISTRIBUTION GÉOGRAPHIQUE :

Le *Melanopsis bullio* Parreyss, a d'abord été décrit sur

---

1. LOCARD (A.). — *Malacologie des lacs de Tibériade, d'Antioche et de Homs, en Syrie* ; Lyon, 1883, p. 74-75.

2. BOURGUIGNAT (J. R.). — *Histoire Mélaniens système européen*, 1884, p. 119 ; et *Annales Malacologie* ; II, 1884, p. 119.

3. LOCARD (A.). — *Loc. supra cit.* ; 1883, p. 75.

4. BOURGUIGNAT (J. R.). — *Loc. supra cit.* ; 1884, p. 119.

des individus de provenance inconnue. C'est E. Chantre qui, le premier, en recueillit de nombreux spécimens dans le lac d'Antioche; depuis, Th. Barrois et Henri Gadeau de Kerville l'ont récolté, en grande abondance, dans le lac de Homs.

## Melanopsis Saulcyi Bourguignat.

1853 *Melanopsis Saulcyi* Bourguignat, *Catalogue rais. Mollusques terr. fluv. Saulcy Orient;* p. 66, pl. II. fig. 52-53.

1855. *Melanopsis Saulcyi* Roth, *Malakozoolog. Blätter;* II, p. 54, n° 2.

1865. *Melanopsis Saulcyi* Tristram, *Proceed. Zoological Society of London;* p. 542, n° 103.

1871. *Melanopsis costata* var. *Saulcyi* Martens, *Malakozoolog. Blätter;* p. 60, taf. I, fig. 10-11.

1874. *Melanopsis Saulcyi* Martens, *Vorderasiatische Conchylien;* p. 67.

1879. *Melanopsis saulcyi* Kobelt, in : Rossmässler, *Iconographie der Land- und Süsswasser-Mollusken;* VII, p. 18, taf. CLXXXIX, fig. 1908.

1880. *Melanopsis Saulcyi* Brot, *Melaniidæ*, in : Martini et Chemnitz, *Systemat. Conchylien-Cabinet;* p. 419, taf. XLVI, fig. 10-12.

1880. *Melanopsis Kindermanni* Zelebor, *mss.*, in : Brot, *loc. supra cit.;* p. 419.

1883. *Melanopsis Saulcyi* Locard, *Malacologie lacs Tibériade, Antioche et Homs;* p. 93.

1884. *Melanopsis Saulcyi* Tristram, *Fauna and Flora of Palestine Terrestrial and Fluviatile Mollusca;* p. 198, n° 169.

1884. *Melanopsis Saulcyi* Bourguignat, *Histoire Mélaniens système européen;* p. 127; et *Annales Malacologie*, II, p. 127.

1884. *Melanopsis jebusitica* Letourneux, in : Bourguignat, *loc supra cit.;* p. 126.

1884. *Melanopsis aterrima* Bourguignat, *loc. supra cit.;* p. 127.

1884. *Melanopsis sancta* Letourneux, in : Bourguignat, *loc. supra cit.;* p. 129.

1886. *Melanopsis Saulcyi* Westerlund, *Fauna der paläarct. region Binnenconchylien*, VI, p. 120.

1886. *Melanopsis Saulcyi* var. *jebusitica* Westerlund, *loc. supra cit.;* p. 120.

1886. *Melanopsis Saulcyi* var. *aterrima* Westerlund, *loc. supra cit.;*
    p. 120.

1886. *Melanopsis Saulcyi* var. *sancta* Westerlund, *loc. supra cit.;* p. 121.

1889. *Melanopsis Saulcyi* Blanckenhorn, *Nachrichtsblatt d. Deutschen
    Malakozoolog. Gesellschaft :* p. 79 et 88.

1894. *Melanopsis Saulcyi* Dautzenberg, *Revue biologique Nord France;*
    VI, p. 345 (tirés à part, p. 16).

1912. *Melanopsis Saulcyi* Germain, *Bulletin Muséum Hist. nat. Paris;*
    p. 452, n° 289.

Cette coquille, assez abondamment répandue dans les lacs
et rivières de Syrie, a été très exactement représentée par
Bourguignat et Kobelt ; la figure donnée par le Dr E. von
Martens est également exacte, mais représente une forme
plus trapue, avec une spire moins élancée et un sommet
plus obtus.

En dehors de sa taille notablement plus petite, le *Melanopsis Saulcyi* Bourguignat diffère du *Melanopsis costata*
Olivier par son ornementation sculpturale : les costulations,
normalement développées sur les premiers tours, s'arrêtent
vers le milieu du dernier tour dont la partie inférieure reste
lisse. Mais, à côté de ces individus à sculpture typique, il en
est d'autres chez lesquels les costulations ne sont atténuées
que vers la base du dernier tour et constituent un véritable
passage au *Melanopsis costata* Olivier ; au contraire, chez
certains échantillons, les côtes sont moins fortes et n'intéres-
sent que la partie supérieure du dernier tour ; enfin, chez
d'autres spécimens, elles ont presque entièrement disparues.
C'est le cas de la variété *obsoleta* Dautzenberg[1] découverte,
par Th. Barrois, dans un ruisseau à Palmyre et dans la
rivière Epheca, et par E. Chantre dans le lac de Homs.
Brot[2] avait déjà vu cette variété qu'il définit ainsi : « var.

1. Dautzenberg (Ph.). — Liste des Mollusques terrestres et fluviatiles recueillis, par M. Th. Barrois, en Palestine et en Syrie; *Revue
biologique Nord France;* VI, 1894, p. 346 (tirés à part, p. 17).

2. Brot. — Monogr. Melaniidæ, in : Martini et Chemnitz, *Systemat.
Conchylien-Cabinet ;* p. 429, taf. XLVI, fig. 12 [*Melanopsis Saulcyi*
var. β].

── 503 ──

β. *Costis in anfract. ultimis obsoletis, vel omnino evanidis* ».

La forme générale montre, à côté du type tel qu'il a été
figuré par Bourguignat, des mutations *elata* et *obesa*[1],
d'ailleurs réunies par tous les intermédiaires. Chez quelques
échantillons, la suture, plus profonde, communique aux
tours de spire un aspect plus étagé.

La taille permet de distinguer une variété *maxima* Dautzenberg[2], atteignant jusqu'à 28 millimètres de hauteur et
pourvue « un peu au dessus de la suture, d'une dépression
qui atténue les plis longitudinaux sans pourtant les inter-
rompre complètement ». La variété *maxima* Dautzenberg,
découverte par Th. Barrois, à Bir-Jaloûd, a été retrouvée,
par M. Henri Gadeau de Kerville, dans le lac de Homs, en
compagnie de très nombreux échantillons de taille normale ;
voici, d'ailleurs, les dimensions principales de quelques-uns
de ces exemplaires :

| Hauteur totale | Diamètre maximum | Diamètre minimum | Hauteur de l'ouverture | Diamètre de l'ouverture |
|---|---|---|---|---|
| 16 mm. | 7 1/2 mm. | 7 mm. | 8 1/2 mm. | 3 1/2 mm. |
| 16 — | 8 — | 7 — | 8 — | 3 1/2 — |
| 16 — | 7 — | 6 1/2 — | 8 — | 4 — |
| 16 — | 7 — | 6 — | 8 — | 4 — |
| 15 1/2 — | 7 — | 6 — | 8 — | 3 1/2 — |
| 15 — | 7 — | 6 — | 8 — | 3 1/2 — |
| 15 — | 7 — | 6 — | 8 — | 3 3/4 — |
| 14 — | 5 1/2 — | 5 1/4 — | 7 — | 3 — |
| 13 — | 6 — | 5 — | 7 — | 3 — |

1. C'est cette mutation *obesa* qui a été figurée par le Dʳ E. von
Martens, *Malakozoolog. Blätter* ; 1871, taf. I, fig. 10-11.

2. Dautzenberg (Ph.). — *Loc. supra cit.* ; 1894, p. 346 (tirés à part,
p. 17).

La coloration est ordinairement très sombre, d'un brun foncé presque noir ; le test présente 2 ou 3 zonules encore plus sombres situées à la partie inférieure du dernier tour. Je signalerai une mutation *ex colore* chez laquelle la moitié inférieure du dernier tour, d'un corné-jaunâtre, montre trois zonules fauves relativement claires.

Je rapporte au *Melanopsis Saulcyi* Bourguignat :

Le *Melanopsis jebusitica* Bourguignat, qui n'en diffère que par sa forme moins allongée, sa sculpture plus accentuée et son test un peu plus terne ;

Le *Melanopsis aterrima* Bourguignat, qui, au contraire, possède des costulations plus fines, plus obliques, et s'étendant sur les trois quarts environ du dernier tour ;

Enfin, le *Melanopsis sancta* Letourneux, qui est un *Melanopsis Saulcyi* Bourguignat, presque typique.

LOCALITÉS :

Abondant dans un ruisseau, à Kousseir, dans la région verdoyante de Damas, entre 650 et 700 mètres au-dessus du niveau de la mer [ HENRI GADEAU DE KERVILLE ].

Lac de Homs [ HENRI GADEAU DE KERVILLE ].

DISTRIBUTION GÉOGRAPHIQUE :

Le *Melanopsis Saulcyi* Bourguignat est une espèce particulière à la Syrie. On le connaît des environs d'Artouze [ BOURGUIGNAT ] ; dans les sources de la plaine de Jéricho [ LETOURNEUX ] ; dans la plaine du Bahr-el-Houlé [ LETOURNEUX ] ; dans les environs du Bir-Jaloûd et de Palmyre [ TH. BARROIS ] ; dans le Jourdain, près de la mer Morte [ LETOURNEUX ] ; etc.

**Melanopsis Bovieri** Pallary, nov. sp.

Pl. XX, fig. 7 - 8.

M. P. PALLARY a eu l'amabilité de m'adresser la note

- 505 -

suivante, concernant ce *Melanopsis* recueilli par le Père
Bovier - Lapierre :

« Espèce caractérisée par ses premiers tours lisses et ses
autres tours légèrement plissés. Les plis sont verticaux sur
les deux tours supérieurs et ondulés sur les deux derniers ;
ils sont espacés. Près de l'insertion, chaque pli porte, à sa
naissance, une nodosité. Le dernier tour est comprimé sous
la suture comme chez les formes du groupe du *Melanopsis
algericensis* Pallary,[1] [= *Melanopsis maroccana* auct.].

Longueur : 27 millimètres ; diamètre maximum : 12 millimètres.

Cette espèce peut être comparée au *Melanopsis tingitana*
Morelet du Sud marocain. Elle en diffère :

Par ses premiers tours lisses ; par ses côtes moins nombreuses ; par son sommet plus acuminé ; enfin, par sa
dépression infrasuturale n'affectant pas sensiblement l'avant
dernier tour.

Rapproché du *Melanopsis costata* Olivier var. *major*, le
*Melanopsis Bovieri* Pallary s'en distingue : par sa taille
plus grande, par ses plis moins prononcés, plus rares et
plus verticaux ; enfin par ses tours moins étagés »[2].

Je pense que le *Melanopsis Bovieri* Pallary appartient
au groupe des *Melanopsis costata* Olivier et *Melanopsis
Saulcyi* Bourguignat et qu'il s'en distingue principalement
par son aspect assez nettement trochiforme et par son dernier tour mieux élargi vers la base[3].

Localité :

Le Nahr ez Zaïr (Liban) [Père Bovier-Lapierre].

---

1. *Melanopsis algerica* Pallary, *Journal de Conchyliologie ;* LII, Paris,
1904, p. 35 [= *Melanopsis maroccana* Bourguignat, 1884. non : *Buccina
maroccana* Chemnitz, 1795].

2. Pallary (P.), *in litt.*

3 Ce dernier tour montre, en outre, une angulosité émoussée à sa
périphérie (Cf. : pl. XX, fig. 7-8).

# Famille des VALVATIDÆ.

## Genre VALVATA Müller, 1774 [1].

### § 1. — CINCINNA Hübner, 1810 [2].

### Valvata (Cincinna) Saulcyi Bourguignat.

#### Pl. XXI, fig. 1 - 11.

1853. *Valvata Saulcyi* Bourguignat, *Catalogue rais. Mollusques terr.
   fluv. Saulcy Orient;* p. 68, pl. II, fig. 41 - 42.

1874. *Valvata Saulcyi* Martens, *Vorderasiatische Conchylien;* p. 65.

1877. *Valvata Saulcyi* Kobelt, *Jahrbücher d. Deutschen Malakozoolog.
   Gesellschaft;* IV, p. 38.

1884. *Valvata Saulcyi* Innès, *Bulletins Soc. Malacologique France;*
   p. 347.

1886. *Valvata (Cincinna) Saulcyi* Westerlund, *Fauna der paläarct.
   region Binnenconchylien;* VI, p. 137, n° 15.

1889. *Valvata Saulcyi* Blanckenhorn, *Nachrichtsblatt d. Deutschen
   Malakozoolog. Gesellschaft;* p. 79 et 87.

1894. *Valvata Saulcyi* Dautzenberg, *Revue biologique Nord France;* VI,
   p. 350 (tirés à part, p. 21).

1912. *Valvata (Cincinna) Saulcyi* Germain, *Bulletin Muséum Hist.
   nat. Paris;* p. 452, n° 290.

Coquille petite, de forme générale subglobuleuse, déprimée en dessus, très convexe en dessous; spire composée de
3 à 4 tours bien convexes, un peu étagés, à croissance
rapide; dernier tour très grand, aussi convexe en dessus
qu'en dessous, nettement dilaté à l'extrémité; sommet obtus;
sutures bien marquées; ouverture légèrement oblique,
arrondie un peu oblongue, faiblement anguleuse en haut, à
peine échancrée par l'avant-dernier tour; ombilic profond
et assez étroit; péristome simple et aigu.

1. MULLER (O. F.). — *Verm. terr. et fluv. Histor.;* II, 1774, p. 168.

2. HUBNER (J.). — *Monogr. von Testac. Bayr.;* 1810; et in : HERR
MANNSEN (A. N.). — *Ind. gener. Malacozoorum, etc..,  Suppl.,* Cassel,
1852, p. 30.

Opercule corné, presque pellucide, transparent, d'un corné très pâle, concave du côté extérieur et à nucleus central.

Diamètre maximum : 2 1/2 à 3 millimètres.

Diamètre minimum : 2 1/4 à 2 1/2 millimètres.

Hauteur totale : 1 4/5 à 2 1/5 millimètres.

Test mince, assez fragile, subtransparent, d'un corné brun ou verdâtre aussi brillant en dessus qu'en dessous, orné en dessus de stries fines et délicates à peine irrégulières, et, en dessous, de stries fines, serrées, subégales, un peu onduleuses et obliques, à peu près régulièrement distribuées.

Cette Valvée est une espèce extrêmement polymorphe. La description précédente correspond au type moyen, celui qui paraît, d'ailleurs, le plus répandu. La coquille figurée par Bourguignat est plus déprimée que cette forme. Du reste, dans sa diagnose, cet auteur dit :

« *Testa depressa.....* »

» Cette petite coquille, très déprimée en dessus..... » [1].

Ce qui correspond à une forme plus déprimée que la majorité des spécimens du *Valvata Saulcyi* Bourguignat, que j'ai eu entre les mains ; par contre, ces mots s'adaptent parfaitement aux *jeunes* spécimens de cette espèce, *toujours* plus déprimés que les échantillons adultes.

Il existe, assez rarement, des individus encore plus déprimés que celui figuré par Bourguignat [2]. Par contre on trouve, assez souvent, des individus à spire beaucoup plus haute que dans le type : la coquille est ici plus globuleuse-élevée ; les tours, plus hauts, plus convexes, plus nettement étagés, sont séparés par des sutures plus marquées ; enfin l'ouverture est, quelquefois, plus ou moins descendante. Il serait donc facile de distinguer des variétés assez nombreuses ; mais ces mutations *depressa* et *alta*, que je viens de signaler, sont reliées entre elles — en passant par la forme type —

---

1. Bourguignat (J. R.) — *Catalogue raisonné Mollusques terr. fluv. Saulcy Orient;* 1853, p. 68.

2. Tel est, par exemple, l'individu recueilli, à Koutaïfé, par M. Henri Gadeau de Kerville et que je figure, pl. XXI, fig. 9-11.

par un tel nombre d'intermédiaires que toute séparation reste illusoire. Je fais figurer [pl. XXI, fig. 1 - 11] une série de *Valvata Saulcyi* Bourguignat, montrant l'étendue du polymorphisme de la spire.

L'ombilic varie peu ; quant à la taille, elle est plus constante que chez beaucoup d'autres espèces. Les plus grands spécimens ont été recueillis, par M. HENRI GADEAU DE KERVILLE, dans un fossé de la région verdoyante de Damas, entre 650 et 700 mètres d'altitude. Ils mesurent 2 1/5 millimètres de hauteur pour 3 millimètres de diamètre maximum et 2 1/2 millimètres de diamètre minimum.

LOCALITÉS :

Marécages à Damas, vers 690 mètres d'altitude [ HENRI GADEAU DE KERVILLE ].

Fossé d'eau stagnante, dans la région verdoyante de Damas [ HENRI GADEAU DE KERVILLE ].

Dans un fossé de la région verdoyante de Damas, entre 650 et 700 mètres d'altitude [ HENRI GADEAU DE KERVILLE ].

Ruisseau communiquant avec le Barada, dans la région verdoyante de Damas, entre 650 et 700 mètres d'altitude [ HENRI GADEAU DE KERVILLE ].

Marettes à Hidachariyé, près Damas, entre 650 et 700 mètres d'altitude [ HENRI GADEAU DE KERVILLE ].

Sur le bord des marettes auprès du Barada, à Hidachariyé, dans la région verdoyante de Damas [ HENRI GADEAU DE KERVILLE ].

Koutaïfé, au nord-est de Damas [ HENRI GADEAU DE KERVILLE ].

Ruisseau à Koutaïfé, au nord-est de Damas [ HENRI GADEAU DE KERVILLE ].

Source à Koutaïfé, au nord-est de Damas [ HENRI GADEAU DE KERVILLE ].

Mare d'Addous, près Baalbek, vers 1100 mètres au-dessus du niveau de la mer [ HENRI GADEAU DE KERVILLE ]. Extrêmement répandu dans cette dernière localité.

Distribution géographique :

Cette Valvée a été, jusqu'ici, considérée comme une espèce peu répandue. Bourguignat ne la signalait que des environs de Damas et de Saïda[1]. Depuis, Blanckenhorn, l'a indiquée du lac d'Antioche et de l'Oronte[2], et Th. Barrois l'a draguée dans les lacs de Tibériade (par 25 mètres de profondeur), et de Yamoûneh (par 12 mètres de profondeur). Ce même auteur en a d'ailleurs recueilli des exemplaires dans un ruisselet à Damas, dans les marais de l'Oronte, aux environs de Homs et à Birket-Kosséir[3]. Enfin, le Dr Innès Bey indique cette même Valvée en Égypte, où elle aurait été recueillie dans le Nil[4] près d'Alexandrie. Mais tous ces auteurs n'ont eu entre les mains qu'un petit nombre d'exemplaires. Les récoltes de M. Henri Gadeau de Kerville se chiffrent, au contraire, par *centaines* d'individus, et il est à peu près certain que cette espèce doit abonder dans toutes les mares et petits ruisseaux de la Syrie. Elle doit vivre, de préférence, sur les fonds vaseux, au milieu des plantes aquatiques.

## Valvata (Cincinna) Gaillardoti Germain.

### Pl. XXI, fig. 14 - 16.

1911. *Valvata (Cincinna) Gaillardoti* Germain, *Bulletin Muséum Hist. natur. Paris*, p. 65

1912. *Valvata (Cincinna) Gaillardoti* Germain, *Bulletin Muséum Hist. natur. Paris*; p. 452, n° 291.

1. Ce dernier renseignement est donné par Dautzenberg [Liste des Mollusques terr. fluv. recueillis par M. Th. Barrois en Palestine et en Syrie ; *Revue biologique Nord France*; VI, 1894, p. 350 (tirés à part, p. 21)] : « mais cet auteur [Bourguignat] a indiqué en marge, sur l'exemplaire de son ouvrage qui fait partie de notre bibliothèque, que M. Gaillardot l'a aussi rencontré à Saïda ».

2. Blanckenhorn (Dr M.). — Beitrag zur Kenntniss der Binnen-conchylien-Fauna von Mittel-und Nord-Syrien ; *Nachrichtsblatt d. Deutschen Malakozoolog. Gesellschaft* ; 1889, p. 79.

3. Dautzenberg (Ph.). — *Loc. supra cit.* ; VI, 1894, p. 350 (tirés à part, p. 21).

4. Innès (D[r]). — Recensement des Planorbes et des Valvées de l'Égypte; *Bulletins de la Société Malacologique de France*; 1884, p. 347.

64

Coquille de taille très petite, de forme subplanorbique légèrement convexe en dessus, largement ombiliquée ; spire composée de 3 1/4 - 4 tours convexes, un peu étagés, à croissance rapide, séparés par des sutures profondes ; dernier tour grand, bien dilaté à l'extrémité, à section presque circulaire, plus convexe dessous que dessus ; ouverture absolument circulaire, relativement grande, un peu détachée du dernier tour ; péristome continu, mince, tranchant, très légèrement épaissi en dedans.

Diamètre maximum : 3/4 - 1 millimètre ; hauteur : 1/2 millimètre ; hauteur de l'ouverture égale à son diamètre : 1/2 millimètre.

Opercule inconnu.

Test peu fragile, d'un brun ambré rougeâtre parfois plus clair en dessus, orné de stries extrêmement fines, délicates, serrées, un peu obliques. Intérieur de l'ouverture d'un blanc bleuâtre brillant.

Cette Valvée, qui ne varie presque pas[1], représente, en Syrie, les espèces du groupe européen du *Valvata (Cincinna) minuta* Draparnaud[2]. Elle a été découverte aux environs de Saïda (Syrie) par le Docteur GAILLARDOT à qui elle est dédiée. J'en dois la connaissance à l'amabilité de M. P. PALLARY.

## DIOTOCARDES.

### Famille des NERITIDÆ.

### Genre THEODOXIA Denys de Montfort, 1810[3].

Le genre *Theodoxia* est représenté en Syrie et en Pales-

1. C'est à peine si, chez quelques spécimens, la spire est un peu plus élevée.

2. DRAPARNAUD (J. R ). — *Histoire Mollusques terrestres et fluviatiles de France;* 1805, p. 42, tabl. l, fig. 36 - 38.

3. MONTFORT (DENYS DE). — *Conchyliologie systématique et classification méthodique des Coquilles;* II , 1810, p. 350 *(Theodoxis).*

tiné par un petit nombre d'espèces dont quelques-unes vivent en colonies très populeuses dans les ruisseaux, les marais et les lacs.

**Theodoxia Jordani** Sowerby [1].

Variété **aberrans** Dautzenberg.

Variété **turris** Mousson.

**Theodoxia Bellardii** Mousson.

*Neritina Bellardii* Mousson, *Coquilles terr. fluv. Bellardi Orient;* 1854, p. 52, pl. 1, fig. 11; et Mousson, *Coquilles terr. fluv. Roth Palestine;* 1861, p. 62, n° 67.

Lac de Tibériade ; mares aux environs de Jaffa (Syrie) [ROTH] ; le Jabbok, affluent du lac de Tibériade [TRISTRAM].

**Theodoxia Macrii** Recluz.

**Theodoxia syriaca** Bourguignat.

*Neritina syriaca* Bourguignat, *Testacea novissima Saulcy Orient.;* 1852, p. 26, n° 3; et Bourguignat, *Catalogue Mollusques terr. fluv. de Saulcy Orient;* 1853, p. 71; — *Neritina Syriaca* Martens, *Vorderasiatische Conchylien;* 1874, p. 33, n° 57, taf. V, fig. 41; — *Theodoxia syriaca* Kobelt, in : Rossmässler, *Iconographie der Land- und Süsswasser-Mollusken;* n. f , VIII, 1899, p. 13, taf. CCXIV, fig. 1348.

Petite coquille globuleuse, possédant 4 tours de spire arrondis, un opercule blanchâtre, un test mince, finement strié, recouvert d'un épiderme très noir, brillant, et mesurant 5 millimètres de hauteur sur 5-6 millimètres de diamètre maximum.

Mares et ruisseaux des environs de Beyrouth (Syrie) [DE SAULCY].

**Theodoxia jordani** Sowerby.

1832. *Neritina Jordani* Sowerby, *Conchological Illustrations;* n° 48, fig. 49.

—

1. Je ne donne pas d'indications bibliographiques pour les espèces dont il sera question dans la suite de ce mémoire.

1838. *Neritina Jordani* de Lamarck, *Histoire Anim. sans Vertèbres;*
   éd. II (par DESHAYES); VIII, p. 592, n° 49.

1839. *Neritina Jordani* Roth, *Molluscorum species Orient;* p. 26, n° 2,
   taf. II, fig. 14-16.

1845. *Neritina Jordani* Recluz, *Proceed. Zoological Society of London;*
   p. 121.

1849. *Neritina Jordani* Sowerby, *Thesaurus Conchyliorum;* II, p. 531,
   pl. CXV, fig. 213-214.

1853. *Neritina Jordani* Roth, *Malakozool. Blätter;* II, p. 54, n° 1.

1853. *Neritina Jordani* Bourguignat, *Catalogue rais. Mollusques terr.
   fluv. Saulcy Orient;* p. 69.

1856. *Neritina Jordani* Reeve, *Conchologia Iconica;* pl. XXIX; fig.
   129 a, 129 b.

1861. *Neritina Jordani* Mousson, *Coquilles terr. fluv. Roth Palestine;*
   p. 62, n° 66.

1863. *Neritina Jordani* Mousson, *Coquilles terr. fluv. Schlaefli Orient;*
   p. 93, n° 104.

1865. *Neritina Jordani* Tristram, *Proceed. Zoological Society of
   London;* p. 543.

1871. *Neritina Jordani* Martens, *Malakozoolog. Blätter;* XVIII, p. 60.

1874. *Neritina (Neritæa) Jordani* Martens, *Vorderasiatische Conchylien;* p. 67.

1879. *Neritina Jordani* Martens, *Die Gattung Neritina*, in : Martini et
   Chemnitz, *Systemat. Conchylien-Cabinet;* p. 84, n° 48. taf. II,
   fig. 14-16.

1883. *Theodoxia Jordani* Locard, *Malacologie lacs Tibériade, Antioche
   et Homs;* p. 37.

1886. *Neritina Jordani* Westerlund, *Fauna der paläarct. region Binnenconchylien;* VI, p. 146, n° 3.

1894. *Neritina (Theodoxia) Jordani* Dautzenberg, *Revue biologique
   Nord France;* VI, p. 350 (tirés à part, p. 21).

1899. *Neritina Jordanica* Kobelt, in : Rossmässler, *Iconographie der
   Land- und Süsswasser-Mollusken;* n. f., VIII, p. 2, taf. CCXI,
   fig. 1319.

Cette espèce, très répandue, varie dans des proportions
assez étendues. Le plus souvent, le dernier tour est énorme, et
son profil est nettement méplan dans sa région médiane. Le
bord columellaire est très fortement épaissi et même gibbeux

près de l'insertion du bord supérieur ; le sommet est souvent
érosé.

La taille montre des différences assez notables suivant les
exemplaires, ainsi que le montre le tableau suivant :

| Hauteur totale | Diamètre maximum | Diamètre minimum | Hauteur de l'ouverture | Diamètre de l'ouverture |
|---|---|---|---|---|
| 14 mm. | 10 mm. | 8 mm. | 10 mm. | 8 mm. |
| 13 — | 9 3/4 — | 7 1/2 — | 10 — | 8 — |
| 12 1/2 — | 9 1/2 — | 7 — | 10 — | 8 — |
| 12 — | 9 1/4 — | 7 — | 9 — | 7 — |
| 12 — | 9 — | 7 — | 8 1/2 — | 7 — |
| 11 1/2 — | 9 — | 7 — | 8 3/4 — | 8 — |
| 11 1/2 — | 9 — | 6 3/4 — | 8 1/2 — | 7 — |
| 10 3/4 — | 9 — | 6 3/4 — | 9 — | 8 — |

Le test du *Theodoxia Jordani* Sowerby est toujours
épais, solide et un peu pesant ; il est parfois noirâtre ou
même noir brillant, presque sans flammules[1]. Le plus ordinairement, le test est élégamment orné de zébrures ou de
fulgurations se détachant en gris bleuâtre sur un fond plus
clair, bleuâtre ou jaunacé. Lorsque la coquille a séjourné
un certain temps à l'air, les fulgurations prennent une
teinte rougeâtre ou lilas, parfois très vive, analogue à celle
que l'on observe chez le Theodoxia fluviatilis Müller, de nos
rivières.

Beaucoup d'auteurs[2] attribuent cette espèce à BUTTLER ;

---

1. Les individus ainsi colorés rappellent certaines formes du *Theodoxia anatolica* Recluz, *Revue magas. Zoologie;* 1841, p. 342 *(Nerita
anatolica)*, notamment celle nommée *Neritina nitida* par PARREYSS
[ in : VILLA. — *Dispositio systematica Conchyliorum terrestrium et
fluviatilium...*, 1842 ] ; et *Neritina nigrita* par Zeigler.

2. BOURGUIGNAT, MOUSSON, MARTENS, etc...

c'est là une erreur, ainsi que l'a très justement fait remarquer M. Ph. Dautzenberg [1] ; Buttler n'est que le collecteur de la coquille décrite par Sowerby.

. Reeve [2] et Sowerby [3] considèrent, à tort, le *Theodoxia peloponensis* Recluz [4] comme synonyme du *Theodoxia Jordani* Sowerby. La première de ces espèces est une coquille de petite taille, mince, semi-globuleuse, à spire peu élevée, et dont le test est tigré d'une grande quantité de petites macules blanches. Elle n'appartient d'ailleurs pas à la série du *Theodoxia Jordani* Sowerby.

Deux variétés de cette Theodoxie habitent la Syrie.

### Variété **aberrans** Dautzenberg.

1894. *Neritina ( Theodoxia ) Jordani* var. *aberrans* Dautzenberg,
      *Revue biologique Nord France ;* VI, p. 352 (tirés à part, p. 23 ).

Coquille de forme conico-ovalaire, plus haute que large, se distinguant du type « par l'absence ordinairement complète de dépression décurrente sur le dernier tour ». La coloration est très variable et les fulgurations sont, ou interrompues, ou, au contraire, fort larges et plus ou moins confluentes. Cette variété a été recueillie par M. Th. Barrois dans le lac de Homs.

1. Dautzenberg (Ph.). — Liste des Mollusques terrestres et fluviatiles recueillis par M. Th. Barrois en Palestine et en Syrie; *Revue biologique Nord France ;* VI, 1894, p. 351 (tirés à part, p. 22)

2. Reeve, *Conchologia Iconica ;* 1856, sp. 129. Cet auteur orthographie *Neritina Elleppenensis.*

3 Sowerby, *Thesaurus Conchyliorum ;* part. IX, 1849, p. 531. Cet auteur orthographie *Neritina Elleponensis.*

4. Recluz (C, A.). -- Notice sur le genre *Nerita* et le sous-genre *Neritina*, avec le catalogue synonymique des Néritines; *Journal de Conchyliologie ;* 1, 1850, p. 149 ( *Neritina Peloponensis*). C'est le *Neritina bætica* de Deshayes [ *Expédition scientifique en Morée; Mollusques ;* 1836, pl. XIX, fig. 1 - 3 ] Non *Neritina Bætica* de Lamarck [ *Histoire naturelle des Animaux sans Vertèbres*, VI, II. 1822, p. 188, n° 21 ], espèce différente qui vit en Espagne.

### Variété **turris** Mousson.

1861. *Neritina Jordani* var. *turris* Mousson, *Coquilles terr. fluv. Roth Palestine;* p. 62.

1879. *Neritina (Veritœa) Jordani* var. *turris* Martens, *Die Gattung Neritina,* in : Martini et Chemnitz, *Systemat. Conchylien-Cabinet,* p. 84.

1886. *Neritina Jordani* var. *turris* Westerlund, *Fauna der paläarct. region Binnenconchylien;* VI, p. 146.

1899. *Neritina Jordani* var. *turris* Kobelt, in : Rossmässler, *Iconographie der Land- und Süsswasser-Mollusken;* n. f., VIII, p. 3, taf. CCXI, fig. 1320.

Coquille de taille plus grande (hauteur : 14 millimètres ; diamètre maximum : 11 millimètres), de forme plus élancée ; ouverture proportionnellement plus petite ; test noir uniforme ou parsemé de fulgurations blanches. Cette variété vit dans le lac de Tibériade.

LOCALITÉS :

L'Oronte, près de sa sortie du lac de Homs, à environ 470 mètres d'altitude [ HENRI GADEAU DE KERVILLE ].
Lac de Homs [ HENRI GADEAU DE KERVILLE ].

DISTRIBUTION GÉOGRAPHIQUE :

Le *Theodoxia jordani* Sowerby, est une espèce très répandue dans quelques régions syriennes : lac de Tibériade, lac de Homs, Jourdain, etc... [ ROTH, BUTTLER, de SAULCY, LORTET, BARROIS, etc... ]. Il est plus rare au sud du lac de Tibériade ; il vit cependant dans les ruisseaux des environs de Saïda [ GAILLARDOT, 1854 ][1] et dans l'Aïn-es-Soultan [ BARGÈS, 1853 ][1]. Beaucoup plus au nord, il a été retrouvé à Poti (Mingrélie) par DUBOIS[2].

1. Ces renseignements ont été publiés par M. DAUTZENBERG [ *loc. supra cit.;* 1894, p. 351 (tirés à part, p. 22) ], d'après une note manuscrite de J. R. BOURGUIGNAT.

2. MOUSSON ( A.). — *Coquilles terrestres et fluviatiles recueillies par M. le Prof. J. R. Roth dans son dernier voyage en Palestine;* 1861, p. 63.

En Mésopotamie, le *Theodoxia jordani* Sowerby, est
remplacé par les *Theodoxia euphratica* Mousson [1], *Theodoxia mesopotamica* Mousson, et *Theodoxia cinctella*
Martens [2]. Enfin, le Nil nourrit également une espèce appartenant au même groupe : le *Thedoxia nilotica* Reeve [3].

## Theodoxia Macrii Recluz.

1849. *Neritina Macrii* Sowerby, *Thesaurus Conchyliorum*; II, p. 331,
pl. CXVI, fig. 222.

1852. *Neritina Michonii* Bourguignat, *Testacea novissima Saulcy
Orient*; p. 25, n° 1.

1853. *Neritina Michonii* Bourguignat, *Catalogue rais. Mollusques terr.
fluv. Saulcy Orient*; p. 70, pl. II, fig. 48-51.

1855. *Neritina Michonii* Roth, *Malakozool. Blätter*; II, p. 56, n° 2.

1856. *Neritina Macrii* Reeve, *Conchologia Iconica*; sp. 139.

1856. *Neritina Michonii* Reeve, *Conchologia Iconica*; sp. 164.

1865. *Neritina Michonii* Tristram, *Proceed. Zoological Society of London*; p. 543.

1874 *Neritina Karasuna* Mousson, *Journal de Conchyliogie*; XXII,
p. 34, n° 23, et p. 59, n° 23.

1874. *Neritina Michonii* Martens, *Vorderasiatische Conchylien*; p. 67.

1879. *Neritina Macrii* Martens, *Die Gattung Neritina*, in : Martini et
Chemnitz, *Systemat. Conchylien - Cabinet*; p. 88, taf. IV,
fig. 11-13, et taf. XIII, fig. 27-29.

1883. *Theodoxia Michonii* Locard, *Malacologie lacs Tibériade, Antioche
et Homs*; p. 38 et 78.

1886. *Neritina (Neritœa) Macrii* Westerlund, *Fauna der paläaret.
region Binnenconchylien*; VI, p. 147, n° 5.

1. MOUSSON (A ). Coquilles terrestres et fluviatiles recueillies par
M. le Dr Al. Schlaefli en Orient; *Journal de Conchyliogie*; XXII,
1874, p. 49, n° 20, et p. 60, n° 23 [*Neritina euphratica*]. Cette espèce
a été figurée par le Dr KOBELT [ in : ROSSMASSLER. — *Iconographie der
Land- und Süsswasser-Mollusken*; n. f., VIII, 1899, p. 2, taf. CCXI,
fig. 1318].

2. MARTENS (Dr E. VON). — *Vorderasiatische Conchylien ;* 1874,
p. 34, n° 59, taf. V, fig. 43 (*Neritina cinctella*).

3. REEVE (L.). — *Conchologia Iconica*; 1856, pl. XXXIV, fig. 157.
(*Neritina nilotica*). C'est le *Neritina arctilineata* de KUSTER.

1889. *Neritina Michoni* Blanckenhorn, *Nachrichtsblatt d. Deutschen Malakozoolog. Gesellschaft ;* p. 88.

1889. *Neritina Macrii* Blanckenhorn, *loc. supra cit. ;* p. 81 et 88.

1894. *Neritina (Theodoxia) Michoni* Dautzenberg, *Revue biologique Nord France ;* VI, p. 352 (tirés à part, p, 23).

1899. *Neritina Macrii* Kobelt. in : Rossmässler, *Iconographie der Land- und Süsswasser - Mollusken ;* n. f., VIII, p. 5, taf. CCXII, fig. 1327 - 1328.

Cette espèce, notablement plus petite que la précédente, s'en distingue par sa forme transverse, non globuleuse, sa spire beaucoup moins élancée, son test plus mince et les caractères de sa coloration.

Ici, le test, qui semble lisse, est orné de striés extrêmement fines et délicates, obliques, à peine onduleuses et subrégulières ; il est recouvert d'un épiderme foncé, d'un très beau noir brillant absolument uniforme, toujours dépourvu de zébrures ou de macules. L'ouverture, subpyriforme, bien anguleuse en haut, très arrondie en bas et extérieurement, est relativement énorme ; le bord columellaire, qui est clair, plus ou moins teinté de bleuâtre, est garni d'une callosité assez forte, parfois gibbeuse vers sa partie médiane. Enfin l'opercule, semi-ovalaire, finement strié, d'un blanc jaunacé, est bordé d'une zonule d'un beau rouge safrané.

Les exemplaires recueillis par M. HENRI GADEAU DE KERVILLE sont peu adultes et, par suite, de petite taille. Ils ne mesurent que 4 - 5 1/2 millimètres de hauteur pour 6 - 7 1/2 millimètres de diamètre maximum, alors que la taille normale de cette espèce est de 9 millimètres de diamètre maximum pour 7 millimètres de hauteur. J. R. BOURGUIGNAT a signalé une variété B, *minima*[1], n'atteignant que 5 millimètres de hauteur pour 6 millimètres de diamètre, et qui, découverte dans les eaux des environs de Tyr, a été retrouvée par LORTET dans les lacs de Tibériade et d'Antioche.

---

1. BOURGUIGNAT (J. R.). — *Catalogue raisonné des Mollusques terrestres et fluviatiles recueillies par M. de Saulcy pendant son voyage en Orient ;* 1853, p. 70. [ *Neritina Michonii* var. B *minima* ].

Localités :

Ruisseau à Kousseir dans la région verdoyante de Damas, entre 650 et 700 mètres au dessus du niveau de la mer [Henri Gadeau de Kerville].

Mare d'Addous, près de Baalbek, à environ 1100 mètres d'altitude [Henri Gadeau de Kerville].

Distribution géographique :

Le *Theodoxia Macrii* Recluz est assez répandu dans un grand nombre de localités de l'Asie-Mineure. En Syrie et en Palestine, il est commun dans presque tous les cours d'eau et les sources, mais beaucoup moins abondant dans les lacs et dans le Jourdain. Il atteint ses plus grandes dimensions dans les sources chaudes du Ghôr [Tristram], et dans celles d'Aïn-Djeby, d'Aïn-el-Rhoueyr et d'Aïn-Feschkah, sur les bords de la mer Morte [Bourguignat].

Pages.

## TABLE DES MATIÈRES

ROUEN

IMPRIMERIE LECERF FILS

1921